普通高等教育农业部"十二五"规划教材

拖拉机构造

赵建柱　张学敏　主编

中国农业大学出版社
·北京·

内 容 简 介

本书系统讲述了拖拉机用内燃机及拖拉机底盘的结构和工作原理，并对国内外内燃机及底盘的最新技术进行了介绍。全书共分为15章，内容包括拖拉机内燃机概述、曲柄连杆机构、配气机构、柴油机供给系、润滑系统、冷却系统、发动机增压技术，拖拉机的电气设备，拖拉机底盘概述，拖拉机传动系、行走系、转向系、制动系，拖拉机工作装置和拖拉机新技术等。

本书注重理论知识与工程实践的结合，以基本知识为主线，结合国内外典型实例介绍拖拉机的结构与工作原理。本书可作为高等院校拖拉机、农业机械化、工程机械等专业的教材，也可作为农业动力机械相关行业研究、设计、制造、使用、修理等人员的参考用书。

图书在版编目(CIP)数据

拖拉机构造/赵建柱，张学敏主编. —北京：中国农业大学出版社，2016.6
ISBN 978-7-5655-1175-2

Ⅰ.①拖… Ⅱ.①赵…②张… Ⅲ.①拖拉机-构造 Ⅳ.①S219.03

中国版本图书馆CIP数据核字(2015)第031179号

书　　名 拖拉机构造
作　　者 赵建柱　张学敏　主编

责任编辑 张苏明　　**封面设计** 郑　川
出版发行 中国农业大学出版社
社　　址 北京市海淀区圆明园西路2号　　**邮政编码** 100193
电　　话 发行部 010-62731190,2620　　读者服务部 010-62732336
编辑部 010-62732617,2618　　出　版　部 010-62733440
网　　址 http://www.cau.edu.cn/caup　　**e-mail** cbsszs@cau.edu.cn
经　　销 新华书店
印　　刷 涿州市星河印刷有限公司
版　　次 2016年6月第1版　2016年6月第1次印刷
规　　格 787×1 092　16开本　20印张　495千字　插页1
定　　价 45.00元

前　言

农业机械化事业的发展，对人才知识、能力、素质提出了新的更高的要求，教材必须在适应我国农业工程教育发展的需要、全面推行素质教育的总体要求下进行改革。农业机械化及其自动化专业在机械方面的培养要求为：具备农业机械及其自动化装备的构造原理、使用管理方面的基本知识，受到农业生产过程机械化、自动化、工艺设计及相关装备的设计制造、选型配套、使用维修方面的基本训练。对所需动力方面的知识，要求学习非道路车辆——拖拉机构造。现有的教材不能很好地适应教学的需要：首先是内容、结构和技术比较陈旧，不能适应不断发展的技术和应用要求；其次是内容的针对性不强，涉及商用车、乘用车、轮式拖拉机、履带拖拉机、手扶拖拉机等，前两部分内容对于农业机械化及其自动化专业学生来说并不合适。在同一本教材中讲解道路运输工具和非道路作业装置是不合适的，其结构有相似之处，但设计理念不同，汽车作为运输工具注重的是行驶速度，而拖拉机作为农业用动力机械注重的是转矩。所有内容混在一起，学时又不够多，许多内容讲不清、讲不透，甚至会使学生在认识上产生偏差，分不清楚汽车和拖拉机的具体结构，张冠李戴，影响对所需知识的理解和应用。

因此，编写一本包含拖拉机基本结构、基本技术和拖拉机领域的新技术、新结构、新工艺、新知识，注重理论与实践紧密结合，强化学生实际动手能力，既有较高的学术价值，又有较好的推广空间，以田间作业所需动力机械为目标的非道路车辆——拖拉机构造方面的教材非常必要。借"普通高等教育农业部'十二五'规划教材"项目实施之机，我们编写了这本《拖拉机构造》。

本书编写力求反映当代拖拉机的新技术，注重理论与实践的结合，应用大量的典型实例介绍拖拉机用内燃机、底盘的结构和工作原理，努力做到深入浅出、易于理解。

本书可作为高等院校拖拉机、农业机械化、工程机械等专业的教材，也可作为农业动力机械相关行业研究、设计、制造、使用、修理等人员的参考用书。

全书共分 15 章，其中：内蒙古农业大学田海清编写第 1、2、3 章，昆明理工大学王凤花编写第 4 章，中国农业大学张学敏编写第 5、6、7 章，中国农业大学李真芳编写第 8 章，中国农业大学赵建柱编写第 9、10、12 章，广西大学叶忠慧编写第 11、13 章，中国农业大学黄韶炯编写第 14 章，南京农业大学薛金林编写第 15 章。由赵建柱、张学敏担任主编，中国农业大学辛喆教授、王国业教授主审。

本书的编写得到了中国农业大学周一鸣教授、柳志远教授和李齐隆教授的关心和大力支持，在此表示深深的谢意！

本书在编写过程中得到了曹正清教授的大力支持和无私帮助，书中使用的许多内容是曹老师撰写的，许多图是曹老师亲手绘制或修改的，曹老师还对整本书稿进行了通篇审读，提出了许多宝贵的意见，在此表示万分的感谢！

在编写过程中，本研究室的硕士研究生宋吉龙、王一如、张筱青、王枫辰、于斌、陈宏伟、孙凤涛和孙佳在查找资料、插图绘制和修改、文稿录入和校对等方面做了大量的工作，在此表示感谢！

本书的出版得到了中国农业大学出版社的大力支持与帮助，编写的过程中参考了国内外大量的文献资料，在此一并表示衷心感谢！

由于编者的水平和经验有限，书中内容难免有错误或不当之处，恳请使用本教材的师生和广大读者批评指正。

赵建柱

2015 年 8 月

目　录

第1章 拖拉机内燃机概述

1.1 基本概念

1.1.1 发动机与内燃机

将某种形式的能量转变为机械能的机器统称为发动机。按其能量来源不同，发动机分为热力发动机、风力发动机、水力发动机、电力发动机、太阳能发动机、原子能发动机等。

把燃料燃烧的热能转变为机械能的发动机称为热力发动机。其中燃料在机器内部燃烧，产生热能，再转变为机械能的热力发动机称为内燃机。内燃机主要包括活塞式内燃机和燃气轮机。燃料在机器外部燃烧，产生热能，再转变为机械能的热力发动机称为外燃机，主要有蒸汽机、汽轮机、热气机（也称斯特林发动机）等。

与外燃机相比，内燃机具有结构紧凑、热效率高、功率范围宽、适应性好、体积小、重量轻、起动性能好、使用操作方便等优点，目前广泛应用于飞机、船舶、汽车、拖拉机、工程机械、火车等各种机械上作为动力装置。

内燃机是燃料在机器内部燃烧，并在膨胀过程中将热能转变成机械能作功，因此内燃机包含燃料燃烧将化学能转变为热能、又由热能转变为机械能这两个能量转变过程。它要求燃料在短时间内实现与空气均匀混合，迅速燃烧。目前内燃机常用的燃料是石油及其制品，如汽油、柴油、煤油等，其来源受到自然资源的限制。另外内燃机排出的废气中含有较多对人体有害的成分，在内燃机的保有量非常巨大的今天，已引起社会的高度重视。也正是人类生态环境的污染和能源限制问题推动了内燃机技术的进步和其他新能源发动机研究工作的发展。

目前，拖拉机上实际使用的动力装置中内燃机仍占绝对优势，本书主要介绍内燃机。

1.1.2 内燃机的类型

目前内燃机应用范围非常广泛，为了从不同角度进行分析、研究和叙述的方便，将其进行分类。常见的分类方法有：

(1)按所用燃料不同，分为汽油机、柴油机及其他代用的液体、气体燃料内燃机。以汽油和柴油为燃料的活塞式内燃机分别称作汽油机和柴油机。使用天然气、液化石油气和其他气体燃料的活塞式内燃机称作气体燃料发动机。

(2)按内燃机冷却方式不同，分为水冷式和风冷式内燃机。以水或冷却液为冷却介质的称作水冷式内燃机，而以空气为冷却介质的则称作风冷式内燃机。

(3)按进气状态不同，分为增压和非增压内燃机。若进气是在接近大气状态下进行的，称为非增压内燃机或自然吸气式内燃机；若利用增压器将进气压力增高，进气密度增大，则为增压内燃机。增压内燃机可以提高内燃机功率。

(4)按气缸内活塞运动方式的不同,分为往复活塞式与旋转活塞式内燃机。前者活塞在气缸内作往复直线运动,后者活塞在气缸内作旋转运动。往复活塞式内燃机目前在内燃机使用总量中占绝对优势,因此是本书讨论的主要对象。以下讨论均指往复活塞式内燃机,简称内燃机。

(5)按每一工作循环所需活塞冲程数的不同,分为四冲程与二冲程内燃机。

(6)按气缸数目和排列方式的不同,分为单缸、多缸内燃机,两个及两个气缸以上的内燃机均为多缸内燃机。多缸内燃机按其排列方式的不同,又分为直列立式、直列卧式、V形、对置式、星形等,如图1-1所示。单缸内燃机一般分为立式机和卧式机。

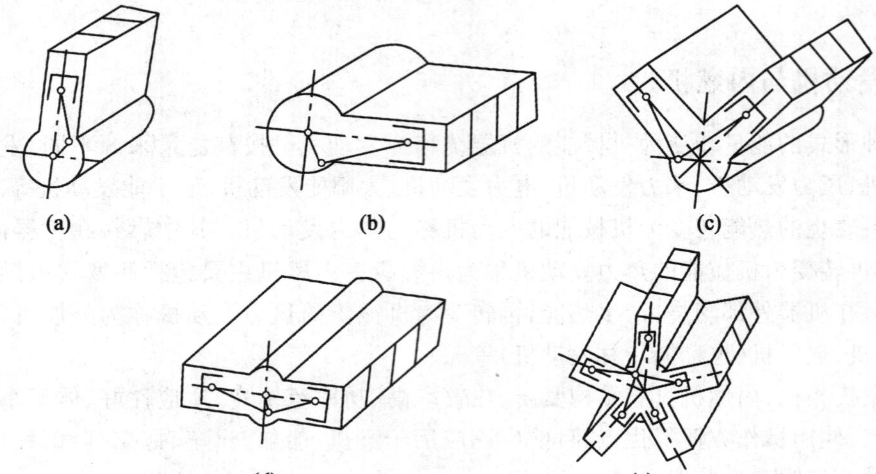

图1-1 气缸排列方式

(a)直列立式;(b)直列卧式;(c)V形;(d)对置式;(e)星形

(7)按用途不同,分为农用、车用、船用、固定动力用和发电用内燃机等。

(8)按燃料在气缸内着火方式的不同,分为压燃式和点燃式内燃机。汽油机为点燃式内燃机,柴油机为压燃式内燃机。

(9)按曲轴转速或活塞平均速度的不同,分为高速、中速和低速内燃机。

1.1.3 内燃机常用的名词术语

1.1.3.1 内燃机的基本结构

图1-2所示为单缸四冲程柴油机简图。单缸柴油机主要零件包括活塞5、活塞销6、连杆7、曲轴8组成的曲柄连杆机构,该机构将活塞的往复直线运动转化为曲轴的旋转运动。活塞顶与气缸壁、气缸盖9组成可变容积的密闭空间,称为气缸容积。机体10、曲轴箱12静止不动,作为内燃机的骨架。气缸盖9上设有进气道14、进气门2、排气道13、排气门1及相应的驱动机构,构成进、排气系统,保证定时把新鲜空气吸入气缸并排出燃烧后的废气。气缸盖上装有喷油器3,定时、定量地向燃烧室内喷入柴油。

1.1.3.2 内燃机常用名词术语

以单缸四冲程柴油机为例(图1-2),介绍内燃机常用名词术语:

(1)工作循环:活塞式内燃机的工作循环是由进气、压缩、作功和排气4个工作过程组成的封闭循环。

(2)上止点:活塞顶面距曲轴回转中心 O 最远的位置,为活塞的上止点(或上死点),见图 1-2(a)。

(3)下止点:活塞顶面距曲轴回转中心 O 最近的位置,为活塞的下止点(或下死点),见图 1-2(b)。

(4)活塞行程:为活塞上、下止点之间的距离。用 S 表示,常用单位为毫米(mm)。

(5)曲轴回转半径:曲轴回转中心 O 至曲柄销中心 O' 之间的距离,用 R 表示,如图 1-3 所示,单位为毫米(mm)。对于图 1-3 所示曲柄连杆机构,S 与 R 的关系可用式(1-1)表示。

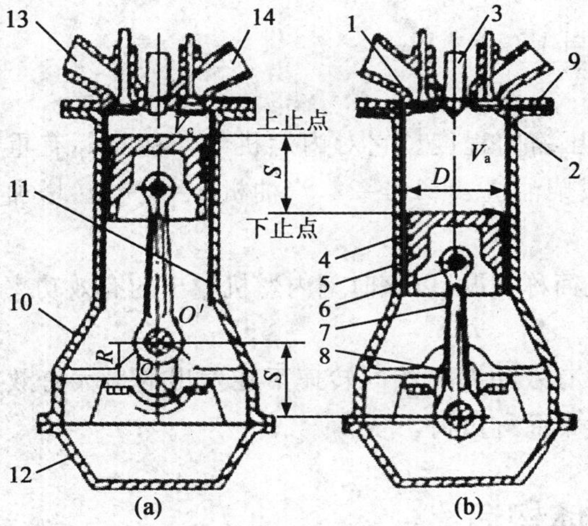

图 1-2　单缸四冲程柴油机简图

(a)活塞在上止点;(b)活塞在下止点

1-排气门;2-进气门;3-喷油器;4-气缸;5-活塞;6-活塞销;7-连杆;8-曲轴;9-气缸盖;10-机体;11-气缸套;12-曲轴箱;13-排气道;14-进气道

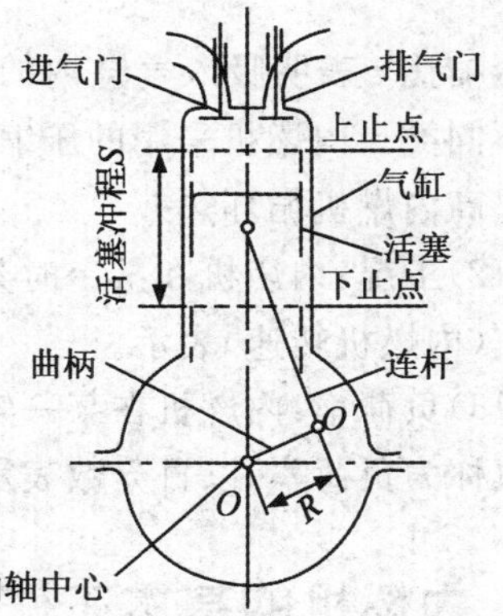

图 1-3　往复活塞式内燃机示意图

$$S=2R \tag{1-1}$$

(6)内燃机转速:内燃机发出动力直接或间接由曲轴输出,为了应用方便,用曲轴转速表示内燃机转速。常用字母 n(r/min) 和 ω(rad/s)表示,ω 与 n 关系为

$$\omega=\frac{\pi n}{30} \tag{1-2}$$

(7)燃烧室容积:当活塞位于上止点时,活塞顶面上方的容积为燃烧室容积。用 V_c 表示,单位为升(L)。

(8)气缸工作容积:活塞由上止点移动至下止点,活塞顶面所扫过的容积为气缸工作容积,又称气缸排量。用 V_s 表示,单位为升(L)。

$$V_s=\frac{\pi}{4}D^2\cdot S\times10^{-6} \tag{1-3}$$

式中:D 为气缸直径,mm。

(9)气缸总容积:当活塞位于下止点时,活塞顶面上方的容积为气缸总容积。用 V_a 表示,单位为升(L)。

$$V_a = V_c + V_s \tag{1-4}$$

(10)内燃机排量：内燃机各缸工作容积的总和，用 V_L 表示，单位为升(L)。

$$V_L = i \cdot V_s = i \cdot \frac{\pi}{4} \cdot D^2 \cdot S \times 10^{-6} \tag{1-5}$$

式中：i 为气缸数。

(11)压缩比：气缸总容积与燃烧室容积之比，用 ε 表示。

$$\varepsilon = \frac{V_a}{V_c} = \frac{V_c + V_s}{V_c} = 1 + \frac{V_s}{V_c} \tag{1-6}$$

压缩比 ε 表明吸入气缸内的新鲜充量被压缩的程度。它对内燃机的性能指标有重要影响。不同类型内燃机采用的压缩比不同，一般柴油机 $\varepsilon=16\sim22$，汽油机 $\varepsilon=6\sim9$。增加压缩比可提高内燃机循环热效率。

(12)工况：内燃机在某一时刻的运转状况简称工况，以该时刻内燃机输出的有效功率和曲轴转速(内燃机转速)表示。

(13)负荷率：内燃机在某一转速下发出的有效功率与相同转速下能发出的最大有效功率的比值称为负荷率，以百分数表示。负荷率通常简称负荷。

1.2 内燃机的基本工作原理和总体构造

内燃机气缸中每一次进行的将热能转变为机械能的一系列连续过程称为内燃机的一个工作循环(作一次功)。每一个工作循环都包括进气、压缩、膨胀-作功和排气四个过程。四冲程内燃机的一个工作循环是在活塞四个冲程即曲轴转两周的过程中完成的，而二冲程内燃机一个工作循环是在活塞两个冲程即曲轴转一周的过程中完成的。

1.2.1 四冲程柴油机的工作原理

柴油机使用的燃料是柴油，与汽油相比，柴油黏度大，不易蒸发，但其自燃温度较低，因此可燃混合气的形成及其在缸内点燃方式各有特点。图 1-4 为四冲程柴油机工作原理示意图。每个工作循环包括进气、压缩、膨胀-作功、排气四个冲程，曲轴转两周。

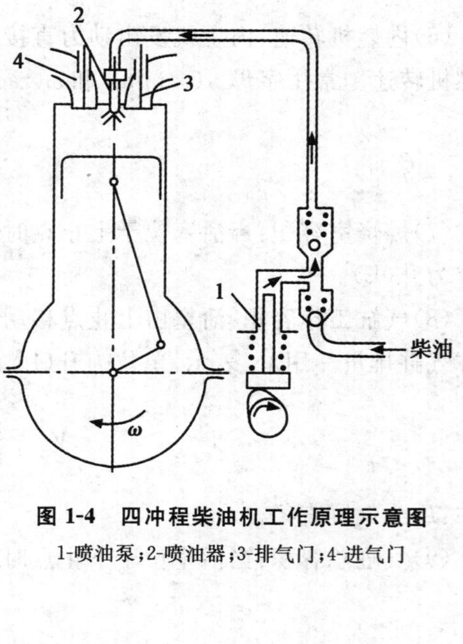

图 1-4 四冲程柴油机工作原理示意图

1-喷油泵；2-喷油器；3-排气门；4-进气门

1. 进气冲程

进气门 4 开启，排气门 3 关闭，活塞在曲轴的带动下从上止点向下止点移动，活塞上方的气缸容积增大，气缸内的压力逐渐降低至大气压以下，即在气缸内产生真空度，这样新鲜的纯空气经进气管道、进气门被吸入气缸。

为了分析工作循环中气体压力 p 和相应于活塞不同位置的气缸容积 V 之间的变化关系，经常利用发动机循环的示功图来表示活塞在不同位置时气缸内压力的变化情况。示功图中曲线所围成的面积表示内燃机整个工作循环中气体在单个气缸内所作的功。四冲程柴油机示功图如图1-5所示，进气冲程压力线为 r-a，进气始点 r 压力略大于大气压力 p_0，是因为此时活塞上方仍残存少量前一个工作循环未排净的废气（简称残余废气）。r 点压力 p_r 为0.104～0.117 MPa，进气冲程终点 a 的压力 p_a 受到空气滤清器及进气管道阻力的影响，低于 p_0，p_a 为0.08～0.095 MPa。进气终点介质（新鲜空气加残余废气）的温度 T_a 可达300～400 K，主要是高温零件加热与高温废气混合的结果。

2. 压缩冲程

活塞由下止点向上止点移动，进、排气门均关闭，缸内气体被压缩，使其压力和温度不断上升，如图1-5中 a-c 线。由于柴油机采用高压缩比（$\varepsilon=16\sim22$），压缩终点压力 p_c 为3～5 MPa，温度 T_c 为750～950 K，比该状态下柴油的自燃温度高出200～300 K，足以保证喷入缸内的柴油自燃。

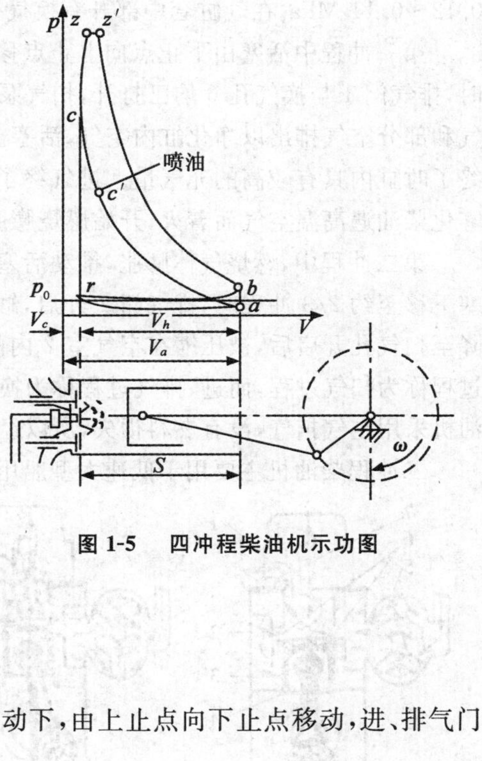

图1-5　四冲程柴油机示功图

为了充分利用燃料燃烧产生的热能，提高热效率，要求燃烧过程在活塞上止点稍后即迅速完成，使燃烧后的气体充分膨胀作功。考虑燃料喷入气缸后，须经过一段着火准备时间，因此，实际柴油机工作时，在压缩上止点前10°～35°曲轴转角即图1-5中 c' 点即将燃油喷入气缸。c' 点为喷油始点，它距上止点所对应的曲轴转角称为喷油提前角。a-c'-c 线为压缩行程气缸容积与缸内气体压力变化曲线。

3. 膨胀-作功冲程

膨胀-作功冲程简称作功冲程。活塞在燃气压力推动下，由上止点向下止点移动，进、排气门仍处于关闭状态。

由于压缩冲程末期部分喷入燃油已开始着火燃烧，进入本冲程后燃烧速率急剧增加，导致压力迅速升高，如图1-5中 c-z 段，相当陡，即压力升高率（$dp/d\varphi$，φ 为曲轴转角）大，造成柴油机工作较粗暴。此后出现了近似等压膨胀 z-z' 线，这是由于柴油喷射过程及与空气混合燃烧均需延续一段时间，此时虽然活塞下行，气缸容积有所增加，但缸内压力并不立即下降，直到 z' 点。其间最高压力 p_z 为6～9 MPa，最高温度 T_z 可达1 800～2 200 K。随着活塞被推动下移作功，缸内压力、温度逐渐下降，当活塞到达下止点时，作功冲程结束，其终点压力 p_b 为0.2～0.4 MPa，温度 T_b 为1 000～1 400 K。

4. 排气冲程

气缸内的混合气燃烧后成为废气。为使内燃机能够继续不断工作，就必须把废气排出机外。排气冲程活塞由下止点向上止点移动，排气门打开，废气被强制排出。排气过程中缸内压力与气缸容积变化如图1-5中 b-r 线。由于排气系统产生的流动阻力使排气终点 r 的压力 p_r

为 0.104～0.117 MPa，略高于外界环境压力 p_0，其温度 T_r 为 700～900 K。排气冲程结束时，活塞回到上止点。至此单缸柴油机活塞移动四个冲程，完成了一个工作循环。此后曲轴继续转动，上述各过程重复进行。

1.2.2 二冲程柴油机的工作原理

二冲程柴油机完成一个工作循环，活塞移动两个冲程，曲轴旋转一周，图 1-6 为二冲程柴油机工作原理示意图。

二冲程柴油机为提高充气量，装有机械式扫气泵 5，将空气进行压缩，使进气压力提高到 0.12～0.14 MPa。在气缸套中部开有换气孔 6，由活塞控制其开启和关闭。

第一冲程中活塞由下止点向上止点移动，如图 1-6(a)、(b)所示。活塞在下止点[图 1-6(a)]时，排气门 1 与换气孔 6 均已打开，扫气泵 5 及空气室 2 中的空气压入气缸，为进气过程，并把废气和部分空气排出以净化缸内空气，活塞上移时先关排气门 1，随即关闭换气孔 6，目的是使进气终了时缸内具有较高的充气量。进气终了即转入压缩空气过程，接近上止点时，喷油器 7 喷油，雾化柴油遇高温空气而着火，开始燃烧膨胀过程[图 1-6(c)]。

第二冲程中，燃烧气体膨胀，推动活塞自上止点向下止点移动，对外作功[图 1-6(d)]。当活塞下移至约 2/3 冲程时，排气门 1 开启，缸内废气经它开始排出，缸内压力迅速下降。当活塞下降至扫气孔开启后，被压缩在空气室 2 内的空气经扫气孔 6 进入气缸，将废气从缸内驱出，这一过程称为扫气过程，而进、排气过程称为换气过程，活塞到下止点，第二行程结束。由于二冲程柴油机采用空气扫气，没有燃料损失，所以经济性有所提高。

二冲程柴油机主要用于低速大型船用动力，某些载重汽车上也有采用。

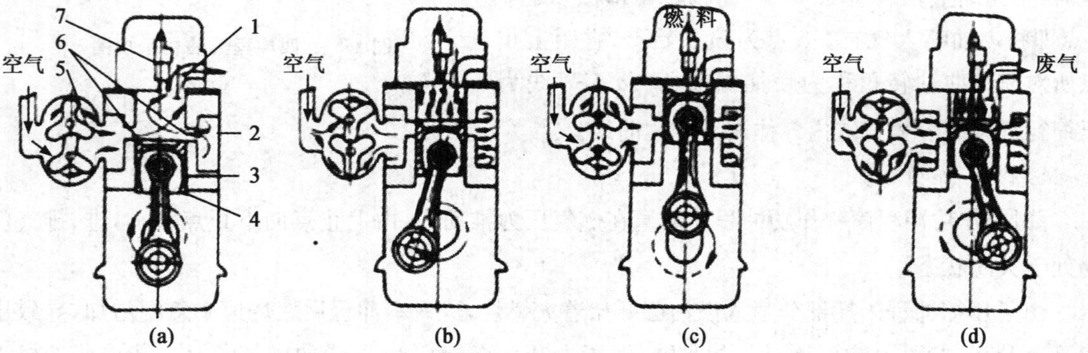

图 1-6 二冲程柴油机工作原理

(a)换气；(b)压缩；(c)作功；(d)排气

1-排气门；2-空气室；3-气缸；4-活塞；5-扫气泵；6-换气孔；7-喷油器

1.2.3 多缸四冲程内燃机的工作顺序

单缸四冲程内燃机一个工作循环只有一个作功冲程，对外作功，必然造成内燃机和工作机械回转均匀性差。为了提高均匀性，扩大功率覆盖面，改善平衡性，一般采用多个单缸机组合。凡具有两个或两个以上气缸，各缸内活塞连杆组均用同一根曲轴连接起来的内燃机称为多缸内燃机。多缸四冲程内燃机每一个气缸内的工作过程均同前述单缸四冲程内燃机，但同一时刻各缸内工作冲程的内容不同，它的工作循环周期也同单缸内燃机一样，为曲轴转两周。

为了满足回转均匀性要求，希望多缸内燃机一个工作循环周期内，各缸作功冲程始点间的时间间隔相等，由于气缸数目和排列方式不同，即使满足上述要求，也还存在各缸之间的先后顺序问题。各缸作功冲程顺序的排列，一般由多缸机的平衡性和各缸机械负荷、热负荷的均匀性来确定。对于一种机型，其工作顺序可以有两种或多种。如四缸四冲程内燃机常用工作顺序为 1-3-4-2 或 1-2-4-3。

各缸相同冲程始点间按工作顺序对应的曲轴转角为工作间隔角，或称发火间隔角，用 ϕ 表示。为获得较好的回转均匀性，按工作顺序排列的相邻两缸之间工作间隔角均相等，称为均匀发火，否则为不均匀发火。四冲程内燃机均匀发火间隔角为

$$\phi=\frac{720°}{i} \tag{1-7}$$

式中：i 为气缸数。

二冲程内燃机均匀发火间隔角为

$$\phi=\frac{360°}{i} \tag{1-8}$$

四缸四冲程内燃机工作顺序如图 1-7 和表 1-1 所示。

多缸二冲程内燃机工作顺序的分析方法与多缸四冲程内燃机相同。

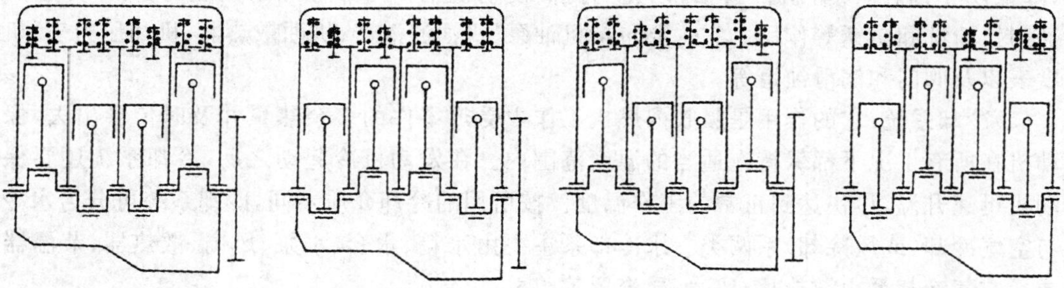

(a)　　(b)　　(c)　　(d)

图 1-7　四缸四冲程内燃机工作顺序示意图

(a)1 缸作功，2 缸排气，3 缸压缩，4 缸进气；(b)1 缸排气，2 缸进气，3 缸作功，4 缸压缩；(c)1 缸进气，2 缸压缩，3 缸排气，4 缸作功；(d)1 缸压缩，2 缸作功，3 缸进气，4 缸排气

表 1-1　四缸四冲程内燃机工作顺序表

曲轴转角/(°)	气缸名称 1	2	3	4	与图 1-7 的对应关系
0～180	作功	排气	压缩	进气	(a)
180～360	排气	进气	作功	压缩	(b)
360～540	进气	压缩	排气	作功	(c)
540～720	压缩	作功	进气	排气	(d)
气缸工作顺序	1-3-4-2-1				

1.2.4 内燃机的总体构造

内燃机将燃料热能转变为机械能,并能长期、稳定、高效、连续地对外作功,必须具有一定的机构和系统予以保证,且它们之间互相紧密联结、协调工作。不同类型和用途的内燃机,其机构和系统的形式可能不同,但其功能是完全一致的。内燃机的机构和系统一般由下列各部分组成。

(1)曲柄连杆机构:通常曲柄连杆机构由活塞组、连杆组、曲轴飞轮组三部分组成。它的作用是把活塞的往复运动转换为曲轴的旋转运动,同时将作用于活塞上的力转变为曲轴对外输出的转矩,以驱动车轮转动。由于该机构与机体组零件——气缸体、气缸盖、曲轴箱等在工作性能和相互配合上关系非常密切,因此在本书中将它们放在一起,组成广义的曲柄连杆机构。

(2)配气机构:它的作用是按照发动机的工作顺序和工作循环的要求,定时开启和关闭各缸的进、排气门,使新气进入气缸,废气从气缸排出,保证换气过程完善。它由气门组、传动组和驱动组组成。

(3)供给系统:供给系统包括燃料、空气供给与废气排出系统,它的作用是将燃料和空气及时供给气缸,并将燃烧后的废气及时排出机外。

(4)润滑系统:它的作用是在发动机工作时连续不断地把数量足够、温度适宜的洁净机油输送到全部传动件的摩擦表面,并在摩擦表面之间形成油膜,实现液体摩擦,从而减小摩擦阻力,降低功率消耗,减轻机件磨损,以达到提高发动机工作可靠性和耐久性的目的,并起到冷却、密封、清洗和防锈等作用。它主要包括机油泵、机油滤清器、机油散热器、机油压力表、机油温度表以及阀门和润滑油道等。

(5)冷却系统:它的作用是吸收内燃机工作中受热零件的多余热量并及时传导出去,保证发动机在所有工况下都保持在适当的温度范围内。在发动机冷起动之后,冷却系统还要保证发动机迅速升温,尽快达到正常的工作温度。按所用的冷却介质不同,冷却系统可分为水冷却系与空气冷却(或风冷却)系两类。水冷却系主要由水箱、水套、水泵、风扇、散热器、节温器等组成。空气冷却系由散热片、风扇、导流罩等组成。

(6)起动系统:它的作用是在正常使用条件下,带动发动机以足够高的转速运转,以顺利起动发动机。起动系统随起动方式的不同而有区别。最简单的是人力起动方式,适用于小型内燃机。而一般内燃机常采用起动电动机、起动汽油机或压缩空气等方式起动。为了方便起动,常配置减压机构、预热塞、电热塞等辅助起动装置。

柴油机一般都含有上述两个机构、四个系统。

(7)增压系统:有的柴油机装有增压系统。所谓增压,就是用提高气缸进气压力的方法,使进入气缸的空气密度增加,从而可以增加喷入气缸的燃油量,以提高柴油机输出的动力。

1.3 内燃机产品名称和型号编制规则

为了便于内燃机的制造、营销、使用和管理,我国于 2008 年对内燃机名称和型号编制方法重新审定并颁布了国家标准(GB 725—2008)。

内燃机产品名称均按所使用的主要燃料命名,例如柴油机(无代号)、汽油机(P)、压缩天然气机(CNG)、液化天然气机(LNG)、天然气机(T)、煤气机(M)。内燃机型号由阿拉伯数字和汉语拼音字母组成，包括四部分：

第一部分由制造商代号或系列符号组成，由制造商根据需要选择相应1～3位字母表示。

第二部分由气缸数、气缸布置形式符号、冲程形式符号、缸径符号组成。①气缸数：用1～2位数字表示；②气缸布置形式符号：无符号—多缸直列及单缸，V—V形，P—卧式；③冲程形式：四冲程时符号省略，二冲程用E表示；④缸径符号：一般用缸径或缸径/行程数表示，亦可用发动机排量或功率数表示，单位由制造商自定。

第三部分由结构特征符号、用途特征符号组成。①结构特征符号：无符号—冷却液冷却，F—风冷，N—凝气冷却，Z—增压，ZL—增压中冷，DZ—可倒转。②用途特征符号：无符号—通用型及固定动力，T—拖拉机，M—摩托车，G—工程机械，Q—汽车，J—铁路机车，D—发电机组，Y—农用车，L—林业机械。

第四部分为区分符号。同系列产品需要区分时，制造商可选用适当符号表示。

例如：

(1)G12V190ZLD柴油机——12缸，V形，四冲程，缸径190 mm，冷却液冷却，增压中冷，发电用，G为系列代号；

(2)R175A柴油机——单缸，四冲程，缸径75 mm，冷却液冷却，通用，R为系列代号，A为区分符号；

(3)YZ6102Q柴油机——6缸直列，四冲程，缸径102 mm，冷却液冷却，汽车用，YZ为扬州柴油机厂代号；

(4)12V135ZG柴油机——12缸，V形，四冲程，缸径135 mm，冷却液冷却，增压，工程机械用；

1.4　内燃机主要性能指标

评价和分析内燃机的性能指标主要有动力性、经济性、使用性和低公害性等，每项指标均含多个项目，现仅将常用的指标介绍如下。

1. 动力性指标

(1)有效转矩：通过内燃机飞轮对外输出的转矩称为有效转矩，它与施加于内燃机输出动力端的外界阻力矩相平衡。用t_q表示，单位为N·m。

(2)有效功率：内燃机对外输出的功率为内燃机有效功率。用P_e表示，单位为kW。它等于有效转矩与曲轴转速的乘积：

$$P_e=\frac{t_q\cdot n}{9\ 550} \tag{1-9}$$

式中：t_q为有效转矩，N·m；n为曲轴转速，r/min。

内燃机的有效转矩和曲轴转速常用水力、电涡流或电力测功机直接测取，由公式(1-9)算出的有效功率表示该测试工况下的有效功率。

内燃机产品铭牌上标出的为标定工况下的有效功率及相应转速，称为标定功率和标定转速。目前按国家标准规定，内燃机标定功率分为四级：

①15 min功率：在标准环境条件下，内燃机连续运转15 min的最大有效功率。

②1 h 功率：在标准环境条件下，内燃机连续运转 1 h 的最大有效功率。

③12 h 功率：在标准环境条件下，内燃机连续运转 12 h 的最大有效功率。

④持续功率：在标准环境条件下，内燃机以标定转速允许长期连续运转的最大有效功率。

一般来说，15 min 功率适用于汽车、摩托车、摩托艇等的功率标定；1 h 功率适用于工业拖拉机、工程机械、内燃机车等的功率标定；12 h 功率适用于农用拖拉机、农业排灌动力、内河船舶等的功率标定；持续功率适用于电站、船舶及农业排灌动力等的功率标定。

2. 经济性指标

目前常用的经济性指标为燃油消耗率，它是内燃机每输出 1 kW·h 功消耗的燃油量，用 b_e 表示，单位 g/(kW·h)。其计算公式为

$$b_e = B/P_e \cdot 10^3 \tag{1-10}$$

式中：B 为内燃机每小时的耗油量，kg/h，由试验测取；P_e 为内燃机有效功率，kW。

降低燃油消耗率对降低内燃机的使用费用、资源的合理使用、改善生态环境等都具有重大意义，历来受到重视，且逐年降低。目前柴油机燃油消耗率一般为 240～395 g/(kW·h)。

3. 强化指标

强化指标是指发动机承受热负荷和机械负荷能力的评价指标，一般包括升功率和强化系数等。

(1)升功率：发动机在标定工况下，单位发动机排量输出的有效功率称为升功率，记作 P_L。升功率大，表明每升气缸工作容积发出的有效功率大，发动机的热负荷和机械负荷都高。

(2)强化系数：平均有效压力与活塞平均速度的乘积称为强化系数，记作 $p_{me}v_m$。

活塞平均速度是指发动机在标定转速下工作时活塞往复运动速度的平均值，它与发动机转速的关系为

$$v_m = \frac{Sn}{30} \times 10^{-3} \tag{1-11}$$

式中：v_m 为活塞平均速度，m/s；S 为活塞行程，mm；n 为发动机标定转速，r/min。

不论是活塞平均速度高，还是平均有效压力大，均使发动机的热负荷和机械负荷增高。因此，强化系数表征了发动机的强化程度。随着发动机技术的不断进步，其强化程度愈来愈高。

4. 可靠性指标

内燃机的可靠性是指内燃机在设计规定的使用条件下，具有持续工作、不因故障而影响内燃机正常工作的能力。在我国，可靠性指标通常是以在保证期(或保险期)内不停车故障次数、停车故障次数以及更换主要零件和非主要零件的数目来表示。

主要零件指气缸盖、活塞、活塞环、活塞销、连杆、连杆轴瓦、连杆螺钉、曲轴、机体、曲轴箱、凸轮轴、进排气门、气门弹簧、摇臂、调速器弹簧、调速器飞锤和销子、高压油泵凸轮轴与柱塞精密副、出油阀偶件、机油泵齿轮、驱动齿轮、增压器等。其他零件为非主要零件。

5. 耐久性指标

耐久性指标是指内燃机开始使用到第一次大修前累计运转的小时数或车辆行驶的千米数。它是表征内燃机寿命的指标。

我国目前适用标准为《拖拉机禁用与报废》(GB/T 16877—2008)。

思考题

1. 拖拉机发动机有哪些类型?

2. 四冲程柴油机由哪些机构与系统构成?各自的功能是什么?

3. 发动机的性能指标包括哪些?

4. 迪尔 JD1204 拖拉机,发动机型号 LR6A3Z-21,缸径和冲程为 105 mm×125 mm,压缩比 17,计算气缸工作容积、燃烧室容积和发动机排量。

第 2 章　曲柄连杆机构

2.1　概述

曲柄连杆机构是往复活塞式内燃机的主要工作机构，它是把燃气作用在活塞顶上的力转变为曲轴的转矩，向工作机械输出作功，并把活塞的往复运动转换为曲轴的旋转运动（图 2-1）。

曲柄连杆机构的主要零件可以分成四组：活塞组、连杆组、曲轴飞轮组和机体组。

内燃机作功时，气缸内最高温度可达 1 800～2 200 K 或以上，最高燃气压力可达 13～15 MPa，最高转速可达 5 000 r/min。此外，与可燃混合气和燃烧废气接触的机件（如气缸体、气缸盖、活塞组）还将受到化学腐蚀。因此，曲柄连杆机构工作条件的特点是高温、高压、高速和化学腐蚀。在进行曲柄连杆机构设计、使用、故障分析时应充分考虑这一特点。

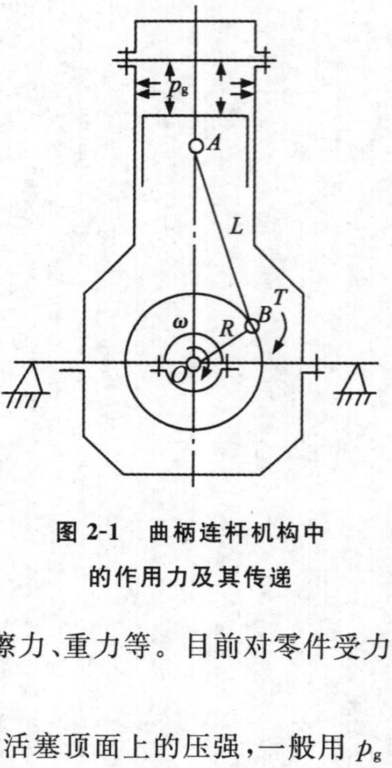

图 2-1　曲柄连杆机构中的作用力及其传递

曲柄连杆机构工作受力情况很复杂，一般均为周期交变载荷。它对零件的影响主要表现在应力、应变、疲劳损坏、断裂、屈服、磨损等，对内燃机及其配套装置的可靠性、耐久性、振动、噪声均有重大影响，历来受到重视。其主要力源有气体力、零件自身变速运动产生的惯性力以及摩擦力、重力等。目前对零件受力分析时只考虑气体力与惯性力，其他力数值较小，予以忽略。

(1)气体压力与气体力：气体压力指气缸内的气体作用在活塞顶面上的压强，一般用 p_g 表示。则气体力

$$F_g=(p_g-p_0)S_p \tag{2-1}$$

式中：S_p 为活塞投影面积，$S_p=1/4\cdot\pi D^2$，D 为气缸直径；p_0 为曲轴箱内气体压力，在计算时一般取大气压（0.1 MPa）。

p_g 一般用实测示功图得到，图 2-2 为非增压四冲程柴油机实测示功图。每个工作循环的四个冲程中，气体压力始终存在，但由于进气、排气两个冲程中气体压力较小，对机件影响不大，故这里主要研究压缩和作功冲程中气体压力的变化。燃气压力的特点是峰值很大，非增压柴油机可达 7～9 MPa，且在上止点附近压力的变化率（$dp_g/d\varphi$）很大，因而带有冲

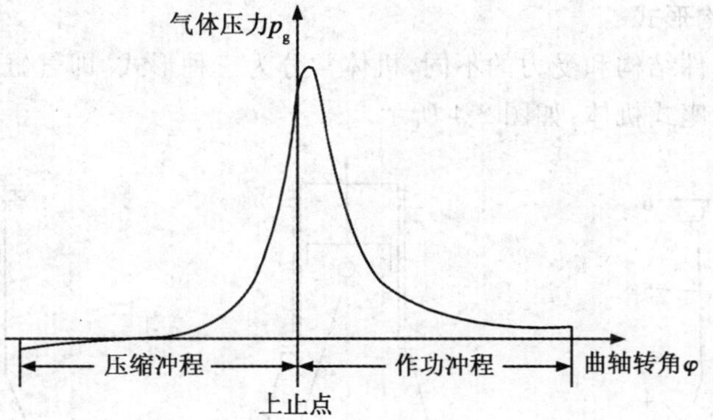

图 2-2 内燃机缸内气体压力变化

击性。

(2)往复惯性力与离心惯性力:气缸内作往复运动的零件如活塞组连杆小头,将产生往复惯性力 $\boldsymbol{F}_i$。曲柄与连杆大头绕其曲轴回转中心 O 作旋转运动时,将产生离心惯性力 $\boldsymbol{F}_R$。单缸机的曲柄连杆机构工作时,同时有这两种力产生,如图 2-3 所示,多缸机工作时,除各缸曲柄连杆机构产生往复惯性力和离心惯性力外,各力对其通过曲轴中央与曲轴轴线垂直的平面还将产生力矩,即离心惯性力矩和往复惯性力矩。这些力和力矩的特点是它们均有周期交变特性,其变化规律取决于运动件质量和运动学性质。它们的影响不仅在零件本身,还可传至机外,成为内燃机主要的振动源和噪声源之一。

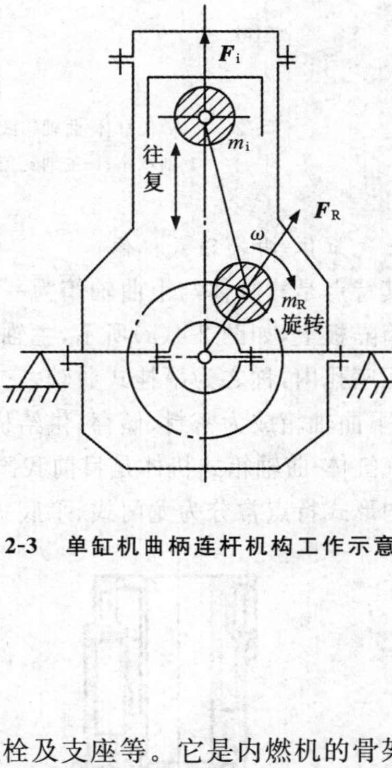

图 2-3 单缸机曲柄连杆机构工作示意图

2.2 机体组

机体组包括气缸体、曲轴箱、气缸盖、气缸垫、缸盖螺栓及支座等。它是内燃机的骨架和基础,内燃机上其他零件均直接或间接固定在它上面。它的刚度和强度直接影响整机的工作性能,因此,在保证机体的刚度和强度的情况下,重量轻、工艺性好是机体设计的核心。

2.2.1 气缸体-曲轴箱

气缸为活塞在其中运动、为其导向的圆柱形空间。支承和固定气缸的整体称为气缸体。形成曲轴及连杆大头运动空腔的实体称为曲轴箱。曲轴箱一般分为上、下曲轴箱两部分。水冷式内燃机的上曲轴箱常与气缸体为一体,以提高刚度,简化工艺,常把气缸体-上曲轴箱简称气缸体-曲轴箱。气缸体与曲轴箱的组合体称为机体。

2.2.1.1 机体的结构形式

根据机体主要零件结构和受力的不同，机体常分为三种形式，即气缸体-曲轴箱式机体、独立气缸体式机体和机座式机体，如图 2-4 所示。

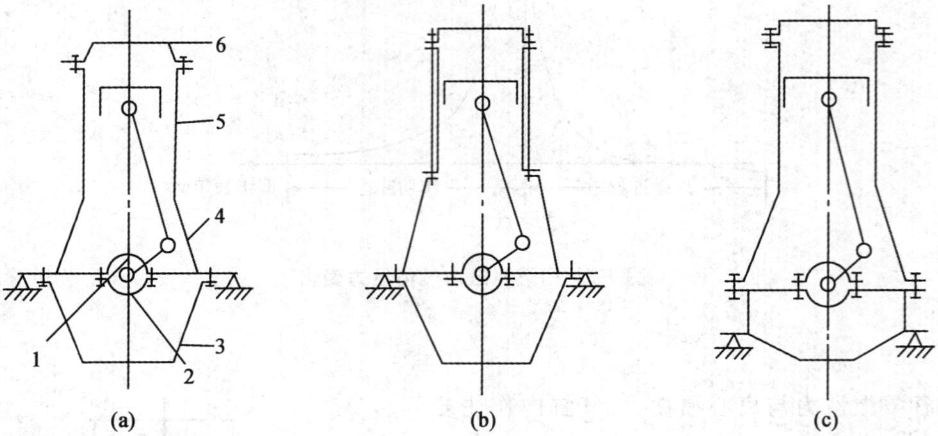

图 2-4 机体结构类型

(a)气缸体-曲轴箱式机体；(b)独立气缸体式机体；(c)机座式机体

1-轴承座；2-主轴瓦盖；3-下曲轴箱；4-上曲轴箱；5-气缸体；6-气缸盖

1. 气缸体-曲轴箱式机体

其特点是气缸体与上曲轴箱为一体，其断面面积大，使机体刚度好。其主轴瓦座固定在上曲轴箱隔板上，如图 2-4(a)所示，主轴瓦盖用主轴瓦螺栓紧固于主轴瓦座上，而曲轴被吊挂在主轴瓦座孔内，称之为吊挂式曲轴，它使作用于曲轴和气缸体上曲轴箱的力不传到下曲轴箱，因此，下曲轴箱成为密封、储存、供给机油的装置，俗称为油底壳。

气缸体-曲轴箱式机体是目前我国内燃机应用最广泛的一种形式，是本书讨论的重点。按其结构形式特点常分为龙门式、平底式和隧道式，如图 2-5 所示。

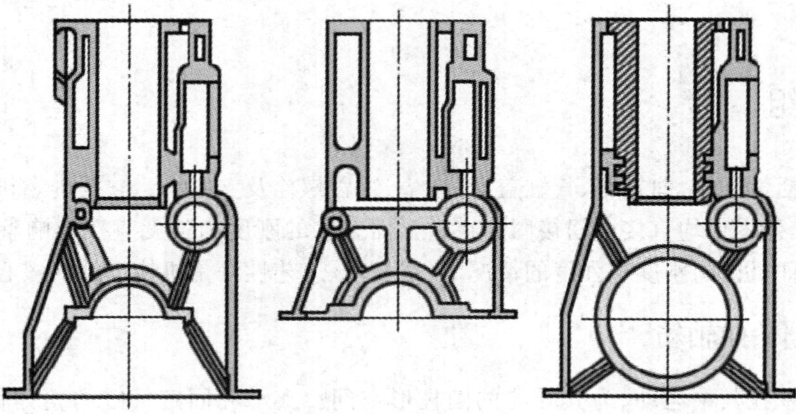

图 2-5 气缸体-曲轴箱式机体的类型

(a)龙门式；(b)平底式；(c)隧道式

(1)龙门式机体:它的结构特点是上曲轴箱底面低于主轴瓦座孔水平中心线,其下沉量称为龙门高度。该形式机体由于有较大的断面面积,因此刚度较好且随着龙门高度增加而增大,曲轴拆装也较方便,目前广泛应用于各种内燃机上。

(2)平底式机体:它的结构特点是上曲轴箱底平面与主轴瓦孔水平中心线基本在同一水平面内。这种机体加工和曲轴拆装较方便,但刚度较龙门式机体差些,多用于刚度要求不高、重量轻的车用汽油机上。

(3)隧道式机体:它的结构特点是上曲轴箱内设有整体式主轴瓦座孔,因而具有较大的断面面积,是三种机体中刚性最好的,但重量较大,且曲轴安装时必须装好主轴瓦后从机体后端装入。一般与组合式盘式曲轴配合使用。

2. 独立气缸体式机体

它的特点是气缸体与上曲轴箱分开制造,然后用螺栓连接起来。该型机体主要用于风冷内燃机,以满足气缸体外风冷散热片制造的需要,获得较好的工艺性。其曲轴也采用吊挂式。

3. 机座式机体

它的特点是下曲轴箱作为机座,主轴瓦座位于其上,曲轴卧置于主轴瓦座,并用主轴瓦盖压紧,因而下曲轴箱承受气体力和惯性力及力矩作用,这一点与上述两种不同。机座式机体主要用于固定式内燃机上,如作为船用、发电、排灌等动力装置。

2.2.1.2 机体常用材料

内燃机机体结构复杂、重量大、耗金属多,其材料一般为优质灰铸铁,铸造成形,少数强化柴油机为了提高机体强度采用球墨铸铁,有些内燃机为提高耐磨性采用合金铸铁。风冷式内燃机机体则多采用铸造铝合金或灰铸铁。对于吊挂式曲轴的下曲轴箱(油底壳),由于受力很小,可采用薄钢板冲压成形。

2.2.1.3 气缸套

气缸内表面称为缸壁或气缸镜面,它的工作条件较差。内燃机工作时,受到高温、高压燃烧气体的作用,并承受活塞传来的侧压力和摩擦力。活塞在缸壁上高速滑动,与缸壁成为一对摩擦副,由于润滑条件较差,必将导致比较严重的磨损。磨损到一定程度,活塞与活塞环之间的密封作用逐渐消失,大量燃气流入曲轴箱,压缩终点的压力、温度下降,使整机性能恶化。因此,气缸壁的磨损程度是确定内燃机大修期的主要指标之一。提高气缸壁的耐磨性可从材料、加工精度和工艺措施等方面来考虑,气缸体一般选用优质灰铸铁,为了提高气缸的耐磨性可在铸铁中加入少量合金元素如镍、钼、铬等成为合金铸铁机体。如将气缸直接在气缸体上加工出来,即所谓的整体式气缸(无缸套气缸)。这种方法的缺点是气缸体的磨损仅发生在气缸壁,而其他部分的耐磨性要求并不高,将造成合金材料的浪费。目前大多数内燃机,为了提高气缸的耐磨性和使用寿命,根据缸数加工出一个或多个独立的圆柱孔,然后将气缸套压入孔内。这样,可选用耐磨性好的材料制造气缸套,以延长气缸体寿命,而机体则可用普通灰铸铁或铝合金材料制造。铝合金耐磨性较差,作为气缸体材料时必须镶气缸套。

气缸套按其是否与冷却水接触分为湿式和干式两种,其外表面不直接与冷却水接触的为干式气缸套,如图 2-6(a)所示;与冷却水接触的气缸套为湿式气缸套,如图 2-6(b)所示。

1. 干式气缸套

干式气缸套一般为壁厚 1~3 mm 的薄壁圆筒形结构,压入气缸体圆柱形孔中。由于气缸

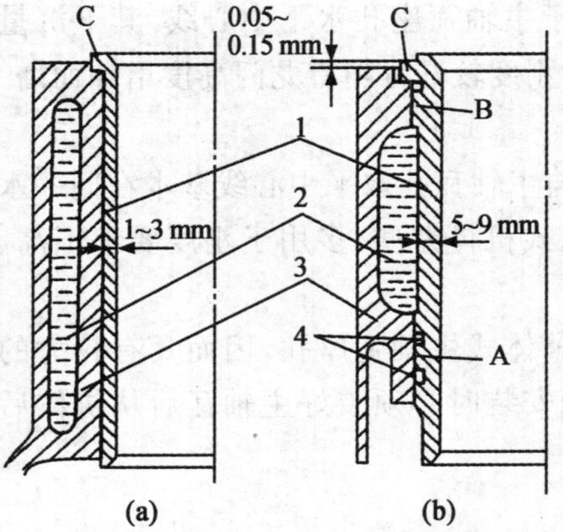

图 2-6 机体局部

(a)干式气缸套机体；(b)湿式气缸套机体

1-气缸套；2-冷却水；3-气缸体；4-密封圈

套不直接与冷却水接触，它仍保持了整体式气缸的优点：气缸体的刚度较好，缸心距可以选取较小值。主要缺点是拆装较困难，气缸套与气缸体配合的表面加工要求较高，散热条件较差。因此有些干式气缸套设计带有凸肩 C 或气缸套外表面镀铜等方法以改善上述缺点。干式气缸套由于散热条件较差，常在气缸直径小于 120 mm 的内燃机中应用。整体式缸体气缸壁磨损、多次镗修后，为恢复到原来的缸径尺寸，也可装入薄壁干式气缸套，以作修复之用，使气缸体不致因气缸壁的磨损而报废。

2. 湿式气缸套

湿式气缸套是壁厚大于 5 mm 的圆筒形零件，它的优点是冷却效果好，因此在大缸径柴油机上应用非常广泛。它使气缸体的铸造、清砂比较方便，气缸套的拆装、维修也较容易。主要缺点是它削弱了气缸体的刚度，对定位、密封防漏要求严格，为此必须采取相应措施。如图 2-6(b)所示，气缸套的外表面有两个保证径向定位的凸出环带 A 和 B，保证轴向定位的是带凸肩的环带 C。湿式气缸套的密封对象有气体、水和油底壳的机油，因此气缸套上端应密封气体和水，既防止水进入气缸又防止气体进入水套；下端密封水和机油，既防止水流入曲轴箱又防止机油进入水套。气缸套上、下端密封装置如图 2-7 所示。气缸套顶面略高出气缸体上平面 0.05～0.15 mm，这样紧固气缸盖螺栓时，可将气缸套高出气缸体上平面部分与气缸垫压得更紧，使上密封面 5[图 2-7(b)]更好地防止气缸内高压气体和冷却水窜漏，同时也有利轴向定位，有的还在上密封面加紫铜垫 6[图 2-7(a)]提高密封效果，改善工艺性。

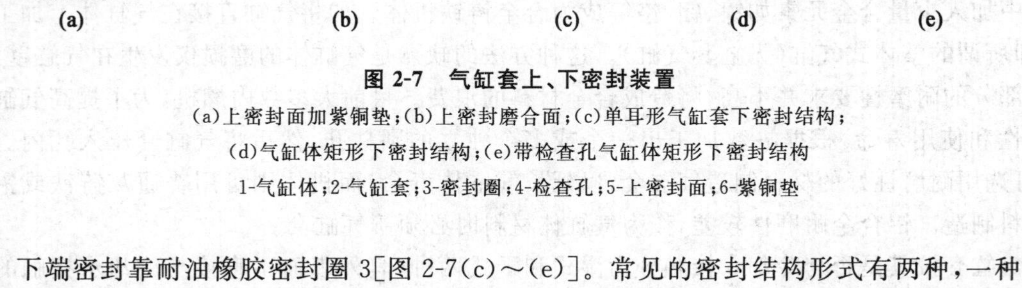

图 2-7 气缸套上、下密封装置

(a)上密封面加紫铜垫；(b)上密封磨合面；(c)单耳形气缸套下密封结构；

(d)气缸体矩形下密封结构；(e)带检查孔气缸体矩形下密封结构

1-气缸体；2-气缸套；3-密封圈；4-检查孔；5-上密封面；6-紫铜垫

下端密封靠耐油橡胶密封圈 3[图 2-7(c)～(e)]。常见的密封结构形式有两种，一种将密封环槽开在缸套上[图 2-7(c)]，另一种将密封环槽开在气缸体上[图 2-7(d)、(e)]，其密封环槽断面形状常为单耳形[图(c)]和矩形[图(d)和(e)]，为了便于从外面观察到密封圈是否失效，在有些气缸体上开检查孔 4，如发现有水或油漏出，则说明密封圈已损坏。

2.2.2 气缸盖、气缸盖螺栓与气缸垫

2.2.2.1 气缸盖

气缸盖装于气缸体上部，它的基本作用是封闭气缸上部，并与活塞顶部和气缸壁一起组成燃烧室，图 2-8 为 SL3100 型柴油机气缸盖总成图。

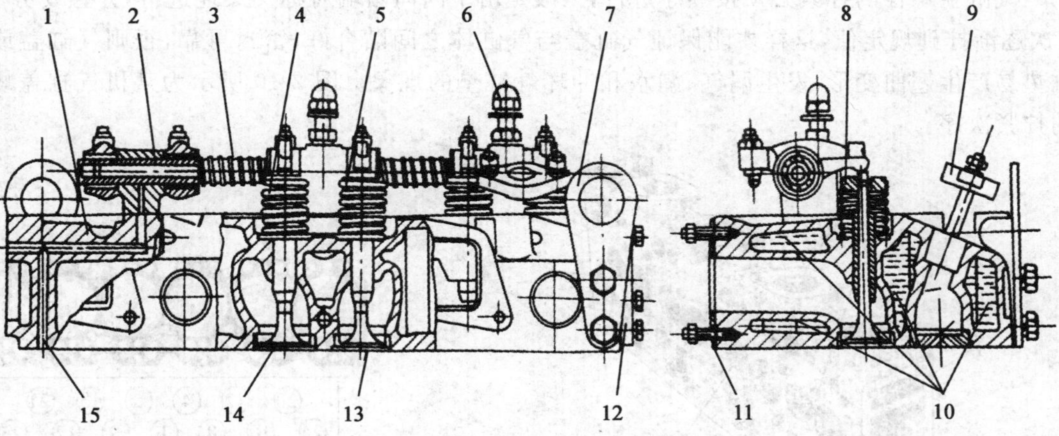

图 2-8 SL3100 型柴油机气缸盖总成

1-气缸盖；2-摇臂座；3-摇臂轴弹簧；4-进气门弹簧；5-排气门弹簧；6-摇臂座螺栓；7-吊环；8-气门弹簧上座；9-喷油器压板；10-水套；11-排气管衬垫；12-后端盖；13-排气门；14-进气门；15-油道

对于不同类型的内燃机，气缸盖上配置的装置不同，其结构也有差异。图 2-8 所示为四冲程水冷涡流室式柴油机气缸盖，其上布置有水套、油道、进排气道、气门座孔、气门导管、摇臂轴总成、涡流式燃烧室、喷油器孔和压紧缸盖的螺栓孔等。汽油机的燃烧室也多在气缸盖上，另有火花塞孔，与同类型柴油机相似，因此气缸盖是一个结构复杂的铸件。它失效的主要形式为密封面（底面）过量变形而丧失密封性和局部热裂，如因底部气门口、喷孔形成的鼻梁三角区及气道、水道壁开裂等而漏水、漏气。

气缸盖材料多用优质灰铸铁，少数汽油机采用铝合金铸造，因铝合金导热性优于铸铁，有利于提高压缩比，但刚度低、易变形。

多缸水冷式内燃机气缸盖结构形式有三种：一列气缸中共用一个缸盖的称为整体式缸盖（图 2-9），两个或三个气缸共用一个缸盖的称为分体式缸盖，每一个气缸配置一个气缸盖则为单体式气缸盖。整体式气缸盖优点是可使缸心距缩小，对增大机体刚度有利，但自身刚性差、易变形，局部损坏需整个缸盖更换，因此一般用于气缸直径较小的多缸内燃机上。分体式气缸盖使自身刚性提高，便于产品系列化，但螺栓布置较困难。单体式气缸盖与整体式气缸盖的优缺点正好相对，它多用于大缸径柴油机上。

2.2.2.2 气缸盖螺栓

气缸盖螺栓是紧固气缸盖和气缸体的连接件，它的数目及分布位置对气缸盖、气缸体的受力情况，缸盖密封的可靠性以及气缸套的变形，都有一定影响。

气缸盖螺栓由于需承受较大的周期交变载荷，一般都用优质合金钢制造。

为了保证气缸盖与气缸体结合面的密封可靠，气缸盖螺栓必须有一定的预紧力，而且还必

须按一定的次序拧紧。预紧力通常都用拧紧力矩来表示和检查，各种型号内燃机在出厂时都规定了气缸盖螺栓冷态或热态拧紧力矩值，必须严格执行。对于铝合金气缸盖，若在工作中（热态）发现漏气现象，必须待内燃机冷车后，松开全部螺栓，重新按规定拧紧，也可在热态按热态规定值进行复核，不可按冷态值复核，因为铝气缸盖受热膨胀比钢螺栓大。铸铁缸盖可以在发动机热态最后拧紧复核。

气缸盖螺栓的拧紧必须按顺序进行，一般是由中间向两端对称交叉地进行，并且要分 2～3 次逐渐拧到规定值，这样才能保证气缸盖与气缸体之间贴合好，密封可靠，否则气缸盖或气缸垫易产生翘曲变形，发生漏气、漏水和冲坏气缸垫的现象。图 2-10 所示为某机气缸盖螺栓的拧紧次序。

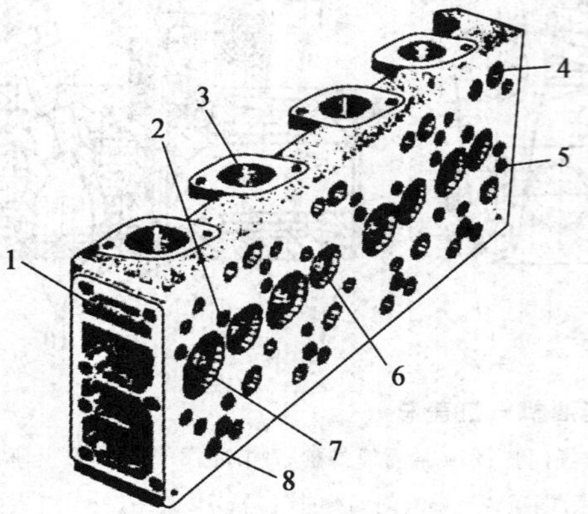

图 2-9 四缸柴油发动机气缸盖

1-冷却液出水道；2-喷油器孔；3-进气道；4-冷却液孔；5-缸盖螺栓孔；6-排气门座孔；7-进气门座孔；8-冷却液进水道

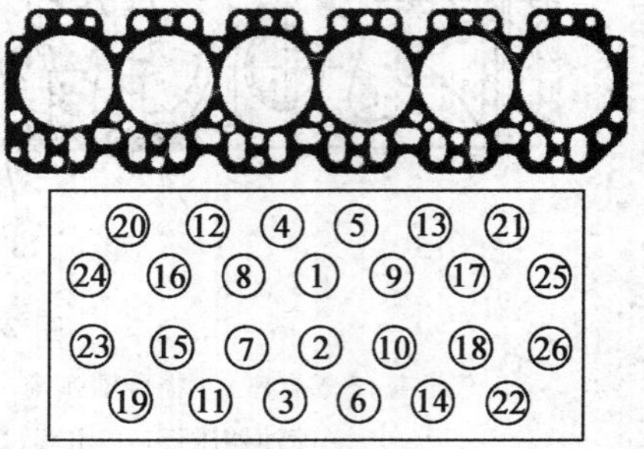

图 2-10 气缸盖螺栓拧紧次序示意图

2.2.2.3 气缸垫

对于目前广泛采用的气缸盖-气缸体分开式内燃机，其结合面的密封是保证内燃机正常工作的重要问题之一。密封介质为燃气、机油和冷却水（水冷式内燃机），为二相三介质流体，其物理、化学性能差别较大，密封的核心是气缸内的燃气。密封的方法当前仍以在结合面处加气缸垫方式应用较多。气缸垫置于气缸盖与气缸体结合面之间，在气缸盖螺栓预紧力的作用下，利用气缸垫自身的变形来补偿气缸盖、气缸体结合面之间的粗糙度、不平度以及结合面的变形，以保证可靠的密封。气缸垫除了承受气缸盖螺栓预紧压力外，在内燃机工作时还承受周期交变高温、高压的燃气压力载荷，产生机械变形、热变形，与水和机油接触部分还受到油、水的腐蚀。因此，为了保证密封的可靠性，气缸垫应满足如下要求：

（1）具有补偿结合面粗糙度、不平度所必需的柔性以及补偿结合面变形所必需的弹性。

（2）具有足够的机械强度，能够承受气缸盖螺栓预紧压力和接合面的变形力，在高温、高压气体作用下不易损坏。

（3）具有耐热性，在高温下不致烧坏。

（4）具有耐腐蚀性，对密封气体、机油、冷却水有一定抗蚀能力。

（5）结构简单，拆装方便，可重复使用。

目前广泛采用的是外廓尺寸与气缸盖底面相同的整体式气缸垫，如图 2-11 所示，其上有气缸孔、水道孔、油道孔、缸盖螺栓孔、推杆孔等。除缸盖螺栓孔外，其他孔周围必须对气、水、油进行密封，采取孔边强化密封措施。

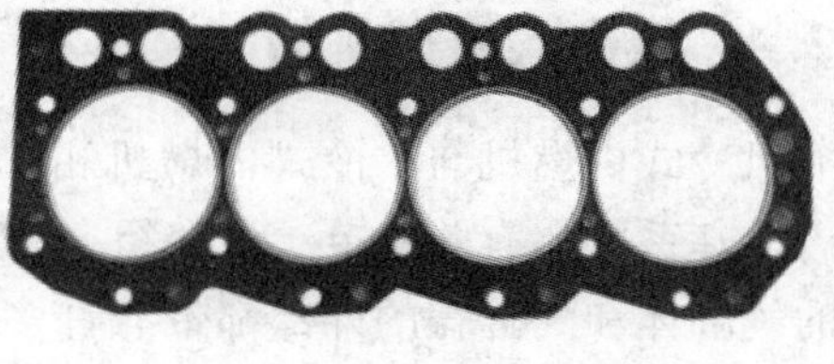

图 2-11　气缸垫的结构

内燃机强化程度不同，对气缸垫要求的侧重点和程度不同，气缸垫的材料和结构也有所区别。

常用气缸垫有两种结构形式，即软材料-金属夹层结构气缸垫和金属-橡胶涂层结构气缸垫。前一种类型的气缸垫在中心部位以编织钢丝网或多孔钢板为骨架，两面采用橡胶黏结剂和石棉压制成垫片，外表面涂上硅橡胶、石墨粉等润滑剂，并在缸孔周围等高温区用金属包边。此类型气缸垫有很好的弹性，在燃烧室区域具有较高的耐热性能；对不同的零部件刚度均具有补偿能力，在发动机运行时，对不同的温度、压力循环都有较好的回弹能力，且能多次重复使用；抗润滑油和冷却液的腐蚀性强。然而其厚度和重量的均一性较差，不利于控制燃烧室容积和压缩比，燃烧效率低；气缸垫本身强度不足，易于损坏、被烧蚀，因此这类气缸垫多用在中小功率的发动机中。近年来越来越多的国家禁止使用石棉材料，这种气缸垫的使用也越来越少。

大功率、高压缩比、高转速的发动机基本上都使用金属-橡胶涂层结构气缸垫。这种类型气缸垫采用 1～2 层钢板铆接或焊接而成，在缸孔、水孔、油孔等需要密封位置周围冲压出一定高度的凸筋，气缸垫装配后利用凸筋的压缩弹性变形实现密封，并在垫片两侧涂一定厚度的硅橡胶、氟橡胶等密封层。该类气缸垫耐热、耐压、耐腐蚀，不易损坏；垫片厚度、重量均匀，精度高。但它的密封筋接触面积小，接近线接触，难以补偿缸体、缸盖较大的表面不平度，对缸体和缸盖密封面的加工精度要求较高；要求缸盖螺栓有较大的压紧力和稳定的工作拉力，以减小密封筋的变形频次；气缸垫拆机后不能重复使用，需更换新零件，使用和维修成本较高。

2.2.3　下曲轴箱(油底壳)

车用内燃机多采用吊挂式曲轴，因此下曲轴箱受力很小，除了密封散热作用外，还利用此空间存储润滑油，因此俗称油底壳。其常用结构如图 2-12 所示。一般采用薄钢板冲压或用铸铁(或铝)铸造成形。油底壳的结构形状决定于发动机的总体布置和润滑油存储、供给的需要。为了保证发动机纵向倾斜时，机油泵的集滤器都不露出油面，油底壳局部做得较深，为防止车辆振动时油面波动过大，油底壳内设有挡油板。油底壳底部设有放油塞，以保证把油放净，有的放油塞用磁铁制造，吸集油中金属铁屑，以减少发动机磨损。油底壳油面高度不可过高或过低，通过油尺检查。油尺有两道刻线表征油平面最高、最低位置，当发动机处于静态水平位置时，其正常油平面高度应在两道刻线之间。

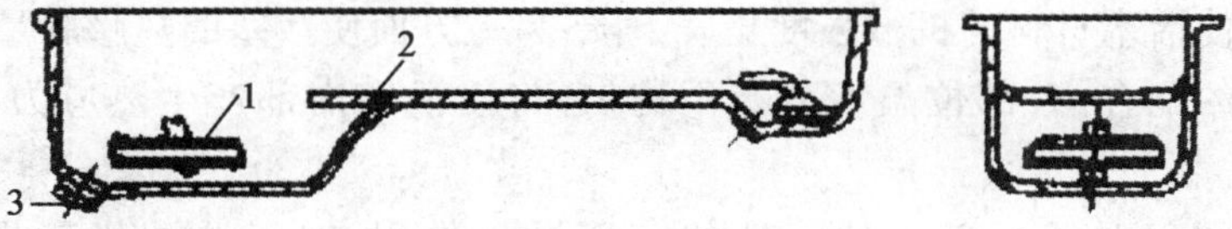

图 2-12　油底壳的结构

1-集滤器；2-挡油板；3-放油塞

2.2.4　风冷式内燃机的气缸体和气缸盖

风冷式内燃机与水冷式内燃机相比，构造上的主要差别在于冷却系、机体和气缸盖等部分。冷却系将在有关章节予以介绍，现将风冷式内燃机气缸体及气缸盖介绍如下：风冷式内燃机的气缸体和气缸盖的外部都带有许多散热片(图 2-13)，由内燃机本身驱动的冷却风扇，通过流动的空气把多余的热量散走。为了铸造和加工方便，风冷式内燃机的气缸体通常和曲轴箱分开，成为独立零件，然后通过螺栓连接。同理，多缸风冷内燃机气缸盖多采用单体缸盖，因此同一种零件可以相互通用，有利于产品系列化。

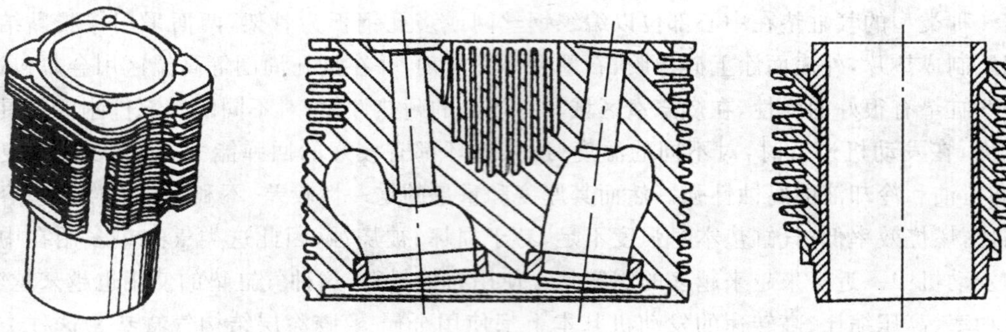

(a)　(b)　(c)

图 2-13　风冷式内燃机气缸体和气缸盖

(a)气缸体；(b)气缸盖；(c)双金属气缸体

2.3　活塞组

活塞组由活塞、活塞环、活塞销等零件组成。

2.3.1　活塞

2.3.1.1　作用和工作条件

1. 作用

活塞的作用是承受气缸中气体的压力，并将此力通过活塞销传给连杆。活塞顶面与气缸盖、气缸壁共同组成燃烧室。

2. 工作条件

由于活塞顶部直接与高温、高压燃气接触且在气缸内高速滑动，因此它的工作条件十分恶劣。它与最高温度可超过 2 200 K 的燃气直接接触，且各部位温度分布不均匀，存在较大温差。高温一方面使活塞材料的机械强度显著下降，另一方面使活塞的热膨胀量增大，容易破坏活塞与相关零件的配合，各部位温度分布不均匀，将使活塞内部产生热应力，严重时将导致热裂。

活塞在作功冲程时承受着带冲击性的高压燃气作用，对于柴油机其最大值可达 6～9 MPa，增压时则更高，还有惯性力和侧向力的作用，使活塞各部位产生周期交变的拉伸、压缩和弯曲应力，与缸壁接触面承受冲击、挤压和摩擦载荷。因此活塞必须具有足够的强度、刚度和耐磨性，且质量和热膨胀系数小、导热性好。

2.3.1.2　活塞材料

内燃机活塞是在高温、高机械负荷、高速且润滑不良的条件下工作，为适应这一工作条件，内燃机活塞材料应满足以下条件：

(1)高温下仍具有良好的机械强度；

(2)密度小，以减轻活塞的质量，减小往复惯性力；

(3)热膨胀系数小，以减少热变形，保证良好的配合关系；

(4)导热性要好，以减轻活塞的热负荷；

(5)具有良好的减磨性、耐磨性和耐腐蚀性能；

(6)价格便宜，工艺性好。

目前内燃机活塞广泛采用铝合金，少数柴油机采用高级铸铁或耐热钢制造，因为铝合金密度仅为铸铁的 1/3，导热系数为铸铁的 2～3 倍。但铝合金膨胀系数大，热强度低，抗磨性和抗腐蚀性较差，为此，广泛采用热膨胀系数小的硅铝合金，对活塞表面进行硬膜阳极氧化处理，也有在其裙部喷涂石墨和二硫化钼的，并通过改进结构和铸造工艺等多种手段和方法来提高活塞的使用性能。

2.3.1.3　活塞结构

活塞分为顶部、头部、销座部和裙部四个部分，如图 2-14 所示。

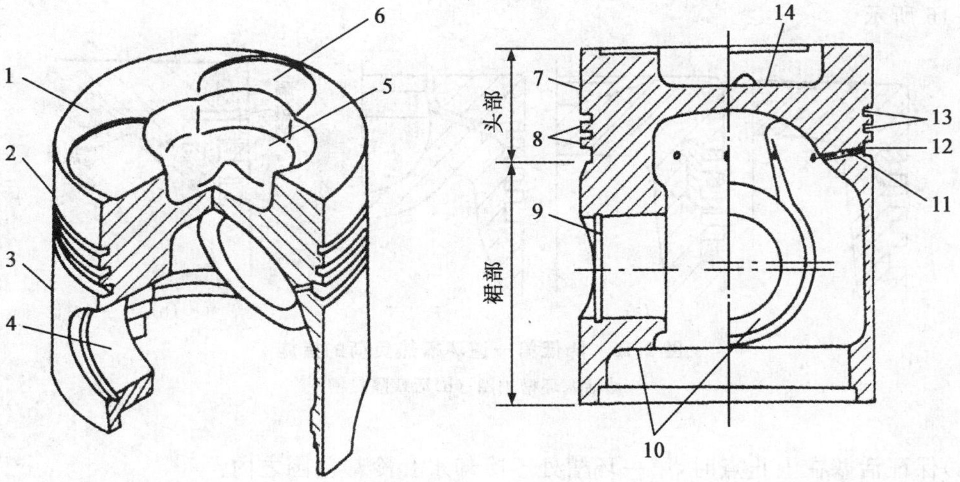

图 2-14　活塞各部分名称

1-活塞顶；2-活塞头部；3-活塞裙部；4-活塞销孔；5-燃烧室凹坑；6-气门凹坑；7-活塞顶岸；8-活塞环岸；9-挡圈槽；10-活塞销座；11-回油孔；12-油环槽；13-气环槽；14-加强肋

1. 活塞顶部

它是燃烧室的一部分。从减少吸热面积和提高工艺性角度，顶部最好是平的，这就是有些汽油机活塞顶部采用平顶的原因，但活塞顶部形状最终取决于燃烧室的要求，常用活塞顶部形状如图 2-15 所示。柴油机压缩比较大，活塞至上止点时，活塞顶与气缸盖之间的间隙很小，为防止活塞与气门相碰，有些活塞在其顶上加工出让开气门的浅凹坑。

2. 活塞头部

活塞头部由顶岸(火力岸)和环带组成，其主要作用是传力、传热和密封，即承受气体压力并经活塞销座、活塞销传至连杆，将顶部所吸收的热量，经活塞环传导至气缸壁，与活塞环一起实现气缸的密封，因此头部壁厚一般较大。

头部切有环槽和环岸，安装活塞环用，上面2～3道环槽用于装气环，其下面1～2道为油环槽。油环槽底面沿着圆周方向钻有许多径向小孔，被油环从气缸壁上刮下来的多余机油，通过小孔迅速流回油底壳。

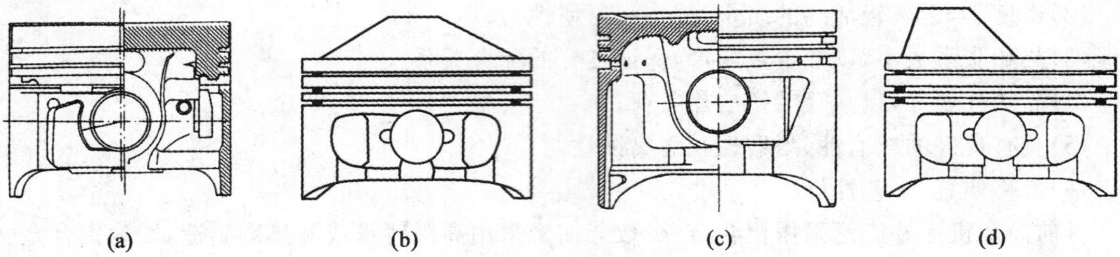

图 2-15　活塞顶部形状

(a)平顶活塞；(b)凸顶活塞；(c)凹顶活塞；(d)成型顶活塞

气环槽受热温度较高，特别是第一道环槽，而铝合金材料随着温度升高机械性能下降迅速，致使环槽磨损严重，环槽磨损常常是限制活塞使用寿命的一个重要因素，是活塞设计应考虑的重要问题之一。为此在活塞头部常采取多种措施降低第一环槽的热负荷，提高其耐磨性。如图2-16所示。

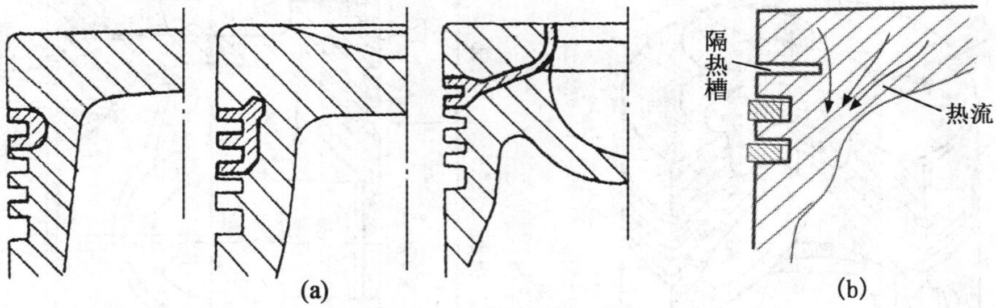

图 2-16　降低第一道环槽热负荷的措施

(a)活塞环槽护圈；(b)活塞隔热槽

(1)保证活塞在上止点时，第一环槽处于冷却水套冷却范围之内。

(2)活塞头部内腔采用热流型，即离活塞中心线越远，热流断面积愈大。

(3)在铝活塞环槽处加镶奥氏体铸铁环槽护圈，第一环槽处磨损最严重，因此首先在第一环槽处镶奥氏体环槽护圈[图2-16(a)]。

(4)在第一环槽之上开一隔热槽[图2-16(b)]，其目的是改变活塞顶面到第一环槽的热流方向。

(5)减小顶岸和缸壁之间的间隙，减小气流通往第一环槽的流通面积，降低第一环槽处的温度，以防止间隙小而使头部卡死的现象。

(6)在活塞顶部进行等离子喷镀陶瓷或进行硬膜阳极氧化处理，以减少传到第一道环槽处的热流量。

对于高强化柴油机，上述措施已不能完全满足机械负荷、热负荷日益增长的要求，于是出现不同结构的油冷活塞，常用的有振荡冷却和强制冷却，如图 2-17 所示。

3. 销座部

销座部(图 2-18)用以安装活塞销。它是活塞传力部位，承受燃气压力与活塞产生的惯性力。对于四冲程内燃机，销座孔时而受压，时而受拉。为了保证销座强度和刚度，除销座采用较厚的壁厚外，在销座与顶面之间还设有加强筋，其余部分在保证强度和刚度的前提下壁厚尽量小一些，以减小往复运动部分的质量。不同类型内燃机加强筋的形式不同，常用销座加强筋的形式如图 2-18 所示。图 2-18(a)和(b)为双筋结构。铸造铝合金一般都采用这种结构，这种双筋结构在销座正上方形成一个凹穴，使销座具有一定的弹性，以适应活塞销的变形，而减小销座内边缘的尖峰载荷。对于锻造铝合金活塞和较强化的柴油机铸造活塞，采用整块加强筋，如图 2-18(c)所示，其刚度较大，具有较高承压能力。活塞销座与活塞销常为一对摩擦副，四冲程内燃机常采用飞溅润滑，在销座上开一通孔，收集油滴流入孔内，润滑销座与销的摩擦表面。

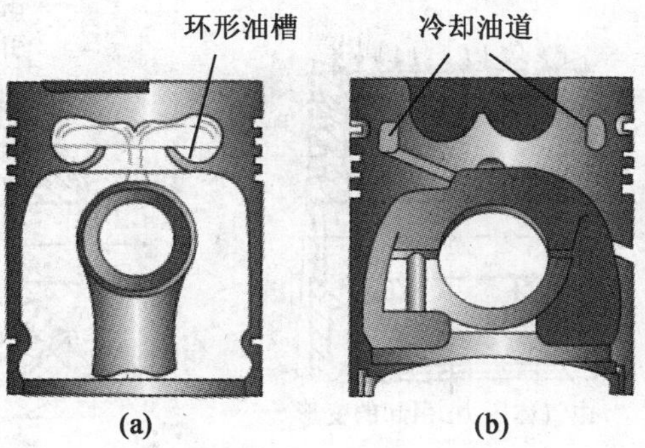

图 2-17　油冷活塞的方法

(a)振荡冷却；(b)强制冷却

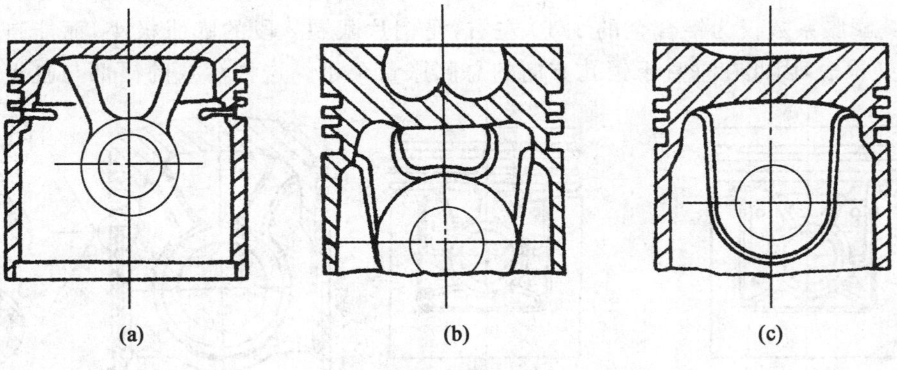

图 2-18　常用销座加强筋形式

(a)、(b)双筋结构；(c)整筋结构

4. 活塞裙部

活塞头部以下的部分为活塞裙部(图 2-19)。裙部的形状应该保证活塞在气缸内得到良好的导向，气缸与活塞之间在任何工况下都应保持均匀的、适宜的间隙。间隙过大，活塞敲缸；间隙过小，活塞可能被气缸卡住。此外，裙部应有足够的实际承压面积，以承受侧向力。活塞裙部承受膨胀侧向力的一面称主推力面，承受压缩侧向力的一面称次推力面。

发动机工作时，活塞在气体力和侧向力的作用下发生机械变形，而活塞受热膨胀时还发生热变形。这两种变形的结果都是使活塞裙部在活塞销孔轴线方向的尺寸增大[图 2-19(a)、(b)]。因此，为使活塞工作时裙部接近正圆形与气缸相适应，在制造时应将活塞裙部的横断面加工成椭圆形，并使其长轴与活塞销孔轴线垂直[图 2-19(c)]。现代发动机的活塞均为椭圆裙。

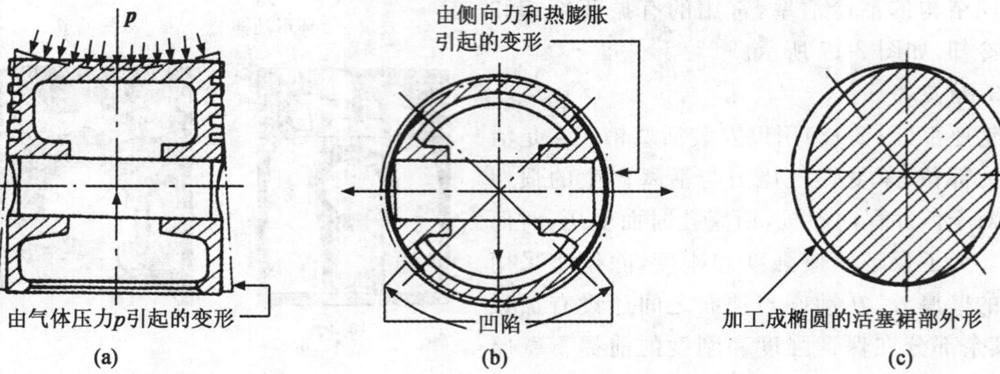

图 2-19 活塞裙部的变形

(a)气体压力引起的变形;(b)侧向力和热膨胀引起的变形;(c)椭圆裙部外形

发动机工况不同,则活塞的热状态不同,温度不同,膨胀量不同,按标定工况确定的活塞裙部与缸壁的间隙,当内燃机低负荷时就变大了,使之噪声增大,密封变差。因此希望活塞裙部膨胀量随发动机工况即随活塞温度状况的变化尽可能地小些,为此采取了活塞裙部膨胀量控制措施。最常用的办法是在铝合金活塞中铸入钢片,常用的结构有三种:

(1)镶恒范钢片[图 2-20(a)]:这种活塞是把两片或四片低膨胀钢片垂直于销孔铸入活塞销座中,其膨胀系数仅为铝合金的 1/10 左右,受钢片限制 c 段的膨胀极小,而能自由膨胀的 a、b 两段又很短,因此在垂直于销孔方向的总膨胀量很小。这种活塞的裙部与缸壁的配合间

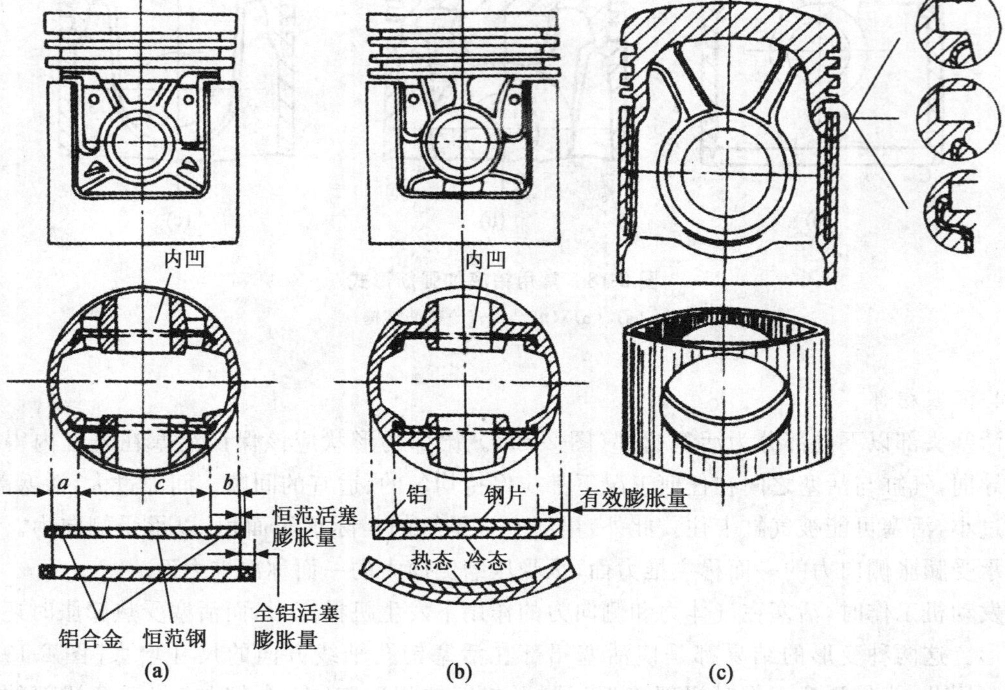

图 2-20 镶钢片活塞的结构

(a)镶恒范钢片;(b)镶低碳钢片;(c)镶筒形钢片

隙(简称配缸间隙)小,工作平稳,但因使用高镍钢,成本高。

(2)镶低碳钢片[图 2-20(b)]:活塞仅镶低碳钢片,镶在铝合金的内侧,利用双金属效应产生的弯曲来减小垂直于销孔方向上的膨胀量,这种弯曲随温度的提高而增大,有自动调节作用,也称自动调节活塞。

(3)镶筒形钢片[图 2-20(c)]:这种方法常用于柴油机活塞上,控制热膨胀通过裙部外壳上产生的预应力来实现。浇铸活塞时,铝合金凝固末期钢筒与铝合金温度完全相同,进一步冷却时,由于膨胀系数不同,铝合金的收缩量比钢大得多,铝合金外壳就箍紧在钢筒上,使钢筒内产生压应力,而铝合金产生拉应力,使铝合金外壳实际收缩量远小于其自由收缩量;裙部铝合金内壳在冷却过程中可以自由地向内收缩,因此在铝内壳外壁与钢筒内壁之间形成收缩间隙,当内燃机工作时刚好是上述收缩过程的逆过程,仅是减小残余应力和间隙的过程,因此膨胀量也远小于铝合金自由膨胀量。

活塞沿轴向的温度分布也是不均匀的,在同一截面上,由顶面向底部温度逐渐降低,因此活塞沿纵向的膨胀量也是上大下小,为了控制活塞高度方向与缸壁的配合间隙,在冷态时活塞纵向也应上小下大,以保证热态时与气缸形状较好吻合。活塞沿高度方向的外形由于工艺限制,过去常用阶梯形、圆锥形的组合,近来发现裙部较理想的纵向形状为中凸形(或桶形),考虑垂直活塞中心线的截面为椭圆形,所以也常称中凸-椭圆形裙部,这种形状在热态时接触面积增加,提高了承压能力,减小与缸壁的间隙,降低噪声,活塞上、下移动均有油楔形成,可改善润滑,因此应用范围日益广泛,但工艺较复杂,需采用专用机床加工。

2.3.2 活塞环

活塞环分为气环和油环。气环与活塞一起保证气缸壁与活塞间的密封,防止高温、高压燃气大量漏入曲轴箱,并将活塞顶部吸入的热量的大部分传到气缸壁,再由冷却水或空气带走。油环将润滑油均布在气缸壁上,将多余的润滑油刮下来,流回曲轴箱,以减少机油消耗,并达到减少活塞组与缸壁间摩擦磨损的目的。

活塞环在高温、高压和高速条件下工作,且润滑条件差,因而要求具有良好的弹性和耐磨性,并且对缸壁的磨损小。为此活塞环多采用合金铸铁材料,并对第一道气环多采取镀铬或喷钼处理。

2.3.2.1 气环

气环是一种具有适度弹力的开口弹性环,其自由状态下的外径大于缸径。装入环槽和气缸后,依靠其弹性与缸壁紧密贴合,且环与环槽形成一个断面很小的曲折通道,从而实现密封。即正常工作状态下,气环以一定弹力与缸壁压紧,形成第一密封面,阻止高压气体特别是作功冲程时的高温高压燃气从第一密封面通过。被密封的气体便进入环与环槽之间的曲折通道,不仅将环向环槽侧面压紧,形成第二密封面,而且气体还进入环背与环槽底面之间,使环进一步压向缸壁,加强了第一密封面的密封效果。多道气环相继作用的结果,使得从最后一道气环泄露的燃气压力和流速大大减小,如图 2-21 所示,因此燃气的泄漏也就很少。

根据气环断面形状的不同,气环分为矩形环、扭曲环、锥面环、梯形环和桶面环等多种。如图 2-22 所示。

(1)矩形环[图 2-22(a)]:矩形环结构简单,工艺性和导热性好,应用较多,但随活塞往复运动,易将缸壁上的机油泵入气缸中,如图 2-23 所示。即活塞下行时,因环与缸壁之间摩擦阻力

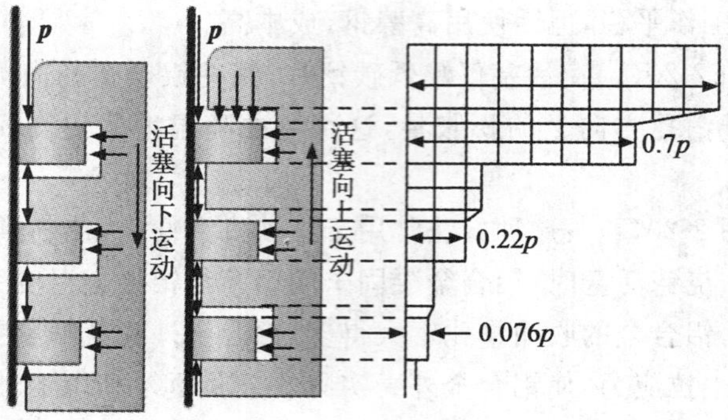

图 2-21　气流经过活塞环组的压力变化

和环的惯性，使环压靠环槽上端面，缸壁上的机油被刮入下边隙和背隙内。活塞上行时，环压靠环槽下端面，原进入第一道环背隙内的机油就进入了气缸乃至燃烧室。它不仅增加了机油消耗，而且可能在燃烧室和环槽中形成积炭，使环被卡死而失去密封作用，甚至划伤缸壁或使环折断。为此，在矩形气环之下装有油环。

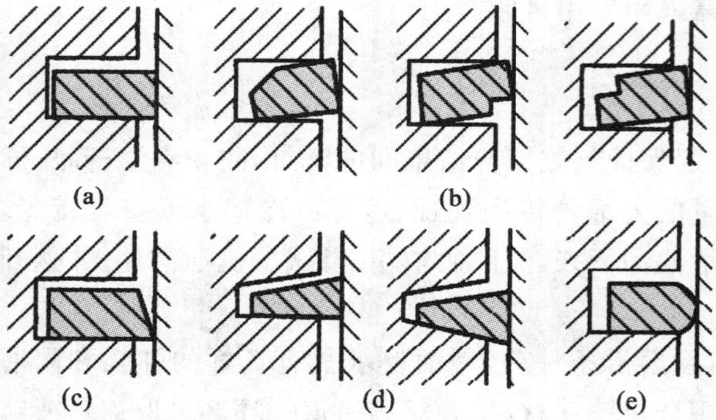

图 2-22　气环的断面形状

(a)矩形环；(b)扭曲环；(c)锥面环；(d)梯形环；(e)桶面环

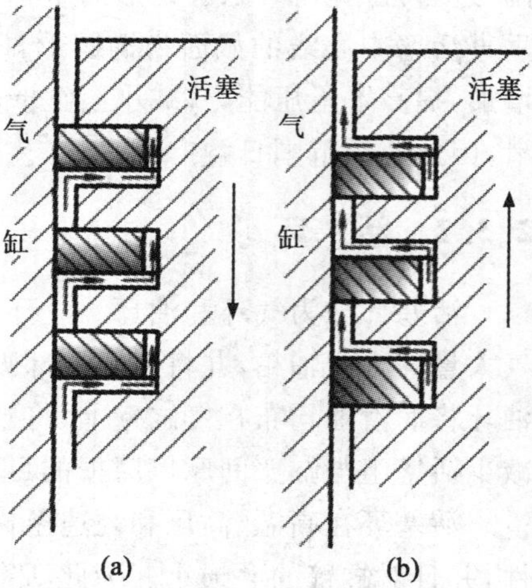

图 2-23　矩形环的泵油作用

(a)活塞下行；(b)活塞上行

(2)扭曲环[图 2-22(b)]：在环断面上切槽或倒角，使其断面不对称。环装入气缸后，其中性层上部产生拉应力，下部产生压应力，对于对称的矩形断面，二合力平衡，不产生扭曲变形，而对于不对称断面，则二力之间有一力臂，产生一个力矩，它使环产生扭曲变形，环内侧上部切槽或倒角与环外侧下部切槽所产生的变形相同，其扭曲变形结果是外高内低而呈“盘形”，称为正扭曲；而环断面内侧下部与外侧上部切槽或倒角，其扭曲变形为内高外低呈“盖形”，称为反扭曲。扭曲环工作面呈线接触，有利密封和磨合，在环槽内窜动减小，且使泵油作用减弱。

(3)锥面环[图 2-22(c)]：环外圆工作面锥度为 0.5°～1.5°，减少了环与缸壁的接触面，提高了环端面接触压力，有利于磨合与密封。活塞下行时刮油；活塞上行时，因锥角的“油楔”作用，可在油膜上“飘浮”而过，减少磨损。但该环在高压气体作用下，有被推离缸壁缩向环槽的趋势，不宜作为第一道环。安装时不能反装。

(4)梯形环[图 2-22(d)]:其主要性能是,当活塞在方向变化的侧向力作用下横向摆动时,环与环槽的侧隙会发生变化,从而将结焦沉积物从环槽中挤出,并使间隙中的润滑油得以更新,防止环被黏结而折断。同时,高压燃气作用在环上的径向分力,提高了环的密封作用。因此,常用在热负荷较高的柴油机上,只是制造工艺较复杂。

(5)桶面环[图 2-22(e)]:桶面环随活塞上下运动时,其外凸圆弧状均能与缸壁构成楔形空间,理论上为线接触,能改善密封性和磨合性,有利于润滑油进入摩擦面,使环浮在油膜上滑动,显著减少磨损。同时,对气缸表面和活塞的偏摆适应性均较好,有利于密封。因此现代柴油机的第一道气环越来越多地采用非对称桶面环、桶面扭曲环,以减小冲击和泵油作用,改善磨合性、密封性,降低机油消耗量。它是近年来出现的一种新结构,目前较广泛用作强化柴油机的第一环,只是桶形表面加工较复杂,桶面需镀铬或喷钼。

2.3.2.2　油环

(1)普通油环:普通油环外圆柱面的中间加工有一道凹槽,在凹槽底部加工有许多回油孔或狭缝,上唇的上端面外缘通常倒角,如图 2-24(a)所示。其材质一般为合金铸铁。该油环随活塞下行时,从缸壁上刮下的多余机油通过排油孔或狭缝流回曲轴箱;活塞上行时,环上倒角不仅有利于润滑油膜形成,而且使刮下的多余机油仍能通过回油孔流回曲轴箱。如图 2-25 所示。

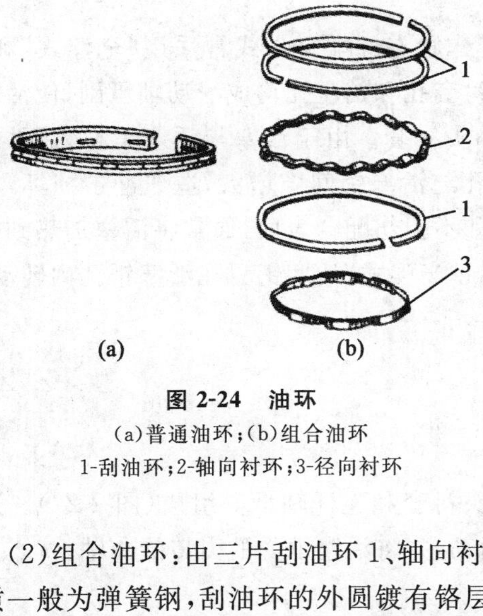

图 2-24　油环

(a)普通油环;(b)组合油环

1-刮油环;2-轴向衬环;3-径向衬环

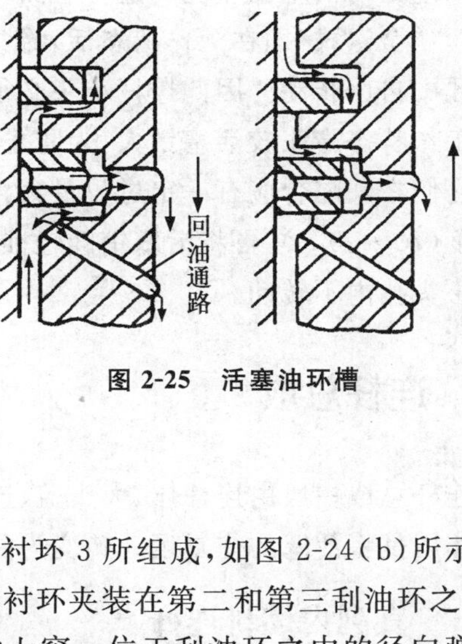

图 2-25　活塞油环槽

(2)组合油环:由三片刮油环 1、轴向衬环 2 和径向衬环 3 所组成,如图 2-24(b)所示。其材质一般为弹簧钢,刮油环的外圆镀有铬层。轴向波形衬环夹装在第二和第三刮油环之间,使刮油环紧贴环槽上下端面,形成的端面密封能防止机油上窜。位于刮油环之中的径向弹性衬环使刮油环均匀紧贴气缸壁,既实现了气缸良好密封,又随活塞下行能可靠刮去缸壁上的多余机油。各刮油环相对独立工作,能有效地减小缸壁的不均匀磨损和活塞摆动对密封性的影响。故此油环应用日渐增多。

活塞环在环槽中应留有必要的间隙,以防其受热膨胀而卡死。一是在活塞环开口处保留端间隙,一般为 0.25～0.8 mm,且各环开口在圆周上应均匀分布。若端间隙过大,易漏气和上窜机油。二是在环与环槽侧面保留边间隙,一般为 0.04～0.15 mm,若边间隙过大,密封性下降,且环与槽因撞击严重而加速磨损,对气环还会加剧"泵油作用"。

2.3.3 活塞销

活塞销连接活塞与连杆小头，并将活塞所受的力传给连杆。

活塞销工作在较高的温度下，承受着周期性的冲击载荷。活塞销的外圆表面与连杆小头衬套或活塞销座孔之间低速滑动，但一般润滑条件较差，多为飞溅润滑，因而要求活塞销具有足够的刚度、强度，表面耐磨且质量尽可能小。

活塞销的材料一般为低碳钢或低碳合金钢，以使内部韧性较好，通过表面渗碳淬火提高表面硬度和耐磨性，最后精磨和抛光。

活塞销的结构较简单，基本为中空圆柱形，内孔形状常有圆柱形、两段截圆锥以及两段截圆锥与圆柱组合等类型，如图 2-26 所示。

图 2-26 活塞销的结构

活塞销与活塞销座孔和连杆小头衬套孔之间工作状态的配合方式常采用“全浮式”和“半浮式”。“全浮式”即在工作状态活塞销与连杆小头衬套孔和销座孔均成滑动轴承副，使活塞销在各孔中自由转动。因此连杆小头必须压入青铜小头衬套。由于活塞与活塞销材料不同，销孔在工作状态膨胀较活塞销大，为防止工作状态销孔与活塞销间隙增大，造成冲击损坏，在常温时它们之间配合应有一定过盈量，为了安装方便和不损伤配合表面，通常将活塞加热到一定的温度(70～90℃)，再将活塞销轻轻推入销座孔中。“半浮式”活塞销只在活塞销孔内转动，在连杆小头孔内不转动。

2.4 连杆总成

连杆总成一般由连杆体、大头盖、连杆螺栓、小头衬套和连杆轴承等组成(图 2-27)。连杆组的作用是将活塞的往复运动转变为曲轴的旋转运动，并将活塞承受的力传给曲轴。

2.4.1 直列内燃机连杆

2.4.1.1 连杆的工作条件

连杆工作时主要承受机械负荷，其受力主要包括气体力、活塞组及连杆小头质量产生的往复惯性力及其摆动产生的横向惯性力。连杆承受着周期、交变的压缩、拉伸和弯曲载荷，它既是受力件又是运动件，因此，要求连杆在具有足够的刚度和疲劳强度的情况下质量尽量小，避免发生连杆断裂、大头孔失圆和杆身弯曲变形。

2.4.1.2 连杆常用材料

对于杆身和连杆盖，目前常用优质结构钢($45^{\#}$，$40^{\#}$)模锻成型，并经调质处理，对于强化程度高的柴油机也常采用中碳合金钢(40Cr、42CrMo、40MnB)制造。合金钢的特点是抗疲劳

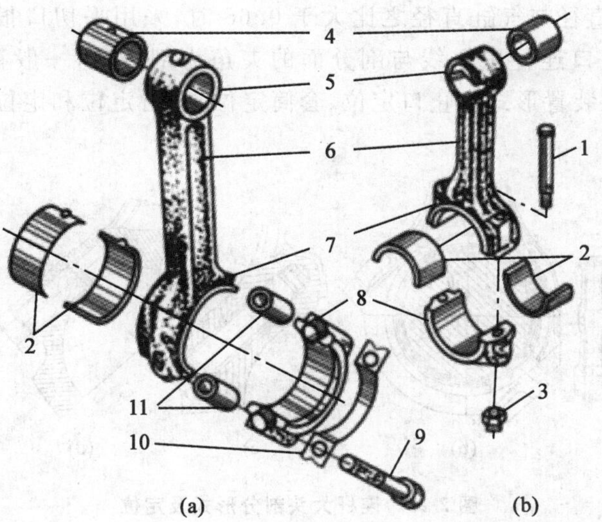

图 2-27　连杆总成

(a)斜切口式；(b)平切口式

1-连杆螺栓；2-连杆轴瓦；3-连杆螺母；4-衬套；5-连杆小头；6-杆身；
7-连杆大头；8-连杆盖；9-连杆螺栓；10-锁片；11-定位套

强度高，但对应力集中比较敏感，为减小应力集中，在使用合金钢时对外部形状、过渡处的圆角及表面加工粗糙度都有更高要求。可锻铸铁和球墨铸铁作为连杆材料的特点是疲劳强度接近中碳钢，对应力集中的敏感性较低，工艺性较好，制造成本较低。随着发动机燃油和排放法规的要求越来越严格，金属基复合材料、钛合金材料、粉末冶金等新材料作为连杆材料使用越来越多。

2.4.1.3　连杆的结构

(1)连杆小头：连杆小头一般采用薄壁圆环结构，使之受力较均匀，重量轻，小头与杆身之间采用较大圆弧半径过渡，以减小过渡处应力集中。若连杆小头在工作时可以与活塞销相对转动，如浮式活塞销，为了减少两运动副之间的摩擦、磨损，提高寿命，通常在小头孔中压入整体式耐磨衬套，称为小头衬套，其材料为青铜或铁基粉末合金。小头衬套一般采用飞溅润滑，故在连杆小头与衬套上设有集油孔，衬套内表面设有布油槽。有些高强化柴油机对小头衬套采用压力润滑，即在连杆杆身内钻有油道，将曲轴曲柄销油孔中的压力润滑油引到连杆小头衬套中，以保证可靠润滑。

(2)连杆杆身：杆身断面为工字形，刚度大，重量轻，适于模锻。有的连杆在杆身内加工有油道，用来润滑小头衬套或冷却活塞。如果是后者，须在小头顶部加工出喷油孔。

(3)连杆大头：连杆大头与曲轴曲柄销铰接。大多数内燃机曲轴曲柄销与曲柄臂是整体的。由于装配要求，连杆大头采用剖分式，即分为大头体和连杆盖，用连杆螺栓把二者连接起来。大头轴承多采用分开式滑动轴承，即连杆轴瓦上瓦和下瓦。

连杆大头的剖分形式有平切口和斜切口，如图 2-28 所示。平切口的优点是大头加工方便，刚性好，连杆螺栓不受剪切作用，是大头剖分形式的优先选取方案，在小型柴油机中广泛采用。为了装配和维修方便，要求连杆盖拆除后大头体能从气缸中通过，以使活塞连杆组能从气缸中取出来，这是选用平切口的约束条件。大头体的外形尺寸与曲柄销的直径有关，一般说当曲柄销直径与气缸直径之比大于 0.65 时，采用平切口很难实现这一要求，需要使用斜切口。斜切口连杆中心线与剖分面的夹角为剖分角，一般在 30°～60°，以 45°较多。斜切口连杆定位装置形式有止口定位、套筒定位、锯齿定位和定位销定位等，见图 2-28(b)至(e)。

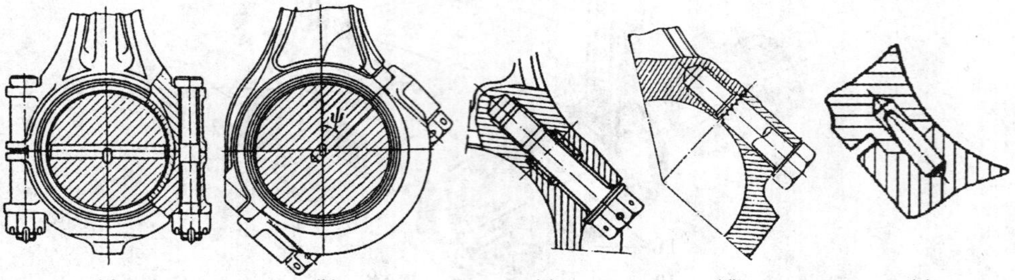

图 2-28　连杆大头剖分形式及定位

(a)平切口；(b)斜切口(止口定位)；(c)斜切口(套筒定位)；(d)斜切口(锯齿定位)；(e)斜切口(定位销定位)

连杆大头孔的精度要求较高，因此连杆大头孔及其两端面均是在分别粗加工后再组合在一起进行孔和端面精加工。为防止拆装时错位和失圆，不论平切口还是斜切口，连杆盖在轴向和径向都必须相对大头体定位，保持加工后装配原始位置。

为了提高连杆盖的弯曲刚度，防止大头孔失圆，同时尽量减小其质量，连杆盖常采用中部加筋方法予以解决。为了提高连杆大头的刚度，减少应力集中，连杆大头与杆身之间采用较大半径圆弧过渡。有的连杆大头及轴瓦还钻有机油孔，由孔喷出的机油能加强配气凸轮和缸壁的润滑。

2.4.2　V 形内燃机连杆

V 形内燃机左右两列对应每排气缸的连杆装于曲轴的同一个曲柄销上，其布置形式有如下三种：

(1)并列连杆[图 2-29(a)]：相对应的连杆同排相同，一前一后并列地装在同一个曲柄销上，因此各缸的活塞连杆组是相同的。这种布置的优点是连杆可以通用，两列气缸的活塞连杆组的运动规律及受力相同；缺点是两列气缸中心线沿曲轴轴向要错开一段距离，因而使曲轴的长度增加，刚度降低。

(2)主副连杆[图 2-29(b)]：主副连杆的特点是一列气缸的连杆为主连杆，其连杆大头直接安装在曲柄销全长上；另一列气缸的连杆为副连杆，其大头是整体式，以铰链连接在主连杆大头的两个凸耳中间。这种结构使左右两侧气缸对应的主副连杆与其气缸中心线位于同一平面内，故不致加长曲轴和发动机的轴向长度；缺点是主副连杆不能通用，副连杆对主连杆产生附加弯矩，左右两列气缸的活塞连杆组运动规律不同。

(3)叉片式连杆[图 2-29(c)]：两个连杆中一个连杆的大头做成叉形即叉形连杆 1，它跨于另一个厚度较小、大头呈片形的内连杆 5 的两端。叉片式连杆的优点是两列气缸中的活塞连杆组的运动规律相同，左右两缸中心线在曲轴轴向无须错位，曲轴长度无须加长；缺点是连杆大头结构和制造工艺较复杂，大头的刚度也不高。

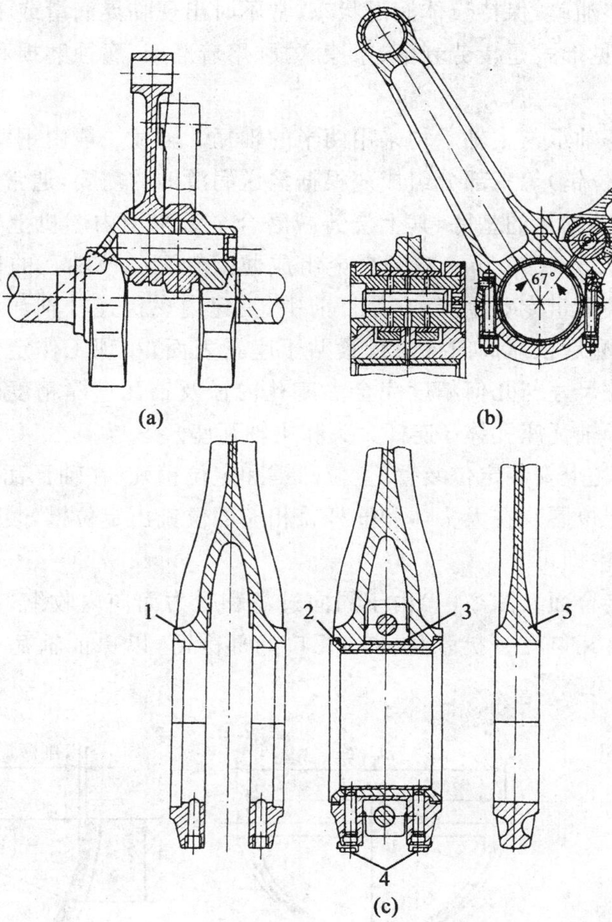

图 2-29　V 形发动机连杆

(a)并列连杆；(b)主副连杆；(c)叉形连杆

1-叉形连杆；2-叉形连杆轴承；3-内连杆轴承；4-定位销；5-内连杆

2.4.3　连杆轴瓦与主轴瓦

连杆轴瓦(图 2-30)和曲轴主轴瓦工作条件严峻，其工作状况对内燃机工作的可靠性、寿命和机械效率等均有很大影响。

2.4.3.1　工作条件

连杆轴瓦和主轴瓦均承受周期交变的连杆力和旋转质量的离心惯性力，导致轴瓦载荷幅值大且带冲击性。轴瓦与轴颈表面相对高速滑动，速度可达 10 m/s 以上，使轴瓦工作温度较高(100℃左右)。高温下机油不断被氧化变质，形成有机酸，对轴瓦表面产生腐蚀作用；高温使机油黏度下降，油膜承载能力下降，加速轴瓦磨损。车用内燃机工作时经常变速、变负荷，且起动和停车频繁，很难保证

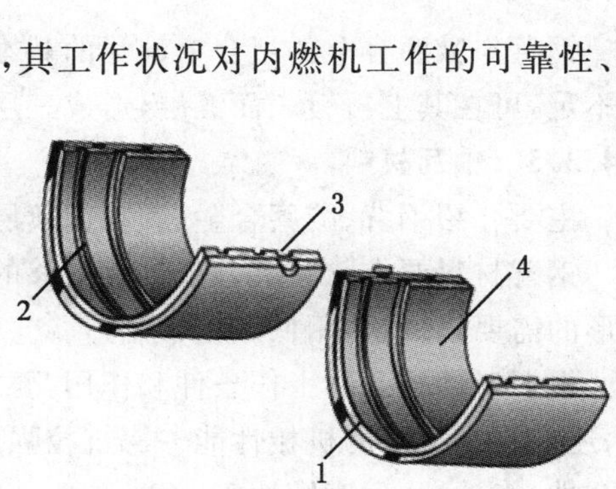

图 2-30　连杆轴瓦

1-钢背；2-油槽；3-定位凸键；4-减磨合金

轴颈、轴瓦之间形成连续稳定油膜，保持液体润滑状态，常不时出现临界润滑或干摩擦状态，导致磨损加剧。轴瓦损坏的常见形式是疲劳剥落、摩擦磨损、熔着磨损、腐蚀磨损和穴蚀磨损等。

2.4.3.2 结构

为了拆装轴瓦方便，连杆轴承与主轴承均采用两半的轴瓦。轴瓦一般由钢背、减磨合金和安装定位装置(定位凸键、定位销)等三部分组成。根据输送润滑油的需要，通常在轴瓦上钻孔或铣出环形油槽。钢背是滑动轴瓦的基底，其上浇铸减磨合金。车用内燃机上钢背采用厚度1～3 mm 的薄低碳钢带和 0.3～0.7 mm 减磨合金组成薄壁轴瓦。该轴瓦的优点是结构紧凑、重量轻、互换性好，适于大批量专业生产，它是目前中、高速内燃机连杆轴瓦和主轴瓦的主要结构形式。它的特点是装配后依靠周向过盈量紧贴于座孔表面，实现工作定位(轴瓦不转、不移、不振)和散热，其轴瓦孔尺寸与几何精度完全由座孔内径及轴瓦壁厚精度保证。轴瓦自身刚度较低，它的刚度取决于轴瓦座孔体 (连杆大头和主轴瓦座)。

为了安装迅速、准确，轴瓦上安装定位装置(定位凸键和定位销)。在轴瓦瓦口处一侧稍下冲出高出背面的定位凸键(定位唇)，在大头体和连杆盖相应部位铣出定位槽，装配时将轴瓦的定位凸键放入对应的定位槽中即可。

为了防止轴瓦的瓦口(接合面)(图 2-31)由于周向过盈和受力而向内收缩，导致瓦口处被轴颈擦伤，因此在自由状态下瓦口有一扩张量 Δ 和瓦口局部削薄，以保证轴瓦安装后瓦口处与座孔有较大接触压力并避免擦伤。

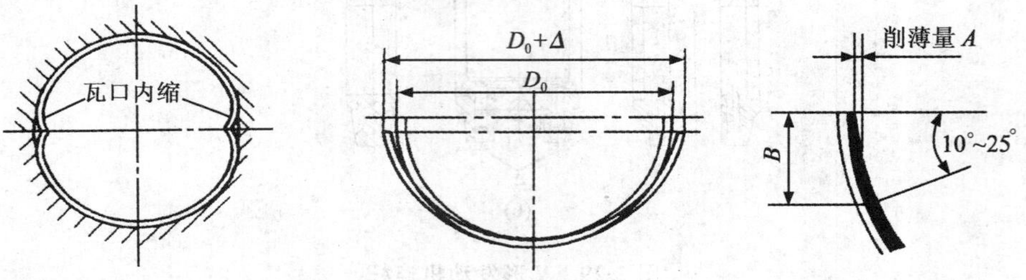

图 2-31 轴瓦自由状态扩张量和瓦口削薄

(a)瓦口内缩；(b)轴瓦自由状态扩张量 Δ；(c)瓦口削薄

D_0-座孔直径；Δ-扩张量；A-最大消薄量(0.25～0.5 mm)；B-瓦口消薄范围

钢背与减磨合金的组合为轴瓦的基本组成部分，称为二层轴瓦。为了改善减磨合金性能之不足，可在其上再镀表面镀层，形成三层轴瓦。

2.4.3.3 轴瓦材料

主要介绍钢背、减磨合金(和表面镀层)的材料。

钢背材料要求与减磨合金具有足够的黏结强度和足够高的屈服极限，以满足周向过盈量变形的需要，目前常用低碳钢带制造。

根据滑动轴瓦的工作条件和作用，要求减磨合金除具有很好的减磨性能及硬度低于轴颈外，还应具有良好的机械性能——抗拉强度、疲劳强度、耐热性、耐磨性和良好的表面性能——磨合性、亲油性、耐腐蚀性等。

目前常用的减磨合金有三大类：

(1)巴氏合金(白合金)：分锡基巴氏合金和铅基巴氏合金。巴氏合金具有优良的表面性能，但其机械性能较差。目前只用于负荷较小的汽油机。

(2)铜基合金：以铜为基本金属加入一定量铅、锡、铝等分别组成铜铅合金、铅青铜、锡青铜等铜基合金。铜基合金具有良好的机械性能，承载能力大，适用于强化程度较高的内燃机。但表面性能较差，为改善表面性能，目前常在其上电镀一层软金属薄膜（如铟、锡等），组成带表面镀层的三层轴瓦。

(3)铝基合金：以铝为基本金属，分别加入适量硅、锡、镁、锑等组成铝锑镁合金、铝锡合金、铝硅合金等。铝基合金在亲油性、顺应性、工艺性等方面优于铜铅合金，在机械性能方面优于巴氏合金，是综合性能较好的减磨合金材料。目前使用较多的是锡铝合金。含锡量 20% 左右的为高锡铝合金，常组成二层金属轴瓦，广泛用于中等负荷柴油机和中、高负荷汽油机。而在一些较高负荷柴油机上，常采用承载能力更高的含锡量 6%左右的低锡铝合金减磨材料，并镀覆一层软金属表面镀层组成三层金属轴瓦，其性能与铜铅合金相近。

2.4.4　连杆螺栓

剖分式连杆大头体和连杆盖的可靠连接及轴瓦克服过盈量保证紧贴在大头孔内实现工作定位是由连杆螺栓完成的。由于工作中连杆螺栓承受着周期交变的惯性力和轴瓦变形的弹性力，为保证连接可靠与自身可靠，在连杆大头安装时螺栓必须承受一定预紧力。预紧力通过螺栓拧紧力矩或扭转一定角度来体现。为了防止工作中松动，必须采取防松措施，采用开口销、锁片、自锁螺母等防松装置。螺栓采用优质碳素钢或优质合金钢锻制成形并经热处理。

2.5　曲轴飞轮组

曲轴飞轮组主要由曲轴、飞轮及其相关的零件、附件组成。典型多缸内燃机曲轴飞轮组如图 2-32 所示。

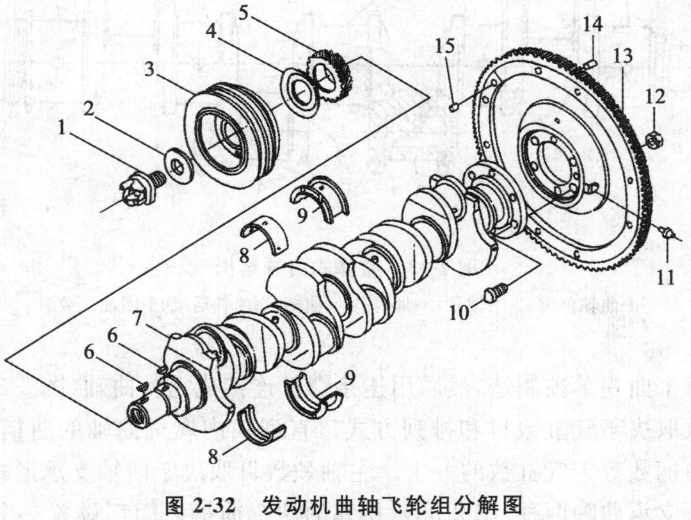

图 2-32　发动机曲轴飞轮组分解图

1-起动爪；2-起动爪锁紧垫圈；3-扭转减震器及皮带轮；4-挡油片；5-正时齿轮；6-半圆键；7-曲轴；8-主轴承上、下轴瓦；9-中间主轴承上、下轴瓦；10-螺栓；11-黄油嘴；12-螺母；13-齿圈；14-圆柱销；15-第一、六缸活塞压缩上止点记号用钢球

2.5.1 曲轴

2.5.1.1 曲轴概述

曲轴的作用是把连杆组传来的气体力转变为转矩输出，以驱动与其相连的动力装置，如拖拉机、工程机械、发电机、水泵等，同时还驱动内燃机自身的各种工作机械，如配气机构、喷油泵、机油泵、水泵等。

曲轴在工作中承受周期交变的冲击力、惯性力以及它们的力矩(弯矩和转矩)，受力情况十分复杂。且由于曲轴形状复杂，在形状急剧变化的薄弱部位，必然造成严重的应力集中，在上述力和力矩作用下将会导致疲劳损坏，并使曲轴产生扭转和弯曲振动。疲劳断裂是曲轴损坏的主要形式之一。曲轴主轴颈和曲柄销在很高的比压下与其轴瓦之间以很高的相对速度滑动，实际润滑状况不同，将产生不同程度的磨损。这是影响曲轴寿命的又一个重要因素。

为了保证内燃机长期稳定工作，曲轴必须有足够的强度，特别是疲劳强度和刚度。轴颈-轴瓦副具有足够的承压面积、较高的耐磨性和良好的润滑；曲柄排列合理，使转矩输出均匀并改善轴瓦的扭振情况；合理配置平衡重，减小内燃机振动和减轻主轴瓦负荷。

根据曲轴的工作条件和损坏形式，曲轴要求用机械强度、冲击韧性和耐磨性都比较高的材料制造，一般采用中碳钢或中碳合金钢模锻和球墨铸铁铸造。为了提高曲轴轴颈表面的耐磨性，常采用高频淬火或氮化处理，并经过精磨，以达到较高的尺寸、形状精度。

2.5.1.2 曲轴结构

曲轴结构有整体式和组合式两类。

整体式曲轴主要由主轴颈、曲柄销(连杆轴颈)、曲柄、曲轴前端和曲轴后端(或称输出端)五个部分组成(图 2-33)。

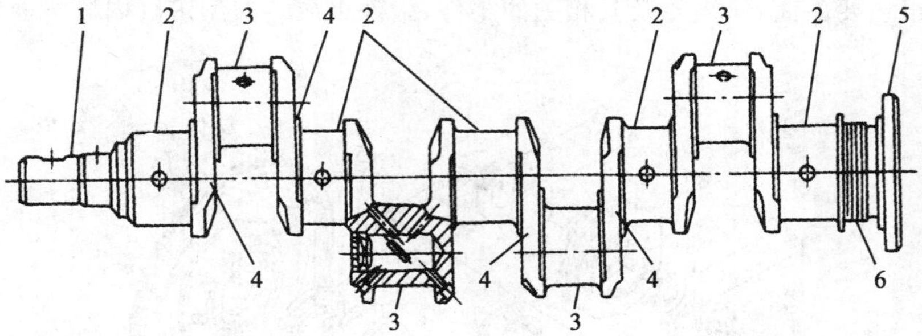

图 2-33 整体式曲轴结构

1-曲轴前端；2-主轴颈；3-曲柄销；4-曲柄；5-曲轴后端；6-回油螺纹

组合式曲轴每个曲拐单独制造，然后用连接螺杆连接成完整曲轴(图 2-34)。

曲轴的曲柄数取决于气缸数目和排列方式。直列式内燃机曲轴的曲柄数等于气缸数，V形内燃机曲轴的曲柄数等于气缸数的一半。主轴颈数目取决于曲轴支承形式。曲轴支承形式分为全支承和非全支承曲轴两种(图 2-35)，相邻的两个曲柄之间都设置一个主轴颈的曲轴为全支承曲轴，否则为非全支承曲轴。因此直列式内燃机的全支承曲轴，其主轴颈总数为气缸数加 1；V 形内燃机的全支承曲轴，其主轴颈总数为气缸数的一半加 1。全支承曲轴的优点是可以提高曲轴的刚度和弯曲强度，并可减轻主轴瓦的载荷，缺点是主轴颈数目增多使曲轴加工表

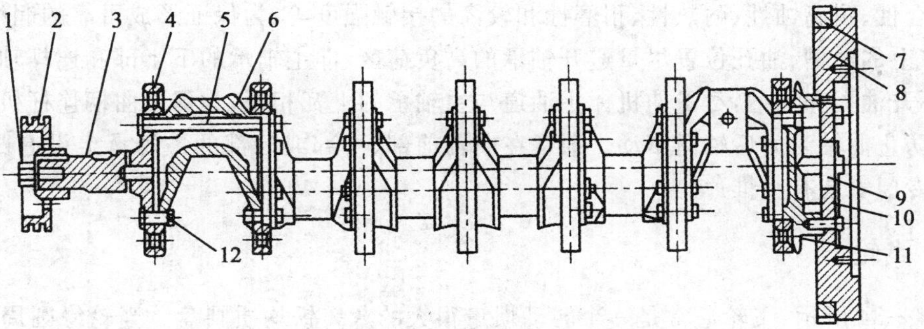

图2-34　6135Q型柴油机组合式曲轴飞轮组

1-起动爪；2-带盘；3-前端轴；4-滚动轴承；5-连接螺杆；6-曲柄；7-齿圈；8-飞轮；9-后端凸缘；10-锁片；11-挡油圈；12-定位螺钉

面增多，主轴瓦的数目也增多。曲轴加长也使机体加长。但随着内燃机强化水平不断提高，全支承曲轴应用愈来愈多。

(1)主轴颈：主轴颈支承在主轴承上。主轴颈的数目根据既保证曲轴足够的强度和刚度，又尽量减小曲轴长度的原则来决定。若采用全支承轴承，则主轴颈数比曲柄销多一个；若采用非全支承曲轴，则主轴颈数等于或少于曲柄销数。主轴颈表面的润滑油来自机体主油道。

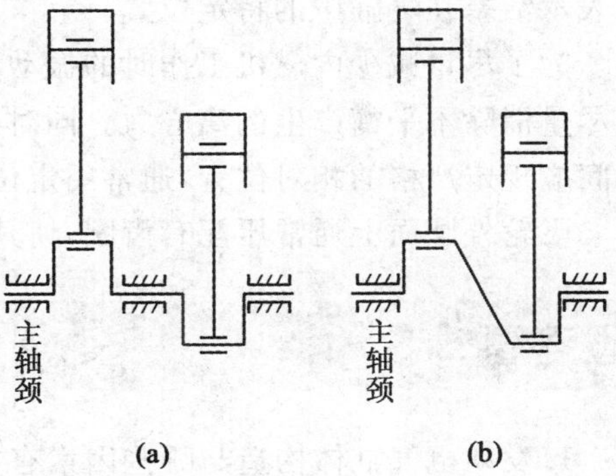

图2-35　曲轴支承形式

(a)全支承；(b)非全支承

(2)曲柄销：曲柄销与连杆大头相连，并在连杆轴承中转动。曲柄销数与气缸数相等，为使曲轴尽可能平衡，曲柄销应对称布置。曲柄销通常做成空腔，以便尽可能减小质量和离心力。同时，空腔贮存来自主轴颈润滑油道的机油，并保证连杆轴颈摩擦面间的可靠润滑。

(3)曲柄：曲柄用以连接主轴颈和曲柄销。由于其连接处应力集中严重，容易引起曲轴裂缝或断裂。对此，在保证轴颈轴承的承压能力的条件下，其连接处应采用尽可能大的过渡圆角。同时，为了平衡曲轴旋转运动惯性力及力矩，可在曲柄上设置与曲柄销方向相反的平衡重。

(4)曲轴前端：曲轴前端装有正时齿轮和三角皮带轮，分别驱动配气机构、喷油泵、机油泵和水泵、风扇、发电机等工作。为防止机油沿曲轴颈外漏，前端还装有随曲轴旋转的甩油盘，被齿轮挤出和甩出的机油落到该盘后，再由该盘甩到正时齿轮室盖内壁上，并沿壁流回油底壳中。同时，压配在正时齿轮室盖上的油封亦可进一步阻挡机油外漏。

(5)曲轴后端：曲轴后端设有安装飞轮的接盘。为防止机油外漏而引起离合器打滑，除在后端设置挡油盘和油封装置外，还专制有回油螺纹，其旋向与曲轴旋转方向一致，以引导曲轴上的机油流回曲轴箱内。

(6)主轴承：与曲轴密切相关的支承主轴颈的主轴承与连杆轴承类似，通常为剖分式的两轴瓦构成的滑动轴承。需要强调的是：为保证轴承工作可靠，要求轴承合金材料具有良好的亲油性、磨合性、耐腐蚀性、耐热性、耐磨性和较高的接触强度等;为保证形成可靠的润滑油膜,轴承内孔壁上的油槽、油孔位置尽量避开轴承的高负荷区,即主轴承的下半部和连杆轴承的上半部通常不开油孔和油槽,尽量使机体主油道与主轴承的上瓦相通;为保证曲柄连杆机构的正常工作,应防止曲轴受力后轴向窜动。通常在曲轴前部、中部或后部的主轴承上设有凸肩(止推轴承)或专门安装有止推片。

2.5.2 飞轮

如图 2-34 所示,飞轮通常是一个转动惯量很大的灰铸铁均质圆盘。当轮缘圆周速度大于 50 m/s 时,要求采用较高强度的球墨铸铁或铸钢制造。

为了尽量减小飞轮质量,又保证其足够的转动惯量,飞轮通常为辐板式结构,即大部分质量集中于轮缘上。

为了便于检查调整配气相位、喷油时刻,通常在飞轮外缘与相关零部件上刻有对应记号,以表示活塞在气缸中的特定位置。

为了尽量减少内燃机工作时的振动和主轴承的磨损,应将飞轮与曲轴一起进行平衡处理,以尽量消除不平衡产生的离心力。同时,为做到拆装时不破坏曲轴飞轮组的平衡性,飞轮和曲轴间应规定严格的相对位置,通常用定位销或非对称布置的螺栓予以保证。

飞轮外圆面上通常压配有齿圈,使其与起动机上小齿轮啮合,以便起动内燃机。

思考题

1. 发动机气缸体构造与哪些因素有关?
2. 镶嵌式与整体式气缸体各有何特点?
3. 气缸垫制作有何要求?
4. 油底壳为何局部较深?
5. 活塞连杆组的作用是什么?
6. 活塞冷态为什么不做成圆柱形?
7. 气环断面形状有哪些?
8. 曲轴飞轮组的作用是什么?

第3章 配气机构

配气机构的作用是按照发动机各缸的工作过程和着火顺序的要求，定时开启和关闭各缸进、排气门，准时地供给清洁、足量的新鲜工作介质（空气或可燃混合气），及时并尽可能彻底地排出废气，以保证发动机燃烧过程的有效进行。配气机构工作得好坏，对内燃机的工作性能影响很大。同时配气机构又是内燃机噪声的主要来源之一。

3.1 配气机构的类型和组成

3.1.1 配气机构的类型

内燃机配气机构按换气元件不同分成两种：气门式配气机构和气孔式配气机构。气孔式配气机构主要用于二冲程内燃机；气门式配气机构结构简单，工作可靠，广泛应用于四冲程内燃机和直流扫气二冲程柴油机排气上，是本节介绍的重点，以下所述均为气门式配气机构。

气门式配气机构由气门组和气门传动组两大部分组成。按照气门布置位置的不同，气门式配气机构可分顶置式和侧置式两种（图 3-1）；按照曲轴和凸轮轴之间传动方式的不同，可分为齿轮传动、链条传动和齿带传动配气机构（图 3-2）；按每个气缸的气门数目的不同，可分为二气门式、四气门式等。

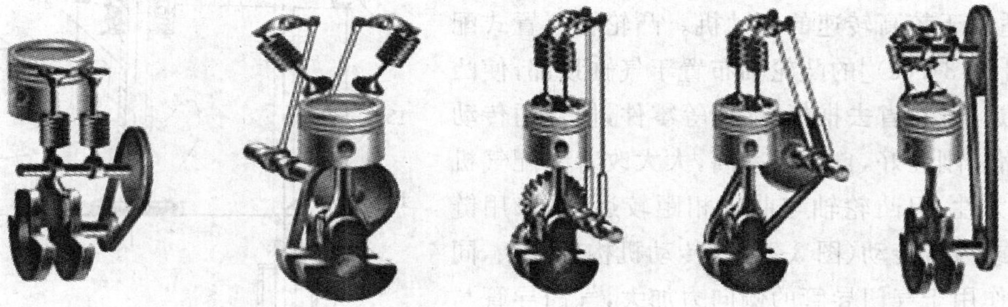

图 3-1 配气机构布置图

(a)气门侧置式；(b)气门顶置式；(c)凸轮轴下置式；(d)凸轮轴中置式；(e)凸轮轴上置式

侧置式气门配气机构，由于曲轴配气凸轮轴和气门相距较近，配气机构的传动机构比较简单，气缸盖的形状得以简化，制造、使用、维修方便，曾在汽油机上采用。但是，由于气门布置在气缸的一侧，使燃烧室的结构不紧凑，限制了压缩比的提高。此外，还由于进气道拐弯多，进气流动阻力大，因而内燃机的动力性和高速性均较差。该种形式的配气机构目前已趋于淘汰。

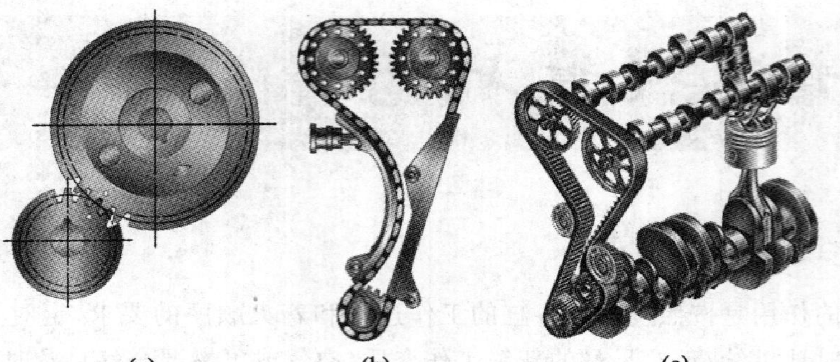

图 3-2　配气机构传动方式

(a)齿轮传动;(b)链条传动;(c)齿带传动

气门布置于气缸顶部的顶置式气门配气机构应用最广泛。这类配气机构的主要区别在于凸轮轴布置的位置,并由此导致传动方式和结构形式的不同。按照凸轮轴的布置方式,可分为凸轮轴上置式、凸轮轴中置式和凸轮轴下置式(图 3-1)。凸轮轴下置式配气机构[图 3-1(c)]由于距曲轴较近,常采用齿轮传动,对于四冲程内燃机曲轴转两圈,凸轮轴转一圈,常用中间齿轮把二者联系起来,其驱动结构较简单,但凸轮轴离气门组较远,使配气机构的传动链长,零件数目多,气门传动机构的运动件惯性质量增加,惯性力增大,自身刚性较差,自振频率较低,使气门实际运动规律与凸轮外形所确定的运动规律产生较大偏差,即气门运动规律发生"畸变",转速愈高,"畸变"现象就愈严重,因此多用于转速较低的发动机。与凸轮轴下置式配气机构相比,凸轮轴中置式配气机构[图 3-1(d)]减小了推杆的长度,从而减轻了配气机构的往复运动质量,增加了机构的刚度,更适用于较高转速的发动机。凸轮轴上置式配气机构[图 3-1(e)]的凸轮轴布置于气缸顶部,使凸轮轴靠近气门,省去推杆、摇臂等零件,使气门传动机构简化,刚性好,自振频率高,大大改善了配气机构的动力性,但凸轮轴与曲轴相距较远,常采用链条传动或齿带传动(图 3-2),使传动机构较复杂,同时凸轮作用于气门导管的侧向力加大,气门导管与气门杆易磨损。这种配气机构在高速内燃机上应用比较广泛。

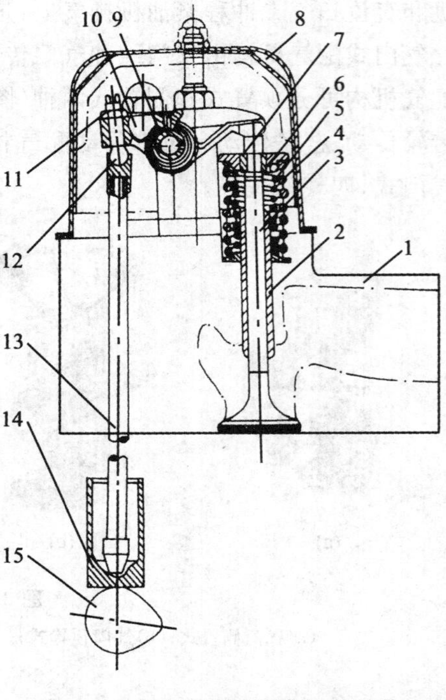

图 3-3　气门顶置式配气机构结构

1-气缸盖;2-气门导管;3-气门;4-气门主弹簧;5-气门副弹簧;6-气门弹簧座;7-锁片;8-气门室罩;9-摇臂轴;10-摇臂;11-锁紧螺母;12-调整螺钉;13-推杆;14-挺柱;15-凸轮轴

3.1.2　配气机构的组成

气门式配气机构由气门组和气门传动组组成,气门组包括气门、气门导管、气门弹簧、气门弹簧座和锁片等零件,气门传动组包括凸轮轴、正时齿轮、挺柱、推杆、摇臂轴等零件,见图 3-3。

3.2 配气机构的零件和组件

3.2.1 气门组

3.2.1.1 气门

气门的作用是控制进、排气道的开启和关闭，在压缩和作功冲程保证气缸密封良好，因此对内燃机的动力性、经济性、可靠性、耐久性和起动性能等均有很大影响，是内燃机重要零件之一。

气门工作在高温、高机械负荷以及冷却、润滑条件差的情况下。进气门工作温度可达900～1 100 K，排气门工作温度更高，可达1 800～2 200 K。气门不同部位受到气体压力、落座冲击力、气门弹簧力、侧向力等变载荷作用和气体的冲刷，会发生磨损、腐蚀甚至断裂，是内燃机中易损零件之一，因此对气门的材料、加工、装配、维修等均有严格要求。进气门材料常采用合金钢40Cr（铬钢或镍铬钢），排气门则采用耐热合金钢如硅铬钢、硅铬钼钢、奥氏体钢等。为了节约贵重金属和降低成本，有些气门头部采用耐热合金，而杆部等采用一般合金钢，然后将二者焊接在一起。

气门一般由头部、杆部和尾部组成（图3-4）。气门头部主要有顶面和锥面两部分。顶面形状有平顶、凹顶、凸顶等（图3-5）。

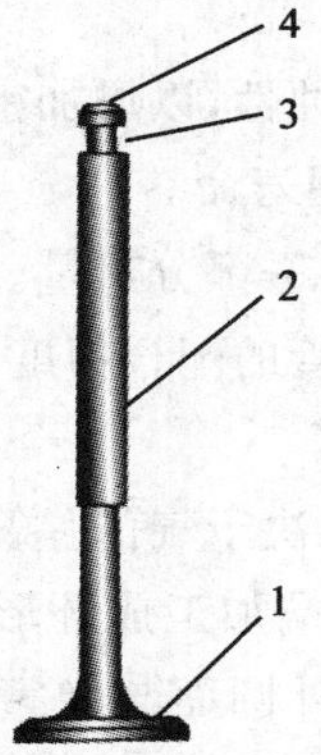

图3-4 气门结构

1-气门头；2-气门杆；3-气门锁夹槽；4-气门尾端

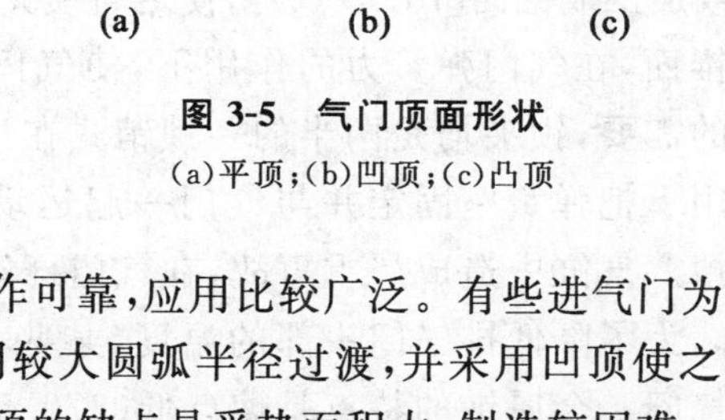

图3-5 气门顶面形状

(a)平顶；(b)凹顶；(c)凸顶

平顶气门结构简单，制造方便，受热面积小，工作可靠，应用比较广泛。有些进气门为了减小气流流动阻力，增大进气量，气门头部与杆部采用较大圆弧半径过渡，并采用凹顶使之有一定挠性并减轻重量，目前是向浅凹顶方向发展。凹顶的缺点是受热面积大，制造较困难。凸顶气门适用于排气门，该形状使排气阻力小，刚度大，废气的清除效果好。但凸顶受热面积大、质量增大、加工较复杂，目前仅在部分高速强化内燃机上采用。

气门锥面是气门与气门座之间的配合面，气门的密封性和气门热量的散出均依靠气门锥面。气门锥面的锥角（图3-6）一般为30°或45°。气门锥角小，在相同升程情况下气流流动断面大，进气量多，且与气门座之间滑移较小，磨损减轻，因此有些内燃机进气门采用30°锥角。排气门由于高温废气不断流过锥面，废气中的炭烟微粒易沉积附着在锥面上，影响密封，因此排气门要求锥面上的比压高些、滑移大些，利于积炭的辗碎和排除，锥角都采用 45°。不少内燃机进、排气门锥角都采用 45°，使制造和维修方便。

为了获得良好的密封性，气门锥面需精磨加工，气门座精铰加工，然后二者配对研磨，形成 1～2 mm 窄密封带，称为气门密封环带，一般气门座锥角比气门锥角大 0.5°～1°，称为气门干涉角(图 3-6)，使二者接触面积更小，可以提高工作面的比压，从而提高密封的可靠性。

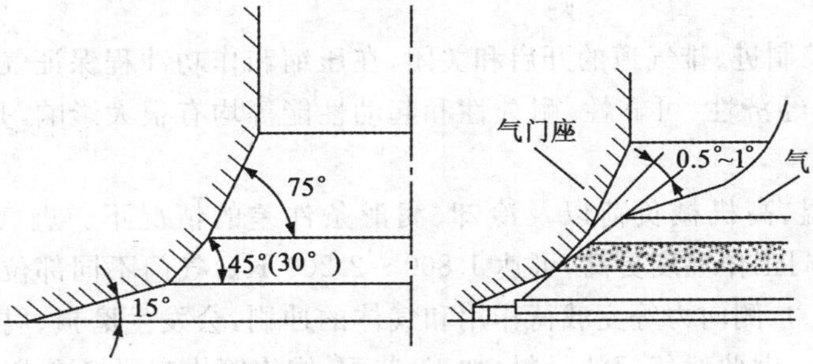

图 3-6 气门锥角和气门干涉角

气门头部直径对气流的阻力和流通量都有较大影响。头部直径愈大，气流的流通截面也愈大，阻力减小，流通量增大，但头部直径受气缸直径的约束，在缸径一定的情况下，考虑进气阻力对内燃机性能的影响比排气阻力更大些，因此在每缸进、排气门数目相同的情况下常使进气门直径大于排气门直径。

对于强化程度较高的内燃机，为了改善排气门的耐磨性和耐腐蚀性，以增加密封性和可靠性，常在排气门锥面堆焊一层 Co 基或 Ni 基合金，以提高气门的使用寿命。

气门杆部呈圆柱形，用于气门运动的导向和承受侧向力，并传出一部分热量。它在气门导管内作往复运动，为提高其耐磨性和减小运动阻力及保证与气门导管的配合精度，其表面须经过热处理并进行磨光，使之有较高硬度。

气门锁夹位于气门杆端，其作用是固定弹簧座，它的结构形状取决于气门弹簧座的固定方法，常用的方式有锁夹式和锁销式[图 3-7(a)、(b)]。锁夹式气门杆端加工成环形凹槽[图 3-7(a)]或加工成锥面[图 3-7(c)]，使之与锁夹的内圆面匹配。锁夹的外圆面与弹簧座的内圆面均是锥面，在气门弹簧力的作用下，使气门弹簧座、锁夹和气门抱紧，一起上下运动。为了安装的需要，锁夹均是两半的。锁销式在气门杆端有一个径向孔，用来安装锁销，在弹簧力的作用下把弹簧座固定并与气门一起运动。有些内燃机为防止气门弹簧发生断裂时气门下落掉入气缸中造成严重事故，在气门杆端锁夹部下方安装弹簧卡圈[图 3-7(c)中 6]，予以控制。为了降低排气门头部的温度，某些强化内燃机排气门采用空心填钠方法，形成钠冷却排气门。金属钠的特点是熔点低(370.5 K)，工作时金属钠熔化、汽化，在气门内振荡，因而头部的热量迅速经钠传给杆部经气门导管散出。该结构可使气门头部温度下降 100℃左右，但成本较高。

气门座直接与气门锥面配合，实现密封和散热。气门座承受气门的落座冲击、废气的氧化腐蚀，密封锥面易产生磨损，多采用耐磨、耐腐蚀性更好的合金材料，以提高使用寿命。气门座可以在气缸盖或机体上直接镗出来，但多数内燃机采用单独制造的气门座，压入气缸盖或机体对应孔中。气门座圈的材料为铸造合金、锻造合金、粉末冶金材料或陶瓷材料。

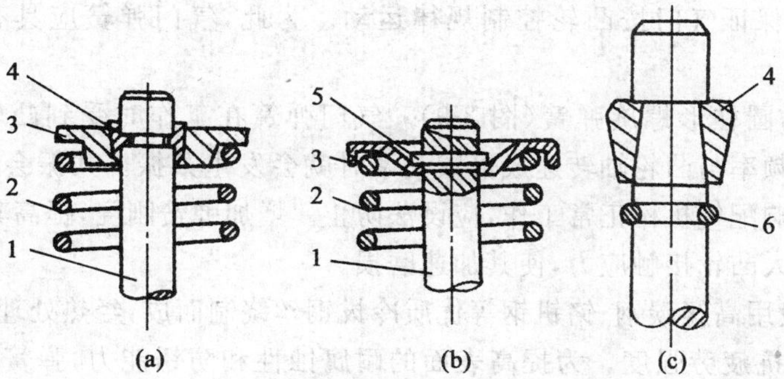

图 3-7　弹簧座的固定方式和防气门下落装置

(a)锁夹式固定装置;(b)锁销式固定装置;(c)弹簧卡圈式防气门下落装置

1-气门;2-气门弹簧;3-弹簧座;4-锁夹;5-锁销;6-弹簧卡圈

3.2.1.2　气门导管

气门导管的主要作用是保证气门作稳定的往复直线运动,保证气门与气门座正确配合,对气门起导向作用。此外,还担负部分传热作用。气门导管通常为圆柱形管(图 3-8)。外圆与内孔均需精加工,为了外圆表面磨削方便,一般不设台肩。外圆柱面以一定的过盈量压入缸盖。其材料要求耐磨性好,以减少内孔磨损,常用合金铸块或铁基粉末冶金。当采用铝合金缸盖时,考虑铝合金热膨胀系数较大,工作时气门导管可能松脱,因而有必要采用安全措施,如加卡圈等。

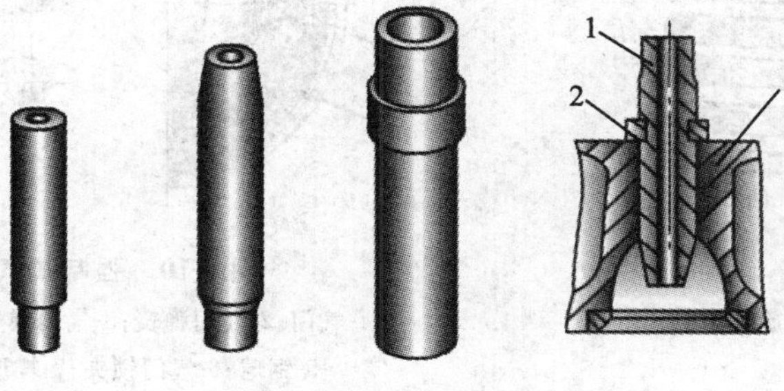

图 3-8　气门导管及安装

1-气门导管;2-卡圈;3-气缸盖

气门导管内圆柱面与气门杆配合。为保证气门杆在导管内自由运动,气门杆与气门导管之间一般留有 0.05～0.12 mm 间隙,有些内燃机排气门导管间隙略大于进气门导管间隙。气门导管与气门配合间隙过小会影响气门正常运动,杆体受热膨胀时还可能卡死;间隙过大,则影响导向作用,使气门工作时摆动,使气门座磨损不均匀,同时机油也容易从间隙中漏入气缸,使机油消耗和气门上的沉积物增加。

气门导管内、外圆柱面经加工后压入气缸盖或气缸体的气门导管孔后,为防止变形,要对导管内孔精铰,必要时对导管内孔和气门座圆锥面同时进行精铰,以保证二者同心。

3.2.1.3　气门弹簧

气门弹簧的作用是保证气门关闭时可靠地压紧在气门座上,不因内燃机振动和气道中的压力而开启,保证气门密封和散热。在气门开启和落座过程中,整个传动链不因惯性力和冲击力而脱开，保证气门按凸轮控制规律运动。为此，气门弹簧应具有足够的刚度和安装预紧力。

气门弹簧多为圆柱形螺旋弹簧(图 3-9)。气门弹簧在工作时受到凸轮打开气门力的激励，当弹簧的自振频率与凸轮轴转速成倍数关系时就会发生共振。共振会使气门弹簧加速疲劳损坏，同时也影响配气机构正常工作，应设法防止。增加弹簧刚度，提高其自振频率，对减少共振有利，但会增大凸轮接触应力，使其加速磨损。

气门弹簧一般用高锰碳钢、铬钒钢等优质冷拔钢丝绕制而成，经热处理后表面再经抛光或喷丸处理，以提高抗疲劳强度。为提高表面的耐腐蚀性和防锈能力，弹簧表面一般要进行发蓝、镀锌、磷化等保护性处理。

现在多数发动机上采用双气门弹簧，即在一个气门上安装有内、外两个旋向相反的弹簧，可以减少弹簧高度尺寸，降低弹簧应力。由于两个弹簧的自振频率不同，可以防止共振造成断裂的危险，提高工作时的可靠性，即使一个弹簧断裂，另一个弹簧还可以支持气门而不致落入汽缸。两个弹簧旋向相反可以避免一个弹簧断裂后嵌入另一个弹簧圈内卡住。

目前气门旋转机构形式很多，主要有自由旋转式和强制旋转式两大类，主要用于大、中功率柴油机上。图 3-10 为柴油机常用进、排气门强制式旋转机构。

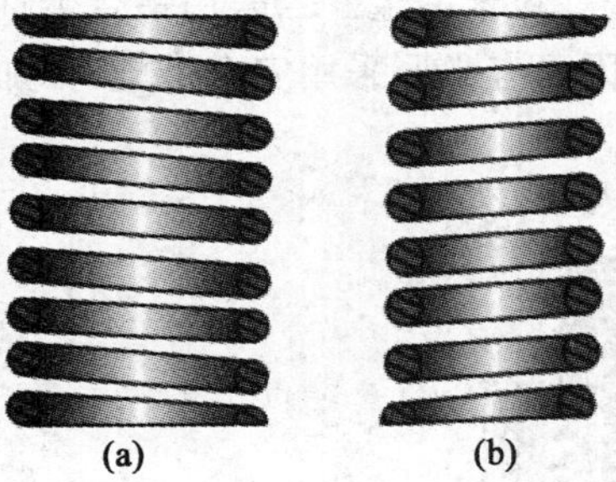

图 3-9　气门弹簧

(a)等螺距弹簧；(b)反向螺旋弹簧

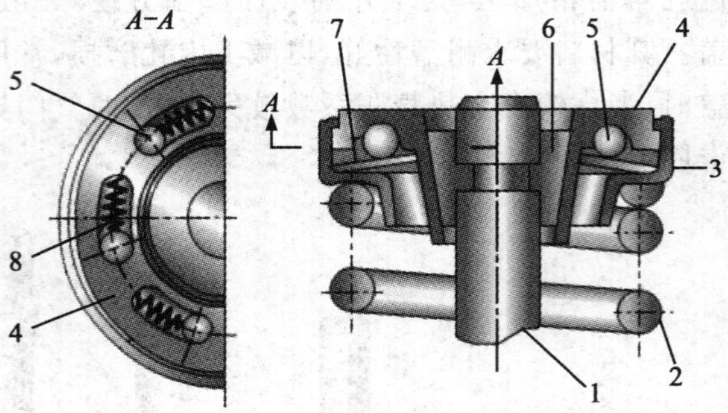

图 3-10　强制式气门旋转机构

1-气门；2-气门弹簧；3-气门弹簧座；4-旋转机构壳体；5-钢球；6-气门锁夹；7-蝶形弹簧；8-复位弹簧

3.2.2　气门传动组

气门传动组的作用是保证进、排气门按规定的时间和时间间隔开、闭，并控制气门的运动学和动力学规律。它由凸轮轴、挺柱、推杆、摇臂及正时齿轮等零件组成，如图 3-3 所示。

3.2.2.1　凸轮轴

凸轮轴是气门传动组的主要零件，它对气门的运动规律和配气系统的工作性能具有非常重要的影响。它的基本作用是根据内燃机工作过程的需要有序有规律地开启和关闭气门。凸轮轴上配有各缸进排气凸轮、凸轮轴轴颈、定时齿轮轴及驱动机油泵、输油泵的偏心轮等附件。

凸轮轴在工作中主要承受气门间歇开闭的周期性冲击载荷，因此要求凸轮轴具有足够的韧性和刚度，凸轮与挺柱之间有很高的接触应力和相对滑动速度，而润滑条件较差，因此凸轮工作表面磨损是主要的损坏形式。凸轮工作表面应具有较高的耐磨性。

选择凸轮轴材料时必须考虑与挺柱材料的匹配。凸轮轴一般用优质钢模锻而成，近年来广泛采用合金铸铁或球墨铸铁制成。轴颈和凸轮表面经过热处理，提高其耐磨性。凸轮轴一般采用整体式，其支承形式与曲轴相同，有全支承和非全支承。全支承凸轮轴刚性好，有利于改善气门的动力特性，但加工工艺复杂，轴向尺寸加大，目前一般采用凸轮轴每隔两个气缸设置一个凸轮轴轴颈的非全支承凸轮轴。全支承凸轮轴用于高速内燃机。

凸轮的相对位置和凸轮外形轮廓线是凸轮轴结构的核心，同名凸轮（进或排气凸轮）的相对位置取决于内燃机工作顺序、冲程数和气缸形式，其排列顺序同工作顺序。同一气缸进、排气凸轮之间的夹角决定于配气相位（参阅 3.3 节）。

凸轮外形轮廓线对气门的开、关的时间及气门的运动学（升程、速度、加速度）、动力学（惯性力及运动的平稳性）特性均有重要影响，随着内燃机转速的提高，对凸轮外形轮廓线的要求也愈来愈高。目前高速内燃机均采用函数凸轮，如高次多项式凸轮等。

凸轮轴通常由曲轴通过齿轮、齿形皮带、链条等与凸轮轴正时齿轮相啮合，驱动凸轮轴。对于四冲程内燃机，其传动比为 2∶1，即曲轴转 2 圈凸轮轴转 1 圈。凸轮轴与曲轴之间的相对位置及与喷油时刻之间存在严格的时间关系，即“正时”，因此曲轴、凸轮轴与油泵轴齿轮标有记号，安装时必须使记号对正才能保证内燃机正常工作。

凸轮轴正时齿轮由于采用斜齿齿轮传动产生轴向力，随拖拉机上、下坡等都可能使凸轮轴产生轴向窜动，轴向窜动影响配气正时，因此凸轮轴必须有轴向定位装置，该装置要求既能承受轴向力又保证零件受热后自由膨胀。目前常用结构有凸肩式[图 3-11(a)]、止推片式[图 3-11(b)]和止推螺钉式轴向定位装置[图 3-11(c)]。止推片通过螺钉固定在机体上。止推片与前凸轮轴轴颈端面之间留有 0.10～0.20 mm 的间隙，供热膨胀补偿。

中、小型内燃机凸轮轴轴承多采用整体式轴承（衬套）压装在气缸体或气缸盖的凸轮轴轴承座孔内。凸轮轴轴承负荷不大，多采用钢背巴氏合金或锡青铜薄壁衬套，有的内燃机不用衬套而直接支承于铸铁机体或铝合金机体凸轮轴孔内。

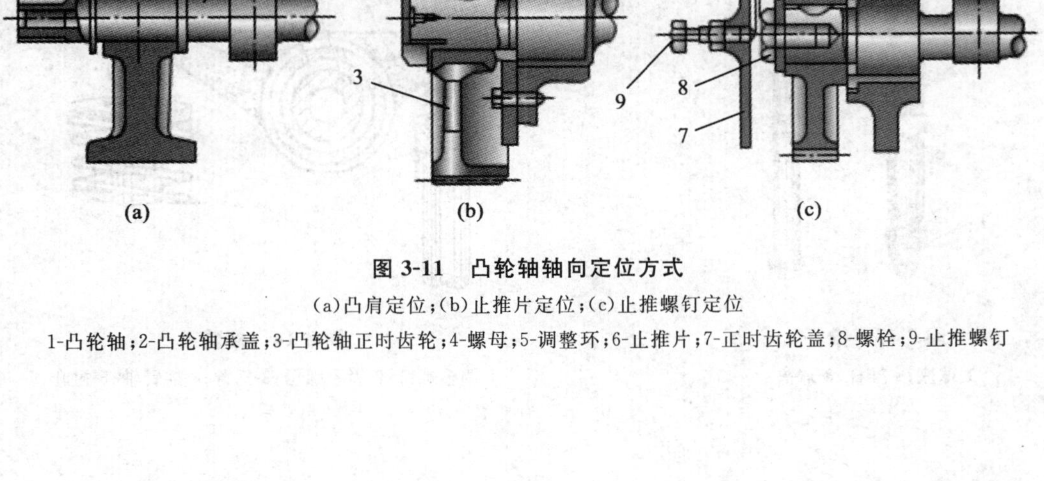

图 3-11　凸轮轴轴向定位方式

(a)凸肩定位；(b)止推片定位；(c)止推螺钉定位

1-凸轮轴；2-凸轮轴承盖；3-凸轮轴正时齿轮；4-螺母；5-调整环；6-止推片；7-正时齿轮盖；8-螺栓；9-止推螺钉

3.2.2.2　挺柱

挺柱的作用是将凸轮的推力传给推杆或直接传给气门，并承受凸轮轴旋转时所施加的侧向力。

挺柱可直接安装于气缸体上相应镗出的导向孔中，也可装于可拆式挺柱导管中。挺柱底面与凸轮接触传力，工作表面接触面积小，接触应力大，易造成工作表面磨损。为使挺柱的圆柱导向面与底面磨损均匀，工作时除了上下运动外，还应能够缓慢转动，为此可将挺柱底面做成球面，称为球面挺柱[图 3-12(a)]，而凸轮外廓轴向做成微角锥面，使工作时挺柱与凸轮接触点偏移，挺柱可自转运动；还可将挺柱中心线相对凸轮轴轴向对称中心线偏移，挺柱工作时可产生自转运动，这种方法用于平底挺柱[图 3-12(b)]。

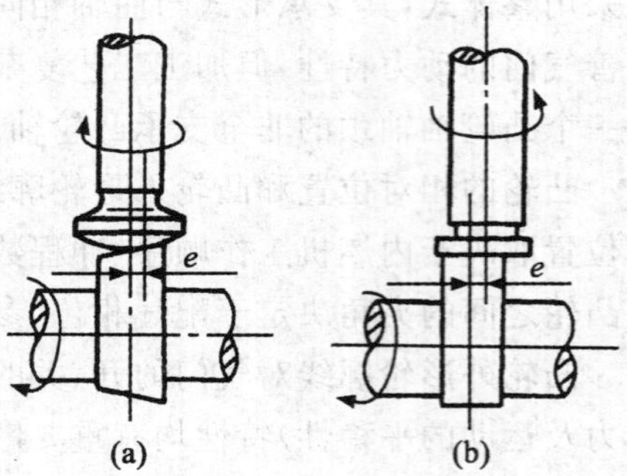

图 3-12　挺柱自动旋转结构

(a)球面挺柱；(b)平底挺柱

3.2.2.3　推杆

推杆用于下置凸轮轴顶置气门的配气机构，它的作用是把凸轮、挺柱传来的力传给摇臂。推杆是细长杆件，如图 3-13 所示，对其要求是刚度大、质量小。推杆下端与挺柱的球座接触，制成球头形状；上端与摇臂上调整螺钉的球头或球座接触，因此上端结构可能是球头也可能是球座。两端头部都经过热处理，提高其硬度和耐磨性。

3.2.2.4　摇臂

摇臂是一个双臂杠杆，其作用是将推杆传来的力改变方向和大小传给气门尾部，推开气门。下置凸轮轴式气门机构摇臂如图 3-14 所示。为了实现摇臂质量小而刚度大，摇臂横断面常采用“⊥”字形，摇臂与气门尾部接触工作面一般制成较大曲率半径的圆柱面，当摇臂摆动时工作面可沿气门杆尾端滚滑，这样可使二者之间的力尽可能地沿气门轴线作用。为了提高耐磨性，圆柱工作面应淬硬。摇臂另一端常旋入调节气门间隙的调节螺钉。摇臂常压入青铜衬套，支承在摇臂轴上，采用压力润滑，其上小油孔用以润滑推杆端的球座和摇臂与气门接触的

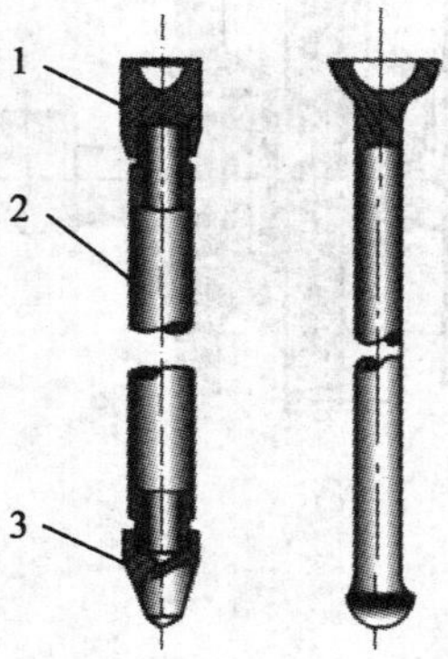

图 3-13　推杆

1-球座；2-推杆；3-球头

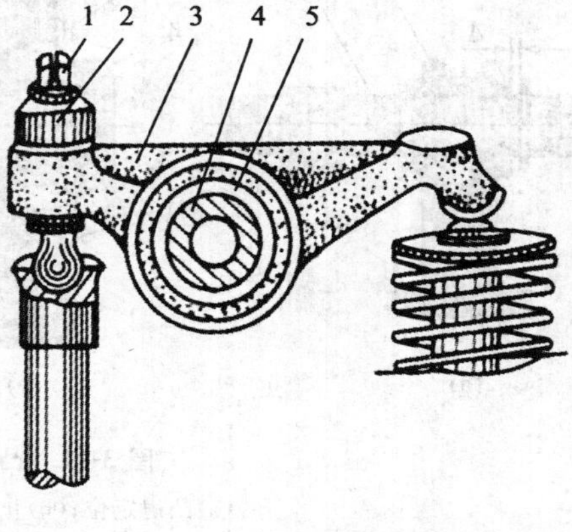

图 3-14　摇臂

1-调整螺钉；2-锁紧螺母；3-摇臂；4-摇臂轴；5-衬套

工作面。为了防止摇臂在工作时发生轴向移动，摇臂轴上两摇臂之间装有摇臂轴弹簧。普通摇臂常用钢模锻造或球铁铸造而成。

3.3 配气相位与气门间隙

3.3.1 配气相位

用曲轴转角表示的进、排气门开、闭时刻和开启的持续时间称为配气相位，其对应的图为配气相位图，见图 3-15。

理论上四冲程内燃机进气冲程进气门从活塞上止点开启，至下止点关闭，排气冲程排气门从活塞下止点开启，至上止点关闭。现代柴油机转速较高，一般都在 2 200～3 600 r/min，活塞每一冲程所经历的时间非常短，只有千分之几秒。在这样短的时间内实现良好的工作介质更换，即吸足、排净是比较困难的。为了延长进、排气门开启的时间，改善换气过程，提高内燃机性能，进、排气门均采取适当的早开和晚关的办法，如图 3-15 所示，在排气冲程接近终了、活塞到达上止点前，对应曲轴转到离上止点位置还差 α 角时，进气门便开始开启，直至活塞到了下止点后又重新上行到曲轴超过下止点位置以后又转 β 角，进气门关闭。这样进气冲程持续的时间为曲轴转角 $180°+\alpha+\beta$。α 为进气提前角，β 为进气门迟闭角。α 一般为 10°～40°曲轴转角，β 一般为 40°～70°曲轴转角。进气门提前开启的目的是保证理论进气冲程开始时进气门已有一定开度，使进气阻力减小，增加进气量。当活塞到达下止点时，理论进气冲程已结束，但气缸内压力仍低于大气压力，存在真空度，在压缩行程开始阶段，活塞上移速度较慢的情况下，仍可利用气流的惯性和压力差继续进气，因此进气门适当晚关有利于充气。

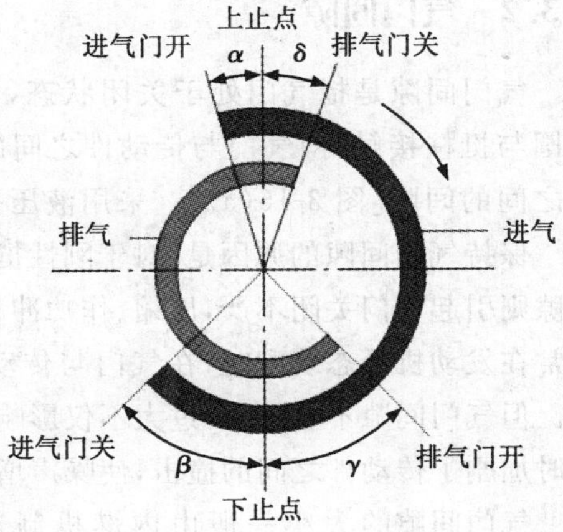

图 3-15 配气相位图

同样，在作功冲程接近终了、活塞到达下止点前，排气门便开始开启，排气提前角用 γ 表示，γ 一般为 30°～80°曲轴转角。排气门提前开启的原因是：当作功冲程活塞接近下止点时，气缸内气体虽有 0.3～0.4 MPa 的压力，就活塞作功而言作用不大，但若稍开启排气门，利用该压力废气可迅速排出，使活塞到达下止点时，气缸内压力已大大下降。活塞由下止点上行时，排气阻力减小，减少排气冲程消耗的功。另外，高温废气迅速排出，还可以防止内燃机过热。

排气门在活塞越过上止点后才关闭，排气门迟闭角用 δ 表示，δ 一般为 10°～35°曲轴转角。排气门迟后关闭的原因是：活塞到达上止点时，缸内气压仍高于大气压力，利用压差和排气流的惯性，排气门迟关一点，可使废气排除更干净。对于不同内燃机，由于结构形式、工作转速各不相同，因而配气相位也不相同，合理的配气相位应根据发动机性能要求，通过反复试验确定。配气相位与转速有关，同一台内燃机高速工况宜用较大的进气门迟闭角

β和排气提前角γ，低速工况则宜用较小的β和γ。对于车用内燃机，工况变化范围很大，一种固定的配气相位不可能对所有工况都最佳，因此配气相位应可变，可变配气相位机构已在内燃机上采用。

从图 3-15 可见，由于进气门在上止点前开启，排气门在上止点后关闭，这就出现了在一段时间内进、排气门同时开启的现象，这种现象称为气门重叠。重叠所占曲轴转角称为气门重叠角。气门重叠角为$\alpha+\delta$，一般内燃机气门重叠角为$20^{\circ}\sim60^{\circ}$曲轴转角。在气门重叠期间有可能出现废气倒流入进气管或新鲜气体随同废气排出的现象，这对于换气不利，因此要适当选择气门重叠角。

3.3.2 气门间隙

气门间隙是指气门处于关闭状态，凸轮的凸起部分尚未与挺柱平面接触时(即仅凸轮基圆与挺柱接触时)气门与传动件之间的间隙。测量时用厚薄规测取气门尾部与摇臂或挺柱之间的间隙[图 3-16(a)]。采用液压挺柱的配气机构无气门间隙[图 3-16(b)]。

保持气门间隙的原因是：对于刚性挺柱，内燃机工作时气门及传动零件受热膨胀，若不留间隙则引起气门关闭不严，压缩、作功冲程漏气，功率下降，甚至烧毁气门。为了消除这种现象通常在发动机冷态装配时，在气门与传动机构中留有适当的间隙，以补偿气门受热后的膨胀量。但气门间隙不宜过大，过大不仅影响气门的升程，开启延续时间缩短，配气相位也受影响，同时加剧了传动件之间的撞击，使噪声增大，磨损加剧。

气门间隙的大小一般由内燃机制造厂根据试验确定，一般在冷态时，进气门间隙为 0.25～0.30 mm，排气门间隙为 0.3～0.35 mm。有些内燃机规定热车间隙，即内燃机达到正常工作温度后停机时测量的间隙值，一般热车间隙较冷态时小 0.05 mm。

调整气门间隙时，应将该缸活塞处于压缩上止点，因为此时该缸进、排气门都处于关闭状态且气门间隙反映实值。

对于多缸内燃机，气门间隙的调整是首先根据记号确定一缸处于压缩冲程上止点，调整其进、排气门，同时根据工作顺序和着火间隔角，排列出其他缸气门的状态，根据判断确定其他缸可予以检查和调整的气门，然后转动曲轴一圈调整和检查其他气门间隙。对于直列内燃机，两次即可将全部气门间隙检查调整完毕。

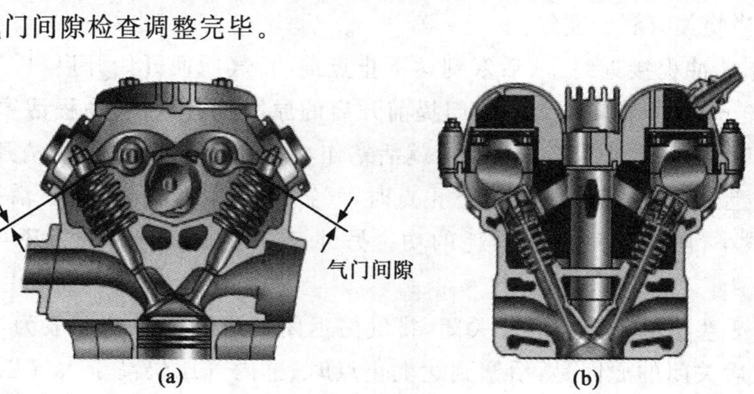

图 3-16 气门间隙

(a)有气门间隙；(b)无气门间隙

思考题

1. 配气机构包括哪些零部件？各零部件的作用是什么？
2. 什么是配气相位？如何计算同一缸不同凸轮间的夹角？
3. 什么是气门间隙？气门间隙如何影响发动机工作？
4. 多缸机如何调整气门间隙？

第 4 章 柴油机供给系

4.1 柴油的性能与选用

柴油是柴油机产生动力的来源，其主要成分是碳、氢，含量占 97%～98%，另外还有少量的硫、氧、氮等元素。在石油蒸馏过程中，温度为 200～350℃的馏分即为柴油。柴油分为轻柴油和重柴油，轻柴油用于 1 000 r/min 以上的高速柴油机，重柴油用于 1 000 r/min 以下的中、低速柴油机。

轻柴油的牌号按凝点不同分为 10 号、5 号、0 号、－10 号、－20 号、－35 号和－50 号七个级别，其凝点分别不高于 10、5、0、－10、－20、－35 和－50℃。

为了保证高速柴油机正常、高效地工作，轻柴油应具有良好的发火性、蒸发性、低温流动性、化学稳定性、防腐性和适当的黏度等性能。

(1)发火性：指柴油的自燃能力，用十六烷值评定。柴油的十六烷值大，发火性好，容易自燃，柴油机易于起动，经济性好，工作柔和，零部件使用寿命长；反之，柴油的十六烷值小，则发火性差，柴油机工作粗暴，零部件磨损快，经济性差。但是十六烷值过高，柴油凝点也相应升高，蒸发性变差，柴油在燃烧过程中容易裂化，造成燃烧不完全而产生游离的碳，排气冒黑烟。故通常车用柴油的十六烷值应在 40～50 之间。

(2)蒸发性：指柴油蒸发汽化的能力，用馏程和闪点来评定。馏程是指在柴油的蒸馏试验中馏出某一百分比的温度范围，比如 50%馏出温度即柴油馏出 50%的温度，此温度越低，柴油的蒸发性越好，越有利于可燃混合气的形成和燃烧，越有利于起动。国家标准规定此温度不得高于 300℃，但蒸发得太快则会使燃烧过程粗暴。

为了控制柴油的蒸发性不致过强，标准中规定了闪点的最低数值。柴油的闪点指在一定的试验条件下，当柴油蒸气与周围空气形成的混合气接近火焰时，开始出现闪燃的温度。闪点低，蒸发性好。

(3)低温流动性：用柴油的凝点和冷滤点评定低温流动性。凝点是指柴油失去流动性开始凝固时的温度，而冷滤点则是指在特定的试验条件下，在 1 min 内柴油开始不能流过过滤器 20 mL 时的最高温度。一般柴油的冷滤点比凝点高 4～6℃。

选用柴油时，凝点一般要低于最低环境温度 5℃以上。例如，最低环境温度为－15℃时，可选用－20 号柴油。凝点过高，将造成油路的堵塞；而选用凝点过低的柴油则是不经济的。

(4)黏度：评定柴油稀稠度的一项指标，与柴油的流动性有关。黏度随温度而变化，当温度升高时，黏度减小，流动性增强；反之，黏度增大，流动性减弱。

4.2　柴油机供给系的作用及组成

4.2.1　柴油机供给系的作用

柴油机燃油供给系统的作用是根据柴油机工作的要求，定时、定量、定压地将雾化良好的柴油，以一定喷油规律喷入燃烧室与空气相混合，为柴油-空气混合气的形成与燃烧提供良好条件。燃油供给系统的工作直接影响到柴油机的工作性能。

4.2.2　柴油机供给系的组成

柴油机燃油供给系统一般由喷油泵、喷油器和调速器等主要部件和燃油箱、输油泵、柴油滤清器、高低压油管等辅助装置组成，图 4-1 为柴油机燃油供给系统简图。

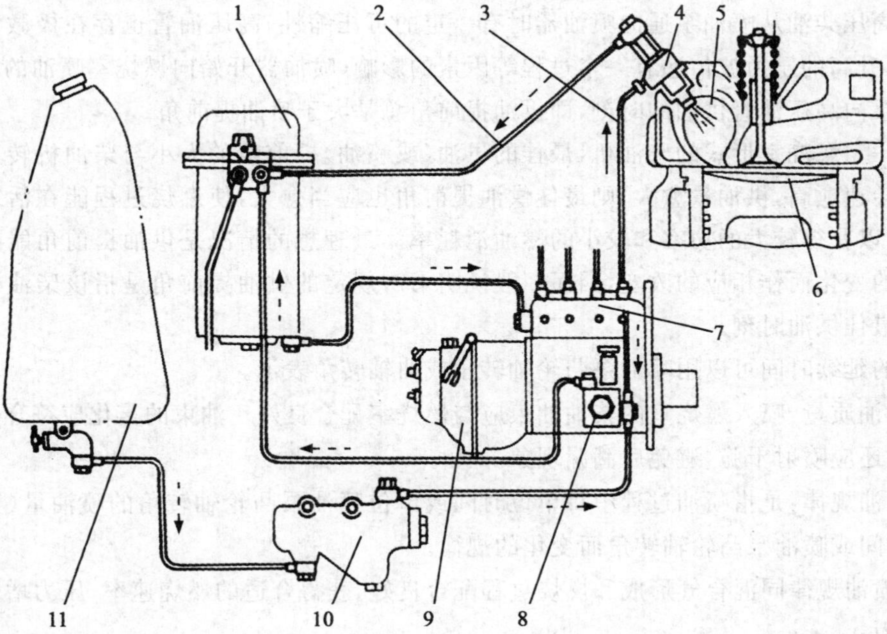

图 4-1　4125A 型柴油机燃油供给系统简图

1-柴油细滤器；2-回油管；3-高压油管；4-喷油器；5-涡流室；6-燃烧室；
7-喷油泵；8-输油泵；9-调速器；10-柴油粗滤器；11-燃油箱

当柴油机工作时，输油泵 8 从燃油箱 11 中吸出柴油，经低压油管和柴油粗滤器 10 以50～100 kPa 的压力压至柴油细滤器 1，经过滤清后的清洁柴油被送入喷油泵 7，再经过喷油泵增压后经高压油管 3 送到各缸的喷油器 4，最后喷入燃烧室 6 与压缩的空气进行混合和燃烧。从喷油器针阀偶件泄出的少量柴油，经回油管 2 流回柴油箱。因为输油泵的供油量大于喷油泵的用量，多余的柴油经单向回油阀送回输油泵，在有的柴油机上回油则直接回到燃油箱。

通常把柴油机燃油供给系统分成两部分：从燃油箱至喷油泵泵油前的油路为低压油路，油压一般在 50～290 kPa；喷油泵泵油后至喷油器的油路为高压油路，油压一般在 10 MPa 以上。

4.2.3 柴油机供给系应满足的要求

为保证柴油机获得良好的工作性能，柴油机燃油供给系统应满足以下基本要求。

(1)供油量：供油量要与柴油机的工况相适应。要求各循环供油稳定，多缸柴油机各缸供油量均匀，供油量能随着负荷的变化而自动调节。

(2)供油时间：柴油应当在适当时刻喷入燃烧室，而且喷油的延续时间也应在最有利的范围内。多缸柴油机还应保证各缸的供油时间基本一致。

柴油机燃油供给系开始供油的时间，一般有两种表示方法，即供油提前角与喷油提前角。

供油提前角：喷油泵开始向高压油管供油的时刻，用活塞在上止点前相应的曲轴转角表示。

喷油提前角：喷油器开始向燃烧室喷射柴油的时刻，也用活塞在上止点前相应的曲轴转角表示。

由于高压柴油从喷油泵通向喷油器时有一定的可压缩性，高压油管也存在极微量的膨胀变形，油压升高的压力波传递有一个过程等因素的影响，喷油器开始向燃烧室喷油的时刻总要迟于喷油泵向高压油管供油的时刻，即供油提前角总是大于喷油提前角。

对于一定燃烧室形式的柴油机，最佳的供油(或喷油)提前角的大小与柴油机转速和供油量有关。转速愈高，供油量愈大，则最佳供油提前角也应当愈大，使燃烧过程能在活塞上止点附近完成，以获得较大的功率和较小的燃油消耗率。最理想的情况是供油提前角能随着转速和供油量的变化而作相应的改变，因而一般说明书所规定的供油提前角是指该柴油机在标定转速下的最佳供油时刻。

喷油的延续时间可以用喷油泵凸轮轴转角或曲轴转角表示。

(3)喷油质量：喷入燃烧室的柴油油束应与燃烧室配合良好。油束的雾化应符合燃烧室的要求，同时还应喷射干脆，避免后滴漏现象。

(4)喷油规律：是指喷油过程中每单位时间或单位喷油泵凸轮轴转角的喷油量(又称喷油速率)随时间或喷油泵凸轮轴转角而变化的规律。

要求喷油规律同混合气形成和燃烧过程配合良好，获得合适的燃烧速率、压力增长率和最大爆发压力。

4.3 空气的供给及废气的排出

4.3.1 柴油机的进排气系统

柴油机进排气系统的作用是按照柴油机的工作循环，尽可能多和尽可能均匀地向各气缸供给洁净的空气，并尽可能彻底地排出废气。

进排气系统如图 4-2 所示，主要由空气滤清器 1 、进气管 2、进气歧管 3、气门 4、排气管 7、消声器 8 和排气歧管 9 等构成。

4.3.2　空气滤清器的作用与结构

为保证柴油机工作，除了需要供给燃料外，还需要供给足够量的空气，空气来源于作业环境条件下的大气，拖拉机大部分工作在田间和野外作业环境，大气中悬浮着大量的尘土、沙粒等多种磨料，吸入气缸后必会造成气缸、活塞、活塞环等主要零件的加速磨损，大大缩短柴油机的使用寿命，为此柴油机必须加装空气滤清器，其作用是滤除空气中的杂质或灰尘，让洁净的空气进入气缸。

空气滤清器把空气中的杂质过滤掉的同时，必然会增加进气阻力，影响充气性能。因此要求空气滤清器滤清效果好，气流阻力尽量小，结构简单，工作可靠，维护保养方便。

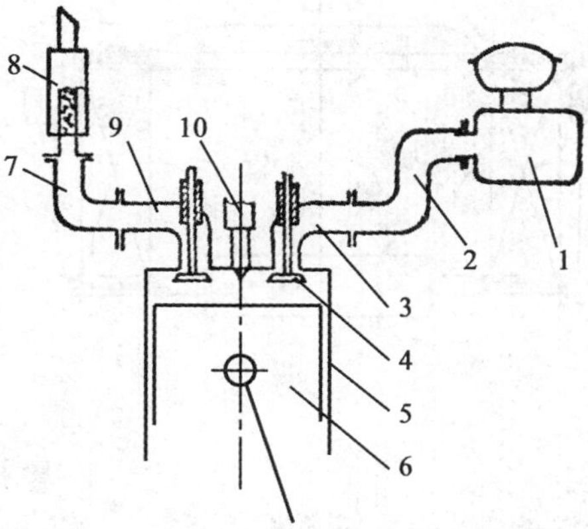

图 4-2　进排气系统

1-空气滤清器；2-进气管；3-进气歧管；4-气门；5-气缸；6-活塞；7-排气管；8-消声器；9-排气歧管；10-喷油器

空气滤清器一般由空气滤清器盖、空气滤清器外壳和滤芯等组成，按工作原理可分惯性式、过滤式、复合式，按结构可分干式和湿式。

4.3.2.1　复合式湿式滤清器

图 4-3 所示的 4125A 型柴油机的空气滤清器就属于这种形式，它包括干式惯性、湿式惯性和湿式三级过滤。工作时，在气缸的真空吸力的作用下，空气经导流板 9 产生高速旋转运动，较大的尘粒在离心力的作用下被甩向集尘罩 11 上，然后再落入集尘杯 1 内。经过一级惯性过滤的空气，沿吸气管 8 向下流动，冲击油碗 5 中的润滑油油面，并急剧改变方向向上流动，一部分尘土因为惯性的作用而黏附在油面上，这是第二级湿式惯性过滤。空气再向上通过溅有机油的金属丝滤芯 2、3，细小的尘粒又被黏附在滤芯上。经过这三级过滤后的清洁空气才由进气管被吸入气缸。

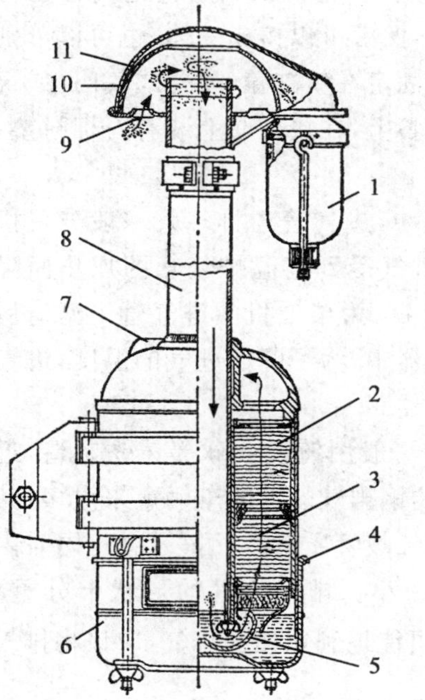

图 4-3　4125A 柴油机空气滤清器

1-集尘杯；2-上滤芯；3-下滤芯；4-托盘总成；5-油碗；6-底壳；7-清洁空气出口；8-吸气管；9-导流板；10-外壳；11-集尘罩

4.3.2.2　干式纸质滤清器

与湿式滤清器相比，纸质空气滤清器具有重量轻、高度小、成本低、效率高、性能比较稳定的特点，而其缺点是使用寿命较短。

图 4-4 所示为干式纸质滤清器的构造。其滤芯用经树脂处理的微孔滤纸制成，如图 4-4(b)所示。滤芯的上、下两端有塑料密封圈。工作时，空气首先从上盖 1 及壳体之间的空隙进入纸质滤芯的外腔，经过滤后再进入滤芯内腔而流向接管。

为了延长纸质滤芯的使用寿命，一般拖拉机每行驶一定里程进行一次保养，取出滤芯，采用轻拍或用压缩空气法去除积集在滤芯外表面的灰尘。使用一定时间后需要更换。

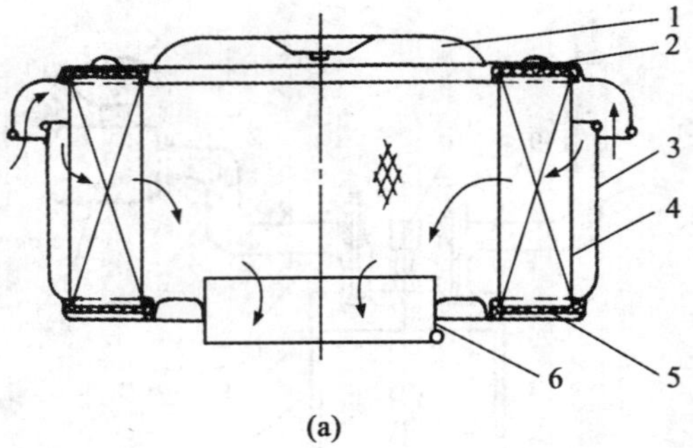

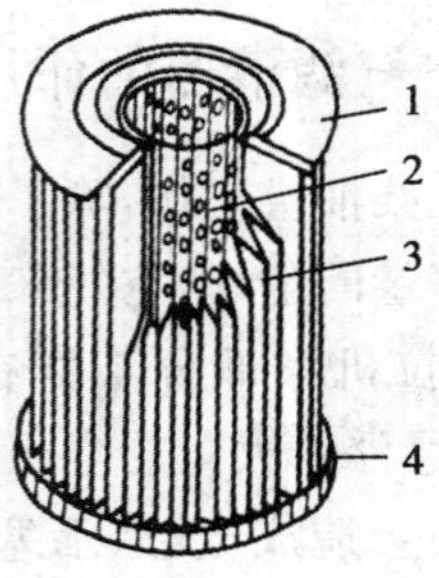

图 4-4 纸质空气滤清器

(a)滤清器结构

1-滤清器盖;2、5-密封圈;3-壳体;4-纸质滤芯;6-接管

(b)纸质滤芯结构

1-上压盖;2-圆筒支架;3-折叠过滤纸;4-下压盖

4.3.3 进、排气歧管

进、排气管道的作用是将新鲜充量分别送到柴油机的各个气缸,并将废气排出。为了保证充气效率高和排气损失小,要求进、排气管具有较小的流通阻力。

柴油机的进气系统一般由空气滤清器、进气歧管及进气导流管组成,排气系统由排气管、排气歧管和气缸盖上的排气道组成。在电控式燃油供给系统中,进气系统还包括空气流量计或进气支管压力传感器,以便对进入气缸的空气量进行计量。

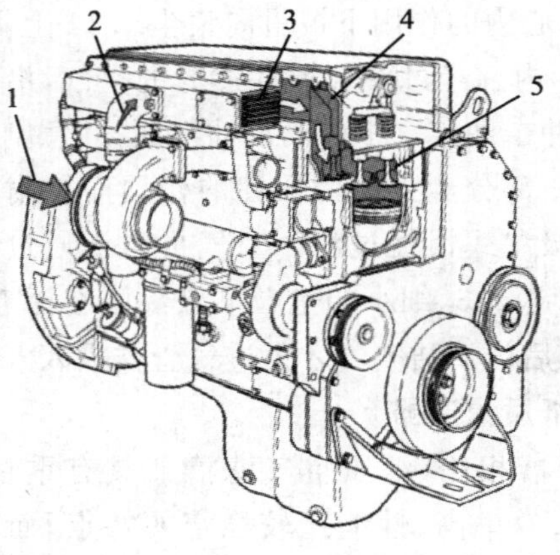

图 4-5 柴油机进气管

1-滤清后进气至增压器;2-进气管;3-中冷器;4-进气歧管;5-进气道

进、排气管一般用铸铁制成。进气管也有用铝合金铸造的,两者可以铸成一体,也可以分别铸造。都用螺栓固定在气缸盖(顶置式气门)或气缸体(侧置式气门)上,在接合面上装有石棉衬垫,以防止漏气。

在柴油机中,进气管与排气管一般分置机体两侧,以避免进气受到高温排气管的加热而降低充气密度。图 4-5 为柴油机的进气管。滤清后的空气进到增压器中,为了降低进气的温度,进气管上设置了中冷器。

排气歧管一般用铸铁或球墨铸铁制造,近些年来,采用不锈钢排气歧管的车辆愈来愈多,其原因是不锈钢排气歧管质量小,耐久性好,同时内壁光滑,排气阻力小。排气歧管的形状十分重要。为了使各缸排气不相互干扰及不出现排气倒流现象,并尽可能地利用惯性排气,应该将排气歧管做得尽可能长,而且各缸支管应该相互独立、长度相等。

4.3.4 消声器

消声器的作用是降低排气噪声,消除废气中的火焰及火星,使废气安全地排入大气。柴油机排气开始时,气缸内废气的压力和温度仍比环境的压力和温度高得多,此时气缸内的压力约为0.4 MPa,这表明排气有一定的能量。同时,排气的间歇性在排气管内引起排气压力的脉动,如果让废气直接排入大气中,会产生强烈、刺耳的排气噪声,其频率从几十赫兹到上万赫兹甚至更高。因此在排气管的出口处必须安装消声器来消耗废气流的能量,并平衡气流压力波。

图4-6为典型的排气消声器的构造。它由外壳1、多孔管2和4以及隔板3等组成。外壳用薄钢板制成圆筒形,两端密封,内腔用两道隔板分隔成三个消声室。废气经进气多孔管2进入消声室,得到膨胀和冷却,并多次与管壁碰撞消耗能量,使压力降低、振动减轻,最后从排气多孔管4排入大气中,消除了火星并使噪声显著降低。排气消声器的实物结构如图4-7所示。

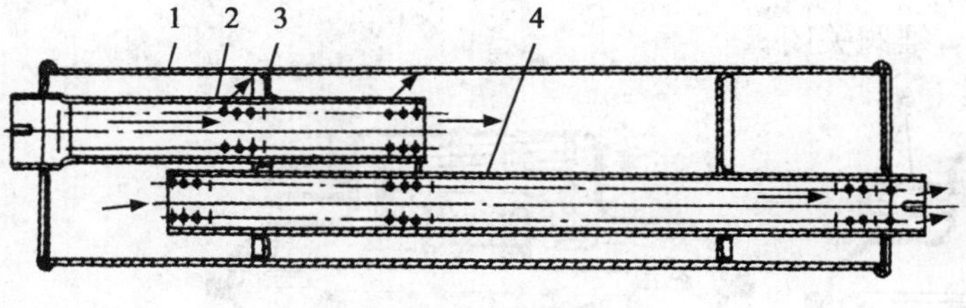

图4-6 排气消声器的构造

1-外壳;2-进气多孔管;3-隔板;4-排气多孔管

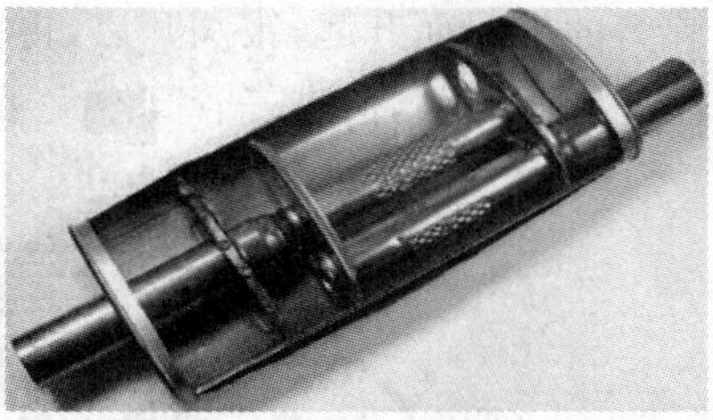

图4-7 排气消声器实物图

4.3.5 排气净化装置

随着节能和环保意识的提高,世界各国对内燃机有害排放物制定了相应的法规和标准,且排放控制标准日趋强化。柴油拖拉机工作时,排气中主要含氮氧化合物(NO_x)、微粒和烟雾等有害物质。

NO_x 主要是指 NO 和 NO_2,产生于燃烧室内高温富氧的环境中,其对大气环境、植物生长乃至人类身体健康有极大的危害。控制 NO_x 产生的主要方法有:降低混合气中氧的浓度,降低燃烧温度,缩短在高温燃烧带内的滞留时间以及改善混合气的形成等。

微粒(炭烟)由可溶性有机成分(SOF)和不可溶成分组成,柴油机排气中的微粒尺寸较小,可长期悬浮在大气中,不仅降低大气的可见度,而且易被人吸入肺部,同时微粒中的SOF成分具有致癌性。

微粒的产生与柴油机燃料的燃烧过程有密切的关系,控制微粒的方法主要是提高火焰温度,控制火焰领域内的混合气浓度,避免过浓。

这些物质污染环境,危害人体健康,所以必须进行净化处理。现代柴油机广泛采用催化转换器、微粒捕集器和排气再循环装置来降低有害排放物。

4.3.5.1 排气再循环装置

排气再循环(exhaust gas recirculation,EGR)是指把柴油机的部分废气回送到进气系统,并与新鲜空气一起再次送入气缸。由于废气中含有大量的 CO_2,而 CO_2 不能燃烧却能吸收大量的热,使气缸内混合气的燃烧温度降低,从而减少了 NO_x 的生成量。排气再循环是净化排气中 NO_x 的主要方法。

在新鲜的空气中掺入废气后,混合气的热值降低,致使柴油机有效功率下降,为做到既减

少 NO_x 的排放，又保证柴油机的动力性，必须根据柴油机运转的工况控制再循环的废气量。NO_x 的生成量随柴油机负荷的增大而增多，因此，再循环的废气量也应随负荷而调节。在暖机期间或怠速时，NO_x 生成量不多，为了保持柴油机运转的稳定性，不进行排气再循环。在全负荷或高速下工作时，为了使柴油机有足够的动力性，也不进行排气再循环。

再循环的废气量由排气再循环(EGR)阀控制，EGR 阀一般由真空或电磁驱动。图 4-8 所示为带排气背压控制的真空 EGR 阀。当柴油机在怠速状态或小负荷运转时，排气背压很低，背压控制阀在弹簧作用下保持开启，大气从通气孔经开启的通气阀进入膜片室，使其真空度降低或消除，与膜片刚性相连的锥阀保持关闭。当柴油机在中等转速、中等负荷运转时，排气背压升高，背压控制阀克服弹簧的推力而关闭，进气管真空进入膜片室，于是驱动膜片克服回位弹簧的推力而升起，锥阀开启，再循环的废气进入进气系统。当柴油机大负荷运转时，虽然背压控制阀关闭，但进气管真空度很小，锥阀关闭。

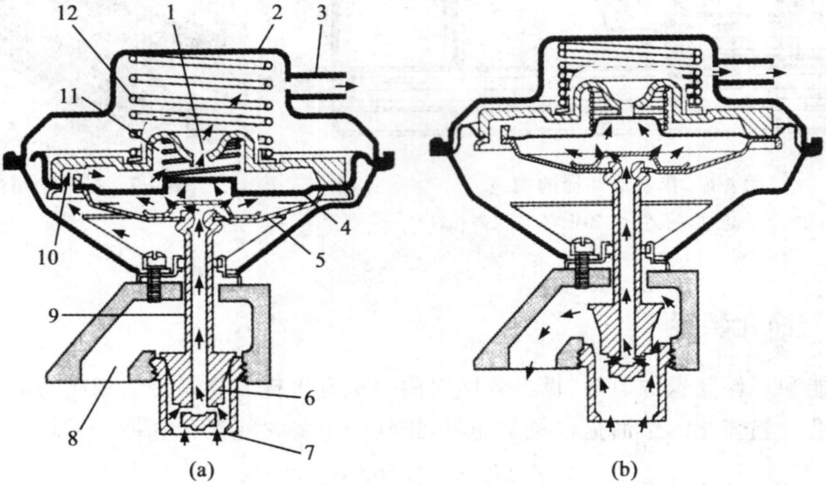

图 4-8 正背压 EGR 阀

(a)EGR 阀关闭；(b)EGR 阀开启

1-背压控制阀；2-膜片室；3-真空传送管；4-膜片；5-导流板；6-锥阀；7-通排气管；8-通进气管；9-推杆；10-通气孔；11-背压控制阀弹簧；12-膜片弹簧

EGR 阀还可以用电控真空驱动，由电控器控制真空调节器，控制驱动 EGR 的真空度，通过预先标定的 EGR 脉谱可针对不同工况实现 EGR 的优化控制。

4.3.5.2 柴油机微粒捕集与再生装置

微粒是柴油机排放的突出问题。对车用柴油机排气微粒的处理，主要采用多孔介质过滤的方法，即采用微粒捕集器(diesel particulate filter，DPF)。

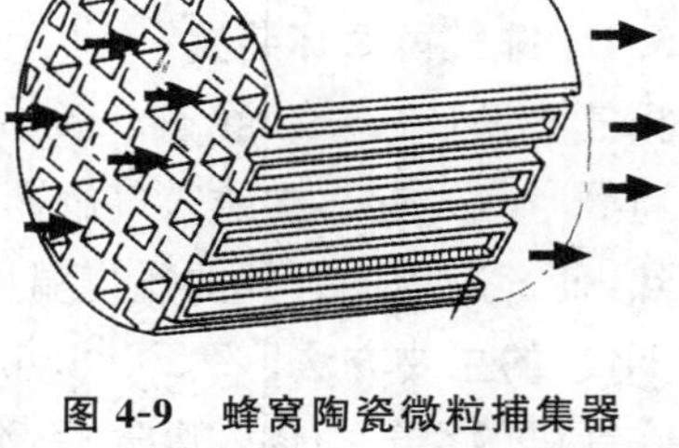

图 4-9 蜂窝陶瓷微粒捕集器

目前微粒捕集器滤芯多为蜂窝陶瓷，如图 4-9 所示，其单位体积的表面积很大，材料壁薄，过滤效率高，阻力较小。蜂窝滤芯每相邻的两个通道，一个在进口处被堵住，另一个在出口处被堵住，这样柴油机排气从一个孔道流入后，必须穿过陶瓷壁面从相邻孔道流出，结果排气中的微粒就沉积在各流入孔道的壁面上，达到过滤目的。

在微粒捕集器中积聚的微粒会逐渐增加排气的流动阻力，增大柴油机排气背压，影响柴油机的换气和燃烧，降低功率输出，增加燃油消耗率，因此必须及时清除微粒过滤器中积聚的微粒，一般是将沉积微粒烧掉，以恢复其过滤能力和减小排气阻力，这个过程称为微粒捕集器的再生。目前努力开发的强制再生技术可分为热再生和催化再生两大类。

4.4　柴油的供给和滤清

在柴油机供给系低压油路上安装的燃油箱、燃油滤清装置及输油泵，统称为柴油机供给系的辅助装置。它们对柴油机供给系的正常工作发挥着重要作用。

4.4.1　燃油箱

燃油箱的作用是为柴油机贮存燃油。为了保证柴油机足够长的持续工作时间，燃油箱应具有一定的贮油容积。对于拖拉机，燃油箱容量应能保证持续工作 10 h 以上。

燃油箱一般是用薄钢板冲压焊接而成，其结构基本相同，其数量和安装位置根据整体布置而定。目前，较多采用单油箱或双油箱。除了贮油之外，燃油箱还应能使燃油中的水分和杂质得到初步过滤沉淀。为此，在加油口处常设有过滤网，使加入的燃油能得到初步过滤。在油箱底部设有放油螺塞，用以定期排除油箱里沉积的水和污物。

为了防止因油面下降导致油箱内形成一定真空度而影响正常供油，油箱盖上开有通气小孔。对较大的油箱，为了提高油箱的刚度和避免燃油振荡，在其内部设有隔板。为了指示油箱中的燃油存量，常设有油箱油尺或在油箱外部装透明塑料管直接观察，也有拖拉机燃油箱中装有油面高度传感器，其油位显示表头装在驾驶室仪表上。

4.4.2　燃油滤清装置

柴油在运输和贮存的过程中，不可避免地会混入水分和尘土，并且随着贮存时间的延长，柴油还可能氧化变质而结焦。柴油的清洁程度对燃油系统，尤其是对喷油泵和喷油器中的精密偶件的可靠性和使用寿命有很大的影响。

因此，为了保证喷油泵和喷油器的工作可靠并延长其使用寿命，在柴油机燃油供给系中还必须设置燃油滤清装置，以滤除燃油中的机械杂质和水分。拖拉机上的燃油滤清装置主要有沉淀杯和燃油滤清器两种。有的柴油机上只用单级过滤器，有的柴油机上采用粗、细两级滤清器。

沉淀杯式滤清器的作用是使水分和颗粒较大的杂质沉淀下来，其一般构造如图 4-10 所示。它是利用油流流向的改变和流速的降低来使水和杂质沉淀下来。

滤清器对机械杂质和水的过滤主要依赖其滤芯微孔的阻拦作用。根据制作材料的不同，有金属缝隙滤芯、棉纱滤芯、多孔陶瓷滤芯和微孔纸质滤芯。由于滤纸经过酚醛树脂的处理，纸质滤芯具有优良的抗水性能，除此之外纸质滤芯还具有流量大、阻力小、滤清效率高、使用寿命长、重量轻、成本低等优点。

常用的单级滤清器是微孔纸芯滤清器，其典型结构见图 4-11。微孔滤纸制成的滤芯安装在滤清器盖与底部的弹簧座之间。在滤清器盖上设有放气螺塞,必要时拧开螺塞,拨动手动输油泵,可以将滤清器或管路中的空气排出。

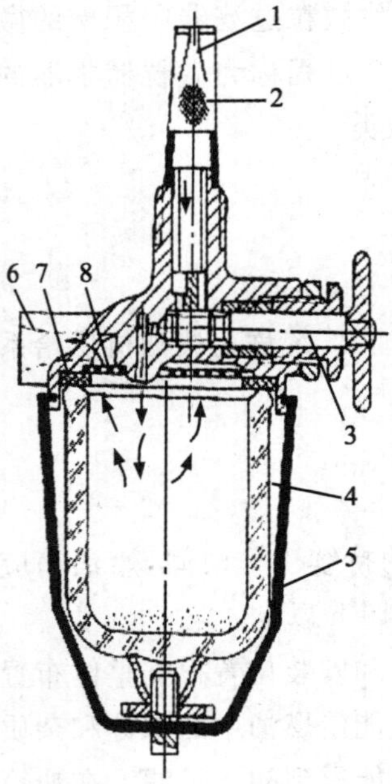

图 4-10　沉淀杯式滤清器

1-进油口;2-铜丝网;3-燃油开关;4-玻璃杯;5-卡圈;6-出油口;7-密封垫;8-滤网

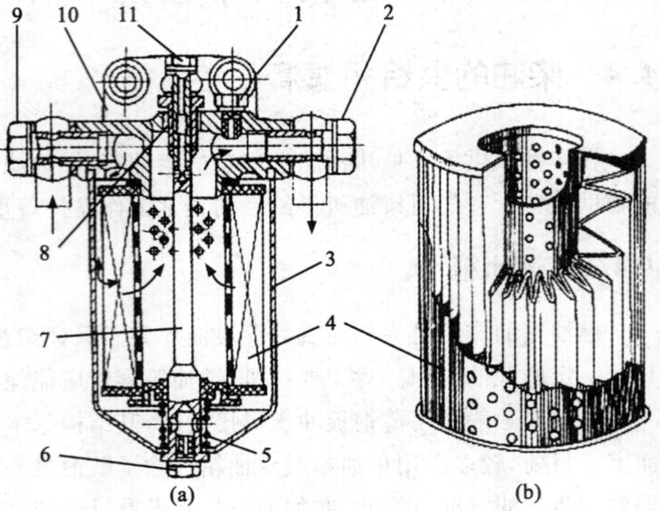

图 4-11　495 型柴油机细滤器

(a) 495 型柴油机细滤器结构图;(b)纸质滤芯放大图

1-放气螺塞;2-出油管接头;3-外壳;4-纸质滤芯;5-弹簧;6-放油螺塞;7-拉杆;8-螺塞;9-进油管接头;10-滤清器盖;11-回油管接头

输油泵输出的柴油,经进油管接头进入壳体,在一定的压力下渗过滤芯而进入滤芯内腔,经出油管接头输出给喷油泵。在经过滤清器的过程中,柴油中的机械杂质和尘土被过滤掉,水分沉淀在壳体内。滤清器每工作 100 h(约相当于车辆行驶 3 000 km),应拆下拉杆螺母和滤芯,清除积存在壳体内的杂质和水分,必要时应更换滤芯。

为了提高滤清效果,有的柴油机上采用两级柴油滤清器。将两个结构基本相同的滤清器串联在一起,两个滤清器的盖制成一体,如图 4-12 所示。从输油泵来的油,首先进入第一级滤清器壳体内,然后在一定压力作用下通过滤芯,清除杂质和水分后,再经过导流管和滤清器盖上的油道,进入第二级滤清器壳体内。经过两级滤芯过滤后,柴油经出油管接头进入喷油泵。过滤掉的水分和杂质沉积在两个积水杯中。

4.4.3　输油泵

输油泵的作用是克服低压油路柴油的流动阻力。为保证有足够流量和一定压力的柴油供给喷油泵,其输油量一般为全负荷最大喷油量的 3～4 倍。

输油泵的结构形式有活塞式、膜片式、滑片式和齿轮式等,活塞式输油泵和膜片式输油泵在拖拉机发动机的输油系统中应用最为广泛,在这里介绍活塞式输油泵。

活塞式输油泵的结构如图 4-13 所示,主要由主油泵、手油泵、驱动机构等组成。主油泵由

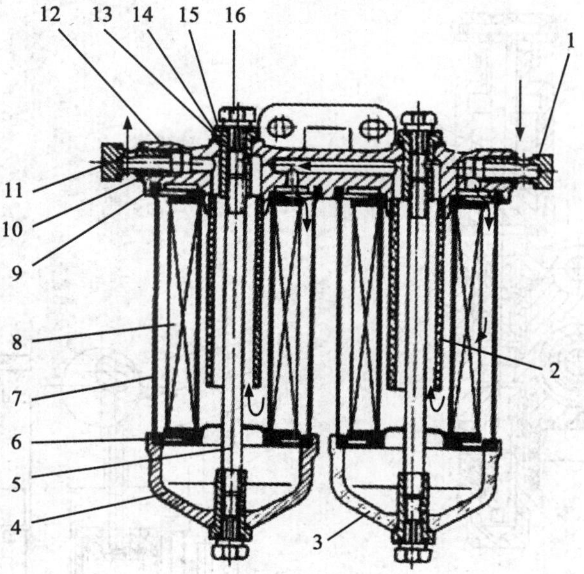

图 4-12 两级串联式纸质滤清器

1-进油管接头螺钉；2-导流管；3-第一级滤清器积水杯；4-第二级滤清器积水杯；5-拉杆；6、9-密封垫圈；7-外壳；8-滤芯部件；10-铝垫圈；11-出油管接头螺钉；12-滤清器盖；13-O 形密封圈；14-垫圈；15-拉杆螺帽；16-放气螺钉

活塞、活塞弹簧、进油阀、出油阀、泵体、进油管接头和出油管接头等组成，驱动机构由偏心轮和挺杆等组成。

活塞将泵体内腔分为上、下两个空间[图 4-13(b)]，当喷油泵凸轮轴旋转时，偏心轮推动挺杆，活塞在挺杆和活塞弹簧的作用下作往复运动。偏心轮转动推动挺杆，克服弹簧的弹力使活塞下移，下腔的油压升高，进油阀被关闭，出油阀被顶开，于是下腔的柴油经下出油道和上出油道流向活塞下移让出的上腔空间，而不是直接流向滤清器，该行程为输油作储存准备，如图 4-13(b)所示。当偏心轮凸起部分转离挺杆时，活塞在弹簧作用下向上运动，使上腔的油压升高，出油阀关闭，柴油便经上油道流向滤清器，与此同时下腔油压降低，进油阀被吸开，柴油经进油口进入活塞下腔，此行程同时完成吸油和供油两个过程。偏心轮继续转动时，又开始新的工作循环。

很显然，活塞的最大行程取决于偏心轮的偏心距，是保持不变的常数。而活塞的实际行程取决于活塞弹簧的弹力和上下油腔的压差，它会随着上、下油腔压差的变化而变化(注：下腔油压基本不变)。活塞的实际行程为输油泵的供油行程，决定了输油泵的供油量。当活塞以最大行程工作时，输油量最大；活塞行程减小时，其输油量也会降低。由于输油泵全行程供给的油量比喷油泵的最大需油量大得多，输油泵的输油量必须能够根据需要自动调节，也就是输油泵的活塞行程可以自动调节。其调节原理如下：当发动机的需油量减少时，喷油泵对外供油少，活塞上腔的油压就会增加，活塞弹簧的弹力在还没有将活塞推到全行程时，便和上腔的油压平衡，活塞不再上行，因而缩短了活塞行程，减少了输油量。反之，则会增大行程，从而增加输油量。

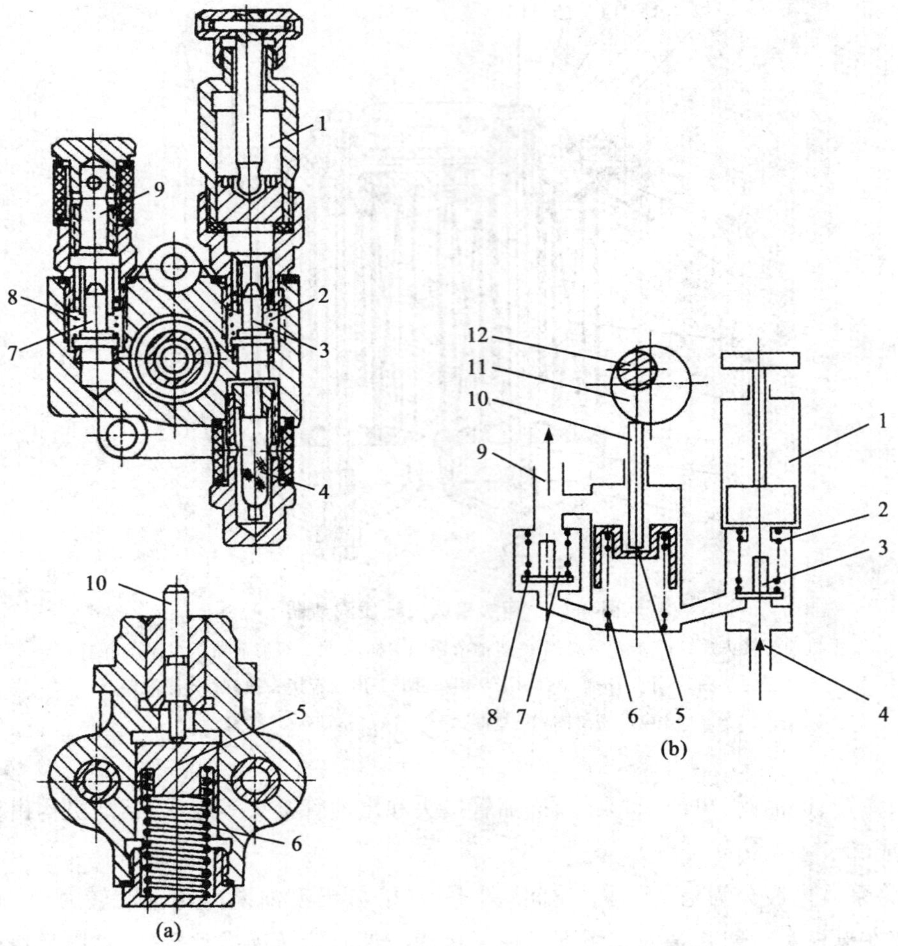

图 4-13 活塞式输油泵结构

(a)泵体内腔;(b)输油泵工作示意图

1-手油泵;2-进油阀弹簧;3-进油阀;4-进油管接头;5-活塞;6-活塞弹簧;7-出油阀;

8-出油阀弹簧;9-出油管接头;10-挺杆;11-偏心轮;12-喷油泵凸轮轴

为了在柴油机起动前将柴油充满滤清器和喷油器,并排除低压油路中的空气,一般在活塞式输油泵上配置有手油泵。起动前,来回推拉手油泵手柄,可以实现充油。手油泵使用后,要将手柄拧紧,防止工作时吸入空气。

4.5 柴油机中混合气的形成和燃烧

4.5.1 柴油机中混合气的形成

柴油机可燃混合气的形成与燃烧的条件比较恶劣。柴油黏度大,必须通过高压喷射,促进其雾化、蒸发并与空气混合,形成按一定比例构成的空气-燃料蒸气的混合物,称为可燃混合气。柴油机在进气过程中进入气缸的是空气,在压缩接近终了时,柴油才被喷射进入气缸,借助压缩温度自行发火燃烧，即压燃着火方式。

从柴油开始喷入到可燃混合气着火，对应的曲轴转角为 15°～35°。如果发动机转速为 2 000 r/min，对应的时间只有 0.001 25～0.002 92 s，柴油机混合气形成的时间极短。这就给柴油机中柴油与空气的良好混合和完全燃烧带来了很大的困难。柴油机喷油与燃烧重叠，出现边燃烧、边喷油、边混合的情况，气缸内各处混合气浓度很不均匀，极易造成燃烧不完全、排气冒黑烟及动力性和经济性下降等不良后果。

4.5.2 柴油机燃烧室

由于柴油机的混合气形成和燃烧是在燃烧室内进行的，所以其燃烧室结构形式直接影响到所形成的混合气的品质和燃烧状况。

按结构形式，柴油机燃烧室可分为两大类：直喷式燃烧室和分隔式燃烧室。

4.5.2.1 直喷式燃烧室

直喷式燃烧室由凹形活塞顶、气缸盖底面及缸壁所包围的空间组成。凹形活塞顶面占大部分容积，按活塞顶面形状不同又可分为多种类型，见图 4-14(a)和(b)。直喷式燃烧室的燃油由喷油器高压直接喷射到燃烧室中，燃油喷柱形状与燃烧室形状匹配，并在燃烧室内较强的空气涡流运动作用下，迅速形成混合气，因此这种燃烧室称直接喷射式燃烧室。

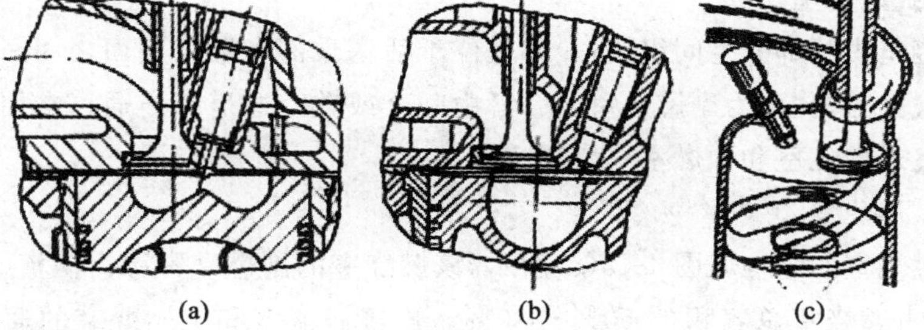

图 4-14 直喷式燃烧室

(a)ω形；(b)球形；(c)螺旋进气道空气涡流运动示意图

1. ω 形燃烧室

这种燃烧室的活塞凹顶剖面轮廓呈 ω 形[图 4-14(a)]，在直喷式燃烧室中使用较多。这种燃烧室通常采用螺旋进气道，空气经螺旋进气道进入气缸后产生中等强度绕气缸轴线旋转的进气涡流，以促进混合气的形成，并改善燃烧状况。喷入的燃油一部分分布在燃烧室的空间内，另一部分被空气涡流甩到燃烧室壁面上，形成油膜。由于 ω 形燃烧室的混合气形成以空间分布式为主，因此要求喷射压力较高，一般为 18～25 MPa，并且燃料喷柱形状要与燃烧室形状相吻合。一般采用多孔喷油器，4～8 个喷孔，喷孔直径为 0.25～0.4 mm。这种燃烧室的柴油机压缩比较低，一般为 15～18，以避免工作粗暴。

ω 形燃烧室形状较简单，加工容易，结构紧凑，散热面积较小，热效率高，经济性较好。由于总有一部分燃油在空间先形成混合气，因此柴油机的低温起动性能较好。其缺点是要求较高的燃油喷射压力，对喷油泵和喷油器配合偶件的加工精度要求高。多孔喷油器的喷孔小，容易堵塞,使用时要特别注意燃料的滤清。在着火延迟期内形成的可燃混合气多,导致柴油机工作比较粗暴。

2.球形燃烧室

这种燃烧室的活塞凹顶表面轮廓呈球形[图 4-14(b)]。在进气过程中,空气沿螺旋进气道进入形成强烈的进气涡流,在压缩接近终了时,燃油自喷油器顺气流并接近燃烧室切向的方向喷入燃烧室。在强烈的空气涡流作用下,绝大部分燃料被均匀喷涂在燃烧室壁面上,形成了一层很薄的油膜,只有极少量的燃油喷散在燃烧室空间内。均布的油膜从燃烧室壁面上吸热,逐层蒸发,并迅速与空气混合。喷散在空间的部分雾状燃料,最先完成与空气的混合而着火,形成火源,并引燃由油膜蒸发形成的混合气。随着燃烧的进行,燃烧室内的温度越来越高,油膜蒸发越来越快,混合和燃烧互相促进,使燃烧过程及时进行。

球形燃烧室一般采用单孔(喷孔直径 0.5～0.7 mm)或双孔(喷孔直径 0.3～0.5 mm)喷油器,喷射压力为 17～22 MPa。

在球形燃烧室中,混合气的形成方式以油膜蒸发为主,在初期混合气形成较慢,在着火延迟期内形成并积聚的混合气量较少,燃烧初期压力增长率较低,使发动机工作比较柔和。由于是逐层蒸发、逐层燃烧,不易出现高温裂解冒黑烟的现象。其缺点是柴油机低温起动比较困难,在低速和低负荷时工作性能较差。

4.5.2.2 分隔式燃烧室

分隔式燃烧室由两部分空间组成,一部分位于活塞顶部和缸盖底面之间,称为主燃烧室;另一部分位于气缸盖内,称为副燃烧室。二者由一个或数个通道相连通。常用的分隔式燃烧室形式有涡流室式燃烧室和预燃室式燃烧室。

1.涡流室式燃烧室

涡流室式燃烧室的结构如图 4-15(a)所示,该燃烧室的副燃烧室常称为涡流室,多呈球形或圆柱形,其容积占燃烧室总容积的 50%～80%。连接涡流室和主燃烧室的通道与涡流室相切。在压缩过程中,活塞将气缸内的空气压入涡流室而产生强烈的涡流运动,常称为压缩涡流。燃油自喷油器顺涡流方向喷入涡流室,并在强烈涡流的作用下迅速与空气混合,形成较浓的可燃混合气。涡流室内的可燃混合气着火燃烧后,压力急剧升高,燃气带着未燃的浓混合气一起经通道高速喷入主燃烧室,冲击在活塞顶上双涡流式凹坑内,再次形成强烈的涡流(称二次涡流),加速燃油在主燃烧室内进一步混合与燃烧。

由于涡流较强,所以这种燃烧室不需要喷柱与燃烧室形状相配合,对喷雾的要求也较低。一般用轴针式喷油器,喷射压力为 12～14 MPa。

涡流室式燃烧室的优点是:因有强烈的涡流运动,对空气的利用率高,过量空气系数 α 可较小(α=1.1～1.3);燃烧是在两部分燃烧室内先后进行的,主燃烧室内的压力增长比较缓慢,发动机工作柔和,对转速变化不敏感;燃烧完全,排气污染小。

涡流室式燃烧室的缺点是:散热面积较大,热损失较多;气体两次经过通道被节流,流动损失较大。因此,与直喷式燃烧室相比经济性差些,耗油率较高,冷起动较困难。

2.预燃室式燃烧室

预燃室式燃烧室的结构如图 4-15(b)所示,该燃烧室的副燃烧室常称为预燃室。预燃室

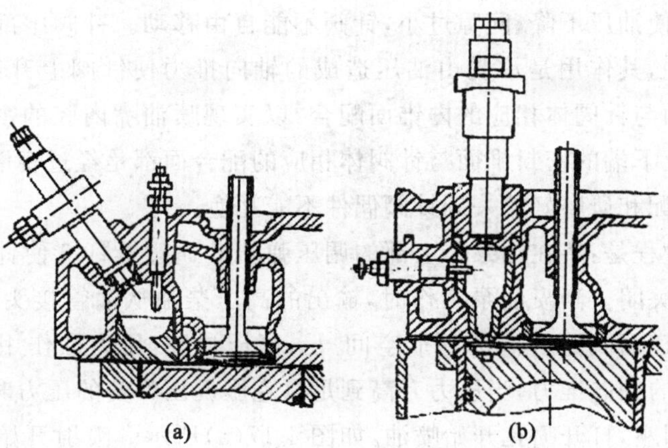

图 4-15　分隔式燃烧室

(a)涡流室式燃烧室；(b)预燃室式燃烧室

的容积只占燃烧室总容积的 25%～45%，预燃室与主燃烧室的连接通道的面积较小。在压缩行程空气从气缸被压入预燃室后形成无规则的紊流。压缩行程后期喷入预燃室中的柴油，依靠空气紊流的扰动而与空气初步混合，形成品质不高的混合气。小部分燃油在预燃室内开始燃烧后，使预燃室中的压力急剧升高，然后高压燃气连同未燃烧的浓混合气以极高的速度喷入主燃烧室中。由于经小孔通道的节流作用，在主燃烧室中再次形成涡流，促使燃料进一步雾化并与空气均匀混合而达到完全燃烧。

预燃室通常用耐热钢单独制造，再嵌入气缸盖中。预燃室式燃烧室与涡流室式燃烧室均属于分隔式的燃烧室，混合气形成方式和燃烧过程基本相似，因此，两者优缺点基本相同，不作详述。

4.6　喷油器

喷油器的作用是将来自喷油泵的高压柴油喷射雾化，并按一定的喷油压力、喷雾细度、喷油规律、射程和喷雾锥角喷入燃烧室特定位置，使燃油与空气得到迅速混合而形成均匀的可燃混合气。

现代柴油机一般采用闭式喷油器，在不喷射柴油时，这种喷油器内部与燃烧室之间被一针阀隔开。

闭式喷油器常见的形式有孔式与轴针式两种。

4.6.1　孔式喷油器

孔式喷油器主要用于直喷式燃烧室，喷孔数目一般为 1～8 个，喷孔直径为 0.25～0.8 mm。喷孔数目与喷射方向要根据燃烧室的形状、空气涡流的情况及对喷雾质量的要求来确定。

图 4-16 所示为柴油机长型孔式喷油器结构。喷油器由针阀 10、针阀体 11、挺杆 6、调压弹簧 5、调整螺钉 3 及喷油器体 7 等组成。其中针阀 10、针阀体 11 是一副精密偶件。针阀上部的导向圆柱面与针阀体是高精度的滑动配合，其配合间隙为 0.002～0.004 mm。配合间隙过

大，可能发生泄漏而使油压下降；间隙过小，针阀不能自由移动。针阀中部的锥面全部露出在针阀体的环形油腔中，其作用是承受由油压造成的轴向推力使针阀上升，此锥面称为承压锥面。针阀下端的锥面与针阀体相应的内锥面配合，以实现喷油嘴内腔的密封，称为密封锥面。针阀上部的圆柱面及下端的密封锥面与针阀体相应的配合面都是经过精磨后再相互研磨而保证其配合精度的，选配和研磨好的一副针阀偶件不能互换。

喷油器的工作过程是：装在油泵体上部的调压弹簧 5 通过挺杆 6 使针阀紧压在针阀体的密封锥面上，将喷孔关闭。当喷油泵工作时，输出的高压柴油从油管接头 14 进入喷油器体 7 和针阀体 11 中的油道而到达针阀的环形空间——高压油腔，压力油作用在针阀的承压锥面上，形成了一个向上的轴向推力，当压力升高到足以克服调压弹簧的压力时，针阀向上升起，针阀的密封锥面离开阀座，打开喷孔开始喷油，如图 4-17(a)所示。喷射开始时的喷油压力取决于调压弹簧的预紧力，而调压弹簧的预紧力可通过调压螺钉调整。当喷油泵停止供油时，高压油管内的压力迅速下降，针阀在调压弹簧的作用下迅速回位，关闭油孔，停止喷油，如图 4-17(b)所示。

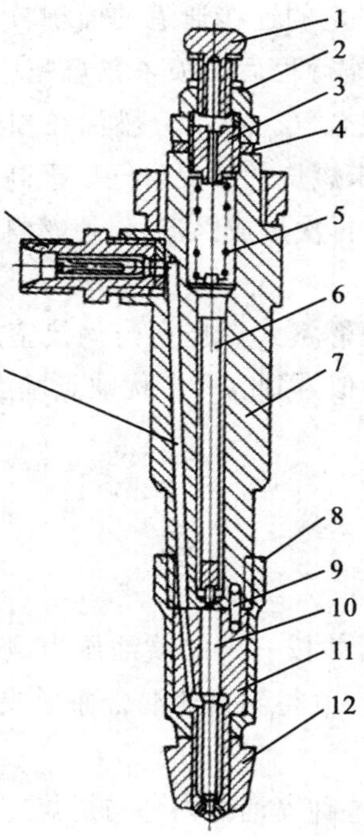

图 4-16 孔式喷油器

1-回油管螺栓；2-调压螺钉护帽；3-调压螺钉；4-垫圈；5-调压弹簧；6-挺杆；7-喷油器体；8-紧固螺套；9-定位销；10-针阀；11-针阀体；12-喷油器锥体；13-油道；14-进油管接头

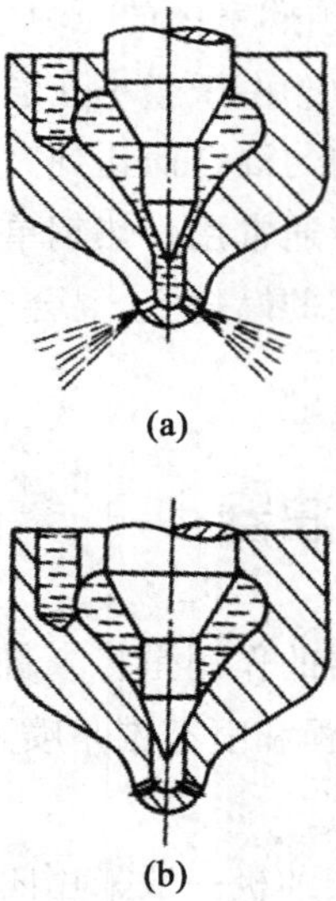

图 4-17 孔式喷油器工作原理

(a)喷油状态；(b)关闭状态

喷射过程中，针阀升程（即可能升起高度）受到针阀的台肩与喷油器体下端面之间的间隙所限制。为了使针阀的上端面不受高压柴油的作用，以免针阀升不起来，针阀体与喷油器体的接合端面要严密配合，在加工时二端面也要研磨。

喷油器喷油时，喷射油束锥角必须与燃烧室形状相适应，使燃油雾粒直接喷射在燃烧室空间并均匀分布。喷油器喷油时，会有少量的柴油从针阀与针阀体的配合间隙处渗漏，这部分的柴油可以起到润滑配合表面的作用，并沿顶杆周围的空隙上升。为了防止渗漏出少量柴油在针阀累积并形成背面高压，影响喷射压力，在喷油器上端设有回油接头。这部分柴油通过回油管螺栓 1 的孔进入回油管，流回柴油滤清器。

4.6.2　轴针式喷油器

轴针式喷油器通常用于分隔式燃烧室，其结构如图 4-18 所示。

轴针式喷油器的工作原理与孔式喷油器相似。其结构特点是针阀在其密封锥面以下伸出一个轴针，并一直延伸到喷孔外，形状有圆柱形、顺锥形和倒锥形三种，以获得所需的喷柱锥角。轴针与喷孔形成圆柱形缝隙（约 0.005 mm），使得喷油形成的喷柱呈空心的圆锥形或圆柱形。轴针式喷油器的工作原理如图 4-19 所示。

一般轴针式喷油器只有一个喷孔，喷孔直径一般为 1～3 mm。由于喷孔直径较大，轴针在喷孔内上下运动，具有自洁作用，喷孔不易积碳。另外，轴针式喷油器喷孔的面积是随轴针开启的高度而变化的。初始开启的面积比较小，使初始喷油速率较小，对减轻柴油机运行的粗暴程度有利。当针阀的开启高度超过 0.1～0.16 mm 以后，喷孔处的柴油流通面积迅速增加，喷油速率加大，促使燃烧在上止点附近完成。

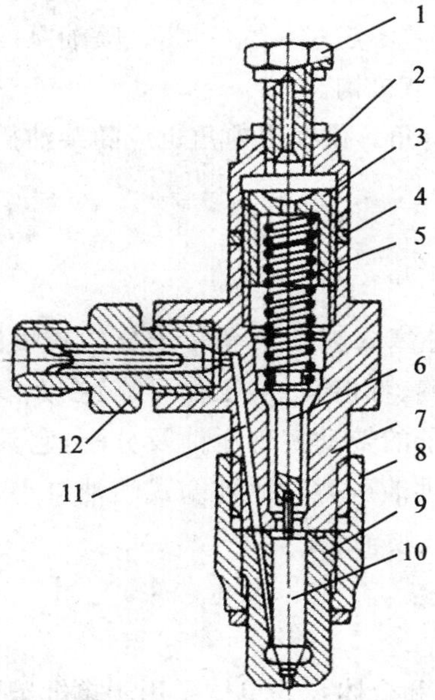

图 4-18　轴针式喷油器

1-回油管螺栓；2-调压螺钉护帽；3-调压螺钉；4-垫圈；5-调压弹簧；6-顶杆；7-喷油器体；8-紧固螺套；9-针阀体；10-针阀；11-油道；12-进油管接头

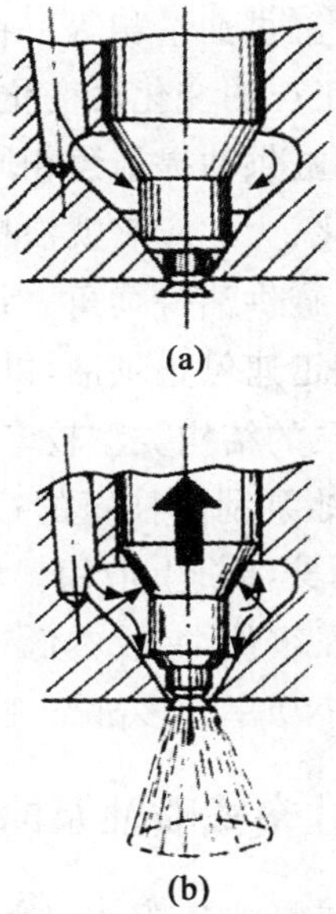

图 4-19　轴针式喷油器工作原理

(a)进油；(b)喷射

常见喷油器喷油嘴的头部结构如图 4-20 所示。孔式喷油器有单孔式和多孔式，轴针式喷油器有普通轴针式、分流轴针式和节流轴针式三种形式。节流轴针式喷油嘴的轴针较长，圆环形喷孔的长度大；在针阀升起的初期，喷孔通过面积小，历时较长，喷油速率较小。

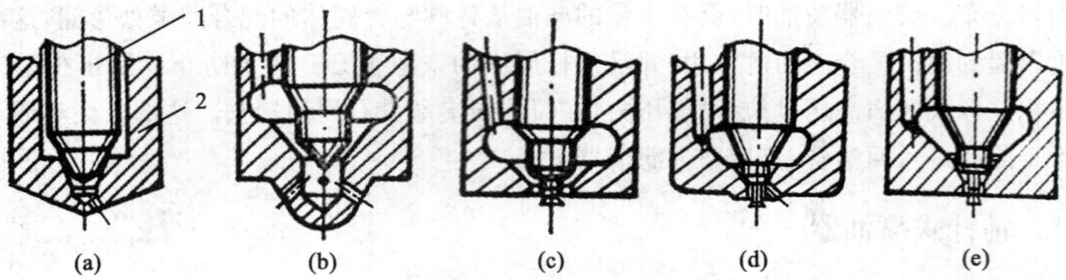

图 4-20 喷油嘴形式

(a)单孔式；(b)多孔式；(c)普通轴针式；(d)分流轴针式；(e)节流轴针式

1-针阀；2-针阀体

4.7 喷油泵

喷油器要实现对柴油的喷射雾化，输入的柴油必须有较高的压力。喷油泵的主要作用就是按照柴油机的运行工况和气缸的工作顺序，以一定的规律适时、定量地向喷油器输送高压燃油。

多缸柴油机的喷油泵应满足下列要求：

(1)各缸供油量相等。在标定工况下各缸供油量相差不超过 3%～4%。喷油泵的供油量随柴油机工况的变化而变化，为此喷油泵必须有供油调节机构。

(2)各缸供油提前角相同，误差小于 0.5°～1°曲轴转角。供油提前角也应随柴油机工况的变化而变化，为此应装喷油提前角调节器。

(3)各缸供油持续角一致。

(4)能迅速停止供油，以防止喷油器发生滴漏现象。

喷油泵的结构类型较多，目前柴油机上常用的有柱塞式喷油泵和转子分配式喷油泵等。柱塞式喷油泵利用柱塞的往复运动来泵油，其结构紧凑、性能良好、工作可靠，在大多数拖拉机、汽车的柴油机上应用。转子分配式喷油泵依靠转子的转动实现压油及分配，它具有体积小、重量轻、零件少、成本低等优点，但其最大供油量和供油压力均比柱塞式喷油泵小，比较适合用在中小功率的多缸柴油机上。下面主要介绍柱塞式喷油泵。

4.7.1 柱塞式喷油泵的工作原理

柱塞式喷油泵按结构布置形式的不同，分为单体泵和合体泵。单体泵用于单缸柴油机上；合体泵是将各缸的泵油机构及调速器合成一体，应用在多缸高速柴油机上。

合体泵中每一缸的泵油机构称为分泵，其构造如图 4-21 所示。其中由柱塞 5 和柱塞套 4 组成的偶件称为柱塞偶件，是提高柴油压力的主要零件。出油阀 3、出油阀座 2 组成出油阀偶件。它们都安装在喷油泵体中。柱塞弹簧 7 通过弹簧下座 8 与柱塞 5 相连，它总是力图使柱塞向下运动。柱塞下部装有滚轮体总成 9，由喷油泵凸轮轴 11 驱动。出油阀 3 上装有出油阀弹簧 1，出油阀弹簧将出油阀紧压在出油阀座 2 上，使其处于常闭状态。

在柱塞的圆柱表面加工有直线形(或螺旋形)斜槽，通过径向油道和轴向油道与柱塞的上

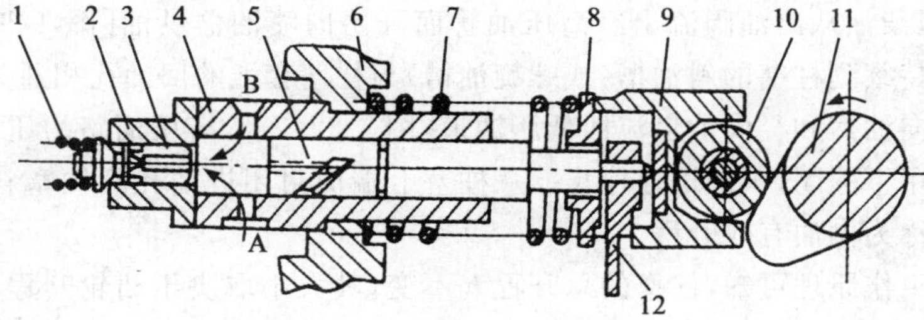

图 4-21　柱塞式喷油泵分泵

1-出油阀弹簧；2-出油阀座；3-出油阀；4-柱塞套；5-柱塞；6-泵体；7-柱塞弹簧；

8-弹簧下座；9-滚轮体总成；10-滚轮；11-凸轮轴；12-油量调节臂

A、B-低压油孔

端面连通。在柱塞的中部开有一环形槽，以贮存少量柴油，润滑工作表面。柱塞套的内部为光滑的圆柱形孔，与柱塞的外圆柱面相配合。柱塞套上部开有两个径向孔（A 和 B），与喷油泵体内的低压油腔相通。

柱塞式喷油泵的工作原理如图 4-22 所示。当凸轮轴旋转时，柱塞在柱塞弹簧的作用下向下运行并直到最下端[图 4-22(a)]的位置时，柴油在输油泵的压力和柱塞下行的吸力的共同作用下从低压油道经进、回油道孔流入柱塞上方柱塞套内，并充满上部空间。凸轮轴继续旋转并通过滚轮体总成压缩弹簧推动柱塞上行时，开始有一部分柴油通过柱塞套上的进、回油孔被挤回低压油腔，直至柱塞上端面封住两个油孔时，柱塞上方便形成了一个密封腔。柱塞继续上行，封闭腔内的柴油受到压缩，压力迅速上升。当油压增大到足以克服出油阀弹簧压力和高压油管内的剩余压力时，出油阀上行。当出油阀中部的圆柱形环带（称为减压环带）离开出油阀

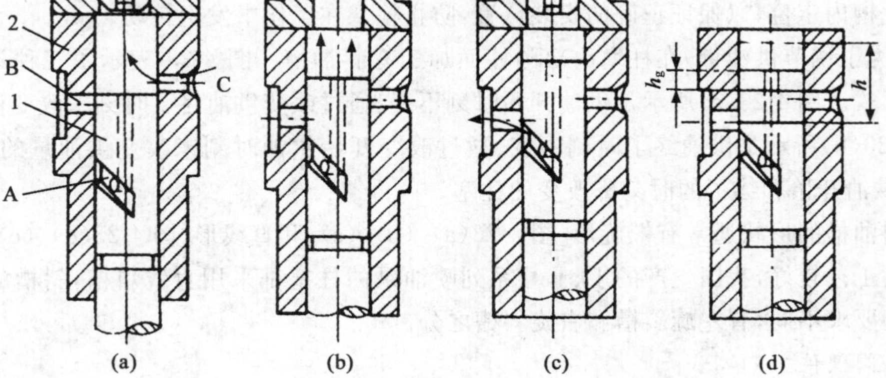

图 4-22　柱塞式喷油泵泵油原理

(a)进油；(b)供油；(c)停止供油；(d)柱塞行程 h 和供油有效行程 h_g

1-柱塞；2-柱塞套；3-出油阀座；4-出油阀；5-减压环带

A-控制油槽；B-回油孔；C-进油孔

座上端面时，高压柴油从出油阀流出经高压油管而开始向喷油器供油[图 4-22(b)]。供油随着柱塞上行一直持续到柱塞的斜油槽(或螺旋油槽)与柱塞套上的回油孔相通为止。此时柱塞上部的柴油经轴向油道和径向油道流回低压油道[图 4-22(c)]，高压油路的压力急剧下降，出油阀在弹簧的作用下关闭，供油迅速停止。从柱塞上端面封闭进油孔到柱塞斜油槽与回油孔相通阶段的升程称为供油有效升程。

由喷油泵的工作原理可知，柱塞的总升程 h 不变，其大小取决于凸轮升程；喷油泵柱塞的供油量及供油的持续时间(循环供油量)取决于供油有效行程 h_g[图 4-22(d)]。喷油泵若需根据发动机工况的变化而改变供油量，只需改变柱塞供油的有效行程。欲改变供油有效行程，只需转动柱塞改变斜油槽与柱塞套油孔的相对位置即可。

4.7.2 柱塞式喷油泵的构造

多缸式喷油泵由分泵、油量调节机构、传动机构和喷油泵体组成。

4.7.2.1 分泵

分泵是喷油泵的泵油机构，多缸发动机中分泵的数量与柴油机气缸数相等。

分泵的基本结构如图 4-21 所示，主要由柱塞偶件、柱塞弹簧、弹簧下座、出油阀偶件、出油阀弹簧等组成。

1. 柱塞偶件

柱塞偶件由柱塞和柱塞套组成，其作用是：提高柴油压力，以满足喷油器喷射压力的要求，控制供油量和供油时间。

柱塞和柱塞套是一副精密配合的偶件，要求具有高精度、低粗糙度和良好的耐磨性，用优质合金钢制造，通过精密加工和研磨，并经过分级配对互研，互研后柱塞偶件的配合间隙控制在 0.001 5～0.002 5 mm。使用中应成对更换，不可单独更换。

柱塞套：柱塞套上一般加工有两个径向孔，其中与斜油槽相对的，除用于进油外，还承担回油任务，称为回油孔。另一个仅承担进油的任务，称为进油孔。按照两油孔的轴向位置可分为平孔和高低油孔的结构。在柱塞套外圆柱面上部开有定位槽，柱塞套装入喷油泵体后，用定位螺钉插入此槽内定位，以保证正确的安装位置，防止柱塞在工作中发生转动。

柱塞：为了调节供油量，在柱塞头部圆柱面加工有斜油槽。图 4-23 表示了三种不同的柱塞头部的形式。图 4-23(a)所示是供油开始时刻不变、通过改变供油终了时刻来改变供油量的柱塞，图 4-23(b)所示是供油终了时刻不变、通过改变开始供油时刻来改变供油量的柱塞，图 4-23(c)是供油开始和终了的时刻都改变的柱塞。

柱塞斜油槽的形状通常有螺旋形[图 4-23(a)、(b)、(c)]和直线形[图 4-23(d)、(e)]。由于直线斜槽的工艺较好，我国生产的Ⅰ、Ⅱ号系列喷油泵的柱塞都采用直线斜槽，斜槽的方向根据喷油泵的要求不同，有左旋斜槽和右旋斜槽之分。

2. 出油阀偶件

出油阀偶件包括出油阀和出油阀座，如图 4-24 所示。它的作用是出油、断油和断油后迅速降低高压油管的剩余压力，使喷油器迅速停止供油而不出现滴漏现象。

出油阀的上部有一圆锥面，出油阀将此锥面紧压在阀座的圆锥面上，形成一密封环带(宽 0.3～0.5 mm)。锥面下部有一窄的圆柱形环带，称为减压环带，它与阀座孔精密配合，也具有

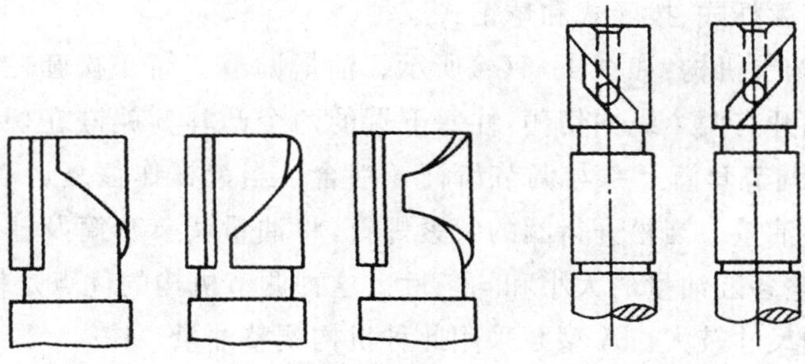

图 4-23　柱塞斜油槽形式

(a)平顶下螺旋槽；(b)平底上螺旋槽；(c)上、下双螺旋槽；
(d)平顶左旋直线斜槽；(e)平顶右旋直线斜槽

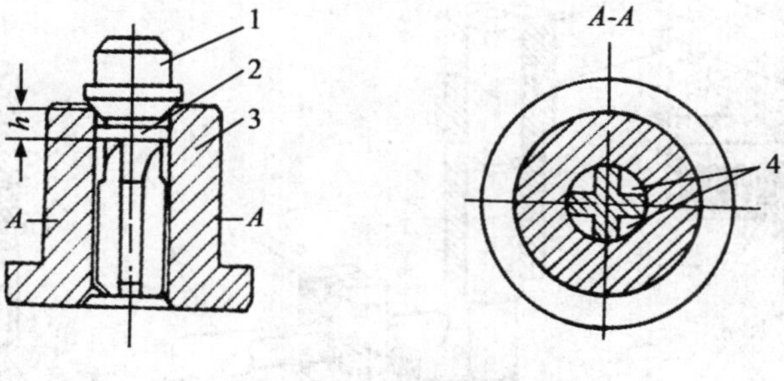

图 4-24　出油阀偶件

1-出油阀；2-减压环带；3-出油阀座；4-切槽

密封作用。出油阀减压环带下部为导向部，在圆柱形的阀杆上铣出了四个直切槽，使阀杆断面呈“十”字形，既能导向，又为高压柴油提供通道。出油阀偶件装在柱塞的上端，由出油阀座压紧在喷油泵体上，见图 4-22。当柱塞斜槽与回油孔连通时，高压柴油即倒流回低压油道，此时出油阀在出油阀弹簧和高压柴油的共同作用下迅速下落。首先是减压环带下边缘封住了出油阀座孔而使柱塞上部的压油腔与高压油管隔开。出油阀继续下行至落在出油阀座密封锥面为止，此时减压环带进入座孔内部，让出一部分高压容积，使高压油管内部容积增大，导致高压油管迅速卸压，喷油器针阀在弹簧作用下迅速关闭喷孔，而使喷油器停喷干脆，避免产生滴油现象。

出油阀偶件是燃油供给系的第三副精密偶件，要求有较高的精度和光洁度、良好的耐磨性，它也是采用优质合金钢制造，加工中经过选配和互研，其工作表面的径向间隙为 0.006～0.016 mm，使用和维修过程中不得单独更换。

4.7.2.2　油量调节机构

油量调节机构的作用是根据柴油机工况的变化来改变喷油泵的供油量且保证各缸的供油量一致。

从喷油泵的工作原理可知，柱塞每循环的供油量取决于供油的有效行程 h_g 的大小，由于斜槽的存在，只要转动柱塞就可以改变柱塞的供油有效行程，从而达到调节供油量的目的。常用的油量调节机构有齿杆式、拨叉式和球销式三种。

(1)齿杆式油量调节机构:如图 4-25(a)所示。油量调节套筒 4 松套在柱塞套 1 上。在油量调节套筒 4 的下端开有两个纵向切槽,柱塞下端的两个凸耳 5 就嵌在切槽之中。调节齿圈 6 用螺钉锁紧在油量调节套筒上并与调节齿杆 3 啮合。当齿杆作往复运动时候,柱塞 2 被带着转动而改变循环供油量。当松开齿圈的锁紧螺钉,将油量调节套筒及柱塞相对于柱塞套转动一个角度时,可调整各缸油量的大小和均匀性。这种调节机构的优点是传动平稳,工作比较可靠,寿命长,但结构尺寸较大。A 型泵采用此种机构调整油量。

(2)拨叉式油量调节机构:如图 4-25(b)所示。在柱塞下端压装有一调节臂 10,臂的球头插入调节叉 9 的槽内,而调节叉 9 则用螺钉 7 紧固在调节供油拉杆 8 上。移动调节拉杆则可转动柱塞,改变循环供油量。松开调节叉上的螺钉可以调整调节叉在调节拉杆上的位置,可以调整各缸的供油量的大小和均匀性。这种调节机构的优点是结构简单、容易制造。

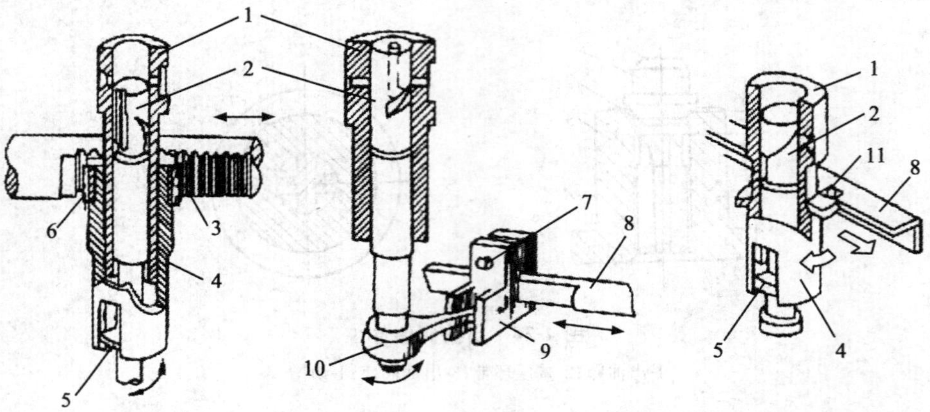

图 4-25 油量调节机构

(a)齿杆式;(b)拨叉式;(c)球销式

1-柱塞套;2-柱塞;3-调节齿杆;4-油量调节套筒;5-凸耳;6-调节齿圈;

7-紧固螺钉;8-调节拉杆;9-调节叉;10-调节臂;11-钢球

(3)球销式油量调节机构:如图 4-25(c)所示。其作用方式与齿杆式油量调节机构相近。该机构没有采用调节齿圈,而是在调节套筒的上部嵌有一个小钢球 11,调节拉杆采用角钢,在其水平的直角边上开有小方槽口,该方槽口与调节套筒 4 上的小钢球啮合。当移动调节拉杆时,通过钢球调节套筒与柱塞一起随着转动而改变循环供油量。这种调节机构的优点是结构简单,工作可靠,制造方便。P 型泵采用此方法调整油量。

4.7.2.3 驱动机构

合体泵的驱动机构由凸轮轴和滚轮体总成组成。

(1)凸轮轴:其作用是使喷油泵按照柴油机的工作顺序和喷油规律向各缸供油。凸轮轴两端支承在圆锥滚子轴承上,前端装有联轴节及机械离心式供油提前角自动调整装置,后端与调速器相连。凸轮轴上加工出的凸轮的数量与分泵的数目相等,通常在凸轮轴中部设有驱动输油泵的偏心轮。

凸轮的外形应根据不同燃烧室对喷油规律的要求的不同来选择。凸轮的外形有三种基本形式：凸面凸轮、凹面凸轮和切线凸轮。其中，凸面凸轮升程的变化比较缓慢，适用于低中速柴油机；凹面凸轮的升程曲线较陡，但加工不便；切线凸轮则介于二者之间，其凸轮升程的变化比凸面凸轮快，但其轮廓比较简单，加工比较方便。目前，高速柴油机上一般选用切线凸轮。

(2)滚轮-挺柱总成：其作用是将凸轮的运动传给柱塞。滚轮常见的形式有垫块调整式、螺钉调整式两种，如图4-26所示。加长的滚轮销2的两端插入挺柱孔6的定位长槽5中，使挺柱在挺柱孔中只能做上下往复运动，而不能绕其自身的轴线旋转，以避免滚轮与凸轮卡死。滚轮3在滚轮销2上转动。在滚轮和滚轮销之间镶有滚轮轴承4，也可镶衬套。在挺柱的顶端拧入供油定时调整螺钉7和锁紧螺母8。滚轮体的工作高度对喷油泵的供油时刻产生影响。为了保证各分泵的供油开始角和供油间隔角一致，要求各滚轮体的工作高度一致，存在差异时必须调整。调整的方法是增减垫块或拧进拧出调整螺钉。

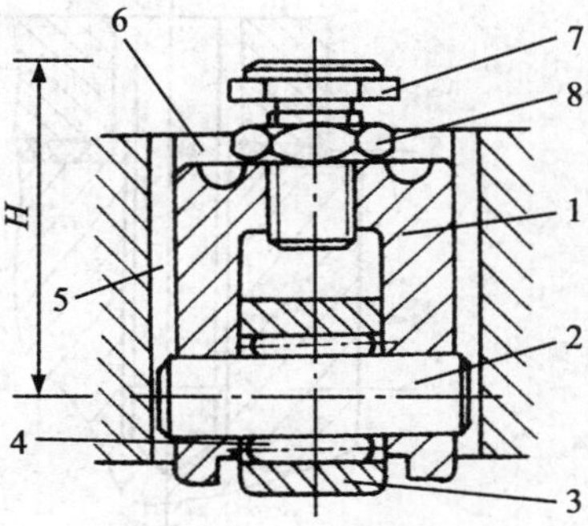

图4-26 挺柱体部件

1-挺柱体；2-滚轮销；3-滚轮；4-滚针轴承；5-定位长槽；6-挺柱孔；7-调整螺钉；8-锁紧螺母

4.7.2.4 喷油泵体

喷油泵体是基础零件，喷油泵的其他零件均装在喷油泵体中。国产的Ⅰ、Ⅱ、Ⅲ系列的喷油泵为上体和下体的分体式结构，而A、B、P等系列喷油泵为整体式结构。

拖拉机主要装备P型喷油泵，它是20世纪60年代初期国外研制成功的一种新型柱塞式喷油泵。与一般柱塞式喷油泵相比，在安装尺寸不变的情况下，P型喷油泵可以获得较大的供油压力和较大的喷油量。因此，它适应了柴油机不断强化和向高速发展的需要。

P型喷油泵的结构如图4-27所示，其工作原理与上述柱塞泵基本相同，在结构上有如下一些特点：

(1)全封闭式箱式泵体：采用这一结构使泵体刚度大为提高，可防止泵体在较高的压力作用下产生变形而导致柱塞偶件加剧磨损，还可以起到防尘作用。

(2)吊挂式柱塞套：柱塞套和出油阀偶件都装在凸缘套筒中，并利用出油阀压紧座拧紧，使之形成一个独立的总成。然后用两个螺栓将凸缘套筒直接固定在泵体的顶部端面上，形成一种吊挂式结构，以改善柱塞套的受力情况。增减凸缘套筒下面的垫片厚度可以调整供油时刻。

(3)钢球式油量调节机构：在每个柱塞的控制套上都装有一个小钢球，在调节拉杆上有相应凹槽，钢球和凹槽啮合。移动调节拉杆，钢球便带动柱塞控制套筒使柱塞转动，从而实现供油量的调节。P型喷油泵的各缸均匀性调整与一般柱塞式喷油泵不同，它是通过转动柱塞套的方法来改变柱塞的有效行程，调节范围为10°左右。

(4)压力式润滑：来自发动机润滑系统主油道的压力通过专门油道进入泵体，对滚轮传动部件和调速器的相对滑动部件进行压力油润滑。

P型喷油泵的缺点是拆卸不方便，它的柱塞不能和柱塞套一起从泵体上方取出，而必须先抽出凸轮轴，拆下底盖，然后才能从泵体下方取出。

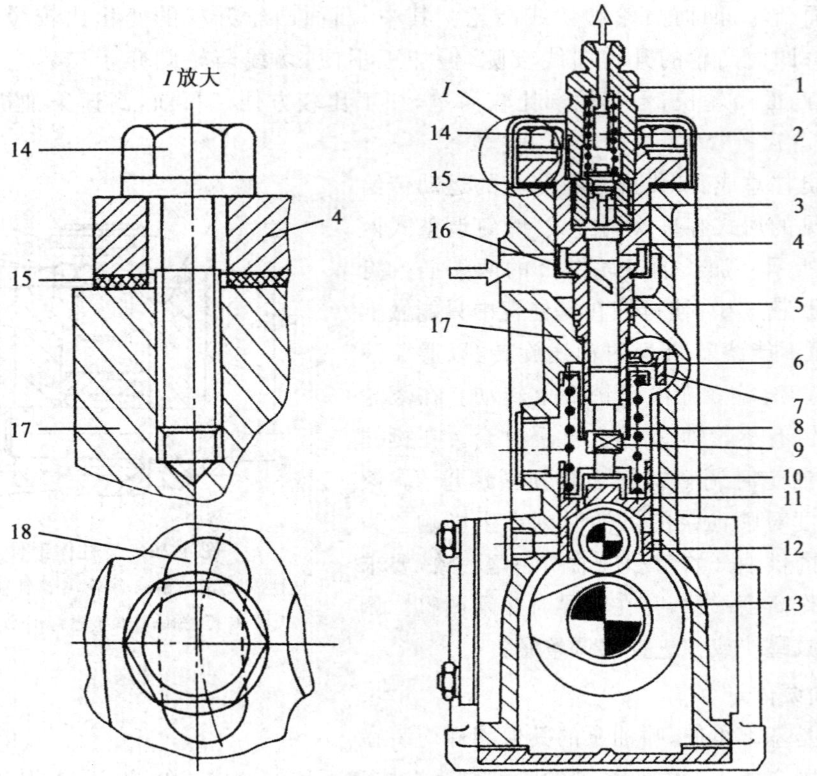

图 4-27 P型喷油泵

1-出油阀压紧座;2-减容器;3-出油阀偶件;4-柱塞套;5-柱塞;6-钢球;7-调节拉杆;8-控制套筒;9-柱塞榫舌;10-柱塞弹簧;11-弹簧座;12-挺柱;13-凸轮轴;14-柱塞套紧固螺栓;15-调节垫片;16-导流罩;17-喷油泵体;18-柱塞套凸缘上的螺栓孔

4.7.3 供油提前角的调整

4.7.3.1 供油提前角的调整方法

为了保证在柴油机气缸内形成良好的混合气,改善燃烧条件,喷油器必须有一个合适的喷油提前角。最佳的喷油提前角是在标定转速和额定负荷的条件下确定的,并且其值会随着燃料的性质和发动机的工况而变化,同时由于凸轮、滚轮等传动部件的磨损,喷油提前角也会变化。因此,喷油器的喷油提前角必须调整。而喷油提前角调整只有通过调整喷油泵的供油提前角才能得以实现。

喷油泵供油提前角的调整方法有两种,一种是前面所述的改变滚轮体高度的方法(图 4-26),另一种是改变喷油泵凸轮轴与柴油机曲轴的相对位置的方法。前者是通过增减垫块或调节调整螺钉等方法使滚轮体的高度发生变化,喷油泵的供油提前角也发生变化。当滚轮体高度增大时,喷油泵柱塞提前封闭了柱塞套上的进回油孔,于是供油提前角增大,反之,则供油提前角减小。

改变喷油泵凸轮轴与柴油机曲轴的相对位置,常用的方法是调整喷油泵凸轮轴连接位置或者相对机体旋转喷油泵体。

图4-28所示的是利用调整花键盘与喷油泵驱动齿轮的相对位置来调整供油提前角的方法。孔式花键盘1中心花键上带有盲键，将其安装在喷油泵凸轮轴上唯一的规定位置上。花键盘1上有两排均布的夹角为21°的圆孔，与曲轴驱动齿轮相啮合的喷油泵齿轮2上也有两排均布的螺钉孔，但螺钉孔间的夹角为22°30′，两个夹角相差1°30′，对应的曲轴转角为3°。花键盘与喷油泵齿轮通过上、下两个固定螺钉连接在一起。当需调整供油提前角时，可将花键盘上的固定螺钉由前一对孔移入下一对孔中，与此同时花键盘及凸轮轴必须转过1°30′的转角，才可使花键盘的圆孔与喷油泵驱动齿轮相应孔对正而让螺钉装入，于是供油提前角改变了3°。

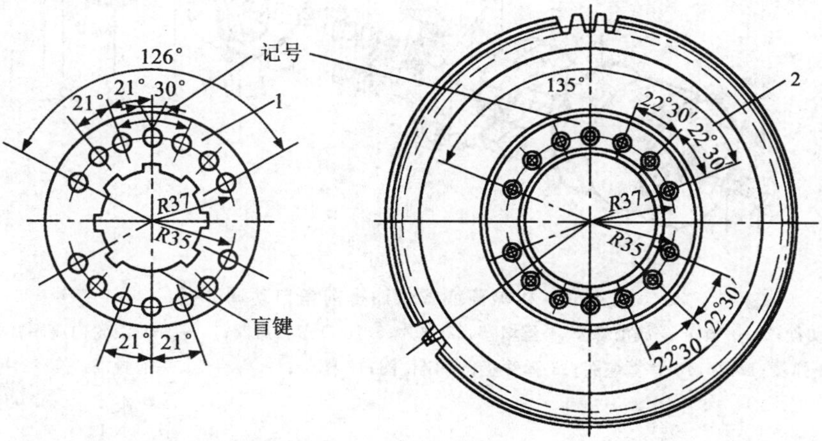

图4-28 供油提前角的调整(调整花键盘与喷油泵驱动齿轮的相对位置)

1-孔式花键盘；2-喷油泵驱动齿轮

通过旋转喷油泵体调整供油提前角的方法如图4-29所示。在喷油泵固定板上开有三个弧形螺钉孔，喷油泵用螺钉3固定在正时齿轮室上。调整时，松开连接螺钉3，转动喷油泵体1，即可改变供油提前角。若将喷油泵体逆着凸轮轴旋转的方向转动一个角度β，则柱塞的上端面便提早一些封闭进回油孔，供油提前角增大；反之，则减少。

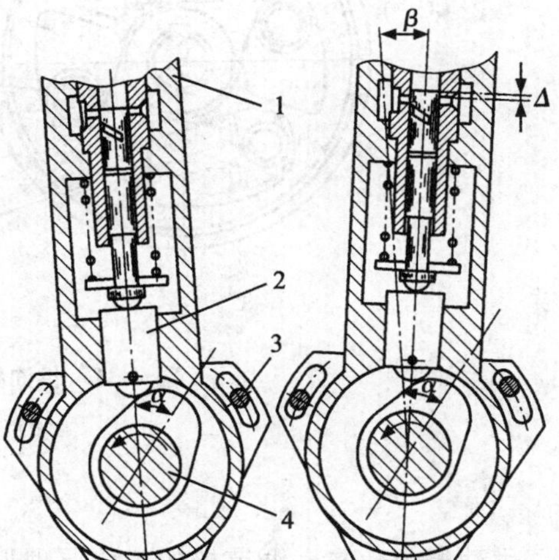

图4-29 供油提前角的调整(旋转泵体法)

1-喷油泵体；2-滚轮体；3-螺钉；4-凸轮轴

4.7.3.2 供油提前角自动调节装置

为了保证发动机较好的动力性、经济性和排放性，喷油提前角应维持在最佳。而最佳的喷油提前角是由发动机的工况确定的。因此，喷油提前角和供油提前角必须能随发动机工况的变化进行自动调节。目前国内外车用柴油机供油提前角自动调节装置是根据转速的变化而自动调节供油提前角。

图4-30所示为一种车用柴油机上的机械离心式供油提前角自动调节器。驱动盘1与喷

油泵的联轴节用螺栓连接。两个飞块 7 松套在驱动盘 1 端面的两个销钉上，外面还套装有两个弹簧座 13，飞块的另一端各压装一个销钉，每个销钉上各松套一个滚轮内座圈 8 和滚轮 9。从动盘与喷油泵凸轮相连接。从动盘两臂的弧形侧面 E(图 4-31)与滚轮 9 接触，两个弹簧 11 的一端压在两臂的平侧面 F 上，另一端支承在弹簧座 13 上。这个调节器为一密封体，内腔充有机油以供润滑。

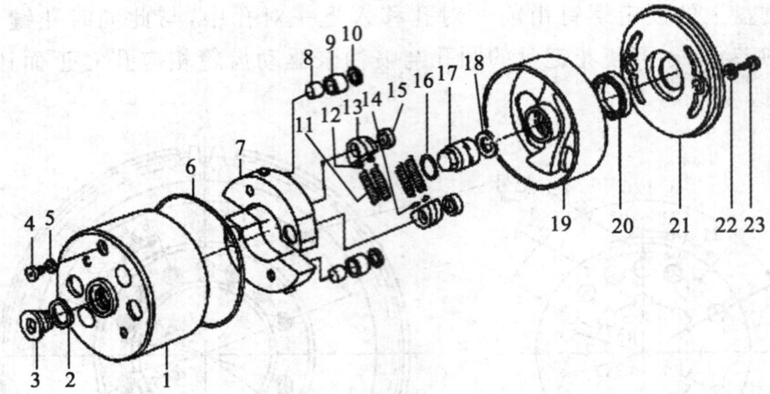

图 4-30 机械离心式供油提前角自动调节器

1-驱动盘；2、10-垫圈；3-放油螺塞；4-丝堵；5、22-垫片；6、16-O 形密封圈；7-飞块；8-滚轮内座圈；9-滚轮；11-弹簧；12、14、18-弹簧垫圈；13-弹簧座；15-定位圈；17-螺母；19-从动盘；20-油封；21-盖；23-螺栓

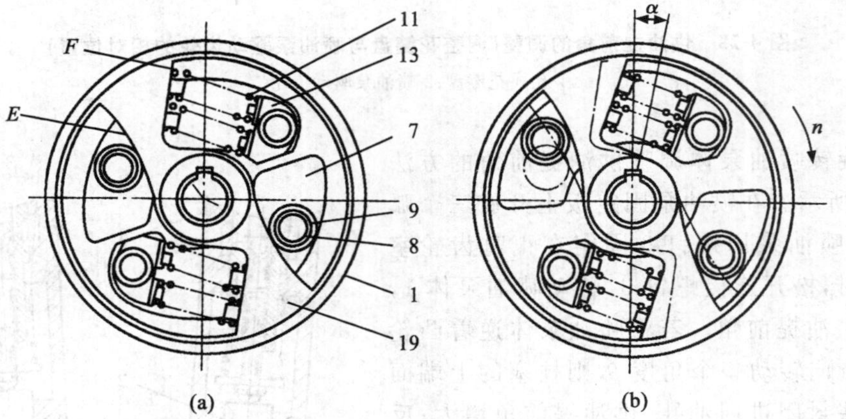

图 4-31 供油提前角自动调节器工作原理

(a)静止状态；(b)提前状态

(图注同图 4-30)

供油提前角自动调节器的工作原理如图 4-31 所示。当柴油机工作时，驱动盘通过销钉带动飞块和从动盘一起旋转。飞块 7 在离心力的作用下绕驱动盘上的销钉向外摆动，这迫使滚轮 9 沿从动盘 19 上的弧形侧面 E 向外移动，并推动从动盘沿着旋转的方向转动一个角度 α(即供油提前角的增大量)，与此同时弹簧 11 受到压缩，直至弹簧力与离心力平衡为止，主动盘重新与从动盘同步旋转。柴油机的转速上升越高，飞块的离心力越大，供油提前角增大越多。反之，柴油机转速降低时，供油提前角相应减小。

4.8　调速器

4.8.1　调速器的作用

调速器是一种自动调节装置，它可根据柴油机负荷变化，自动增减喷油泵的供油量，使柴油机能够以稳定的转速运行。

柴油机一方面被用作可移动车辆如拖拉机和汽车的动力，另一方面作为固定动力用于驱动水泵或发电机等。在驱动这些工作机械时，当柴油机的输出转矩与外界的阻力矩相当时，柴油机就处于稳定工作状态。当外界阻力矩发生变化时，为了维持柴油机的稳定运转，操作人员应该及时调节油门以增加或减少供油量来适应外界阻力的变化。对于外界阻力的变化，操作人员有时容易判断，有时不易判断。如汽车在道路上行驶时，驾驶员可以比较容易地根据路面状况的变化来控制油门，以保持稳定行驶。而在拖拉机耕地作业时，驾驶员就很难把握土壤的阻力变化来适时调节油门以维持柴油机稳定运转。

喷油泵每个工作循环的供油量主要取决于调节拉杆的位置，此外还受喷油泵速度特性的影响。对于采用柱塞式喷油泵的柴油机，其全负荷速度特性曲线中的转矩特性曲线 $M_e = f(n)$ 比较平坦，外界阻力矩较小的变化就会引起转速的较大变化，非常不利于柴油机的稳定工作。并且由于柱塞式喷油泵速度特性的影响，当负荷降低、转速增加时，循环供油量随之增加，从而使转速进一步增高，甚至导致柴油机的“超速”与“飞车”，使柴油机工作恶化；而当负荷增加、转速降低时，柱塞泵的循环供油量会随之减少，使转速进一步降低，最后导致发动机熄火。

显然，要随着负荷的变化，由驾驶员随时地调节供油量是非常困难的。因此，必须在柴油机上装调速器，以便在负荷变化时自动地改变供油拉杆的位置调节供油量，使柴油机转速基本保持稳定。

4.8.2　调速器的种类

根据调速器的工作原理，调速器可分为机械式、液压式、气动式、机械气动复合式、机械液压复合式和电子式等多种形式。机械式调速器利用随喷油泵凸轮轴一起旋转的飞块产生的离心力实现调速，结构简单，工作可靠，性能良好，广泛应用于中、小型柴油机。液压式调速器结构比较复杂，制造精度要求高，但调节灵敏性好，作用在调节机构上的调节力大，主要用于大型柴油机。气动式调速器通过膜片感知进气管真空度的变化，自动调节供油量，达到调速目的，应用在少数小型柴油机上。

机械式调速器根据其转速作用的范围可分为以下三种：

(1)单程式调速器：只在某一规定的转速下起作用，一般用于恒定转速工况的柴油机（如发电机组）。

(2)两级式调速器：能在两个规定的转速下起作用，它既可以保持柴油机低速稳定运转，又能限制柴油机的最高转速。中、小型车用柴油机多数采用两级式调速器，以起到防止超速和稳定怠速的作用。

(3)全程式调速器:它不仅能保持低速稳定运转和限制最高转速,而且还能使柴油机在整个工作转速范围内的任何转速下稳定运转。拖拉机和重型车辆柴油机常用全程式调速器。

4.8.3 机械式调速器的工作原理

调速器要实现其功能,必须有两个基本组成部分,一个是速度感应元件,另一个是调节供油拉杆的执行机构。机械式调速器采用具有一定质量的与调速弹簧相平衡的钢球(或飞块等)作为感应元件,当转速发生变化时,利用感应元件旋转时产生的离心力的变化来驱动执行机构改变供油拉杆的位置。拖拉机一般使用 RSV 全程式调速器,如图 4-32 所示。

RSV 是德国波许公司调速器代号。R:离心式调速器;S:有复杂杠杆机构或调速弹簧为摆动式;V:全程式调速器。RSV 调速器及其变型在国内外中小功率车用柴油机上应用较广泛,国产 A 型、P 型等直列式喷油泵上普遍采用该型调速器。

RSV 机械离心式全速调速器的构造和工作原理如下:该调速器的传感元件是一对飞块,飞块 15 通过飞块销 28 装在飞块支架 17 上,并可绕飞块销转动。飞块支架通过半月键与油泵凸轮轴 22 相连,因此当柴油机工作时,飞块在离心力作用下向外张开,通过双臂杠杆 16 等零件推动丁字架 14 移动,通过调速器执行机构,拉动齿条 2 改变循环供油量。RSV 调速器执行机构是杆件式,主要杆件有支持杆 7、浮动杆 8 和调速杠杆 11。支持杆 7 上端挂在后盖的轴销 O 上,以 O 点为其摆动支点,中间和下端分别通过销子与浮动杆 8 和丁字架 14 铰接。因此,丁字架右移,支持杆 7 逆时针摆动;丁字架左移,支持杆 7 顺时针摆动。浮动杆 8 的下端铰支在后盖下端(对于有专用停油机构的 RSV 调速器,插入停油机构拨叉槽中),是其摆动支点;上端挂接起动弹簧 5,并和调节齿条的连接杆 25 铰接。浮动杆 8 在起动弹簧 5 的拉力下具有绕其支点 B 逆时针摆动、使调节齿条 2 向增加循环供油量方向移动的趋势。

RSV 调速器的调速弹簧 9 是一根拉力弹簧,它与调速器杠杆之间的倾斜角 α(图 4-34)随着操纵手柄 4 的位置不同而发生变化。当弹簧与调速杠杆的夹角不同时,即使弹簧有同样的拉力 $\boldsymbol{F}$,它所产生的用来平衡飞块离心力的轴向分力也不相同。例如,当弹簧与调速杠杆的夹角 α 较大时[图 4-33(a)],弹簧拉力 $\boldsymbol{F}$ 对飞块所产生的有效平衡力为 $\boldsymbol{P}_B$。当 α 较小时[图 4-33(b)],其有效平衡力为 $\boldsymbol{P}'_B$,可以看出 $P_B > P'_B$。即操纵手柄 4 处在高速位置时,弹簧倾斜角 α 大,其对飞块起平衡作用的有效平衡力 $\boldsymbol{P}_B$ 较大。这就相当于调速弹簧在高速时刚度大,而在低速时刚度较小。这样,RSV 调速器调整弹簧用一根就能满足调速器在高速和低速时对调速器弹簧刚度的不同要求。另外,通过调整螺钉 29 可以转动摆臂 18,改变调速弹簧的预紧度,以适应不同用途的柴油机对调速器性能的要求。

RSV 调速器的调速工作过程如下:

(1)起动工况[图 4-32(a)]:起动前柴油机处于静止状态,在调速弹簧 9 拉动下,调速杠杆 11 下端与油量限位螺钉 13 相碰限制其摆动。在起动弹簧 5 的拉动下,浮动杆 8 绕其支点 B 逆时针转动,其上端通过连接杆 25 推动调节齿条 2 使之处在起动加浓位置,同时,通过 A 点使支持杆 7 摆动。经丁字架 14 等把飞块压到合拢位置,这时丁字架 14 与校正杆 24 间分离。当柴油机起动后,转速上升,飞块作用于丁字架 14 上的有效离心力增大到能克服起动弹簧的拉力时,支持杆 7 逆时针摆动。通过铰接带动浮动杆 8 顺时针转动,拉动调节齿条 2 向循环供油量减小方向移动,完成起动过程。

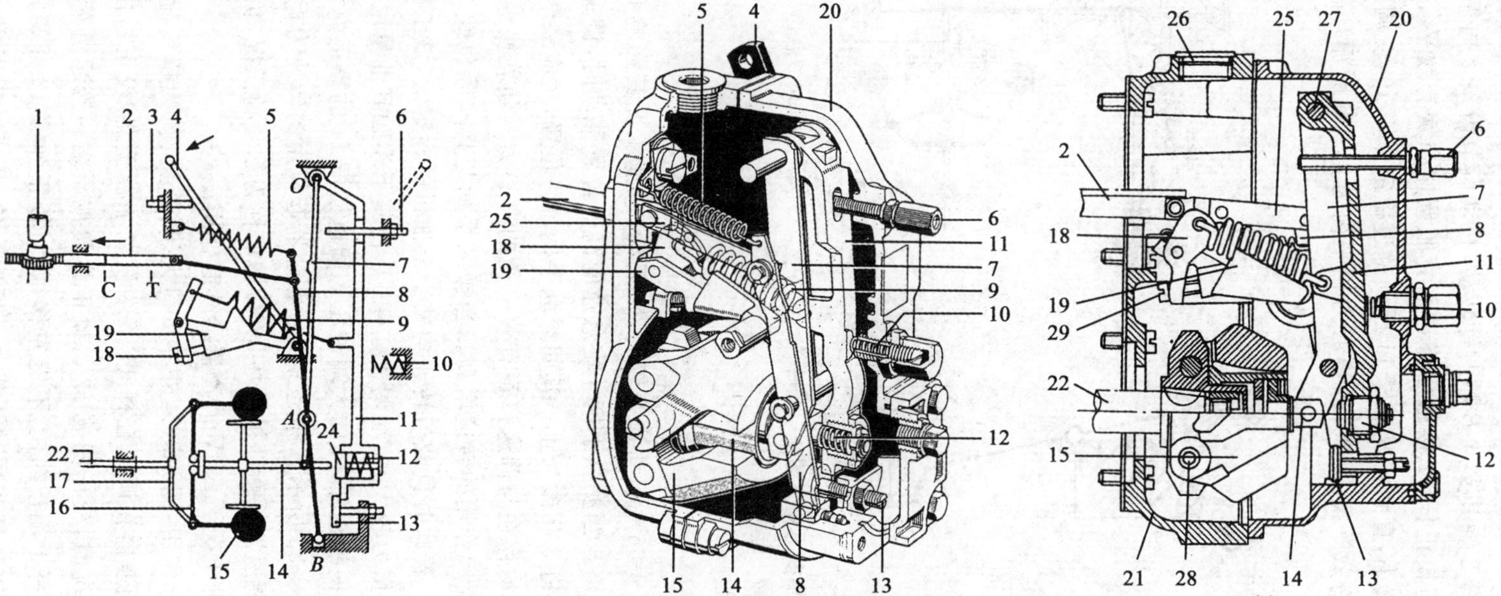

(a)　(b)　(c)

图 4-32　RSV 全程式调速器

(a)工作原理图；(b)外形图；(c)剖面图

1-柱塞副；2-调节齿条；3-高速限位螺钉；4-操纵手柄；5-起动弹簧；6-停车怠速调整螺钉；7-支持杆；8-浮动杆；9-调速弹簧；10-怠速稳定弹簧；11-调速杠杆；12-校正弹簧；13-油量限制螺钉；14-丁字架；15-飞块；16-双臂杠杆；17-飞块支架；18-摆臂；19-摇臂；20-调速器盖；21-调速器壳体；22-凸轮轴；23-螺栓；24-校正杆；25-连接杆；26-螺塞；27-轴销；28-飞块销；29-调整螺钉

A、B、O-铰接点；C-启动位置线；T-停油位置线

(图 4-34 至图 4-39 的图注同此)

(2)怠速工况(图 4-34):柴油机起动后,将操纵手柄 4 扳到怠速工作位置,此时调速弹簧 9 的倾斜角 α 很小,弹簧的有效刚度和有效平衡力很小。因此,柴油机在较低的怠速转速下运行,飞块离心力作用于丁字架 14 的轴向推力(简称有效离心力)克服较弱的起动弹簧力使支持杆 7 逆时针摆动并带动浮动杆 8 绕其支点 B 顺时针转动,拉动调节齿条 2 向循环供油量减少的方向移动。当丁字架 14 与校正杆 24 接触后将进而克服调速弹簧有效平衡力使调速杠杆 11 逆时针摆动,循环供油量减小,直到调速杠杆 11 压到怠速稳定弹簧 10,使调速弹簧、起动弹簧和怠速稳定弹簧所产生的有效平衡力与有效离心力相平衡为止。此时循环供油量较小,柴油机在怠速下稳定工作。

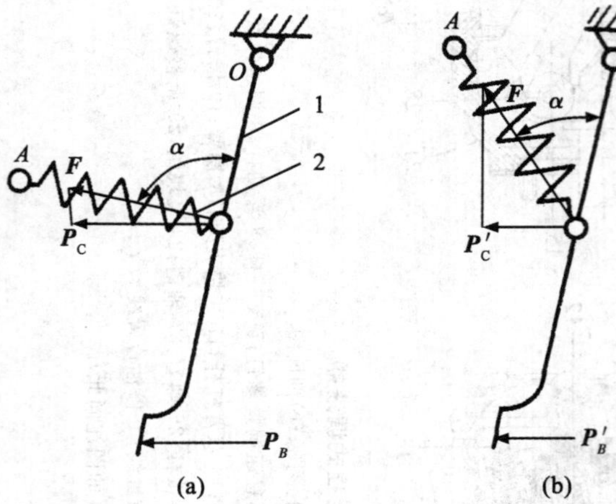

图 4-33 调速弹簧有效平衡力变化图

(a)α 较大时;(b)α 较小时

1-调速杠杆;2-调速弹簧

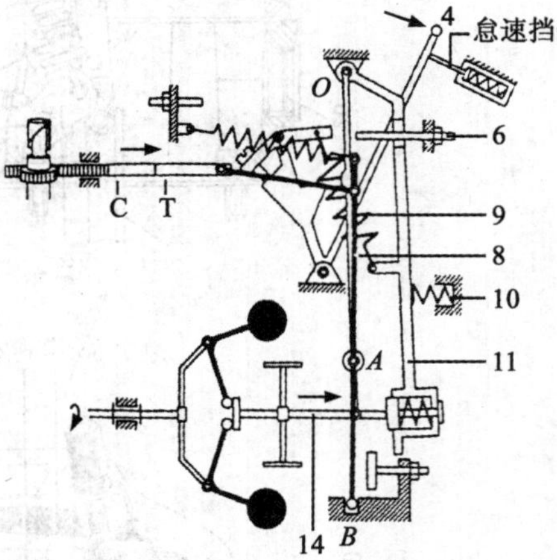

图 4-34 怠速工况

(3)高速工况(图 4-35、图 4-36):起动弹簧较弱,除起动、怠速工况其影响必须考虑外,其他工况时影响较小,常予以忽略。当操纵手柄 4 由怠速向高速位置移动时,调速弹簧倾斜角 α 逐渐增大,直到与高速限位螺钉 3 相碰为止。其间操纵手柄每一位置,对应一个调速弹簧有效平衡力,亦即在每一个转速下均存在与调速弹簧有效平衡的离心力。随着操纵手柄的逆时针转动,调速弹簧力增大,调速器起作用的转速增高。当操纵手柄与高速限位螺钉 3 相碰时,柴油机处于最高工作转速工况。若此时负载与转速均处于柴油机的标定值,该工况为标定工况。标定工况下,调速弹簧有效平衡力较大,拉动调速杠杆 11,使其下端触到油量限制螺钉 13。此时转速较高,飞块有效离心力使校正杆 24 的大端被压入调速杠杆 11 的校正弹簧套内,使丁字架与调速杠杆平面接触,如图 4-35 所示。标定工况下调速器起作用的转速为标定转速。在此工况下,外界负荷发生变化,调速器平衡即被破坏,负荷增加称为超负荷工况,负荷减少至零为最高空转转速工况。在这两种工况下 RSV 调速器继续起作用。

(4)超负荷工况(校正器起作用,图 4-36):外界负荷大于标定负荷为超负荷。为使柴油机获得较好的动力性能,RSV 调速器在调速杠杆 11 下端设置了校正器,校正器由校正杆 24 和校正弹簧 12 组成。在标定工况时,校正杆被压入,校正弹簧被压缩。当超负荷时,转速下降,有效离心力减小,由于调速杠杆下端被挡住,不能左移,此时校正弹簧 12 开始张开,通过校正杆 24 推动丁字架 14 左移,使支持杆 7 顺时针摆动,带动浮动杆 8 绕其支点 B 逆时针转动,使

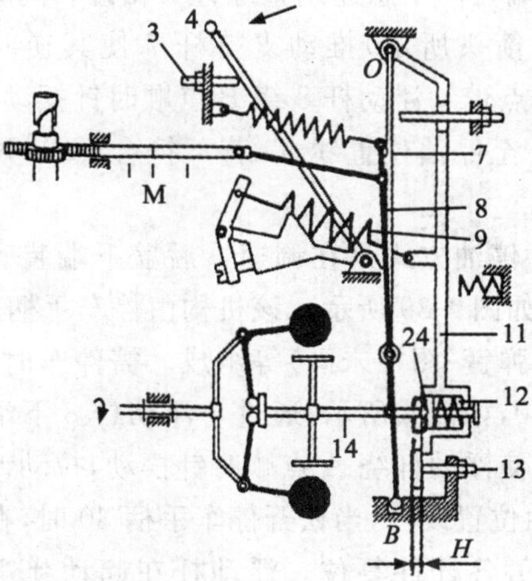

图 4-35　高速工况

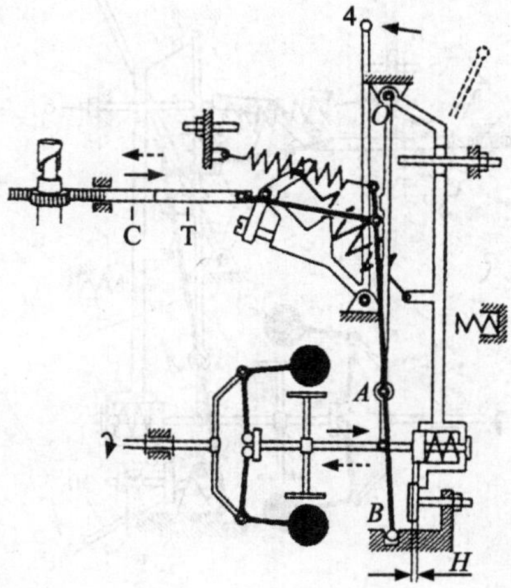

图 4-36　部分负荷工况及校正器工作

供油量稍许增加。校正杆移动的距离称为校正行程(图 4-35 中 H)。

当操纵手柄 4 放在部分负荷位置时(图 4-36),调速器控制在其对应的转速和负荷。当外界负荷超过规定值时,校正器依然起作用,如虚线箭头所示。

(5)最高空转转速工况(图 4-37):当柴油机处于标定工况下工作时,负荷突然全部卸去,转速上升,有效离心力大于有效平衡力,丁字架 14 继续压紧调速杠杆 11,并推动它逆时针摆动,使其下端与油量限制螺钉 13 脱开,调速弹簧 9 继续拉伸。同时支持杆 7 也绕 O 点逆时针摆动,通过 A 点带动浮动杆 8 绕 B 点顺时针转动,拉动调节齿条 2,使循环供油量减小至有效离心力与有效平衡力相等,柴油机处于最高空转转速下稳定工作。当调速杠杆 11 与怠速稳定弹簧 10 接触时,怠速稳定弹簧将起到有利于调速器特性改善的作用。

(6)停车:RSV 调速器为使柴油机停止工作,采用两种停油方式。一种是直接利用操纵手柄 4 来实现,如图 4-38 所示。扳动操纵手柄 4 使摇臂 19 与摆臂 18 一起顺时针转动,直到摆

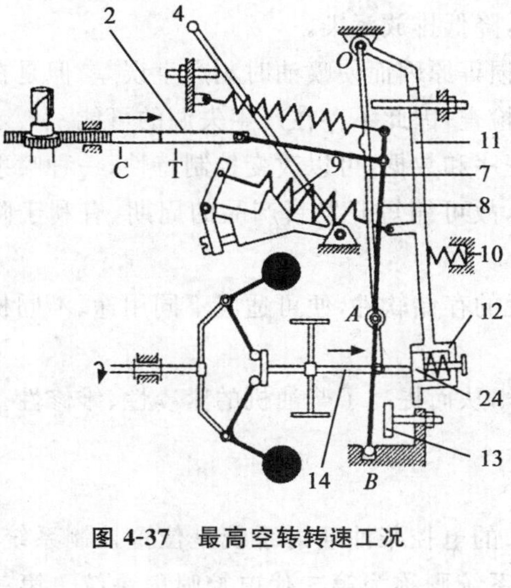

图 4-37　最高空转转速工况

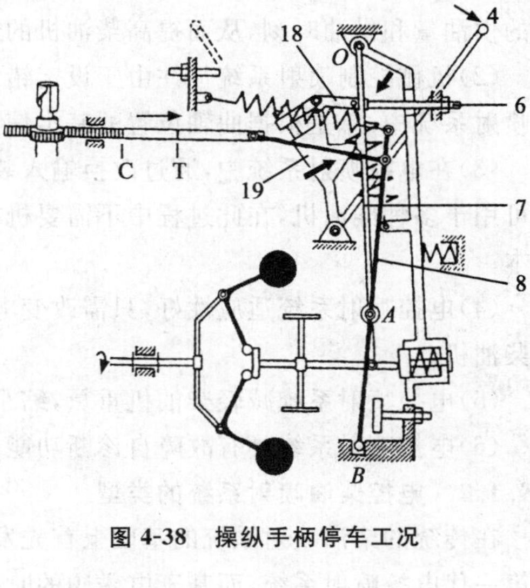

图 4-38　操纵手柄停车工况

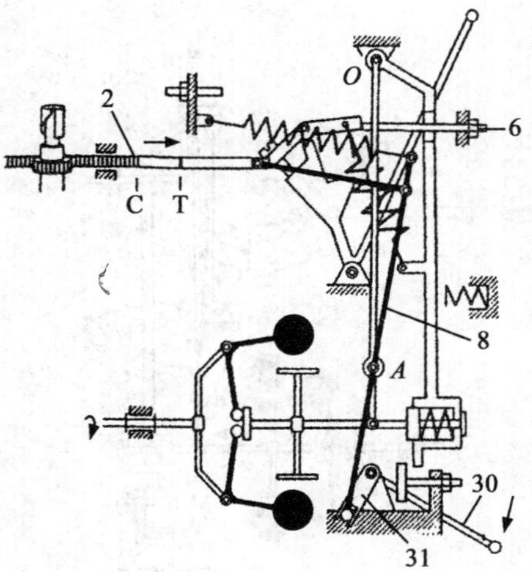

图 4-39　专用停油机构

30-停车手柄;31-拨叉

臂 18 挂耳端与停车怠速调整螺钉 6 相碰。同时摇臂 19 凸尖(如箭头所示)推动支持杆 7 使其逆时针摆动,通过 A 点带动浮动杆 8 绕 B 点顺时针摆动,拉动调节齿条 2 至停油位置线 T,若不符合要求,可调整螺钉 6。

另一种停油方式是在调速器后盖下端装有专用停油机构,如图 4-39 所示。该机构由停车手柄 30、拨叉 31、回位弹簧(图中未画)等组成。需停车时,扳动停车手柄 30,如箭头所示,通过与浮动杆 8 下端铰接的拨叉 31,使浮动杆绕 A 点顺时针摆动,拉动调节齿条 2 至停油位置线 T,当松开停车手柄 30 时,在回位弹簧作用下,各杆件复位。浮动杆在起动弹簧作用下,把调节齿条拉回到起动位置线 C。

4.9　柴油机电子控制柴油喷射系统

4.9.1　柴油机电控柴油喷射系统的特点与类型

4.9.1.1　电控柴油喷射系统的特点

为了改善柴油机运转性能和降低燃油消耗率,同时也为了适应严格的柴油机排放标准,从 20 世纪 80 年代初期开始,各种电子控制柴油喷射系统(简称电控柴油喷射系统)相继问世。与传统的机械控制柴油喷射系统相比,电控柴油喷射系统有下列优点:

(1)机械控制喷射系统的基本控制信息是柴油机的转速和加速踏板的位置,而电控喷射系统则通过许多传感器检测柴油机的运行状态和环境条件,并由电控单元计算出适应柴油机运行状况的控制量,然后由执行器实施,因此,它可以更精确、更灵敏地控制柴油机各种运行工况下的供油量和供油时刻,从而提高柴油机的经济性,降低排放污染。

(2)机械控制喷射系统往往由于设定错误和磨损等原因而使喷油时刻产生误差,但是在电控喷射系统中,总是根据曲轴位置的基本信号进行检查,因此不存在产生失调的可能。

(3)在电控喷射系统中,通过改换输入装置的程序和数据,可以改变控制特性,一种喷射系统可用于多种柴油机,在此过程中不需要机械加工,故可缩短开发新产品的周期,有利于降低成本。

(4)电控喷射系统适应性好,只需改变电控单元的存储软件,便可适应不同用途、不同机型的柴油机。

(5)电控喷射系统减轻柴油机重量,缩小其尺寸,从而提高了柴油机的紧凑性、维修性。

(6)电控喷射系统具有故障自诊断功能。

4.9.1.2　电控柴油喷射系统的类型

在传统的柴油喷射系统的基础上首先发展起来的电控柴油喷射系统是位置控制系统,称为第一代电控喷射系统,而基于电磁阀的时间控制系统则称为第二代电控喷射系统。第三代电控喷射系统为高压共轨系统，被世界内燃机行业公认为20世纪三大突破之一，将成为21世纪柴油机燃油系统的主流。

(1)位置控制式电控柴油喷射系统：位置控制式电控柴油喷射系统不仅保留了传统的泵—管—喷嘴系统，还保留了原喷油泵中的齿条、滑套、柱塞上的斜槽等控制油量的机械传动机构，只是对齿条或者滑套的运动位置予以电子控制，将机械式的调速器和提前器换成了电子控制的机构，使得供油量的调整更为灵敏和精确。

(2)时间控制式电控柴油喷射系统：时间控制系统是用高速强力电磁阀直接控制高压燃油，一般情况下电磁阀关闭，开始喷油；电磁阀打开，喷油结束。喷油始点取决于电磁阀关闭时刻，喷油量取决于电磁阀关闭的持续时间。传统喷油泵中的齿条、滑套、柱塞上的斜槽和提前器等全部取消，对喷射定时和喷射油量控制的自由度更大，可以同时控制喷油量和喷油定时。

(3)时间-压力控制式电控柴油喷射系统：时间-压力控制系统也称高压共轨式系统，它摒弃了传统的泵—管—喷嘴的脉动供油方式，用一个高压油泵在柴油机的驱动下连续将高压燃油输送到共轨管内，再由共轨送入各缸喷油器，通过控制喷油器上的电磁阀实现喷油的开始和终止，可以灵活控制喷射油量和喷射定时。

4.9.2 高压共轨式电控柴油喷射系统的组成与原理

4.9.2.1 电控柴油喷射系统的组成

电控柴油喷射系统包括电控系统和燃油供给系统两部分，其电控部分由传感器、电控单元(ECU)和执行器三大部分组成(图4-40)。

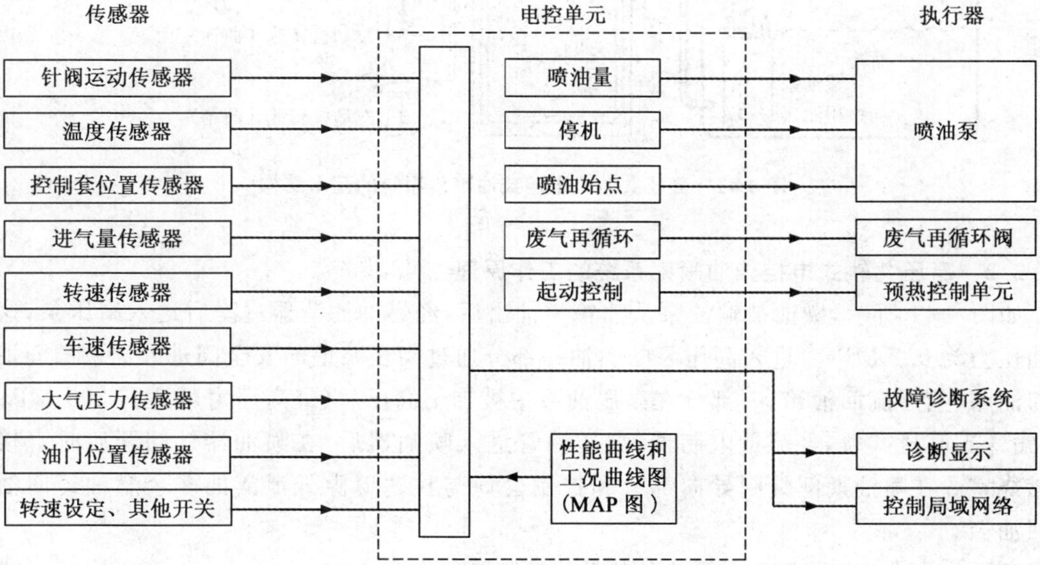

图4-40 电子控制柴油喷射系统框图

传感器部分主要包括传感器和开关，其作用是实时检测柴油机、车辆的运行状态及驾驶员的操纵等信息，输入到电控单元。基本的传感器有进气量传感器、转速传感器、大气压力传感器、油门位置传感器等。

电控单元是电控系统的核心部分，其作用是将来自传感器的信息与储存的参数进行比较、计算，确定最佳运行参数，并将运行结果作为控制指令输出到执行器。

执行器是根据电控单元送来的各种控制指令，驱动调节喷油量及喷油正时的相应机构，从而调节柴油机的运行状态，使柴油机的工作达到最佳状态。

高压共轨式电控柴油喷射系统的基本结构如图 4-41 所示，它主要由低压油路、高压油路和控制系统组成。低压油路包括带粗滤器的油箱、输油泵、燃油滤清器和低压油管，作用是将低压柴油输送到高压泵，它的结构和工作原理与机械式柴油喷射系统相似。高压油路包括带压力控制阀的高压泵、高压油管、共轨压力传感器、限压阀、流量限制器、作为高压蓄压器的共轨管、喷油器及回油管等。

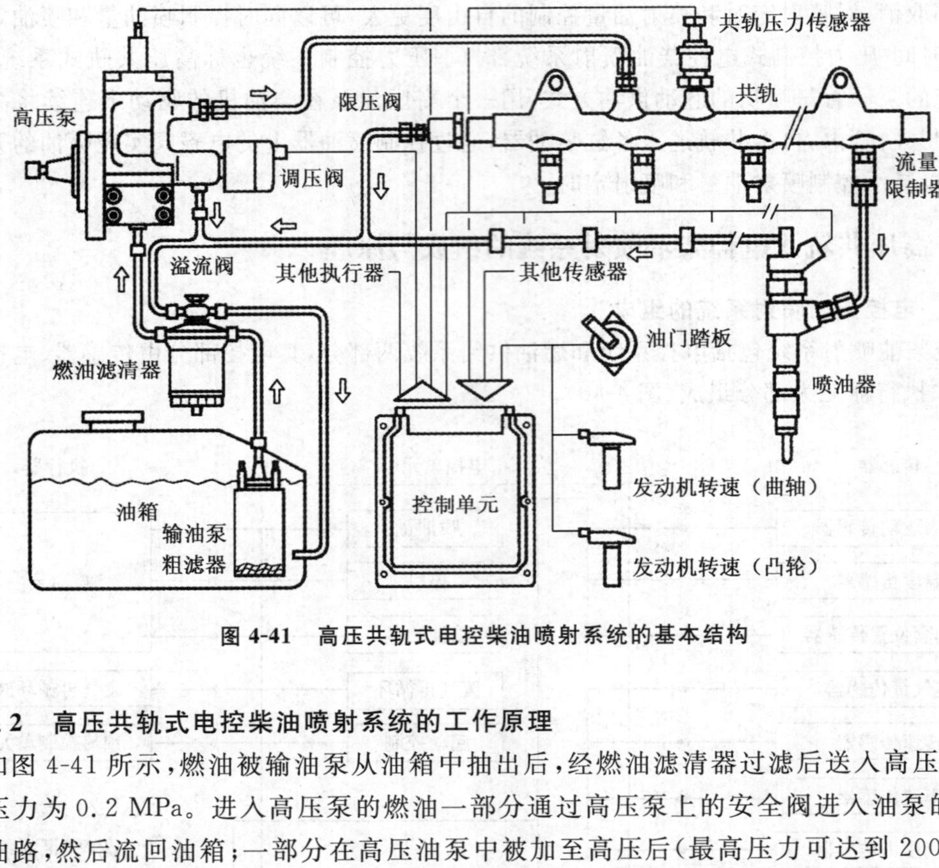

图 4-41 高压共轨式电控柴油喷射系统的基本结构

4.9.2.2 高压共轨式电控柴油喷射系统的工作原理

如图 4-41 所示，燃油被输油泵从油箱中抽出后，经燃油滤清器过滤后送入高压泵，这时燃油压力为 0.2 MPa。进入高压泵的燃油一部分通过高压泵上的安全阀进入油泵的润滑和冷却油路，然后流回油箱；一部分在高压油泵中被加至高压后（最高压力可达到 200 MPa 以上）输送到高压共轨，经流量限制器、高压油管进入喷油器后，在喷油器针阀开启时直接喷入燃烧室。在喷油期间针阀导向部分和控制套筒与柱塞缝隙处泄露的多余燃油经回油管流回油箱。

高压共轨式电控柴油喷射系统各参量的控制原理如下：

(1)喷油量的控制：ECU 根据加速踏板位置和柴油机转速等传感器的信号确定基本喷油量，再按进气管压力和燃油温度等传感器及起动开关输入的信息进行修正，最后计算出最佳喷油量，并向喷油器通电。在燃油分配管式电控柴油喷射系统中，当喷油压力保持不变时，喷油量唯一决定于 ECU 对喷油器的通电脉冲宽度。ECU 通过控制通向喷油器的电脉冲宽度（通电时间）来控制喷油量。

(2)喷油定时的控制:ECU 根据加速踏板位置和柴油机转速确定基本喷油时刻,再按进气管压力和冷却液温度等传感器以及起动开关输入的信号进行修正,最后确定出最佳喷油时刻,ECU 按此时刻给喷油器通电,即 ECU 给喷油器通电的时刻决定了喷油始点。

(3)喷油压力的控制:共轨式电控柴油喷射系统的喷油压力与供油泵转速无关,且可任意调节。喷油压力等于燃油分配管内的燃油压力。共轨压力可以由 ECU 发出的共轨压力指令控制油泵控制阀来调整。电磁式油泵控制阀用来调整高压供油泵供油量,从而改变共轨油道中的油压(不是决定循环喷油量的大小)。

(4)喷油规律的控制:喷油规律是指喷油速率随时间或曲轴转角的变化关系,而喷油速率则是单位时间的喷油量。由于喷油规律对柴油机的性能有重要影响,针对具有不同混合气形成与燃烧方式的柴油机应选择不同的喷油规律。因此,只要改变指令脉冲就可以改变喷油规律。

4.9.3　高压共轨式电控柴油喷射系统的主要部件及结构

4.9.3.1　高压共轨

高压共轨(图 4-42)安装在柴油机气缸盖周围,通过高压油管与高压泵和各缸的喷油嘴连接,其结构与汽油机上的分配油管相似。高压共轨实质上是一个燃油蓄压器,其作用是存储高压燃油,并使高压泵的供油和喷油嘴的喷油所产生的压力波动得到缓冲,以保持油压的稳定,并将高压燃油分配给各缸的电控喷油器。

4.9.3.2　调压阀

调压阀的结构如图 4-43 所示,其作用是根据柴油机的负荷状况调整和保持共轨中的压力,它安装在高压油泵或共轨上。

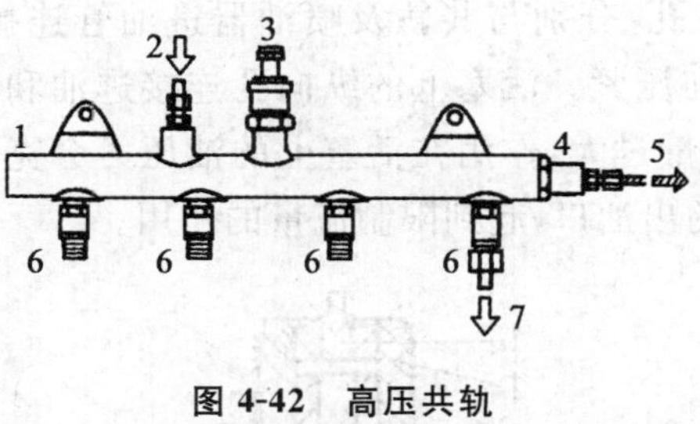

图 4-42　高压共轨

1-共轨;2-高压泵端的进油口;3-共轨压力传感器;4-调压阀;5-油箱端的出油口;6-流量限制器;7-喷油器端的油管

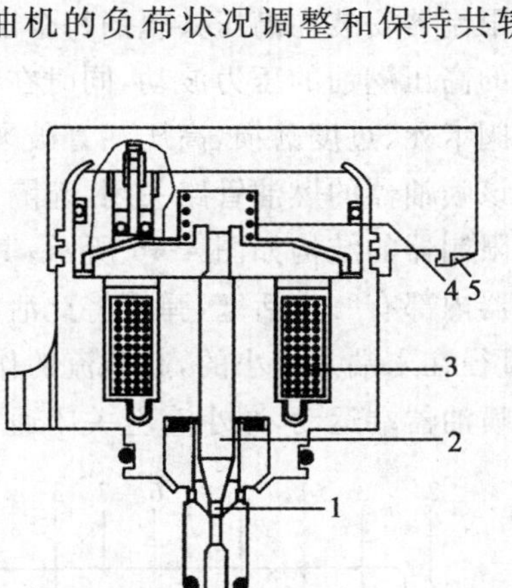

图 4-43　调压阀

1-球阀;2-衔铁销;3-电磁铁;4-弹簧;5-电气接头

共轨或高压油泵出口处的高压燃油通过进油口作用在调压阀上,柴油机工作时,调压阀的球阀在弹簧和电磁力的双重作用下压紧在阀座上,将高压腔与回油通道隔绝,电磁铁的吸力与流过电磁线圈的电流呈正比,而电流大小则由 ECU 改变脉冲信号的占空比来控制。当高压系统的压力高于设定的压力时,球阀打开,高压燃油经过旁通油路泄压;反之球阀关闭,压力重新建立,从而达到按 ECU 指令调整高压系统油压的目的。另外,在调压阀的电磁线圈不通电时,仍有弹簧力将球阀压紧在阀座上,使高压油路保持 10 MPa 左右的压力。

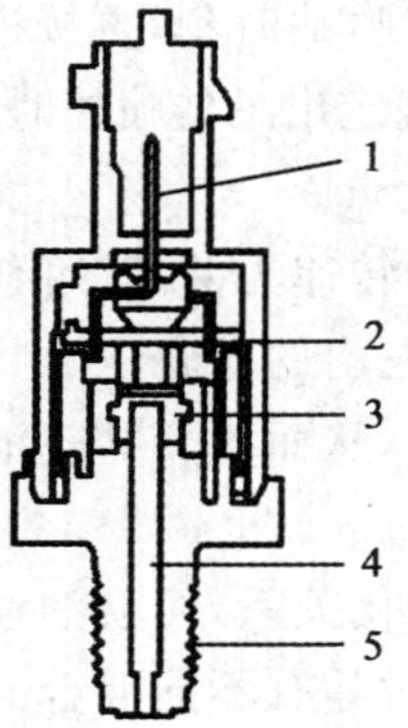

图 4-44 共轨压力传感器

1-电气接头；2-求值电路；3-带有传感元件的膜片；4-高压接头；5-固定螺纹

4.9.3.3 共轨压力传感器

共轨压力传感器的作用是及时、准确地测出高压共轨中燃油的压力，并转换成电压信号，实时提供给 ECU。共轨压力传感器(图 4-44)包括带有传感元件的膜片，它焊接在压力接头上，将进油孔末端封住。共轨中的高压燃油进入共轨压力传感器后，作用在膜片上，使膜片形状发生变化，其上的感应电阻的长度和电阻值也随之变化，并在 5 V 电源的电阻电桥中产生电压变化，再经过传感器中放大电路的放大，成为变化范围在 0.5～4.5 V 的电压信号输送给 ECU。ECU 根据该信号判定共轨中的燃油压力，以此作为控制调压阀工作的依据。

4.9.3.4 限压阀

限压阀通常安装在高压共轨上，相当于安全阀，其作用是限制共轨中的压力，在压力超过最高允许值时开启泄压，防止系统内部零件的损坏。

限压阀结构如图 4-45 所示，它通过螺纹接头拧在共轨上，另一端与通往油箱的回油管连接。在标准工作压力下，弹簧通过活塞将锥形阀门紧压在阀座上，限压阀呈关闭状态。只有当共轨中的燃油压力超过系统最大压力时，活塞压缩弹簧使阀门开启，使高压燃油从共轨中流出，从而降低共轨中的压力。流出的燃油经回油管流回油箱。

4.9.3.5 流量限制器

流量限制器安装在高压共轨的每个出油口上，与喷油器的高压油管连接，其作用是减小流向喷油器的高压燃油的压力波动，同时在喷油器高压油管中出现过大的流量或持续的泄漏(如喷油器针阀卡死、过度磨损、高压油管破裂等)，导致共轨中流出的燃油量超过最大流量时，自动将流向该喷油器的燃油管路关闭，起隔离保护作用。

流量限制器的结构如图 4-46 所示，其外壳两端有孔，分别与共轨及喷油器进油管连接。流量限制器内部有一个活塞，弹簧将此活塞向共轨方向压紧。活塞上的纵向孔连接进油和出油口，其直径在末端是缩小的，起节流的作用。如果流量过大，作用在活塞上的油压力会克服弹簧力向喷油器端运动，减小直至关闭通往喷油器端的出油口，起到限制流量的作用。

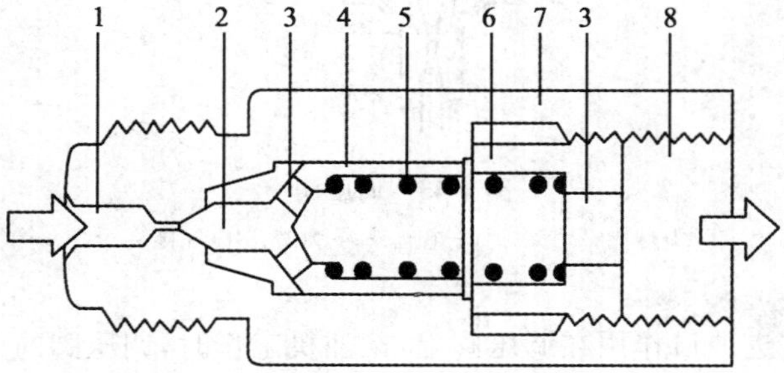

图 4-45 限压阀

1-螺纹接头；2-锥形阀门；3-通道；4-活塞；5-压力弹簧；6-限位杆；7-阀体；8-回油孔

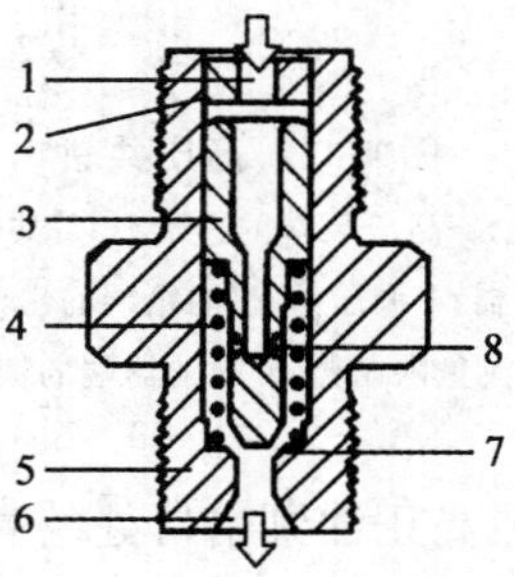

图 4-46 流量限制阀

1-共轨端接头；2-限位杆；3-活塞；4-压力弹簧；5-外壳；6-喷油器端接头；7-阀座面；8-节流孔

4.9.3.6　喷油器

在高压共轨系统中所用的喷油器有电磁式和压电式两种。电磁式喷油器是用高速电磁阀控制喷油器的开始时刻和喷油持续时间，而压电式喷油器则采用压电元件电磁阀。

1. 电磁式喷油器

博世公司生产的电磁式喷油器如图4-47所示，它由孔式喷油嘴、液压伺服系统、电磁阀组件构成。柴油机工作时燃油经高压油管进入喷油器，并经过进油节流孔7进入控制室8。由于此时泄油孔6处于关闭状态，因此作用在柱塞9上方的压力大于作用在喷油嘴针阀承压面上的力，喷油嘴针阀被压在喷油器座面上，紧紧关闭通往喷油孔的高压通道，因而没有燃油喷入燃烧室。为了精确计量燃油，一般要求喷油器电磁阀开启和关闭响应时间之和小于0.5 ms，故采用低感抗的高频电磁阀配合电流控制驱动电路。

当电磁阀通电时阀芯上移，打开泄油孔，使控制室经由泄油孔与回油管相通。由于进油节流孔的节流作用，控制室内的压力因泄油而下降，使作用在柱塞上方的压力小于作用在喷油嘴针阀承压面上的力，喷油嘴针阀立即打开，燃油经过喷孔喷入燃烧室。由于电磁阀不能直接产生迅速关闭针阀所需的力，因此采用液力放大系统间接控制喷油嘴针阀的方式，见图4-48。

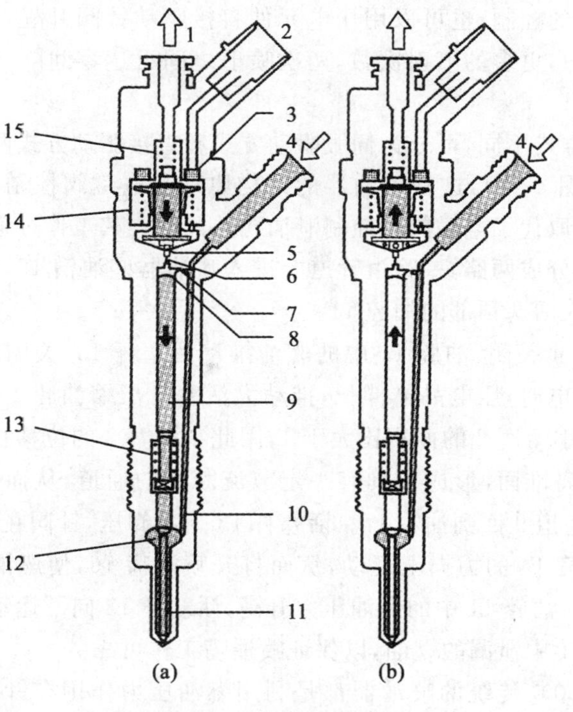

图4-47　电磁式喷油器

(a)喷油器关闭；(b)喷油器打开

1-回油管；2-电线接头；3-电磁阀；4-高压燃油进油口；5-单向球阀；6-泄油孔；7-进油节流孔；8-阀控制室；9-柱塞；10-油道；11-针阀；12-喷油腔；13-喷油弹簧；14-大弹簧；15-小弹簧

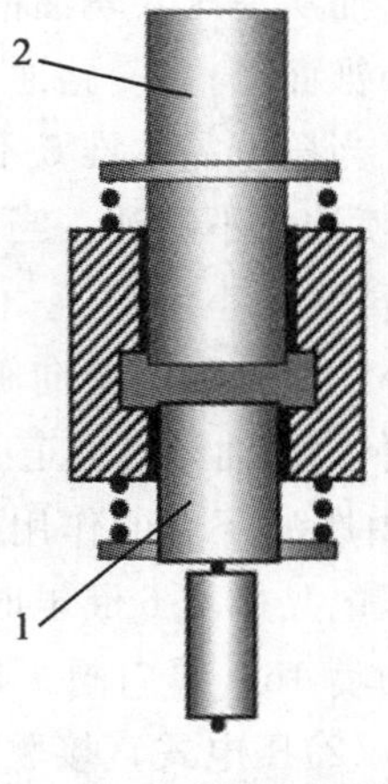

图4-48　液力放大系统

1. 细活塞；2. 粗活塞

液力放大系统通过上下活塞直径的差异实现变形位移的放大，粗活塞的运动导致阀腔内的容积变化，由于液压油的体积一定，粗活塞的向下移动会导致细活塞不得不向下移动，且移动的位移远大于粗活塞的移动位移，从而实现位移量的放大。

2. 压电式喷油器

为了让燃烧过程最大限度地接近理想状态，降低污染，减少噪声，并使柴油机工作得更加柔和，采用多次喷射成为必然的选择。柴油机的多次喷射指的是把原来的一次喷射分为先导喷射、预喷射、主喷射、后喷射和次后喷射等过程。先导喷射是为了在燃烧室内预先形成混合气，达到防止柴油机工作粗暴和减少噪声的目的；预喷射是为了对燃烧室先预热，使得主喷射阶段的燃烧更平稳，起到减少 NO_x 和降低噪声的目的；后喷射可以使未燃的燃油充分燃烧，提高排气温度，降低 HC、CO 和 PM 的排放量；次后喷射可以提高废气处理装置的温度，提高废气处理装置的效率。

压电式喷油器以压电晶体作为控制喷油器工作的执行元件，极大地提高了响应速度，能够在极短的时间内完成多次切换，控制精度高，能控制的最小供油量足够小，使得多次喷射成为可能。

压电元件具有正向和反向压电效应，当在压电元件两端施加电压时，压电元件就会发生形变，给压电元件施加正向电压时，其体积膨胀；给压电元件施加反向电压时，其体积收缩。压电式喷油器就是利用这一原理，它可以用压电元件来使喷油器控制室的泄油孔通断，以控制针阀的升程，从而实现对喷油量和喷油正时的控制；也可以用压电元件直接驱动针阀升程，这种喷油器可以实现更高的平均有效喷射压力，更多的喷射次数，两次喷射之间可达零间隔，最小喷射量可控制在 0.5 mm^3。

压电式喷油器按照其控制针阀的方式不同，可分为伺服驱动方式和直接驱动方式两种。

(1)压电晶体式伺服驱动喷油器(图 4-49)：这种喷油器的结构原理与电磁阀控制的高压共轨喷油器基本相同，只是用压电晶体取代了电磁阀来控制泄油孔的开闭。其工作过程是：高压燃油从高压共轨油槽进入喷油器后，分成两路，一路由管道 5 进入喷油器盛油槽 15，作用在针阀锥面上；另一路通过节流孔 12 进入活塞顶部的油腔 11。

当压电晶体堆 6 不通电时，单向阀 4 关闭，油腔 11 中的燃油推动活塞杆 13，关闭喷油嘴 16，喷油器不喷油。当压电晶体堆 6 通电时，压电晶体伸长，推动大活塞 7 压缩油腔 1 中的燃油，再推动小活塞 2。由于大活塞 7 和小活塞 2 的面积比大于 1，因此小活塞 2 的位移被放大，而小活塞位移将单向阀 4 中的钢球推离锥面，形成了具有一定节流断面的通道，从而使油腔 11 中的燃油经过通道 10、单向阀 4 及通道 9 回到油箱 17。活塞杆 13 上部卸压，针阀在盛油槽 15 中燃油压力的作用下，克服回位弹簧 14 的力向上运动，从而打开喷油嘴 16，使燃油喷出。当压电晶体堆 6 断电时，单向阀 4 落座，油腔 11 中的燃油压力升高，活塞杆 13 向下运动，关闭喷油嘴 16。单向阀 8 是为了补充油腔 1 中泄漏的燃油，以保证喷油嘴工作可靠。

(2)压电式直接驱动喷油器(图 4-50)：传统的喷油器都是利用燃油压力作用在针阀中部的承压锥面上，来使针阀开启实现喷油，这种喷油器则是直接利用压电元件的膨胀和收缩来控制针阀的行程，以实现喷油。这使得喷油器针阀的动作速度更快，能用不到 100 μs 的时间打开和关闭喷油器的针阀，且喷雾量和精确性更高。因为在针阀中部没有承压锥面和相应的压力室，也被称作无压力式喷油器。

压电式直接驱动喷油器下部结构见图 4-51。ECU 给压电元件施加正向电压时，压电元件膨胀而使喷油器针阀关闭，喷油器不喷油；给压电元件施加反向电压时，压电元件收缩而喷油器针阀开启，喷油器喷油。与带压力式的喷油器不同，无压力式喷油器在针阀升程发生变化时，喷油嘴喷孔流通截面积是变化的。在一定的柴油机转速下，如保持喷油压力和喷油持续时间不变,则只要控制针阀的升程,即控制喷油器喷孔有效流通面积,就可以控制循环喷油量。

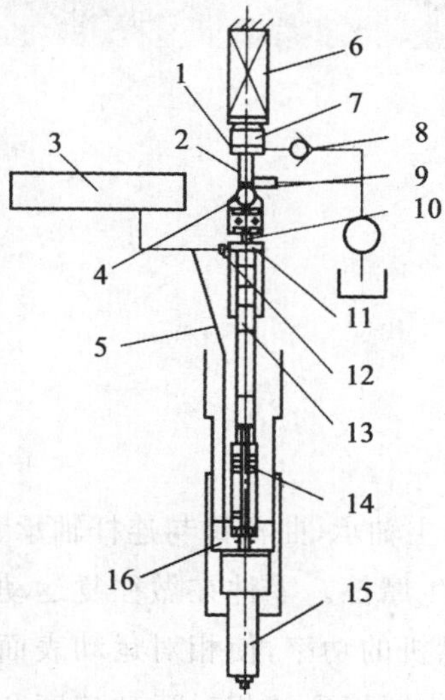

图 4-49　压电式伺服驱动喷油器

1、11-油腔;2-小活塞;3-共轨油槽;4、8-单向阀;5-管道;6-压电晶体堆;7-大活塞;9、10-通道;12-节流孔;13-活塞杆;14-回位弹簧;15-喷油嘴;16-盛油槽

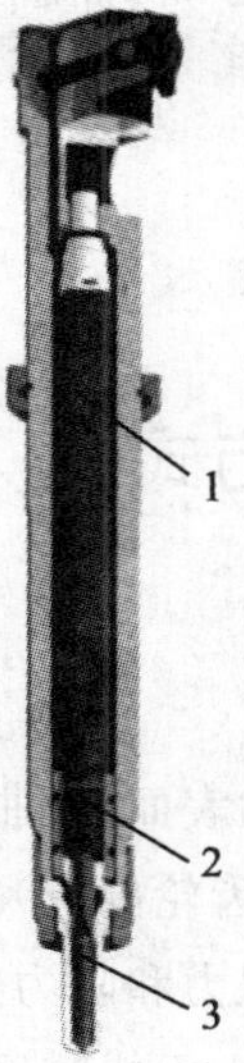

图 4-50　压电式直接驱动喷油器

1-压电晶体;2-行程放大器;3-针阀

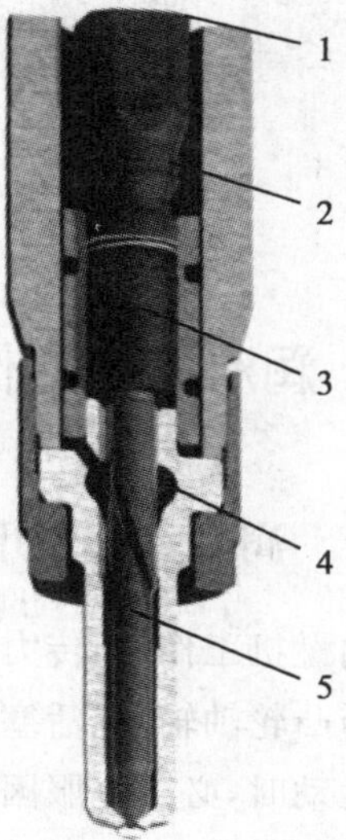

图 4-51　压电直接驱动式喷油器下部结构

1-压电元件;2-高压油腔;3-行程放大器;4-高压燃油腔;5-针阀

思考题

1. 对柴油机喷油系统有哪些要求?
2. 简述柱塞式喷油泵燃油供给系统组成。
3. 柴油机可燃混合气的燃烧一般分为哪几个过程?各有什么特点?
4. 柴油机燃烧室按结构形式分为哪两大类?各自有哪些燃烧室?
5. 简述柱塞式喷油泵的工作原理。
6. 什么是柱塞式喷油泵柱塞的有效行程?
7. 何谓供油提前角与喷油提前角?后者对柴油机性能有何影响?
8. 柴油机为什么要设置调速器?简述全程式调速器的工作原理。
9. 进、排气系统有什么作用?
10. 进、排气系统的主要组成零部件有哪些?
11. 发动机为什么要安装排气消声器?
12. 废气再循环装置的作用是什么?
13. 简述高压共轨式电控柴油喷射系统的组成及工作原理。
14. 电控柴油喷射系统中主要有哪些传感器?

第 5 章　润滑系统

5.1　润滑系统的作用与润滑方式

5.1.1　润滑系的作用

内燃机工作时，传力零件的相对运动表面(如曲轴主轴颈与主轴承，曲柄销与连杆轴承、凸轮轴与凸轮轴轴承、活塞与气缸壁、正时齿轮副等)之间必然产生摩擦。零件在做往复运动和旋转运动时，必须克服因摩擦而产生的阻力和阻力矩，消耗内燃机的功率，使相对运动表面发热和磨损。摩擦力和磨损大小除与零件表面粗糙度有关外，还与摩擦副的相对运动速度和接触表面受力大小密切相关，内燃机正是在高转速、受力大的情况下工作，为使内燃机充分发挥其动力性和经济性，并有足够的可靠性和耐久性，就必须设法减小摩擦阻力，润滑是减小摩擦阻力的有效方法。

发动机的润滑是由润滑系来实现的。润滑系的基本任务是将定量、洁净、有适当温度的润滑油输送至各相对运动零件的摩擦表面，使零件摩擦表面产生油膜，从而减少摩擦损失和减轻磨损。

润滑系的作用是：

(1)润滑：活塞和气缸之间，主轴和轴瓦之间，均存在着快速的相对滑动，要防止零件过快的磨损，则需要在两个滑动表面间建立油膜，有足够厚度的油膜将相对滑动的零件表面隔开，从而达到减少磨损的目的。

(2)冷却降温：机油能够将热量带回机油箱再散发至空气中，帮助冷却发动机。

(3)清洗清洁：好的机油能够将发动机零件上的碳化物、油泥、磨损金属颗粒通过循环带回机油箱，通过润滑油的流动，冲洗掉零件工作面上产生的脏物。

(4)密封防漏：机油可以在活塞环与活塞之间形成一个密封圈，减少气体的泄漏和防止外界的污染物进入。

(5)防锈防蚀：润滑油能吸附在零件表面，防止水、空气、酸性物质及有害气体与零件接触。

(6)抗磨：摩擦面加入润滑剂，能使摩擦系数降低，从而减小摩擦阻力，减少能源消耗和磨损；润滑剂在摩擦面间可以减少磨粒磨损、表面疲劳、黏着磨损等所造成的摩擦磨损。

另外，在某些柴油机上，润滑系统还向自动调节喷油提前角机构、液压调速器、可变压缩比活塞装置等处供油。目前，内燃机正向高强化发展，对润滑系统及润滑油的要求也随之不断提高。

5.1.2　润滑剂及其选择

内燃机润滑系所用的润滑剂有润滑油和润滑脂两类。目前内燃机不断向高强化发展，其润滑条件越来越苛刻，对润滑油质量要求也越来越高。为了更经济有效地满足各种类型、各种工作条件下内燃机对润滑油的要求，且由于润滑油的种类繁多，合理地使用润滑油就成为人们关注的问题。

GB/T 28772—2012《内燃机油分类》规定了汽车用及非道路用内燃机润滑油的代号及分类方法。

"S"开头系列为汽油发动机用油，如 SE、SF、SG、SH、SJ、SL、SM、SN；"C"开头系列为柴油发动机用油，如 CC、CD、CF、CF-2、CF-4、CG-4、CH-4、CI-4、CJ-4。在 S 或 C 后面的字母表示的意义是：随着字母顺序的递增，机油的性能也优于前一种，机油中会有更多用来保护发动机的添加剂。字母越靠后，质量等级越高。2 代表用于二冲程发动机，4 代表用于四冲程发动机。

柴油机润滑油质量等级的选择有两个主要依据：一个是发动机的机械负荷和热负荷的总和，以强化系数来表示；另一个是发动机工况的苛刻程度。

对于中负荷及重负荷下运行的自然吸气、涡轮增压和机械增压式柴油机，可以应用 CC 级机油；需要高效控制磨损及使用含硫量高燃料的柴油机，采用 CD 级机油；非道路间接喷射式柴油机可以用 CF 级机油；高速四冲程柴油机、道路用重型卡车，可以用 CF-4 级机油；非道路用高速柴油机，可以应用 CG-4 级机油；要求含硫量不大于 0.5%（质量分数）的柴油机，应用 CH-4 级以上机油；单缸农用车应用专门的农用柴油机油。

二冲程内燃机润滑油质量等级另有规定，使用时可查阅有关标准。

选用润滑油除要求考虑润滑油的质量等级，以保证良好的润滑外，还要考虑内燃机工作所处的最低环境温度，以保证内燃机在该温度下能顺利起动。为此每个质量等级润滑油都包括不同黏度级别供选用。

润滑脂也可根据其产品标准选用。内燃机常用的润滑脂有钙基润滑脂、铝基润滑脂、钙钠基润滑脂及合成钙基润滑脂等。选用时要考虑工作条件和环境温度情况。

5.1.3　润滑方式

对于各运动零件表面的润滑，按润滑油供给的方法不同，润滑方式有压力润滑、飞溅油雾润滑和润滑脂润滑。

(1)压力润滑：在机油泵的作用下，润滑油以一定的压力输送至摩擦表面。这种方式工作可靠，能保证润滑部位有充足的油量，有一定的清洗、冷却作用，同时也便于对机油进行滤清和冷却。一般来说，承受负荷大、相对运动速度较高的零件摩擦表面，如主轴承、连杆轴承、凸轮轴轴承、摇臂轴轴承等采用该润滑方式。

(2)飞溅油雾润滑：这种润滑方式是利用内燃机工作时运动零件对轴承间隙处流出的机油进行击溅，形成油滴或雾落入零件摩擦表面进行润滑。这种方式常用于负荷较轻、工作表面外露、相对运动速度较低或不易实现压力润滑的零件表面，如气缸壁、配气凸轮、活塞销座、连杆小头衬套等。

(3)润滑脂润滑：对于内燃机辅助系统的某些零件，如水泵及发电机的轴承，可采用定期加注润滑油脂的方法进行润滑。

拖拉机内燃机采用压力润滑与飞溅润滑组合的复合式润滑系统，根据不同零件的需要采用不同的润滑方式。

5.2 润滑系统的组成和润滑油路

5.2.1 润滑系统的组成

拖拉机内燃机润滑系统如图 5-1 所示，主要由下列几部分组成。

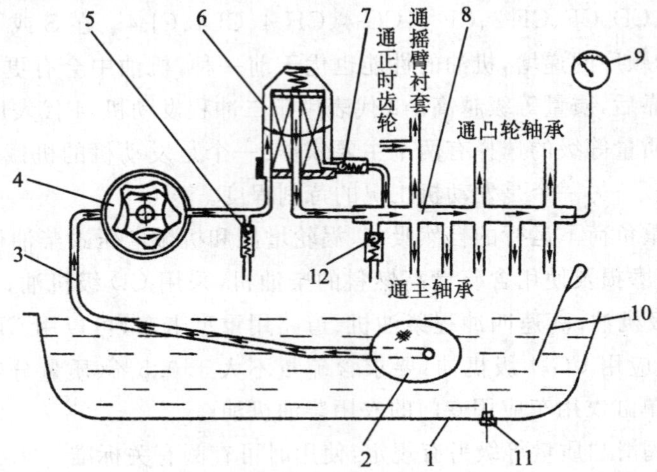

图 5-1 拖拉机内燃机润滑系统简图

1-油底壳；2-集滤器；3-吸油管道；4-机油泵；5-限压阀；6-机油滤清器；7-旁通阀；8-主油道；9-机油压力表；10-机油标尺；11-放油螺塞；12-回油阀

(1)贮油装置：下曲轴箱 1 为贮油装置(俗称油底壳)，同时还兼有润滑油的自然散热冷却作用。这种润滑系统又称为湿式油底壳润滑系统。

(2)输油装置：主要有机油泵 4、油管和油道。其作用是保证机油在润滑系统中循环流动，使相对运动的摩擦表面得到必要的润滑。

(3)滤清装置：包括集滤器 2、滤清器 6(常分为粗滤器和细滤器)。其作用是滤除机油中的杂质。

(4)检示装置：包括机油压力表 9、机油温度表、机油标尺 10 等。其作用是显示润滑系统的工作状况及油底壳油面高度。

(5)安全装置：包括限压阀 5、旁通阀 7(亦称安全阀)、回油阀 12 以及低油压警示器等。

限压阀位于机油泵的出油道上，用以限制系统最高压力，以减少机油泵的功率消耗，防止油泵机件过载，避免油管破裂、密封件损坏。

旁通阀装于机油滤清器上并与之并联。当滤清器阻力过大时(堵塞或低温起动时)，阀门开启，使润滑油直接进入主油道，保证主油道始终有充足的润滑油。

回油阀(调压阀)并联于主油道，其作用是限制主油道最高压力。

为了防止主油道压力过低使零件工作表面润滑不良，导致严重后果，除主油道装有机油压力表外，在某些内燃机润滑系上还装有低油压警示器或自动停机装置等。

(6)散热装置：当自然冷却不能满足对油温的要求时，则设有机油散热器或机油冷却器，实现强制冷却，以保持机油的适宜工作温度。

5.2.2 润滑油路

拖拉机内燃机广泛采用湿式油底壳复合式润滑系统，其润滑油路基本相似。

5.2.2.1 4125A型柴油机润滑系统

图5-2为4125A型柴油机的润滑系统。工作时，油底壳机油经集滤器1初滤后吸入机油泵2，被油泵增压后经油管进入滤清器壳体并分成两路。少部分机油流至细滤器8，经滤清后流回油底壳，改善油底壳机油总体净化水平；大部分机油流入粗滤器7，经过滤后根据需要可通过转换开关4进入机油散热器6，冷却后再进入主油道9，或直接进入主油道。与主油道串联的粗滤器称为全流式滤清器，而与主油道并联的细滤器又称分流式滤清器。

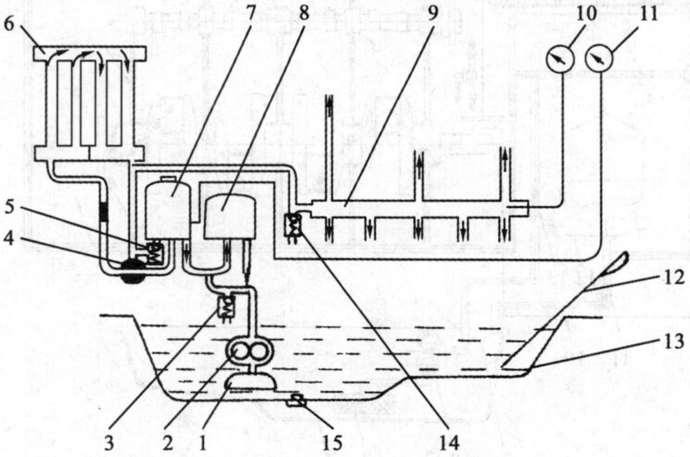

图5-2 4125A型柴油机润滑系统

1-集滤器；2-机油泵；3-限压阀；4-转换开关；5-旁通阀；6-机油散热器；7-机油粗滤器；8-机油细滤器；9-主油道；10-机油压力表；11-机油温度表；12-机油标尺；13-油底壳；14-回油阀；15-放油螺塞

进入主油道的机油经分油道进入曲轴各主轴承、配气凸轮轴轴承。主轴承的机油经曲轴中的斜孔进入连杆轴承，并经连杆杆身中的油道输往连杆小头，以润滑活塞销与衬套。由于曲轴高速旋转，从主轴承、连杆轴承等处泄出的机油被溅成细小油滴，使缸壁、配气凸轮等得到润滑。

进入凸轮轴前轴承的部分机油，经前轴颈的切槽间歇性地流入机体和气缸盖中的油道，再通过前摇臂轴座流到摇臂轴中心孔内，润滑摇臂衬套。然后从摇臂上的钻孔流出，滴落在配气机构的其他零件工作表面上。

另外，还有一部分机油沿主油道通向正时齿轮室，润滑各齿轮工作表面。

在油路中分别装有限压阀3、旁通阀(安全阀)5、回油阀(调压阀)14。限压阀开启压力0.65～0.70 MPa，旁通阀开启压力0.35～0.45 MPa，回油阀在主油道压力过大时开启，开启压力为

0.25～0.30 MPa。

润滑系还设有机油压力表 10 和机油温度表 11，分别用来指示主油道的压力和润滑油温度。所有流经摩擦表面的机油最后都流回油底壳。机油标尺 12 用来检查内燃机静态时油底壳机油的油面高度，正常油面高度应在标尺下端两条刻线之间。

5.2.2.2 X4115 型柴油机润滑系统

图 5-3 为 X4115 型柴油机的润滑系统，它与 4115A 型柴油机润滑系统基本相同，主要区别是它只有一个全流式滤清器 12，工作时，曲轴齿轮驱动油泵 8 的齿轮，机油自油底壳通过集滤器 7 吸入，经增压后沿油道进入全流式离心滤清器 12，机油全部滤清后分两路流出，其中 1/3 油量流回油底壳，2/3 油量进入主油道。是否需通过机油散热器 16，可由滤清器上的冬、夏转换开关 14 控制，一般冬季不通过散热器而直接进入主油道。

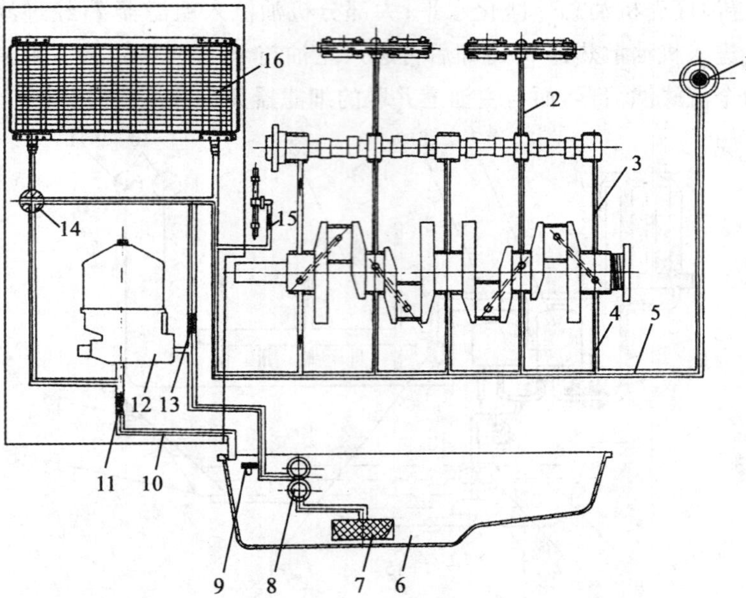

图 5-3 X4115 型柴油机润滑系统

1-油压感应塞；2-到缸盖的油道；3-到凸轮轴的油道；4-到主轴承的油道；5-主油道；6-油底壳；7-机油集滤器；8-齿轮式油泵；9-机油泵限压阀；10-回油底壳的油道；11-调压阀；12-QL115 全流式离心机油滤清器；13-安全阀；14-冬夏转换开关；15-到齿轮系的油道；16-风冷机油散热器

进入主油道的机油经五条分油道分别进入各主轴承和凸轮轴轴承，进入主轴承后部分机油经曲轴上的斜油道进入四个连杆轴承。凸轮轴二、四轴承与气缸体、缸盖垂直油道相通，进入轴承的部分润滑油沿垂直油道及油管进入摇臂轴空腔内，润滑摇臂衬套等。

由于轴系高速旋转，各轴承处泄出的机油被溅洒成细小油滴，使气缸壁、连杆小头衬套、活塞销座和凸轮表面等得到飞溅润滑。最后各路机油均回油底壳，构成润滑油的流动循环。

另外，还有部分机油沿主油道至齿轮室油道，润滑正时齿轮轴系。

该润滑系设有限压阀、安全阀和调压阀。限压阀 9 位于机油泵壳体上，其开启压力为 0.7～0.75 MPa，可在试验台上检查调整。安全阀 13 和调压阀 11 均位于滤清器壳体内，是不可调的。

冬夏转换开关14位于滤清器底壳右侧,其调节盘(图中未画)通过两个螺钉固定于壳体上,调节盘上有"D"(冬)和"X"(夏)二字,调节盘左侧有一横箭头,当"D"字与箭头相对时,滤清后的机油不通过散热器而直接进入主油道。在环境温度大于278 K时,松开螺钉转动调节盘,使"X"字对准箭头,以使机油经散热器冷却。

5.3 润滑系统的主要部件

5.3.1 机油泵

机油泵的作用是使机油以一定的压力输送到有关润滑部位,以保证足够的循环油量。目前内燃机广泛采用齿轮式和转子式机油泵。

5.3.1.1 齿轮式机油泵

齿轮式机油泵的工作原理如图5-4所示。在泵体内装有一个主动齿轮和一个从动齿轮,泵体上有进出油腔。

工作时,主动齿轮、从动齿轮按图示箭头方向旋转,进油腔处的容积因齿轮脱开啮合而增大,腔内产生一定真空度,机油被吸入并充满进油腔,随着齿轮旋转,充满齿间的机油被带到出油腔2,而出油腔容积因齿轮进入啮合而减小,油压上升,使机油从出油腔压送出去。

当齿轮进入啮合时,啮合齿间封闭的机油,由于容积变小在齿轮间产生很大的推力,导致轴承磨损,并消耗功率。为此在泵盖上铣出一条卸压槽3,使齿根间受挤压的机油通过卸压槽进入出油腔。

图5-4 齿轮式机油泵工作原理

1-进油腔;2-出油腔;3-卸压槽

齿轮式机油泵具有结构简单、加工方便、工作可靠、能产生较高压力等优点,因而广泛用于各种内燃机润滑系。

5.3.1.2 转子式机油泵

如图5-5所示,转子式机油泵主要由外转子1、内转子2、壳体5、泵轴6等组成。壳体5内装有不同心的外转子1和内转子2。外转子松套在壳体内,它的内圈有五个齿。内转子固定在泵轴6上,它的外缘有四个齿。工作时,内转子带动外转子转动,它们的转动方向相同但转速不同,因此内、外转子之间有相对运动,且无论转到任何位置,内转子的四个齿都与外转子齿廓接触,而形成四个容积不断变化的工作腔。进油孔一侧的工作腔容积由小变大,机油被吸入,出油孔一侧的工作容积由大变小,将机油压送出去。

转子式机油泵结构紧凑,供油均匀,噪声小,吸油真空度高,适于安装在曲轴箱外且位置较高的内燃机上。

5.3.2 机油滤清器

机油滤清器的作用是将油路中的有害杂质如金属磨粒、沙粒、燃烧产生的炭粒、机油氧化生成的胶状杂质等滤掉,以减少零件磨损,防止油路堵塞。机油滤清器的性能直接影响内燃机

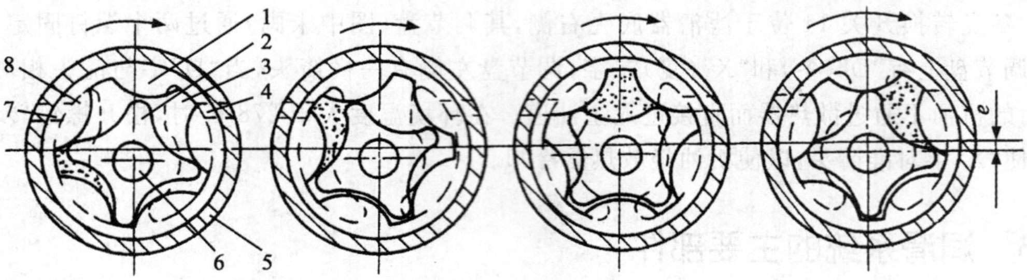

图 5-5　转子式机油泵工作原理

1-外转子；2-内转子；3-压油腔；4-出油孔；5-壳体；6-泵轴；7-进油孔；8-进油腔

的大修期限和使用寿命。

对滤清器的要求主要是结构简单，维护方便，使用寿命长，滤清效率高，且机油流动阻力小。

滤清器的分类方法较多。按过滤细度可分为粗滤器和细滤器，粗滤器一般能过滤 0.05～0.1 mm 及以上粒度的杂质。按滤清器在润滑油路中的位置，可分为全流式和分流式滤清器。全流式滤清器与主油道串联，全部循环机油都要流过它；分流式滤清器与主油道并联，一般只有总循环量的 10%～30%流过它。

按滤清方式，机油滤清器可分为过滤式和离心式两类。

过滤式滤清器是使机油通过具有一定缝隙或孔隙的滤芯，把大于间隙的杂质阻在滤芯之外，达到滤清目的，目前广泛使用的是纸质滤清器，其滤芯结构形式与燃油纸质滤芯相同，这里不再介绍。

离心式滤清器是利用旋转离心力的原理，将机油中混入的密度大的杂质分离出来。它可分为全流式与分流式离心滤清器。分流式离心滤清器如图 5-6 所示。机油泵来的压力油通过轴心孔 1 进入转子轴 2 的油道，由径向孔 6 出来，经钢管进油口 5 进入钢管内，其下端有喷孔 4。两个喷孔以轴心对称且方向相反，压力油经喷孔喷出后，产生反作用力矩，使转子以 5 000～6 000 r/min 的高速旋转。因此转子内机油中密度大的杂质被分离出来甩向四周。喷孔喷出的是经过滤清的机油，流回油底壳。离心式滤清器滤清能力强，通过能力好，且不受沉淀物影响，不需要更换滤芯，只要定期清洗即可。由图 5-6 可知，该离心式滤清器与主油道并联，为分流式离心滤清器，它的作用是不断把过滤清洁的机油送回油底壳，以改善油底壳机油清洁程度，间接改善进入主油道的润滑油的滤清质量，也称细滤器。

离心式滤清器也可设计为全流式，用于某些中小型柴油机上，其工作原理如图 5-7 所示。油泵来的压力油进入转子轴 2 的轴心油道，流入转子。转子内的一部分机油从喷孔 3 喷出，形成旋转力矩使转子高速旋转，喷出的清洁油回到油底壳；大部分机油经离心滤清后，由中心管 1 流至主油道。由于它与主油道串联，即油路为油泵→滤清器→主油道→润滑油道→油底壳，所以是全流式离心滤清器。

5.3.3　机油散热器

为保持机油在适宜的温度范围(70～80℃)内工作，就必须把循环润滑的机油所吸收的过

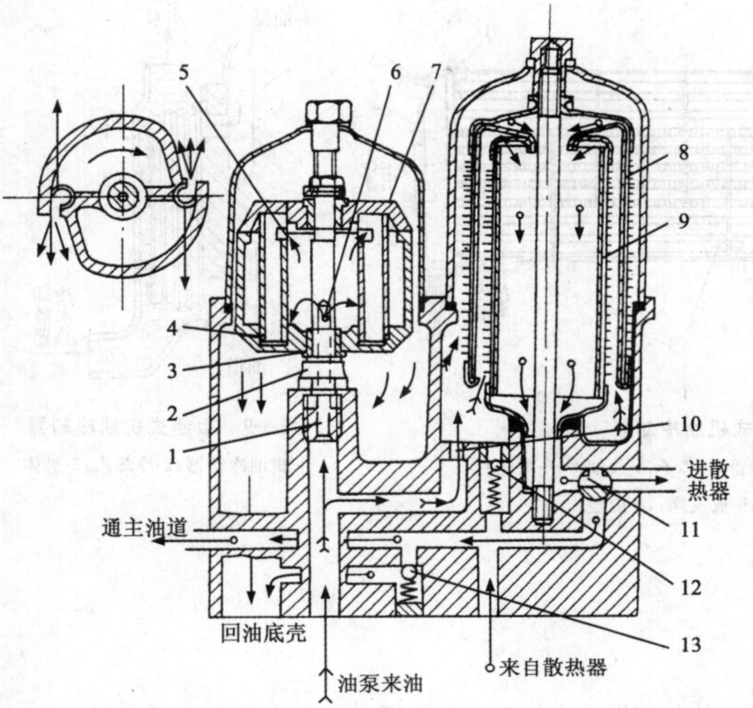

图 5-6 分流式离心滤清器(细滤器)

1-轴心孔;2-转子轴;3-轴承;4-喷孔;5-钢管进油口;6-径向孔;7-转子;8-粗滤器外滤芯;9-粗滤器内滤芯;10-节流孔;11-转换开关;12-安全阀;13-回油阀

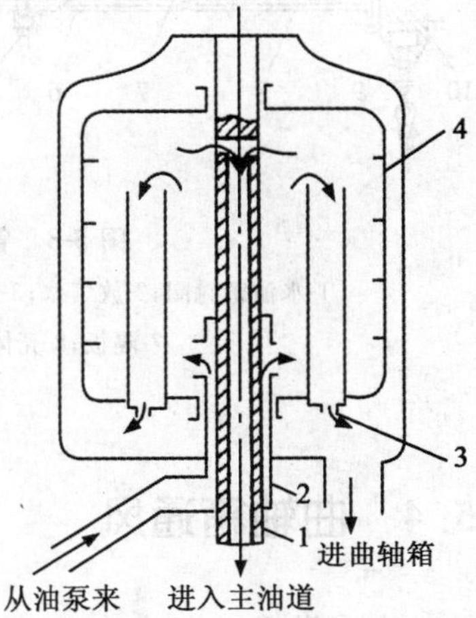

图 5-7 全流式离心滤清器原理图

1-中心管;2-转子轴;3-喷孔;4-转子

多热量及时散出,配置冷却装置。机油的冷却方式分自然冷却、强制冷却和复合冷却。常用的冷却介质有空气和水。

自然冷却是利用油底壳外露表面,通过空气散热。为了增加散热面积,常在油底壳上增加散热片(或筋)。这种方式结构简单,但工作不可靠,散热少,用于小型内燃机。

为了可靠地冷却机油,内燃机常采用强制冷却方式,即配置以空气为冷却介质的机油散热器和以水为冷却介质的机油冷却器。考虑到油底壳在有了强制冷却装置后依然起到自然冷却的作用,两种方式组合为复合冷却方式,这是内燃机上广泛采用的机油冷却形式。

以空气为介质的机油散热器,其结构形式、工作原理与冷却系冷却水散热器相同,详见第 6 章。以水为冷却介质的机油冷却器,目前常用的结构形式有管式和板翅式。

管式机油冷却器如图 5-8 所示,它由壳体 8、芯子 4 和前后盖等组成。冷却器芯子一般用圆形或椭圆形截面的铜管与前后管板采用浸锡焊焊成,冷却水在管内流动,机油在管外流动。为了增强冷却效果,芯子外面隔一定距离装有半圆形隔板 7,机油自进口流入后,受隔板限制需经曲折路线流出出油口。另外,芯子外装有很多散热片 6 以增加冷却面积。

板翅式机油冷却器如图 5-9 所示,常安装在水冷却系散热器与水泵之间的通道口,或安装在气缸体水套中。

板翅式与管式机油冷却器结构紧凑,起动后机油温度上升快,工作温度较稳定,不随外界气温而变化,安装位置较自由,目前使用较多,但对水与油的密封要求高。

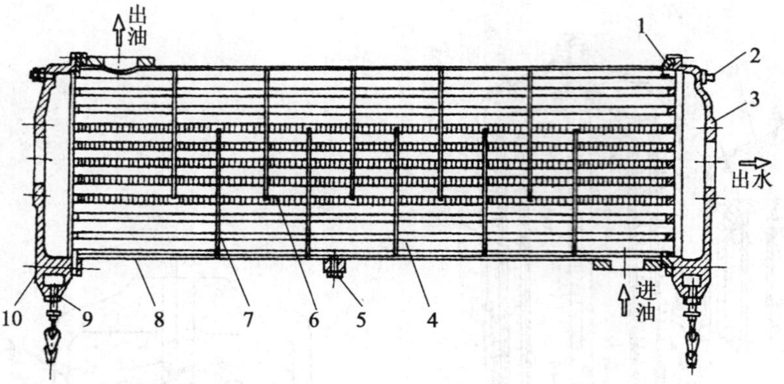

图 5-8 管式机油冷却器

1-水油密封圈；2-放气塞；3-后盖；4-芯子；5-放油塞；6-散热片；7-隔板；8-壳体；9-放气塞；10-前盖

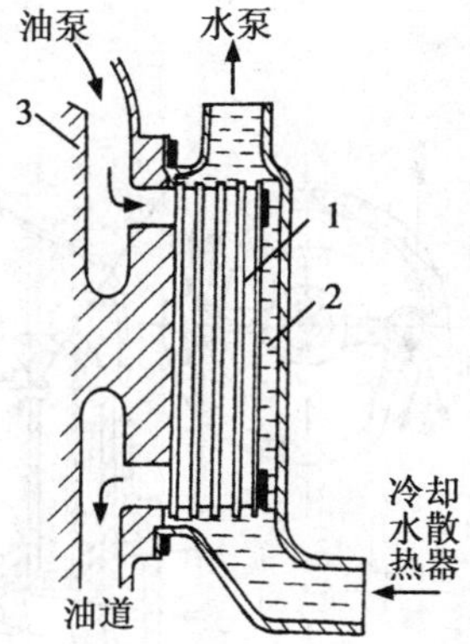

图 5-9 板翅式机油冷却器

1-机油冷却器；2-冷却水；3-机体

5.4 曲轴箱通风

在内燃机工作时，气缸内的气体如可燃混合气和废气不可避免地有少量经活塞环间隙泄漏到曲轴箱，如果没有通风装置及时排出，将会引起以下不良后果：

(1)漏到曲轴箱内的气体有两条去路，一是经机油加油口散发至大气，造成污染；二是气体冷凝后混合在机油中，使机油变稀，性能变坏。

(2)废气内含有水蒸气和二氧化硫。水蒸气凝结在机油中形成泡沫，破坏机油的供给。二氧化硫遇水生成亚硫酸，亚硫酸遇到空气中的氧生成硫酸。机油中渗入酸性物质，将会造成零件腐蚀。

(3)曲轴箱内混入废气和可燃混合气，使之压力升高，造成曲轴箱油封、衬垫处渗漏机油。

为了延长机油使用期限，减少零件的磨损和磨蚀，防止机油渗漏，必须把漏入的废气和可燃混合气抽出来。为了减少 HC 的污染，需采取特殊结构措施把它引回到气缸内，参与燃烧。

曲轴箱通风的方式有两种：自然通风和强制通风。将曲轴箱内气体直接导入到大气中去的方式为自然通风；将曲轴箱内的气体引入空气滤清器或进气管中，然后进入气缸燃烧的方式为强制通风。

自然通风装置又称呼吸器，它一般装在缸盖罩上或装在机油加油口兼作加油口盖，呼吸器内装有过滤元件，防止外界尘土进入曲轴箱，并挡住机油雾逸出。图 5-10 为装于缸盖罩上的呼吸器。

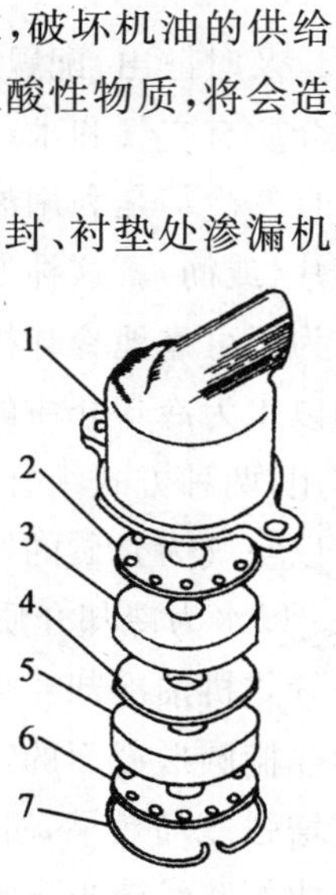

图 5-10 呼吸器

1-呼吸器外壳；2、6-孔板；3、5-填料；4-隔板；7-卡环

图 5-11 是柴油机曲轴箱强制通风装置示意图。曲轴箱的混合气体经油气分离器后，气态物进入进气系统参与燃烧，减少对大气的污染。

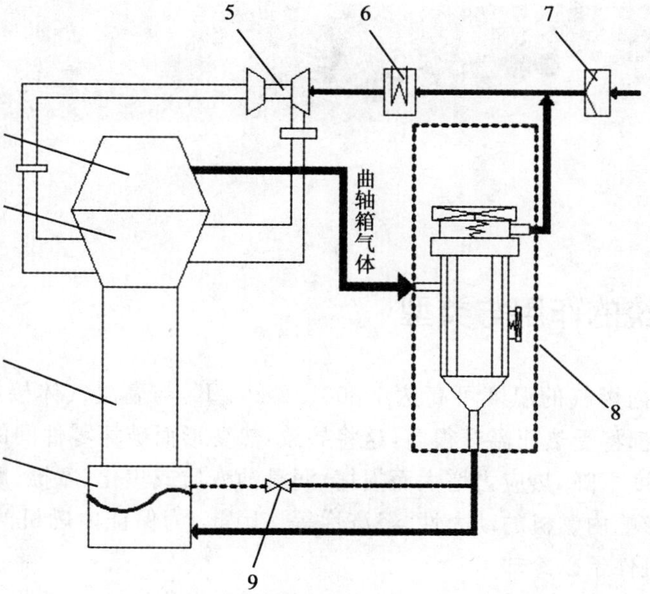

图 5-11　柴油机曲轴箱强制通风装置示意图

1-曲轴箱；2-缸体；3-缸盖；4-缸盖罩；5-增压器；6-中冷器；
7-空滤器；8-油气分离器；9-单向阀

思考题

1. 润滑系的主要作用是什么？
2. 润滑系包括哪些主要部件？
3. 润滑方式有哪些？各用于何种情况？
4. 润滑油如何进行分类？各用于何种柴油机？
5. 柴油机曲轴箱通风装置的作用是什么？

第6章 冷却系统

6.1 冷却系统的作用与类型

燃烧时,气缸内燃气的温度可高达1 800～2 200 K,与高温气体接触的机件(如缸盖、缸套、活塞、气门等)都将受热而温升很高,这将导致:热变形而破坏零件间的正常配合,以致卡死失效;零件机械强度下降,热应力增大而损坏;润滑油变质或焦化,摩擦、磨损加剧;充气效率下降,燃烧不正常,影响内燃机的动力性、经济性等。因此,为保证内燃机的正常工作,必须对高温条件下工作的机件予以冷却。

冷却必须适度,过冷也会引起不良后果:冷却介质带走热量过多,内燃机热效率下降;机油在低温下黏度增加,使运动件之间摩擦阻力增高,输出功率下降;混合气与冷气缸壁接触,使已汽化的燃油又凝结在气缸壁上并流入曲轴箱,这不仅浪费燃料,又稀释了润滑油,加速零件磨损。因此,冷却系的作用是使工作中的内燃机得到适度冷却,从而保证其在最适宜的温度状态下工作。

内燃机冷却系按吸收受热零件热量的冷却介质的不同分为水冷却系和风冷却系,使高温零件的热量直接散入大气而进行冷却的为风冷却系,而使这些热量先传导给水,然后再散入大气的为水冷却系。采用水冷却系时,应使气缸盖内冷却水温度保持在353～363 K之间;采用风冷却系时,铝气缸盖的温度应保持在433～473 K。

6.2 水冷却系统

水冷却系冷却均匀可靠,运转时噪声小,寒冷季节可以采用灌热水的方法来预热,以利于起动,因此,目前在内燃机中应用较广泛。

水冷却系按冷却水在内燃机中循环方法的不同,可分为自然循环冷却和强制循环冷却。

按冷却水是否与大气直接相通,水冷却系又分为开式和闭式。闭式水冷却系中,由于水箱上装有空气-蒸汽阀,阀门关闭时,冷却水与外界大气不直接相通,而是在密闭的系统内循环。

6.2.1 水冷却系统分类

6.2.1.1 自然循环水冷却系统

自然循环冷却是利用水的密度随温度变化的特性,实现水的自然对流循环。优点是结构简单,维修方便。缺点是水循环缓慢,冷却不太均匀,局部可能由于冷却水循环强度不够而产生过热。因需水量较大,要求冷却系的容量较大,故只在小型内燃机上采用。

自然循环冷却分为蒸发式、冷凝器式和热流式三种。

1. 蒸发式水冷却系

图6-1为蒸发式水冷却系示意图。缸盖水套1和缸体水套2与蒸发水箱3相通,内燃机

工作时，水套中的水流经冷却缸体、缸盖后升温，密度减小而上升到蒸发水箱，水箱中温度较低的水下沉进入水套，形成自然热流循环。当水箱中的水温上升到沸点后，液态的水在吸收大量热后成为蒸汽从加水口散到大气中去，保持了整个冷却系统的温度在水的沸点附近。

这种冷却系统结构最简单，常为单缸小型柴油机采用。由于散热是通过水的汽化蒸发实现的，因此工作时冷却水消耗量大，给使用带来不便。

2. 冷凝器式水冷却系

冷凝器式水冷却系克服了蒸发式水冷却系耗水量大的缺点，其构造如图 6-2 所示。

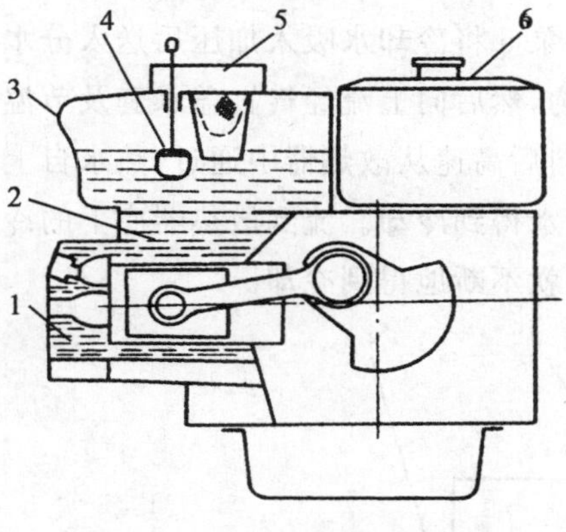

图 6-1 蒸发式水冷却系

1-缸盖水套；2-缸体水套；3-蒸发水箱；4-水面指示器；5-加水口；6-油箱

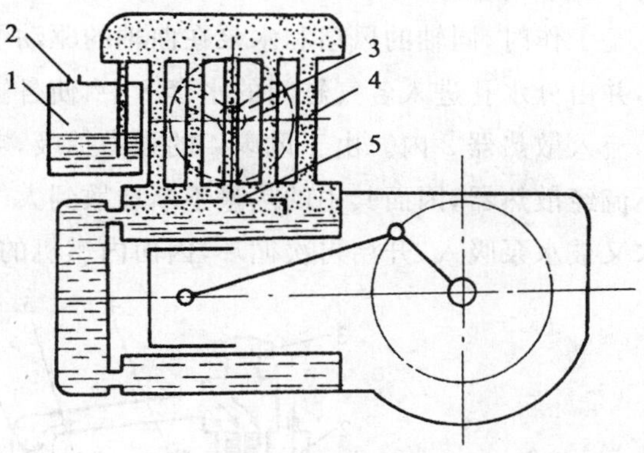

图 6-2 冷凝器式水冷却系

1-小水箱；2-通大气孔；3-风扇；4-冷凝器；5-挡板

该系统增加了挡板 1、冷凝器 2 和风扇 3 等。在这个系统中，冷却水吸收热量而形成的水蒸气充满冷凝器，在风扇气流作用下散热后又冷凝成液态水，去冷却受热零件。开有大小不等圆孔的挡板 1 用于稳定水面。与蒸发式冷却相比可以大大减少水的消耗，但零件增多，成本提高，同时风扇也消耗一部分功率。

3. 热流式水冷却系

如图 6-3 所示，它由上水箱 5、下水箱 7、散热器芯 6、上水管 3、下水管 8 和飞轮风扇 9 等组成。热流式水冷却系的冷却水在冷却高温零件后温度上升、密度减小而向上流动，经上水管 3 进入散热器，将热量散于空气后密度增加，流至下水箱 7，然后再冷却高温零件。水循环是靠温差引起的热对流来实现的。这种冷却系的冷却强度较小，冷却不均匀，当水量减少到上水管 3 以下时即不构成循环，就失去了冷却作用。目前它只在小功率内燃机上采用。

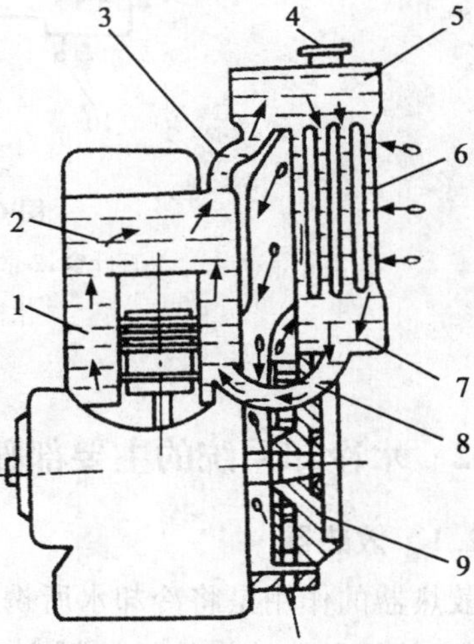

图 6-3 立式 190 型柴油机的热流式水冷却系

1-气缸体水套；2-气缸盖水套；3-上水管；4-水箱盖；5-上水箱；6-散热器芯；7-下水箱；8-下水管；9-飞轮风扇

6.2.1.2 强制循环水冷却系统

强制循环水冷却系如图 6-4 所示。它是利用水泵 5 来提高冷却水的压力,强迫冷却水在机内高温零件与散热器之间循环,热量由散热器散入大气中。这种冷却方式工作可靠,气缸上、下冷却较均匀(温差小),散热效果好,能保证适宜的工作温度,起动时热车较快,因此在内燃机上获得广泛应用。

该冷却系主要由水泵、风扇、散热器、配水管以及各种冷却强度调节装置如节温器、百叶窗、硅油离合器等组成。

工作时,同轴的风扇和水泵在曲轴的驱动下旋转,水泵 5 将冷却水吸入加压后送入分水管 9,并由分水孔进入各气缸间的水套 8 中,使各缸冷却均匀,然后向上流经气缸盖水套及节温器 6,流入散热器 2 内。由于风扇 4 的强力抽吸,空气由前向后高速从散热器中通过,热水自上而下流经散热器,因而其中的热量不断地散到大气中去,使水得到冷却。流到散热器底下的冷却水又被水泵吸入,开始再次循环,因而内燃机的高温零件就不断地得到冷却。

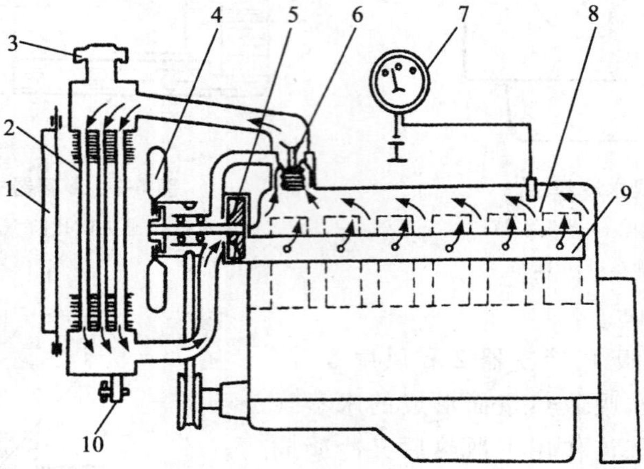

图 6-4 发动机强制循环水冷却系

1-百叶窗;2-散热器;3-散热器盖;4-风扇;5-水泵;6-节温器;
7-水温表;8-水套;9-分水管;10-放水开关

6.2.2 水冷却系统的主要部件

6.2.2.1 散热器

散热器的作用是将冷却水所携带的热量散入大气,以降低其温度。散热器须有足够的散热面积,并用导热性好的材料制造。

散热器的结构如图 6-5 所示,它主要由水箱、散热器芯、水箱盖及水管等组成。散热器芯一般有圆管式、管片式和管带式三种(图 6-6),冷却水在散热芯管内流动,为了增大散热面积和加强散热芯管的强度和刚度,芯管外部焊有多层散热片。管带式散热器芯的散热带上一般开有形似百叶窗的缝孔,以增加气流扰动,提高散热能力。

加水口平时用水箱盖盖住,以防冷却水溅出。但冷却系与大气完全隔绝是不行的,因为冷却水产生的水蒸气积聚在冷却系内,将使冷却系中的气压升高,导致芯管胀裂。所以

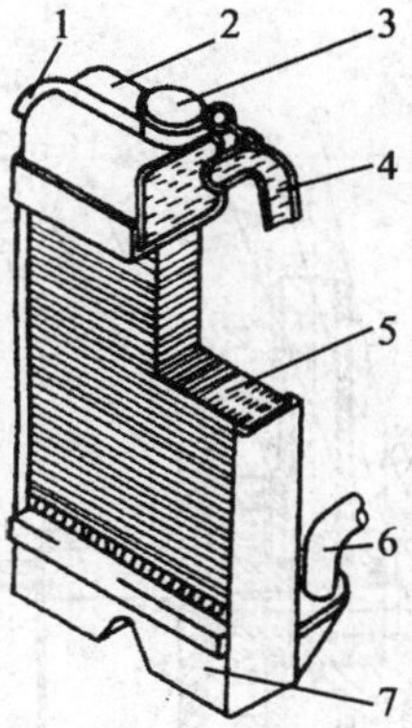

图 6-5　散热器

1-溢出管;2-上水箱;3-水箱盖;4-进水管;
5-散热器芯;6-出水管;7-下水箱

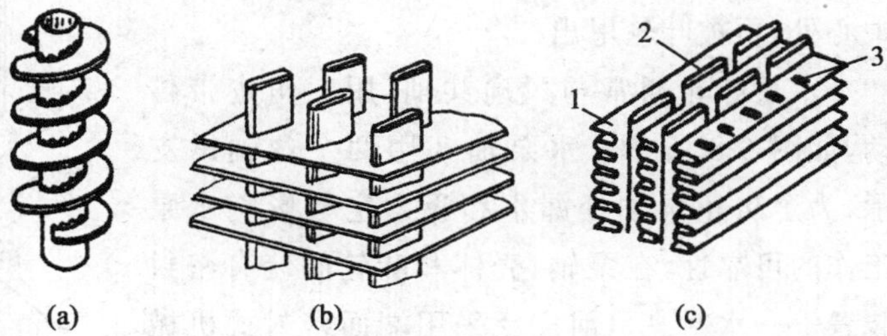

图 6-6　散热器芯

(a)圆管式;(b)管片式;(c)管带式
1-散热带;2-散热芯管;3-缝孔

在加水口处装有溢出管以排出蒸汽和多余水。通过此管经常与大气相通的冷却系称为开式冷却系。

开式冷却系因水蒸气不断排出,耗水量较大,所以多数内燃机都在水箱盖内装空气-蒸汽阀,如图 6-7(a)所示,蒸汽阀 1 与空气阀 3 在其弹簧作用下组成两个单向阀。平时空气-蒸汽阀使冷却系与大气隔开,构成一个封闭系统。当冷却系统蒸汽压力高于大气压 0.025～0.035 MPa 时(冷却水的沸点为 375～381 K),蒸汽阀开启,水蒸气从引出管引出[图 6-7(b)],以免蒸汽压力过高,将散热器胀坏。当水温下降,水蒸气凝结而使冷却系统压力低于大气压 0.01～0.02 MPa 时,空气阀 3 开启,如图 6-7(c)所示,以免散热器被大气压坏。

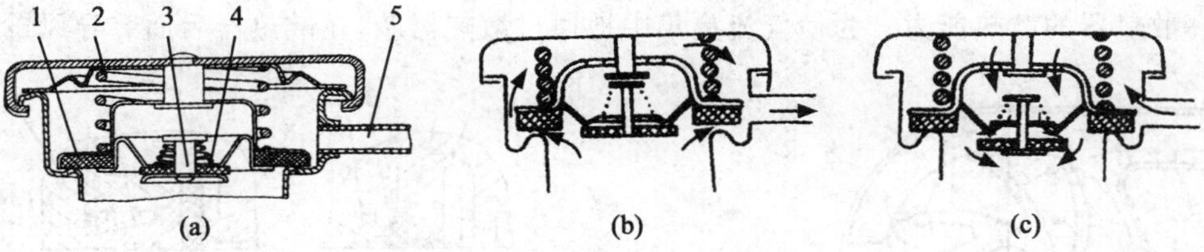

图 6-7　空气-蒸汽阀

(a)结构;(b)蒸汽阀开启;(c)空气阀开启
1-蒸汽阀;2-蒸汽阀弹簧;3-空气阀;4-空气阀弹簧;5-蒸汽引出管

闭式冷却系除可减少冷却水消耗外,由于提高了冷却水的沸点,使工作水温可以适当提高,因而可提高散热器的散热效果,减少气缸磨损,并提高内燃机的燃油经济性。

6.2.2.2　水泵和风扇

水泵和风扇如图 6-8 所示。水泵的作用是强制冷却水在冷却系中循环流动,以保证内燃机可靠地冷却。由于离心式水泵外形尺寸小,结构简单,效率高,流量大,且当水泵因故障停止工作时不妨碍冷却水进行热流循环,因此在内燃机中获得广泛应用。

离心式水泵工作原理如图 6-9 所示,工作时冷却水随着水泵叶轮旋转,在其自身离心惯性力的作用下，水被甩向泵壳边缘并形成一定压力而从出水口排出，因此叶轮中心部分压力降低，散热器下水箱的水便经过水管被吸入叶轮中心处，再被叶轮甩出。

水泵叶轮通常与风扇共轴，用三角皮带传动，如图 6-8 所示。水泵轴 8 用两个球轴承支承，为了防止泵轴处漏水和吸入空气影响水泵工作的可靠性，在泵轴、壳体和叶轮间装有密封装置——水封。目前广泛采用端面密封式机械水封，它通常由与叶轮同转的动环、与泵壳相连的静环以及压紧密封元件等组成，如图 6-10 所示。在压紧元件（通常为弹簧）压力作用下，动环端面与静环端面贴合形成密封面。动环常用夹布胶木、陶瓷或叶轮毂端面［图 6-10(a)］，静环常用浸树脂石墨、橡胶或泵壳［图 6-10(b)］。也有采用石墨陶瓷水封的，如图 6-11 所示。为防止水封漏水进入轴承，在水封与轴承之间开有泄水孔，有些还有甩水圈，如图 6-8 中 9 所示，依靠离心作用把水甩到泵体上，再由泄水孔排到泵体外。

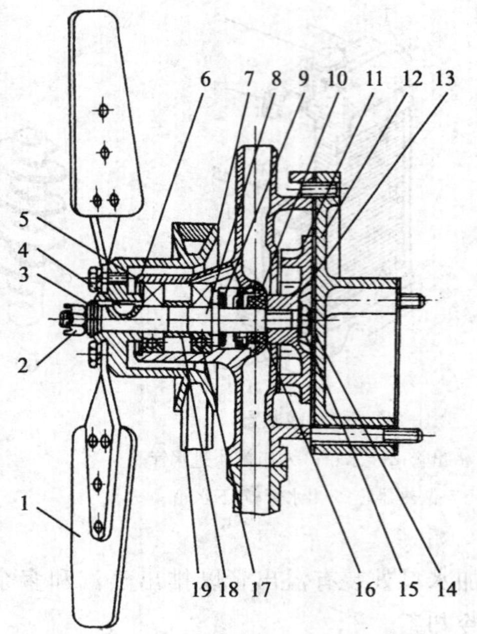

图 6-8 水泵和风扇

1-风扇总成；2-带槽螺母；3-垫圈；4-半月键；5-挡圈；6-水泵体；7-皮带轮；8-水泵轴；9-甩水圈；10-水封总成；11-叶轮；12-水泵座；13-键；14-螺母；15-垫圈；16-调整垫圈；17-轴承；18-定位套；19-三角皮带

风扇的作用是增大流经散热器芯空气的流速，提高散热器的散热能力。为使气流更集中地通过散热器芯，在散热器后面装导风罩。

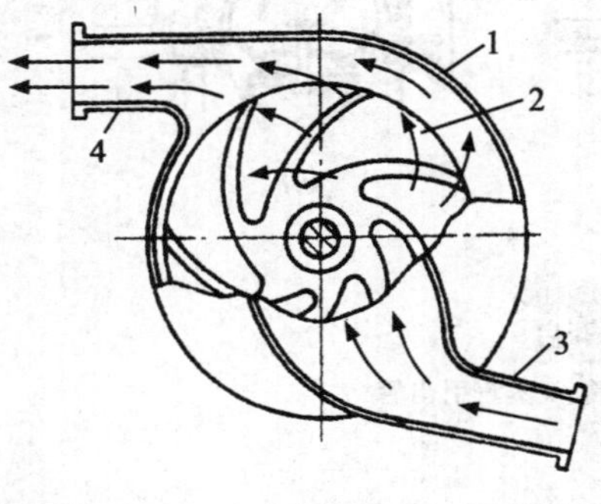

图 6-9 离心式水泵示意图

1-水泵壳体；2-叶轮；3-进水管；4-出水管

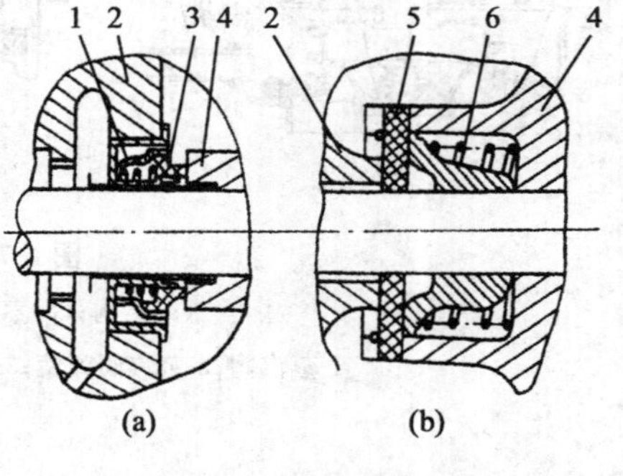

图 6-10 水封结构图

(a)叶轮毂端面为动环；(b)泵壳端面为静环

1-密封胶套；2-泵壳；3-静环；4-叶轮；5-动环；6-弹簧

风扇应有足够的风量和一定的风压，同时要求效率高、消耗功率少和工作噪声小。水冷内燃机多采用结构简单、布置方便、低压头时风量大、效率高的轴流式风扇。它一般装在散热器芯后面，利用吸风来冷却散热器芯。

风扇常和发电机一起由曲轴皮带轮通过三角皮带驱动，通常将发电机的支架做成可移动式的，以便调节皮带的紧度。皮带过松，皮带轮打滑，皮带过紧，将增加轴承的磨损，因此要求皮带必须保持一定紧度，一般以大拇指用一定力（一般 30～50 N）能使皮带产生 10～ 20 mm 挠度为宜，如图 6-12 所示。

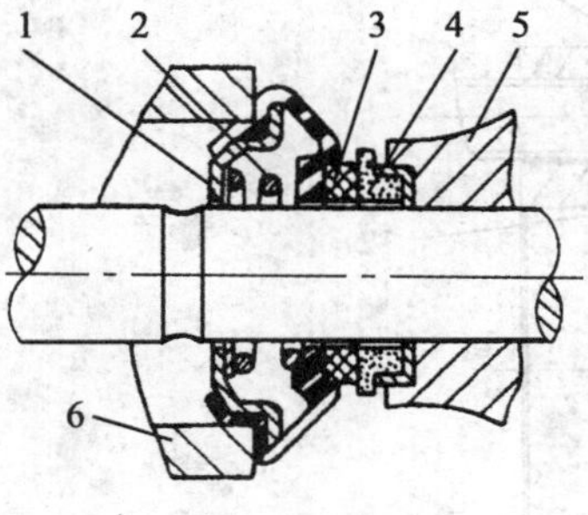

图 6-11 石墨-陶瓷水封

1-弹簧座；2-弹簧；3-石墨静环；4-陶瓷动环；5-叶轮；6-泵壳

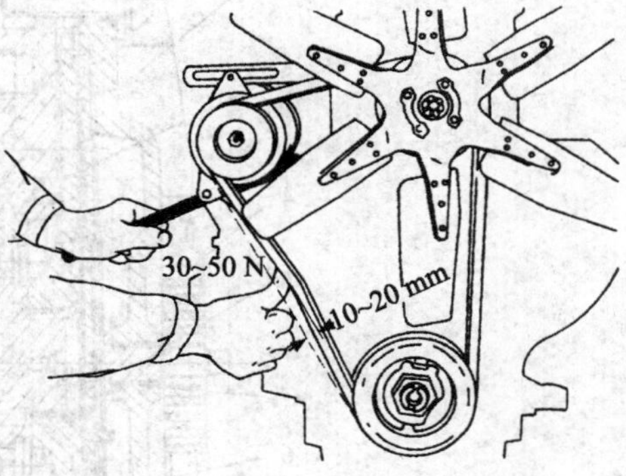

图 6-12 风扇皮带紧度调整

6.2.2.3 冷却强度调节装置

冷却系的散热能力是按照内燃机常用工况和环境温度较高情况下的需要而设计的，但使用条件（如转速、负荷和环境气温等）变化时，就必须能够改变冷却强度，以保证内燃机经常在最有利的温度状况下工作。冷却强度的调节一般通过如下两方面实现。

1. 改变通过散热器的空气流量

对于拖拉机、工程机械内燃机，通常在散热器前装百叶窗或保温帘，通过调节百叶窗或保温帘的开度，控制流过散热器芯的空气流量，必要时可以完全关闭，使冷却水温迅速提高。这种方法简单，但冷却风扇照常工作，白白地消耗内燃机功率。比较合理的方法是通过感温元件，根据内燃机的水温来自动调节风扇转速，以改变风量，这样既控制了内燃机的工作温度，又减少了风扇功率消耗，降低了风扇噪声。

图 6-13 为硅油风扇离合器结构图。它位于散热器后面，由主动部分、从动部分、温度控制元件以及阀门机构等组成。主动部分有主动轴 11 和主动板 7，与皮带轮一起旋转；从动部分有从动板 8、壳体 9、前盖 2 及风扇 15 等。温度控制元件为双金属感温器 4，其外端固定在前盖上，内端卡在阀片轴 5 前端的槽内。阀片轴与阀片 6 一起转动，控制从动板上进油孔 A 的开闭。前盖与从动板之间的空腔为贮油腔，其内装有硅油，从动板 8 与壳体 9 之间的空腔为工作腔。

当内燃机在小负荷下工作时，由于冷却水温较低，则通过散热器吹向感温器 4 的气流温度也不高。进油孔 A 被阀片 6 关闭，硅油不能流入工作腔，工作腔无硅油，离合器处于分离状态，这时主动轴 11 转动，而风扇 15 与离合器壳体 9 在主动轴上空转打滑，转速很低。

内燃机负荷增加，散热器内冷却水温上升，通过散热器的气流温度随之升高。双金属感温器受热变形而带动阀片轴和阀片转动，当吹向感温器的气流温度超过 338 K 时，阀片

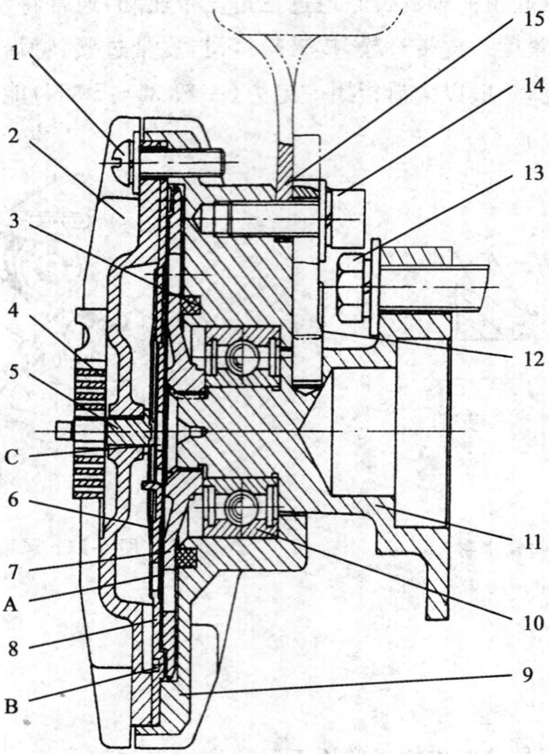

图 6-13 硅油风扇离合器

1-螺钉;2-前盖;3-密封毛毡圈,4-双金属感温器;5-阀片轴;6-阀片;7-主动板;8-从动板;9-壳体;10-轴承;11-主动轴;12-锁止板;13-螺栓;14-圆柱头内六角螺钉;15-风扇

A-进油孔;B-回油孔;C-漏油孔

转到将进油孔 A 打开的位置,于是硅油从贮油腔进入工作腔。由于主动板与从动板和壳体之间的缝隙充入高黏度硅油,主动板利用硅油的黏性,带动壳体和风扇转动,离合器处于接合状态。

进入工作腔内的硅油在高速旋转离心力作用下甩向工作腔边缘,从回油孔 B 流回贮油腔,同时贮油腔的硅油从进油孔补充到工作腔,形成循环,以使工作腔硅油温度不致太高。

当负荷下降,吹向感温器的空气温度低于 308 K 时,阀片将进油孔关闭,工作腔的硅油经回油孔 B 流回贮油腔,离合器处于分离状态。

从动板中心处开有一个直径大于阀片轴孔的漏油孔 C,以防停车后风扇离合器处于静止状态时从阀片轴周围泄漏硅油。

2. 改变通过散热器的冷却水的流量

目前内燃机上常采用的冷却水流量调节装置是节温器(又称调温器),它装在气缸盖出水口处特设的壳体内,如图 6-14 所示。它的工作原理是根据气缸盖出水的温度,自动控制阀门的开启和开启高度,控制通往散热器的冷却水流量,实现冷却强度的调节。目前常采用的节温器有波纹筒式和蜡式,其阀门数有单阀式和双阀式。

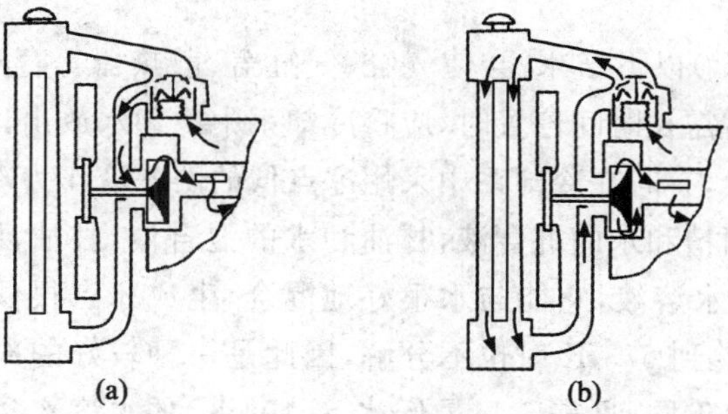

图 6-14　用节温器调节冷却强度实现大小循环示意图

(a)小循环；(b)大循环

图 6-15 所示为单阀蜡式节温器，长条形上支架 12、下支架 13 和阀座 6 铆接在一起，在水道中阀座将水道分成小循环水道和大循环水道，而大循环水道中只有在阀门 5 开启时才有冷却水流动。反推杆 11 固定于上支架中心处，并插于橡胶套 3 的中心孔内，橡胶套与节温器外壳 4 之间空腔内装有特种石蜡。弹簧 1 将阀门 5 压在阀座上。常温时石蜡呈固态，当温度升高时，石蜡逐渐变成液态，其体积膨胀，迫使橡胶套收缩而对反推杆锥状头部产生上推力，固定不动的反推杆将向下的反作用力通过橡胶套作用于节温器外壳 4，当水温为 343 K±2 K 时，反推杆的反作用力即可克服弹簧 1 的预紧力，使阀门 5 开始开启，少部分冷却水进行大循环。当水温达到 353 K±2 K 时，阀门全开，大部分冷却水进行大循环。水温低于 343 K 时，阀门关闭，冷却水进行小循环。

蜡式节温器具有工作可靠、结构简单、坚固耐用、制造方便、容易大量生产、成本低等优点，因此得到广泛的使用。

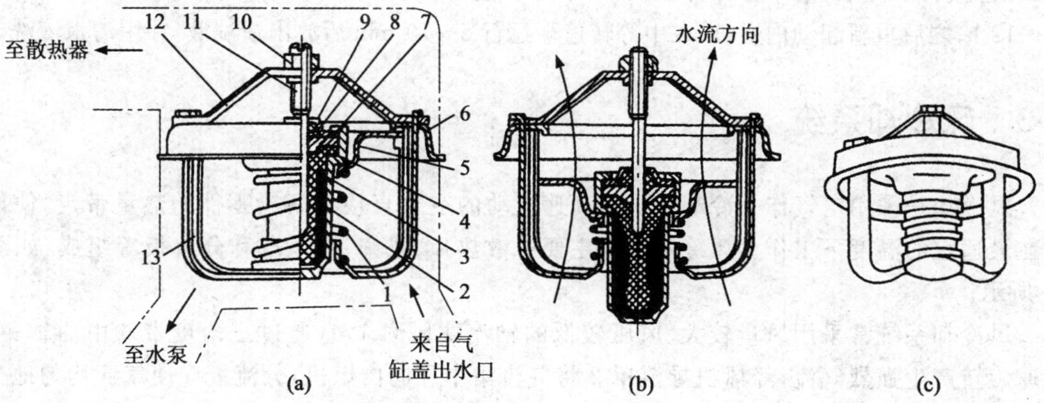

图 6-15　蜡式节温器

(a)关闭位置；(b)开启位置；(c)外形

1-弹簧；2-石蜡；3-橡胶套；4-节温器外壳；5-阀门；6-阀座；7-隔圈；8-密封圈；9-节温器盖；10-螺母；11-反推杆；12-上支架；13-下支架

6.2.2.4 防冻液

由于水在 273 K(0℃)以下结冰,会使气缸、气缸盖、散热器等存水部位胀裂,因此在严寒季节里,内燃机使用完后需长时间停置时,应将冷却系中冷却水放出。为了防止零件胀裂和减少经常放水、加水的麻烦,有时在冷却系中采用冰点低的防冻液作为冷却介质。常用的冷却介质有乙二醇的水溶液,酒精和水的混合液,甘油和水的混合液,甘油、酒精和水的混合液,其中最常使用的是乙二醇的水溶液,它能与水很好地混合,生成冰点很低的液体。高温时性能稳定,沸点达 470 K,而加热到 673 K 时也不分解,因此是一种较好的冷却液。乙二醇水溶液的浓度不同,其冰点温度也不同,见表 6-1,最低冰点(198 K)的水溶液含乙二醇 67.7%。但乙二醇有毒,对人体有很大的危害,严禁吸入口腔。它对金属特别是铝合金有腐蚀作用,对橡胶有破坏作用,可加入规定量的酸性磷酸钠和糊精等作为抗腐蚀剂。由于其沸点在 470 K,在使用时防冻液中的水易蒸发,因此,使用一定时间后要添加水。

表 6-1 乙二醇水溶液防冻液的组成和性质

冰点/K	乙二醇体积分数/%	水体积分数/%
263	26.4	73.6
253	36.4	63.6
243	45.6	54.4
233	52.6	47.4
223	58.0	42.0
213	63.1	36.9

冷却系统内会有水垢沉淀,需加以清除。常用 10 L 水加入 750 g 氢氧化钠和 250 g 煤油配制成清洗液,加满冷却系,起动内燃机,在中等转速下运转 5~10 min,待清洗液热起来后停机 10~12 h,之后重新起动内燃机,在中等转速下运行 5~10 min 后放出清洗液,并用清水清洗。

6.3 风冷却系统

风冷却是采用空气作为冷却介质。高速流动的空气直接将高温零件的热量带走,使内燃机在最适宜的温度下工作。风冷却系统主要由散热片、风扇、导风罩和分流板等组成,如图 6-16 所示。

风冷却系统常采用风量较大、风压较低的轴流式风扇 1,它通过三角皮带 6 由曲轴驱动,高速旋转产生强烈气流,经风机导流罩 2 将气流集中导向内燃机,分流板 5 使气流均匀地分流到各缸,经气缸导风罩 4 排出。气缸体和气缸盖的表面均布满散热片 3,加大了散热面积,增强了冷却效果。V 形风冷内燃机上,轴流式风扇一般布置在内燃机前端两排气缸夹角中间,如图 6-17 所示。

在单缸或双缸小型风冷内燃机上,为简化结构,降低制造成本,常采用离心式风扇,安装在飞轮上或与飞轮铸成一体,称为飞轮风扇。如图 6-18 所示,空气由进风口 1 轴向吸入,从风扇蜗壳 7 流出的气流,由导风罩 4 引向气缸 5 和气缸盖 6 进行冷却。

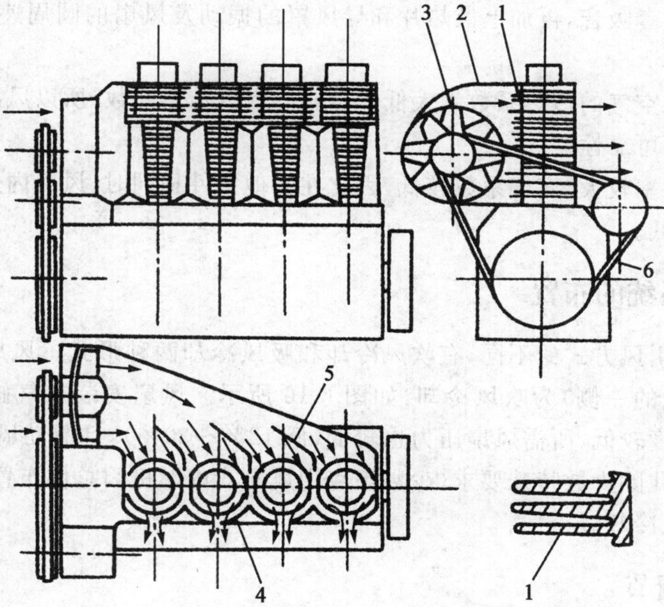

图 6-16 内燃机风冷却系统示意图

1-散热片;2-风机导风罩;3-风扇;4-气缸导风罩;5-分流板;6-三角皮带

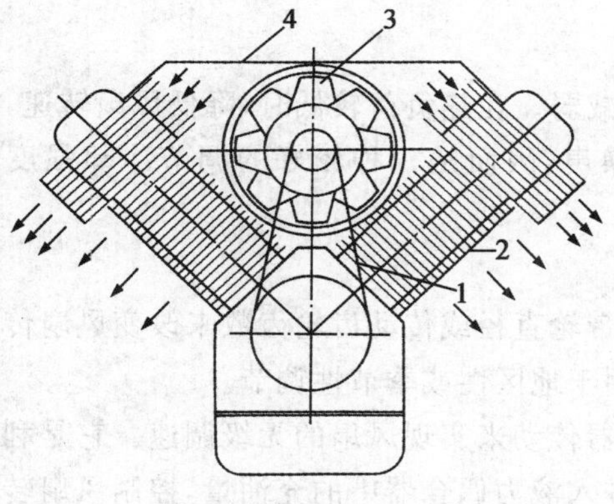

图 6-17 采用轴流式风扇的V形风冷内燃机冷却系示意图

1-三角皮带;2-挡风板;3-轴流式风扇;4-导风罩

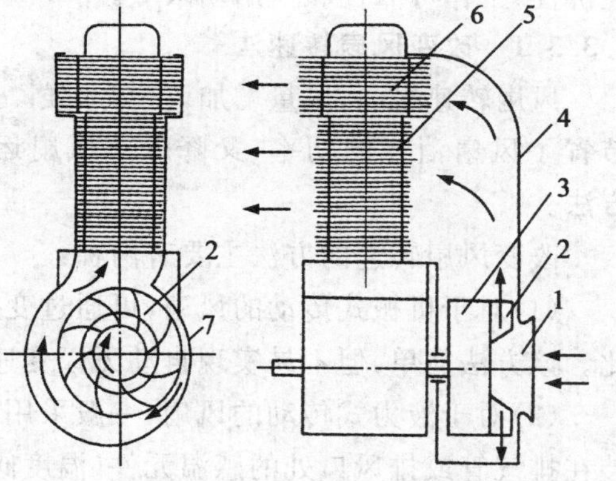

图 6-18 采用离心式风扇的单缸风冷内燃机冷却系示意图

1-进风口;2-离心式风扇;3-飞轮;4-导风罩;5-气缸;6-气缸盖;7-风扇蜗壳

6.3.1 风冷却系统的特点

风冷却系统与水冷却系统比较具有以下特点:

(1)零件少,结构简单,整机质量较小。

(2)不用冷却水,因而无漏水、冰冻、结垢等故障,使用维修比较方便。

(3)对地区环境变化的适应性好,适于缺水地区使用。对于涡轮增压、中冷风冷柴油机,更适于高温、严寒、沙漠、森林、高原等地区使用。

(4)起动时,暖机快,气缸套磨损小。

(5)由于没有水套吸音，再加上散热片和导风罩的振动及风扇的圆周速度高，风冷内燃机运转时噪声较大。

(6)由于金属与空气的传热系数大大低于金属与水的传热系数，所以风冷内燃机的热负荷较高，内燃机工作的可靠性差。

(7)风扇消耗功率较大，充气系数较低，因此在其他条件相同时，风冷内燃机输出的有效功率要比水冷内燃机低。

6.3.2 风冷却系统的布置

风冷却系统按引风方式的不同，有吹风冷却和吸风冷却两种形式。风扇安装在气缸进风侧(即吹进冷却空气的一侧)为吹风冷却，如图 6-16 所示。风扇安装在气缸出风侧为吸风冷却。前者气缸的温度较低，所需风扇压力也较低(低 12%～20%)，且驱动风扇的功率较小(低1.12%～20%)，因此除少数特殊要求(少数坦克用风冷式内燃机因总体布置关系)采用吸风冷却外，通常采用吹风冷却。

6.3.3 风量的调节

完善的风冷却系统应实行冷却风量的调节(在车用内燃机上应用较多)，使内燃机在不同工况及各种环境条件下均能得到合理的冷却，保持并稳定在最合适的热状态，以提高内燃机的经济性、工作可靠性和使用期限等。

6.3.3.1 改变风扇转速法

风扇转速提高，风量增加，冷却加强。反之冷却减弱。在热负荷较低时，降低风扇转速，既节省了风扇消耗的功率，又降低了风扇运转时的噪声，因而是一种较好的调节冷却强度的方法。

改变风扇转速的方法主要有两种：

(1)对于机械式传动的风扇，可通过变换风扇皮带轮直径或传动齿轮齿数来改变风扇传动比。该方法简单，但不易实现自动无级变速。主要用于地区性或季节性调节。

(2)对于液力式传动的风扇，一般采用液力偶合器传动来实现风扇的无级调速。它是利用装在排气管或排风口处的感温元件(温度阀)，控制进入液力偶合器中的充油量，控制风扇转速调节。

液力偶合器构造如图 6-19 所示，其传动风扇进行无级调速的工作原理如下：泵轮 5 由内燃机的动力驱动，由温度阀控制进入泵轮 5 内的充油量。内燃机运转时，驱动轴 2 转动，带动泵轮 5 旋转。涡轮 1 在从泵轴流来的油的动力作用下，以稍低于泵轮的转速随泵轮 5 同向转动。两轮转速差为液力偶合器的滑动量。液力偶合器在温度阀控制下充满油，工作时滑动量约为 3%，没有充油时为 100%。在涡轮 1 上装有从动轴 3，从动轴尾端花键上装有轴流式风扇叶轮，涡轮转动时带动风扇叶轮转动。涡轮与泵轮之间的端间隙为 1 mm，由调整垫块 4 保证。

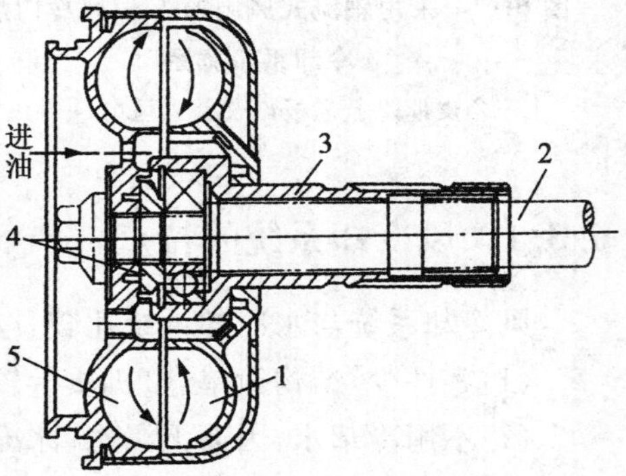

图 6-19 液力偶合器

1-涡轮；2-驱动轴；3-从动轴(风扇驱动轴)；4-调整垫块；5-泵轮

当内燃机负荷较高时，温度阀控制充油量增加，泵轮 5 与涡轮叶片间充油量多，偶合器滑动量减小，风扇转速提高，风量增加，冷却得到加强。反之，当热负荷较低时，涡轮叶片间充油量减少，偶合器滑动量增大，风扇转速降低，风量则相应减少，实现了随内燃机负荷变化，温度改变，风扇转速也随之调节，使之保持在适宜的温度下工作，又能减小风扇功耗，降低噪声，还由于动力是通过液体传递，在内燃机转速突变时，高速旋转的风扇的惯性不会引起传动系统的冲击，避免传动机件损坏，是一种比较理想的调节方法。

6.3.3.2　风量节流控制法

在风扇进风处，或向气缸供风途中，冷却风出风侧设置节流器。当风扇转速保持一定而节流器的开度改变时，改变流经散热片空气的流速，以达到控制内燃机冷却强度的目的。

节流器在风扇进风口常为节流罩盖或百叶窗，而在风扇流通通道内常用节流阀。图 6-20 所示为风扇进口处设置的节流器，其一为节流罩盖滑套在风扇进口，其二为风扇进口装设百叶窗，当调节冷却强度时，由感温元件操纵的拉杆拉动滑套在风扇壳上的罩盖转动一个角度，或拨动风扇进口处的百叶窗窗叶，即可改变进入风扇的空气量。

图 6-21 为在流通通道中设置由感温元件操纵的节流阀，改变冷却气流流通面积来调节冷却强度。

上述方法调节时风扇转速不变，有节流压力损失，不能减小风扇功率，但调节方法简单。

此外调节风量的方法还有旁通阀控制法、变动风扇导叶或动叶角度等方法。

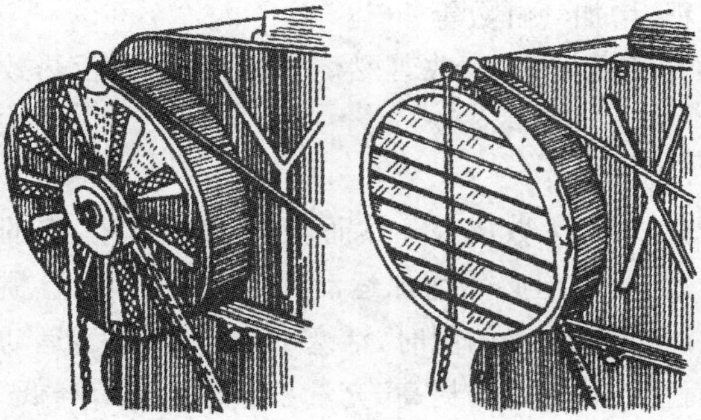

(a)　　(b)

图 6-20　改变风扇进口面积的节流控制装置

(a)节流罩盖；(b)百叶窗

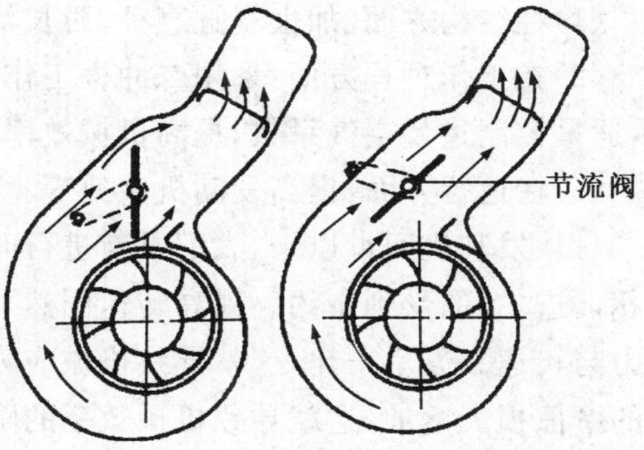

(a)　　(b)

图 6-21　利用节流阀改变流通通道截面积的节流控制装置

(a)冷却强度减小；(b)冷却强度加大

思考题

1. 冷却系的主要作用是什么？
2. 水冷却系统包括哪些部件？
3. 节温器的工作原理是什么？
4. 调节散热强度的装置有哪些？

第7章 发动机增压技术

发动机输出功率的大小主要取决于单位时间内气缸中燃料有效燃烧所放出的热量，而这又受到单位时间吸入气缸内的实际空气量的限制。如果空气能在进入气缸前得到压缩而使密度增大，则同样的气缸工作容积就可以容纳更多的新鲜充量，从而多供给燃料，得到更大的输出功率。这就是增压的基本目的。

发动机的增压问题，涉及增压器本身、增压器与发动机的匹配以及发动机为适应增压需要而进行的必要调整等，本章将围绕上述内容做一简要介绍。

7.1 发动机增压概述

一台性能优良的发动机应该具有比功率大、比质量小、油耗低、排放污染少、操作方便、使用寿命长等特点。如前所述，提高发动机功率有以下途径：

(1)在结构方面：加大气缸直径，延长活塞行程，增加气缸数等；

(2)在工作过程方面：采用二冲程工作过程，提高充量系数，改善燃烧过程，提高指示热效率，适量控制过量空气系数，提高机械效率等；

(3)在运行方面：提高发动机转速等。

自从发动机问世以来，人们不断进行改进研究，取得无数成果。然而，上述诸因素中，有的互相促进，有的受到制约。提高转速固然可以增加功率，但必然增加运动件的惯性力，而且惯性力与转速平方呈正比，这就导致机械应力的增加；转速提高的同时，活塞平均速度增大，运动件的摩擦损失增加，这就导致机械效率的降低；而且随着转速的提高，充量系数也会显著降低。增加气缸数，可以使产品系列化，但必然使结构复杂化。过多地扩大缸径、增加行程会使机器笨重，浪费材料，消耗动力。改善换气质量、提高热效率，对提高发动机功率均有明显的效果，但潜力不大。然而，用增压来提高充量密度，不仅可以将功率提高几成甚至是几倍，同时还可以改善燃烧过程，提高经济性，减少排气中的 HC、CO 及微粒物的排放，降低噪声。因而，增压是发动机技术发展中的一个重要方向。

增压技术萌生于 19 世纪，在 20 世纪初期得到初步应用。随着材料科学及制造技术的进步，柴油机的涡轮增压技术在 20 世纪中叶开始走向大规模商业应用，并逐步推广到汽油机上。目前，大功率柴油机的绝大部分、车用柴油机的半数以上以及相当比例的高性能汽油机均采用了增压技术，增压已成为发动机强化的一个十分重要而有效的技术手段。

7.1.1 发动机增压的基本概念

7.1.1.1 增压压力、增压比及增压度

(1)增压压力是增压器压气机出口压力，用 p_k 表示。它与压气机结构、尺寸、转速及效率等因素有关。

(2)增压比是指标定工况下增压器压气机出口压力 p_k 与进口压力 p_0(一般为大气压力)之比,简称压比,用 π_k 表示,即

$$\pi_k = p_k / p_0 \tag{7-1}$$

增压比是压气机的重要指标。$\pi_k < 1.6$ 称为低增压,相应的发动机平均有效压力 $p_{me} = 0.7 \sim 1.0$ MPa;$\pi_k = 1.6 \sim 2.5$ 为中增压,相应的 $p_{me} = 1.0 \sim 1.5$ MPa;$\pi_k > 2.5$ 为高增压,相应的 p_{me} 在 1.5 MPa 以上;π_k 达 4.5～5.5 为超高增压,相应的 $p_{me} = 2.5 \sim 3.0$ MPa。

车用柴油机多为低增压,部分为中增压;车用汽油机一般采用低增压。

(3)增压度是指标定工况下发动机在增压后输出功率的增加值与原功率之比,用 ϕ 表示,即

$$\phi = \frac{P_{ek} - P_{e0}}{P_{e0}} = \frac{P_{ek}}{P_{e0}} - 1 = \frac{p_{mek}}{p_{me0}} - 1 \tag{7-2}$$

式中:P_{ek}、P_{e0} 分别为增压前、后标定工况的功率,kW;p_{mek}、p_{me0} 分别为增压前、后标定工况的平均有效压力,MPa。

现代四冲程增压柴油机的增压度,高者(船用大型低速四冲程柴油机)可达 300%以上,而多数车用发动机的增压度不高,一般在 10%～60%的范围内,因为车用增压发动机迫切的问题不在于单纯追求高的功率,而是希望在较宽的转速和负荷范围内满足车辆动力性、经济性、排放与成本等多方面的要求。

7.1.1.2 增压中冷与中冷器

随着增压压力的提高,压气机出口气体温度上升,这不仅影响发动机充量的增加,而且使热负荷问题突出起来。将增压空气在进入发动机之前予以冷却,无疑对增加充量密度、降低热负荷有明显的效果。这项技术在外国大、中型载重汽车上已普遍采用。

冷却增压空气的换热设备叫中间冷却器,它将增压空气和冷却介质隔开,两者可顺流,也可逆流或叉流,显然逆流和叉流效果更好一些。冷却介质一般为迎风气流或冷却水。采用发动机本身的冷却水作为中冷器的冷却介质固然结构简单、紧凑,但冷却效果不佳;采用独立水冷却系统使结构庞大而复杂,在汽车上布置困难;而利用冷却风扇或车辆运行过程中所产生的高速气流来冷却增压空气的"空—空"中冷方式,可以获得较好的冷却效果,且布置较为灵活,近年来在车用发动机上应用较多。

7.1.2 增压系统类型

按增压系统的结构形式分类,车用发动机的增压系统有机械增压系统、涡轮增压系统、气波增压系统、组合式增压系统等。

7.1.2.1 机械增压系统

机械增压系统如图 7-1 所示。在机械增压系统中,压气机由发动机曲轴通过齿轮变速箱或其他类型传动装置直接驱动,将气体压缩并送入发动机气缸。可用离心式压气机、罗茨式压气机、螺旋转子式压气机或滑片转子式压气机等。

机械增压系统的优点是:发动机转速的变化可直接导致压气机流量的变化,加速响应性较佳;与涡轮增压系统相比,低速转矩性能较好;对排气系统无干扰,机械增压器与发动机容易匹配,结构也比较紧凑。其主要缺点是:由于驱动增压器需消耗发动机的功率,因此机械损失增

加，燃油消耗率升高。机械增压系统主要用于增压比不高(π_k<1.6)和小排量的发动机。

图 7-1 机械增压系统

1-主动齿轮；2-发动机曲轴；3-皮带轮；4-从动齿轮；5-压气机转子

7.1.2.2 涡轮增压系统

涡轮增压系统原理如图 7-2 所示，发动机排出的具有一定能量的废气进入涡轮机并膨胀作功，推动涡轮机叶轮旋转，并带动与其同轴安装的压气机叶轮工作，将新鲜充量在压气机中压缩后再送入气缸。涡轮增压也称作排气涡轮增压。涡轮机与压气机通常装成一体，称为涡轮增压器，其结构简单，工作可靠。

涡轮增压系统有以下特点：不直接消耗发动机的功率，可以充分利用发动机排气的能量，因此涡轮增压发动机的经济性比机械增压和非增压发动机都好，并可大幅度降低有害气体排放和噪声水平；高速转矩性能优越，但低速转矩性能不佳；增压器结构紧凑，使用中冷器时可进一步提高增压效果。但由于增压器与发动机之间是气动连接，气体流动回路长，故起动性能、加速响应性能变差。

涡轮增压系统的增压压力可达 0.4 MPa，多用于单机功率大于 35 kW 的场合。

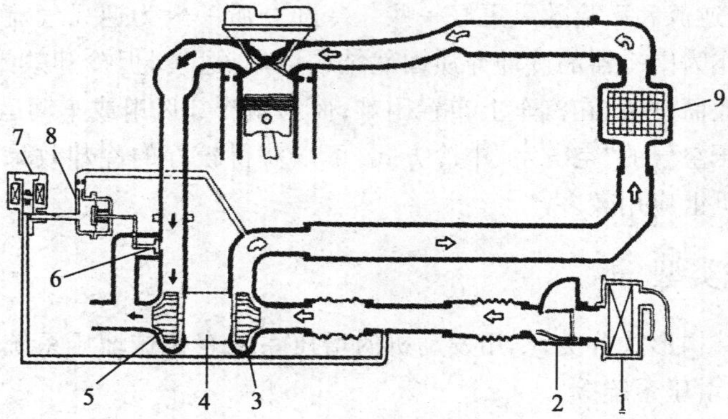

图 7-2 排气涡轮增压系统原理图

1-空气滤清器；2-空气流量计；3-压气机叶轮；4-增压器；5-涡轮机叶轮；

6-排气旁通阀；7-进气旁通阀；8-排气旁通阀控制装置；9-中冷器

7.1.2.3 气波增压系统

气波增压系统如图 7-3 所示。气波增压器是利用气体的压缩波和膨胀波来传递能量的一种增压器，它由一个转子、一个空气定子和一个燃气定子组成，利用转子的外壳将两个定子连接起来。从发动机排出的高压燃气在转子中直接与空气接触，利用高压燃气的脉冲气波迫使空气在互相不混合的情况下受到压缩，从而提高进气压力。空气的压力、温度升高后从空气定子进入发动机气缸。同时，空气对高压燃气产生一个膨胀波，使燃气压力、温度下降，低压燃气从燃气定子排入大气。转子由曲轴通过带轮等传动装置驱动，消耗整机功率的 1.0％～1.5％。

气波增压较涡轮增压有更佳的低速运行特性及经济性和加速性，且结构简单，制造方便，不需要昂贵的耐热合金。但气波增压器的结构尺寸较大，在发动机上的安装位置受到一定限制，同时其噪声也较大，综合效率低，对进气和排气压力较敏感，这些问题尚需进一步研究。

7.1.2.4　组合式增压系统

几种增压方式组合使用，形成组合式增压系统。其中一种是机械增压与涡轮增压相结合的方式，如图 7-4 所示。该系统先由机械增压器将初级增压后的空气输入涡轮增压器中，经两次增压后再进入发动机。这样的组合是为了保证获得起动及低速、低负荷工况所需的增压压力，并可改善低速的转矩特性。这种系统多用于大型二冲程柴油机。

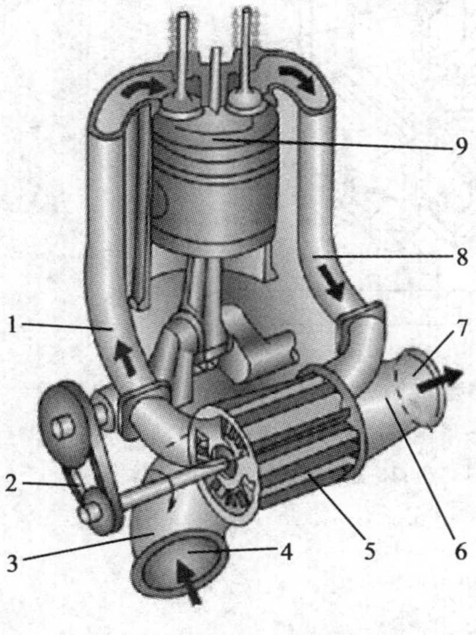

图 7-3　气波增压系统

1-发动机进气管；2-传动带；3-空气定子；4-空气进口；5-气波增压器转子；6-燃气定子；7-废气出口；8-排气管；9-活塞

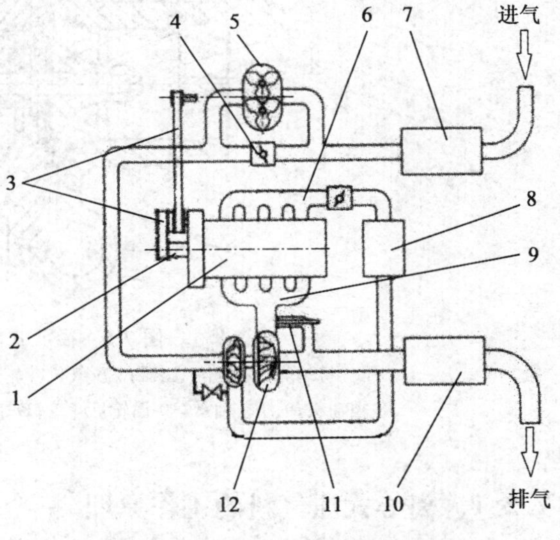

图 7-4　机械增压与涡轮增压组合

1-发动机；2-曲轴；3-动力传递；4-节流阀；5-机械增压器；6-进气管；7-空气滤清器；8-中冷器；9-排气管；10-三元催化器；11-废气旁通阀；12-涡轮增压器

从实际应用的情况来看，较为常见的就是涡轮增压系统和机械增压系统，其中涡轮增压系统占了绝大部分。与其他增压方式相比，涡轮增压的主要优势有：

(1)在发动机不做重大改变、重量体积增加很少的情况下，一般功率可提高 30％～50％，而且容易实现高增压。

(2)由于压气机消耗的是涡轮从废气中回收的一部分能量，再加上相对地减少了机械损失和散热损失，提高了机械效率和热效率，使发动机涡轮增压后油耗率可降低 5％～10％，经济性能有明显提高。

(3)可降低排气噪声和烟度。废气在涡轮中可以实现充分膨胀，排气噪声降低，废气中的有害成分也可减少，因而减少了对环境的污染。

正是涡轮增压的这些突出优点，使其在各种用途的发动机中得到了广泛的应用。

7.2 排气涡轮增压器的基本结构与工作原理

涡轮增压器主要由压气机和涡轮两大部分组成。根据废气在涡轮机中流动方向的不同，涡轮增压器可分为径流式涡轮增压器与轴流式涡轮增压器两类。一般船舶、机车用大型柴油机多采用轴流式涡轮增压器，以满足大流量、高效率的要求；而车用发动机多采用径流式，以适应高转速及较高响应性能的要求。增压器的压气机部分一般都采用单级离心式结构。

图 7-5 所示为一个径流式涡轮增压器的结构图。它由离心式压气机、径流式涡轮两个部分以及支承装置、密封装置、冷却系统、润滑系统所组成。

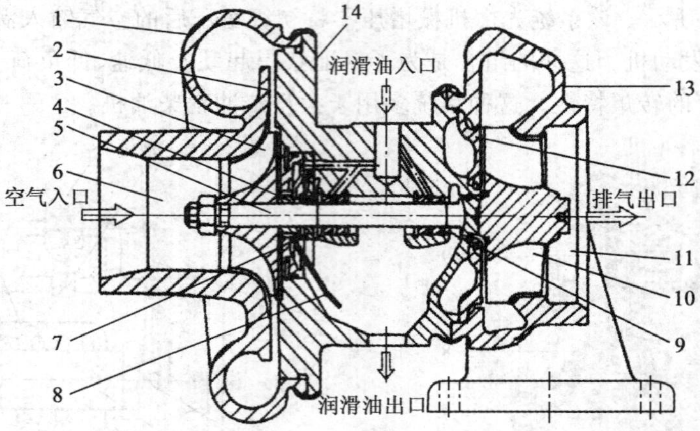

图 7-5 径流式涡轮增压器结构图

1-压气机蜗壳；2-无叶扩压器；3-压气机叶轮；4-密封套；5-增压器轴；6-进气道；7-推力轴承；8-挡油板；9-浮动轴承；10-涡轮机叶轮；11-出气道；12-隔热板；13-涡轮机蜗壳；14-中间体

7.2.1 离心式压气机的工作原理

离心式压气机主要由进气道、叶轮（含导风轮）、扩压管和出气蜗壳等部件组成，如图 7-6 所示。

首先，新鲜充量沿截面收缩的轴向进气道进入叶轮，气流略有加速。然后气流进入叶轮上叶片组成的气流通道。由于工作轮的转速一般为每分钟几万转，有时高达每分钟十几万转，离心力的作用使得新鲜充量得到了很大的压缩，其压力、温度以及气流速度均有较大程度的增加，这部分能量由驱动叶轮的机械功转化而来，而机械功来源于与之同轴相连的涡轮。

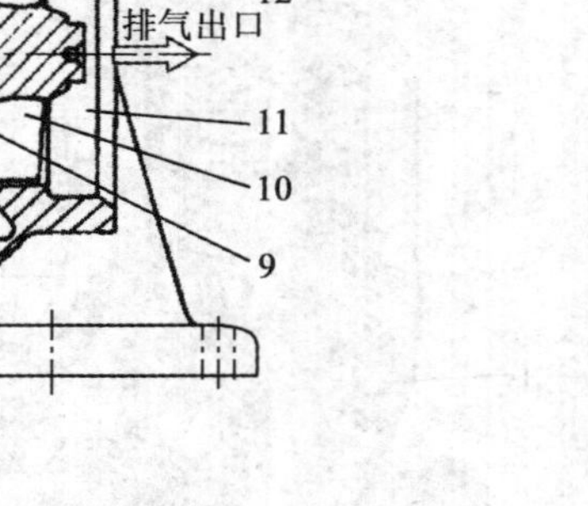

图 7-6 离心式压气机示意图

1-叶片；2-叶轮；3-扩压管；4-蜗壳

随后，压力提高了的气体沿叶轮径向流出，进入扩压管和出气蜗壳。由于两者均是截面逐渐增大的通道，气体所拥有的动能的大部分会在其中转变为压力能，这样，压力得以进一步升高，而气流速度则相应下降。

由此可见，新鲜充量在压气机中完成了一系列的功能转换，并将涡轮机传给压气机叶轮的机械能，尽可能多地转变为进气充量的压力能。

扩压管分为叶片式和无叶式两种。无叶式扩压管实际上就是由蜗壳和中间体侧壁形成的环形空间。无叶式扩压管结构简单，工况变化对压气机效率的影响很小，适合于车用扩压器。叶片式扩压管是由相邻叶片构成的流道，其扩压比大、效率高，但结构复杂，工况的变化对压气机效率有较大的影响。

每一转速下，当空气流量减少到低于某一数值时，压气机的工作便开始不稳定，气流产生强烈的脉动，引起叶轮叶片强烈地振动，并产生很大的噪声，这种不稳定工作现象称为压气机的喘振。除喘振外，压气机中还存在堵塞现象。

7.2.2 径流式涡轮机的结构及工作原理

涡轮机的作用是将排气能量尽可能多地转化为涡轮旋转的机械功。

径流式涡轮机主要由进气蜗壳、喷嘴环、叶轮以及出气道等组成，如图7-7所示。

排气从叶轮转子的外缘由进气蜗壳流入，作功后从涡轮中心轴向流出。进气蜗壳的作用是引导发动机的排气均匀地进入涡轮。

根据增压系统的要求，蜗壳可以有多个进气口。由于发动机的排气具有一定的压力、温度与速度，经进气蜗壳后直接流入喷嘴环中。

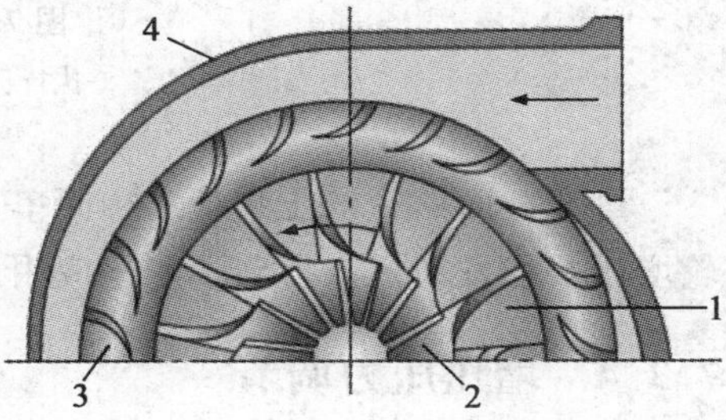

图7-7 径流式涡轮机示意图

1-叶轮；2-叶片；3-喷嘴环；4-蜗壳

喷嘴环是周向均匀安装、带有一定倾角的叶片所组成的多个渐缩通道。与压气机类似，喷嘴环也有叶片式和无叶式两种。

气流流过喷嘴环时，部分压力能转变为动能，气体得到加速而压力、温度下降，且具有很强的方向性，便于均匀有序地流入涡轮机的叶轮。

在叶轮中，气体向心流动，叶轮上叶片之间的通道呈渐缩状，气体在通道中将继续膨胀。气流在叶轮叶片的导向下转弯，由于离心力作用在叶面的凹面上压力得到提高，而在凸面则压力降低，作用在叶片表面压力的合力产生了转矩。

此时，在叶轮出口处的压力、温度以及速度均下降，且出口处的气体速度已经大大小于进口速度，说明废气在喷嘴中膨胀所获得的动能已大部分传给了叶轮。

在排气涡轮的工作过程中，具有一定动能及压力能的排气在喷嘴环通道中仅部分地得到加速，流经叶轮时大部分转变为机械作用来驱动压气机。

7.2.3 可变截面涡轮增压系统(VGT)

VGT技术的核心部分就是可调涡流截面的喷嘴叶片，如图7-8所示，涡轮的外侧增加了一圈可由电子系统控制角度的喷嘴叶片，喷嘴叶片的相对位置是固定的，但是叶片角度可以调整，在系统工作时，排气会顺着喷嘴叶片送至涡轮叶片上，通过调整喷嘴叶片角度，控制流过涡轮叶片的气体的流量和流速，从而控制涡轮的转速。当发动机转速低、排气压力较低的时候，喷嘴叶片打开的角度较小。根据流体力学原理，此时导入涡轮处的排气流速加快，涡轮所受压力增大，推动其转动，有效减小涡轮迟滞的现象，改善了发动机低转速时的响应时间和加速能力。而随着转速的提升和排气压力的增加，逐渐增大喷嘴叶片打开的角度，在全负荷状态下，喷嘴叶片则保持全开的状态，减小了排气背压，提高增压压力。此外，由于改变喷嘴叶片角度能够对涡轮的转速进行有效控制，可以实现对涡轮的过载保护，因此使用了 VGT 技术的涡轮增压器不需要再设置排气泄压阀。

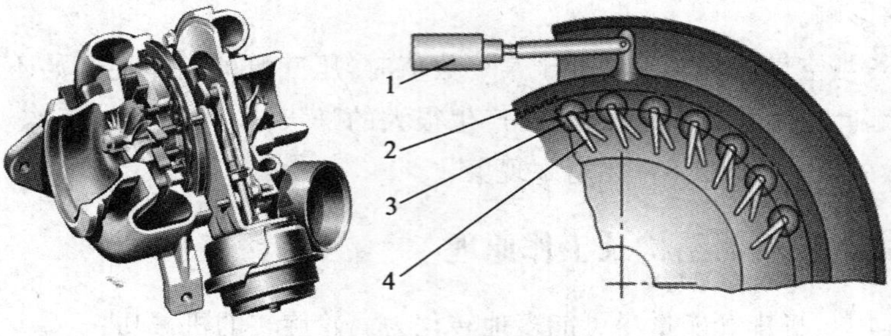

图 7-8 可变截面涡轮增压器

1-执行机构；2-齿圈；3-齿轮；4-喷嘴叶片

可变截面涡轮增压系统结构简单，原理也不复杂，但增压效果非常显著，因此，该技术在涡轮增压柴油发动机上得到了普遍应用。

7.2.4 增压压力调节

涡轮增压系统中一般设有进气旁通阀或排气旁通阀，用以控制增压压力。其原理如下：在使用小尺寸、轻质涡轮时，因其转动惯量小，在发动机较低转速下涡轮就能获得较好的工作转速，产生较大的进气增压压力，提高进气量，有效改善涡轮在低速时的迟滞现象。但在发动机较高转速时则会产生过高的空气压力和流量，导致出现气缸爆发压力过高和增压器超速的现象。为避免上述情况的发生，采用了旁通阀组件，在高速大负荷时，旁通阀门开启，如图 7-9 所示，废气经旁通阀直接进入排气管，放掉一部分废气，保持涡轮转速在正常值，从而控制增压的压力。在车用涡轮增压系统中设置排气旁通阀，是调节增压压力简单、有效、经济的方法。

7.2.4.1 机械控制旁通阀式涡轮增压器的工作原理

发动机低转速下，机械控制旁通阀式涡轮增压器工作原理如图 7-9 所示，当发动机低转速运转时，压气机出口压力较低，旁通阀在回位弹簧的作用下关闭，发动机排出的废气全部通过增压器的涡轮端，从而提高了涡轮的转速，能够产生较大的进气增压压力，提高进气量，改善发动机的低速性能。当发动机高转速运转时，增压后的进气压力超过规定值，增压气体将排气执行器中的膜片 9 顶起，带动旁通阀拉杆移动，打开排气旁通阀门，于是一部分废气不通过增压器的涡轮端，从排气旁通道直接排入大气，使涡轮进口流量减少，压力降低，增压器转速下降，减少增压的压力。

7.2.4.2 电子控制旁通阀式涡轮增压器的工作原理

排气旁通阀的开闭由电控单元 ECU 控制的增压压力控制电磁阀操纵。电控单元 ECU

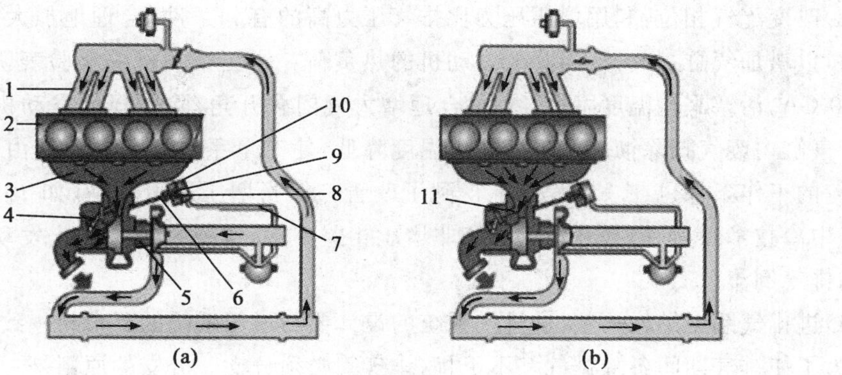

图 7-9 机械控制排气旁通阀式涡轮增压器工作原理

(a)排气旁通阀关闭;(b)排气旁通阀打开

1-进气歧管;2-发动机;3-排气歧管;4-排气旁通阀;5-涡轮增压器;6-连动杆;

7-连通管;8-膜片弹簧;9-膜片;10-控制膜盒;11-排气旁通道

根据发动机的工况,由预存的增压压力脉谱图确定目标增压压力,并与增压压力传感器检测到的实际增压压力进行比较,然后根据其差值来改变控制电磁阀开闭的脉冲信号占空比,以此改变电磁阀的开启时间,控制气动室的气体压力,进而改变排气旁通阀的开度,控制排气旁通量,借以精确地调节增压压力。

7.2.4.3 旁通阀式涡轮增压器的缺点

(1)排气旁通阀打开、排气旁通之后,排气能量的利用率下降,致使在高速大负荷时发动机的燃油经济性变差。

(2)旁通阀式涡轮增压器在低转速时有增压滞后的现象。

(3)当发动机转速提高时,涡轮由于排气会产生排气回压,使排气阻力增加,因此发动机的功率和转矩会受到一定的影响。

7.2.5 增压发动机在结构上的变动

为了适应增压的要求,内燃机的结构和工作参数要进行适当的改动。

(1)减小压缩比,增大过量空气系数:为了降低爆发压力,增压发动机应适当降低压缩比。增压比越高,压缩比降低幅度越大,但过高的降幅会恶化整机的经济性,而且会使起动性能变差。

为了降低发动机的热负荷和改善经济性,增压发动机可适当加大过量空气系数,增压后一般将过量空气系数增大10%~30%。

(2)增大供油量,调整供油系统:为了适应增压后功率增大的要求,需要增加每循环的供油量。对于增压柴油机而言,为了使供油持续时间近似不变,常采用以下方法:增大柱塞直径,增加供油速率(使喷油泵凸轮廓线变陡),提高喷油压力,加大喷孔直径等。提高喷油压力和加大喷孔直径还可以增加喷注的穿透能力,保证在气缸空气密度增大的情况下有足够的射程,适应油束、气流及燃烧室尺寸之间配合的需要。同时,柴油机增压后滞燃期缩短,可以适当减小喷油提前角,以限制最高爆发压力的增长。

(3)改变配气相位:利用增压压力比排气压力高的有利条件,合理地加大配气系统的气门叠开角,以增加气缸扫气,从而降低发动机的热负荷。增压柴油机的实验表明,气门叠开角每增加10°CA,活塞平均温度降低4℃。合理增大气门叠开角,除了降低发动机的热负荷以外,还由于气缸内废气扫除彻底和进气终点温度降低,使充量系数增大。此外由于降低了排气温度,涡轮的工作条件也在一定程度上得到了改善。但当增压压力较高(如 p_k>300 kPa)和采用进气中冷技术后,气门叠开角反而和非增压相差不多,主要是为了防止发动机在低速、低负荷时的排气倒流。

(4)进排气系统结构调整:进排气系统的设计要与增压系统的要求相一致。在脉冲增压系统中,为了使排气期间各缸排气互不干扰,排气管必须分支。分支的原则是一根排气管所连各缸排气不能互相重叠(或重叠很少)。例如,一般四冲程柴油机排气脉冲延续时间为240°CA,这时一根排气管所连接气缸的数目不宜超过3个,同时应该使相邻发火的各缸排气相互隔开,如发火次序为1-5-3-6-2-4的六缸机,就可采用1、2、3缸及4、5、6缸各连一根排气管,每一根管内相邻两缸间的工作夹角为240°CA,与排气脉冲波的持续时间大致相同,排气相互干扰不大。

增压发动机的进气管容积希望尽可能大一些,以减少进气压力的脉动,从而提高压气机效率和改善发动机的性能。

(5)冷却增压空气:将增压器出口空气进行冷却,一方面可以进一步提高发动机进气管内空气的密度,从而提高发动机的功率输出;另一方面也可以降低发动机压缩始点的温度和整个循环的平均温度,从而降低了柴油机的排气温度、热负荷以及 NO_x 排放。实践表明,增压空气每降低10℃,柴油机的循环平均温度可降低25~30℃。在增压比为1.5~2时,供气量可以比不采用增压空气冷却的增压柴油机提高10%~18%。

冷却增压空气尽管是降低热负荷最合理的措施之一,但它只有在增压压力较高时(例如 p_k≥200 kPa)才是合适的。在低增压时没有必要设置中冷器。

思考题

1. 简述涡轮增压发动机的工作过程。
2. 增压方式有哪些?
3. 涡轮增压器是如何调节增压压力的?
4. 可变截面涡轮增压系统是如何工作的?
5. 增压后发动机结构相应有何变化?
6. 现阶段涡轮增压技术在我国拖拉机上的应用情况如何?

第 8 章　拖拉机的电气设备

在拖拉机上使用的电气设备主要包括供电设备、用电设备以及中间装置三部分。供电设备是机载直流电源部分，包括蓄电池、发电机及其电压调节器；用电设备包括起动机、照明灯、信号灯及各种仪表；中间装置包括接线柱、导线、开关和保险装置等。蓄电池及发电机与拖拉机上的各种用电设备构成并联电路，向用电设备供电，如图 8-1 所示。电源及各种用电设备在拖拉机上都采用“单线制”连接，即电源与用电设备之间只用一根导线相连，电源或用电设备的另一端与车架、发动机等金属机体相连（被称为“搭铁”），如图 8-2 所示。任何一个电路中的电流都是从电源的正极出发，经导线流入用电设备后，通过金属车架流回到电源负极而形成回路。这种连接方式可以节省导线，便于安装、维修。我国标准规定拖拉机电器必须采用负极搭铁，即将蓄电池的负极连接到金属车体上。

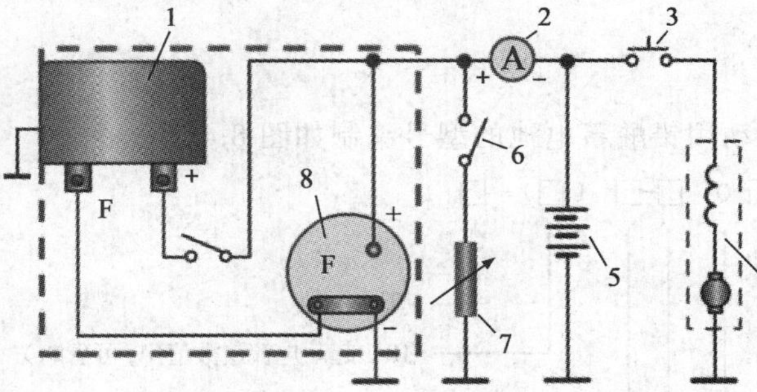

图 8-1　拖拉机电源电路

1-电压调节器；2-电流表；3-起动按钮；4-起动机；
5-蓄电池；6-开关；7-用电设备；8-发电机

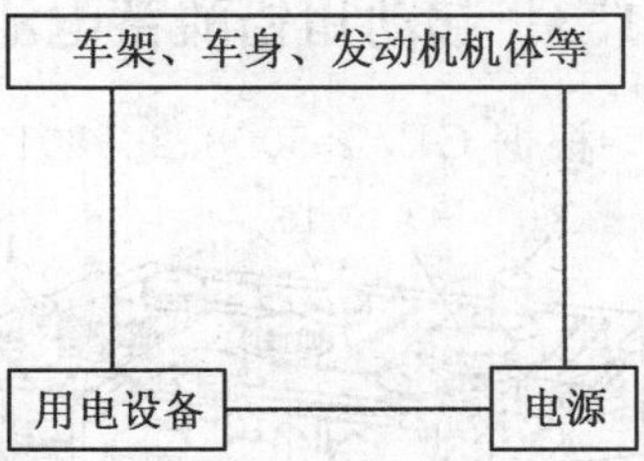

图 8-2　单线制连接方法

8.1　蓄电池

蓄电池是一种可逆的低压直流电源，它既能将化学能转换为电能，也能将电能转换为化学能。蓄电池的种类繁多，按电解液成分的不同分为碱性蓄电池和酸性蓄电池，其中酸性蓄电池的电解液为硫酸，极板活性物质的主要成分为铅，故又称为铅酸蓄电池。

目前在用的铅酸蓄电池主要有普通型、干式荷电型、湿式荷电型、免维护型等类型。干式荷电型蓄电池除具有普通型铅酸蓄电池的全部功能外，其主要特点是蓄电池内部无电解液贮存，极板是干的，且处于荷电状态，新的蓄电池不必经过长时间的初充电即可投入使用。湿式荷电型蓄电池的极板为荷电状态，蓄电池内部有少量的电解液，这些电解液中的大部分被极板和隔板吸收并储存起来。免维护型蓄电池的电解液由制造厂一次性加注，并密封在壳体内，因此电解液不会泄漏，不会腐蚀接线柱和机体，在使用中不需要添加蒸馏水，无须保养与维护。

8.1.1 铅酸蓄电池的作用

装在拖拉机上的蓄电池主要用来起动发动机，故又称为起动型铅酸蓄电池，简称蓄电池，俗称“电瓶”。具体来说，蓄电池具有以下作用：

(1)起动时供给起动机低压大电流。在发动机起动时，蓄电池必须能够为起动机提供200～600 A 的电流，有些大功率柴油机起动机的起动电流高达 1 000 A，且要持续 5 s 以上；在发电机发生故障不能工作时，蓄电池的容量应能维持拖拉机行驶一定的时间。所以要求拖拉机用蓄电池有尽可能小的内阻以及足够大的容量。

(2)起动后发电机输出电压不足(低速运行)或停止工作时，向用电设备供电。

(3)拖拉机短时耗电量超过发电机工作能力时，协助发电机供电。

(4)蓄电池电压低于发电机时，将发电机剩余电能转化为化学能储存起来。

(5)蓄电池相当于一个大电容器，能吸收电路中出现的瞬时过电压，稳定电气系统的电压。

8.1.2 铅酸蓄电池的结构

普通铅酸蓄电池由正极板、负极板、隔板、电解液、外壳、极桩等组成，如图 8-3 所示。

8.1.3 起动用铅酸蓄电池型号

根据 GB/T 5008.2—2013 的规定，起动用铅酸蓄电池的型号编制如图 8-4 所示。

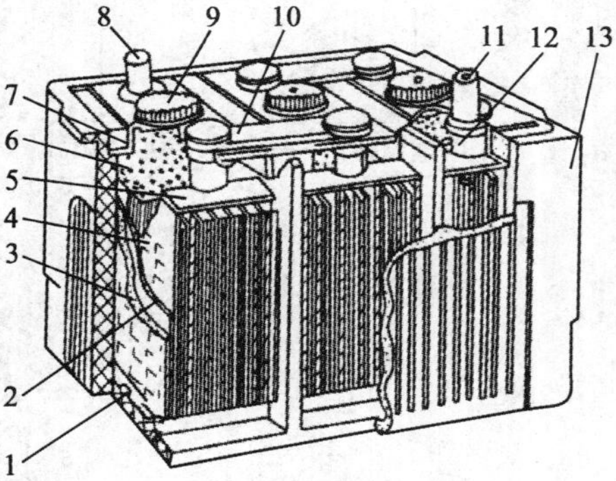

图 8-3 普通铅酸蓄电池

1-肋条；2-隔板；3-正极板；4-负极板；5-横板；6-防护板；7-封口料；8-负极桩；9-加液口；10-联条；11-正极桩；12-极桩衬套；13-蓄电池外壳

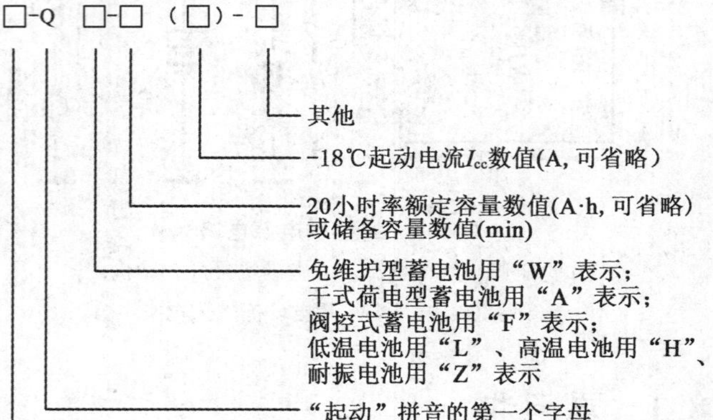

图 8-4 起动用铅酸蓄电池的型号编制

例如，6 个单体串联、额定容量为 100 A·h 的免维护、低温耐振、－18℃起动电流为650 A 的蓄电池，其型号为 6-QWLZ-100(650)。

8.1.4 铅酸蓄电池的性能参数

(1)蓄电池电压：铅酸蓄电池的电动势与电解液的相对密度和电解液的温度有关。根据蓄电池工作状况的不同，蓄电池端电压包括开路电压、放电电压和充电电压。发动机未工作时测量到的蓄电池电压为开路电压。对铅酸蓄电池来说，开路电压可以粗略地表示出蓄电池的充电状态。发动机起动时测量到的蓄电池电压为放电电压。发动机工作时测量到的蓄电池电压为充电电压。

(2)蓄电池容量：蓄电池容量是指蓄电池在规定条件下放出的电量，用符号 C 表示，常用的单位为安时(A·h)。蓄电池的容量是标志蓄电池对外放电能力、衡量蓄电池性能优劣以及选用蓄电池的重要指标，其值为以设定的电流放电至设定的电压所经历的时间和设定电流的乘积。

蓄电池容量的影响因素主要有放电电流、电解液温度、电解液相对密度和极板构造等。放电电流大时，极板表面活性物质的孔隙很快被生成的 $PbSO_4$ 所堵塞，使极板内层的活性物质不能参加化学反应，蓄电池容量减小。电解液的温度降低，则容量减小，这是因为温度降低后，电解液的黏度增加，渗入极板内部困难，同时内阻增大、蓄电池端电压下降所致。适当增加电解液的相对密度，可以提高蓄电池的电动势和容量，但相对密度过大又将导致黏度增加和内阻增大，反而使容量减小。极板有效面积越大，片数越多，极板越薄，蓄电池的容量也越大。

(3)内阻：电流通过电池内部时受到的阻力称为电池的内阻。内阻会使电池的端电压降低。

电池的内阻不是常数，在充放电过程中随时间不断变化，因为活性物质的组成、电解液相对密度和温度都在不断变化。

(4)低温起动能力：低温起动能力是指蓄电池完全充电后 1～5 h 内，将蓄电池放入温度为 −18℃±1℃ 的低温箱或低温室内至少 20 h 或当中间单体蓄电池电解液温度达到 −18℃±1℃时，蓄电池在低温室内或从低温箱取出后 1 min 内，以起动电流放电，分别在 5 s 和 60 s 时测得的蓄电池端电压。规定这两个测量值分别不低于 9 V 和 8.4 V 时为合格。

8.2 交流发电机

拖拉机用发电机是在发动机的驱动下将机械能转变为电能的装置。交流发电机是拖拉机的主要电源，它与电压调节器互相配合，对起动机外的所有用电设备供电，并向蓄电池充电。与直流发电机相比，交流发电机具有体积小、重量轻、结构简单、维修方便、寿命长、发动机低速时充电性好、配用的调节器结构简单、产生的无线电信号干扰弱、能节省大量铜材等优点，因此，目前在拖拉机上采用的发电机几乎都是交流发电机。这种交流发电机产生的交流电通过二极管进行整流后输出直流电，由于整流二极管是硅材料的，所以也称为硅整流交流发电机。

硅整流交流发电机按总体结构形式可分为普通式、整体式、无刷式、永磁式交流发电机。整体式交流发电机指内装电子电压调节器的交流发电机，无刷式交流发电机指无电刷和滑环结构的交流发电机，永磁式交流发电机指转子磁极采用永磁材料的交流发电机。

硅整流交流发电机也可以按励磁绕组搭铁方式不同，分为内搭铁交流发电机和外搭铁交流发电机(图 8-5)。内搭铁交流发电机是指将发电机励磁绕组的一端通过发电机外壳直接搭铁,而另一端通过电压调节器与电源相连接的交流发电机。外搭铁交流发电机是指将励磁绕组的一端通过电压调节器搭铁,而另一端直接接电源的交流发电机,采用电子电压调节器的发电机多数都是外搭铁型的。

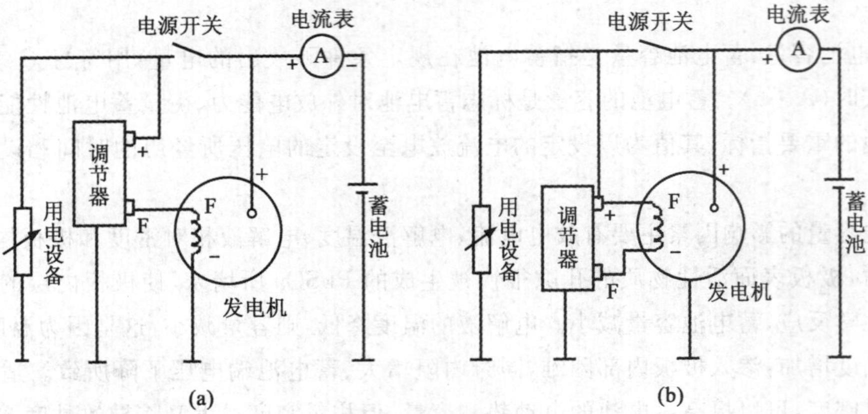

图 8-5 交流发电机励磁绕组搭铁方式

(a)内搭铁式;(b)外搭铁式

8.2.1 硅整流交流发电机的结构

硅整流交流发电机由一台三相同步交流发电机和硅二极管整流器组成,发电机工作时产生的三相交流电通过整流器进行三相桥式全波整流后转变为直流电。硅整流交流发电机结构按其类型的不同而异,普通式与整体式的交流发电机在结构上大同小异,都是由转子、定子、整流器、端盖、风扇叶轮等组成的,图 8-6 是 JF132 型交流发电机的解体图。

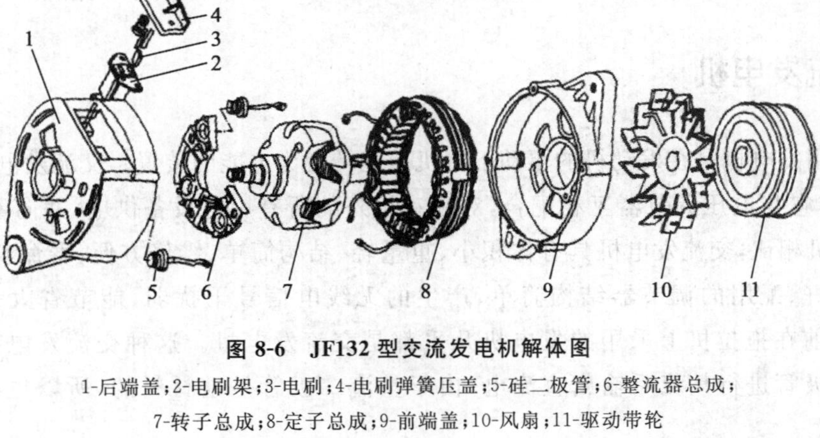

图 8-6 JF132 型交流发电机解体图

1-后端盖;2-电刷架;3-电刷;4-电刷弹簧压盖;5-硅二极管;6-整流器总成;

7-转子总成;8-定子总成;9-前端盖;10-风扇;11-驱动带轮

转子的结构如图 8-7 所示,它由压装在转子轴上的两块爪形磁极、装在这两块磁极之间的励磁绕组和磁轭以及压装在转子轴上的两个滑环(这两个滑环彼此绝缘并与轴绝缘)组成。励磁绕组的两端分别焊接在这两个滑环上。两个电刷装在与端盖绝缘的电刷架内,通过弹簧力使其与滑环保持接触。转子的作用是在发电机工作时建立磁场。

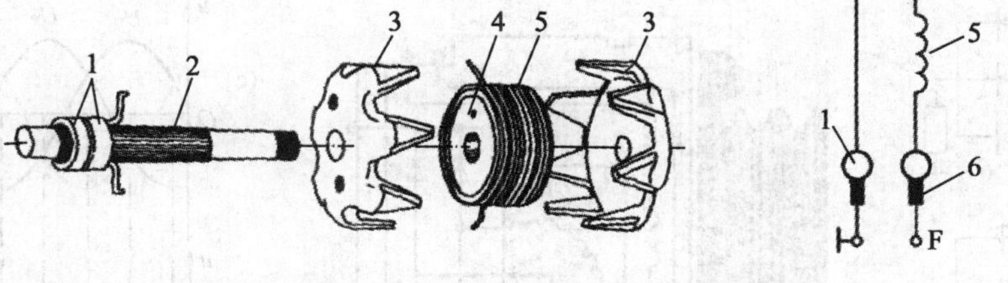

图 8-7　交流发电机转子分解图及电路连接

1-滑环；2-转子轴；3-爪极；4-磁轭；5-励磁绕组；6-电刷

8.2.2　硅整流交流发电机的工作原理

8.2.2.1　交流发电机发电原理

如图 8-8 所示，当发电机工作时，通过电刷和滑环给励磁绕组通入直流电，励磁绕组中就有电流通过，并产生轴向磁通，将转子轴及其上安装的两块爪形磁极磁化，其中一块爪极被磁化成 N 极，另一块爪极被磁化成 S 极，从而形成数对相互交错的磁极，当转子转动时就形成了旋转的磁场。磁场切割定子绕组，在三相定子绕组中感应出三相交流电。转子每转一周，定子的每相绕组上就能产生周期个数等于磁极对数的交流电动势。交流发电机输出电压的大小与发电机的转速及励磁绕组产生的磁通量呈正比。

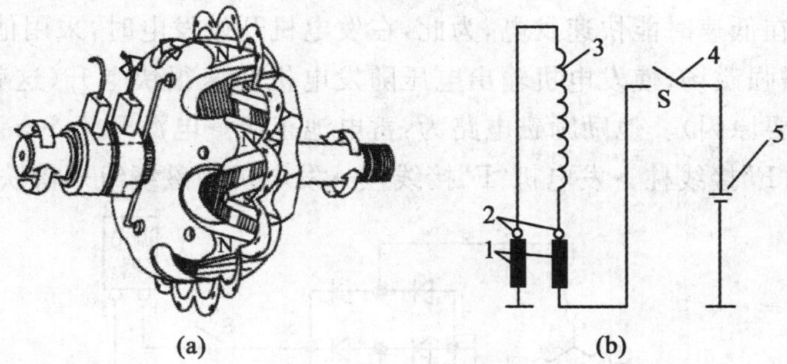

图 8-8　交流发电机转子磁场的磁力线分布与磁场电路原理

(a)磁场的磁力线分布；(b)磁场电路原理

1-电刷；2-滑环；3-励磁绕组；4-电源开关；5-蓄电池

8.2.2.2　交流发电机整流原理

因为二极管具有单向导通性，因此如图 8-9(a)所示，当 3 只二极管负极端连接在一起时，正极端电位最高者导通；当 3 只二极管正极端连接在一起时，负极端电位最低者导通。

采用 6 只整流二极管组成图 8-9(b)所示的三相桥式整流电路时，在每个时刻都有 2 只二极管同时导通，同时导通的两只管子总是将发电机的电压加在负荷的两端。这样，交流发电机三相绕组产生的图 8-9(c)所示的电压波形就被整流成图 8-9(d)所示的比较平稳的直流电压。

定子绕组为星形连接时，三相绕组的公共结点称为中性点。从三相绕组的中性点引一根导线到发电机外，标记为“N”。N 点电压称为中性点电压。中性点电压的瞬时值是一个三次谐波电压，平均值为发电机输出电压(平均值)的一半。带有中性点接线柱的发电机，可用中性点电压来控制各种用途的继电器工作，同时还可以提高发电机功率。

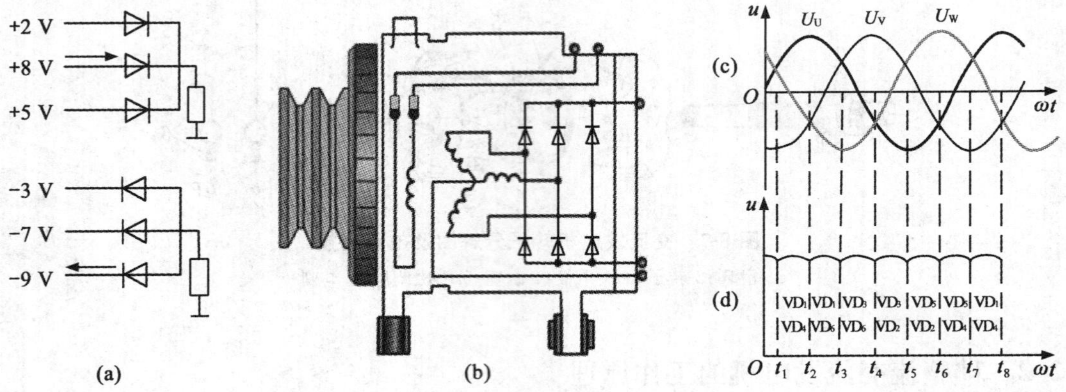

图 8-9 交流发电机整流原理

(a)整流二极管导通分析；(b)交流发电机内部整流电路；
(c)三相绕组电压波形；(d)整流后发电机输出波形

8.2.2.3 交流发电机的励磁方式

除了永磁式交流发电机不需要励磁外，其他形式的交流发电机都必须给励磁绕组通电才会有磁场产生而发电。将电流引入到励磁绕组使之产生磁场称为励磁。拖拉机用交流发电机的励磁方法与一般工业用交流发电机一样，有他励和自励两种方式，如图 8-10 所示。拖拉机用交流发电机要求在低速时能快速发电，为此，在发电机开始发电时，采用他励方式，即由蓄电池提供励磁电流，增强磁场，使发电机输出电压随发电机转速很快上升(这就是交流发电机低速充电性能好的主要原因)。他励励磁电路为：蓄电池正极→电源开关 S→调节器“＋”接线柱→调节器→调节器“F”接线柱→发电机“F”接线柱→发电机励磁绕组→搭铁。

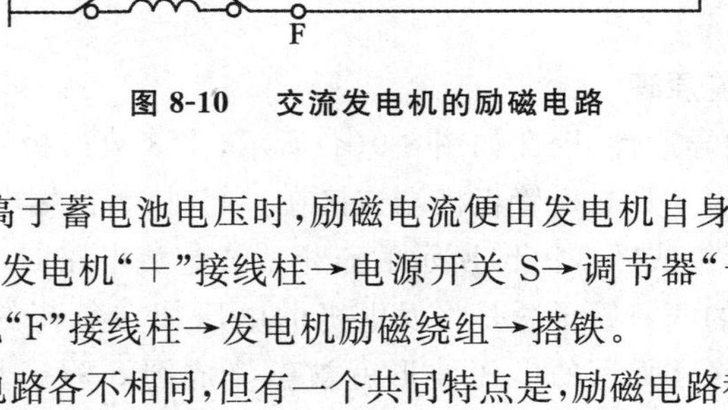

图 8-10 交流发电机的励磁电路

当发电机输出电压高于蓄电池电压时，励磁电流便由发电机自身供给，这种励磁方式称为自励。自励励磁电路为：发电机“＋”接线柱→电源开关 S→调节器“＋”接线柱→调节器→调节器“F”接线柱→发电机“F”接线柱→发电机励磁绕组→搭铁。

不同发电机的励磁电路各不相同，但有一个共同特点是，励磁电路都必须由电源开关控制。

8.2.3 交流发电机电压调节器

装在拖拉机上的发电机是由发动机曲轴通过风扇皮带驱动旋转的。由于发动机工作时的转速在很宽的范围内变化，发电机的转速也随之变化。交流发电机定子绕组的阻抗与其转速呈正比，转速越高，定子绕组的阻抗越大，发电机的内压降越大。因此，当转速升到某一定值以后，交流发电机的输出电流就不再随转速的升高和负载电阻的减小而继续增大，可见，交流发电机自身具有限制输出电流的能力（又被称为自我保护能力），不需要配用限流器。

交流发电机的输出电压与其转速呈正比，随发动机转速在很宽的范围内变化。而拖拉机用电设备的工作电压和对蓄电池的充电电压是恒定的，一般为 12、24 V。为此，要求在发动机工作时发电机的输出电压必须保持恒定，以便保证用电设备和蓄电池能正常工作。因此，拖拉机用交流发电机必须配用电压调节器稳定其输出电压。

8.2.3.1 电压调节器的调压原理

交流发电机输出电压的大小与其转速及磁场强度成正比。对于拖拉机用交流发电机来说，它是由发动机曲轴通过风扇皮带驱动旋转的，其转速是不可控的，因此限制交流发电机的输出电压只能通过调节磁场磁通来实现。又因磁场磁通与励磁电流呈正比，因此，交流发电机的电压调节一般是通过控制励磁电流的大小来实现的。当发电机转速升高时，电压调节器减小交流发电机励磁电流来减小磁通，使发电机的输出电压保持不变；当发电机的转速降低时，电压调节器增大发电机的励磁电流来增加磁通，使发电机的输出电压保持不变，一般为 13.5～14.5 V 或 13.8～14.8 V。

8.2.3.2 电压调节器的类型

电压调节器有触点式、晶体管式、集成电路式、电脑控制式等类型。

触点式电压调节器以发电机的转速为基础，通过改变触点的开闭时间，改变励磁电流，维持发电机电压的恒定。晶体管调节器与集成电路调节器则利用大功率三极管的导通和截止，接通和断开磁场电路，来改变磁场电流大小。发动机电脑控制调节器是一种新型调节器，由电负载检测仪测量系统总负载后，向发动机电脑发送信号，然后由发动机电脑控制发电机电压调节器，适时地接通和断开磁场电路，既能可靠地保证电器系统正常工作，使蓄电池充电充足，又能减轻发动机负荷，提高燃料经济性。

晶体管调节器与集成电路调节器都属于电子电压调节器，它们的工作原理完全一样，区别是晶体管电压调节器采用分立元器件制造，而集成电路调节器将电路中的若干元件集成在同一基片上，制成一个独立的、不可分割的电子电路，即集成电路，实现了调节器的小型化。集成电路调节器可装在发电机内部，构成整体式交流发电机，减少了外接线，缩小了整个充电系统的体积，并且冷却效果得到了改善，目前应用广泛。以下是电子调节器的基本电路介绍，实际电路要复杂得多，但工作原理可用基本电路工作原理去理解。

图 8-11 左侧是晶体管电压调节器的基本电路，由三只电阻 R_1、R_2、R_3，两只三极管 VT_1、VT_2，一只稳压二极管 VS 和一只二极管 VD 组成。该调节器共有“B”、“F”和“E”三个接线柱，其中“B”接线柱经电源开关 SW 与发电机的“B”接线柱连接，“F”接线柱与发电机的“F”接线柱连接，“E”接线柱搭铁。

稳压管 VS 是感受元件，串联在 VT_1 的基极电路中，并通过 VT_1 的发射极并联于分压电阻 R_1 的两端，以感受发电机的输出电压；电压 U_{R_1} 加在稳压管 VS 上，R_1 的阻值是这样确定的：当发电机输出电压 U_B 达到规定的调整值时，电压 U_{R_1} 正好等于稳压管 VS 的反向击穿电压。VD 是续流二极管，当磁场绕组由接通转为断开状态时（F 端为＋，B 端为－），经二极管 VD 构成放电回路，防止三极管 VT_2 被击穿损坏。VT_1、VT_2 接成复合管，提高放大倍数。

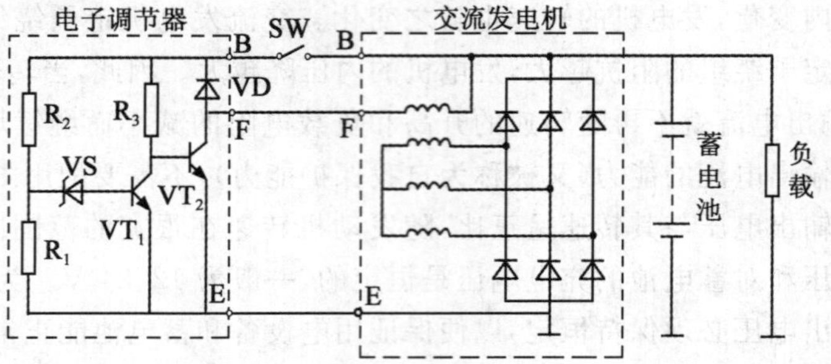

图 8-11 晶体管电压调节器电路原理图

图 8-11 所示电压调节器的工作过程如下：

(1)电源开关 SW 刚接通时，发动机不转，发电机不发电，蓄电池电压加在分压电阻 R_1、R_2 上，此时因 U_{R_1} 较低，不能使稳压管 VS 反向击穿，VT_1 截止，得 VT_2 导通，发电机磁场电路接通，此时由蓄电池供给磁场电流。随着发动机的起动，发电机转速升高，发电机他励发电，电压上升。

(2)当发电机电压升高到大于蓄电池电压时，发电机自励发电并开始对蓄电池充电，如果此时发电机输出电压 U_B 小于调节器调节上限 U_{B_2}，VT_1 继续截止，VT_2 继续导通，但此时的磁场电流由发电机供给，发电机电压随转速升高而迅速升高。

(3)当发电机电压升高到调节上限 U_{B_2} 时，VS 导通，VT_1 导通，VT_2 截止，发电机磁场电路被切断，由于磁场被断路，磁通下降，发电机输出电压下降。

(4)当发电机电压下降到调节下限 U_{B_1} 时，VS 截止，VT_1 截止，VT_2 重新导通，磁场电路重新被接通，发电机电压上升。

上述过程周而复始，结果使发电机输出电压 U_B 被控制在一定范围内。

可见，在发动机工作时，由电阻 R_1、R_2组成的分压器感受发电机电压的变化，利用稳压管和晶体三极管的开关作用控制发电机励磁电路的通断，调节发电机的励磁电流和磁极磁通，保持发电机电压恒定。

8.3 起动电动机

8.3.1 起动系统的组成

要使发动机由静止状态过渡到运转状态，必须先用外力转动发动机的曲轴，使气缸内形成可燃混合气并燃烧膨胀，工作循环才能自动进行。从外力开始转动曲轴到发动机能自行运转的全过程称发动机的起动。完成起动所需要的装置称起动装置。起动装置包括驱动装置和辅助装置。

8.3.1.1 起动方式

转动曲轴使发动机起动的方式很多，根据内燃机用途、功率大小、结构形式的不同，有人力起动、汽油机起动、电动机起动等。人力起动最为简单，只需将起动手摇柄端头的横销嵌入发动机曲轴前端的起动爪内，以人力转动曲轴。这种方法结构简单，工作可靠，但劳动强度大，主要用于小型内燃机。汽油机起动专用于功率较大的柴油机，主机需设有减压机构，现已很少采用。电动机起动是用电动机作为机械动力，当将电动机轴上的齿轮与发动机飞轮周缘的齿圈啮合时，动力就传到飞轮和曲轴，使之旋转。电动机本身又用蓄电池作为电源。这种方法结构紧凑，起动迅速可靠，操作方便，能远距离操纵，但不能长时间拖动。目前拖拉机上广泛运用这种方式。

8.3.1.2　起动系统驱动装置的组成

起动系的驱动装置如图 8-12 所示，由蓄电池、起动开关、连接电缆、起动电动机、飞轮等组成。起动时，接通起动开关，起动机将蓄电池的电能转化为机械能，通过起动机小齿轮带动发动机飞轮齿圈使曲轴转动，完成发动机的起动。

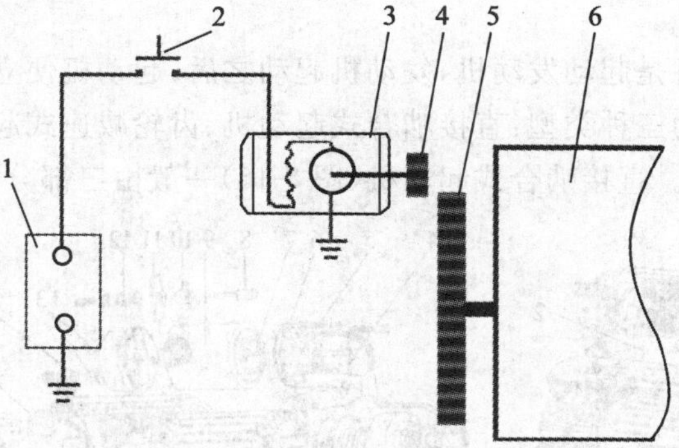

图 8-12　起动系驱动装置的组成

1-蓄电池；2-起动开关；3-起动机；4-起动机驱动齿轮；5-发动机飞轮及齿圈；6-发动机

8.3.1.3　起动辅助装置

柴油机在严寒冬季起动困难，这是由于润滑油、润滑脂黏度增加甚至凝固，起动阻力剧增；蓄电池能量减小，达不到起动转速；柴油黏度增加，蒸发性差，雾化不良，混合气形成不好；压缩终了时缸内温度、压力下降，混合气着火困难的缘故。为此，常采取预热机油，保温蓄电池，冷却系加注热水，采用电热塞、进气预热器等措施改善起动性能，使起动轻便、迅速、可靠。

电热塞一般装在采用涡流室式或预燃室式燃烧室的发动机中，以便在起动时对燃烧室内的空气进行预热。其结构如图 8-13 所示，螺旋形的电热丝一端焊于中心螺杆上，另一端焊在耐高温不锈钢发热钢套底部，在钢套内装有具有一定绝缘性能、导热好、耐高温的氧化铝填充剂。各电热塞中心螺杆用导线并联，并连接到蓄电池上。在发动机起动以前，先用专用的开关接通电热塞电路，很快红热的发热钢套使气缸内空气温度升高，从而提高了压缩终了时的空气温度，使喷入气缸的柴油容易着火。

进气预热器常用在中、小功率柴油机上。如图 8-14 所示，空心阀体由膨胀系数较大的

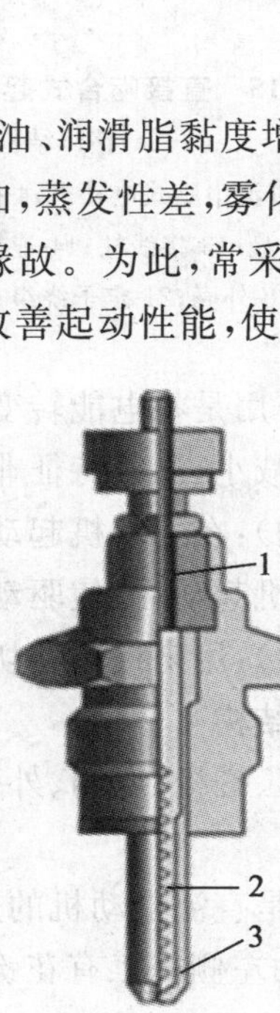

图 8-13　电热塞

1-中心螺杆；2-电热丝；
3-发热钢套

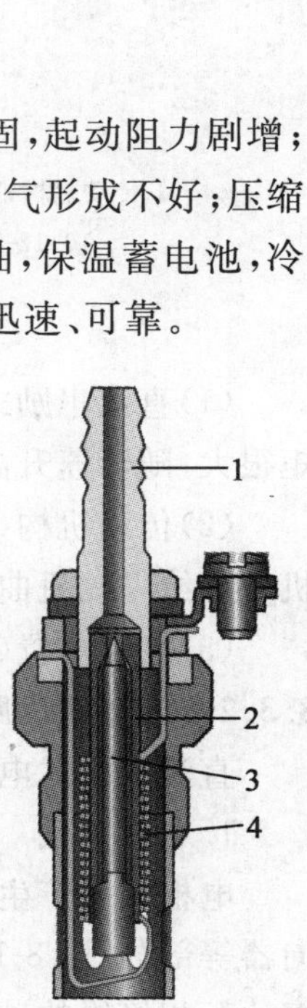

图 8-14　进气预热器

1-进油管接头；2-阀体；
3-阀芯；4-电热丝

金属材料制成，其一端与进油管接头相连，另一端有内螺纹与一端带有外螺纹的阀芯相连。阀芯的锥形端在预热器不工作时将油管接头的进油口堵塞。阀体外绕有外表面绝缘的电热丝。柴油机起动时，接通预热器电路后，电热丝发热，同时加热阀体，阀体受热伸长，带动阀芯移动，使阀芯的锥形端离开进油孔，燃油流进阀体内腔受热汽化，从阀体的内腔喷出，并被炽热的电热丝点燃生成火焰喷入进气管，使进气得以预热。当关闭预热开关时，电路切断，电热丝变冷，阀体冷却收缩，其锥形端又堵住进油孔而截止燃油的流入，于是火焰熄灭，预热停止。

8.3.2 起动电动机

起动电动机的作用就是起动发动机，发动机起动之后，起动机便立即停止工作。根据起动机结构的不同可将其分为三种类型：直接啮合式起动机、齿轮减速式起动机、永磁式起动机（起动机磁极采用永磁材料）。直接啮合式起动机（图 8-15）一般由三部分组成。

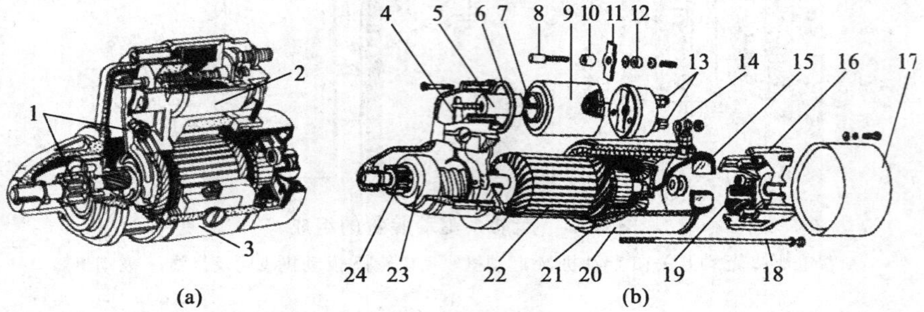

图 8-15 直接啮合式起动机整体结构图及分解图

(a)整体结构图；(b)分解图

1-传动机构；2-电磁开关；3-直流串励式电动机；4-拨叉；5-活动铁芯；6-垫圈；7-弹簧；8-顶杆；9-线圈体；10、12-绝缘垫；11-接触盘；13-接线柱；14-连接铜片；15-电刷；16-端盖；17-防护罩；18-穿钉；19-搭铁电刷；20-外壳；21-定子绕组；22-电枢；23-单向离合器；24-驱动齿轮

(1)直流串励式电动机：作用是将电能转变为机械能，产生起动转矩。其特点是低速时转矩很大，随转速升高转矩逐渐减小，这一特征非常适合发动机起动的要求。

(2)传动机构（或啮合机构）：在发动机起动时，使起动机驱动齿轮啮入飞轮齿圈，传递起动机转矩给发动机曲轴；在发动机起动后，使驱动齿轮打滑，与飞轮齿圈自动脱开。

(3)控制装置（即电磁开关）：用来接通和切断起动机与蓄电池之间的电路。

8.3.2.1 直流串励式电动机结构

直流串励式电动机由电枢、磁极、电刷、外壳等组成。

1. 电枢总成

电枢用来产生电磁转矩，是直流电动机的旋转部分，包括电枢轴、电枢铁芯、电枢绕组、换向器等部分（图 8-16）。电枢轴左侧加工有花键，右侧固定有电枢铁芯和换向器。电枢铁芯由多片互相绝缘的硅钢片叠成，外围开有线槽放电枢绕组。为了获得足够的转矩，通过电枢绕组的电流一般很大（柴油机可达 1 000 A），因此电枢绕组一般采用较粗的矩形裸铜线绕制而成。为了防止短路，铜线之间用绝缘纸或绝缘漆隔开。换向器（图 8-17）由铜质换向片和云母片叠压而成。电枢绕组各线圈的端头均焊接在换向片上。换向器云母片的高度要略低于铜质换向片的高度，为了避免电刷磨损的粉末落入换向片之间造成短路，起动机换向片间的云母的高度一般不能过低。

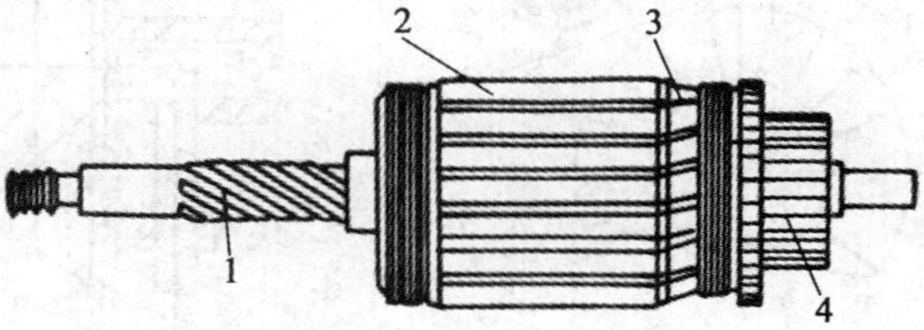

图 8-16 电枢总成

1-电枢轴；2-电枢铁芯；3-电枢绕组；4-换向器

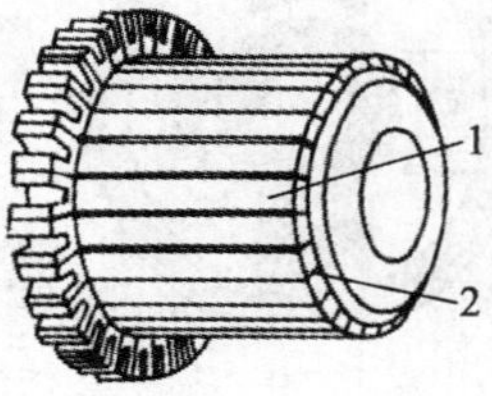

图 8-17 换向器

1-铜质换向片；2-云母片

2.磁极

励磁部分由磁极、励磁绕组和外壳等组成，如图 8-18 所示。磁极由低碳钢板制成，其内端部扩大为极掌形。通常每个起动机内都装有两对磁极，这两对磁极相对交错安装在电动机定子内壳上，磁极上绕有励磁绕组。4 个励磁绕组形成两对磁极，并两两相对。

对于串激式直流电动机，4 个励磁绕组可互相串联后再与电枢绕组串联，也可两两串联后并联再与电枢绕组串联，如图 8-19 所示。这样，通过换向器和电刷就可以将蓄电池的电流经励磁绕组传递给电枢绕组，在定子与转子铁芯内形成磁路，如图 8-20 所示。

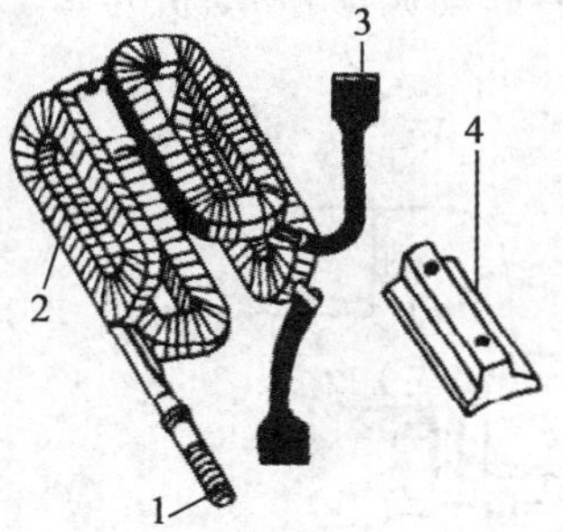

图 8-18 励磁绕组和磁极

1-接线柱；2-励磁绕组；3-电刷；4-磁极

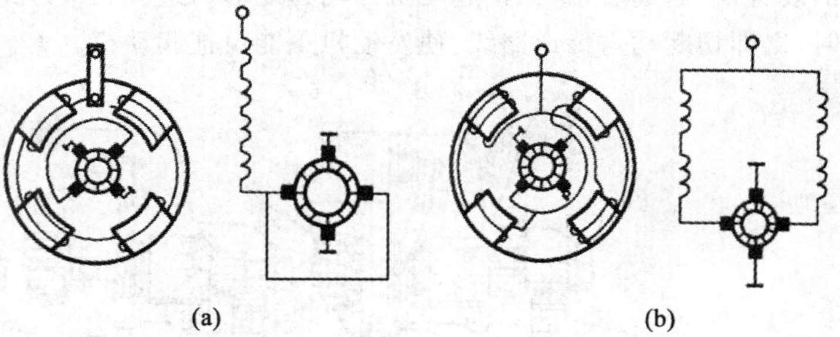

图 8-19 电枢绕组与励磁绕组的连接

(a)励磁绕组串联；(b)励磁绕组串、并联

3.电刷和电刷架

起动机内一般装有 4 个电刷，如图 8-21 所示，电刷装在电刷架中，用来将电源电压加在与换向器连接的电枢绕组上。电刷一般用 80% 铜粉(有利于减小电阻，增强导电性，增加耐磨性)和 20% 石墨粉(增加润滑性)压制而成，呈棕红色。电刷架一般为框式结构，其中正极刷架与端盖绝缘，负极刷架通过机壳直接搭铁。正电刷(绝缘电刷)与励磁绕组的末端相连，负电刷(搭铁电刷)通过负极刷架搭铁。刷架上装有弹性较好的盘形弹簧，使得电刷紧压在换向器上。

4.外壳

起动机外壳由低碳钢卷制而成，或由铸铁铸造而成。在外壳中部有一个与壳体绝缘的电流输入接线柱，并在内部与励磁绕组的一端相连。

端盖分前、后两个，前端盖由钢板压制而成，后端盖由灰口铸铁浇制而成。前、后端盖均压

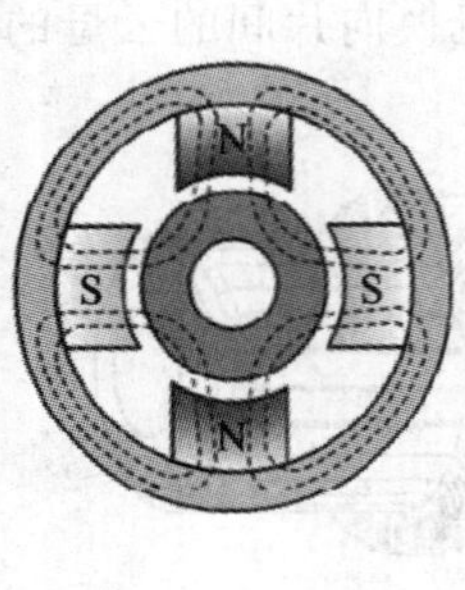

图 8-20 磁路

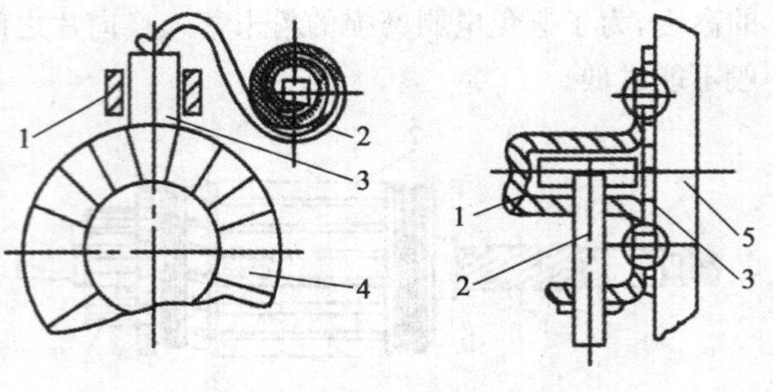

图 8-21 电刷与电刷架

1-框式电刷架；2-盘形弹簧；3-电刷；4-换向器；5-前端盖

装有青铜石墨轴承套或铁基含油轴承套，外围有 2 个或 4 个组装螺孔。电刷装在后端盖内，前端盖上有拨叉座，盖口有凸缘和安装螺孔，还有拧紧中间轴承板的螺钉孔。

8.3.2.2 起动机传动机构

起动机传动机构包括驱动齿轮、单向离合器、拨叉等，如图 8-22 所示。操纵拨叉 4 使单向离合器 3 左移，从而使驱动齿轮 2 向左移动而啮入飞轮齿圈，起动发动机。当发动机开始工作之后起动机应立即与曲轴分离，否则随着发动机转速的升高，将使起动机大大超速，产生很大的离心力而使起动机损坏(起动机电枢绕组松弛，甚至飞散)。因此，单向离合器是一个很重要的装置，在起动时，它保证起动机的动力能够通过飞轮传递给曲轴；起动完毕，发动机开始工作时，立即切断动力传递路线，使发动机不能反拖起动机。

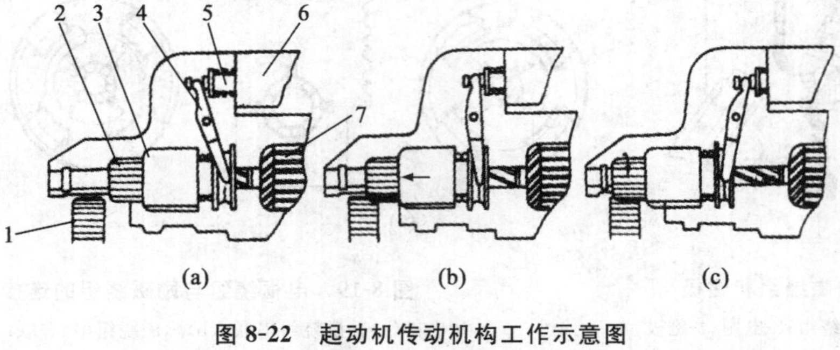

图 8-22 起动机传动机构工作示意图

(a)起动机静止状态；(b)驱动齿轮与飞轮正在啮合；(c)完全啮合

1-飞轮；2-驱动齿轮；3-单向离合器；4-拨叉；5-活动铁芯；6-电磁开关；7-电枢

单向离合器也叫超越离合器、超速保护装置。起动机常用的离合机构有滚柱式、摩擦片式等多种形式。

1. 滚柱式单向离合器

滚柱式单向离合器结构如图 8-23 所示。驱动齿轮 1 与单向离合器外壳 2 连成一体。外壳内装有十字块 3，十字块与外壳形成了四个楔形槽(图 8-24)，每个槽内都装有一个滚柱 4 及一个弹簧和一个压帽 5。十字块 3 与传动套筒 10 为一体，传动套筒内壁加工有键槽，此槽与起动机轴上的花键形成动配合，使得十字块与传动套筒既可以作轴向移动也可以随轴转动。传动套筒的外面装有缓冲弹簧 8、拨环 9 及卡环 11。

当发动机起动时，拨叉拨动拨环 9，将单向离合器沿电枢花键轴推出，使驱动齿轮 1 与发

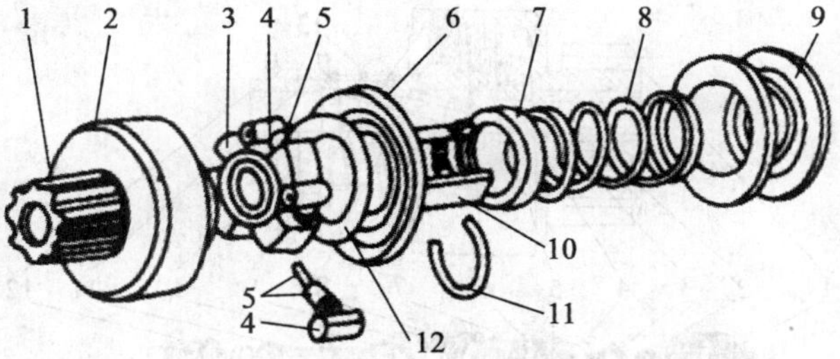

图 8-23　滚柱式单向离合器结构

1-驱动齿轮；2-单向离合器外壳；3-十字块；4-滚柱；5-弹簧与压帽；6-护盖；7-弹簧座；8-缓冲弹簧；9-拨环；10-传动套筒；11-卡环；12-垫圈

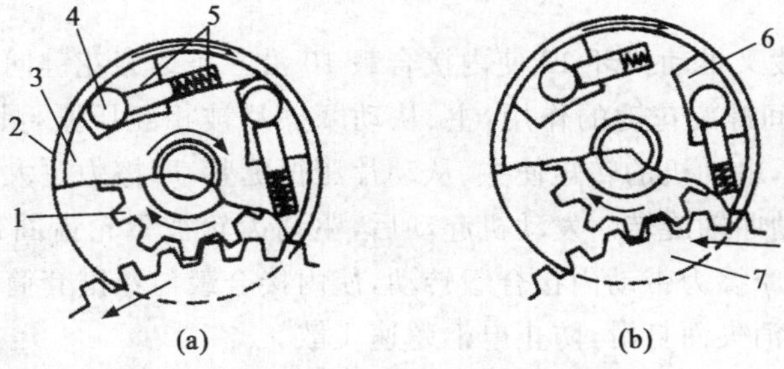

图 8-24　滚柱式单向离合器工作原理

(a)起动时传递电磁转矩；(b)起动后打滑

1-驱动齿轮；2-单向离合器外壳；3-十字块；4-滚柱；5-弹簧与压帽；6-楔形槽；7-飞轮

动机飞轮齿圈啮合。电机转矩由传动套筒 10 传到十字块 3，使十字块与电枢轴一起旋转。此时，再加上飞轮齿圈给驱动齿轮的反作用力，就使滚柱在摩擦力和弹簧推力的作用下滚入楔形槽的窄端而卡死。于是，驱动齿轮 1 与传动套筒 10 成为一个整体，随电枢轴一同旋转，带动飞轮，起动发动机。

当发动机开始工作，曲轴转速升高以后，即有飞轮齿圈带动起动机齿轮高速旋转的趋势。此时虽然驱动齿轮的旋转方向未变，但已由主动轮变成了从动轮。此时，飞轮齿圈的转速高于起动机转速，十字块 3 处于被动状态，滚柱 4 在摩擦力的作用下压缩弹簧 5 而向楔形槽较宽的一端滚动，从而使高速旋转的驱动齿轮与电枢轴脱开，防止了起动机超速的危险。

可见，滚柱式单向离合器是通过改变滚柱在楔形槽中的位置来实现起动机驱动齿轮与电枢轴的分离和接合的。这种滚柱式离合器具有结构简单、坚固耐用、体积小、重量轻、工作可靠等优点，因此得到广泛采用。其不足是不能用于大功率起动机上。

2. 摩擦片式单向离合器

摩擦片式单向离合器的结构如图 8-25 所示，其驱动齿轮与外接合鼓做成一个整体。在外接合鼓的内表面加工有四道轴向槽沟，槽沟内装有钢质从动摩擦片 7。内接合毂 10 的外表面也加工有四条轴向槽沟，槽沟内装有钢或青铜制造的主动摩擦片 8。主动摩擦片 8 和从动摩擦片 7 彼此相间地排列组装。内接合毂 10 的内表面还加工有三条螺旋花键，与花键套筒 11 左侧外表面的三条螺旋花键配合。内接合毂 10 右侧装有缓冲弹簧 13，缓冲弹簧右侧装有拨环 12。

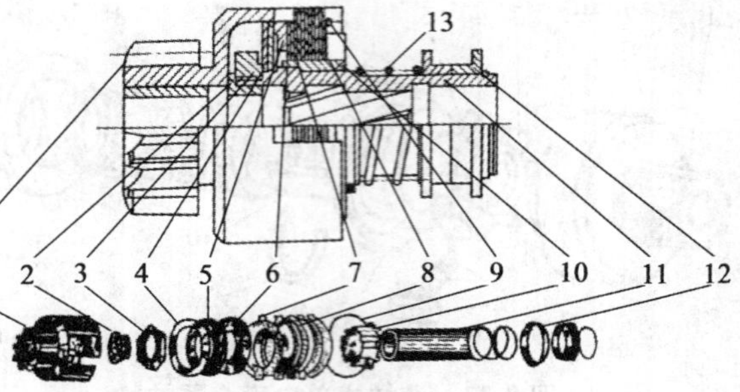

图 8-25 摩擦片式单向离合器

1-驱动齿轮与外接合毂；2-挡圈；3-螺母；4-弹性圈；5-压环；6-调整垫圈；7-从动摩擦片；8-主动摩擦片；9-卡环；10-内接合毂；11-花键套筒；12-拨环；13-缓冲弹簧

发动机起动时，拨叉推动拨环 12 使内接合毂 10 沿三条螺旋花键向左移动，由于内接合毂 10 和花键套筒 11 之间螺旋花键的作用，主、从动摩擦片被相互压紧，具有了摩擦力。当驱动齿轮啮入飞轮齿圈后，电动机的转矩使主、从动片压得更紧，摩擦力更大，起动机的转矩通过摩擦传给飞轮齿圈，驱动曲轴旋转。发动机起动后，驱动齿轮被飞轮齿圈带动高速旋转，从动摩擦片到主动摩擦片的摩擦力带动内接合毂转动，使内接合毂与花键套筒旋松，于是主动和从动摩擦片之间的摩擦力消失而打滑，防止电枢超速飞散。

可见，摩擦片式单向离合器是通过改变内接合毂在螺旋花键中的位置来实现起动机驱动齿轮与电枢轴的分离和接合的。这种离合器具有能传递大转矩、防止超载损坏起动机的优点，多用在大功率起动机上。但由于摩擦片容易磨损而影响起动性能，需要经常检查、调整或更换。

8.3.2.3 控制装置

起动机的控制装置目前主要采用的是电磁开关。它是利用电磁力来控制单向离合器的驱动齿轮与飞轮的啮合和分离，并同时控制电动机开或关。

(1)电磁开关的结构特点：电磁开关的结构如图 8-26 所示，主要由电磁铁机构和电动机开

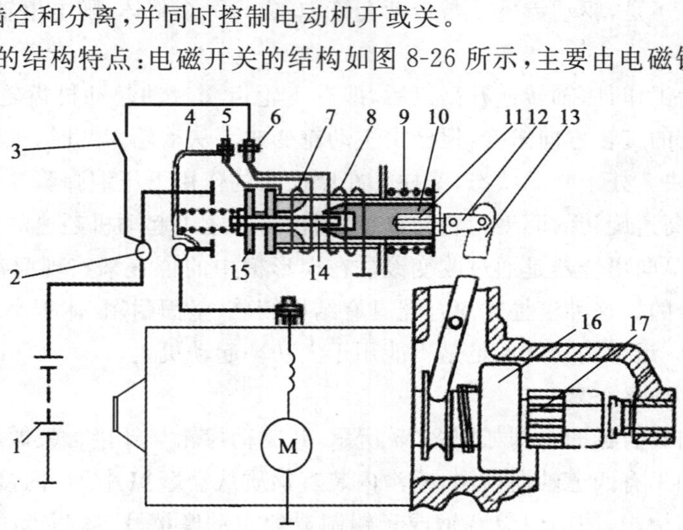

图 8-26 起动机电磁开关的结构

1-蓄电池；2-电动机接线柱；3-起动开关；4-导电片；5-吸引线圈接线柱；6-起动机接线柱；7-吸引线圈；8-保持线圈；9-回位弹簧；10-引铁；11-调节螺钉；12-连接片；13-拨叉；14-推杆；15-触盘；16-单向离合器；17-驱动齿轮

关两部分组成。电磁铁机构由触盘15、吸引线圈7和保持线圈8、引铁10、回位弹簧9等组成。引铁10可以在铜套里做轴向移动。引铁前端固定有推杆14,推杆前端安装有开关触盘15,引铁右端用调节螺钉11和连接片12与拨叉13连接。铜套外面安装有回位弹簧9,其作用是使引铁等可移动部件复位。吸引线圈与电动机串联,保持线圈与电动机并联并直接搭铁。

(2)电磁开关的工作原理:接通起动开关3,吸引线圈7和保持线圈8通电产生的磁通方向相同,其电磁吸力相互叠加,吸引引铁10向左移动,直到推杆前端的触盘15将电动机开关触点接通使电动机主电路接通为止。断开起动开关,吸引线圈和保持线圈通电产生的磁通方向相反,两者产生的电磁吸力相互抵消,在回位弹簧9的作用下,引铁等可移动部件自动复位,触盘与触点断开,电动机主电路断开。

8.3.2.4 电磁开关式起动机的工作过程

电磁开关式起动机控制电路有三种类型:利用按钮或起动开关直接控制的控制电路(目前很少采用),采用附加继电器控制的控制电路,带组合继电器且具有自动保护功能的控制电路。下面主要介绍带有起动继电器的起动机构,属于第二种控制电路。

电磁式起动机的起动开关通常与电源开关制成一体。当接通起动开关起动发动机时,流过起动机开关的电流是起动机电磁开关吸引线圈和保持线圈中的电流,可达30~40 A,会使点火开关早期损坏,为此在起动控制电路中装有起动继电器。

图8-27是带有起动继电器的起动机构示意图。起动继电器主要由继电器线圈6和触点5组成。起动继电器线圈两端分别与壳体上的起动开关端子和搭铁端子连接,固定触点与起动机端子连接,活动触点经触点臂和支架与蓄电池端子相连。起动继电器触点为常开触点,当起动继电器线圈通电时,继电器铁芯便产生电磁力,使其触点闭合,从而将继电器控制的吸引线圈电路和保持线圈电路接通。与前面的控制电路相比,这种电路只是多了一条由起动开关控制起动继电器线圈的控制回路。

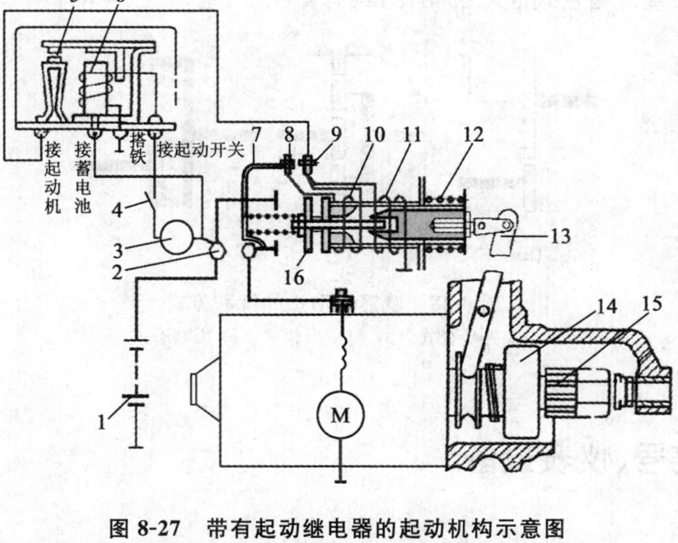

图8-27 带有起动继电器的起动机构示意图

1-蓄电池;2-电动机接线柱;3-电流表;4-起动开关;5-起动继电器触点;6-起动继电器线圈;7-导电片;8-吸引线圈接线柱;9-起动机接线柱;10-吸引线圈;11-保持线圈;12-回位弹簧;13-拨叉;14-单向离合器;15-驱动齿轮;16-触盘

带有起动继电器控制的电磁开关的工作过程如下：

(1)起动开关接通：

①接通起动继电器磁化线圈电路，起动继电器触点闭合，形成如下的电流通路(控制回路)：蓄电池正极→电流表→起动开关→起动继电器线圈→搭铁→蓄电池负极。这一电流通路使继电器线圈产生磁场，在电磁力的作用下继电器触点闭合，于是电磁开关回路被接通：蓄电池正极→继电器→起动机接线柱→{保持线圈→搭铁→蓄电池负极。吸引线圈→吸引线圈接线柱→触盘→电动机励磁绕组→电枢绕组→搭铁→蓄电池负极。}

②驱动齿轮与飞轮啮合。

③当电动机开关接通时，接通主回路，起动发动机。

上述回路的控制关系是：控制回路控制着电磁开关回路，电磁开关回路又控制着主回路。

(2)起动开关断开：

①起动继电器触点断开。发动机起动后，松开起动开关，起动继电器线圈断电，继电器触点被断开。此时，流过保持线圈和吸引线圈中的电流的方向相反，两者产生的磁场方向相反，电磁开关引铁在回位弹簧的作用下回位。电动机主电路切断，起动机停止工作。

②驱动齿轮与飞轮分离。在引铁退回的同时，拨叉的下端带动拨环迁移，迫使驱动齿轮与飞轮分离。

可见，利用起动继电器来控制电磁开关回路，因起动开关串联在继电器磁化线圈电路中，因此流过起动开关的电流较小，这样可避免烧蚀起动开关，延长了其使用寿命。

8.3.2.5 减速起动机

在起动机的电枢轴与驱动小齿轮之间装有齿轮减速器的起动机称为减速起动机。减速起动机的传动方式有三种，即外啮合式、行星齿轮式和内啮合式，如图 8-28 所示。当起动机功率一定时，提高电机转速、降低转矩可减小其体积。因此，在采用小型、高速、低转矩的起动机时，在电机轴上需安装齿轮减速器(速比通常为 3～4)，以便将电机转速降低后再驱动飞轮。减速起动机与同功率的直接啮合式起动机相比，具有体积小、重量轻、驱动转矩大的优点。

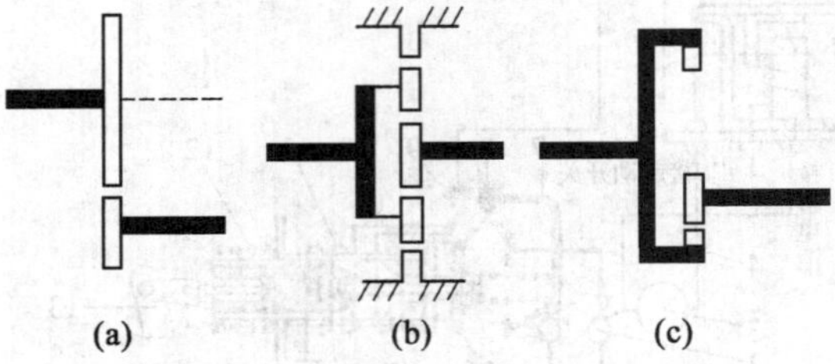

图 8-28 减速起动机的传动方式

(a) 外啮合式；(b) 行星齿轮式；(c) 内啮合式

8.4 照明、信号、仪表设备

8.4.1 照明装置

GB 18447.1—2008 规定，拖拉机应至少有 2 个前照灯、1 个工作灯、1 个仪表灯(18 kW 以下的拖拉机可不安装)、1 个驾驶室顶棚灯,拖拉机还应至少有 2 个制动灯、前后各 2 个转向信号灯、危险警告信号灯、前后位灯。这些灯的作用分别是:

前照灯:提供远光或近光,装在拖拉机前部两侧,用来照亮拖拉机前方道路。其中,远光灯(白色)用来照亮拖拉机前方远距离道路;近光灯(白色)用来照亮拖拉机前方道路,对来车的驾驶员和其他道路使用者不造成炫目或不舒适感。

工作灯:白色,用于工作区域或作业过程中照明。

仪表灯:由车灯开关控制,夜间或光线昏暗时照亮仪表,使驾驶员能看清各个仪表的工作情况。

顶棚灯:照亮驾驶室内部。

制动灯:红色,由制动踏板控制,向拖拉机后方其他道路使用者表明拖拉机正在制动。

转向信号灯:琥珀色,由转向开关控制,向其他道路使用者表明拖拉机将向左或向右转向。工作时闪烁频率(1.5±0.5)Hz,每次点亮与熄灭时间相等,起动时间不大于 1.5 s。

危险警告信号灯:琥珀色,拖拉机因故障停在公路上,或某种原因需要时,同时打开拖拉机上所有的转向信号灯,使其闪烁,以引起其他道路使用者注意拖拉机暂时具有某种特殊危险。

前位灯(白色)和后位灯(红色):分别从拖拉机前方或后方观察,表明拖拉机的存在和宽度。

另外,国标规定,拖拉机上还可以选装如下灯具:前雾灯(2 个,白色或黄色),后雾灯(1 个或 2 个,红色),倒车灯(1 个或 2 个,白色),驻车灯(数量由布局而定,前、后各 2 个,或两侧各 1 个,前为白色,后为红色,若与转向信号灯混合则为琥珀色),示廓灯(前、后各 2 个,前为白色,后为红色,总宽大于 2.10 m 的拖拉机选装)。

8.4.2　信号装置

信号装置包含灯光信号装置(也称指示灯)或声音信号装置,用来指示车辆某系统的工作状况,引起车外行人及车辆或本机驾驶员的注意,防止事故发生。

8.4.2.1　灯光信号装置

灯光信号装置一般分为对内(即车辆驾驶员)和对外(即行人及其他车辆)两类。对内的信号灯通常安装在仪表板上,功率为 1～3 W,主要有前照灯的远光和近光指示灯、转向指示灯、充电指示灯、危险报警灯、低气压报警灯、低油压报警灯、水温过高报警灯、燃油箱存量过少报警灯等。

在灯泡前装有滤光片,以使灯泡发黄或发红。滤光片上常刻有图形符号,以显示其功能。滤光片上的常见图形符号含义见表 8-1。

表 8-1　滤光片上的常见图形符号含义

图形符号	含义	图形符号	含义	图形符号	含义
	燃油指示	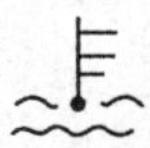	(水)温度指示	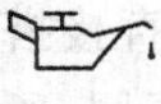	油压指示
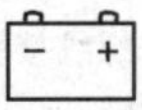	充电指示	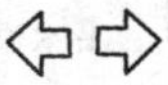	转向指示灯		远光灯
	近光灯		雾灯		驻车制动
	油温指示		安全带		危急报警

对外信号灯通常有危险报警闪光灯、转向信号灯、前后位灯等。信号灯通常由相应的开关或传感器控制。一般将信号灯及相应开关(或传感器)串联后接入电路,如图 8-29 所示。当相应开关接通或传感器监视到系统或总成不正常时,电路接通,信号灯被点亮。

1. 机油压力报警装置

机油压力正常与否,直接影响车辆的使用性能与工作的可靠性,因此许多车辆设置了机油压力报警装置。机油压力传感器有弹簧管式和膜片式两种类型。图 8-30 为最常见的弹簧管式机油压力报警装置。它由装在发动机主油道上的弹簧管式传感器和装在仪表板上的报警灯两部分组成。传感器内管形弹簧管接头的一端 1 与发动机主油道连接,另一端与动触点 4 连接,静触点经导电片与接线柱 3 连接。当润滑系统的机油压力低于允许值时,管形弹簧几乎无变形,动静触点闭合,报警灯中有电流通过,灯亮,提醒驾驶员注意。当润滑系统机油压力达到允许值时,管形弹簧变形程度增大,使动、静触点分开,报警灯中无电流通过,灯灭。

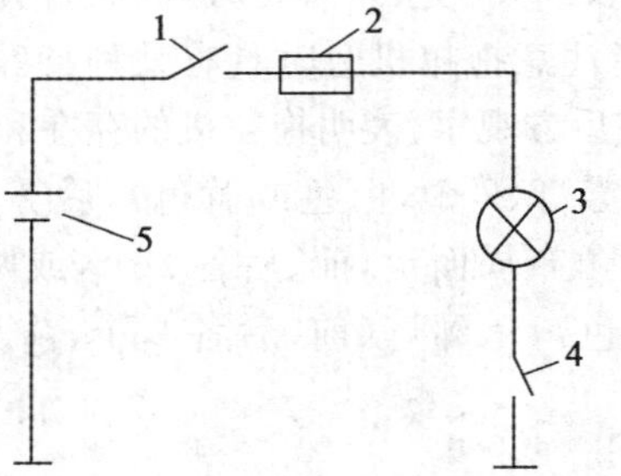

图 8-29 信号灯基本电路

1-电源开关;2-熔断丝;3-信号灯;4-信号开关;5-蓄电池

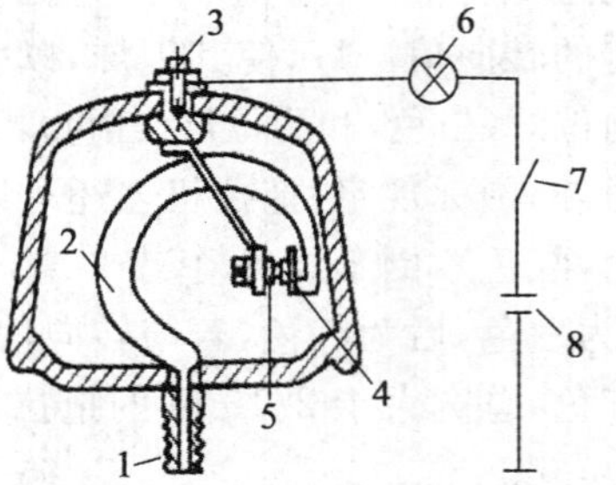

图 8-30 弹簧管式机油压力报警装置

1-管接头;2-管形弹簧;3-接线柱;4-动触点;5-静触点;6-报警灯;7-电源开关;8-蓄电池

接通起动开关,发动机尚未起动时,油压开关处于接通状态,报警灯点亮。发动机起动后,主油道压力升高,油压开关的触点断开,报警灯熄灭,表明润滑系统工作正常。如果运行过程中油道出现堵塞、泄漏等情况,使得机油压力低于某一设定值,油压开关的触点将接通,报警灯点亮,以提醒驾驶员立即停车修理。

2. 水温过高报警装置

图 8-31 为常见的水温报警装置。它由双金属片式温度传感器、仪表板上的水温报警灯 5 两部分组成。在传感器的密封套筒 1 内装有条形双金属片 2,其自由端焊有动触点,而静触点直接搭铁。因组成双金属片的两片金属热膨胀系数不同,所以双金属片会随着发动机水温的升高而向静触点方向弯曲。当发动机水温升高至限定值时,两触点接触,报警灯电路被接通,电流经蓄电池正极→报警灯 5→接线柱 4→双金属片 2→静触点 7→搭铁→蓄电池负极,报警灯点亮,提醒驾驶员及时停车检查和冷却。

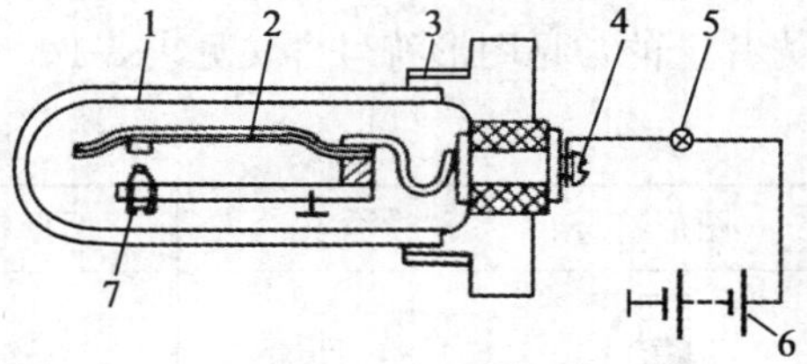

图 8-31 水温报警装置

1-水温报警传感器套筒;2-双金属片;3-螺纹接头;4-接线柱;5-报警灯;6-蓄电池;7-静触点

3. 制动信号装置

制动信号装置主要由制动信号灯和制动信号灯开关组成。制动信号灯开关常见的有气压式和液压式两种。

(1)气压式制动信号灯开关:气压式制动信号灯开关的结构如图 8-32 所示,通常安装在制动系统管路中或制动阀上,控制制动信号灯的火线。制动时,气压推动橡皮膜向上拱曲,压缩弹簧,使触点接通制动信号灯电路,制动信号灯亮。当抬起制动踏板时,气压下降,橡皮膜复原,触点断开,切断电路,制动灯熄灭。

(2)液压式制动信号灯开关:液压式制动信号灯开关的结构如图 8-33 所示,通常安装在制动总泵的前端。当踏下制动踏板时,制动系中液压增大,橡皮膜拱曲,动触片与静触头接触,制动信号灯通电发光。

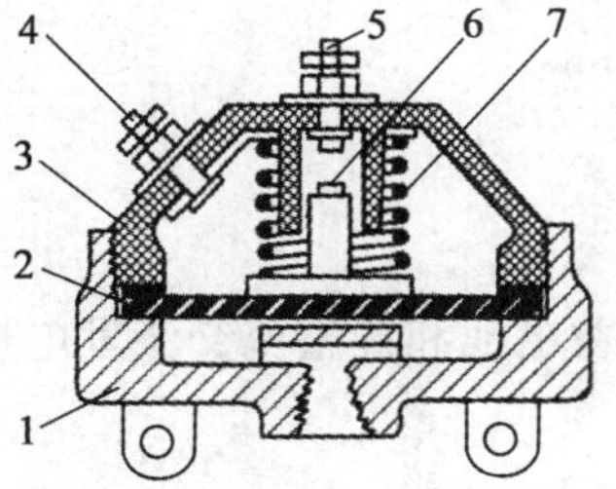

图 8-32　气压式制动信号灯开关

1-壳体;2-膜片;3-胶木盖;4、5-接线柱;6-触点;7-弹簧

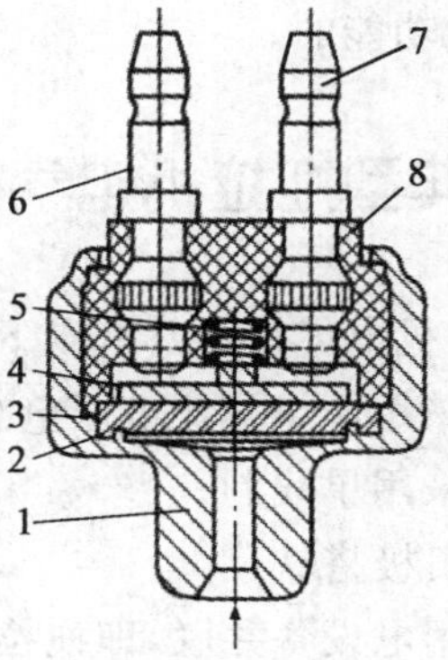

图 8-33　液压式制动信号灯开关

1-管接头;2-膜片;3-壳体;4-动触片;5-弹簧;6、7-接线柱及静触头;8-胶木底座

当松开制动踏板时,液压降低,动触片和橡皮膜在弹簧作用下复位,信号灯熄灭。

8.4.2.2　声音信号装置

声音信号装置主要是喇叭。喇叭是拖拉机上的选装装置,用以警告行人和车辆,以引起注意,保证安全。喇叭按发音动力有气喇叭和电喇叭之分。气喇叭利用气流冲击使金属膜片振动发出声音。电喇叭利用电磁力使金属膜片振动发出声音。与气喇叭相比,电喇叭结构简单、声音洪亮、音质悦耳,现使用广泛。

普通盆形电喇叭结构如图 8-34 所示,由下螺杆铁芯 1、线圈 2、上铁芯 3、膜片 4、共鸣盘 5、动铁 6、电磁铁芯 9 等组成。

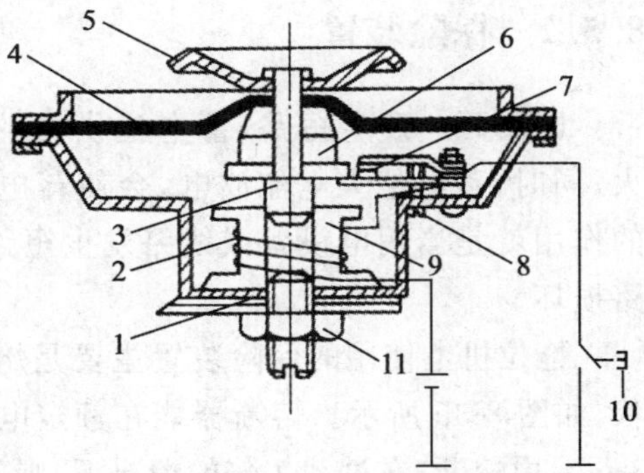

图 8-34　盆形电喇叭

1-下螺杆铁芯;2-线圈;3-上铁芯;4-膜片;5-共鸣盘;6-动铁;7-动静触点;8-调整螺钉;9-电磁铁芯;10-喇叭按钮;11-锁紧螺母

8.4.3　仪表装置

每个仪表均由指示表和传感器两部分组成。指示表安装在仪表板上。在拖拉机上安装的主要仪表及其功能如下:

转速表:能直观地反映发动机的工作转速,并监视发动机的运转状况。

工作小时计:记录发动机的累计运转时间,为维护、保养发动机提供时间参考。

转速表和发动机工作小时计的信号均来自转速传感器。JB/T 2428.1—2007 规定,拖拉机用转速表和工作小时表有两种结构类型，一种为软轴驱动的磁感应式转速表和机械计数式工作小时表，一种为磁电式转速表和电磁计数式工作小时表。

水温表：指示发动机冷却液的温度，安装在发动机气缸盖的冷却水套内。

燃油表：显示燃油箱内的油量。

机油压力表：检测和显示发动机主油道机油压力的大小，以防因缺机油而造成拉缸、烧瓦的重大故障发生。机油压力传感器装在发动机的主油道上。

电流表：主要用来监视电源系统的工作情况，现在也有拖拉机上不装电流表而用充电指示灯完成此功能的。

8.5 典型拖拉机电气线路

拖拉机电气线路具有以下特点：

(1)采用两个直流电压电源(常见 12 V 或者 24 V)，即蓄电池和硅整流交流发电机；

(2)采用单线制；

(3)负极搭铁；

(4)用电设备并联，即拖拉机上的各种用电设备都采用并联方式与电源连接，每个用电设备均由各自串联在其支路中的专用开关控制，互不产生干扰；

(5)设有保险装置；

(6)电气线路有颜色和编号特征。

8.5.1 保险装置

电路万一发生短路，蓄电池供给的电流将超过正常值，致使导线过载而烧坏，甚至失火；同时，蓄电池大电流放电，会使蓄电池电能耗尽，最后导致拖拉机无法行驶。保险装置的作用就是当用电设备或线路发生短路或过载时，切断电源电路，以免电源、用电设备和线路损坏。

拖拉机上使用的保险装置主要是熔断器(又称保险丝)。熔断器按形状可分为管状和片状，如图 8-35 所示。熔断器能在额定电流条件下长时间工作，但在过载 25%的情况下，约在 3 min 内熔断；在过载 1 倍的情况下，则不到 1 s 熔断。熔断器熔断包括两个过程：熔体发热的熔化过程，电弧的熄灭过程。这两个过程的快慢取决于熔丝中流过的电流的大小以及熔断器本身的结构参数。

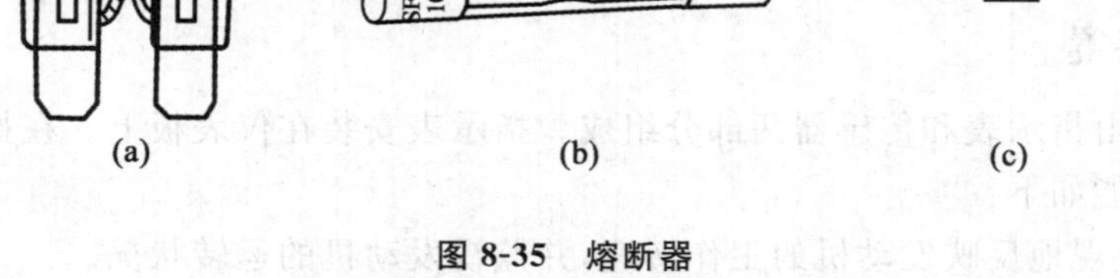

(a)　　(b)　　(c)

图 8-35　熔断器

(a)片状熔断器；(b)管状熔断器；(c)熔断器符号

熔断器选用原则为:熔断器标称值=电路的电流值/0.8。例如,某电路设计的最大电流为12 A,则应选用15 A的熔断器。

为便于检查和更换熔断器,拖拉机上常将各电路的熔断器集中安装在一起,形成一个保护多条电路的熔断器盒,安装在拖拉机右侧仪表板下方。

8.5.2 拖拉机线束

1. 导线的颜色

为便于识别和检修,拖拉机导线线皮都要着上不同的颜色,每个电气系统分配一个主色,并在电气线路图上用不同颜色的字母代号标注出来。每个系统的电源线用单色(主色),分支线路用双色表示。双色导线的辅色必须按规定选配。辅色在导线的主色上呈两条很细的轴向对称直线分布。

2. 导线截面积的正确选择

根据流过用电设备电流的大小选择导线的截面积。其一般原则为:长时间工作的电气设备,可选用实际载流量60%的导线;短时间工作的用电设备,可选用实际载流量60%~100%的导线。同时,还应考虑电路中的电压降和导线发热等情况,以免影响用电设备的电气性能,超过导线的允许温度。

3. 线束

为使全车线路规整,安装方便及保护导线的绝缘,拖拉机上的全车线路除蓄电池电缆和起动机电缆外,一般将同区域的不同规格的导线用棉纱或薄聚氯乙烯带缠绕包扎成束,称为线束。同一种车型的线束在制造厂里按车型设计制造好后,用卡簧或绊钉固定在车上的既定位置,其抽头恰好在各电气设备接线柱附近位置,安装时按线号装在其对应的接线柱上。

各种车型的线束各不相同,同一车型线束按发动机、底盘和车身等分成多个线束。

4. 插接器(连接器)

线缆通过插头与部件相连,线缆之间通过插接器连接在一起。所有插接器均采用闭锁装置(防止脱开)。插接器的符号和实物如图8-36所示。

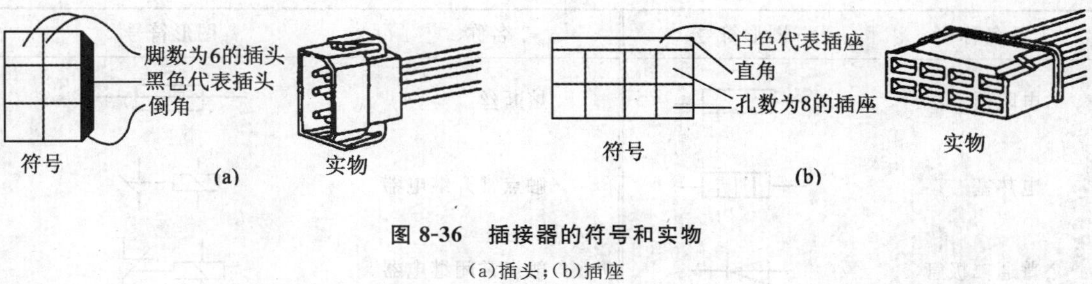

图8-36 插接器的符号和实物

(a)插头;(b)插座

8.5.3 开关装置

拖拉机上所有用电设备的接通和停止,都必须经过开关控制。对开关的要求是坚固耐用、安全可靠、操作方便、性能稳定。各类开关配置在仪表板驾驶员座椅周围。拖拉机上常用开关有旋转式、推拉式、按钮式等。

8.5.4 拖拉机电气线路图

1. 电路原理图

电路原理图用国家统一规定的图形符号绘制，把仪表和各种用电设备，按电路原理，由上到下合理地连接起来，然后再进行横向排列，可清楚地反映出电气系统各部件的连接关系和电路原理。电路的各部分用点画线或边框线限制，以此表明仪器、部件功能或结构上的属性。因此，这种图图面清晰，电路简单明了，通俗易懂，电路连接控制关系清楚，对迅速排除故障有利。见附图 1。

2. 电气线路图常用图形符号和文字符号

表 8-2 是电气线路图常用限定符号及导线、连接器符号，表 8-3 是常见电路元件符号，表 8-4 是常见开关符号。

表 8-2 限定符号及导线、连接器符号

名称	图形符号	名称	图形符号	名称	图形符号
正极	+	交流发电机输出接线柱	B	导线的连接	
负极	—	磁场二极管输出端	D+	导线的分支连接	
中性点	N	接点	●	导线的交叉连接	
磁场	F	端子	○	导线的跨越	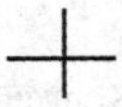
搭铁	⊥	可拆卸的端子	Ø	插座一个极	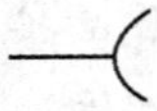

表 8-3 电路元件符号

名称	图形符号	名称	图形符号
电阻器	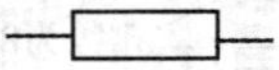	熔断丝	
电热塞	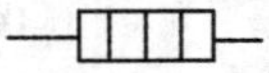	触点常开继电器	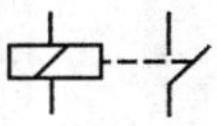
普通二极管	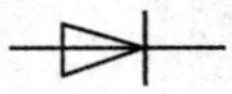	触点常闭继电器	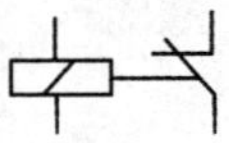
发光二极管	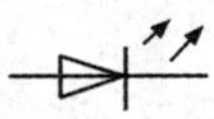		

表 8-4　开关符号

名称	图形符号	名称	图形符号	名称	图形符号
手动开关一般符号	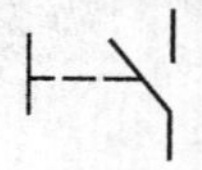	拨拉开关	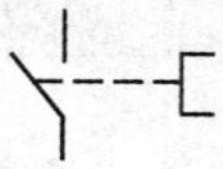	钥匙开关（全部定位）	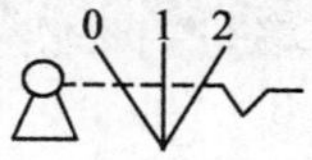
按钮开关	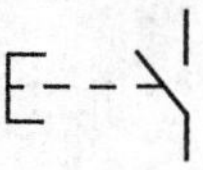	旋转多挡开关	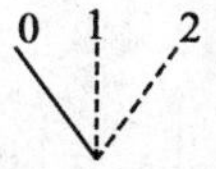	多挡开关，起动、电源开关等，瞬时位置为 2 能自动返回至位置 1（即 2 挡不能定位）	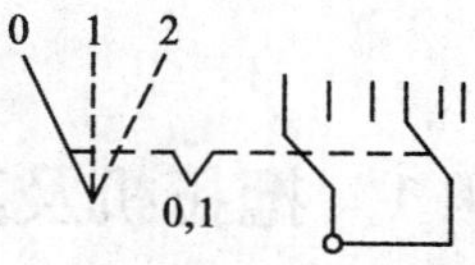
能定位的按钮开关	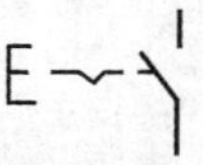	推拉多挡开关			

思考题

1. 车用电源有哪些？

2. 蓄电池、交流发电机分别有什么作用？

3. 车用发电机为什么要配用电压调节器？它们是怎样进行电压调节的？

4. 简述蓄电池的结构及其作用。

5. 什么是蓄电池的容量？其影响因素有哪些？

6. 什么是发动机的起动？

7. 电磁操纵式起动机的电磁开关用一个行吗？为什么？

8. 电磁操纵强制啮合式起动机电磁开关中为什么要设计吸引和保持两个线圈？这两个线圈在起动后其电流方向有无变化？为什么？

9. 拖拉机用起动机上为什么要设单向啮合器？简述滚柱式和摩擦式单向离合器的结构与工作原理。

10. 简述起动继电器的工作原理。

11. 拖拉机起动机为什么要采用直流串励式电动机？

12. 拖拉机对起动机的传动机构有些什么要求？

13. 拖拉机电气线路有何特点？

14. 充电指示灯有何作用？

第9章 拖拉机底盘概述

9.1 拖拉机及其作用

早年农民完全靠人力和农业机具完成各项农事作业，后来发展为利用畜力和农业机具完成各项农事作业，直到内燃机出现，农民才开始利用拖拉机和农业机具来完成各项农作业。

拖拉机是能利用自身动力在地面上行走的一种动力机械，或者说拖拉机是一种机动车辆。拖拉机最显著的特征是：有动力装置（内燃机或电动机），为自身行走提供动力，为带动或驱动农业机具提供动力；有行走装置，能在道路和田间地面上行走。但是拖拉机的作用不同于汽车，它仅仅是一种能够自走和提供动力的机动车，没有农业机具（包括拖车），拖拉机不能完成任何作业，只有拖拉机与农业机具组成拖拉机机组后才能完成各种作业。

拖拉机机组完成的作业有田间作业、运输作业和固定作业。

田间作业（图 9-1）有耕、耙、播种、施肥、喷洒农药、中耕、收割、打捆等。

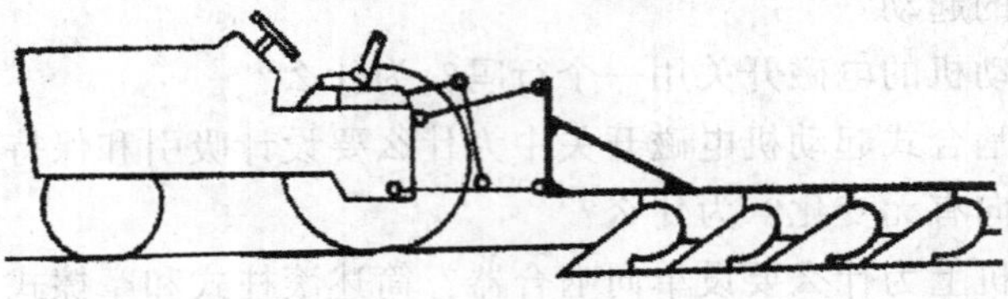

图 9-1 拖拉机田间作业

运输作业（图 9-2）有田间短途运输和道路长途运输。

固定作业（图 9-3）是采用驻车制动和三角木固定拖拉机，利用动力输出装置带动水泵、碾米机、发电机等机具进行作业。

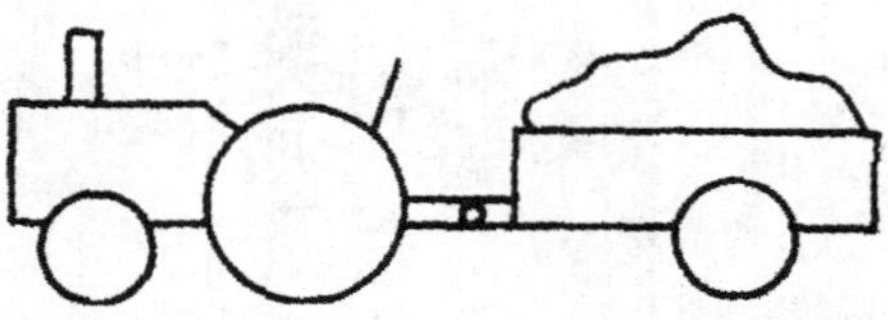

图 9-2 拖拉机运输作业

图 9-3 拖拉机固定作业

拖拉机要组成拖拉机机组完成上述作业，从机构上说，必须有与农具连接和输出动力的装置（统称工作装置），这样才能便于与各种农具挂接，给农具输出动力；有的工作装置还需要有控制农具高低位置的功能。从形态上说，拖拉机前后轮距较短，结构比较紧凑，这样组成的拖拉机机组不会太长，行走起来比较方便。另外拖拉机一般前轮较小，在田间行驶时便于转向，滚动阻力较小，而后轮较大，可承载较大的重量，产生较大的牵引力。从速度上说，拖拉机速度较慢，前进、后退的挡位较多，可以适应各种农田作业的需要。

拖拉机的类型很多，本书将以轮式拖拉机和履带拖拉机为主，叙述拖拉机底盘各主要组成部分的工作原理和结构，对拖拉机的主要性能也作一些讨论。对其他类型的拖拉机，只简要介绍其结构特点和性能特点。

9.2 拖拉机的组成

拖拉机基本由发动机、底盘和电气系统三大部分组成(图 9-4)。

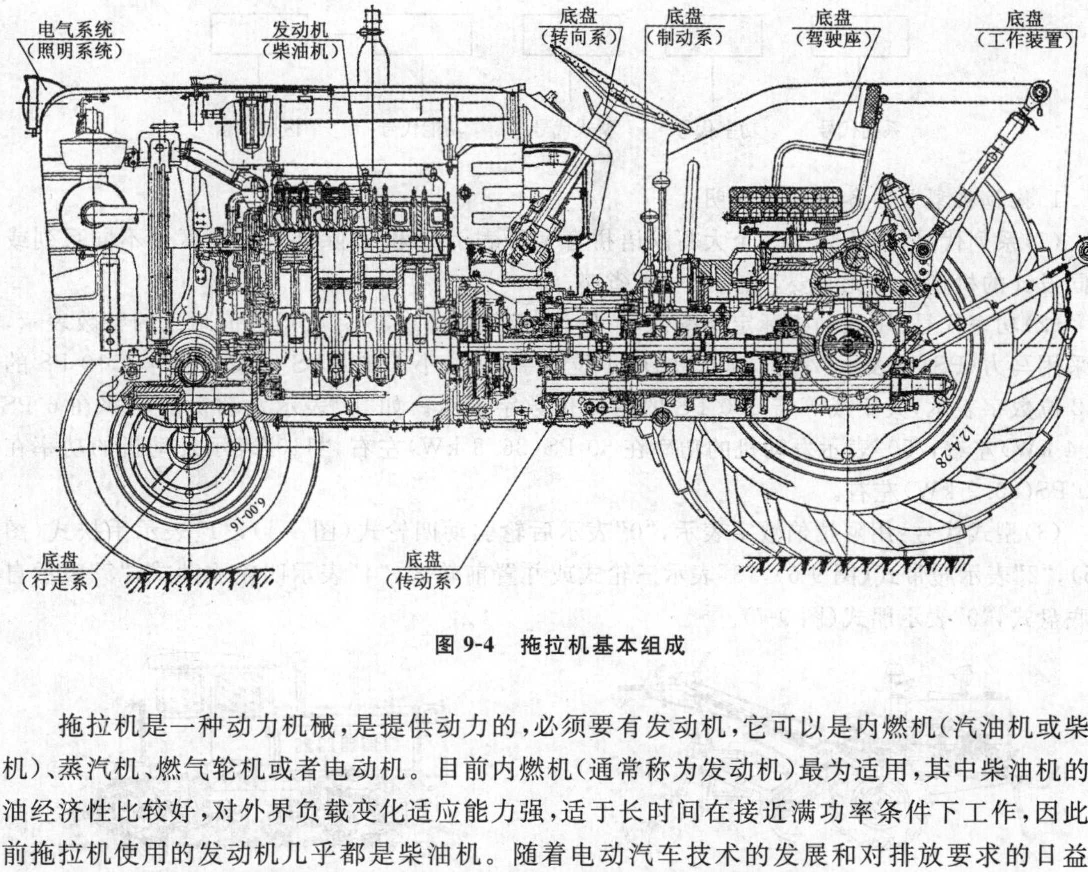

图 9-4　拖拉机基本组成

拖拉机是一种动力机械，是提供动力的，必须要有发动机，它可以是内燃机(汽油机或柴油机)、蒸汽机、燃气轮机或者电动机。目前内燃机(通常称为发动机)最为适用，其中柴油机的燃油经济性比较好，对外界负载变化适应能力强，适于长时间在接近满功率条件下工作，因此目前拖拉机使用的发动机几乎都是柴油机。随着电动汽车技术的发展和对排放要求的日益提高，特别是温室大棚的需要，电动拖拉机的应用也有了比较大的发展空间。

拖拉机是在地面上行走的机械，因此必须具备行走装置，以此来保证拖拉机的行走、固定和支承其他部件。为了行走，拖拉机需要将柴油机的动力传递到行走装置的驱动轮上，使驱动轮在地面上旋转，拖拉机才能走起来，这就需要传动系统。这样的拖拉机可以行走了，但它还不能正常行驶，它可能走偏，也不能转弯，为了保证拖拉机直线行走和必要时转向，需要安装转向装置。拖拉机遇到紧急情况需要迅速停车，即使正常行走也有减速和停车的需要，这就需要制动装置。这时拖拉机已经可以在地面上自由行走了，但这种拖拉机没有实际功能，它还需要配备与农具连接和输出动力的装置，使它能够与农具组成拖拉机机组，完成各种农事作业，这就要有工作装置。最后，操作人员还需要有适合工作的环境，这就要有驾驶座或驾驶室。以上部分就构成了拖拉机的底盘，因此，拖拉机底盘由传动系、行走系、转向系、制动系、工作装置和驾驶室(驾驶座)等部分组成。

拖拉机工作离不开电，它的电源系统、照明及信号系统、起动系统等组成了拖拉机的电气系统。现在有的新型拖拉机还装配了包括传感器、执行机构和电控单元的电子控制系统。

9.3 国产拖拉机的型号

为了说明拖拉机的类型、功率和结构特征，国产拖拉机用其型号来表示(基于JB/T 9831—2014)。拖拉机型号由系列代号、功率代号、型式代号、功能代号和区别标志等组成：

1.拖拉机型号的各项内容说明

(1)系列代号：用不多于3个大写汉语拼音字母表示(I和O除外)，用以区别不同系列或不同设计的机型。如无必要，系列代号可省略。

(2)功率代号：用发动机标定功率值(单位为kW)乘以1.36后所得数值附近的整数表示，即采用马力(PS)数表示，小于10 PS的用1位数字表示，小于100 PS且大于或等于10 PS的用2位数字表示，大于或等于100 PS的用3位数字表示。如“6”表示发动机的功率在6 PS(4.4 kW)左右，“50”表示发动机的功率在50 PS(36.8 kW)左右，“110”表示发动机的功率在110 PS(80.9 kW)左右。

(3)型式代号：用阿拉伯数字表示，“0”表示后轮驱动四轮式(图9-4)，“1”表示手扶式(图9-5)，“2”表示履带式(图9-6)，“3”表示三轮式或并置前轮式，“4”表示四轮驱动式，“5”表示自走底盘式，“9”表示船式(图9-7)。

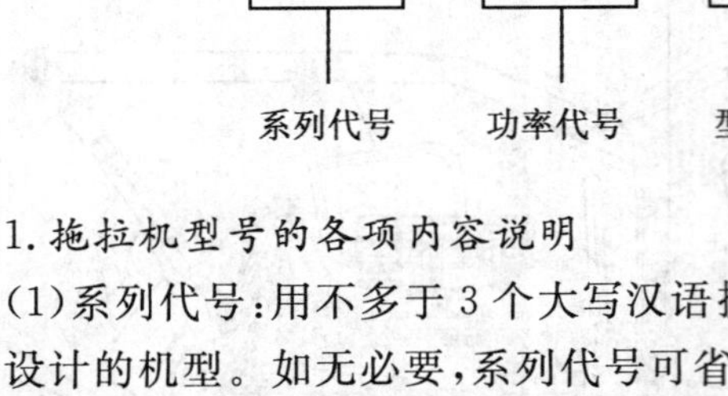

图9-5 手扶拖拉机

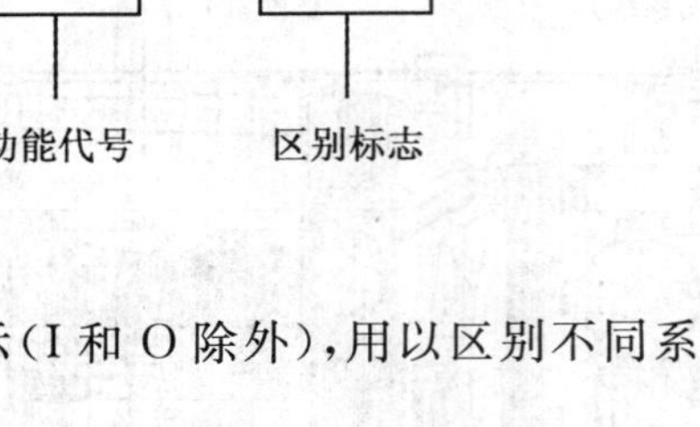

图9-6 履带拖拉机

(4)功能代号：用汉语拼音字母表示，缺省表示一般农业用，“G”表示果园用，“H”表示高地隙中耕用，“J”表示集材用，“L”表示营林用，“P”表示坡地用，“S”表示水田用，“T”表示运输用，“Y”表示园艺用，“Z”表示沼泽地用。

(5)区别标志：结构经重大改进后，可加注区别标志，区别标志用大写的英文字母(I、O除外)或阿拉伯数字表示。

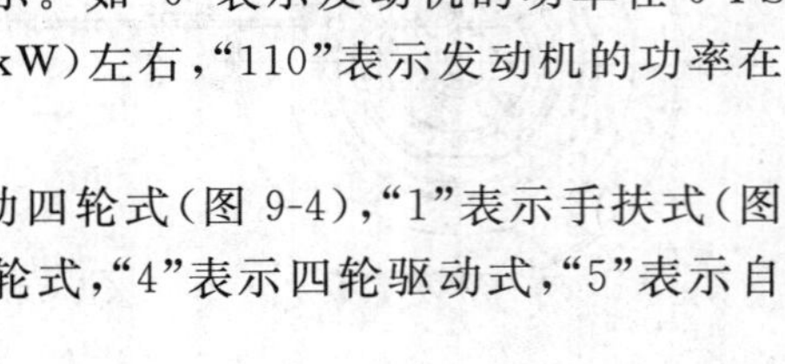

图9-7 船式拖拉机

2. 示例

“121”：9 kW 左右的手扶拖拉机。

“150-1”：11 kW 左右的轮式拖拉机，第一次改进型。

“502J-2”：37 kW 左右的履带式集材拖拉机，第二次改进型。

“B144G”：B 系列（或 B 机型）10 kW 左右的四轮驱动果园用拖拉机。

“121T”：9 kW 左右的手扶拖拉机变型运输机。

“CA802”：CA 系列 58.8 kW 左右的履带拖拉机。

“P1904-Q”：P 系列 139.7 kW 左右的四轮驱动拖拉机，“Q”为该型号的区别标志。

9.4　拖拉机按照功率分类

在我国拖拉机行业内有个内部共识，拖拉机按其功率大小被分为大型、中型和小型三类，拖拉机功率在 20 PS 以下的称为小型拖拉机，拖拉机功率在 80 PS 以下至 20 PS 之间的称为中型拖拉机，拖拉机功率在 80 PS（含 80 PS）以上的称为大型拖拉机。

9.5　拖拉机的行驶原理

拖拉机以自身重量 W 压在地面上（图 9-8），由于一般四轮拖拉机重心靠后，因此大部分重量 $\boldsymbol{W}_r$ 通过后轮（驱动轮）压在地面上产生地面反力 $\boldsymbol{F}_{z_r}$。当驱动轮转动时，驱动轮在驱动力矩 T_t 的作用下，在与地面接触的地方，向后推动地面；在此力的作用下，地面产生向前的反作用力 $\boldsymbol{F}_t$ 推动拖拉机向前运动，$\boldsymbol{F}_t$ 被称为驱动力，这就是拖拉机的行驶原理。

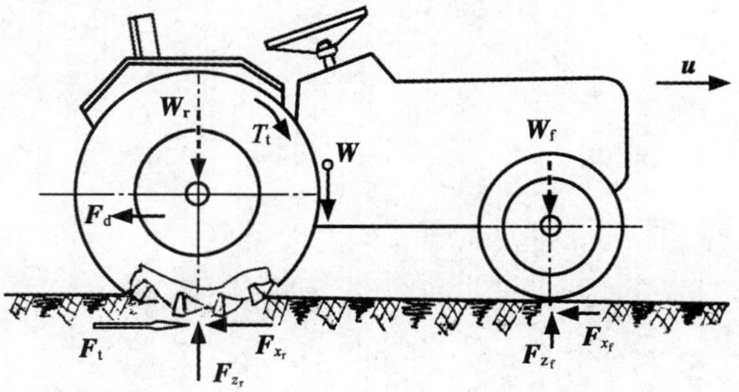

图 9-8　轮式拖拉机行驶原理

拖拉机在水平路面上正常行驶时，由于它行驶速度较低，不考虑行驶中的空气阻力，在水平方向则存在如下力平衡：

$$\boldsymbol{F}_t = \boldsymbol{F}_{x_f} + \boldsymbol{F}_{x_r} + \boldsymbol{F}_d \tag{9-1}$$

式中：$\boldsymbol{F}_t$ 为驱动力，$\boldsymbol{F}_{x_f}$ 为前轮滚动阻力，$\boldsymbol{F}_{x_r}$ 为后轮滚动阻力，$\boldsymbol{F}_d$ 为挂钩牵引力（牵引农具的力）。

驱动力 $\boldsymbol{F}_t$ 的大小，首先与发动机的功率有关，发动机功率越大，则可能提供的驱动力矩 T_t 就越大，相应的驱动力 $\boldsymbol{F}_t$ 也就可能越大。但并不总是如此，如果驱动轮在松软地面或冰雪路面上，尽管发动机能提供的驱动力矩 T_t 很大，但对地面的推动力加不上去，打滑了，那么地面对拖拉机的推动力 $\boldsymbol{F}_t$ 也就增加不上去了，推动力 $\boldsymbol{F}_t$ 的大小受到地面与轮胎相互作用的条件限制，即所谓受附着条件的限制。在不同附着条件的地面上，驱动轮可能产生的最大推动力 F_ϕ 称为附着力。

$$F_\phi = \phi \cdot F_{z_r} \tag{9-2}$$

式中：ϕ 为地面附着系数，F_{z_r} 为驱动轮受到的地面垂直反力。

从式(9-2)可以看出，附着力受附着系数的影响。驱动轮接触的地面不同，其附着系数不同，水泥、沥青路面附着系数较高，冰雪路面附着系数较低，田间地面附着系数居于中间。轮胎的花纹、气压等也影响附着系数。为了提高拖拉机驱动轮的附着性能，常采用“人”字形花纹，花纹较高，同时充气压力较低。

另外，附着力还受地面垂直反力的影响。为了增大驱动轮的地面垂直反力，拖拉机的质心偏后，使拖拉机大部分的重力压在后轮（驱动轮）上，同时后轮轮胎直径和宽度较大，使轮胎的接地面积较大。这样，驱动轮的地面垂直反力增加了，有利于提高附着力，同时轮胎的接地压力不会太大，在田间地面上不会产生较大的压陷。

思考题

1. 了解拖拉机的作用，了解拖拉机的组成部分及各部分的功能。
2. 认识拖拉机型号标志，了解标志的各项含义。
3. 了解拖拉机的行驶原理，了解影响拖拉机驱动力的因素。

第 10 章　传动系

10.1　概述

10.1.1　传动系的作用和组成

发动机与驱动轮之间所有传动件的总体称为传动系。它用以传递、改变和分配由发动机传至驱动轮的转矩，使其牵引力和行驶速度在合适的范围内变化。拖拉机传动系还可通过某些部件将发动机的动力传递给动力输出轴，以驱动作业机具（工作装置）。为此，传动系必须具有如下功能：

（1）减速增矩：拖拉机发动机通常采用活塞式内燃机，其曲轴的转速较高，它所传递的转矩较小，而拖拉机作业时对驱动轮的要求是低转速、大转矩。为解决这一矛盾，发动机和驱动轮之间的传动应有适当的传动比，以使驱动轮的转速降低、转矩增大。

（2）变速变矩：拖拉机作业时，发动机经济运行的转速范围不大，其较大转矩对应的转速范围也不大，而为了适应各种田间作业的需要，拖拉机要在不同行驶速度或转矩下工作，这需要传动系有变速、变转矩的功能。

（3）实现倒车：拖拉机除了能向前行驶外，也需要倒车，然而发动机不能反向旋转，因此传动系应保证实现拖拉机倒车。

（4）传递和切断动力：发动机传给驱动轮的动力应平顺地增加，以保证拖拉机平稳起步；动力传递路线应能切断，以保证发动机起动、拖拉机临时停车和换挡的需要。

拖拉机经常带农具一起工作，还需要频繁地停车、起动、行驶，而车用柴油机既不能带负载起动，又不适应频繁起动，因此需要传动系既能适应车用柴油机工作的特点，又能满足拖拉机使用的需要。

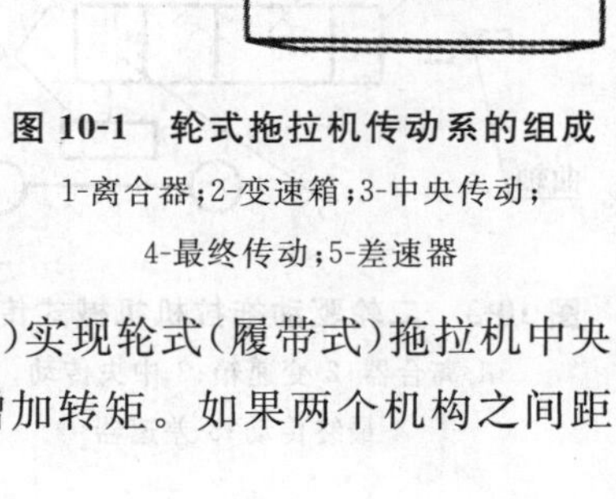

图 10-1　轮式拖拉机传动系的组成

1-离合器；2-变速箱；3-中央传动；4-最终传动；5-差速器

如图 10-1 和图 10-2 所示，拖拉机传动系由离合器、变速箱、中央传动、差速器（转向机构）、最终传动等基本机构组成。离合器主要实现动力分离和接合；变速箱实现变速、变矩和倒车；中央传动实现减速和增加转矩；差速器（转向机构）实现轮式（履带式）拖拉机中央传动的动力向两边驱动轮分配；最终传动实现进一步减速和增加转矩。如果两个机构之间距离较大，常采用联轴节连接它们。

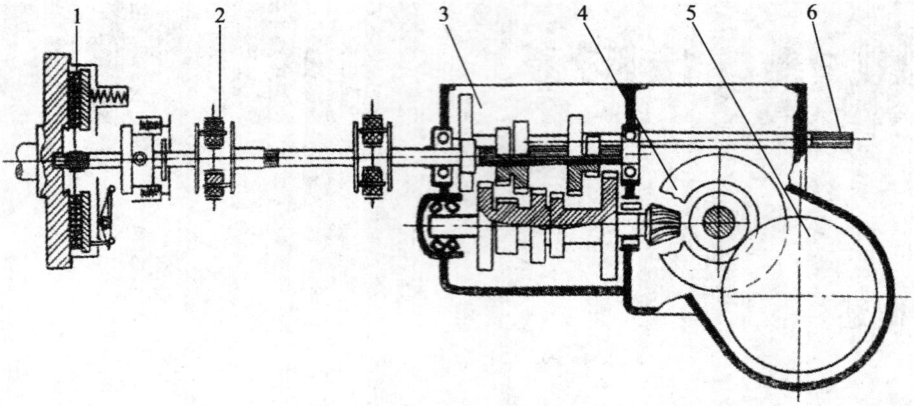

图 10-2 履带式拖拉机传动系的组成

1-离合器；2-万向传动装置；3-变速箱；4-中央传动；5-最终传动；6-动力输出轴

10.1.2 传动系的类型及构成

传动系根据其组成机构的类型分为机械式、液压式和液力-机械式。

10.1.2.1 机械式传动系

机械式传动系是指传动系全部由机械机构组成。根据拖拉机行走机构的特点，机械式传动系又分为轮式（二轮驱动式、四轮驱动式）和履带式。

（1）二轮驱动拖拉机机械式传动系由离合器、变速箱、中央传动、差速器和最终传动构成（图 10-3）。从差速器在图中所在位置可以看出，它可以将动力平均分给两边车轮。差速器还有一个功能：在拖拉机转向时，它在将动力平均分给两边车轮的同时还能分别使车轮以不同的转速转动。

（2）四轮驱动拖拉机机械式传动系由离合器、变速箱、中央传动、差速器、最终传动、分动箱、传动轴、前中央传动、前差速器、前最终传动构成（图 10-4）。四轮驱动拖拉机除了后轮驱动外，还增加了前轮驱动，因此要在变速箱后与后轮中央传动前引出动力传递给前轮，于是多了分动箱和传动轴。前驱动轮与后驱动轮功能相同，因此必须有前中央传动、前差速器、前最终传动这些机构。

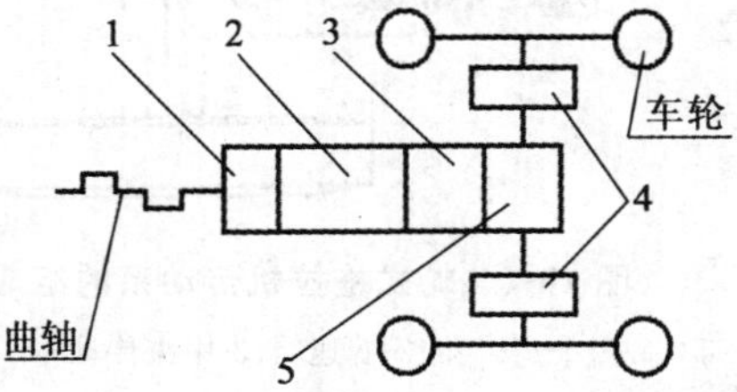

图 10-3 二轮驱动拖拉机机械式传动系

1-离合器；2-变速箱；3-中央传动；
4-最终传动；5-差速器

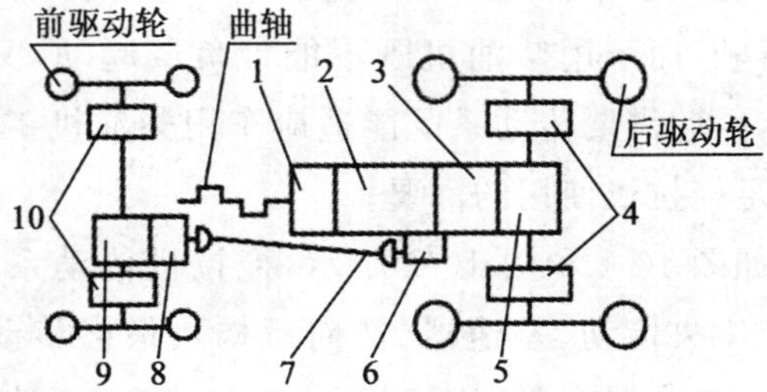

图 10-4 四轮驱动拖拉机机械式传动系

1-离合器；2-变速箱；3-中央传动；4-最终传动；5-差速器；
6-分动箱；7-传动轴；8-前中央传动；
9-前差速器；10-前最终传动

(3)履带拖拉机机械式传动系由离合器、变速箱、中央传动、转向机构和最终传动构成(图 10-5)。转向机构在履带拖拉机中的作用也有两个:一是分别向两边的驱动轮传递动力,推动拖拉机前进或后退;二是分别改变两边驱动轮驱动力矩的大小,实现转向。

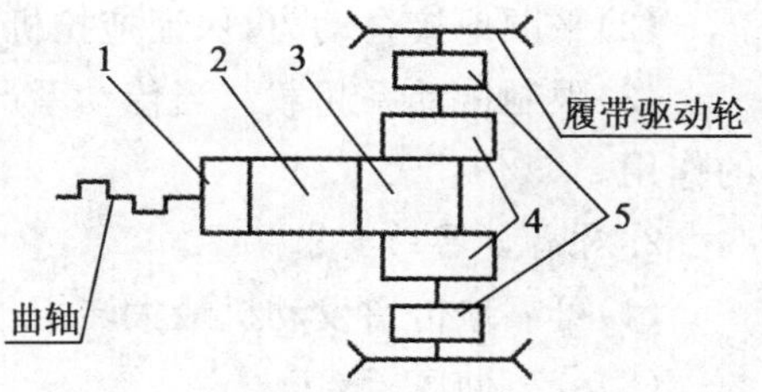

图 10-5　履带拖拉机机械式传动系

1-离合器;2-变速箱;3-中央传动;4-转向机构;5-最终传动

10.1.2.2　液压式传动系

液压式传动系是指传动系全部或部分由液压机械组成。

(1)全液压式传动系由变量泵、液压控制系统和液压马达构成(图 10-6)。变量泵和液压马达之间通过油管连接,液压控制系统控制变量泵,使之根据工作需要输出不同流量的压力油供给两侧的液压马达,由低速、大转矩液压马达直接驱动车轮行走。

(2)部分液压式传动系由变量泵、液压控制系统、液压马达、中央传动、差速器和最终传动构成(图 10-7)。变量泵通过油管与液压马达连接,液压马达高速、小转矩,它通过中央传动、差速器和最终传动将转矩传递给车轮,驱动拖拉机行走。

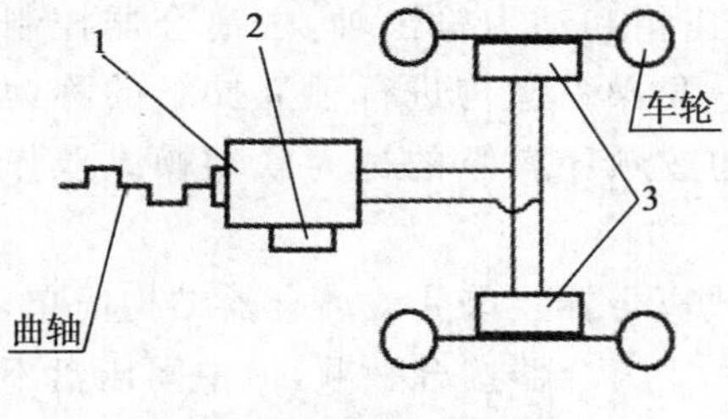

图 10-6　全液压式传动系

1-变量泵;2-液压控制系统;3-液压马达

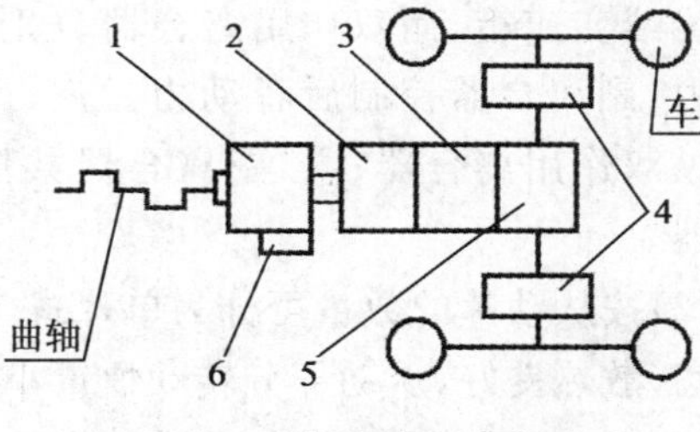

图 10-7　部分液压式传动系

1-变量泵;2-液压马达;3-中央传动;4-最终传动;5-差速器;6-液压控制系统

10.1.2.3　液力-机械式传动系

液力-机械式传动系是指传动系由液力传动和机械传动机构组成。液力传动与液压传动不同,液压传动是以液体压力能来传递和转换机械能的传动机构,而液力传动是以液体动能来传递和转换机械能的传动机构。液力传动机构分为液力偶合器和液力变矩器。

10.2　离合器

10.2.1　离合器的作用和类型

10.2.1.1　离合器的作用与要求

离合器是拖拉机传动系中直接与发动机连接的部件,它位于发动机和变速箱之间。目前广泛采用的是摩擦式离合器,其特点是结构简单,接合后传递动力时几乎没有功率损失。

1. 离合器的作用

(1)临时切断动力,使变速箱顺利换挡。拖拉机制动时也必须暂时切断动力传递。

(2)平顺地接合动力,保证拖拉机平稳起步。

(3)限制传动系超载。当传动系严重超载时,离合器打滑,起保护传动件和发动机零部件的作用。

2.对离合器的要求

(1)可靠地传递发动机最大转矩。

(2)分离彻底、迅速。

(3)接合平顺、柔和,保证拖拉机起步平稳,减小起步过程中对传动系的冲击载荷。

(4)散热良好,以防止由于滑动摩擦引起温度过高,以致烧坏摩擦衬面。

(5)离合器从动部分转动惯量要小,以减少换挡时齿轮间的冲击,并便于换挡。

(6)操纵轻便。

(7)能限制传动系过载。

(8)结构简单,维修、调整方便,使用寿命长。

10.2.1.2 离合器的类型

摩擦式离合器按其结构和工作特点可作如下分类:

(1)按离合器输出动力可分为单作用离合器和双作用离合器。单作用离合器只将动力直接传给变速箱,而双作用离合器分别将动力传给变速箱和动力输出轴,主离合器控制前者动力,副离合器控制后者动力。主、副离合器各用一套操纵机构进行独立操纵的称为独立操纵双作用离合器;主、副离合器共用一套操纵机构按顺序操纵的称为联动操纵双作用离合器。

(2)按从动片的数量可分为单片式、双片式和多片式离合器。单片式离合器结构简单,分离彻底,散热良好,从动部分转动惯量小。双片式和多片式离合器接合平顺,但中间压盘不易散热,分离不易彻底,从动部分转动惯量大。

(3)按摩擦表面的工作条件可分为干式和湿式离合器。干式离合器结构简单,广泛用于拖拉机上。湿式离合器的摩擦表面一般浸泡在油中,用油液冷却和冲洗摩擦表面,散热良好,摩擦表面工作性能稳定,但结构复杂,重量大,成本高。

(4)按压紧方式可分为弹簧压紧、杠杆压紧、液压压紧、电磁力压紧离合器。

(5)按工作原理可分为摩擦式离合器、液力式离合器(液力偶合器、液力变矩器)、电磁式离合器(磁粉离合器)。

10.2.2 单作用离合器

仅仅输出一股动力的离合器为单作用离合器,它的特点是离合器只有一根输出轴。但拖拉机发动机的动力要分别传送给驱动轮和动力输出轴,带这种离合器的拖拉机通常动力从离合器出来传给变速箱,在变速箱中设计一套机构,从主传动路线(传给驱动轮的线路)上分出一股动力传给动力输出轴,其功能如图 10-8 所示。

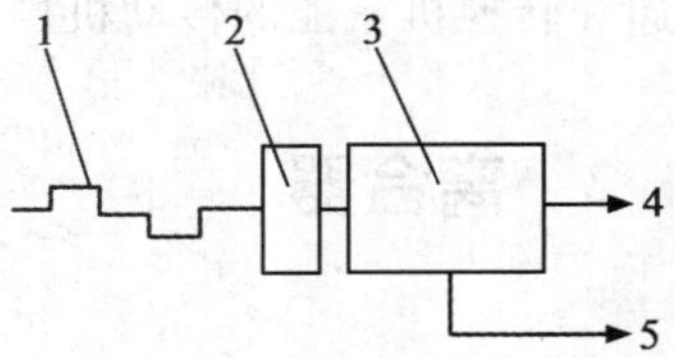

图 10-8 单作用离合器功能简图

1-曲轴;2-离合器;3-变速箱;4-驱动轮;5-动力输出轴

10.2.2.1 单作用离合器的构造

离合器是靠主动盘和从动盘之间的摩擦转矩来完成动力传递的,当从动盘与主动盘分离时,离合器不传递动力[图 10-9(a)];当从动盘与主动盘接触并受到轴向压力 $\boldsymbol{P}$ 时,离合器便传递动力[图 10-9(b)]。为了使从动盘两侧都传递转矩，增加一个压盘[图 10-9(c)]。

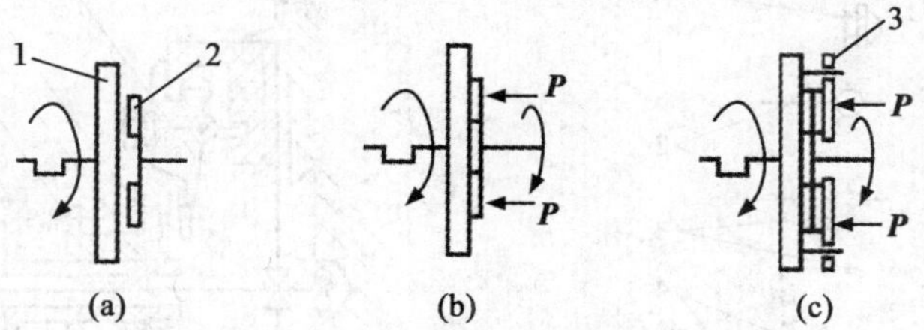

图 10-9 离合器工作原理

(a)离合器不传递动力；(b)离合器传递动力；(c)双压盘离合器

1-主动盘；2-从动盘；3-压盘

从以上原理出发，利用我们所学的知识，构建一个单作用离合器。

首先有飞轮、压盘、从动盘和从动轴(图 10-10)，飞轮相当于主动盘，从动盘两侧是摩擦系数较高而又耐磨的摩擦片。为了使压盘能够从飞轮得到动力，同时使摩擦表面获得正压力，增加一个与飞轮用螺钉固定的离合器盖(图 10-11)。离合器盖上开有 3 个窗口与压盘上的 3 个凸台相配合，用于传递飞轮传来的转矩，离合器盖与压盘之间的多个均布的离合器弹簧将压盘、从动盘和飞轮压紧，发动机的转矩就可以传递给从动轴。为了切断动力，增加离合器分离机构(图 10-12)。该分离机构由 3 套分离杠杆组成，分离杠杆调整螺钉一端插入压盘的圆孔内，另一端通过螺纹与分离杠杆调整螺母连接，挂在离合器盖上；浮销穿过调整螺钉中部的销孔，露出两端；分离杠杆的窗口穿过调整螺钉，并骑在露出浮销的两端上，分离杠杆较短的一端托住分离杠杆卡铁，卡铁的另一端顶住压盘凸台的内凹槽。如果有力量压迫分离杠杆较长的一端向左运动，则分离杠杆较短的一端通过卡铁顶住压盘向右运动，使离合器分离。

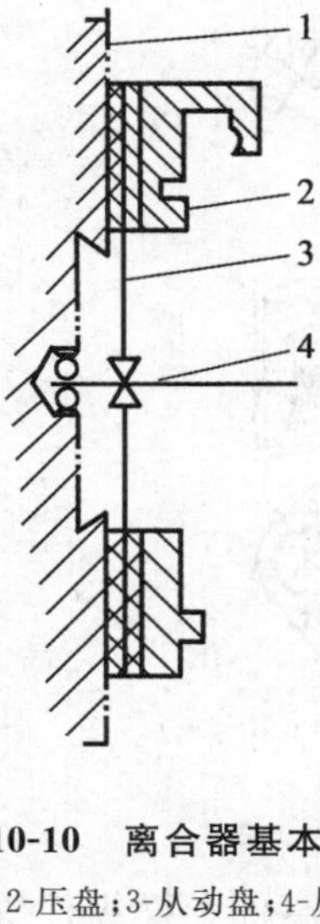

图 10-10 离合器基本件

1-飞轮；2-压盘；3-从动盘；4-从动轴

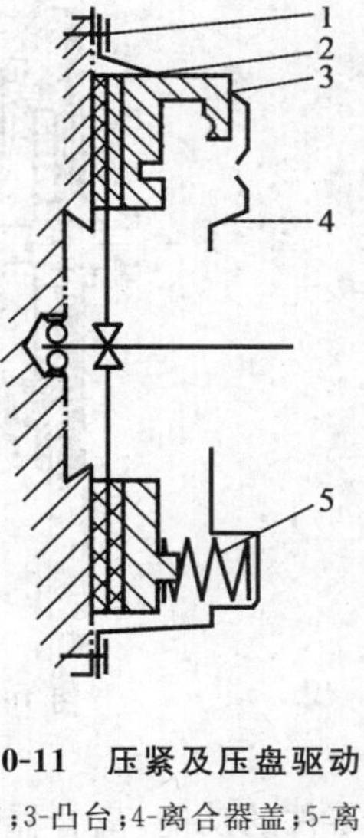

图 10-11 压紧及压盘驱动

1-螺钉；2-窗口；3-凸台；4-离合器盖；5-离合器弹簧

驾驶员控制离合器是通过操纵机构来完成的(图 10-13)，操纵机构由分离轴承、分离轴承座、轴承座回位弹簧、支座、分离叉、拉杆、踏板和踏板回位弹簧等组成。

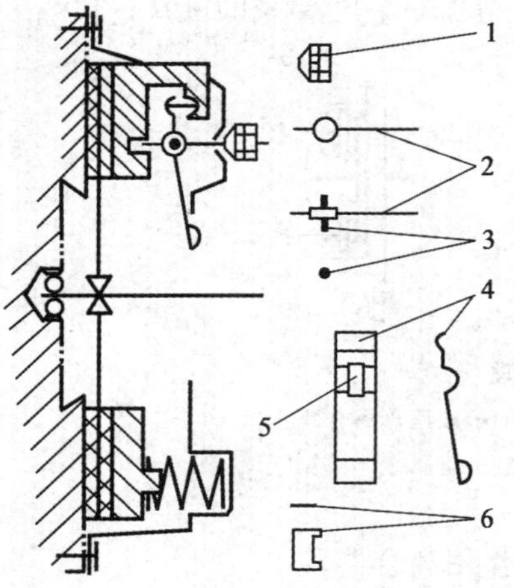

图 10-12 离合器分离机构

1-分离杠杆调整螺母;2-分离杠杆调整螺钉;3-浮销;4-分离杠杆;5-窗口;6-分离杠杆卡铁

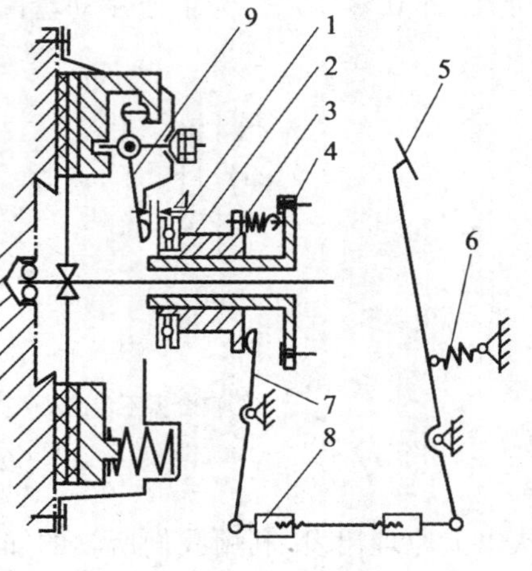

图 10-13 离合器操纵机构及单作用离合器结构简图

1-分离轴承;2-分离轴承座;3-轴承座回位弹簧;4-支座;5-踏板;6-踏板回位弹簧;7-分离叉;8-拉杆;9-分离杠杆

分离轴承固定安装在分离轴承座上,分离轴承座可以在支座上往返移动,在不受外力的条件下,滑动轴承座回位弹簧将分离轴承座拉回到初始位置,使分离轴承端面与分离杠杆端面保持有间隙 Δ。如果需要离合器分离,则踩下踏板,使拉杆拉动分离叉,推动分离轴承座向左移动,使分离杠杆转动,通过分离杠杆卡铁向右顶开压盘,使离合器分离。

与上述单作用离合器结构简图相对应的东方红拖拉机单作用离合器结构如图 10-14 所示。

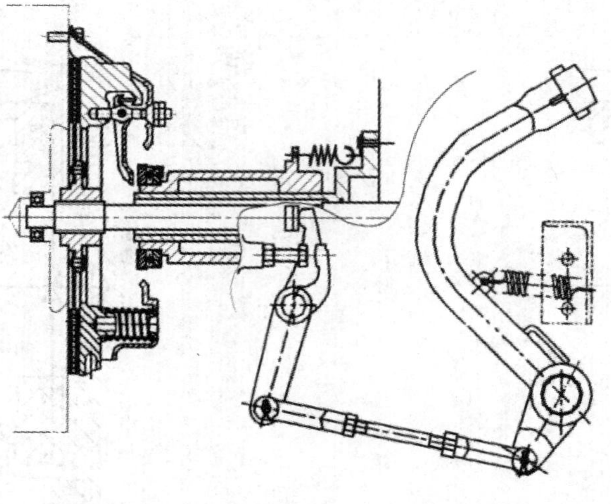

图 10-14 东方红拖拉机单作用离合器结构图

依据各零件的功能,离合器可分为主动件、从动件、压紧件、分离件和操纵件等 5 个部分。主动件主要有压盘、离合器盖和飞轮,飞轮是发动机的一部分,也是离合器的一个重要组成部分。从动件主要有从动盘、从动轴。压紧件主要有弹簧,为防止离合器摩擦热对弹簧的影响,在压盘与弹簧之间通常加装隔热垫。分离件主要有分离杠杆、分离杠杆调整螺钉、分离杠杆调整螺母、浮销、卡铁(、张紧弹簧);为防止分离杠杆随意摆动造成卡铁脱落,张紧弹簧使分离杠杆始终顶住卡铁,压在压盘上。操纵件主要有分离轴承、分离轴承座、轴承座回位弹簧、支座、分离叉、拉杆、踏板、踏板回位弹簧。

当增加压盘作为摩擦面,使离合器从动盘左、右两个摩擦面同时传递转矩时,就需要将飞轮的动力传递给压盘,否则从动盘只能单面传递转矩。飞轮的动力传递给压盘称为压盘的驱动(图10-15),常见的驱动方式有凸台驱动、传动销驱动、传动片驱动等。

为了分析分离杠杆与卡铁之间的运动,将其关系简化(图10-16)。分离杠杆在分离轴承的推动下摆动,分离杠杆上A点作圆弧运动;卡铁推动压盘作分离运动,卡铁上A点作直线运动。同一点既要作圆弧运动,又要作直线运动,这是不可能的,这种现象在机构设计中称为"运动干涉"。为了消除运动干涉,可采取运动补偿的办法。对于分离杠杆来说,若使其杠杆支点上下自由移动,则分离杠杆A点的圆弧运动和支点上下移动合成后,可以使分离杠杆A点也作直线运动,与卡铁的运动相适应。对于卡铁来说,若允许其上下摆动,则卡铁上A点的直线运动和卡铁上下摆动合成后,可以使卡铁上A点也作圆弧运动,与分离杠杆的运动相适应。

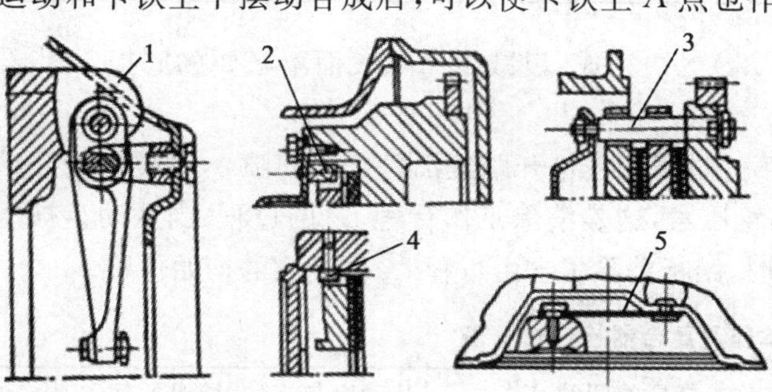

图10-15　压盘的驱动方式

1-凸台;2-轴向布置扁销;3-轴向圆柱销;4-径向布置扁销;5-切向传动片

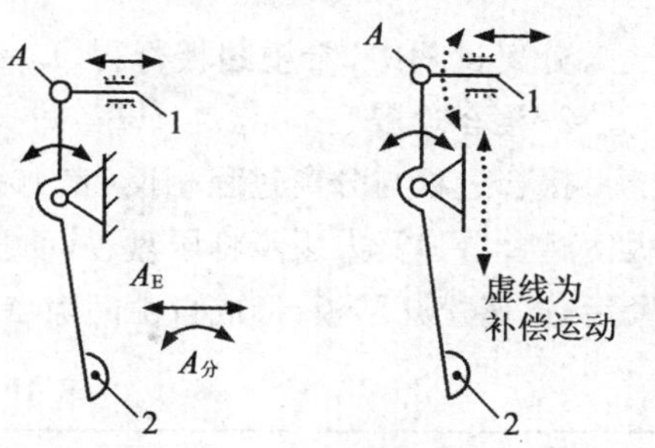

图10-16　分离杠杆与卡铁之间的运动关系

1-卡铁;2-分离杠杆

10.2.2.2　单作用离合器的工作过程

这里介绍常态为接合状态的离合器(也有常态为非接合状态的离合器),按分离和接合两个过程来叙述。初始状态如图10-17(a)所示。

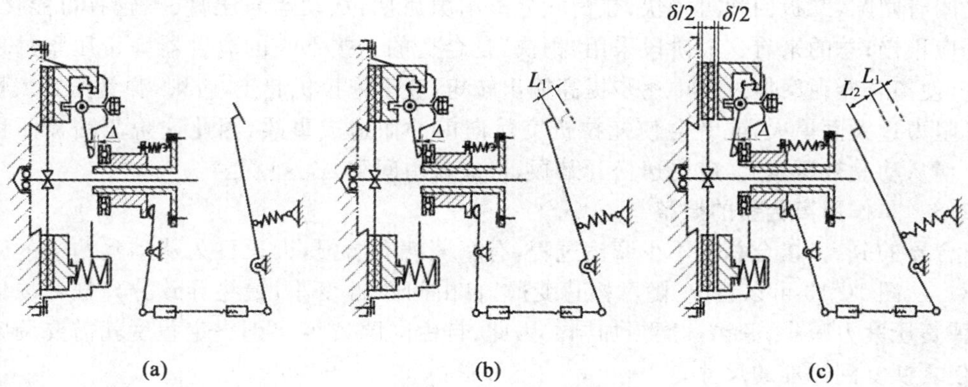

图10-17　离合器分离过程

(a)初始状态;(b)消除自由间隙;(c)产生分离间隙

1.分离过程

当踏板在操纵力作用下向前运动时，首先分离叉推动分离轴承座向前移动，消除分离轴承和分离杠杆之间的自由间隙Δ，到$\Delta=0$，踏板所对应的行程称为自由行程L_1[图 10-17(b)]；踏板继续运动，分离轴承推动分离杠杆摆动，使卡铁推压盘，在克服离合器弹簧压紧力后压盘向后移动，逐渐形成分离间隙δ，从动盘两边间隙各为$\delta/2$，此时离合器已经分离，此过程对应的踏板行程称为工作行程L_2[图 10-17(c)]。整个分离过程如表 10-1 所示。

表 10-1 单作用离合器分离过程表

踏板行程 L	分离轴承与分离杠杆的间隙 Δ	从动盘与飞轮、压盘的间隙 δ
初始状态 $L=0$	Δ(自由间隙)	0
L_1(自由行程)	$\Delta\to 0$	0
L_2(工作行程)	0	$0\to\delta$
分离状态 $L=L_1+L_2$	0	δ(分离间隙)

分离过程中，希望踏板行程($L=L_1+L_2$)尽快完成，以减少摩擦表面不必要的磨损。

2.接合过程

接合过程与分离过程相反(表 10-2)，第一过程是先松开踏板消除分离间隙δ，再缓慢松开踏板使离合器弹簧力逐步将压盘、从动盘、飞轮压紧，这是消除工作行程L_2的过程；当从动盘被压紧后，迅速松开踏板，形成自由间隙Δ。这时，踏板消除了自由行程L_1回到它的初始位置。

表 10-2 单作用离合器接合过程表

踏板行程 L	分离轴承与分离杠杆的间隙 Δ	从动盘与飞轮、压盘的间隙 δ
分离状态 $L=L_1+L_2$	0	δ(分离间隙)
消除工作行程 L_2	0	$\delta\to 0$
消除自由行程 L_1	$0\to\Delta$	0
恢复初始状态 $L=0$	Δ	0

接合过程希望踏板回程按稍快、慢、快的节奏完成。在消除分离间隙前期，从动盘与压盘、飞轮之间有间隙，踏板回程可稍快；在消除分离间隙后期，从动盘与压盘、飞轮有可能接触，踏板回程应稍慢；总的来看这一阶段采用“稍快”是合适的。接下来的离合器弹簧压紧过程应该慢一些，使离合器在摩擦过程中逐步提高输出转矩，直至拖拉机起步，否则，弹簧压紧太快会使发动机阻力过大而熄火，或者会使拖拉机突然向前冲而造成事故，因此这阶段踏板回程应该“慢”。当从动盘被压紧后，应迅速松开踏板，形成自由间隙Δ，这就是“快”。

10.2.2.3 单作用离合器的调整

离合器的分离、接合总有不少摩擦过程，有摩擦就有磨损，天长日久从动盘两边的摩擦片会变薄。从图 10-13 可以看出，随摩擦片变薄，自由间隙Δ变小，最终导致分离杠杆顶住分离轴承，弹簧压紧力减小，摩擦片磨损加剧。因此，自由间隙Δ变小到一定程度就需要调整自由间隙，使之恢复到标准的尺寸。

调整环节有两个：拉杆上的调整环节和分离杠杆调整螺钉的调整环节。通过拉杆上的调整环节使拉杆变长，则自由间隙变大；反之，自由间隙变小。调整分离杠杆调整螺钉上的调整螺母，可以使分离杠杆的支点位置变化，从而调整自由间隙Δ。这里要注意，一般分离杠杆有多个，因此调整时要使它们端点的位置几乎相同(控制在一定的尺寸公差之内)，工作时能保证它们几乎同时与分离轴承接触，不产生偏接触，以防影响分离轴承的寿命。

10.2.3　双作用离合器

输出两股动力的离合器为双作用离合器。双作用离合器由两个离合器组成，一个离合器控制去驱动轮的动力，称为主离合器；另一个离合器控制去动力输出轴的动力，称为副离合器，其功能框图如图 10-18 所示。双作用离合器有联动操纵式和独立操纵式两类。

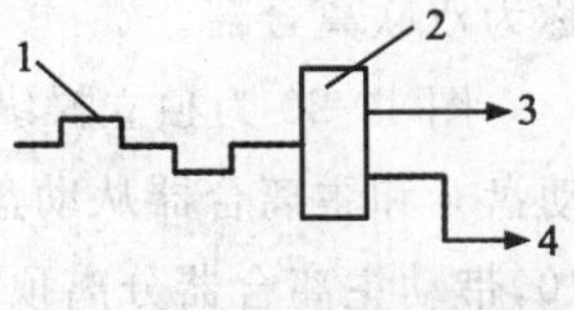

图 10-18　双作用离合器功能简图

1-曲轴；2-离合器；3-驱动轮；4-动力输出轴

10.2.3.1　双作用离合器的构造

1. 联动操纵式双作用离合器

由一套操纵机构顺序操纵主、副离合器分离和接合的称为联动操纵式双作用离合器，现在行业习惯称这种离合器为双作用离合器。

图 10-19 所示为联动操纵式双作用离合器，隔板 6 将离合器分为前、后两个离合器：实心轴 2 为副离合器轴，与其相关的是副离合器；空心轴 10 为主离合器轴，与其相关的是主离合器。图中只有一套分离及操纵机构，包括分离杠杆、分离轴承及分离轴承座、分离叉等，实现主、副离合器顺序分离和接合的是联动销 15、限位螺母 14。限位螺母与后压盘(主离合器压盘)之间有一个间隙，当主离合器分离时，此间隙消失，转变为主离合器的最小分离间隙。由于此间隙的存在，主离合器分离时，副离合器仍然保持接合。当主离合器分离后，分离及操纵机构继续分离操作时，在限位螺母 14 和联动销 15 的共同作用下，副离合器实现分离。双作用离合器接合时，过程与上述过程相反。

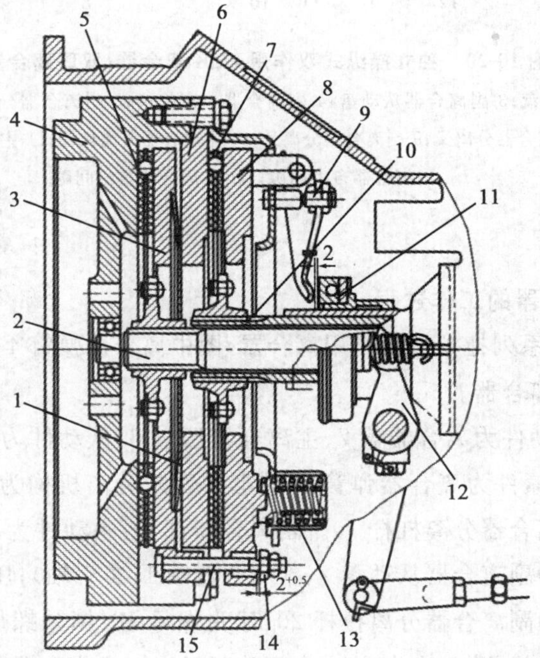

图 10-19　联动操纵式双作用离合器

1-副离合器碟形弹簧；2-副离合器轴；3-前压盘；4-飞轮；5-副离合器从动盘；6-隔板；7-主离合器从动盘；8-后压盘；9-分离杠杆；10-主离合器轴；11-分离轴承及分离轴承座；12-分离叉；13-主离合器弹簧；14-限位螺母；15-联动销

2. 独立操纵式双作用离合器

由两套操纵机构分别操纵主、副离合器分离和结合的称为独立操纵式双作用离合器，通常称为双联离合器。

图 10-20 为独立操纵式双作用离合器，由一片碟形弹簧 1 向前、向后分别压紧副离合器从动盘 3 和主离合器从动盘 2；离合器脚踏板操纵主离合器分离套筒 7 控制主离合器分离杠杆 10，带动主离合器分离顶杆 11，实现主离合器的分离与接合；离合器手动操纵杆操纵副离合器分离套筒 6 控制副离合器分离杠杆 4，带动副离合器分离拉杆 5，实现副离合器的分离与接合；主离合器、副离合器都可以独立工作。

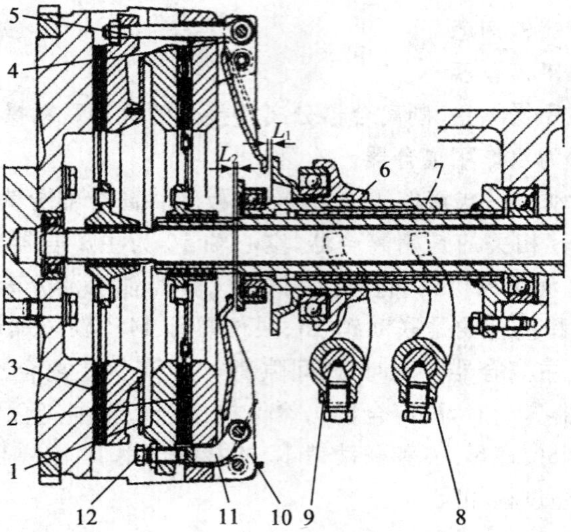

图 10-20　独立操纵式双作用 LUK 离合器（双联离合器）

1-碟形弹簧；2-主离合器从动盘；3-副离合器从动盘；4-副离合器分离杠杆；5-副离合器分离拉杆；6-副离合器分离套筒；7-主离合器分离套筒；8-主离合器分离叉；9-副离合器分离叉；10-主离合器分离杠杆；11-主离合器分离顶杆；12-调节螺钉

L_1：副离合器自由间隙；L_2：主离合器自由间隙

10.2.3.2　双作用离合器的工作过程

图 10-21 为东方红系列拖拉机双作用离合器，图中离合器弹簧 4 为一个碟形弹簧，其前方为副离合器，后方为主离合器。

主离合器部分：主动件为离合器盖 7、主离合器压盘 6；从动件为主离合器从动盘 9、主离合器轴 11（空心轴）；压紧件为离合器弹簧 4（碟形弹簧）；分离机构为主离合器调整螺钉 5、主离合器分离顶杆 8、主离合器分离杠杆 10。副离合器部分：主动件为飞轮（发动机的零件）、副离合器压盘 3；从动件为副离合器从动盘 2、副离合器轴 1（实心轴）；压紧件与主离合器共用离合器弹簧 4；分离机构为副离合器分离拉杆 20、球头螺母 18、锁紧螺母 17、副离合器分离杠杆 19。图中可以看出副离合器分离杠杆的自由间隙明显大于主离合器分离杠杆的自由间隙。操纵机构一套，由分离轴承（及分离轴承座）12、分离叉（摇臂）14、拉杆 16、离合器踏板总成 15 等组成。

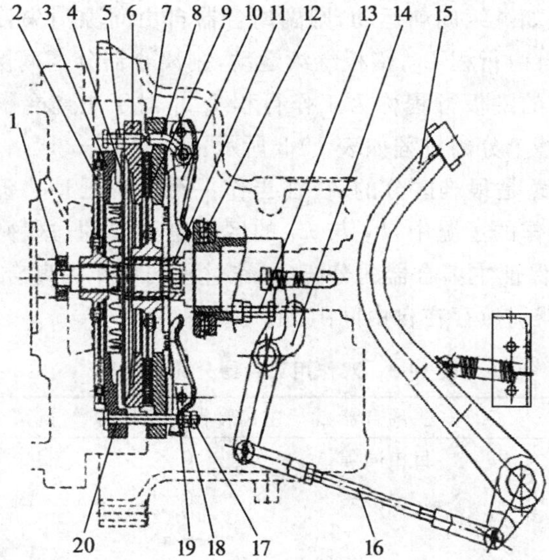

图 10-21 东方红系列拖拉机双作用离合器结构

1-副离合器轴；2-副离合器从动盘；3-副离合器压盘；4-离合器弹簧；5-主离合器调整螺钉；6-主离合器压盘；7-离合器盖；8-主离合器分离顶杆；9-主离合器从动盘；10-主离合器分离杠杆；11-主离合器轴；12-分离轴承；13-调整螺钉；14-分离叉(摇臂)；15-离合器踏板总成；16-拉杆；17-锁紧螺母；18-球头螺母；19-副离合器分离杠杆；20-副离合器分离拉杆

1. 分离过程

主离合器分离：当踏板向前运动时，分离叉推动分离轴承座及分离轴承向前移动，消除主离合器自由间隙 Δ_1，到 $\Delta_1=0$，踏板所对应的行程称为自由行程 L_1(图 10-22)；踏板继续运动，分离轴承推动主离合器分离杠杆摆动，带动主离合器分离顶杆克服离合器弹簧压紧力，推动主离合器压盘向前移动，逐渐形成主离合器分离间隙，此时主离合器已经分离，此过程对应的踏板行程称为工作行程 L_2。在上述过程中副离合器自由间隙 Δ_2 不断减小，当上述过程结束时，副离合器还存在少量的自由间隙。

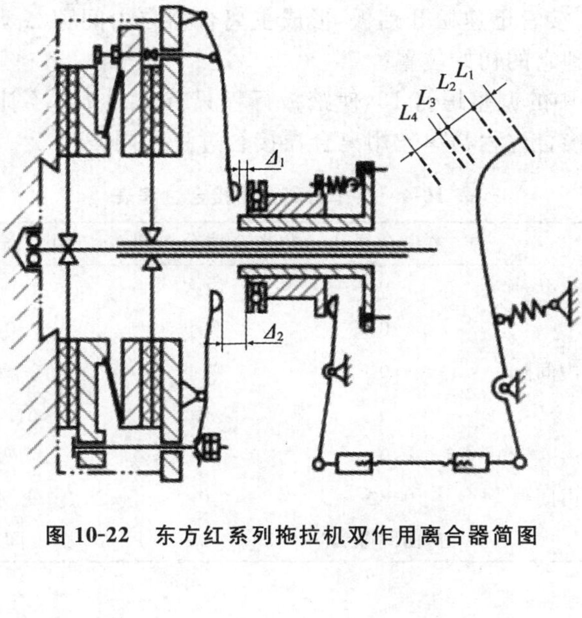

图 10-22 东方红系列拖拉机双作用离合器简图

副离合器分离：踏板如继续向前运动，则副离合器自由间隙消失，$\Delta_2=0$，踏板这段过程所对应的行程为副离合器自由行程 L_3；踏板继续运动，副离合器分离间隙逐渐形成，此时副离合器已经分离，此过程对应的踏板行程称为工作行程 L_4。对于主离合器来说，这段过程主离合器分离间隙越来越大。整个分离过程如表 10-3 所示。

实际操作中，L_2 与 L_3 是很难区分的，往往当作一个行程处理。但是，在不需要副离合器工作、只使用主离合器工作的工况中，L_2 与 L_3 的区分是必要的，这种情况下通常设置一种机构，使踏板只能踩到 L_2，保证主离合器的分离（操作过程同单作用离合器的分离过程），同时保证踏板踩到底时副离合器仍然存在自由间隙。

表 10-3　双作用离合器分离过程表

踏板行程 L	主离合器 Δ_1	主离合器分离间隙	副离合器 Δ_2	副离合器分离间隙
初始状态，$L=0$	自由间隙 Δ_1	0	自由间隙 Δ_2	0
L_1（主离合器自由行程）	$\Delta_1\to0$	0	Δ_2 变小	0
L_2（主离合器工作行程）	0	0→有	Δ_2 变小	0
主离合器分离，$L=L_1+L_2$	0	有	$\Delta_2>0$	0
L_3（副离合器自由行程）	0	变大	$\Delta_2\to0$	0
L_4（副离合器工作行程）	0	变大	0	0→有
副离合器分离，$L=L_1+L_2+L_3+L_4$	0	最大	0	有

2. 接合过程

接合过程与分离过程相反（表 10-4）。

副离合器接合：松开踏板，先消除副离合器分离间隙，再缓慢松开踏板使离合器弹簧力逐步将副离合器压盘、副离合器从动盘、飞轮压紧，这是消除副离合器工作行程 L_4 的过程；当副离合器从动盘被压紧后，迅速松开踏板，形成副离合器自由间隙 Δ_2，这时，踏板消除副离合器自由行程 L_3。

主离合器接合：继续松开踏板，逐步消除主离合器分离间隙，到消除的后期，踏板再缓慢松开，使离合器弹簧力逐步将主离合器压盘、主离合器从动盘、离合器盖压紧，以达到消除主离合器工作行程 L_2 的目的；接着迅速松开踏板，形成主离合器自由间隙 Δ_1，副离合器自由间隙 Δ_2 也达到最大值，踏板回到它的初始位置。

如果调整图 10-21 中的调整螺钉 13，使踏板行程只有 L_1+L_2，不让副离合器的工作机构起作用，则主离合器的接合过程与单作用离合器接合过程相同。

表 10-4　双作用离合器接合过程表

踏板行程 L	主离合器 Δ_1	主离合器分离间隙	副离合器 Δ_2	副离合器分离间隙
离合器全分离，$L=L_1+L_2+L_3+L_4$	0	最大	0	有
消除 L_4，副离合器接合	0	变小	0	有→0
消除 L_3，形成副离合器自由间隙	0	变小	$0\to\Delta_2$	0
副离合器完全接合，$L=L_1+L_2$	0	有	$\Delta_2>0$	0
消除 L_2，主离合器接合	0	有→0	Δ_2 变大	0
消除 L_1，形成主离合器自由间隙	$0\to\Delta_1$	0	Δ_2 变到最大	0
恢复初始状态，$L=0$	自由间隙 Δ_1	0	自由间隙 Δ_2	0

10.2.3.3　双作用离合器的调整

离合器的调整环节有两个。主离合器的调整环节为主离合器调整螺钉及其锁紧螺母，松开锁紧螺母，调整主离合器调整螺钉的位置，使主离合器分离顶杆带动主离合器分离杠杆，实现主离合器自由间隙 Δ_1 的调整。这里要注意，调整时要使所有主离合器分离杠杆端点的位置几乎相同（控制在一定的尺寸公差之内）。

副离合器的调整环节为副离合器的球头螺母和锁紧螺母，松开锁紧螺母，调整球头螺母确定副离合器分离拉杆有效长度，使副离合器分离杠杆摆动，实现副离合器自由间隙 Δ_2 的调整。这里也要注意，调整时要使所有副离合器分离杠杆端点的位置几乎相同（控制在一定的尺寸公差之内）。

10.2.4　离合器主要元件

10.2.4.1　从动盘

简单从动盘由从动片、摩擦片和从动盘毂等 3 个基本零件组成，为防止润滑油脂污染摩擦片，有的从动盘还带有甩油盘（图 10-23）。

为改善离合器的操作性能，有的从动片采取轴向弹性措施，使离合器接合时摩擦面上的压紧力缓慢增加，减少离合器接合过程的冲击；也有的从动盘采取圆周方向减振措施，减少发动机振动对传动系的影响。

1. 轴向弹性从动片

具有轴向弹性的从动片有整体式、分开式和组合式三种。

整体式弹性从动片（图 10-24）沿半径方向开有 T 形槽，将外缘部分分成许多扇形块，并将扇形部分冲压成波纹形状，两侧摩擦片分别铆在相隔一片的扇形块上，使从动片具有轴向弹性。

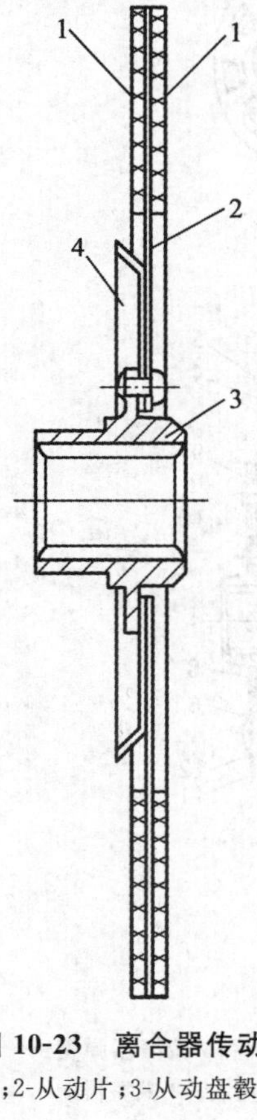

图 10-23　离合器传动片

1-摩擦片；2-从动片；3-从动盘毂；4-甩油盘

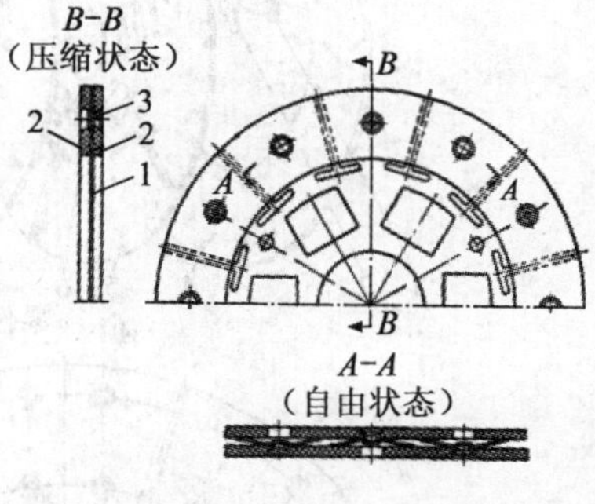

图 10-24　整体式弹性从动片

1-从动片；2-摩擦片；3-铆钉

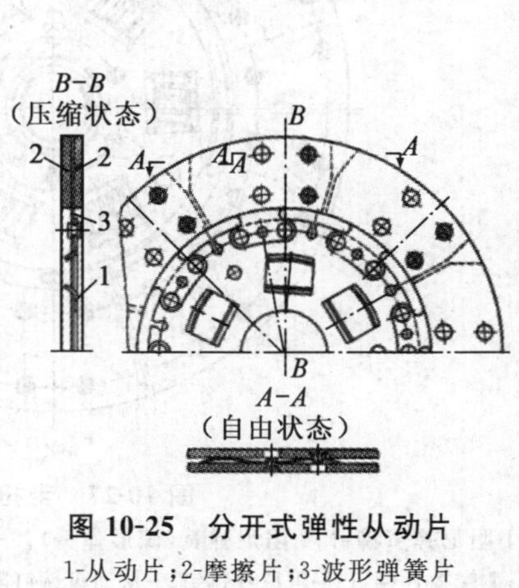

图 10-25　分开式弹性从动片

1-从动片；2-摩擦片；3-波形弹簧片

分开式弹性从动片(图 10-25)由单独多片的波形弹簧片 3 与从动片 1 铆接而成,两边的摩擦片与波形弹簧片铆在一起。由于波形弹簧片是由同一模具冲压而成,故刚度一致。此外,波形弹簧片较薄,使从动片的转动惯量大为减小,但整体刚性稍差,适用于轻型车辆。

组合式弹性从动片(图 10-26)中有从动片 1(与摩擦片外径相同),靠近压盘一侧的从动片上铆有波形弹簧片 3,摩擦片 2 分别铆在波形弹簧片上和从动片的另一侧。这种从动片转动惯量较大,但整体刚性较好,适用于重型车辆。

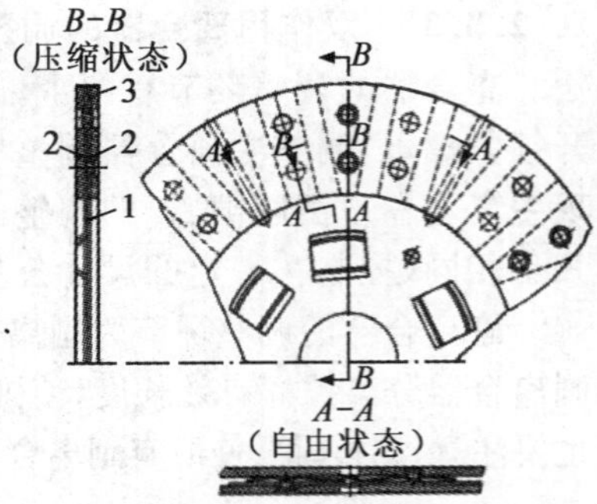

图 10-26 组合式弹性从动片

1-从动片;2-摩擦片;3-波形弹簧片

2. 带扭转减振器的从动盘

这类从动盘(图 10-27)的从动片通过扭转减振器与从动盘毂连接。从动片 5、减振器盘 12 通过从动盘铆钉隔套 9 和从动盘铆钉 3 铆合为一个铆合件;从动盘毂 11 位于铆合件中间,从动盘毂 11 上与从动盘铆钉隔套 9 相对应的位置开有缺口,允许从动盘毂 11 相对于铆合件转动;铆合件与从动盘毂上沿圆周方向开有与减振器弹簧 6 相适应的多个矩形槽,弹簧沿圆周方向布置在槽中;减振器阻尼片 10 分别固定在从动盘毂 11 两边,阻尼弹簧铆钉 1 铆合后使阻尼弹簧 2 变形,阻尼弹簧变形力从减振器盘和从动片两边压住减振器阻尼片,当从动盘毂相对铆合件产生扭转振动时,阻尼片将产生阻尼力。

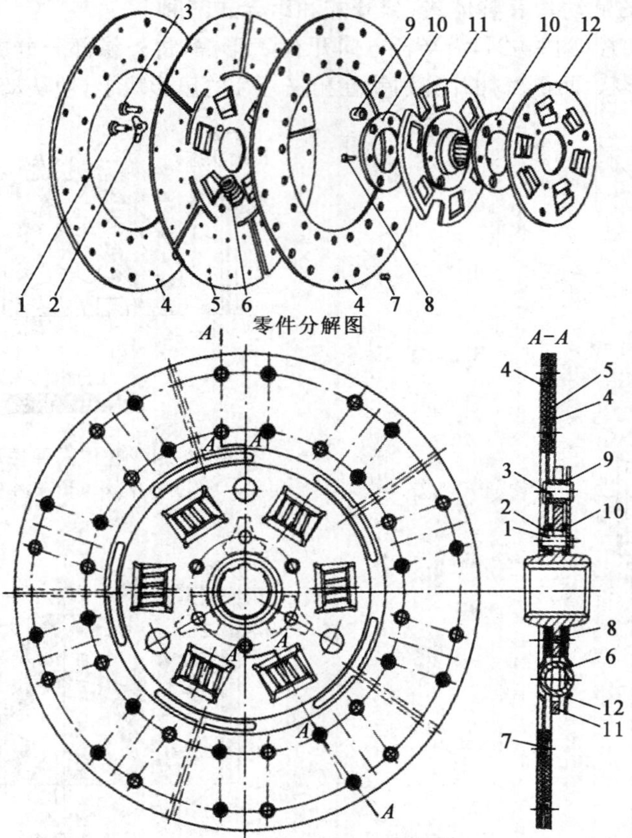

图 10-27 带扭转减振器的从动盘

1-阻尼弹簧铆钉;2-阻尼弹簧(碟形弹簧);3-从动盘铆钉;4-摩擦片;5-从动片;6-减振器弹簧;7-摩擦片铆钉;8-阻尼片铆钉;9-从动盘铆钉隔套;10-减振器阻尼片;11-从动盘毂;12-减振器盘

从动盘不工作时，减振器弹簧处于自由状态[图 10-28(a)]；从动盘工作时，从动片如图(b)所示逆时针转动压缩减振器弹簧，减振器弹簧推动从动盘毂转动，减振器弹簧在这里起减振作用，而减振器阻尼片的阻尼力可使振动较快衰减。

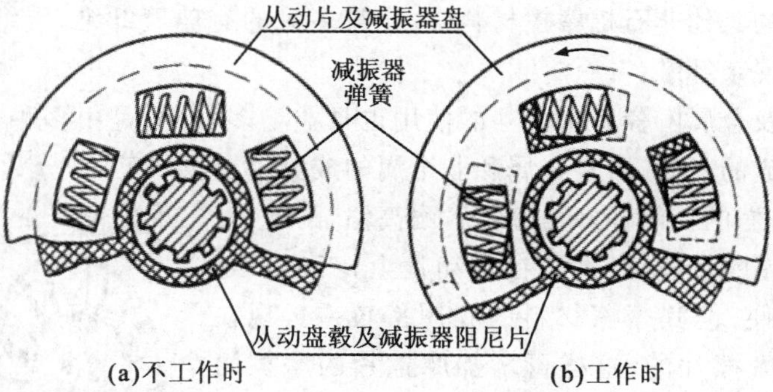

图 10-28　扭转减振器工作示意图

也有些离合器从动盘中采用两组或更多组刚度不同的减振器弹簧，并将铆合件上装弹簧的窗口长度做得大小不一(图 10-29)，使不同组弹簧先后起作用来获得变刚度特性。图中从动盘工作转矩较小时(逆时针方向转动)，最长的一组弹簧(2 个)先起作用，其余 2 组弹簧因为铆合件上装弹簧的窗口长度较长而不起作用，减振系统刚度最小；从动盘工作转矩中等时，最长的及中间长度的弹簧(4 个)同时起作用，减振系统刚度显然增大；从动盘工作转矩较大时，3 组弹簧(6 个)同时起作用，减振系统刚度最大。这种扭转减振器变刚度特性可以避免传动系统的共振，降低传动系统噪声。

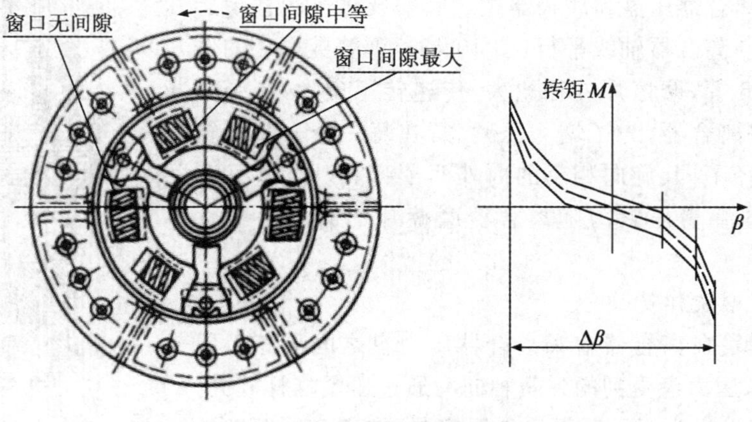

图 10-29　变刚度扭转减振器结构及特性

(β为从动片与从动盘毂之间的转角)

3. 摩擦片

以前的离合器广泛采用石棉与酚醛树脂压制成的摩擦片，由于这种材料在高温(250℃以上)时摩擦系数下降，特别是确认石棉摩擦材料对人体健康和环境污染有害后，现在摩擦片中更多地使用半金属摩擦材料和其他非石棉摩擦材料。

半金属摩擦材料以钢纤维或金属粉(铸铁粉、还原铁粉)代替石棉纤维。半金属摩擦材料具有如下优点：在高温(250℃以上)下摩擦系数稳定，耐磨性好，导热性好，制动噪声小；也有以下缺点:钢纤维容易生锈,低速下易产生低频噪声。在半金属摩擦材料中,广泛使用酚醛树脂为黏结剂,也有使用橡胶与酚醛树脂共混物为黏结剂的。半金属摩擦材料使用的增强纤维主要是钢纤维和铜纤维,也有使用陶瓷纤维和碳纤维的。

代替石棉纤维的其他非石棉摩擦材料中,比较多见的有玻璃纤维、碳纤维、芳纶纤维以及这些纤维相混合的混杂纤维。

目前粉末冶金及金属陶瓷摩擦材料的使用也日益增多,它们是由多种金属和非金属粉末混合在一起烧结而成的,视其所含金属和非金属的成分以及生产工艺,分为粉末冶金摩擦片和金属陶瓷摩擦片,它们的传热性好,强度高,耐高温,耐磨,摩擦系数较高。

摩擦片常用紫铜或铝铆钉铆接在从动片上,其优点是更换摩擦片比较方便,但其摩擦材料的利用率较差。现在也有用黏接法固定摩擦片的,这样可增加摩擦片的摩擦面积,还能充分利用摩擦材料,但修理时更换摩擦片比较麻烦,而且黏接法无法在轴向弹性从动片上使用。

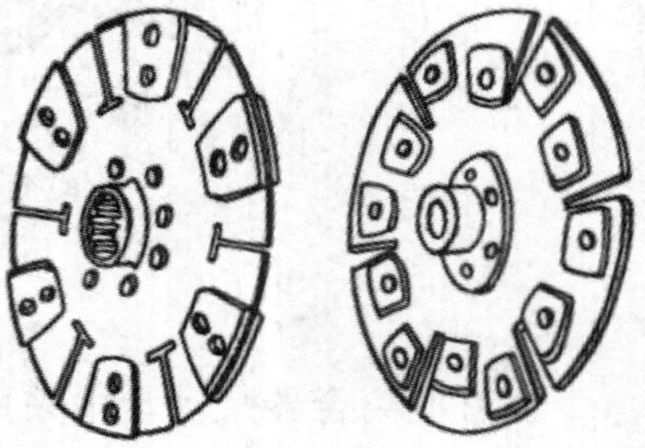

图 10-30 铆接摩擦块的从动盘

通常摩擦片是一个完整的环形,近年来由于高强度材料的采用,出现了尺寸不大的梯形、圆形、椭圆形等多种形状的摩擦块,它们被均匀地铆接或黏接在从动片上,形成摩擦面(图 10-30)。

10.2.4.2 压紧装置

1.周布圆柱螺旋弹簧

这是一种常用的压紧装置。为使离合器能传递足够的摩擦转矩,一般在离合器压盘和离合器盖之间安装多个圆柱螺旋弹簧,弹簧轴线与离合器轴线平行(图 10-13),弹簧数取 3 的倍数,即 6、9、12、15 等,摩擦片外径愈大,传递转矩愈大,则弹簧数愈多。有一些离合器,为了增大压紧力,在每一个安装弹簧的位置,安装直径不同、旋向相反的内外两个弹簧(图 10-19)。这种压紧装置的弹簧压紧力随离合器摩擦片的磨损呈线性下降。

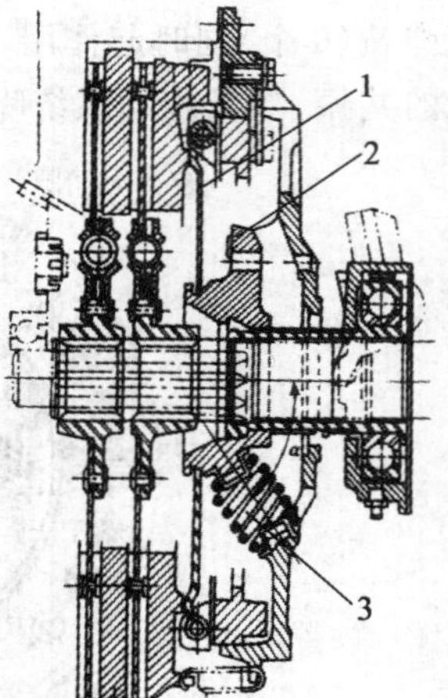

图 10-31 斜置螺旋弹簧离合器

1-压紧杠杆;2-传力盘;3.螺旋弹簧

2.周布斜置螺旋弹簧

所有压紧弹簧在离合器盖和离合器压力盘之间周布斜置安装(图 10-31),压力盘受到的弹簧轴向力通过压紧杠杆放大,压在离合器压盘上。由于压紧弹簧斜置安装,在离合器摩擦片允许的磨损范围内,即使摩擦片磨损,其压盘上的压紧力也大致不变。

3.碟形弹簧和膜片弹簧

碟形弹簧的形状如同一个无底的碟子[图 10-32(a)],它的弹性特性曲线如图 10-32(b)所示。从图中可以看出,当它受力较小时,弹簧变形量与受力几乎呈线性关系;而受力较大时,弹簧变形量与受力呈非线性关系。使用时,碟形弹簧的正常工作点设在图 10-32(b)中 B 点,离合器分离时弹簧工作于 D 点,可以看出离合器分离过程中,弹簧受力没有增大,说明离合器分离过程中操纵力变化不大。另外,如果离合器摩擦片磨损到极限,即弹簧工作于 A 点时,弹簧受力减少不多，说明离合器传递转矩的能力下降不多。与圆柱螺旋弹簧的弹性特性相比，碟形弹簧的使用特性好得多(图 10-33)，因为圆柱螺旋弹簧离合器分离时操纵力增加很多($P_{D'} >> P_D$)，摩擦片磨损时弹簧压紧力下降很多($P_{A'} << P_A$)，使离合器传递转矩的能力下降很多。东方红系列拖拉机双作用离合器使用的弹簧就是碟形弹簧(图 10-34)。

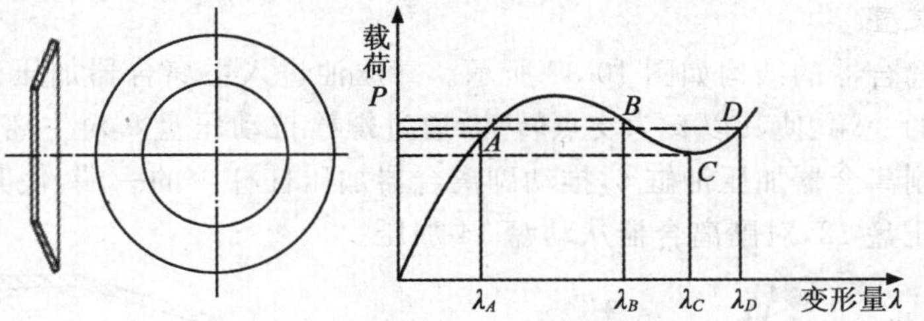

(a) 形状　　(b) 特性曲线

图 10-32　碟形弹簧及其特性曲线

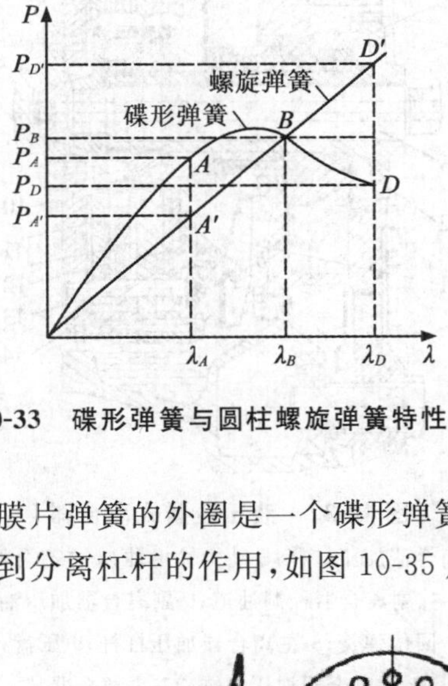

图 10-33　碟形弹簧与圆柱螺旋弹簧特性比较

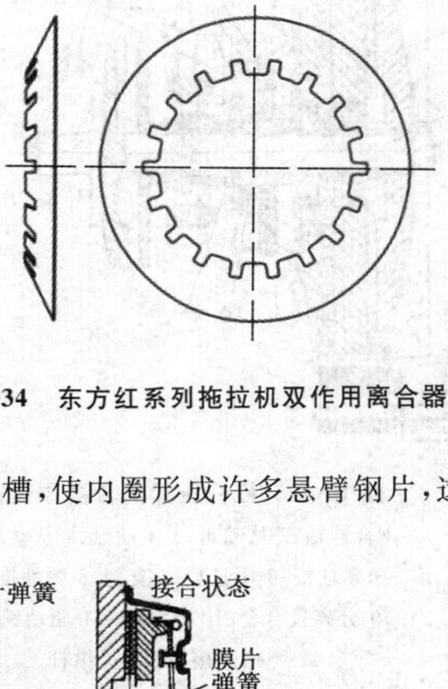

图 10-34　东方红系列拖拉机双作用离合器弹簧

膜片弹簧的外圈是一个碟形弹簧，内圈有许多径向槽，使内圈形成许多悬臂钢片，这些钢片起到分离杠杆的作用，如图 10-35 所示。

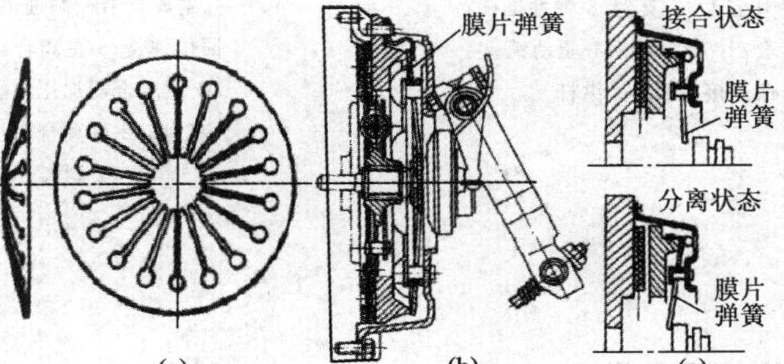

(a)　(b)　(c)

图 10-35　膜片弹簧(a)、膜片弹簧离合器(b)及其工作状态(c)

4. 杠杆压紧装置

杠杆压紧离合器的结构如图 10-36 所示，离合器主动盘、从动盘和从动压盘的压紧是靠压紧杠杆 5 实现的。压紧杠杆中部 a 点与支架 7 铰接，压紧杠杆右部 b 点与弹性推杆 8 铰接，当操纵杆 13 推动分离接合套 9 向左移动使弹性推杆 8 处在垂直位置时，压紧力最大，但这时推杆很不稳定,很容易向分离方向松退,使离合器分离。为防止压紧机构松退,离合器接合时,弹性推杆应越过垂直位置(死点),使其下端向前稍有倾斜,并以分离接合套 9 端面与支架 7 的端面相触为限,当然这时压紧力也稍有降低,但在此工况下压紧机构不会松退。压紧杠杆 5 的头部有一重块,在离合器转动时借助离心力产生一个稳定力矩,使压紧机构处于更加稳定的接合位置。

5. 液压压紧装置

液压压紧式离合器的结构如图 10-37 所示。高压油进入主离合器加压油缸 10,推动主离合器加压杠杆 8 的一端,使其以 a 为支点转动,通过螺栓拉动压盘 9 对主离合器从动盘 11 加压。高压油进入副离合器加压油缸 6,推动副离合器加压杠杆 1 的一端,使其以 b 为支点通过螺钉压副离合器压盘 12,对副离合器从动盘 14 加压。

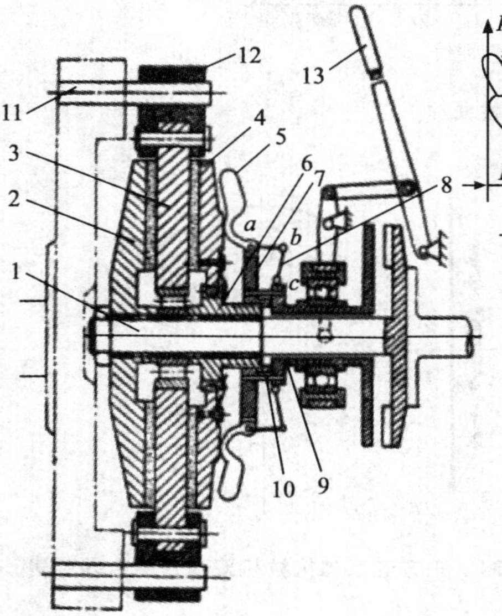

图 10-36 杠杆压紧离合器原理图

1-离合器轴;2-从动盘;3-主动盘;4-从动压盘;5-压紧杠杆;6-压盘毂;7-支架;8-弹性推杆;9-分离接合套;10-导向销;11-驱动销;12-弹性连接块;13-操纵杆

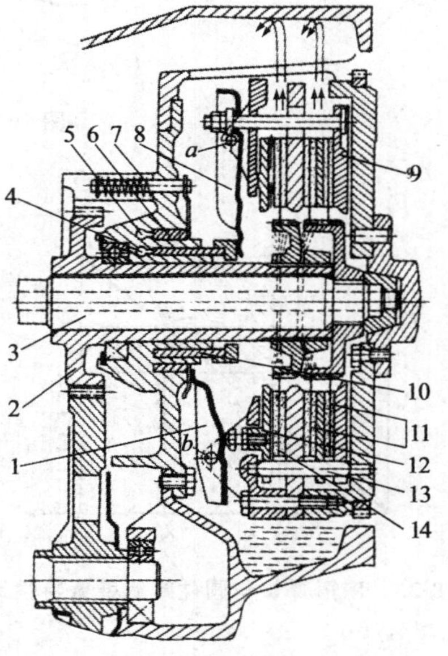

图 10-37 液压压紧式离合器

1-副离合器加压杠杆;2-动力输出轴;3-主离合器轴;4、5-主、副离合器控制油道;6-副离合器加压油缸;7-回位弹簧;8-主离合器加压杠杆;9-压盘;10-主离合器加压油缸;11-主离合器从动盘;12-副离合器压盘;13-传力销;14-副离合器从动盘

10.3 变速箱

10.3.1 变速箱的作用和类型

10.3.1.1 变速箱的作用

变速箱是拖拉机传动系的重要部件,通常位于主离合器之后,其作用是:

(1)变速变矩,即变换排挡以改变传动系的传动比,在不改变发动机转矩和转速的情况下,使拖拉机获得所需的各种行驶速度和驱动力。它通过改变不同啮合齿轮副的传动比来实现。

(2)实现倒挡,使拖拉机能倒退行驶。它通常通过增加一个惰轮或在结构上增加一对齿轮副来实现。

(3)实现空挡,使拖拉机能在发动机不熄火的情况下较长时间地停车,也可使发动机在空载的状况下便于起动。在结构上能使变速箱中无齿轮副传递动力,即切断发动机与驱动轮之间的动力联系。

10.3.1.2 变速箱的类型

变速箱通常由变速机构和操纵机构两大部分组成。

1.按变速机构的传动比分类

根据传动比设置的不同,变速箱分为有级式、无级式和综合式三类。

(1)有级式变速箱由若干个定值传动比的齿轮传动机构组成,通常称为机械式变速箱。按轮系结构形式的不同,分为普通齿轮变速箱(轴线固定式)和行星齿轮变速箱(轴线旋转式)两种。按变速过程中动力传递是否中断,又有传统齿轮变速箱和负载换挡变速箱之分。变速箱定值传动比的个数等于拖拉机的前进挡位数。

(2)无级式变速箱是传动比在一定范围内能无限连续变化的变速箱。通常又分为液力式(动液式)、液压式和电力式三种。液力式的变速传动部件为液力变矩器,电力式的变速传动部件为直流串励电动机。

(3)综合式变速箱由有级式齿轮变速箱和无级液力变矩器组成,故又可称为液力机械式变速箱,其传动比可在若干间断范围内无级变化。

2.按操纵机构的操纵方式分类

根据操纵方式的不同,变速箱分为手动式、自动式和半自动式三类。

(1)手动操纵式变速箱依靠驾驶员直接操纵变速杆进行换挡。

(2)自动操纵式变速箱只需要驾驶员通过加速踏板控制车速。

(3)半自动操纵式变速箱又可分为两种形式:一种是常用的几个挡位自动操纵,其余挡位由驾驶员操纵;另一种是驾驶员预先用按钮选定所需挡位,再通过加速踏板接通电磁装置或液压装置实现换挡。

手动操纵式普通齿轮变速箱具有结构简单、传动效率高、制造成本低、工作可靠和维修方便等优点,目前在拖拉机上广泛应用。

10.3.2 变速箱的变速传动机构

10.3.2.1 基本变速传动机构

拖拉机变速箱中齿轮式变速传动机构有定轴轮系和行星轮系两种。

1.定轴轮系的变速传动机构

定轴轮系的变速传动机构通常由外啮合的圆柱齿轮副组成。其传动比是指主动轴转速与从动轴转速的比值。一对齿轮副的主动齿轮转速为 n_1、齿数为 Z_1,从动齿轮转速为 n_2、齿数为 Z_2,则其传动比 $i=n_1/n_2=Z_2/Z_1$。$i>1$ 为减速,$i<1$ 则为增速。改变传动比 i,从动轴便可得到不同的转速及转矩。

(1)两轴式基本变速机构:图 10-38 中,n_1 为输入轴,n_2 为输出轴。拨叉带动滑动齿轮组从中间位置左移,Z_3 与 Z_4 相啮合,为高速挡;拨叉带动滑动齿轮组从中间位置右移,Z_1 与 Z_2 相啮合,为低速挡;滑动齿轮组处于中间位置为空挡。对 Z_1、Z_2、Z_3、Z_4 选择不同的齿数又可以组成新的基本变速机构。

(2)三轴式基本变速机构:图 10-39 中,n_1 为输入轴,n_2 为输出轴,但它们在一条轴线上,

n_2 轴的前端支承在 n_1 轴中心孔的滚针轴承上；n_0 为中间轴，Z_3、Z_4 为常啮合齿轮，接合套处于中间位置为空挡。拨叉带动接合套从中间位置左移，n_1 的动力通过 Z_3 的端面齿直接传给接合套，此为直接挡。拨叉带动接合套从中间位置右移，n_1 的动力通过 Z_1 的端面齿传给接合套，则为另外一挡，随齿轮配比不同，可以是高速挡，也可以是低速挡。

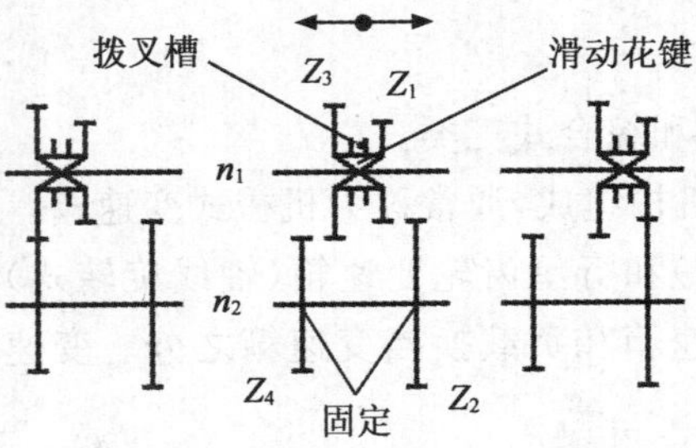

图 10-38 两轴式基本变速机构

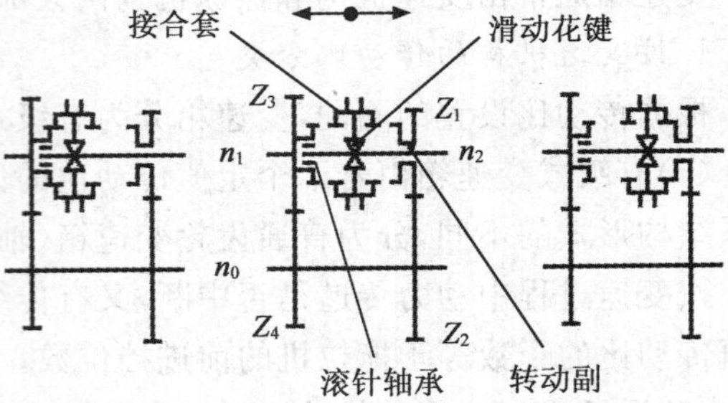

图 10-39 三轴式基本变速机构

(3)前进、倒退挡基本变速机构：图 10-40 中，n_1 为输入轴，n_2 为输出轴，滑动齿轮 Z_1 处于中间位置为空挡。拨叉带动滑动齿轮从中间位置左移，为一个前进挡。拨叉带动滑动齿轮从中间位置右移至虚线位置，表示倒挡齿轮 Z_r 和 Z_1 啮合，而倒挡齿轮 Z_r 与齿轮 Z_2 常啮合，此为倒挡。

2.行星轮系的变速传动机构

目前，行星轮系的变速传动机构常采用单列内外啮合行星齿轮机构和双列外啮合行星齿轮机构两种。

1)单列内外啮合行星齿轮机构

如图 10-41 所示，该行星齿轮机构由太阳齿轮 a、内齿圈 b 和行星架 h 三个基本构件组成，行星齿轮 g 为从属构件。

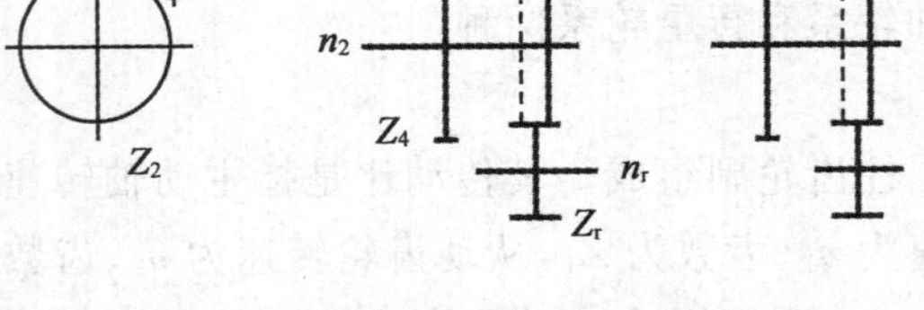

图 10-40 前进、倒退挡基本变速机构

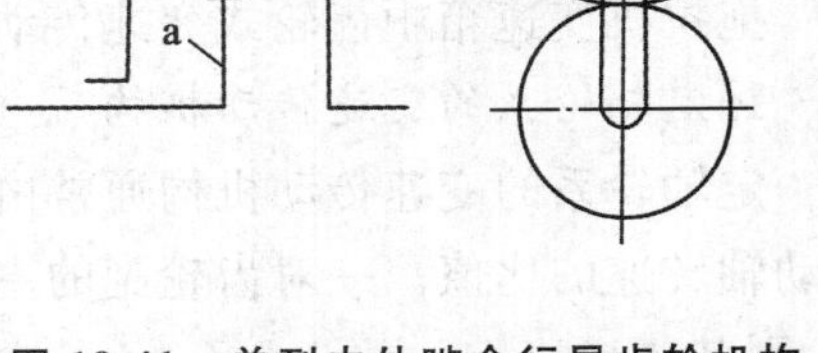

图 10-41 单列内外啮合行星齿轮机构

设 n_a、n_b 和 n_h 分别为太阳齿轮、齿圈和行星架的转速，Z_a、Z_b、Z_h 分别为太阳齿轮、齿圈、行星齿轮的齿数。用相对转速法，给整个机构加上一个与行星架的转速大小相等、方向相反的转速 $-n_h$，使行星机构转化为定轴轮系。这时，太阳齿轮的转速为 n_a-n_h，齿圈的转速为 n_b-n_h，行星架的转速为零。于是

$$\frac{n_a - n_h}{n_b - n_h} = -\frac{Z_b}{Z_a} = -\alpha \tag{10-1}$$

所以

$$n_a + \alpha n_b - (1+\alpha) n_h = 0 \tag{10-2}$$

式(10-2)为单列内外啮合行星齿轮机构的运动特性方程式，式中 α 为单列内外啮合行星齿轮机构的特性参数。该特性方程式表明这种行星齿轮机构具有两个自由度，该行星齿轮机构具有整体转动特性。

当太阳齿轮、齿圈和行星架 3 个基本构件分别为主动构件、从动构件和固定构件时，可得到 6 种传动方案的传动比。

2)双列外啮合行星齿轮机构

该种行星机构如图 10-42 所示，它由小太阳齿轮 a、大太阳齿轮 b、行星架 h 三个基本构件组成，行星齿轮 g_a、g_b 为从属构件。

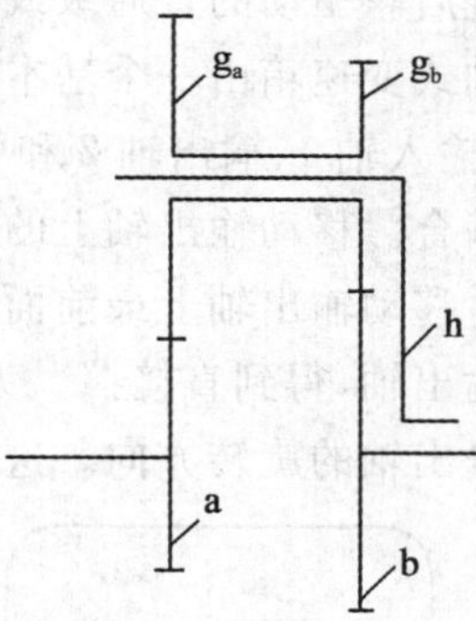

图 10-42　双列外啮合行星齿轮机构

设 n_a、n_b 和 n_h 分别为小太阳齿轮、大太阳齿轮、行星架的转速，Z_a、Z_b、Z_{ga}、Z_{gb} 分别为小太阳齿轮、大太阳齿轮、与小太阳齿轮相啮合的行星齿轮、与大太阳齿轮相啮合的行星齿轮的齿数。用相对转速法，使行星齿轮机构转化为定轴轮系，则

$$\frac{n_a - n_h}{n_b - n_h} = \frac{Z_b}{Z_a} \cdot \frac{Z_{ga}}{Z_{gb}} = \alpha \tag{10-3}$$

所以

$$\alpha n_b - n_a - (\alpha - 1) n_h = 0 \tag{10-4}$$

式(10-4)为双列外啮合行星齿轮机构的运动特性方程式，式中 α 为该种行星齿轮机构的特性参数。该方程式也表明，这种行星齿轮机构具有 2 个自由度和整体转动特性。

当小太阳齿轮、大太阳齿轮和行星架 3 个基本构件分别为主动构件、从动构件和固定构件时，可以得到 6 种传动方案的传动比。

10.3.2.2　变速箱形式

1.变速传动机构的构成

变速传动机构通常由基本的变速传动机构并联或串联构成。

并联的基本变速传动机构有共同的输入轴和输出轴，如图 10-43 所示，变速传动机构的总挡数等于各基本变速机构 A、B、C 挡位个数之和，即总挡数 $=A+B+C+\cdots$。串联的前一级基本变速传动机构 A、B、C 的从动轴为后一级基本变速传动机构 a、b 的主动轴，如图 10-44 所示，变速传动机构的总挡数等于前一级变速传动机构的挡位数与后一级变速传动机构的挡位数的乘积，即总挡位数 $=(A+B+C+\cdots)\times(a+b+\cdots)$。

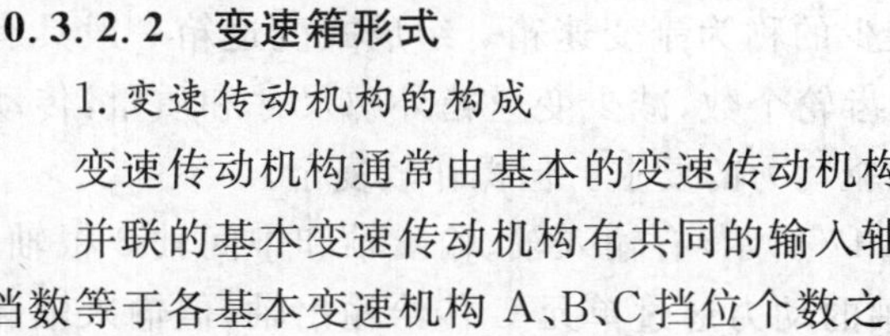

图 10-43　并联法构成变速传动机构示意图

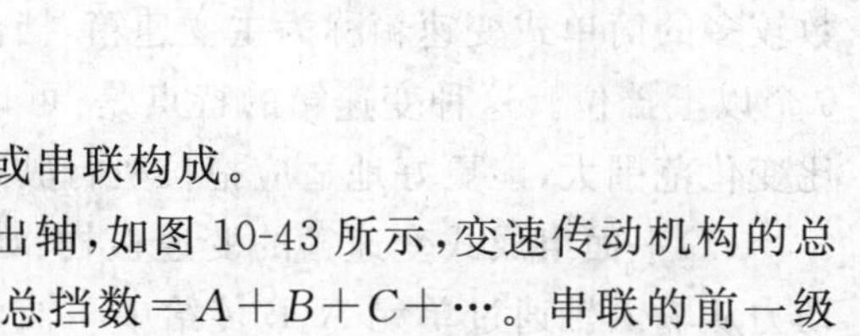

图 10-44　串联法构成变速传动机构示意图

2. 变速箱形式

按传动形成，齿轮式变速箱可分为简单式变速箱和组成式变速箱。

1)简单式变速箱

简单式变速箱可分为两轴式变速箱和三轴式(或称中间轴式)变速箱。它们为获得某个挡位，只需挂结一个滑动齿轮(或同步器或啮合套)。

两轴式变速箱(图 10-45)的结构简单、紧凑，容易布置，多用于发动机前置前轮驱动或发动机后置后轮驱动的普通级或中级轿车上，在此不再赘述。

三轴式变速箱由一个基本变速传动机构与一个两轴式变速箱串联而成。它具有 3 根主要传动轴：输入轴 1、输出轴 2 和中间轴 3，如图 10-46 所示。输入轴上的主动齿轮与中间轴上的齿轮常啮合。移动输出轴上的滑动齿轮并使之与中间轴上的相应齿轮啮合，便可得到不同的传动比。移动输出轴上最前面的滑动齿轮与输入轴主动齿轮上啮合齿相啮合，输入轴动力直接传给输出轴，得到直接挡。为了得到倒挡，可在中间轴与输出轴之间设倒挡轴和倒挡齿轮，以改变输出轴的旋转方向。这种变速箱结构紧凑，直接挡传动效率高。

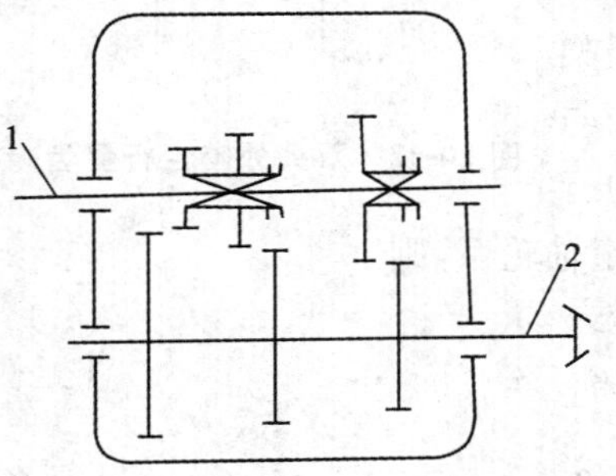

图 10-45 两轴式变速箱

1-输入轴；2-输出轴

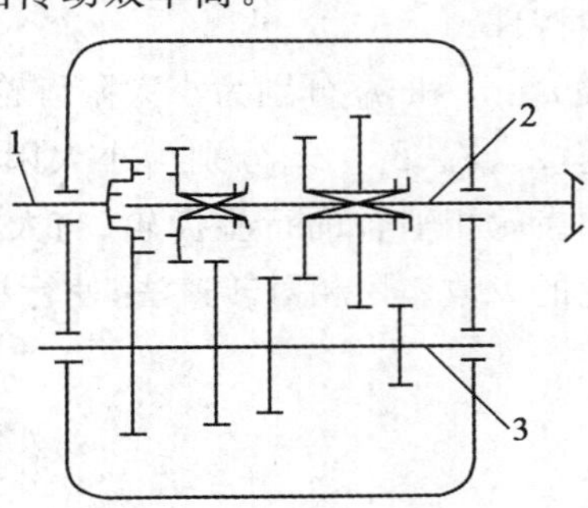

图 10-46 三轴式变速箱

1-输入轴；2-输出轴；3-中间轴

2)组成式变速箱

组成式变速箱由两个变速传动机构串联、通常由两个简单式变速箱串联而成。其中挡位数较多的简单式变速箱称为主变速箱，挡位数较少的称为副变速箱。组成式变速箱一般具有 6 个以上挡位。这种变速箱的特点是：可以减少齿轮个数，减少变速箱外廓尺寸和质量，传动比变化范围大，能更好地适应拖拉机行驶速度和驱动力的要求。但操作较复杂。

(1)平面组成式变速箱的变速机构：如图 10-47 所示，有输入轴、输出轴和中间轴 3 根轴。动力从输入轴通过单元 A、B 传给中间轴，中间轴的动力通过单元 C 传给输出轴，但输入轴和输出轴在同一轴线上，变速箱的 3 根轴轴线在同一个平面内，故为平面串联式，又称为平面组成式变速箱。输入轴与中间轴之间的两组变速单元 A(2)、B(1+1)共有(3+1)挡，即 3 个前进挡和 1 个倒挡，为主变速箱；中间轴与输出轴之间有一组变速单元 C(2)，有 2 个挡位，为副变速箱。变速箱的总挡位数为(3+1)×2=6+2，即有 6 个前进挡和 2 个倒挡。

(2)空间组成式变速箱的变速机构：如图 10-48 所示，也有输入轴、输出轴和中间轴 3 根轴。输入轴与中间轴之间有 1 组变速单元 A(2)，有 2 个挡位；中间轴与输出轴之间并立有 3 组变速单元 B(2)、C(2)和 D(1+1)，共有(5+1)挡，即 5 个前进挡和 1 个倒挡，其中倒挡的中间齿轮空套在输入轴的右端。动力从输入轴通过单元 A 传给中间轴，中间轴的动力通过单元

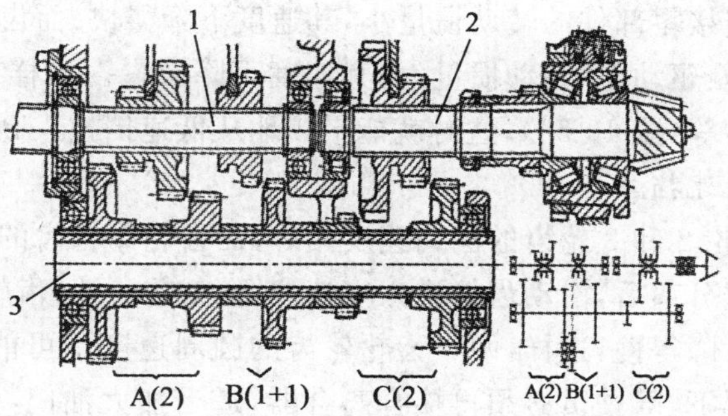

图 10-47　平面组成式变速箱

1-输入轴;2-输出轴;3-中间轴

B、C 和 D 传给输出轴,该变速机构属于串联式。因为变速箱的 3 根轴轴线不在一个平面内,呈空间布置,故为空间串联式,又称为空间组成式变速箱。通常将速比相近的一级变速箱称为主变速箱,其余称为副变速箱,主变速箱有(5+1)挡,副变速箱有 2 挡,变速箱的总挡位数等于各级变速箱挡位数的连乘积,为(5+1)×2=10+2,即有 10 个前进挡和 2 个倒挡。

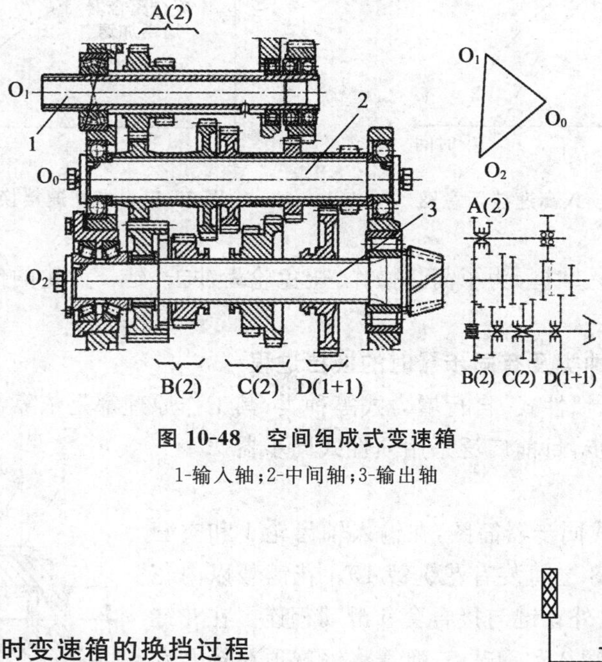

图 10-48　空间组成式变速箱

1-输入轴;2-中间轴;3-输出轴

10.3.3　同步器

10.3.3.1　无同步器时变速箱的换挡过程

用滑动齿轮或啮合套换挡时,待啮合的一对齿轮的轮齿(或啮合套与啮合套齿圈上相应的内、外花键齿)的节圆处圆周速度相等,才能平顺地进入啮合挂上挡。为使换挡平顺,驾驶员应按照规定的操作程序进行换挡。

1. 由低速挡换入高速挡

如图 10-49 所示,变速箱在低速挡工作时,齿轮 1、4 轮齿的圆周速度相等,而齿轮 2 轮齿的圆周速度显然高于齿轮 3 轮齿的圆周速度。当离合器分离后,滑动齿轮拨至空挡位置,齿轮 2

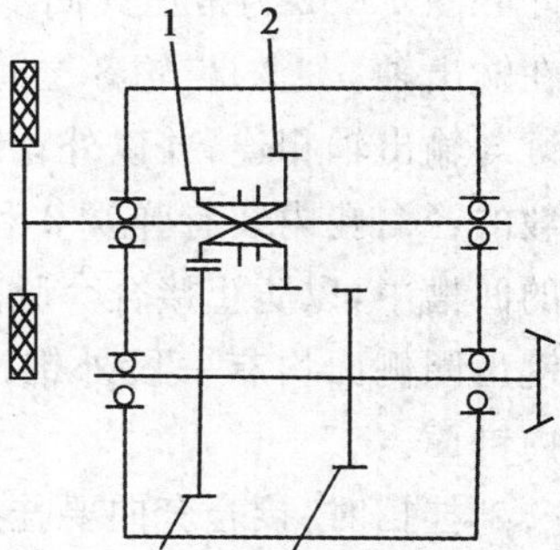

图 10-49　滑动齿轮换挡示意图

1-低挡滑动齿轮;2-高挡滑动齿轮;3-高挡齿轮;4-低挡齿轮

与离合器从动部分相连接零部件的转动惯量小，其速度下降得快；而齿轮 3 与输出轴相联系的零部件（包括后驱动桥及驱动轮）转动惯量大，其速度下降较慢。这样就有可能在某一瞬时两齿轮轮齿的圆周速度相等（图 10-50），这时就能平顺地从低速挡换入高速挡。

2. 从高速挡换入低速挡

高速挡工作时，齿轮 2 和 3 轮齿的圆周速度相等，而齿轮 1 轮齿的圆周速度小于齿轮 4 轮齿的圆周速度。离合器分离后，滑动齿轮进入空挡位置，如前所述，齿轮 1 轮齿速度下降得快，而齿轮 4 轮齿的速度下降得慢，这样，两个齿轮轮齿的圆周速度不可能出现相等的时刻，因此不易挂挡。在这种情况下，驾驶员必须再接合离合器，适当加大油门，使齿轮 1 轮齿的圆周速度高于齿轮 4 轮齿的圆周速度，然后再分离离合器，待两个齿轮轮齿的圆周速度相等时，立即挂入低速挡。这就是所谓的“两脚离合器”换挡法（图 10-51）。

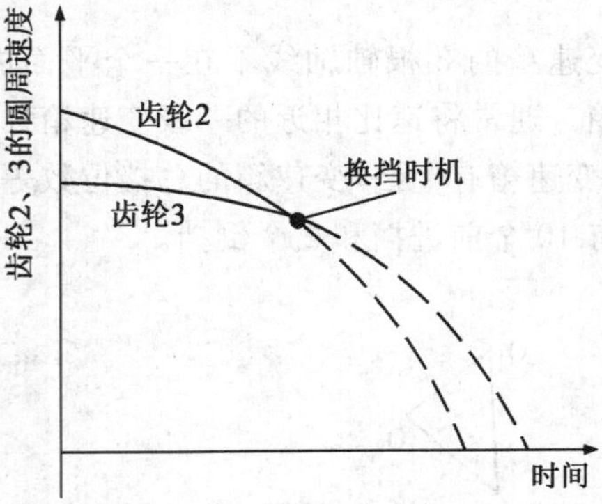

图 10-50 由低速挡换入高速挡示意图

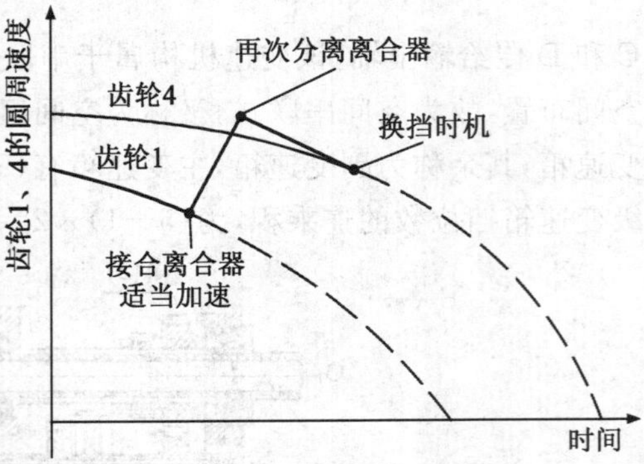

图 10-51 由高速挡换入低速挡示意图

上述操作程序不易掌握，为了简化操作，避免轮齿冲击，延长齿轮的使用寿命，在变速箱中常采用同步器。

10.3.3.2 同步器的种类及有同步器时的换挡过程

同步器有常压式、惯性式、自行增力式等种类，其工作原理都是依靠锥面的摩擦作用使主、从动件的转速达到同步，目前广泛采用惯性式同步器。

1. 常压式同步器

图 10-52 为常压式同步器简图，在输入轴齿轮 1 和空套在输出轴 9 上的齿轮 8 之间装有花键毂 10。花键毂以内花键与输出轴相连，并以外花键与接合套 6 滑动相连。在花键毂的径向孔内装有弹簧 3 和钢球 5，弹簧将钢球顶在接合套的凹槽中，以防止接合套脱离花键毂。齿轮 1 和齿轮 8 在花键齿圈侧面均有一段外锥面，而在花键毂的两侧有相应的内锥面。

挂挡时，接合套向要挂挡的啮合齿轮移动，通过定位钢球带动花键毂同向移动，当花键毂的内锥面和齿轮上花键齿圈侧的外锥面接触时，花键毂不能继续移动，此时在操纵力的作用下两锥面互相压紧而产生摩擦作用。在摩擦力的作用下，逐渐使齿轮与花键毂、接合套的转速相等，然后进

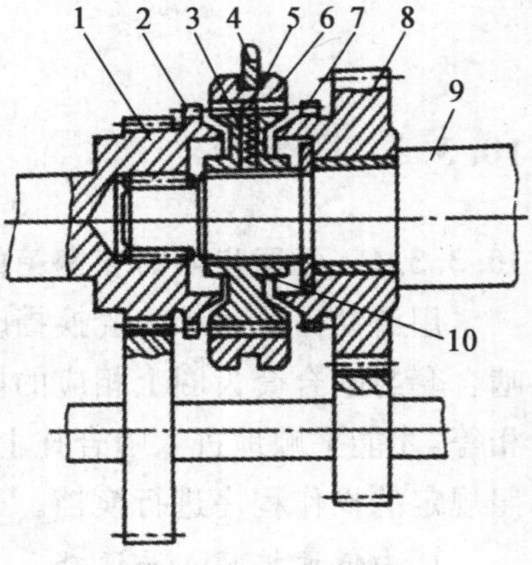

图 10-52 常压式同步器

1-第一轴齿轮；2-齿圈；3-弹簧；4-拨叉；5-钢球；6-接合套；7-齿圈；8-空套齿轮；9-第二轴；10-花键毂

一步移动接合套,压下钢球,使接合套的内齿与齿轮齿圈的外齿顺利接合。接合套向左移动挂上直接挡,向右则挂上第二挡。

在这种同步器中,弹簧压力是接合套的轴向阻力,且常压定值,故称常压式。不过弹簧的压紧力是有限的,若驾驶员用力过猛,有可能在未达到同步前,接合套便克服弹簧压力压下钢球,使接合套与齿圈接触,这样啮合时仍产生冲击。但由于结构简单,仍在重型车辆上采用。

2. 惯性式同步器

惯性式同步器和常压式同步器一样,都是依靠锥面的摩擦作用实现同步,但它从结构上保证了接合套与待接合的齿轮齿圈在达到同步之前不接触,避免齿间冲击和产生噪声。中、大型拖拉机的变速箱广泛采用锁环式惯性同步器。

图 10-53 为锁环式惯性同步器。将花键毂 15 通过内花键套装到输出轴 14 上后,用卡环 18 轴向固定。在花键毂两端与齿圈 3 和 9 之间各有一个青铜制成的锁环(也称同步环)4 和 8。锁环上有断续的花键齿圈,其齿形与齿圈 3 和 9 及花键毂外花键齿、接合套的内花键齿相同。两个锁环上的花键齿,在对着接合套的一端都有倒角(称锁止角),且与接合套齿端的倒角相同。锁环具有与齿圈 3 和 9 上的锥形摩擦面锥度相同的内锥面。三个滑块 5 分别装在花键毂的三个轴向槽 b 内,并可沿槽轴向滑动。三个定位销 6 分别插入三个滑块的通孔中,在弹簧 16 的作用下,定位销压向接合套,使定位销端部的球面正好嵌在接合套中部的凹槽 a 中,起到空挡定位作用。滑块两端伸入两个锁环的三个缺口 c 中。锁环的三个凸起部 d 分别伸入到花键毂的三个通槽 e 中,只有当凸起部 d 位于缺口 c 的中央时,接合套与锁环的齿方能接合。

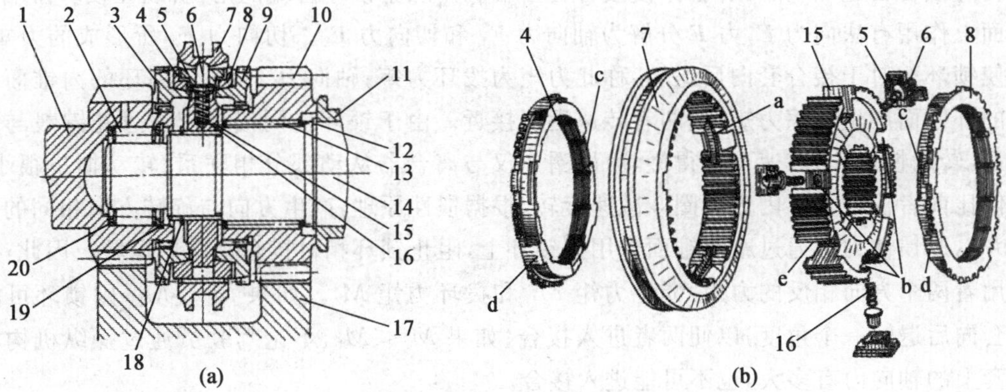

图 10-53　锁环式惯性同步器

(a)结构图;(b)分解图

1-输入轴;2、13-滚针轴承;3-六挡接合齿圈;4、8-锁环(同步环);5-滑块;6-定位销;7-接合套;9-五挡接合齿圈;10-输出轴五挡齿轮;11-衬套;12、18、19-卡环;14-输出轴;15-花键毂;16-弹簧;17-中间轴五挡齿轮;20-挡圈

变速箱由低挡换入直接挡的工作过程如图 10-54 所示。离合器分离,接合套从低挡退入空挡位置[图 10-54(a)]。此时,花键毂和接合套在惯性的作用下继续沿原方向转动,并通过滑块带动锁环一起转动。由于滑块带锁环转动,所以锁环的凸起部 d 与花键毂通槽 e 的一侧面接触。与此同时,齿圈 3 也在惯性作用下继续转动,且 $n_3 > n_7$,即 $n_3 > n_4$。锁环轴向是自由的,故其内锥面与齿圈 3 的外锥面并不接触。

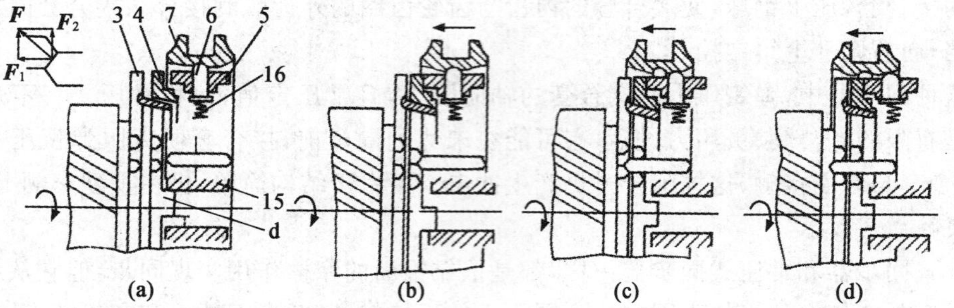

图 10-54 锁环式惯性同步器工作过程示意图

(图注同图 10-53)

若要转入直接挡，可通过操纵杆由拨叉拨动接合套，并通过定位销 6 带动滑块一起向左移动。当滑块的右端面与锁环缺口的端面接触时，便推动锁环向左移动，使两锥面接触，由于转速差的存在，两锥面产生摩擦作用。齿圈 3 带动锁环相对接合套超前一个角度，到锁环的凸起部与花键毂通槽的另一侧面接触时，锁环便与接合套同步转动[图 10-54(b)]。此时，接合套的齿与锁环的齿在锁环的凸起部位于花键毂的通槽中央时错开了半个齿厚(花键毂通槽的宽度为锁环凸起部的宽度加上接合套的一个齿厚)，使接合套的齿端倒角与锁环相应的齿端倒角正好互相抵触而不能进入接合。

为使接合套的齿圈与锁环的齿圈接合，锁环必须相对于接合套后退一个角度。由于驾驶员始终对接合套施加一个轴向力，使接合套齿端倒角压紧锁环齿端倒角，所以在锁环齿端倒角的斜面上作用有法向力 $\boldsymbol{F}$，力 $\boldsymbol{F}$ 分解为轴向力 $\boldsymbol{F}_1$ 和切向力 $\boldsymbol{F}_2$。切向力 $\boldsymbol{F}_2$ 所形成的力矩 M_2 力图使锁环相对于接合套向后退转，称此力矩为拨环力矩；轴向力 $\boldsymbol{F}_1$ 则使锁环的内锥面与齿圈上的外锥面产生摩擦力矩，使两者转速迅速接近。由于锁环连同接合套通过花键毂与整车相联系，转动惯量大，转速下降得慢，而齿圈 3 仅与离合器从动部分相联系，转动惯量很小，速度降低比前者快很多。因为齿圈 3 减速旋转，根据惯性原理，产生方向与旋转方向相同的惯性力矩 M_1，此惯性力矩通过摩擦锥面作用到锁环上，阻止锁环相对接合套向后退转。因此，锁环上作用着两个方向相反的力矩：惯性力矩 M_1 和拨环力矩 M_2。如果 $M_2>M_1$，则锁环可相对接合套向后退转一个角度，以便两者进入接合；如果 $M_2<M_1$，不论驾驶员通过操纵机构加在接合套上的轴向力有多大，也不可能进入接合。

若驾驶员继续加力于接合套上，摩擦作用迅速使齿圈 3 转速降到与锁环转速相等，二者保持同步旋转，于是惯性力矩消失；但在轴向力 $\boldsymbol{F}_1$ 的作用下，两个摩擦锥面还是紧密接合着，因此，在 M_2 作用下锁环连同齿圈 3 以及与之相连的所有零件相对于接合套后退一个角度，使锁环凸起部又移到花键毂通槽的中央，两花键齿圈的齿不再抵触，此时接合套压下定位销继续左移而与锁环的齿圈进入接合[图 10-54(c)]，锁环的锁止作用消失。

接合套与锁环接合后，轴向力 $\boldsymbol{F}_1$ 不再存在，锥面间的摩擦力矩也就消失了。如果此时接合套花键齿与齿圈 3 的花键齿发生抵触，如图 10-54(c)所示，则与上述情况相似。作用在齿圈 3 齿端斜面上的切向力，使齿圈 3 及其相连零件相对于锁环及接合套转过一个角度，使接合套与齿圈 3 进入接合[图 10-54(d)]，最后完成了由低挡换入直接挡的全过程。

如果由直接挡换入低挡(即高速挡换入低速挡)，上述过程也适用。但应注意，此时齿圈 9 和齿轮 10 被加速到与锁环 8 同步，从而使接合套先后与锁环及齿圈 9 进入啮合完成换挡过程。

10.3.4　变速箱的操纵机构

10.3.4.1　变速操纵机构的功能

为了实现变速机构的变速，需要有机构实现对指定的变速单元和指定的变速齿轮完成特定的移动，这个机构就是变速操纵机构，它的功能是：

(1)准确地实现指定挡位的换挡，其余挡位的齿轮应处于空挡；

(2)工作过程中挡位应可靠地锁定，且保证啮合齿轮对全齿长啮合；

(3)防止同时挂上两个挡；

(4)有的拖拉机要求保证离合器彻底分离后才能换挡，否则换不了挡。

为了实现换挡功能，变速操纵机构(图 10-55)通常由拨动机构、自锁机构和互锁结构组成，有些拖拉机还要加一个联锁机构。

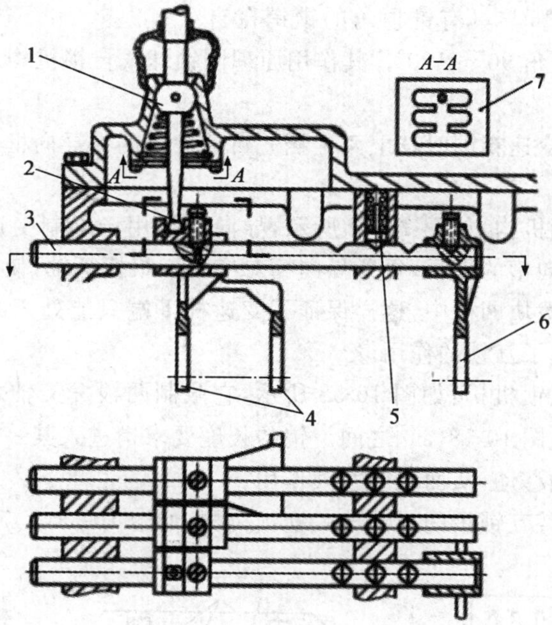

图 10-55　变速操纵机构组成图

1-变速杆；2-拨头；3-滑杆；4-拨叉(双)；5-锁销；6-拨叉(单)；7-导板

特别需要说明的是，汽车变速箱变速特点是由低挡起步，在行驶过程中一挡一挡地升到最高挡；而拖拉机应该考虑田间作业的特点，允许拖拉机在任意挡位起步。

10.3.4.2　拨动机构

拨动机构用于拨动滑动齿轮、接合套或啮合套进行换挡，它由变速杆、拨块、拨叉轴、拨叉等组成(图 10-55)。

变速杆球头支在球支座上，可前、后、左、右运动，杆的下端插入拨块的凹槽中。拨叉轴有三个位置，居中时为空挡，向前或向后则各挂一个挡位。当变速杆以球头为支点向左或向右移动时，其下端插入相应一根拨叉轴的拨块凹槽中，此时再向前、向后移动变速杆，使固定在拨叉轴上的拨叉拨动滑动齿轮或接合套，挂上或脱开相应的挡位。

10.3.4.3 自锁机构

自锁机构用于将拨叉轴和拨叉锁定在一定位置，以保证滑动齿轮(或接合套等)能处于正确的接合(工作)位置或分离(空挡)位置，防止自动脱挡。通常采用锁球式和锁销式两种类型。

(1)锁球式自锁机构[图 10-56(a)]：在拨叉轴上沿轴向开有三个半球形槽，中间槽对应空挡，前、后两槽各对应一个挡位；锁球在自锁弹簧的压力下嵌入某一球形槽中，将拨叉轴的轴向位置锁定，从而起定位作用。换挡时，变速杆上必须施加一定的作用力，首先克服自锁弹簧的压力，将锁球顶起，然后才能使拨叉轴移动。

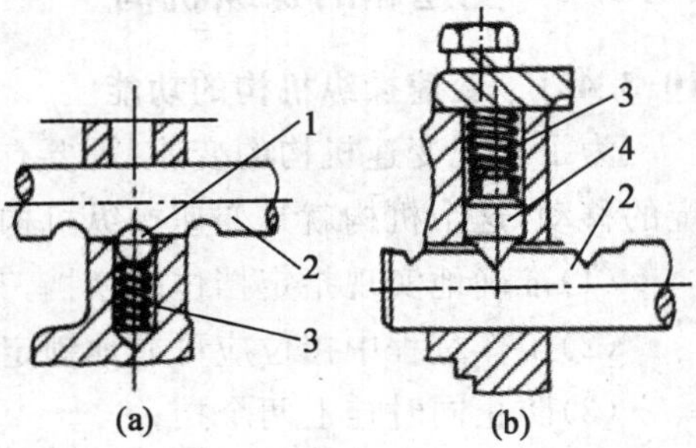

图 10-56 变速箱的自锁机构

(a)锁球式；(b)锁销式

1-锁球；2-拨叉轴；3-自锁弹簧；4-锁销

(2)锁销式自锁机构[图 10-56(b)]：在拨叉轴上沿轴向开有三个“V”形槽，与具有锥顶角的锁销在自锁弹簧压力下嵌合，锥顶角 90°～120°。其作用原理同锁球式自锁机构。

10.3.4.4 互锁机构

互锁机构用于防止变速箱同时挂上两个挡。目前常用的有导向框板式和互锁销(球)式两种类型。

(1)导向框板式互锁机构：如图 10-57 所示，导向框板用于限制变速杆下端的运动。它是一种具有一定形状的导向槽的平板，每条导向槽对应着一根拨叉轴，使变速杆下端经导向槽限位而嵌入某一拨叉轴的拨块凹槽中，这样保证了变速杆下端只能处于某一准确位置而不能同时挂上两个挡位，从而起了互锁的作用。

(2)互锁销(球)式互锁机构：如图 10-58 所示，它限制两根拨叉轴之间的运动。互锁销装在有凹槽的两根拨叉轴[图 10-58(a)]之间。销的长度要求销进入某一拨叉轴凹槽中锁定该轴时，才能使另一根拨叉轴移动，从而起到互锁作用。

也有采用互锁球代替互锁销的互锁球式互锁机构，如图 10-58(b)所示。

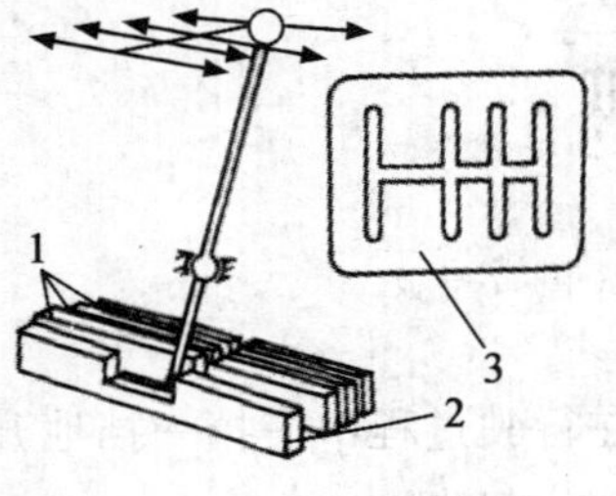

图 10-57 导向框板式互锁机构

1-主变速拨叉轴；2-副变速拨叉轴；3-导向框板

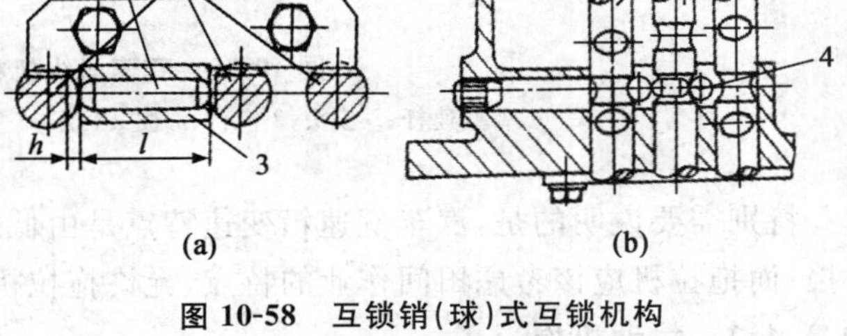

图 10-58 互锁销(球)式互锁机构

(a)互锁销式；(b)互锁球式

1-互锁销；2-拨叉轴；3-互锁销套板；4-互锁球

10.3.4.5 联锁机构

有的拖拉机上采用联锁机构，它用于保证只有当主离合器彻底分离后才允许移动拨叉轴进行换挡，从而可靠地防止自动脱挡。

图 10-59 为东方红-802 型拖拉机变速箱的联锁机构，当踩下离合器踏板使离合器彻底分

离时，经推杆 4 使联锁轴 3 的凹槽转动，对准锁销顶端，此时通过变速杆拨动拨叉轴 1，才能将锁销 2 顶起进行换挡。离合器接合时，联锁轴压住锁销顶端，使锁销圆锥部分卡住拨叉轴的凹槽强行锁定，不能换挡。

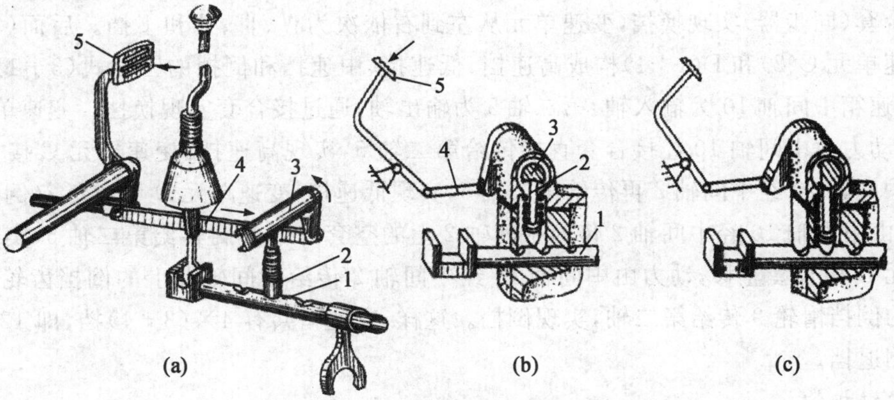

图 10-59 东方红-802 型拖拉机变速箱的联锁机构

(a)结构图；(b)换挡位置（离合器分离）；(c)联锁位置（离合器接合）

1-拨叉轴；2-锁销；3-联锁轴；4-推杆；5-离合器踏板

10.3.5 典型变速箱的结构分析

图 10-60 为东方红 LF80-90 变速箱的结构图，图左下方为变速箱的结构简图。

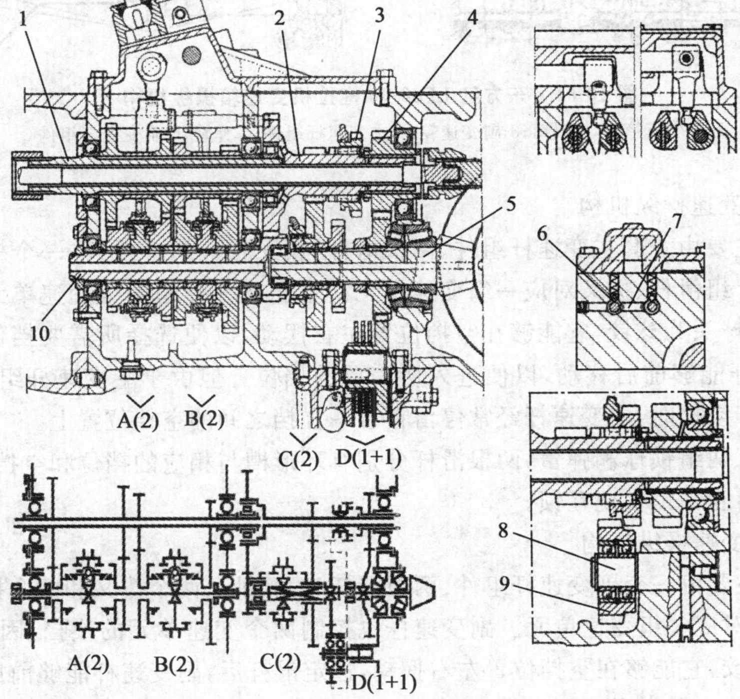

图 10-60 东方红 LF80-90 拖拉机变速箱结构图

1-第一轴；2-中间轴；3-接合套；4-空套齿轮；5-第二轴；6-锁球；

7-互锁销；8-倒挡轴；9-倒挡惰轮；10-主变速箱中间轴

1. 变速机构

东方红 LF80-90 拖拉机变速箱的变速机构为平面组成式变速机构。前面(左端)是由两组变速单元 A(2)、B(2)构成的两轴式 4 挡主变速箱,第一轴 1 为输入轴,中间轴 10 为输出轴,通过接合套(同步器)实现换挡,变速单元从左到右依次为Ⅳ、Ⅲ、Ⅱ和Ⅰ挡。后面(右端)是由两组变速单元 C(2)和 D(1+1)构成高速挡、低速挡、中速挡和倒挡的三轴式(3+1)挡副变速箱,主变速箱中间轴 10 为输入轴,第二轴 5 为输出轴,通过接合套实现换挡。变速单元 C 接合套左移,动力由中间轴 10 经接合套直接传给第二轴 5,实现高速挡;变速单元 C 接合套右移,动力由中间轴 10 经中间轴 2 再传给第二轴 5,实现低速挡;变速单元 D 接合套 3(倒挡齿轮)右移,动力由中间轴 10 经中间轴 2 传给中间轴 2 上的空套齿轮 4,再传给第二轴 5,实现中速挡;变速单元 D 接合套左移,动力由中间轴 10 经中间轴 2 传给中间轴 2 上的倒挡齿轮 3,再经倒挡轴上的倒挡惰轮 9 传给第二轴,实现倒挡。这样,变速箱共有 4×(3+1)挡,即 12 个前进挡和 4 个倒退挡。

2. 操纵机构

主、副变速箱分别有一套变速操纵机构,都由换挡机构、锁定机构和互锁机构组成(图 10-61)。

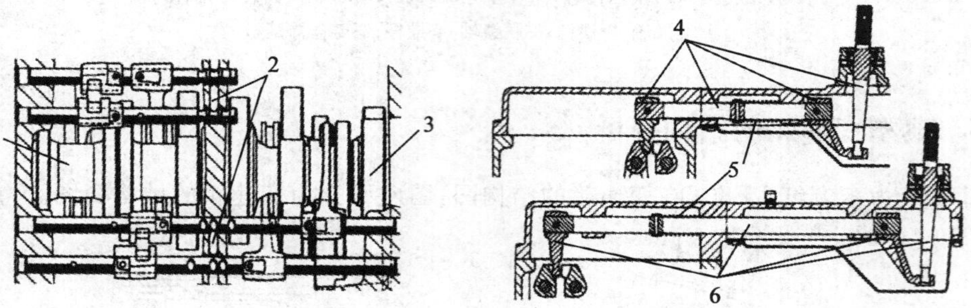

图 10-61 东方红 LF80-90 拖拉机变速箱操纵机构

1-主变速箱;2-互锁销;3-副变速箱;4-主变速杆组件;5-弹簧;6-副变速杆组件

1)主变速箱变速操纵机构

换挡机构:主要由一套主变速杆组件、两根滑杆(拨叉轴)、两个拨叉(一个拨叉带拨头)和一个拨头组成,一组滑杆、拨叉对应一组变速单元。主变速杆控制两个变速单元的换挡,因此主变速杆中部的球头为球铰,它能够在空挡位置左右摆动,以便选择所需要挡位对应的滑杆,选定后,主变速杆能够前后移动,以便进入所需要的挡位。但由于主变速杆组件中的弹簧作用,换挡机构处于空挡时,主变速杆经常停留在Ⅲ~Ⅳ挡之间的空挡位置上。

锁定机构:有两组锁球和弹簧,两根滑杆分别有环形槽与相应的挡位和空挡对应。

互锁机构:由互锁销实现互锁。

2)副变速箱变速操纵机构

换挡机构:主要由一套副变速杆组件、两根滑杆(拨叉轴)、两个拨叉和两个拨头组成,一组滑杆、拨叉、拨头对应一组变速单元。副变速杆也控制两个变速单元的换挡,因此副变速杆中部的球头也为球铰,它能够在空挡位置左右摆动,选定滑杆后,副变速杆能够前后移动,以便进入所需要的挡位。由于副变速杆组件中也有弹簧作用,换挡机构处于空挡时,副变速杆经常停留在高-低挡之间的空挡位置上。

锁定机构:有两组锁球和弹簧,两根滑杆分别有环形槽与相应的挡位和空挡对应。

互锁机构：由互锁销实现互锁。

10.3.6 负载换挡变速箱

采用传统齿轮式变速箱换挡时，都必须经过空挡位置，这时动力传递中断。如果拖拉机以低速大牵引作业，中断动力传递就意味着要使拖拉机停车和重新起步，这样会影响机组的生产率。因此，目前在有些拖拉机上采用了负载换挡变速箱，可以在不中断动力传递的情况下换挡。

负载换挡变速箱分部分排挡负载换挡和全部排挡负载换挡两种。前者一般是在传统齿轮式变速箱之前加一个负载换挡装置（或称增矩器），实现几个速度区段内的负载换挡，后者则在所有挡位都可以实现负载换挡。

10.3.6.1 部分负载换挡

负载换挡装置一般利用齿轮机构和附加离合器、自由轮或制动器来实现动力不中断换挡。常用的负载换挡装置有以下几种：

(1)双离合器式[图 10-62(a)]：它与定轴传动移动接合套式变速机构相仿，只是由两个多片离合器换挡代替了接合套换挡。换挡时，原来接合的离合器压紧力逐渐减小，而新接合的离合器压紧力逐渐增大，保证换挡过程中两离合器所传递的功率有一定的重叠，功率流不中断，只有新接合离合器完全接合，原来接合的离合器才彻底分离。该机构的输入轴与输出轴不同轴线。

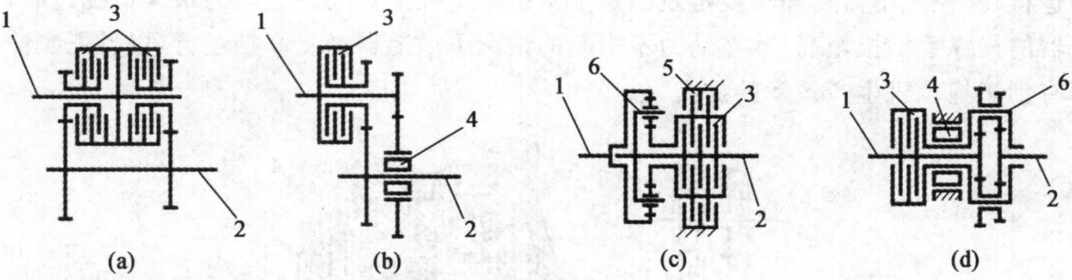

图 10-62 部分负载换挡简图

(a)双离合器式；(b)离合器-自由轮式；(c)离合器-制动器-行星齿轮式；(d)离合器-自由轮-行星齿轮式

1-输入轴；2-输出轴；3-离合器；4-自由轮；5-制动器；6-行星齿轮机构

(2)离合器-自由轮式[图 10-62(b)]：该机构为定轴传动，它的输入轴与输出轴不同轴线。离合器 3 接合时，动力由图中左边两个齿轮传递，为高速挡。右边两个齿轮啮合，为低速挡，但自由轮 4 带齿轮的外圈转得慢，而自由轮 4 内圈为高速挡的输出轴，转得快，自由轮 4 分离，故低速挡齿轮不传递动力。离合器 3 压紧力逐渐减小时，输出轴在外载作用下转速逐渐降低；由于离合器 3 负载减小，输入轴转速提高；当输出轴转速低于自由轮 4 外圈转速时，自由轮 4 接合传递动力，离合器 3 才完全分离，负载换挡机构进入低速挡运行。上述过程可以看成动力不中断。

(3)离合器-制动器-行星齿轮式[图 10-62(c)]：该机构中齿圈为动力输入，行星架为动力输出。离合器 3 接合、制动器 5 分离时，行星架与太阳轮构成一体，则输入输出速比为 1，此时机构为高速挡。离合器 3 压力逐渐减小，制动器 5 压力逐渐增大，太阳齿轮转速逐步为零，则输入输出速比为$[(1+K)/K]>1$(K 为齿圈齿数与太阳齿轮齿数的比值)，此时机构为低速挡。该机构的特点是输入轴与输出轴同轴线，便于机构在变速箱中的布置。

(4)离合器-自由轮-行星齿轮式[图 10-62(d)]：自由轮设在行星架与壳体之间。若输入的主动太阳齿轮转速为 n_a，输出的从动太阳齿轮转速为 n_b，行星架转速为 n_h，该行星机构的运动关系为

$$K \cdot n_b - n_a = (K - 1) \cdot n_h \tag{10-5}$$

离合器 3 接合时，行星架与主动太阳齿轮连成一体，$n_h = n_a$，则 $n_b = n_a$，机构的输入轴、输出轴以同样的转速旋转，机构为高速挡。离合器压紧力逐渐减小时，从动太阳齿轮在外载作用下转速 n_b 降低，若 n_a 不变，行星架转速 n_h 下降；当行星架转速下降至反转时，自由轮 4 锁住，行星齿轮机构变成一个定轴传动的减速机构。此机构的特点也是输入轴与输出轴同轴线，便于机构在变速箱中的布置。

如图 10-63 所示，增矩器安装在拖拉机离合器与变速箱之间，动力由主离合器轴经行星机构的齿圈输入，由行星架经变速箱输入轴输出，制动器与离合器由液压控制。当制动器 3 松开、离合器 4 接合时，太阳轮和行星架连为一体，速比为 1，增矩器处于高挡；当离合器 4 松开、制动器 3 接合时，太阳轮固定，齿圈输入，行星架输出，速比大于 1，增矩器处于低挡。如果拖拉机在作业中遇到短时间阻力增大的情况，拖拉机的牵引力不能满足要求需要换低挡时，可将增矩器操纵手柄迅速推至低挡，增矩器的离合器 4 则松开，同时制动器 3 接合，并保证它们的作用有一段重叠，动力不中断。当制动器 3 的制动力足够时，离合器 4 迅速松开，增矩器处于低挡运行，拖拉机不需要停车换挡就满足了牵引力增大的需要。当阻力增大情况过后，立刻将增矩器的操纵手柄推至高挡，在动力不中断的情况下增矩器恢复高挡运行，以备下次使用。增矩器有利于拖拉机生产效率的提高。

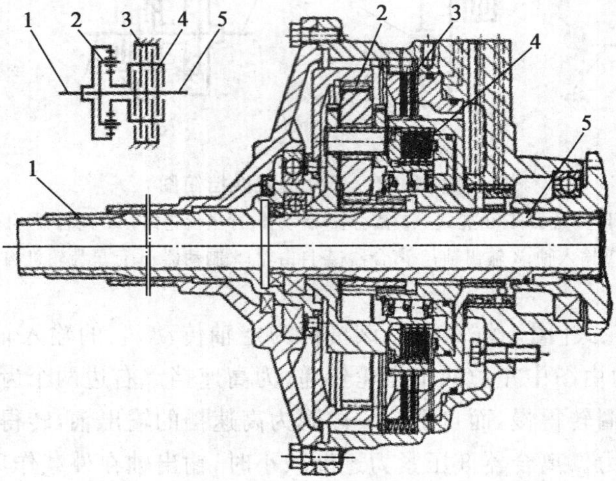

图 10-63 增矩器结构图

1-主离合器轴；2-行星齿轮机构；3-制动器；4-离合器；5-变速箱输入轴

10.3.6.2 全负载换挡

1.全负载换挡变速箱结构

全负载换挡的主要特点是换挡时不需停车，并且两挡的速度衔接平稳，使发动机处于最佳负荷状态下工作，大大提高了拖拉机的经济性；换挡迅速，节约了换挡时间，提高了生产率，一

般比机械式变速箱提高 10%～20%；由于采用行星齿轮传动，径向力得到平衡，故不必采用大型号轴承，使结构紧凑，减小了变速箱总体尺寸；采用液压操纵，减轻了驾驶员的劳动强度。其缺点是结构复杂，对制造和使用要求较高。

图 10-64 为美国迪尔 4020 型拖拉机的全负载换挡变速箱，它由三组离合器 C_1、C_2、C_3，四组制动器 B_1、B_2、B_3、B_4，和三排行星机构构成。该变速箱离合器和制动器为液压操纵，工作油压为 1.2 MPa。

三排行星机构的行星轮都安装在同一行星架上，第一排、第二排行星机构与前面介绍的单列内外啮合行星齿轮机构相同，第三排行星机构由前后两个太阳轮、前后两个行星轮和一个齿圈组成，为内外啮合行星齿轮机构，如图 10-64 所示。故

第一排 $n_{a1}+\alpha_1 n_{b1}-(1+\alpha_1)n_h=0$

第二排 $n_{a2}+\alpha_2 n_{b2}-(1+\alpha_2)n_h=0$

第三排前排 $n_{a3前}-\alpha_{3前} n_{b3}-(1-\alpha_{3前})n_h=0$

第三排后排 $n_{a3后}+\alpha_{3后} n_{b3}-(1+\alpha_{3后})n_h=0$

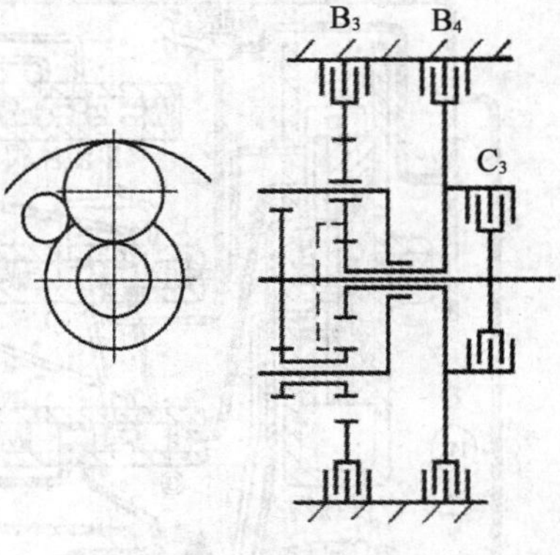

图 10-64 第三排行星机构简图

根据上述公式及离合器、制动器的工作情况以及各行星机构的相互关系可计算出 8 个前进挡和 4 个倒退挡的速比。

这里需要说明的是，图 10-65 看起来与汽车自动变速箱相似，但由于汽车行驶工况简单，以油门、汽车速度为主要参数就可以实现自动变速，而拖拉机作业工况复杂，目前还只能靠驾驶员依据拖拉机工作需要以负载换挡方式手工换挡，达到提高生产效率、降低劳动强度的目的。

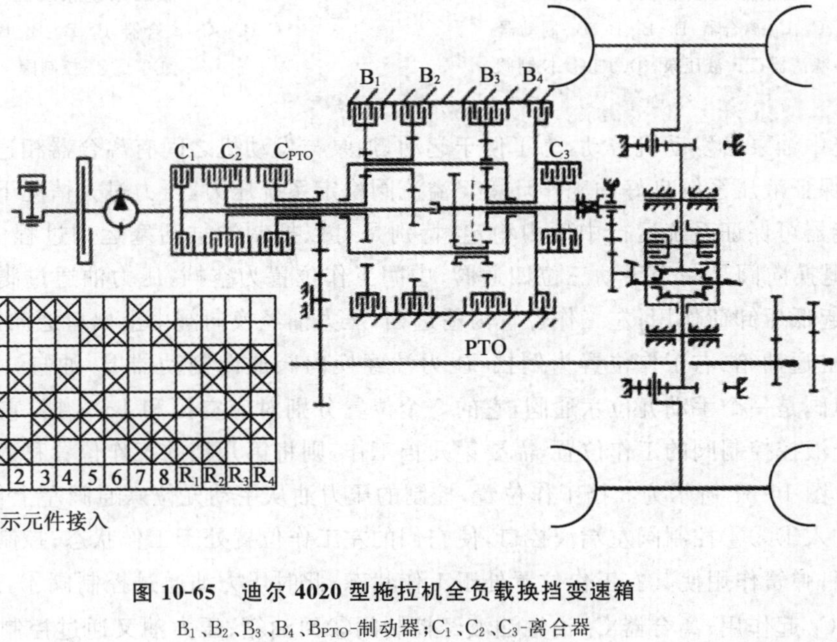

档	1	2	3	4	5	6	7	8	R_1	R_2	R_3	R_4
C_3	⊠	⊠	⊠	⊠			⊠					
B_4					⊠	⊠		⊠				
B_3									⊠	⊠	⊠	⊠
B_2		⊠		⊠		⊠				⊠		⊠
B_1	⊠		⊠		⊠				⊠		⊠	
C_2			⊠	⊠	⊠	⊠	⊠	⊠			⊠	⊠
C_1	⊠	⊠					⊠	⊠	⊠	⊠		

⊠ 表示元件接入

图 10-65 迪尔 4020 型拖拉机全负载换挡变速箱

B_1、B_2、B_3、B_4、B_{PTO}-制动器；C_1、C_2、C_3-离合器

2.全负载换挡变速箱液压操纵系统

全负载换挡变速箱液压操纵系统由液压泵、滤清器、溢流阀、蓄能器、前进-倒退换向阀、挡位操纵阀、4 个控制阀、3 个离合器油缸和 4 个制动器油缸组成，变速箱箱体为油箱(图 10-66)。液压系统原理如图 10-67 所示。

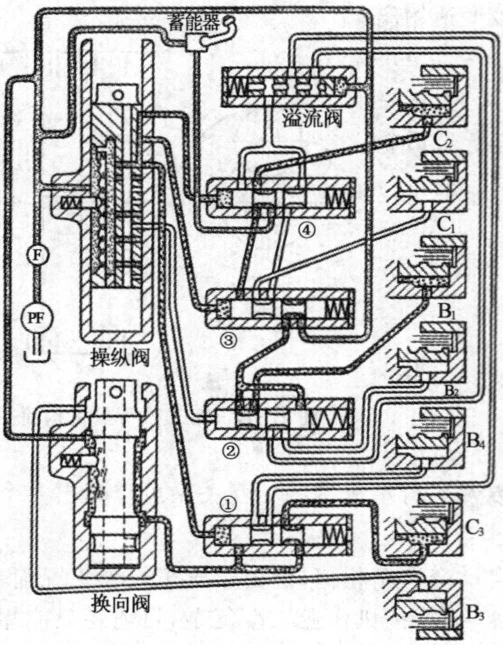

图 10-66 迪尔 4020 全负载换挡变速箱液压操纵机构示意图

C_1、C_2、C_3-离合器；B_1、B_2、B_3、B_4-制动器；F-滤清器；PF-液压泵；①②③④-控制阀

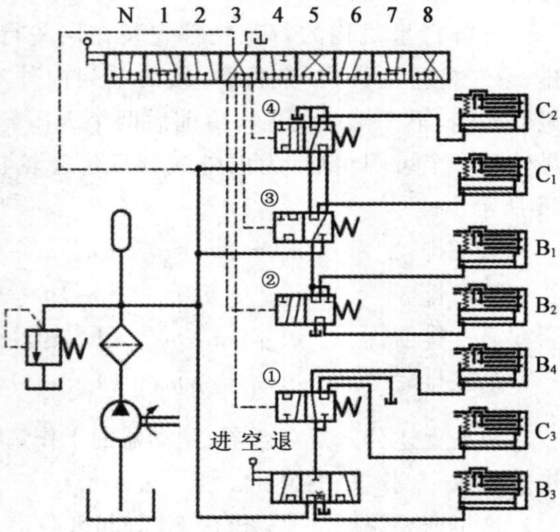

图 10-67 迪尔 4020 全负载换挡变速箱液压系统原理图

C_1、C_2、C_3-离合器；B_1、B_2、B_3、B_4-制动器；①②③④-控制阀

系统中油泵由发动机带动，为了便于起动，油泵与发动机之间有离合器相连。滤清器起滤清作用，保证液压系统良好的工作环境。溢流阀稳定系统压力，压力过大情况下可保证系统安全。蓄能器可保证系统运行中压力稳定，特别是可以抑制油缸活塞运动过程中的压力波动。前进-倒退换向阀是一个手动三位四通阀，中间工作位置为空挡，压力油通过阀内节流口与油箱相通，起低压卸荷作用；左工作位置为前进挡，压力油经换向阀由上出口通向控制阀①，制动器 B_3 油缸通油箱；右工作位置为倒挡，压力油经换向阀通向制动器 B_3 油缸，上出口通油箱。挡位操纵阀是一个手动九位六通阀，它的 9 个位置分别对应空挡和 1～8 挡，它通过控制油路控制 4 个液控控制阀的工作位置，需要第几挡工作，则将第几挡的工作位置移入从左数第四个方框内。图 10-67 所示为 3 挡工作位置，控制的压力油从手动九位六通阀左上口进入，通过内部通道进入①③④控制阀左端液控口，使它们的左工作位置处于工作状态；控制阀②左端液控口通油箱，弹簧作用使其右工作位置处于工作状态；此时压力油通过控制阀④，进入离合器 C_2 油缸，使 C_2 起作用；离合器 C_1 油缸油液经控制阀③回油箱；压力油又通过控制阀③和控制阀②，进入制动器 B_1 油缸，使 B_1 起作用；制动器 B_2 油缸油液通过控制阀②回油箱，制动器 B_4 油缸油液通过控制阀①回油箱。由于前进-倒退换向阀处于前进挡位置，其压力油经换向阀、控

制阀①进入离合器 C_3 油缸，使 C_3 起作用；制动器 B_3 油缸油液通过换向阀回油箱。

10.3.7 机械液压功率分流无级变速箱

有的拖拉机利用行星机构是两个自由度的特点，将发动机动力分成机械传动和液压传动两股动力，经行星机构合成一股动力输出，通过变量泵和液压马达的液压系统进行调速，实现变速箱的无级变速。机械液压功率分流无级变速箱分行星机构输入端耦合型和行星机构输出端耦合型。

10.3.7.1 行星机构输入端耦合型

1. *液压传动由齿圈输入*

如图 10-68 所示，动力从行星机构的太阳轮轴（n_a）输入，机械传动的一股动力经太阳轮（Z_a）传给行星机构，液压传动的一股动力经速比为 i_2 的齿轮对传给排量为 D_1 的变量泵和排量为 D_2 的液压马达，液压传动动力经速比为 i_1 的齿轮对传给行星机构的齿圈，机械传动和液压传动两股动力经行星机构合成后输出（n_h）。根据原理图中机构的关系可以推导出输入转速 n_a 与输出转速 n_h 的关系如下：

$$n_h = \frac{Z_a + \dfrac{D_1 i_1}{D_2 i_2} \cdot Z_R}{Z_a + Z_R} \cdot n_a \tag{10-6}$$

这种机构变速范围较大，但要求液压传动系统的工作功率较大（达到发动机功率的 2/3 以上），以适应传递较大功率的需要，但随液压传动系统传递功率的增大，系统的总效率会下降。

2. *液压传动由太阳轮输入*

如图 10-69 所示，动力从主动轮（n_1）输入，机械传动的一股动力经速比为 i_1 的齿轮对传给转速为 n_2 的中间轴，中间轴动力经速比为 i_2 的齿轮对传给行星机构的齿圈，液压传动的一股动力经排量为 D_1 的变量泵和排量为 D_2 的液压马达传给行星机构的太阳轮（Z_a），机械传动和液压传动两股动力经行星机构合成后输出（n_h）。根据原理图中机构的关系可以推导出输入转速 n_1 与输出转速 n_h 的关系如下：

$$n_h = \frac{D_1 i_1 Z_a + D_2 i_2 Z_R}{D_2 i_1 (Z_a + Z_R)} \cdot n_1 \tag{10-7}$$

这种机构变速范围较小，液压传动系统需要传递的功率也较小（发动机功率的 1/3 左右），可以当作无级变速的增矩器使用。

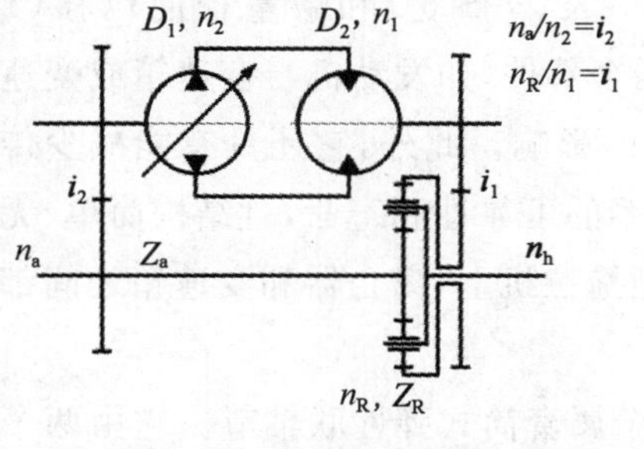

图 10-68 液压传动由行星机构齿圈输入变速机构原理图

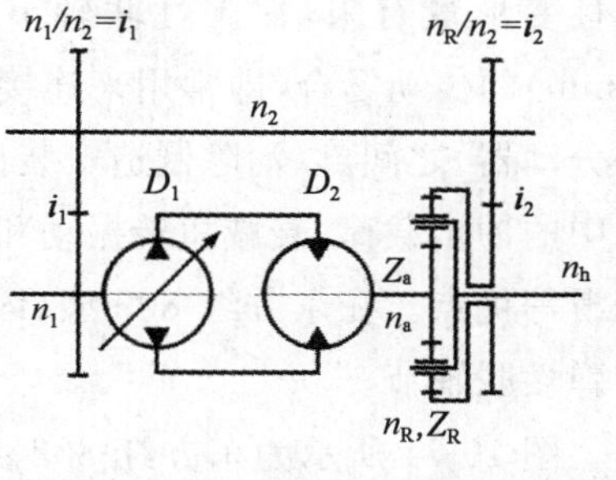

图 10-69 液压传动由行星机构太阳轮输入变速机构原理图

10.3.7.2 行星机构输出端耦合型

如图 10-70 所示，动力从行星机构的太阳轮（Z_a）输入，机械传动的一股动力由太阳轮（Z_a）经行星机构传给行星架（n_h），液压传动的一股动力由行星机构的齿圈经速比为 i_2 的齿轮对传到变量泵（n_2），n_2 带动排量为 D_2 的变量泵和排量为 D_1 的变量马达使主动轮转动（n_1），经速比为 i_1 的齿轮对，并与行星架一起将动力传给输出轴（n_o），即机械传动和液压传动两股动力在行星机构输出端合成后输出，$n_o = n_h$。根据原理图中机构的关系可以推导出输入转速 n_a 与输出转速 n_o 的关系如下：

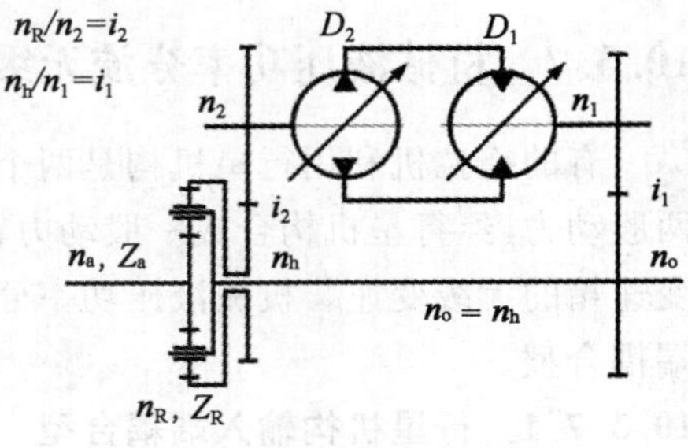

图 10-70 行星机构输出端耦合型变速机构原理图

$$n_o = \frac{n_a Z_a}{Z_a + Z_R - \frac{D_1 i_2}{D_2 i_1} \cdot Z_R} \tag{10-8}$$

10.4 联轴节

联轴节用于连接工作过程中相对位置在预计范围内变化的两根传动轴并传递动力，因此，联轴节应满足下列要求：

（1）当所连接两轴的相对位置在预计范围内变动时，应能可靠地传递动力。

（2）使所连接的两轴能够尽量接近均匀地等速运转，由于万向节的夹角变化而产生的附加载荷、振动和噪声应在允许的范围内。

（3）传动效率高，寿命长，结构简单，制造方便，维修容易。

目前拖拉机上常用的联轴节有弹性联轴节和刚性联轴节。

10.4.1 弹性联轴节

弹性联轴节利用弹性元件传递动力，它依靠其中弹性件的弹性变形来保证在相交两轴间传动时不发生机械干涉。弹性件有橡胶盘、橡胶金属套筒、橡胶块等结构形式。由于弹性件的弹性变形量有限，故弹性联轴节一般用于两轴间夹角不大（3°～5°）和微量径向位移（1～2 mm）的传动场合，即常用来连接固定安装在车架上的两个部件（如发动机与变速箱或变速箱与分动器）之间，以消除制造安装误差和车架变形对传动的影响。此外，它还具有能减少传动系中的冲击载荷，衰减扭转振动和共振，有利于提高传动系的可靠性和寿命，且结构简单、无须润滑等优点。在东方红-802 型、约翰迪尔-754、泰山-25 型拖拉机上，离合器和变速箱之间都采用弹性联轴节。

图 10-71 所示为东方红-802 型拖拉机上采用的橡胶金属套筒式弹性联轴节。它由两个交叉成十字形的联轴节叉 1 和 4 组成，它们通过橡胶块 3 和连接螺栓 6 与连接盘 2 相连。橡胶块装在连接盘的凹座内作为弹性件，这样就保证了即使两轴有倾斜也能够正常传递动力。

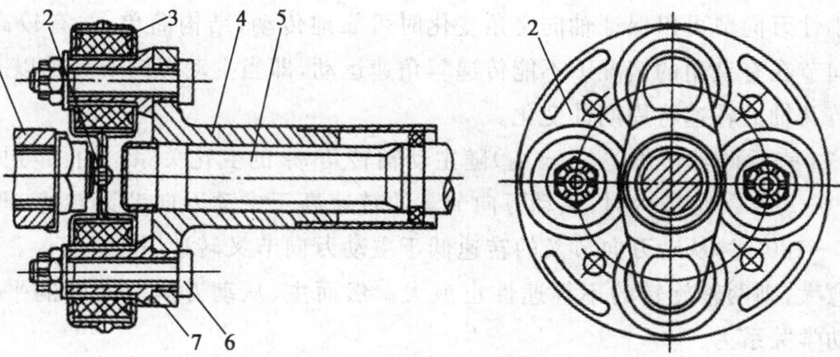

图 10-71 橡胶金属套筒式弹性联轴节

1、4-联轴节叉；2-连接盘；3-橡胶块；5-传动轴；6-连接螺栓；7-管状销

10.4.2 十字轴式刚性万向节

目前拖拉机传动系中十字轴式刚性万向节用得最多，它允许相邻两轴的最大交角为15°～20°。

如图 10-72 所示为十字轴式刚性万向节。两个万向节叉 2 和 6 上的孔分别活套在十字轴 4 的两对轴颈上。这样当主动轴转动时，从动轴既可随之转动，又可绕十字轴中心在任意方向摆动。为了减少摩擦损失，提高传动效率，在十字轴轴颈和万向节叉孔间装有由滚针 8 和套筒 9 组成的滚针轴承。用轴承盖 1 将套筒固定在万向节叉上，以防止轴承在离心力作用下从万向节叉内脱出。为了润滑轴承，十字轴做成中空，并有油路通向轴颈，润滑油从注油嘴 3 注入内腔。为了避免润滑油流出及尘垢进入轴承，套在十字轴轴颈上的金属座圈内装有毛毡油封 7。在十字轴的中部还装有安全阀 5，如果十字轴内腔的润滑油压力大于允许值，安全阀便被顶开，润滑油外溢，使油封不致因油压过高而损坏。

十字轴式万向节的损坏以十字轴轴颈和滚针轴承的磨损为标志，因此润滑与密封直接影响万向节的使用寿命。为了提高密封性能，采用如图 10-73 所示的橡胶油封，它既提高了密封性能又无须安装安全阀。

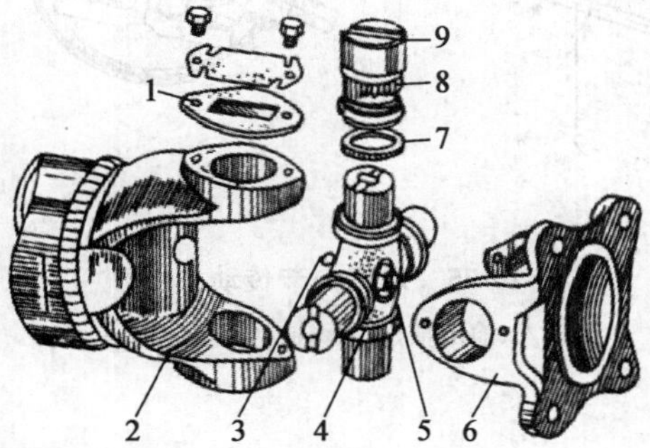

图 10-72 十字轴式刚性万向节

1-轴承盖；2、6-万向节叉；3-注油嘴；4-十字轴；5-安全阀；7-油封；8-滚针；9-套筒

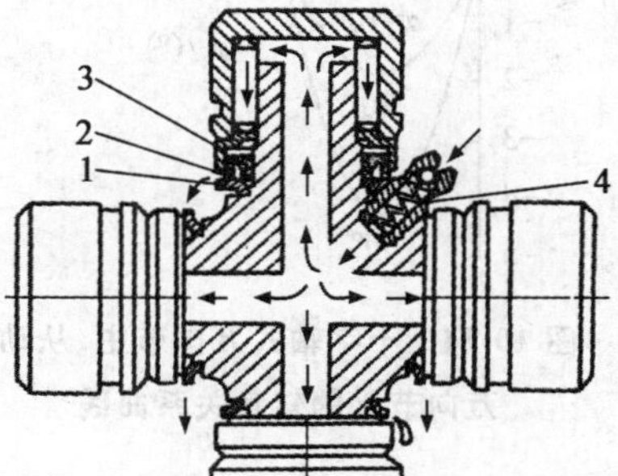

图 10-73 十字轴润滑油道及密封装置

1-油封挡盘；2-橡胶油封；3-油封座；4-注油嘴

上述刚性万向节可以保证轴向交角变化时可靠地传动，结构简单，并有较高的传动效率；但单个万向节在有夹角的情况下不能传递等角速运动，即当主动万向节叉轴以等角速旋转时，从动万向节叉轴的转速将周期性变化。

图 10-74 表示两轴转角差($\varphi_1-\varphi_2$)随主动轴转角 φ_1 的变化关系。由图可见，主动万向节转角 φ_2 在 0°～90°的范围内时，从动万向节叉的转速高于主动万向节叉转速，即 $\varphi_2>\varphi_1$；而当转角为 90°～180°时，从动万向节叉的转速低于主动万向节叉转速，即 $\varphi_2<\varphi_1$。两万向节叉轴线夹角 γ 愈大，则两轴旋转的不等速性也愈大。然而主、从动万向节叉轴的平均转速是相等的。其运动学关系为

$$\tan\varphi_1=\tan\varphi_2\cos\gamma \tag{10-9}$$

为了消除传动中不等速的缺点，将该种万向节成对地应用(图 10-75)，并且在安装时保证以下两个条件：①第一万向节两轴间夹角 γ_1 与第二万向节两轴间夹角 γ_2 相等；②第一万向节的从动万向节叉与第二万向节的主动万向节叉处于同一平面内。这样有

$$\left.\begin{aligned}\tan\varphi_1=\tan\varphi_2\cos\gamma_1\\ \tan\varphi_3=\tan\varphi_2\cos\gamma_2\end{aligned}\right\} \tag{10-10}$$

由于 $\gamma_1=\gamma_2$，则 $\varphi_1=\varphi_3$，可以实现等角速转动。后一条件完全可以由传动轴和万向节叉的正确装配来保证；但前一条件只有在主减速器和变速箱的相对位置固定时，才有可能通过整车的总体布置设计和总装配工艺保证实现。但驱动桥输入轴与变速箱输出轴的相对位置不断变化，不可能在任何时候都保证 $\gamma_1=\gamma_2$，因此这两部件之间的万向传动只能做到使传动的不等速性尽可能小。

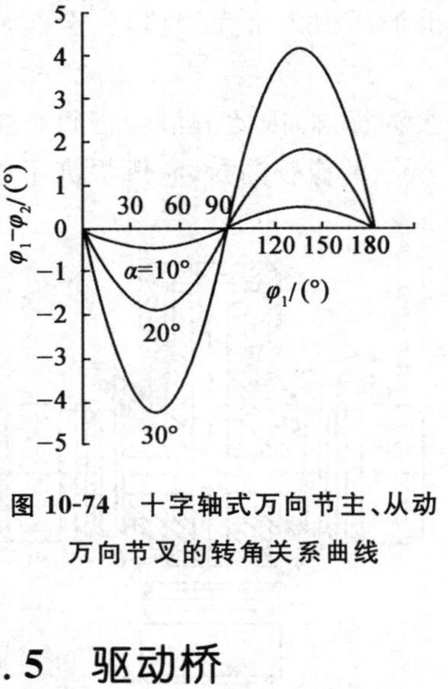

图 10-74 十字轴式万向节主、从动万向节叉的转角关系曲线

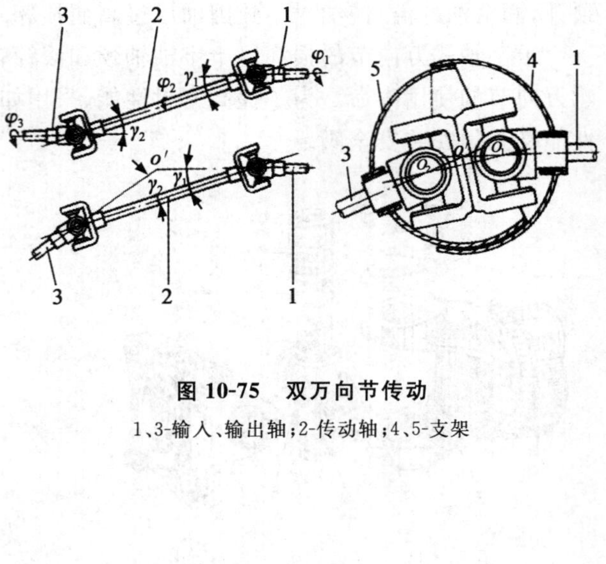

图 10-75 双万向节传动

1、3-输入、输出轴；2-传动轴；4、5-支架

10.5 驱动桥

驱动桥用于减速增矩并将动力合理地传给驱动轮。

轮式拖拉机驱动桥(又称后桥)由中央传动、差速器、半轴、最终传动和桥壳等组成，如图 10-76 所示。

履带式拖拉机后桥由中央传动、转向机构、最终传动和桥壳等组成，如图10-77所示。

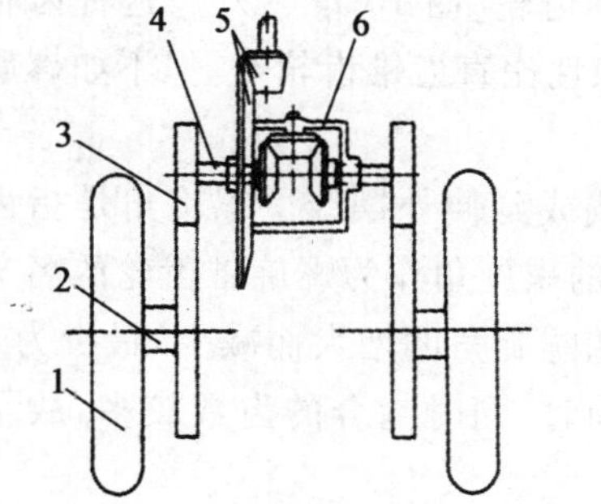

图10-76 轮式拖拉机后桥

1-驱动轮；2-驱动轴；3-最终传动；4-半轴；5-中央传动；6-差速器

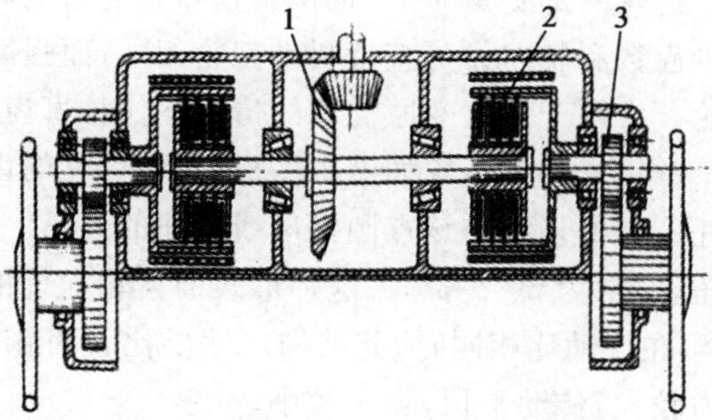

图10-77 履带式拖拉机后桥

1-中央传动；2-转向机构；3-最终传动

10.5.1 中央传动

在发动机和变速箱纵置的拖拉机传动系中，中央传动由锥齿轮副组成，它的作用是减速增矩，改变转矩的传递方向。若发动机和变速箱横置，中央传动则由圆柱齿轮副组成，它主要起减速增矩的作用。

10.5.1.1 中央传动齿轮的类型

中央传动位于变速箱之后，所承受的载荷较大，在采用锥齿轮副作为中央传动齿轮时，受力情况较复杂，除有切向力、径向力外，还有轴向力，因此，要求中央传动齿轮有较高的承载能力，轮齿本身要有足够的强度，其支承部分也应有足够的刚度。目前，拖拉机上中央传动齿轮有圆柱齿轮、直齿锥齿轮、螺旋锥齿轮和双曲面锥齿轮等。

1. 圆柱齿轮

圆柱齿轮结构简单，加工容易。若采用直齿圆柱齿轮，则没有轴向力，且使用中不需要调整。目前，圆柱齿轮广泛用于变速箱横置的手扶拖拉机、小四轮拖拉机上。

2. 直齿锥齿轮

如图10-78(a)所示，其齿线(齿廓面与节锥面的交线)是直线。直齿锥齿轮制造较容易，传动时轴向力小，支承较简单；不产生根切的小齿轮最小齿数较多，传动比较小；轮齿重叠系数小，承载能力较低，传动中噪声较大。这种齿轮目前已很少在拖拉机中作为中央传动齿轮使用。

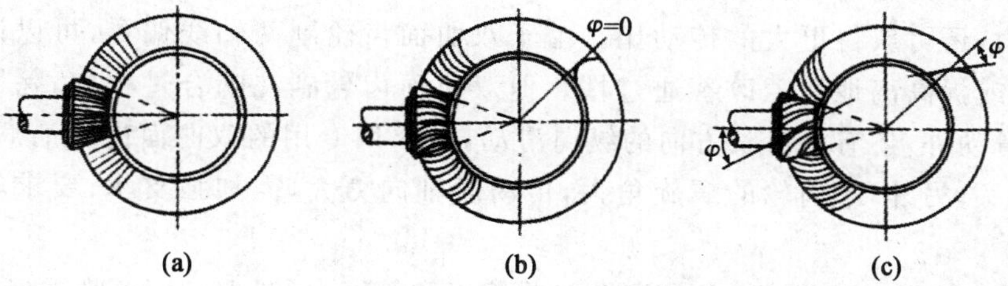

图10-78 中央传动锥齿轮

(a)直齿锥齿轮；(b)零度圆弧齿锥齿轮；(c)螺旋锥齿轮

3.螺旋锥齿轮

齿轮的螺旋角 $\varphi=0°$的圆弧齿锥齿轮称为零度圆弧齿锥齿轮[图 10-78(b)]。这种齿轮的最少齿数和轴向力与直齿圆锥齿轮相同,而强度和啮合平稳性比直齿锥齿轮好,但不如螺旋锥齿轮。常用于不改变原支承的情况下代替直齿锥齿轮。

常用螺旋锥齿轮如图 10-78(c)所示,它的齿线是圆弧线或延伸外摆线。螺旋角是指齿线上任一点的切线与该点圆锥母线之间的夹角。以齿面中点的螺旋角作为螺旋锥齿轮的名义螺旋角,通常为 30°～35°。这种形式的齿轮允许的最少齿数随螺旋角的增大而减少,最少为 5～6 个,在传动比相同时,其结构尺寸要比直齿锥齿轮小;传动时,同时啮合的齿数较多,故承载能力较大,传动平稳,噪声较小。

螺旋锥齿轮在传动过程中,由于螺旋角的存在,除有直齿锥齿轮所产生的轴向力外,还有附加轴向力,此力的大小取决于螺旋角的大小,力的方向则与轮齿的螺旋方向和齿轮的旋转方向有关(图 10-79)。从齿轮的锥顶看,齿线中点到大端是顺时针方向为右旋,反之为左旋。一对相互啮合的螺旋锥齿轮,其螺旋旋向相反。仍从齿轮锥顶看,右螺旋齿顺时针方向旋转或左螺旋齿逆时针方向旋转,其轴向力均朝向锥齿轮大端(拖拉机前进时产生这种情况),使啮合的两个锥齿轮趋于互相推开;若右螺旋齿逆时针方向旋转或左螺旋齿顺时针方向旋转,其轴向力均朝向锥齿轮小端(拖拉机后退时产生这种情况),使啮合的两个锥齿轮趋于靠近(减小齿侧间隙)。因此采用螺旋锥齿轮时,对轴承的支承度和轴向定位要求较高。另外,螺旋锥齿轮需用专用铣齿床加工。目前在拖拉机的中央传动中广泛采用。

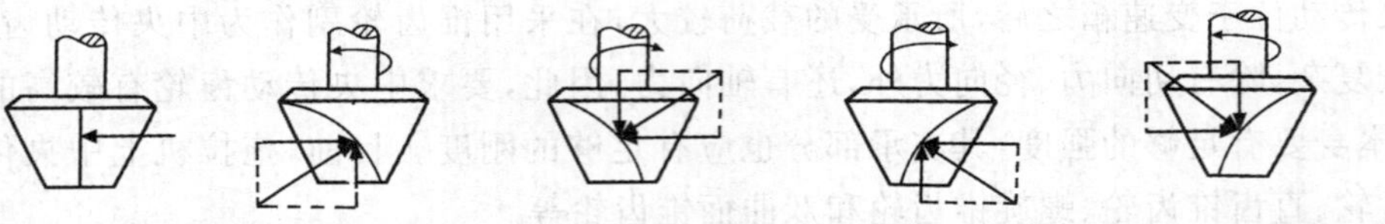

图 10-79　螺旋锥齿轮的附加轴向力示意图

4.双曲面锥齿轮

这种齿轮的节面理论上应为双曲面,但实际上均制成近似的圆锥面,因此又称为准双曲面齿轮。如图 10-80 所示。它与螺旋锥齿轮传动的不同之处在于,两齿轮的轴线不相交,而有一偏置距 e,因此,小齿轮的螺旋角大于大齿轮的螺旋角。与螺旋锥齿轮相比,当传动比一定、大齿轮尺寸相同时,双曲面齿轮副的小齿轮有较大的分度圆直径及齿轮轴的轴颈直径,从而提高了齿轮的啮合刚度和强度;另外,啮合的齿数多,使传动更平稳、噪声小,提高了承载能力,还可获得更大的传动比。由于双曲面齿轮副两轴线偏置,可以调整拖拉机的重心位置,或提高离地间隙改善通过性。但双曲面齿轮副在啮合过程中,除了有沿齿高方向的侧向滑动外,还有沿齿长方向的纵向滑动,要求用专用的双曲面齿轮油润滑,以减少摩擦,提高效率;另外,小齿轮的螺旋角大,传动时轴向力大,需加强支承,要求较高的制造和装配精度。

锥齿轮沿齿宽方向依齿高的不同可分为收缩齿和等高齿(图 10-81)。收缩齿锥齿轮沿齿宽方向的齿高,由大端向小端逐渐缩小,等高齿锥齿轮从大端至小端齿高是一样的。

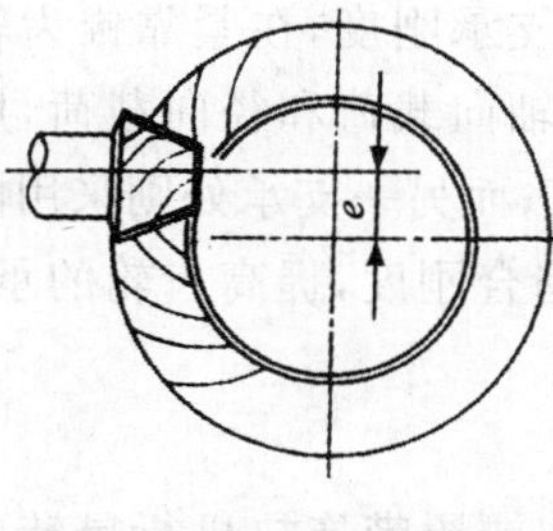

图 10-80 双曲面锥齿轮

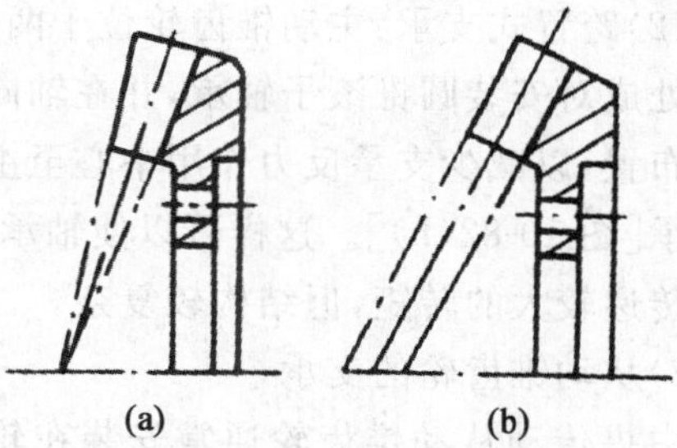

图 10-81 锥齿轮的齿高形式

(a)收缩齿;(b)等高齿

10.5.1.2 中央传动的结构和调整

1. 中央传动锥齿轮的支承形式

中央传动锥齿轮副的啮合质量除了与锥齿轮的加工质量、装配调整质量有关外,还与其支承刚度密切相关,因此必须采取相应的结构措施提高锥齿轮支承装置的支承刚度。

1)主动锥齿轮的支承

主动锥齿轮常与齿轮轴制成一体,它有两种支承方式。

(1)悬臂式支承:其特点是主动锥齿轮位于两个支承之外的悬臂端。为了能承受主动锥齿轮正、反运转中所产生的轴向力,通常采用两个圆锥滚子轴承支承[图 10-82(a)]。为了提高支承刚度,降低轴承载荷,应增大两轴承压力中心(支承反力作用中心)之间的距离 l,以缩短锥齿轮齿宽中点的悬臂长度 c,通常使 $l>2.5c$。为此,应使靠近主动锥齿轮的后轴承尽量接近轮齿,并使两个圆锥滚子轴承小端相对布置;还应使锥齿轮端的轴颈直径不小于悬臂长度 c。锥轴承安装时,往往带有预紧度,以增加结构的轴向刚度。

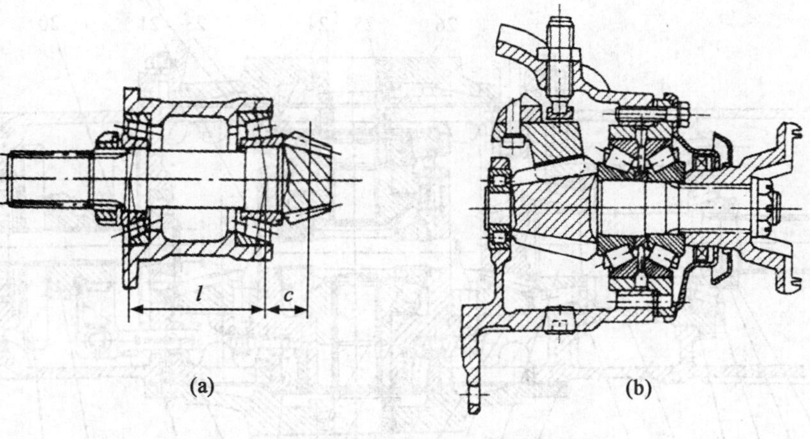

图 10-82 中央传动主动锥齿轮的支承形式

(a)悬臂式;(b)跨置式

此外,还有的拖拉机中央传动主动锥齿轮与变速箱的输出轴做成一体,其一端支承用圆柱滚子轴承,另一端支承为成对的圆锥滚子轴承,以提高支承刚度,并增大轴承的承载容量。如东方红-802 型拖拉机的中央传动(参见图 10-84)。

主动锥齿轮悬臂式支承的结构较简单,布置较容易,因此大部分拖拉机上采用这种结构。

(2)跨置式支承:主动锥齿轮位于两个支承之间。为了提高支承刚度,在紧靠锥齿轮大端支承处成对安装圆锥滚子轴承,并在轴向预紧,以便承受较大的轴向载荷和径向载荷,用小端相对布置,以减少支承反力作用中心至主动锥齿轮齿宽中点距离;而另一支承处则采用圆柱滚子轴承[图 10-82(b)]。这样可以使轴承的载荷减小,改善齿轮啮合刚度,提高齿轮的承载力,适于传递较大的转矩,但结构较复杂。

2)从动锥齿轮的支承

中央传动从动锥齿轮通常安装在轮式拖拉机的差速器壳体或履带拖拉机行星转向壳体上,没有这些壳体时,则用专门横轴支承。从动锥齿轮均位于两个支承之间,并常采用圆锥滚子轴承。

为了提高支承刚度,两个锥轴承的大端相对布置,以减少两支承反力作用点之间的距离。锥轴承装配时,有时也带有预紧度,以增加结构的轴向刚度,有的拖拉机后桥中在从动锥齿轮背面的壳体上装有支承销[图 10-82(b)],以限制从动锥齿轮的变形,达到提高从动锥齿轮刚度的目的。主动、从动锥齿轮的支承,应有使锥齿轮和轴作轴向移动的装置,以保证轮齿的正常啮合和轴承预紧度的调整。

2. 中央传动的结构形式

为了适应不同的使用要求,中央传动的结构形式也不同。

1)江苏-50 型拖拉机的中央传动

如图 10-83 所示,主动锥齿轮采用悬臂式支承,轴承座 5 通过改变调整垫片 4 的厚度调整主动锥齿轮的轴向位置。从动锥齿轮用螺栓固定在差速器壳体上,差速器盖与差速器用螺栓紧固成一体,并支承在两个圆锥滚子轴承上;左、右轴承座与轴承外圈之间有调整垫片 11、24,用以调整从动锥齿轮的轴向位置和轴承的预紧度。

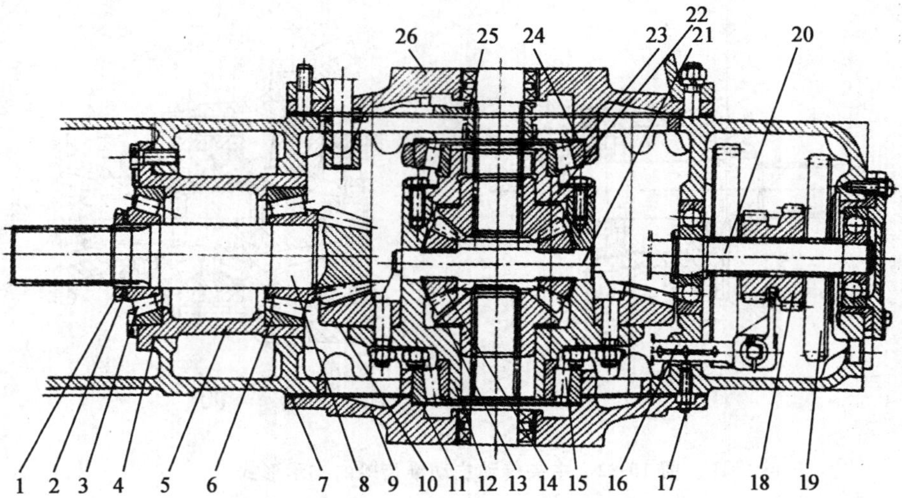

图 10-83 江苏-50 型拖拉机的中央传动

1-锁紧螺母;2-锁片;3-锥轴承;4、7、11、24-调整垫片;5、6、26-轴承座;8-小圆锥齿轮轴;9-轴承盖;10-大圆锥齿轮;12-差速器壳;13-半轴齿轮;14-行星齿轮;15、23-轴承;16-动力输出轴变速杆;17-限位螺钉;18-滑动齿轮;19-动力输出高挡被动齿轮;20-动力输出传动轴;21-行星齿轮轴;22-差速器壳盖;25-差速锁接合套

2)东方红-802 型拖拉机的中央传动

如图 10-84 所示,它由一对螺旋锥齿轮组成。主动锥齿轮与变速箱输出轴制成一体。输出轴的前端由两个大端相对的圆锥滚子轴承支承,以此承受锥齿轮副所产生的轴向力并防止输出轴的轴向窜动;轴的后端用一个圆柱滚子轴承支承。

调整垫片 1 用来调整主动锥齿轮轴的轴向游隙;调整垫片 2 可调整主动锥齿轮的轴向位置。从动锥齿轮 9 用螺栓直接固定在后桥轴的接盘上,后桥轴用两个圆锥滚子轴承支承;轴承座 5 上的调整螺母 4、7 用来调整从动锥齿轮的轴向位置和圆锥滚子轴承的间隙,调整后可用锁片 8 锁定。

为了便于拆装后桥轴,将隔板沿轴承直径处做成上、下可拆的两部分,上、下隔板间带有带状毡垫,上隔板用螺柱紧固在下隔板上。轴承座上有自紧油封和回油道,该油道与下隔板上相应的回油孔相通,以防止中央传动室内的润滑油进入转向机构。中央传动锥齿轮及锥轴承都靠飞溅润滑。

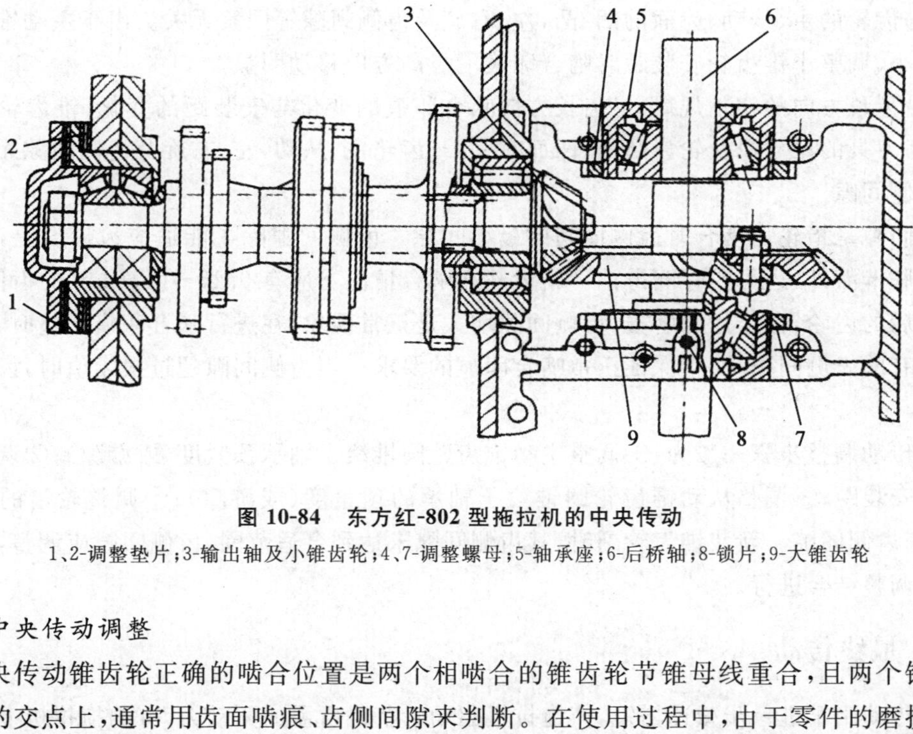

图 10-84 东方红-802 型拖拉机的中央传动

1、2-调整垫片;3-输出轴及小锥齿轮;4、7-调整螺母;5-轴承座;6-后桥轴;8-锁片;9-大锥齿轮

3. 中央传动调整

中央传动锥齿轮正确的啮合位置是两个相啮合的锥齿轮节锥母线重合,且两个锥顶交在两轴线的交点上,通常用齿面啮痕、齿侧间隙来判断。在使用过程中,由于零件的磨损和变形破坏齿轮的正确啮合位置,造成噪声大、磨损加剧甚至轮齿折断等现象。因此,在装配和使用时,应对中央传动进行检查调整,以保证其正确的啮合状态。中央传动调整包括轴承预紧度、啮合印痕、齿侧间隙等。

1)轴承预紧度

装配时往往使圆锥滚子轴承带有预紧度,它是提高支承刚度的措施之一。所谓预紧,就是在安装时用某种方法使轴承中产生并保持一定的预加轴向力,以消除轴承中的游隙,并在滚动体和内、外圈接触处产生初始弹性变形。这样就使预紧后的轴承在受到外载荷时,其内、外圈的径向与轴向相对移动量都会比未预紧的轴承大大减小,从而提高了支承的轴向刚度。但预紧度过大时，会增加轴承中的摩擦力矩，降低传动效率，缩短轴承寿命，甚至还会导致轴承发热而引起损坏等。预紧度的调整应在锥齿轮不受力的情况下进行。不同机型、不同结构的中央传动，其调整方法及预紧度的数值不相同，应按出厂规定进行。

2)啮合印痕

这是指锥齿轮副在轻微制动下分布在齿面上的接触斑迹。正常的啮合印痕要求在齿宽方向印痕的长度不小于齿宽的50%～60%，沿齿高方向的印痕宽度不小于齿高的40%～50%，在一般常用的螺旋锥齿轮副中，印痕分布在节锥附近稍靠小端。为了保证锥齿轮副的正常啮合，主、从动锥齿轮可沿各自的轴线进行轴向移动予以调整。在调整啮合印痕时，应保持轴承的预紧度或游隙不变。啮合印痕的调整应根据说明书进行。

调整安装距时，螺旋锥齿轮齿面啮合印痕位置的变化，可分为沿齿高方向和沿齿长方向变化两种情况。

(1)沿齿高方向移动的规律：理论分析和试验证实，沿齿高方向啮合印痕的变化只与安装距有关，与齿轮的主、从动，齿面的凹、凸，左、右旋及齿侧间隙等因素无关。由于主动锥齿轮的节锥角较小，调整小锥齿轮安装距时啮合印痕沿齿高方向移动明显。

(2)沿齿长方向的移动规律：沿齿长方向啮合印痕的变化与安装距的变化、锥齿轮的几何参数、切齿刀具的尺寸以及轮齿凸面、凹面有关，与齿轮主、从动，左、右旋及齿侧间隙无关。

3)齿侧间隙

齿侧间隙是指轮齿啮合时齿侧面间的最小间隙。齿侧间隙除了能适应齿形误差，防止轮齿受热膨胀卡滞外，还可贮存润滑油。新齿轮在啮合情况下应有0.15～0.5 mm的齿侧间隙。长期使用后的齿轮，由于齿面磨损，齿侧间隙增大是正常现象，在进行啮合印痕调整时，不应强行恢复原有的齿侧间隙，而应保证正常啮合印痕的要求。当齿侧间隙超过报废值时，齿轮应成对更换。

中央传动调整步骤一般为：①调整主动锥齿轮圆锥滚子轴承预紧度(或游隙)；②调整主动锥齿轮的安装距；③调整从动锥齿轮圆锥滚子轴承的预紧度(或游隙)；④调整轮齿的啮合印痕；⑤检查齿侧间隙。新装锥齿轮副时，其齿侧间隙未达到合适范围，齿侧间隙应调整，且应与啮合印痕调整结合进行。

10.5.2 最终传动

最终传动用于进一步减速增矩，使拖拉机驱动轮获得所需的驱动力，有的拖拉机上还用于提高或调整离地间隙。按其传动形式可分为外啮合圆柱齿轮最终传动、内啮合圆柱齿轮最终传动、行星齿轮最终传动，按其结构布置分为外置式和内置式两种。

外置(分置)式最终传动中，左、右最终传动各用单独的壳体，分置在靠近驱动轮处[图10-85(a)、(b)]。这种布置形式采用外啮合圆柱齿轮传动可得到较大的离地间隙，在轮式拖拉机上还可用于调整离地间隙和轴距。如江苏-50型拖拉机的最终传动。

内置(合置)式最终传动中，左、右最终传动与中央传动和差速器装在同一壳体内[图10-85(c)]或紧贴在后驱动桥壳侧壁上。这种布置形式结构紧凑，能有效地防止尘土进入最终传动，但离地间隙小。如上海-50型拖拉机的最终传动。

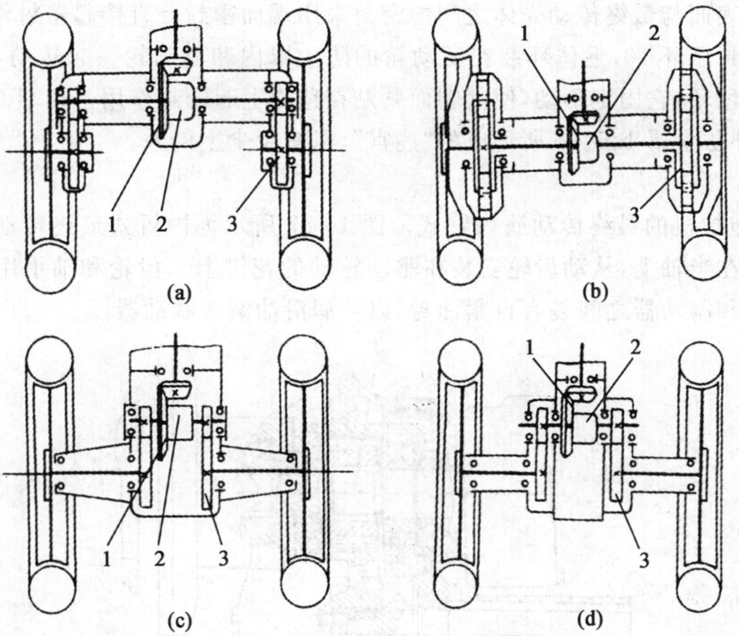

图 10-85 最终传动结构布置形式

(a)、(b) 外置式;(c)、(d) 内置式

1-中央传动;2-差速器;3-最终传动

10.5.2.1 外啮合圆柱齿轮最终传动

1. 外置式

图 10-86 所示东方红-802 型拖拉机的最终传动属外置式,采用一对外啮合直齿圆柱齿轮。其主动齿轮 12 和花键轴制成一体,花键上装有接盘 16 与转向离合器的从动鼓 17 连接。主动齿轮轴支承在两个圆柱滚子轴承上,为了提高支承刚度,两个圆柱滚子轴承通过套筒 15 安装在后桥壳 18 和最终传动壳 23 内,套筒与后桥壳过盈配合。套筒内侧有集油槽和回油孔 19,可以使通过自紧油封 14 漏出的润滑油流回最终传动壳体,以防进入转向离合器室内。

从动齿轮 22 与驱动轮 13 用螺栓共同固定在轮毂 8 上,轮毂用两个圆锥滚子轴承支承在后轴 20 上,轴端有调整垫片 7,用以调整圆锥滚子轴承的间隙。后轴固定在车架上,同时又是车架的横梁。

由于履带拖拉机驱动轮直径小,最终传动接近地面,工作条件恶劣,因而要求密封可靠。

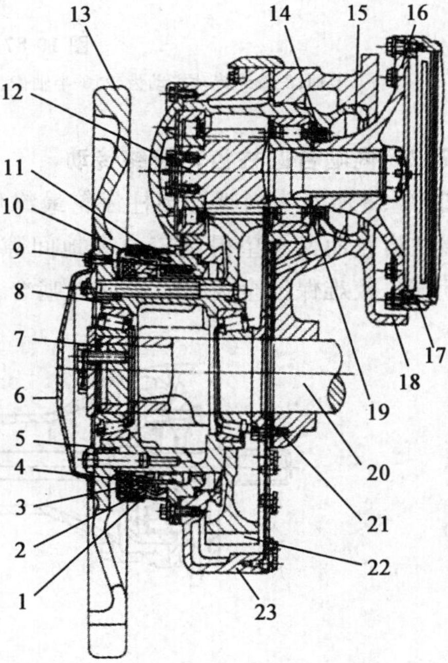

图 10-86 东方红-802 型拖拉机最终传动

1、5、11-防尘罩;2-橡皮套;3-导向销;4-毛毡环;6-端盖;7-调整垫片;8-轮毂;9-弹簧;10-油封压环;12-主动齿轮;13-驱动轮;14-自紧油封;15-套筒;16-接盘;17-转向离合器从动鼓;18-后桥壳;19-集油槽和回油孔;20-后轴;21-橡胶密封圈;22-从动齿轮;23-最终传动壳

驱动轮毂的旋转表面与最终传动壳体之间的密封采用端面密封。直接起密封作用的主要是毛毡环4和金属油封压环10，毛毡环装在驱动轮的防尘罩内和驱动轮一起转动，金属油封压环被弹簧9压向毛毡环，它固定不动，使其端面紧贴在毡圈上起密封作用。在端面油封外面还有橡皮套2和内、外防尘罩1、5、11所形成的"迷宫"，以减少尘土侵入。

2.内置式

上海-50型拖拉机的最终传动属内置式。图10-87所示为内置式最终传动结构。最终传动主动齿轮安装在半轴上，从动齿轮安装在驱动轮轴的花键上。齿轮和轴承用后桥壳内的润滑油润滑。轴承和制动器之间装有自紧油封，以防润滑油漏入制动器。

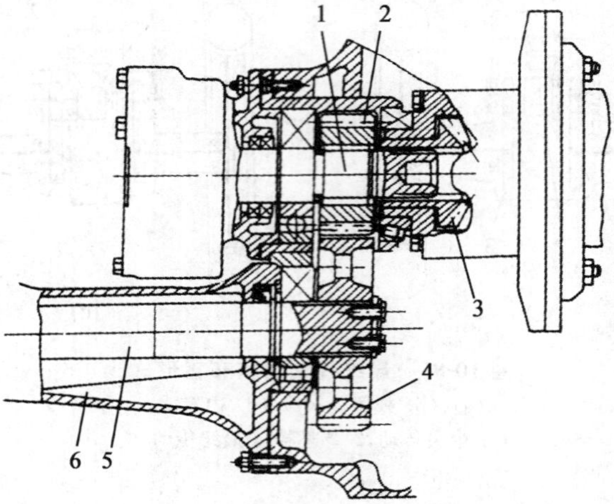

图10-87 内置式最终传动

1-半轴；2-最终传动主动齿轮；3-半轴齿轮；4-最终传动从动齿轮；5-驱动轮轴；6-驱动轮轴壳

10.5.2.2 内啮合圆柱齿轮最终传动

图10-88所示为内啮合圆柱齿轮最终传动。该种结构满足了轮轴直径较小、布置不下外啮合圆柱齿轮而又希望得到较高离地间隙的要求。由于内啮合主动齿轮1只能采用悬臂结构，刚度差，较难保证全齿宽上很好地啮合。所以这种最终传动只在个别小型拖拉机上采用。

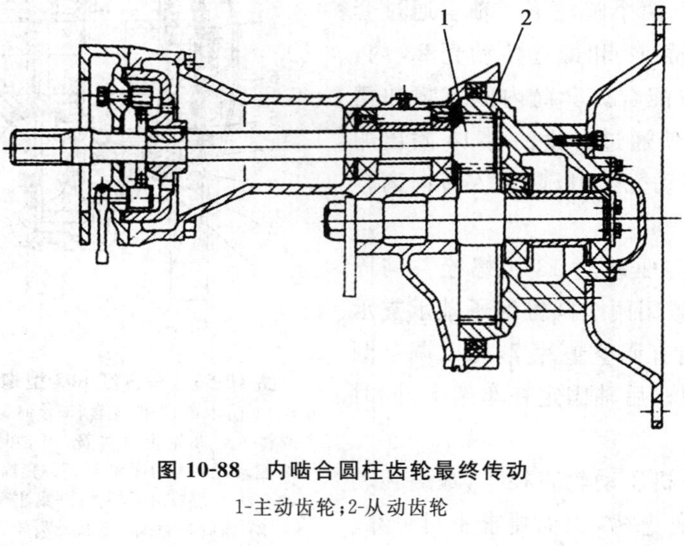

图10-88 内啮合圆柱齿轮最终传动

1-主动齿轮；2-从动齿轮

10.5.2.3 行星齿轮最终传动

1. 外置式

图10-89所示为轮边减速器,它属于行星齿轮式。太阳轮7用花键紧固在半轴12的外端,齿圈3与齿圈座2用螺钉10连接,而齿圈座则被固定在半轴套管1上不能转动,行星齿轮架5与轮毂11相连。动力由太阳轮输入,经行星齿轮、行星架传给轮毂使驱动轮旋转,其旋转方向与半轴旋转方向一致。这种传动方案能得到最大的传动比,故在拖拉机后驱动桥及转向驱动桥的最终传动中得到广泛应用。

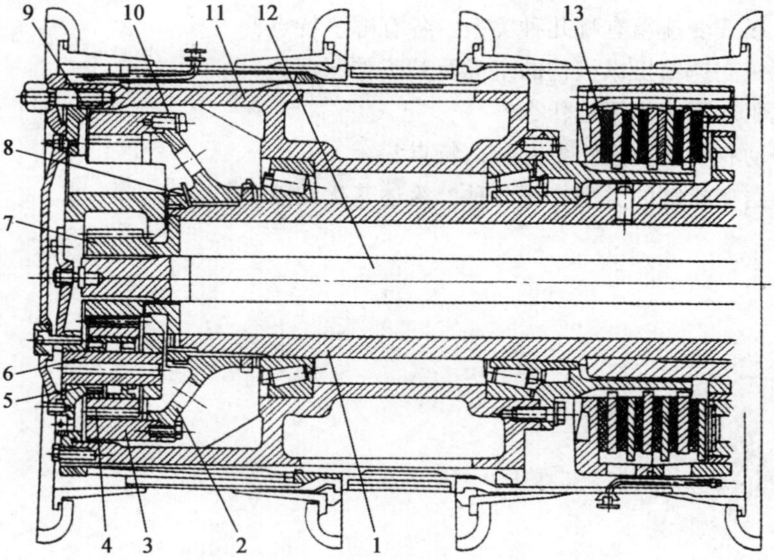

图10-89 轮边减速器

轴套管;2-齿圈座;3-齿圈;4-行星齿轮;5-行星架;6-行星齿轮轴;7-太阳轮;8-锁紧螺母;9-螺栓;10-螺钉;11-轮毂;12-半轴;13-多片盘式制动器

2. 合置式

图10-90为约翰迪尔拖拉机行星齿轮最终传动,属合置式。太阳轮和半轴制成一体,齿圈定在半轴壳体上。太阳轮转动时,行星齿轮沿着齿圈滚动并带动行星架和驱动轮轴旋转。

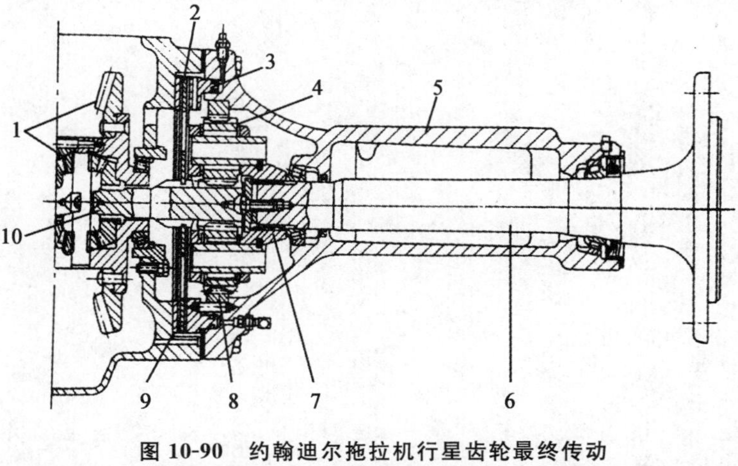

图10-90 约翰迪尔拖拉机行星齿轮最终传动

1-中央传动和差速器;2-摩擦盘;3-制动压盘;4-行星轮;5-半轴壳体;6-驱动轮轴;7-行星架;8-齿圈;9-制动盘;10-太阳轮(主动轴)

思考题

1. 拖拉机传动系的主要作用是什么？传动系有哪几种类型？各有什么特点？
2. 传动系中为何要设置离合器？
3. 试述摩擦式离合器的基本组成和工作原理。
4. 拖拉机变速箱的主要作用是什么？变速箱有哪些类型？
5. 机械有级式变速箱有哪几种类型？各有哪些特点？
6. 试述机械变速箱操纵机构的组成及其工作原理。
7. 拖拉机驱动桥的作用是什么？
8. 中央传动有哪些类型？各有什么特点？
9. 负载换挡变速箱的类型有哪几种？简述其优缺点。

第 11 章　行走系

行走系的主要作用是支承拖拉机的全部质量，保持各部件正常位置；将发动机传到驱动轮上的驱动转矩变为拖拉机工作所需的推进力，并承受作用于车轮的其他力和力矩；保证操纵稳定性，吸收振动与缓和冲击以保证拖拉机的正常行驶。行走系对拖拉机的牵引性、通过性、行驶平顺性、稳定性、转向性和综合利用性能等都有较大的影响。

按行走系结构不同，拖拉机可分为轮式和履带式两大类型。

11.1　轮式拖拉机的行走系

轮式拖拉机的行走系一般由车架、前桥、后桥和车轮组成。

在后轮驱动四轮拖拉机上，装在后桥左、右驱动半轴上的两个车轮，称为驱动轮，用以传递发动机的转矩，驱动拖拉机行驶。装在前轴上的两个车轮称为导向轮，一般不传递动力，但可相对机体偏转一个角度，使拖拉机转向。如果前轮也传递发动机的动力，则称为四轮驱动拖拉机。

拖拉机主要用于田间作业，行走系具有以下几个特点：

(1)田间土壤松软、潮湿，土壤产生附着力的条件较差，为了提高驱动轮的驱动力，增加车轮与土壤的接触面积，以减少车轮下陷所产生的滚动阻力，驱动轮一般采用直径较大的低压轮胎，且胎面上有凸起的花纹。导向轮均采用小直径、胎面大多具有一条或数条环状花纹的轮胎，以便拖拉机在田间调头、转弯时增加防侧滑的能力。如图 11-1 所示。

(2)拖拉机质心一般靠近后桥，以增加驱动轮附着质量，提高拖拉机的附着能力。

(3)拖拉机经常要进行中耕作业，为了不伤害农作物，拖拉机不仅要有较高的道路离地间隙，而且还要有合适的农艺离地间隙(图 11-2)。部分东方红拖拉机的最小离地间隙如表 11-1 所示。农艺离地间隙 h_n 是指跨在农作物上的机体的最低点离地面的距离，道路离地间隙 h_d 是指前轴或后桥壳体最低点离地面的距离。有的拖拉机离地间隙是可以调节的。此外，为了适应各种作物的不同行距，防止压苗和伤苗，拖拉机前、后轮的轮距应该可以调节。

图 11-1　东方红-MG600 拖拉机

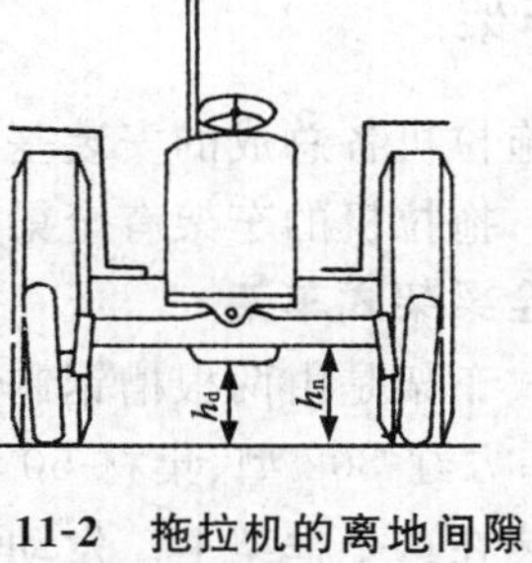

图 11-2　拖拉机的离地间隙

h_d-道路地隙；h_n-农艺地隙

表 11-1 某些型号东方红拖拉机的离地间隙 mm

拖拉机型号	离地间隙	
	道路地隙 h_d	农艺地隙 h_n
东方红 300	270	450
东方红 304	350	500
东方红 304(水田轮)	290	500
东方红 550	400	423
东方红 554	350	373

(4)由于拖拉机的田间作业速度较慢,加之低压轮胎本身具有一定的减振和缓冲作用,所以拖拉机后桥上一般不安装弹性悬架和减振器,使后桥与机体刚性连接,而前轴与机体铰链连接。但随着拖拉机运输速度的提高,为了减少振动,改善驾驶员的劳动条件,有些拖拉机的前轴采用了弹性悬架,不少拖拉机采用减震驾驶座。

(5)水田土壤是一种特殊的土壤,对行走系统提出了特殊的要求,为了使拖拉机能够顺利地爬越田埂,能够克服由于沉陷而增加的滚动阻力,同时又能发挥出足够的牵引力,拖拉机的车轮有高花纹轮胎、镶齿水田轮、水田叶轮、间隔式履带板等多种形式。

此外,为了满足水田作业的特殊要求,我国采用了把浮与沉、滑动与驱动原理相结合设计制造的船式拖拉机(也称机耕船),如图 11-3 所示。作业时,船体浮于土壤耕作层表面,而水田轮叶片则插入硬底层以上的烂泥土之中,有效地解决了通过性能和牵引附着性能的问题。

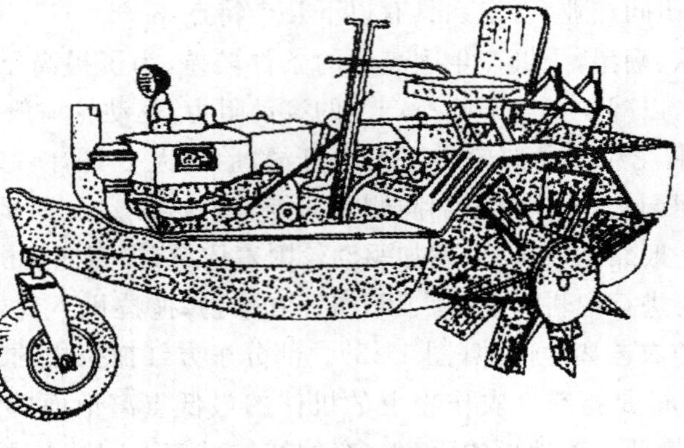

图 11-3 船式拖拉机

11.1.1 车架

车架为拖拉机各总成的安装基础,使之成为一个整体,并承受各总成的质量及其传给的各种力和力矩。拖拉机的车架有全梁架式、半梁架式和无梁架式 3 种,如图 11-4 所示。

11.1.1.1 全梁架式车架

全梁架式车架是由两根槽钢制成的纵梁加上几根横梁及车轴组成的一个完整的框架[图 11-4(a)]。东方红-802 型、集材-50 型及约翰迪尔 1854 型拖拉机采用这种车架,拖拉机所有的零部件都安装在这个框架上。发动机和离合器连成一体,用 3 个点支承在车架上,其前端用摇摆支座安装在前梁上,后端用两点安装在前横梁上。拖拉机后桥和变速箱连成一体,也用

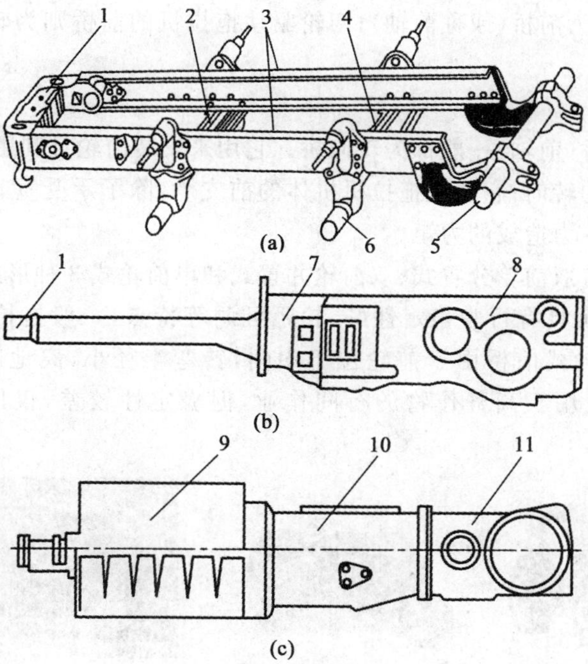

图 11-4 拖拉机车架

(a)全梁架式车架;(b)半梁架式车架;(c)无梁架式车架

1-前梁;2-前横梁;3-纵梁;4-后横梁;5-后轴;6-台车轴;7-离合器壳;8-传动箱壳;9-发动机壳;10-变速箱壳;11-后桥壳

3 个支点安装在车架上,变速箱前端用球形垫圈支承在后横梁上,后桥壳用两个支座安装在后轴上。拖拉机的行走装置也安装在车架上。

采用全梁架式车架可使拖拉机各部件拆装较为方便,但金属用量多,车架在工作中的变形会使各部件间的相对位置发生变化,从而破坏各零部件正常的工作条件,引起零件损坏。

11.1.1.2 半梁架式车架

半梁架式车架由主要用于安装发动机的梁架及离合器壳 7 和传动箱壳 8 组成[图 11-4(b)]。铁牛 650 型、红旗-100 型拖拉机采用这种车架。这种车架在拆卸发动机时,不必将整个拖拉机解体,维修发动机较方便。

11.1.1.3 无梁架式车架

无梁架式车架没有梁架,整个车架由各部件的壳体连接而成[图 11-4(c)]。这种车架可简化结构,减轻重量,节省钢材,车架刚度较好,各部件之间不易产生相对位移。它的缺点是:对制造和装配技术要求较高;当拆卸某一部件时,需将整个拖拉机解体。上海纽荷兰轮式拖拉机、天津约翰迪尔 JDT600/650/654 型拖拉机、山东常林 SH1004 型拖拉机、东方红-300/304/400 型拖拉机及江苏清拖 JS-720/750P/800P 和 JS-724/754P/804P 型拖拉机都采用这种车架。

11.1.2 车桥

车桥通过悬架或直接和车架相连,两端安装车轮,用以在车架与车轮之间传递各向作用力。根据车桥上车轮的作用,车桥一般可分为转向桥、转向驱动桥、驱动桥 3 种类型。其中转向桥属从动桥，一般作为前桥（或称前轴）；四轮驱动拖拉机的前桥则为转向驱动桥，后桥作为驱动桥。

11.1.2.1　前桥

轮式拖拉机的前桥（前轴）一般都为转向桥。它用来安装前轮且利用转向节使车轮偏转一定角度以实现拖拉机的转向；它还是拖拉机机体的前支承，除了承受垂直载荷外，还要承受纵向力和侧向力以及这些力造成的力矩。

轮式拖拉机前桥有双前轮分置式、双前轮并置式和单前轮式 3 种形式（图 11-5）。

双前轮分置式前桥具有行驶稳定性好、轮距可调等特点，一般拖拉机均采用这种前桥。双前轮并置式和单前轮式前桥由于前轮位于中间，转弯半径小，离地间隙因仅受后桥高度的限制而较大，故较适用于高秆作物的行间作业，但稳定性较差，仅用于少数中耕型拖拉机上。

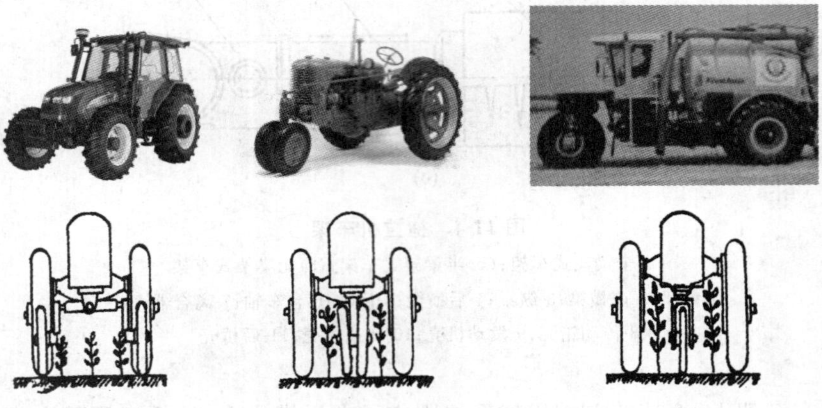

(a)　　(b)　　(c)

图 11-5　轮式拖拉机前桥形式

(a)双前轮分置式；(b) 双前轮并置式；(c) 单前轮式

拖拉机前桥（前轴）主要由前轴支架、摇摆轴、前轴套管、转向节支架套管（伸缩套管）、转向节立轴、转向节和轮毂等组成。

拖拉机前轴通过摇摆轴与机体铰接，因此，前轴可绕摇摆轴每侧摆动 10°～15°，以适应地面的不平整（图 11-6）。为了调节前轮的轮距，一般前轴做成可调节的伸缩结构，常用的有伸缩套管式和伸缩板梁式两种。

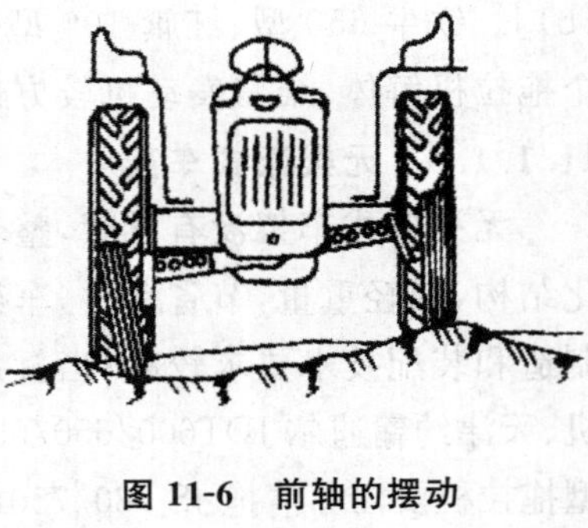

图 11-6　前轴的摆动

1. 拖拉机的伸缩套管式前轴

上海纽荷兰轮式拖拉机前桥上采用的是伸缩套管有级调节式前轴，如图 11-7 所示。

前轴支架 12 用 6 个螺栓固定在柴油机油底壳上。前轴外套管总成 11 为异形管（改进型），其中间圆形管焊接成十字形，用摇摆轴 18 与前轴支架相铰接。摇摆轴与摇摆轴轴承座 15 静配合，但与外套管总成之间有滑动衬套 17，摇摆轴轴承座用螺栓固定在前轴支架上。这样，当拖拉机在不平地面上行驶时，前轴可相对于机体转动，以保证两导向轮同时着地。

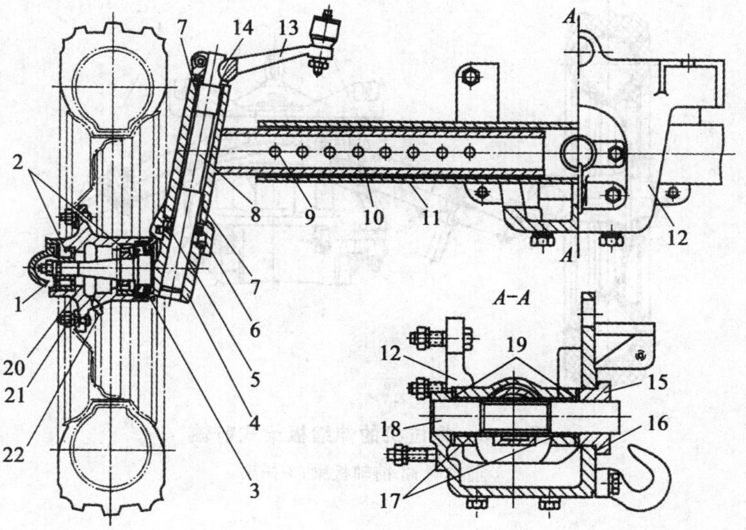

图 11-7 伸缩套管有级调节式前轴

1-调整螺母；2-单列圆锥滚子轴承；3-油封；4-转向节；5-止推轴承；6-油封；7、17-滑动衬套；8-转向节立轴；9-紧固螺栓；10-转向节支架内套管总成；11-前轴外套管总成；12-前轴支架；13-转向节臂；14-半月键；15-摇摆轴轴承座；16-垫片；18-摇摆轴；19-尼龙衬片；20-轮毂；21-轮毂螺栓；22-润滑油嘴

前轴外套管总成两端孔内，装有左、右转向节支架内套管总成 10，其上有调整轮距的 8 排孔。根据实际需要可将螺栓 9 分别插入不同的孔内，从而获得不同的轮距。

在转向节支架内套管总成内装有转向节立轴 8，立轴与转向节支架内套管总成间用滑动衬套 7 和止推轴承 5 配合，立轴下端与前轮半轴焊成一体，称转向节 4，立轴上端通过半月键 14 和转向节臂 13 相连接。导向轮通过轮毂 20 安装在前轮半轴上，前轮半轴上装有油封 3 和圆锥滚子轴承 2，前轮半轴轴端装有调整螺母 1，用来调整轴承间隙，同时可防止轮毂松脱。

天津约翰迪尔 JDT600、650 型拖拉机，东方红 400、404、500、504 型拖拉机和江苏清拖 JS-720、750P、800P 型拖拉机都采用伸缩套管有级调节式前轴。

2. 拖拉机的伸缩板梁式前轴

图 11-8 所示为拖拉机的伸缩板梁式前轴。具有工字形断面的前轴板梁 2 通过托架 3 与机体铰接。前轴板梁的两端各有数个孔，前轴臂 1 也是工字形断面板梁，它与转向节支架制成一体；在前轴臂也有数个孔，用来调整前轮轮距。在转向节支架内装有转向节立轴，转向节立轴下端连接着前轮轴，轴上装有轮毂。

11.1.2.2 前轮定位

为了提高拖拉机直线行驶的稳定性、操纵轻便性，以及减少轮胎和机件的磨损，要求前轮和转向立轴安装在前轴上，保持一定的相对位置。这种具有一定相对位置的安装叫作前轮定位。前轮定位参数有 4 个：转向节立轴后倾角、转向节立轴内倾角、前轮外倾角和前轮前束。

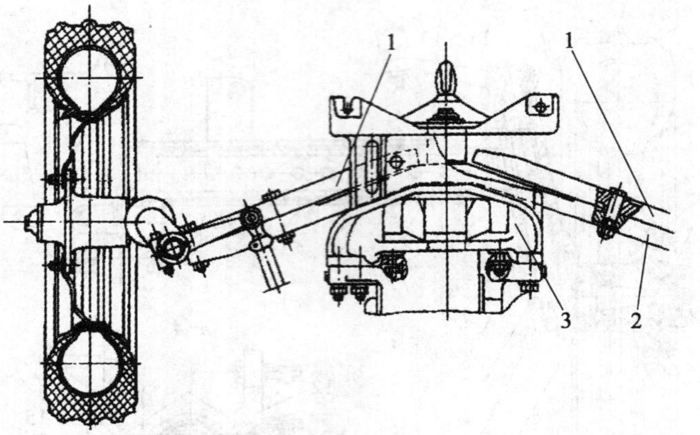

图 11-8 拖拉机的伸缩板梁式前轴

1-前轴臂;2-前轴板梁;3-托架

1. 转向节立轴后倾角

转向节立轴的上端向后倾斜一个角度 γ,称转向节立轴后倾角,如图 11-9 所示。立轴后倾后,立轴轴线的延长线与路面的交点 a 位于轮胎与地面接触点 b 的前面。当前轮偏转而拖拉机绕一转向中心 O 转向时,在前轮上就作用有一个使拖拉机转向的侧向力 $\boldsymbol{P}$,此力作用在轮胎支承面的中心 b。如果转向节立轴后倾,其轴线与地面的交点 a 将位于点 b 的前方,这样,侧向力 $\boldsymbol{P}$ 将对 a 点产生一个回正力矩 $M=PL$,其方向与车轮偏转方向相反,驱使前轮回到居中位置。前轮的这种自动回正作用有利于保持拖拉机直线行驶的稳定性。因此,当拖拉机在行驶中前轮有较小偏转时,前轮会在回正力矩的作用下自动回正。

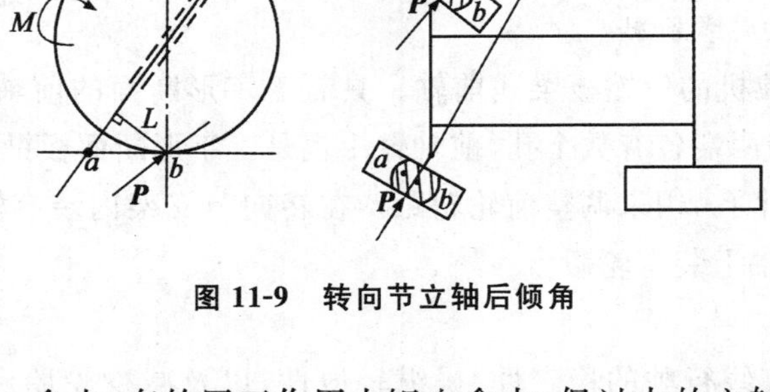

图 11-9 转向节立轴后倾角

显然,立轴后倾角 γ 愈大,车轮回正作用力矩也愈大;但过大的立轴后倾会使拖拉机在行驶中产生“晃头”现象,并且会发生转向沉重或回正过猛打手现象,所以后倾角应该适当。试验表明,拖拉机在高速行驶时,由于轮胎的变形,与地面接触处轮胎的支承面实际上将后移,其中点 b 亦随之后移,回正力矩的力臂 L 加长。因此,为了不致造成过大的回正力矩,现在有不少拖拉机的立轴后倾角减小,甚至不后倾,故一般拖拉机转向节立轴后倾角 $\gamma=0°\sim5°$。

2. 转向节立轴内倾角

转向节立轴的上端向里倾斜的角度 β 称转向节立轴内倾角，如图 11-10(a)所示，其目的是使前轮偏转后具有自动回正作用，以保持拖拉机直线行驶稳定性。当转向轮在外力作用下由中间位置偏转一个角度(为了解释方便，图中画成 180°，即转到如虚线所示位置)时，车轮的最低点将陷入路面以下，但实际上车轮下边缘不可能陷入路面以下，而是将转向车轮连同整个拖拉机前部向上抬起一个相应的高度 h，这样拖拉机本身的重力有使转向轮回复到原来中间位置的效应。

抬高前桥，会增大转向时的操纵力；但另一方面，转向节立轴内倾能减小偏转轮胎的阻力矩。从图 11-10(a)中可看出，由于立轴内倾，使轮胎接地面中心点到立轴轴线与地面交点的距离由 l 减小至 l_1，这样就减小了偏转前轮时的阻力臂，从而减轻了转向时的操纵力。

一般轮式拖拉机转向节立轴内倾角 $\beta=3°\sim9°$。

综上所述，立轴后倾和立轴内倾均能使拖拉机转向时自动回正，保证直线行驶的稳定性。所不同的是，立轴后倾的回正作用与车速有关，而立轴内倾的回正作用与车速无关。这样，在不同的车速时，二者各自发挥其稳定作用。

3. 前轮外倾角

前轮上部向外倾斜的角度 α 称为前轮外倾角。它是由前轮轴向下倾斜而得到的，其目的是使转向时操纵轻便。如图 11-10(b)所示，前轮具有外倾角 α 时，使轮胎与地面接触面中点到立轴轴线与地面交点的距离由 l 减小为 l_2，这样就减小了偏转前轮的阻力臂，使得操纵轻便。

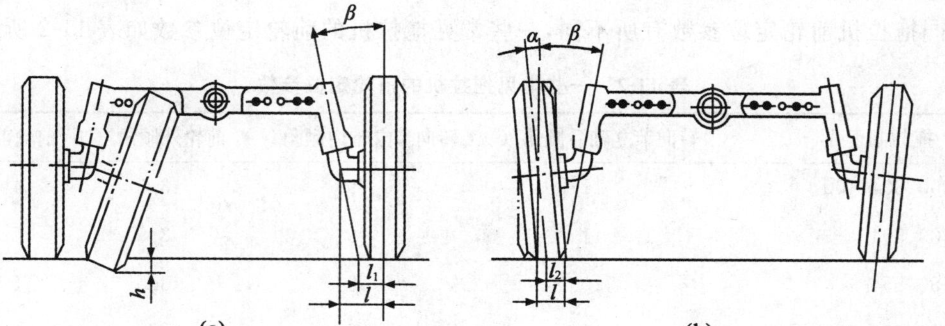

图 11-10　转向节立轴内倾角和前轮外倾角

(a)立轴内倾；(b)前轮外倾

如果空车时车轮正好垂直路面，则满载时车轮因承载变形而可能出现车轮内倾。若车轮内倾，则地面对车轮的垂直反力的轴向分力指向前轮轮轴的外端，使车轮外轴承及锁紧螺母负荷增大，寿命缩短，严重时使车轮脱出。因此，前轮保持一定的外倾角是必要的，一般拖拉机的前轮外倾角 $\alpha=2°\sim4°$。

4. 前轮前束

前轮安装时，同一轴线上两侧车轮的旋转平面不平行，前端略向内束，这种现象称为前轮前束。前束值是前轮处于中立位置时，左、右两前轮后端水平距离与前端水平距离之差，即图 11-11(a)中 B_2-B_1 的值。前轮前束的目的是减轻前轮的磨损。

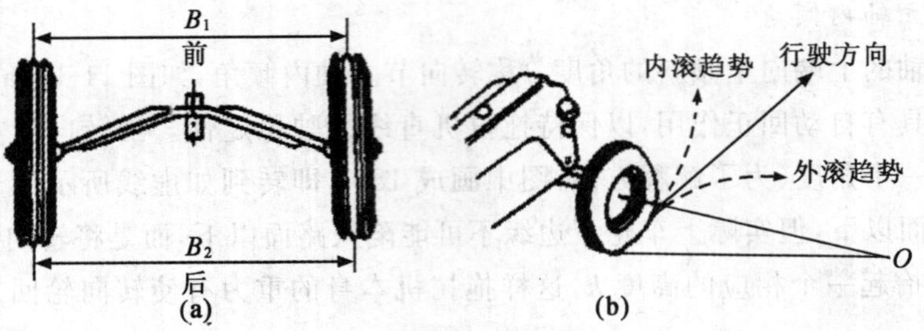

图 11-11 前轮前束

(a)前轮前束；(b)前轮外倾后的运动情况

由于前轮外倾，前轮滚动时有向外滚开的趋势，如图 11-11(b)所示。但由于前桥机体的约束，前轮被强制向前滚动，将引起前轮侧向滑动而增大磨损。在拖拉机中前轮采用前束，使前轮本身造成一种向里滚动的趋势，从而减轻了前轮外滚的不利影响。

在使用过程中，前束值要进行检查和调整。具有转向梯形的拖拉机，可通过调整横拉杆的长度改变前束值；具有双拉杆转向操纵机构的拖拉机，可通过调整左、右纵拉杆的长度来实现。

一般拖拉机的前束值为 2～12 mm。约翰迪尔 1204 拖拉机的前束值为 3～6 mm，约翰迪尔 1854 拖拉机的前束值为 0.5～3.5 mm。

纽荷兰拖拉机的转向节立轴后倾角为 0°，立轴内倾角为 9°，前轮外倾角为 2°，前束值为 4～12 mm。

不同拖拉机前轮定位参数有所不同，一些常见拖拉机的前轮定位参数如表 11-2 所示。

表 11-2 一些常见拖拉机的前轮定位参数

拖拉机型号	转向节立轴后倾角/(°)	转向节立轴内倾角/(°)	前轮外倾角/(°)	前轮前束/mm
东方红 300、304、400	11	9	3.5	4～8
东方红 500、504	11	9	3.5	5～15
东方红 550、554	10	9	3.5	5～10
东方红 600、650、700	11	8	2	0～11
东方红 604、654、704	11	10	3.5	0～10
东方红 LX604-904、LX654-954	11	7°30′	1	0～10
江苏清拖 JS-700、750P、754P	11	8	3	3～15
江苏清拖 JS-800P、804P	12	7°30′	1°40′	3～15
上海纽荷兰 SNH500、550	14	9	2	4～12
上海纽荷兰 SNH504、554	8	7	2	4～12

11.1.2.3 转向驱动桥

1. 转向驱动桥的作用

四轮驱动拖拉机的前桥除了作为转向桥外，还兼起驱动桥的作用，故称为转向驱动桥。它不仅有一般驱动桥的中央传动、差速器、最终传动和半轴等传动件，也有转向桥所具有的前轴、转向节和立轴等。

东方红-554 型拖拉机前驱动桥的构造如图 11-12 所示,由中央传动、差速器和最终传动等组成前驱动桥,动力经变速箱下方的分动器、传动轴、前中央传动和最终传动使两驱动轮转动。

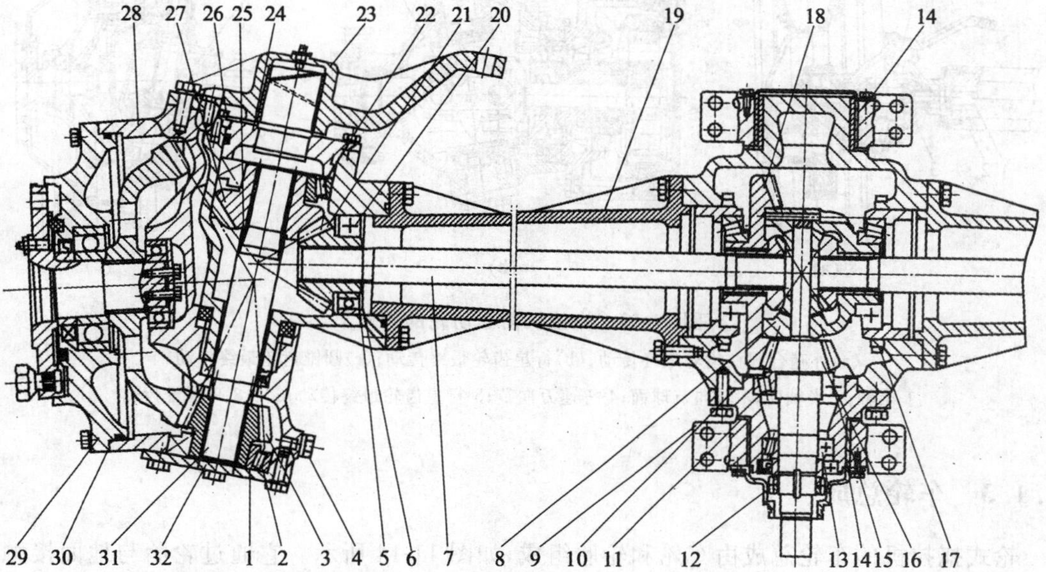

图 11-12 东方红-554 型拖拉机前驱动桥的构造

1-调整垫片;2-轴承;3-前末端传动小齿轮;4-放油螺塞;5-调整垫片;6-挡圈;7-半轴;8-差速器总成;9-摆座;10-调整垫片;11-止推垫片;12-小圆螺母;13、15-轴承;14-摆衬;16-主动齿轮;17-调整螺母;18-从动齿轮;19-半轴壳;20-轴承;21-锥齿轮;22-轴承;23-转向臂;24-立轴轴座;25-支承套;26-调整垫片;27-锥齿轮;28-末端传动壳体;29-前驱动端盖;30-调整垫片;31-立轴;32-下端盖

2. 转向驱动桥的结构

各种转向驱动桥的中央传动、差速器部分的结构差异不大,差别在转向节和最终传动等部分。由于转向节结构不同,分为万向节传动和圆锥齿轮传动两种类型(图 11-13)。

万向节传动前驱动桥为了转向需要将半轴分成两段制造,称为内半轴和外半轴,二者用等速万向节连接起来。于是,立轴也被分成上、下两段,分别固定在万向节的球形支座上;转向节制成空心的,以便内、外半轴从中穿过。与万向节传动的转向节相匹配的最终传动通常有外啮合圆柱齿轮[图 11-13(a)]和行星齿轮[图 11-13(b)]传动两种,而万向节广泛应用双联十字轴式万向节。

圆锥齿轮传动的前桥转向节采用两级圆锥齿轮传动,它利用锥齿轮传动的特点,除实现转向外,同时起到前桥最终减速传动的作用,因此也称之为圆锥齿轮最终传动[图 11-13(c)]。这种结构省去了万向节,而且加工方便,工作可靠,密封性能好,且前轮转向时偏转角大,可获得较小的转弯半径,地隙也较高,因此用于水田作业拖拉机是一种较好的结构。

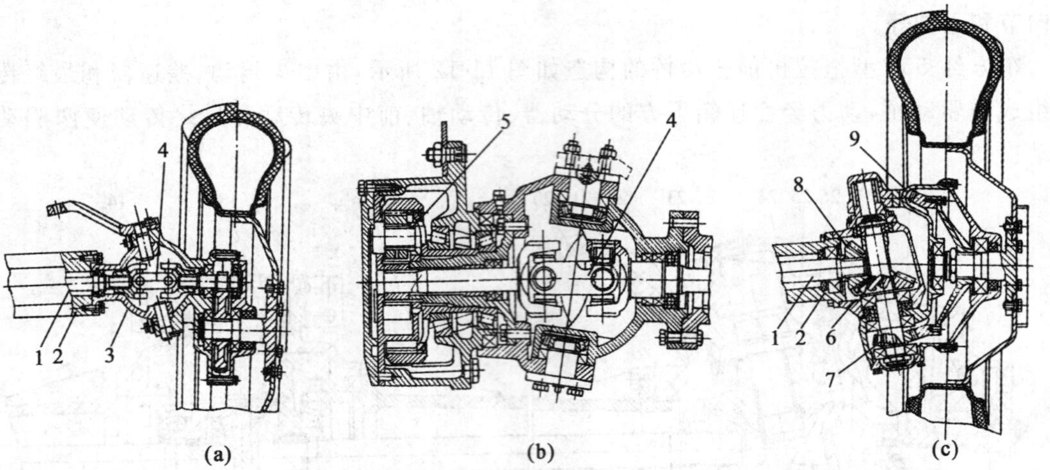

图 11-13 拖拉机前驱动轮的转向节

(a)外啮合圆柱齿轮最终传动;(b)行星齿轮最终传动;(c)圆锥齿轮最终传动

1-半轴;2-半轴壳;3-转向节球面;4-等速万向节;5-行星齿轮最终传动;6、7、8、9-圆锥齿轮

11.1.3 车轮总成

轮式拖拉机的车轮总成由车轮和轮胎组成,如图 11-14 所示。它通过轮胎与地面接触,支承整车的质量;保证与地面的良好附着性能,传递驱动力矩和制动力矩;缓和在行驶时由于地面不平引起的冲击和衰减振动;产生平衡拖拉机转向行驶时的离心力的侧抗力,在保证其正常转向行驶的同时,通过轮胎产生的自动回正力矩,使车轮保持直线行驶方向。

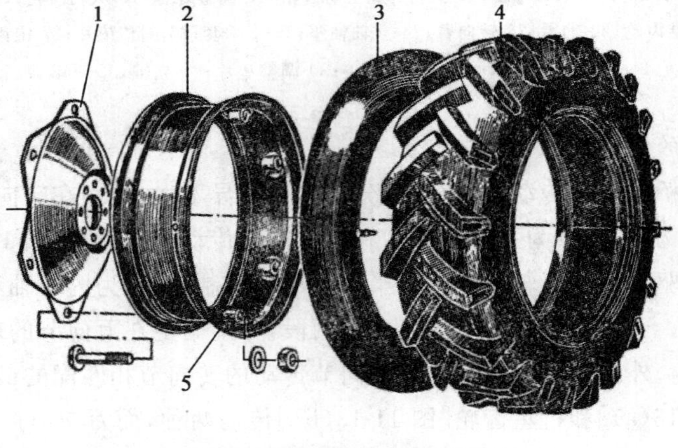

图 11-14 拖拉机车轮总成

1-轮辐;2-轮辋;3-内胎;4-外胎;5-连接凸耳

11.1.3.1 轮胎

轮胎有如下作用:①缓和拖拉机行驶时所受到的冲击,并衰减由此而产生的振动,以保证拖拉机有良好的乘坐舒适性和行驶平顺性;②保证车轮和路面有良好的附着性,以提高拖拉机的牵引性、制动性和通过性;③承受拖拉机的重力。

因此,轮胎必须具有适宜的弹性和承受载荷的能力。同时,在其与路面直接接触的胎面部分，应具有用以增强附着作用的花纹。

此外，车轮滚动时，轮胎在所承受的重力和由于道路不平而产生的冲击载荷作用下受到压缩。消耗于压缩的功，在载荷去除后并不能完全回收，有一部分消耗于橡胶的内摩擦，结果使得轮胎发热。温度过高将严重地影响橡胶的性能和轮胎的组织，从而大大增加轮胎的磨损而缩短轮胎的使用寿命。从试验和理论分析中可知，轮胎发热的程度随轮胎的结构、内部压力、载荷、行驶速度和所传递转矩大小而改变，这些因素在轮胎设计、制造和使用时必须充分考虑，以不断提高轮胎使用性能和使用寿命。

拖拉机轮胎按胎体结构不同可分为充气轮胎和实心轮胎，现代拖拉机绝大多数采用充气轮胎。

充气轮胎按组成结构不同，又分为有内胎轮胎和无内胎轮胎两种(图 11-15)。

充气轮胎按胎体中帘线排列方向的不同，还可分为普通斜交胎和子午线胎(图 11-16)。

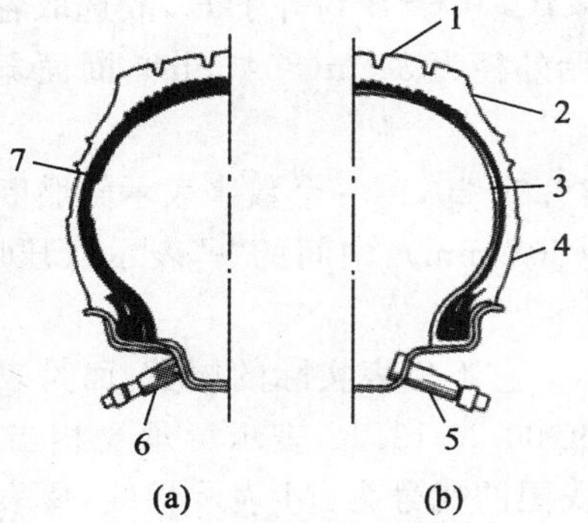

图 11-15　轮胎结构

(a)有内胎轮胎；(b)无内胎轮胎

1-胎冠；2-胎肩；3-胎侧；4-密封层；

5-轮辋打气阀；6-内胎打气阀；7-内胎

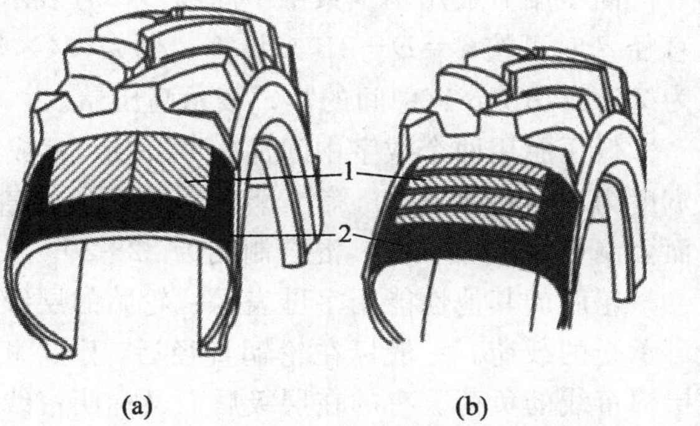

图 11-16　帘布层和缓冲层帘线的排列

(a)普通斜交轮胎；(b)子午线轮胎

1-帘布层；2-缓冲层

按胎内的空气压力大小，充气轮胎可分为高压胎、低压胎和超低压胎 3 种。一般气压在 0.5～0.7 MPa 者为高压胎，0.15～0.45 MPa 者为低压胎，0.15 MPa 以下者为超低压胎。

胎面是外胎的外表面，包括胎冠、胎肩和胎侧(见图 11-15)。胎面用耐磨的橡胶制成，胎冠与路面接触，直接承受冲击和磨损，保护帘布层和内胎免受机械损伤。为使轮胎与路面之间有良好的附着性能，防止纵、横向滑移等以适应各种用途，胎面上制有各种凹凸花纹(图 11-17)。

普通花纹的特点是花纹细而浅，花块接地面积大，适用于较好路面。其中纵向花纹轮胎的滚动阻力小，防侧滑和散热性好，噪声低，高速行驶性能好，但甩石性和排水性较差。横向花纹轮胎的耐磨性能好，不易夹石子。

越野花纹的沟槽深而宽，花块接地面积小，防滑性好。花纹有八字形、人字形和马牙形等。拖拉机驱动轮上常使用八字形的越野花纹，它附着性能良好，具有自行脱泥的能力。安装时，胎面花纹的尖端应与旋转方向一致，以免泥土在花纹间填塞。

一般用轮胎外径 D、轮辋直径 d、断面宽度 B 和断面高度 H 的公称尺寸来表示轮胎的基本尺寸，如图 11-18 所示。基本尺寸的单位有英制、公制和公英混合制三种。目前常用的表示方法如下。

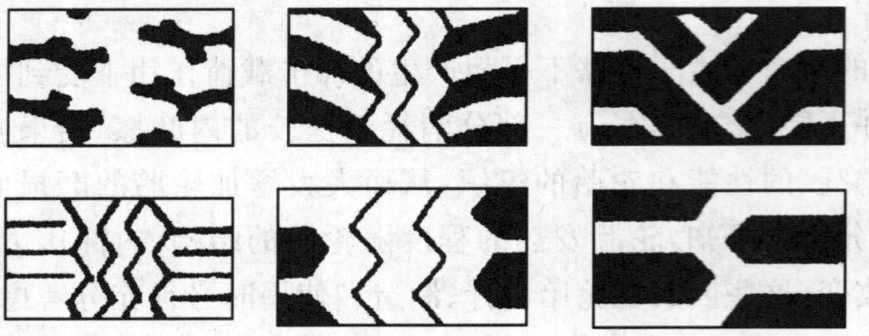

(a) (b) (c)

图 11-17 轮胎的花纹

(a)普通花纹；(b)混合花纹；(c)越野花纹

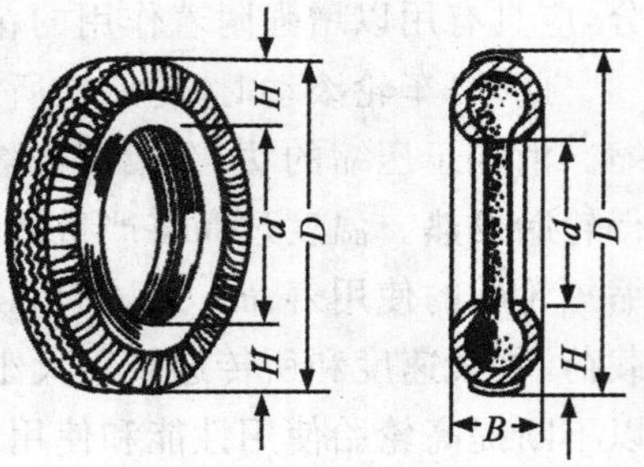

图 11-18 轮胎尺寸标注

D-轮胎外径；d-轮辋的直径；B-断面宽度；H-断面高度

高压胎一般用两个数字中间加“×”号表示，可写成 $D\times B$。由于 B 约等于 H，故选取轮辋直径 d 时可按 $d=D-2B$ 来计算。例如，34×7，即表示轮胎外径为 34 in(864 mm)，断面宽度为 7 in(178 mm)，中间的“×”表示高压胎。

低压胎用两个数字中间加“-”号表示，写成 B-d。例如：9.00-20，第一个数字表示轮胎断面宽度为 9 in(228 mm)，第二个数字表示轮辋直径为 20 in(508 mm)，中间的“-”表示低压胎。而公制可写成 228-508，混合制则为 228-20。

轮胎的其他性能用字母表示。轮胎的层级用“PR”表示。它不代表实际的层数，而是表示可承受的载荷。一般标在轮辋直径后，用“-”相连。例如：9.00-20-12PR，表示可承受相当 12 层棉帘线的负荷。有的在层级后面又标明帘线材料类型，我国的代号为：M 表示棉线，R 表示人造丝，N 表示尼龙。

若是子午线胎，则用 BRd 标记，中间字母 R 代表子午线胎，例如标记 9.00R20，表示轮胎公称断面宽度为 9 in、公称轮辋直径为 20 in 的子午线胎。

11.1.3.2 车轮

车轮是介于轮胎和车轴之间承受负荷的旋转组件，它由轮辋、轮辐和轮毂组成。

1. 轮辋

轮辋由薄钢板滚轧成形后焊接而成，它具有特殊的断面，以便安装外胎。常见的有深槽轮辋、平底轮辋和可拆式轮辋 3 种形式，如图 11-19 所示。

(1)深槽轮辋：深槽轮辋是一种整体轮辋[图 11-19(a)]，有带肩的凸缘，用以安放外胎的胎圈，断面中部的深凹槽是为便于外胎的拆装。深槽轮辋最适于尺寸小、弹性较大的轮胎，对尺寸较大、较硬的轮胎则很难装进。一般轮式拖拉机的前轮采用这种轮辋。

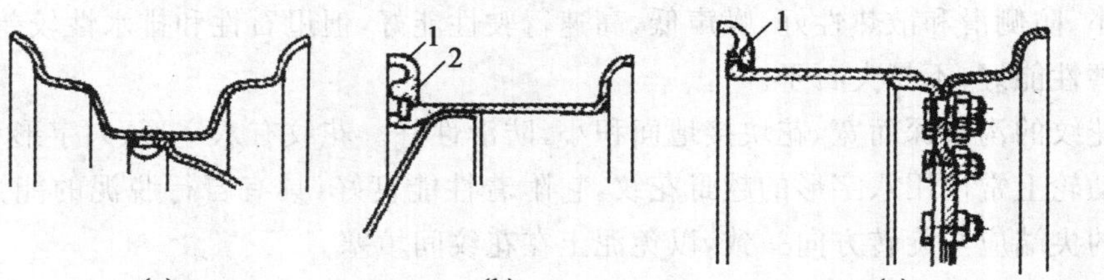

(a) (b) (c)

图 11-19 轮辋断面

(a)深槽轮辋；(b)平底轮辋；(c)可拆式轮辋

1-挡圈；2-锁圈

(2)平底轮辋:平底轮辋[图 11-19(b)]一边制有凸缘,一边装有整体的挡圈,并用一个开口的弹性锁圈来防止挡圈脱出。装上轮胎后,要将挡圈向内推,越过轮辋上的环形锁槽,再将开口的弹性锁圈嵌入环形槽中。

(3)可拆式轮辋:可拆式轮辋由内、外两部分组成[图 11-19(c)],其内、外轮辋的宽度可以相等,也可以不相等,二者用螺栓连成一体。拆装轮胎时拆卸螺栓上的螺母即可。可拆式轮辋安装轮胎可靠,拆卸方便。

2.轮辐

轮辐分别与轮辋和轮毂连接,用以传递转矩并增加轮辋的刚度。轮辐有盘式和辐条式两种。拖拉机上广泛采用盘式轮辋,它由钢板冲压而成。拖拉机前轮的轮辐和轮辋大都焊接成一体;拖拉机后轮轮辐则多采用可拆式连接,通常在后轮轮辋上焊有连接凸耳,轮辐用螺栓紧固在凸耳上,通过改变轮辋与轮辐的相对位置能调节后轮的轮距。

3.轮毂

拖拉机前轮轮毂通常用两个锥形轴承安装在前轮轴上,后轮轮毂则通常用花键或平键与驱动轴相连。辐板与轮毂的连接螺栓通常采用优质钢材并经热处理,其螺母具有锥形端面,以便拧紧在辐板锪出的锥形螺栓孔内,保证车轮和轮轴的对中。

11.1.3.3 水田轮

水田土壤为多层结构,上层为稻根、杂草和稀泥,中层为流质层,机械强度低,承压能力差;下层为硬底层,有较高的机械强度和承压能力。装有水田轮的拖拉机在水田中作业,其轮齿或轮胎花纹抓着硬底层,才能发挥一定的驱动力。

一般旱地用的轮式拖拉机下水田时,下陷深度较大,滚动阻力大,附着力不足,轮胎压沟严重,影响作业质量。采用水田轮在一定程度上克服了上述缺点,改善了牵引性能。目前,我国使用的水田轮主要有高花纹轮胎和塑料镶齿铁轮。

图 11-20(a)所示为高花纹轮胎。与普通轮胎相比,它的胎纹高度和间距都较大。其布置角较小。这种轮胎在泥脚较浅地区能抓着硬底层,可获得较大的驱动力;平顺性较好,冲击负荷较小,拖拉机可作远距离转移。但轮胎压沟较严重,影响田面平整。

图 11-20(b)所示为一种镶有塑料齿的铁轮。其特点是轮缘较窄,具有梯形断面的塑料齿用销钉安装在焊于轮缘的轮齿座上。这种镶齿铁轮抓土能力强,压沟不显著,附着性能好;但道路行驶平顺性差,塑料齿的寿命短。

以上两种水田轮在泥脚较浅的水田中适应性较好,但不适应深泥脚水田使用。深泥脚水田中采用如图 11-21 所示船式拖拉机使用的楔形水田轮。

11.1.3.4 轮距的调节

拖拉机前轮轮距的调节是通过改变前轴臂(伸缩套管)或前轴板梁在前轴上伸出的长度来实现的,通常为有级调节;后轮轮距的调节分为有级式调节和无级式调节两种,而有的拖拉机则两种方法联合使用。

后轮轮距有级式调节一般通过改变轮辐与驱动轮轮毂之间或轮辐与轮辋之间的相对安装位置来实现。采用这种形式调节,前、后轮轮距的调节必须相互对应(图 11-22)。国产拖拉机大多采用这种调节方法。

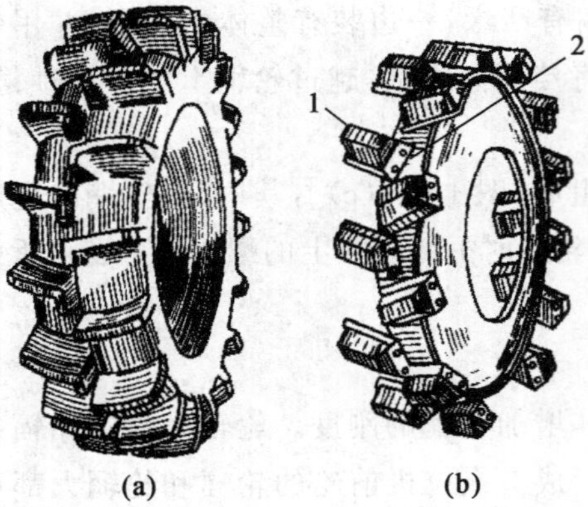

图 11-20 水田轮

(a)高花纹轮胎;(b)塑料镶齿铁轮

1-塑料齿;2-轮齿座

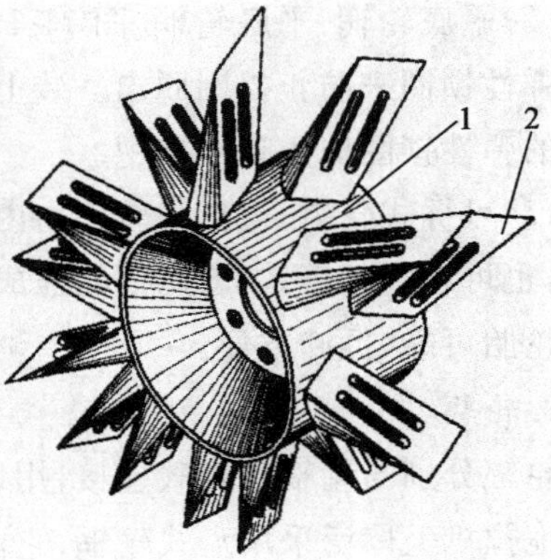

图 11-21 楔形水田轮

1-轮毂;2-叶片

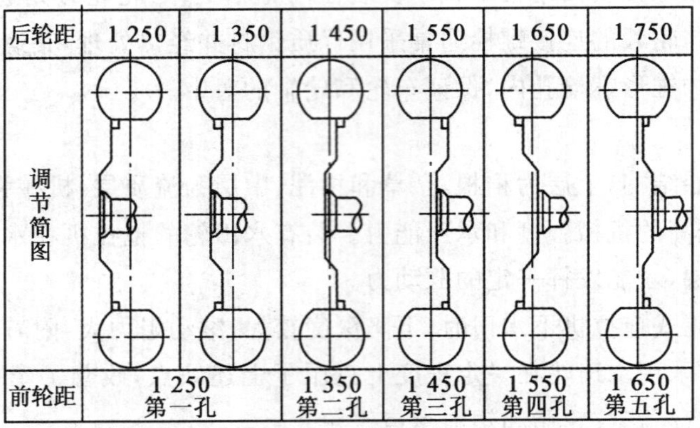

图 11-22 前、后轮轮距相互配合示意图(单位:mm)

11.1.4 悬架

拖拉机一般仅在前桥设置弹性悬架,但有的四轮驱动拖拉机的后桥亦设置纵向安置的钢板弹簧非独立悬架。轮式拖拉机前桥弹性悬架有螺旋弹簧式和钢板弹簧式两大类,如图 11-23 所示。

图 11-23(a)是将螺旋弹簧放置在转向节支架内的一种独立悬架。转向节立轴相对于转向节支架可以上下运动,由螺旋弹簧的变形来吸收冲击量,缓和传到机体上的冲击。这种弹性悬架便于在一般的前轴基础上变型,但转向节内有相对运动,零件易磨损。

图 11-23(b)所示的类型中,前轴做成左、右两截。它们一方面各自与拖拉机机体铰接,另一方面又相互用钢板弹簧连接,钢板弹簧的中点也与机体铰接。地面对前轮的冲击,通过钢板弹簧传到机体上,因而得到缓和。前轴还可连同弹簧一起绕铰接点摆动,以适应不平地形。

有的拖拉机的前轴不直接与机体铰接,而是通过钢板弹簧,如图 11-23(c)所示。为了承受纵向平面内的转矩,钢板弹簧应该有前后平行的两组;或者一组钢板弹簧外再采用两根撑杆叉,其前端固定在前轴上,而后部与机体铰链连接。

有的拖拉机没有刚性前轴，机体的前部质量直接通过上、下两组钢板弹簧传给前轮，如图 11-23(d)所示。这种拖拉机的轮距只能靠翻转辐板来调节。

采用弹性悬架可以改善驾驶员的劳动条件和延长机体的使用寿命，但对悬挂式机组，采用弹性悬架后会使拖拉机产生前后摆动，有时会影响机组的作业质量，因此一些拖拉机具有锁定机构，耕作时可使弹性元件不起缓冲作用。

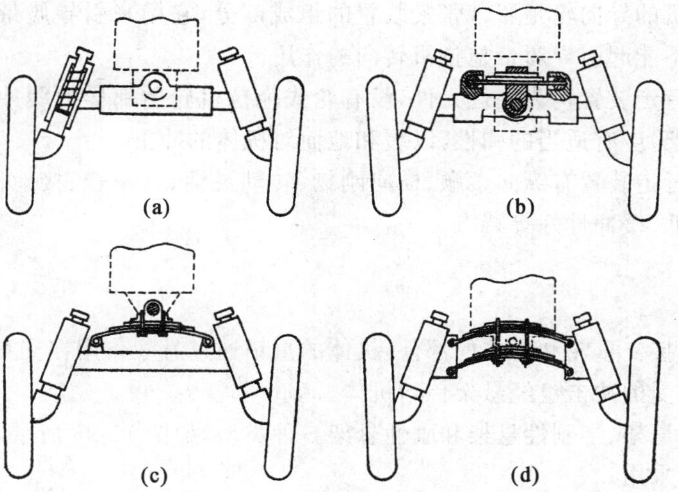

图 11-23　轮式拖拉机的前桥弹性悬架

(a)螺旋弹簧式；(b)、(c)、(d)钢板弹簧式

11.2　履带拖拉机的行走系

履带拖拉机行走系由车架、悬架和行走装置组成，如图 11-24 所示。图中履带、驱动轮、导向轮、张紧装置、托轮、支重轮组成行走装置，台车为悬架。

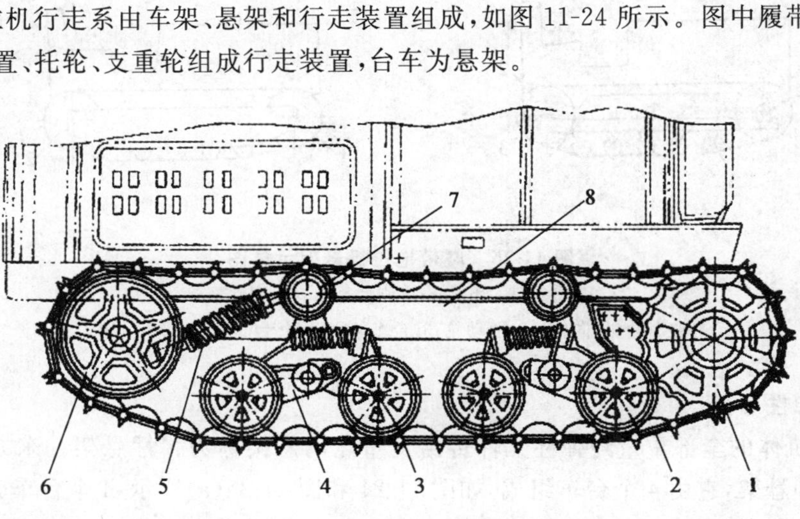

图 11-24　履带拖拉机的行走装置

1-驱动轮；2-履带；3-支重轮；4-台车；5-张紧装置；6-导向轮；7-托轮；8-车架

履带拖拉机行走系具有以下特点：

(1)履带拖拉机的驱动轮只卷绕履带而不在地面上滚动，履带和地面接触，拖拉机的全部重量都通过履带作用在地面上。履带的接地面积大、接地比压小，因而在松软土壤上的下陷深度小。此外，由于履带支承面上同时与土壤作用的履刺较多，有较好的牵引附着性能，能适应在恶劣条件下工作。

(2)履带拖拉机的导向轮是履带张紧装置的组成部分，它用来引导履带正确地卷绕，但不能相对机体偏转，不能起引导履带拖拉机转向的作用。

(3)钢制履带行走装置均为刚性元件，没有轮式拖拉机轮胎那样的缓冲作用，因此它与机体的连接部分(悬架)应有适当的弹性，以缓和地面对机体的冲击。

(4)橡胶履带行走装置有纵向柔顺、横向刚韧、转动灵活、重量轻、接地比压小、机动性好、越野能力强、噪声低、缓冲性好等特点。

11.2.1 悬架

悬架是用以连接支重轮和机体的部件，机体的重量通过悬架作用在支重轮上，履带和支重轮在行驶过程中所受的冲击也经悬架传给机体。

悬架分为弹性悬架、半刚性悬架和刚性悬架 3 种类型，如图 11-25 所示。刚性悬架在农用履带拖拉机中没有采用。

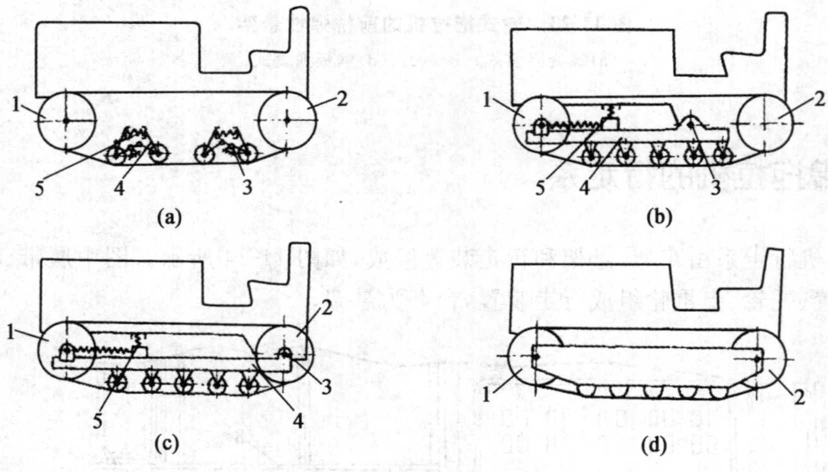

图 11-25 履带拖拉机悬架示意图

(a)弹性悬架；(b)、(c)半刚性悬架；(d)刚性悬架

1. 张紧轮(导向轮)；2. 驱动轮；3. 台车架摆轴；4. 台车架；5. 弹性元件

11.2.1.1 弹性悬架

拖拉机机体的全部重量经弹性元件传给支重轮的悬架称为弹性悬架。东方红-802 型拖拉机采用这种悬架，它由 4 个台车组成，如图 11-24 和图 11-25(a)所示，4 个台车分别安装在车架的前横梁和后横梁的台车轴上，台车由一对互相铰接的平衡臂组成，支重轮安装在台车上。图 11-26 为东方红-802 型拖拉机台车的结构图。

台车的内平衡臂 1 为短臂，外平衡臂 6 为长臂，两者用轴 3 铰接，轴 3 用销 2 锁住，以防滑出。外平衡臂的孔中装有衬套 5，通过它将整个台车装在台车轴 4 上。台车可绕台车轴摆动，

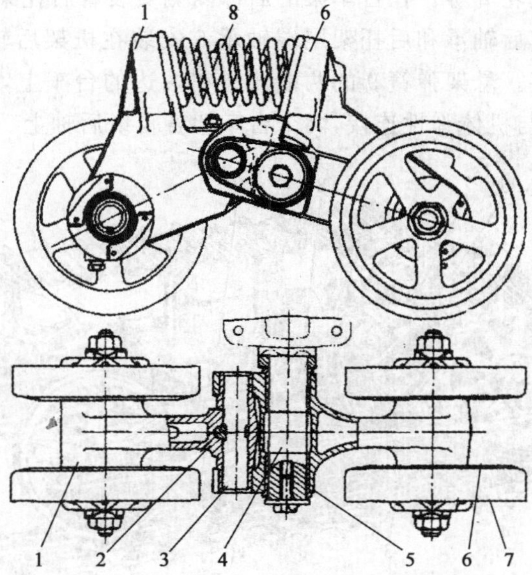

图 11-26 东方红-802 型拖拉机台车结构

1-内平衡臂；2-销；3-轴；4-台车轴；5-衬套；6-外平衡臂；7-支重轮；8-悬架弹簧

在不平的地面上，可以保证支重轮均匀地支承在履带上。悬架弹簧 8 由螺旋方向相反的内、外两个弹簧套装在一起，并预压缩在内、外平衡臂之间，用以平衡车架的重力并缓和地面对机体的冲击。

图 11-27 为台车在不平地面上起缓冲作用的原理。当拖拉机遇到障碍时，一个平衡臂（图中为内平衡臂）被抬高，此时悬架弹簧被进一步压缩，另一支重轮仍可近似保持原位，台车轴离地高度变化不大。当越过障碍后，在弹簧作用下，被抬高的支重轮恢复原来位置。这样，地面对前支重轮的冲击作用被弹簧变形所平衡，减小了传给机体的冲击。

这种悬架有较好的缓冲性能，能适应不平路面，适用于较高速度的履带拖拉机，但履带的接地压力很不均匀，在松软土地上行驶时滚动阻力较大。

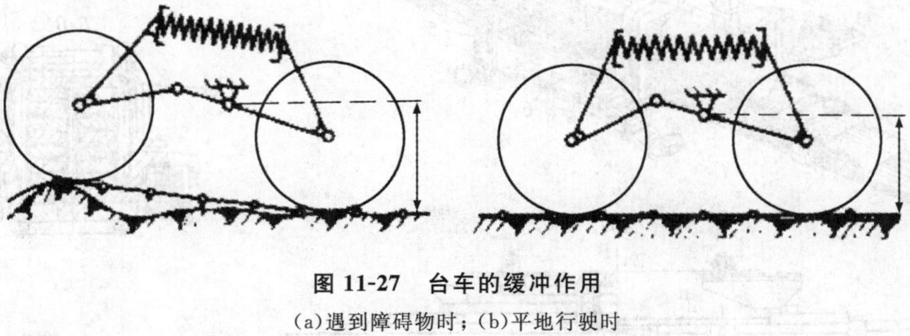

图 11-27 台车的缓冲作用

(a)遇到障碍物时；(b)平地行驶时

11.2.1.2 半刚性悬架

拖拉机机体的重量一部分通过弹性元件、另一部分直接由车架传给支重轮的悬架称为半刚性悬架，红旗-100 型拖拉机采用这种悬架，如图 11-28 所示。它的台车摆动轴与驱动轮轴重合，由两根槽钢焊成的台车架 4 的下部刚性地固定着支重轮轴，在其上部借助支承架安装着张紧装置和导向轮 1 以及托轮 2 等。在台车架的后部内侧安装着后托架 8，用以减少末端轴承 5 的侧向载荷。台车架以其后轴承和后托架尾端轴承 6 安装在机架后轴 7 上。因此，台车架后端与机架刚性地铰链连接。悬架弹簧 9 的两端放置在两边的台车上，其中央固定在拖拉机机体上。因此，台车架前端与机体弹性连接，两个台车架各自绕后轴上、下摆动。

图 11-28　红旗-100 型履带拖拉机的半刚性悬架

1-张紧装置和导向轮；2-托轮；3-支重轮；4-台车架；5、6-轴承；7-后轴；8-后托架；9-悬架弹簧

如图 11-29 所示，悬架弹簧由大弹簧和两副小弹簧组成。大弹簧 1 由四根 U 形螺栓 2 紧固在支座 6 中，在支座两边的凸耳中放置着两副小弹簧 7。小弹簧两端卷成耳状，用销轴连接于拉杆 5 上，拉杆再经小轴 4 与固定在机体上的上盖 3 连接。这样，大弹簧就不是直接地而是通过小弹簧与机体连接，小弹簧在安装后呈压缩状态。大、小弹簧都是钢板弹簧，起缓冲、减振作用。当大弹簧相对于机体倾斜时，小弹簧将进一步变形，其力将促使大弹簧恢复到原来位置，以保持拖拉机的平稳。钢板弹簧除承受压力外，还能承受横向力和纵向力。

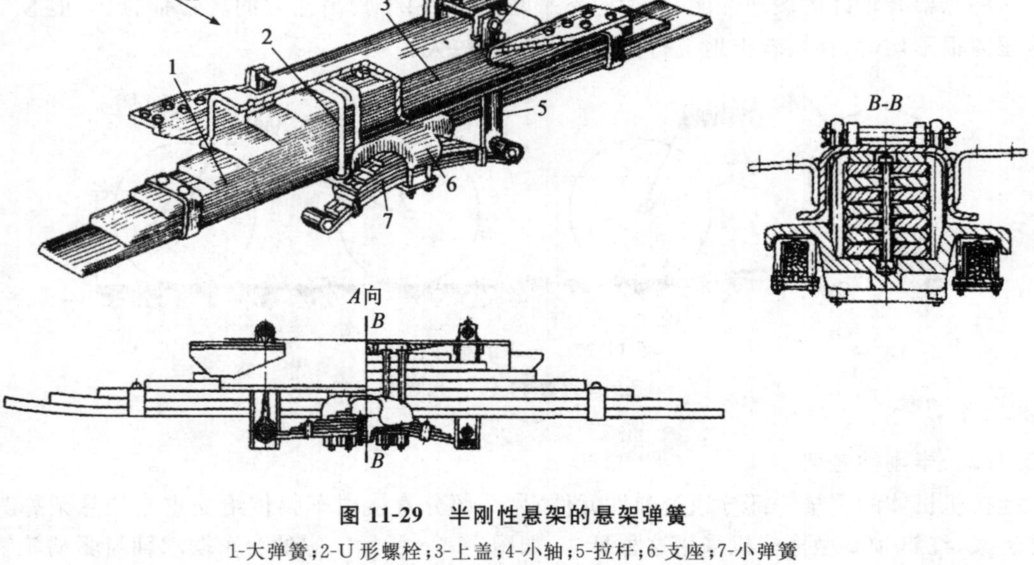

图 11-29　半刚性悬架的悬架弹簧

1-大弹簧；2-U 形螺栓；3-上盖；4-小轴；5-拉杆；6-支座；7-小弹簧

为了加强台车架的刚度，在两根槽钢间焊有加强筋和支承板等。后托架是一个很大的铸钢件，焊接在台车架的内侧，以加强台车架与机体间的铰接刚度，承受横向力，防止台车架外撇。

11.2.2 行走装置

履带拖拉机的行走装置的功能主要是把柴油机经传动系传到驱动轮上的驱动力矩转变为拖拉机工作所需的牵引力，并将驱动轮的旋转运动转变为拖拉机的行走运动。履带拖拉机的行走装置由履带、驱动轮、张紧装置、导向轮、支重轮和托轮组成，如图 11-24 所示。

11.2.2.1 履带

履带的作用是将拖拉机的重量传给地面，并保证拖拉机能发挥足够的牵引力。每台拖拉机装有两条履带。履带板一般用高锰钢整块铸成，也有橡胶履带板(图 11-30)，东方红 C1402 履带拖拉机选用橡胶履带以方便转场作业。由于履带工作条件恶劣，所以除要求有良好的附着性能外，还要有足够的强度、刚度和耐磨性。

图 11-30 橡胶履带

金属履带由若干块履带板通过履带销相互连接而成(图 11-31)。履带板有整体式和组成式两种。

1. 整体式履带板

整体式履带板有节销式和节齿式之分。图 11-31(a)为具有节销的整体式履带板，东方红-802 型拖拉机就采用这种形式，但履刺为倾斜的，履带销一端镦粗。履带板用高锰钢整块铸成，它的上平面有导轨面和导向筋 1。支重轮在导轨面上滚动，导向筋位于支重轮的两个轮缘之间，防止履带横向滑脱。履带的下平面为支承面，两端铸有履刺，履刺插入土壤可提高附着力，驱动轮的轮齿从履带板中部空孔伸出与节销 6 啮合。图 11-31(b)为具有节齿的整体式履带板，在履带板中央铸出的半圆形凸起 9 是供驱动轮驱动履带的节齿。

整体式履带板结构简单，制造容易，拆装方便，质量也较小，但履带销与销孔间磨损较快，磨损后只能整块更换，不经济。

2. 组成式履带板

如图 11-31(c)所示，组成式履带板由具有履刺的支承板 10 和两块导轨 11、12 组成。导轨用螺栓固定在支承板上，是支重轮滚动的轨道，导轨两端都有销孔。在后一块履带板的前销孔内压入销套 14 或 17，然后再使其前一块履带板的后销孔用履带销 13 铰接，履带销与后销孔为过盈配合，而销与销套具有径向间隙，可相对转动。销套两端伸入到前一块履带板导轨凹槽

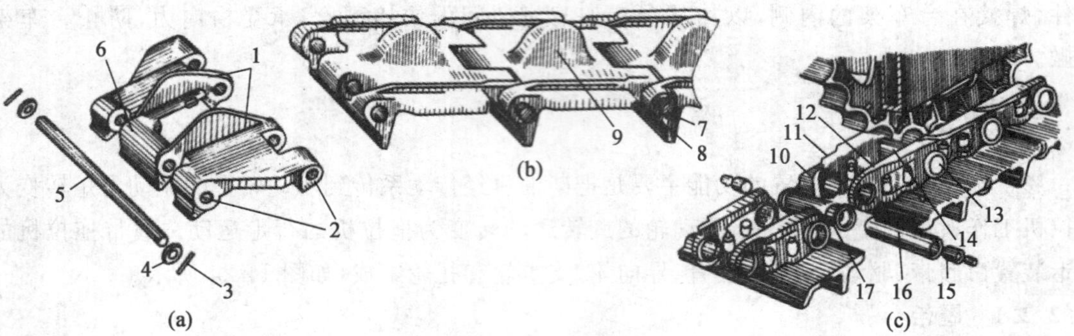

图 11-31　履带板形式

(a)整体(节销)式履带板;(b)整体(节齿)式履带板;(c)组成式履带板

1-导向筋;2-销孔;3、8-锁销;4-垫片;5、7-履带销;6-节销;9-节齿;10-支承板;11、12-导轨;

13-履带销;14、17-销套;15-锥体塞;16-空心履带销

内,使泥沙不易进入履带销和销套间隙内。销套同时又是驱动轮驱动履带的节销。这种履带拆、装都需要专用设备。为了方便解开履带,每条履带中有一个可拆履带销16,其两端有锥形孔,并开有轴向缺口,锥形孔内打入锥体塞15后,使履带销直径胀大,紧固于销孔内;拆卸时,可利用锥形塞外端的螺纹孔拔出锥体塞,抽出履带销,把履带解开。

这种履带板的优点是销和销套配合间隙小,有一定密封性,使用寿命较长;导轨和支承板可用不同的材料制造;磨损后可单独更换,不必更换整块履带板。缺点是质量大,拆装不方便,连接螺栓易折断。红旗-100型拖拉机采用的就是这种履带板。

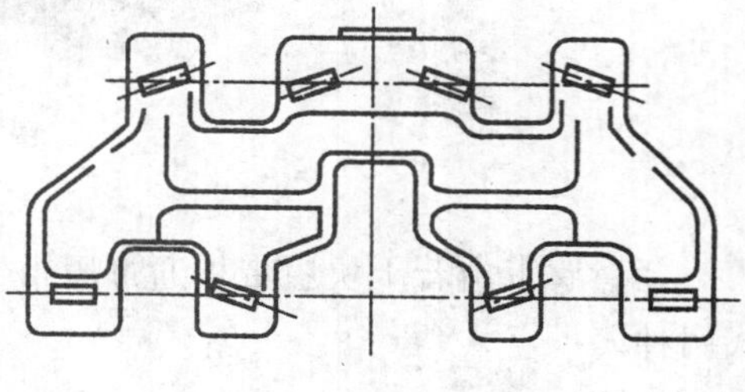

图 11-32　七孔履带板

图11-32是东方红-802A型履带拖拉机采用的新型七孔履带板。东方红-802A型履带拖拉机每条履带由43块组成,这43块履带板用同样数目的履带板销(43根)穿过销孔而连接成一条履带。履带板销的一端装有垫圈和锁销,另一端镦粗。镦粗的一端朝向拖拉机外侧,使销子不能向拖拉机中心线方向窜动,从而保护了挡泥板及其固定螺钉头不被打掉。而当履带板销向拖拉机外侧窜出时,容易被驾驶人发现,便于及时排除。

东方红-802A型拖拉机选装530 mm宽履带。东方红C702-A/C802/C902系列履带拖拉机履带宽度为390 mm。东方红C1602E履带拖拉机履带宽度为440 mm。

11.2.2.2　驱动轮

驱动轮安装在最终传动的从动轴或从动毂上,将驱动转矩转换成卷绕履带的作用力,以保证拖拉机行驶。

驱动轮一般用中碳钢铸成,经热处理后齿面不再加工。驱动轮与履带的啮合方式有节销式和节齿式两种。东方红-802型和红旗-100型拖拉机的驱动轮轮齿与履带板节销啮合,为节销式啮合,这种啮合方式的履带销所在圆周与驱动轮节圆近似,驱动轮啮合作用在节销上的压力通过履带销中心。节齿式啮合就是驱动轮轮齿与履带板上的节齿相啮合,履带销所在的圆周要比驱动轮的节圆大,轮齿给节齿的作用力不通过履带销中心,使履带销上作用有一个附加转矩,这种啮合方式履带板具有较大的刚度。

在大多数拖拉机(如东方红-802 型、红旗-100 型拖拉机)上的驱动轮为一排齿,也有拖拉机(如集材-50 型拖拉机)的驱动轮采用双排齿,见图 11-33。

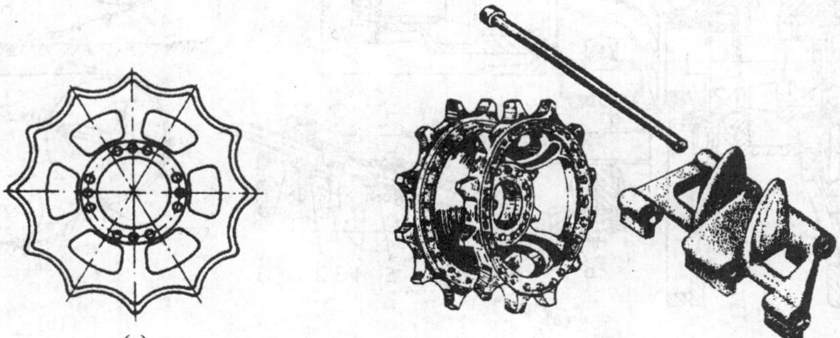

(a)　　(b)

图 11-33　驱动轮

(a)东方红-802 型拖拉机驱动轮;(b)集材-50 型拖拉机驱动轮及履带板

11.2.2.3　履带张紧装置与导向轮

导向轮除了引导履带正确、均匀地绕圈之外,它还是张紧装置的组成部分。张紧装置用来保持履带有合适的张紧度,以减少拖拉机在行驶时履带的振动和由此引起的额外功率损失;履带张紧后还可以防止它在工作时滑脱;由于有缓冲弹簧,履带张紧装置还兼有缓冲作用。履带张紧装置由导向轮、张紧度调整机构和缓冲弹簧等组成。

导向轮必须在履带运转平面内移动,它的移动方式分为摆动式和滑动式,东方红-802 型拖拉机张紧装置属曲拐摆动式[图 11-34(a)]。曲柄拐轴 11 在车架前方的支座 10 的滑动轴套内,在曲柄拐轴的外端轴承上安装着导向轮 13,导向轮的外方有油孔螺塞 16,内装端面油封 12。曲柄拐轴通过连接耳 9 用销子与张紧臂 8 连接,张紧螺杆穿过张紧臂,并通过球头 2 支承在支座 1 上。缓冲弹簧 6 套在张紧螺杆外部,位于前、后弹簧座之间,并通过调整螺母 4 调整其预紧力。调整螺母 3 用来调整履带的张紧度。

这种张紧装置的缓冲作用原理如图 11-34(b)所示,当履带遇到障碍而张紧时,通过导向轮迫使曲柄拐轴向后摆动,这时张紧臂压缩缓冲弹簧,避免履带的张紧力急剧增大,并缓和了对机体的冲击,越过障碍物后,借助弹簧的弹力使导向轮返回原位。

红旗-100 型拖拉机履带张紧装置属滑动式(图 11-35)。导向轮 1 通过轴承支承在滑块 2 上,滑块安装在台车架 9 的前端并可沿纵向滑动。滑块的后端通过张紧臂 3 与张紧螺杆 4 连接,张紧螺杆旋入活动支架 8 的螺纹孔内,调整张紧螺杆的长度,便于改变履带的张紧度。缓冲弹簧在活动支架与固定支架 6 之间,呈预紧状态,其预紧力由调整螺母 7 进行调整。缓冲弹簧的作用是缓和来自导向轮的冲击,并避免履带过分张紧。当履带前方遇到障碍或履带中卡入石块等硬物体时,导向轮可通过张紧装置压缩缓冲弹簧并向后移动,从而缓和对机体的冲击并防止履带张紧力急剧增大。越过障碍后,在弹簧力的作用下,导向轮又回到原位。

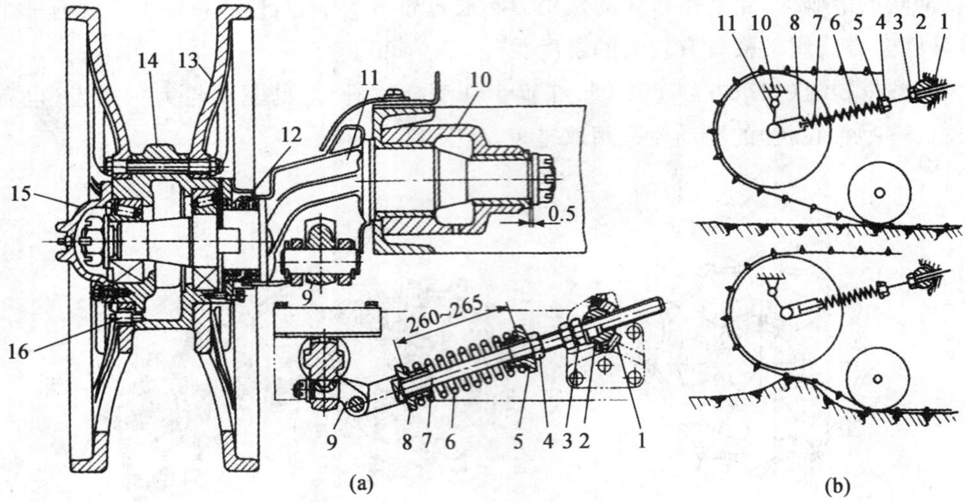

图 11-34 曲拐摆动式履带张紧装置

(a)张紧装置和导向轮；(b)张紧装置的缓冲作用原理

1-支座；2-球头；3、4-调整螺母；5-弹簧座；6-缓冲弹簧；7-张紧螺杆；8-张紧臂；9-连接耳；10-支座；11-曲柄拐轴；12-端面油封；13-导向轮；14-轮毂；15-外盖；16-油孔螺塞

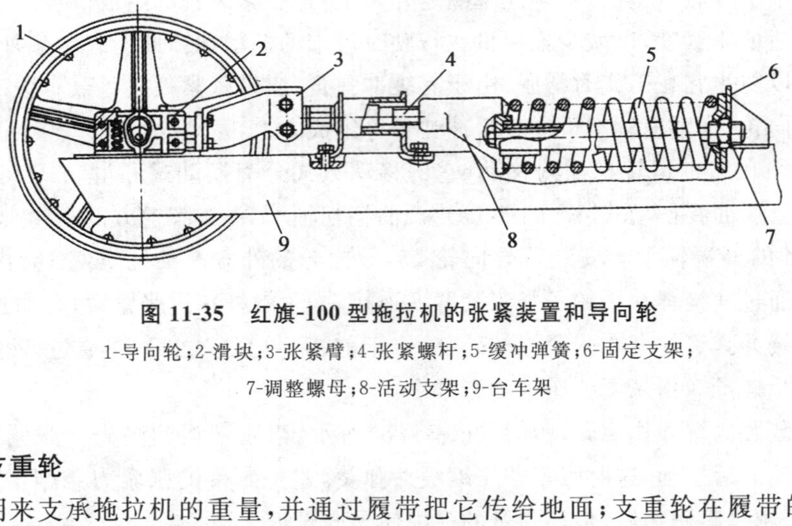

图 11-35 红旗-100 型拖拉机的张紧装置和导向轮

1-导向轮；2-滑块；3-张紧臂；4-张紧螺杆；5-缓冲弹簧；6-固定支架；7-调整螺母；8-活动支架；9-台车架

11.2.2.4 支重轮

支重轮用来支承拖拉机的重量，并通过履带把它传给地面；支重轮在履带的导轨面上滚动，并夹持履带以防止其横向滑脱；在拖拉机转向时，迫使履带在地面上滑移。

支重轮经常与泥、水、沙接触，承受外界冲击，要求轮缘有较好的耐磨性，其转动部分密封可靠。农用拖拉机常采用直径较小、数量较多的支重轮，使履带支承面的接地压力较均匀，减小拖拉机在松软土壤工作时的下陷深度。

图 11-36 为东方红-802 型拖拉机的支重轮。支重轮轴 14 装在平衡臂 1 内，用两个圆锥轴承 2 支承。支重轮轴的两端装有支重轮 10。为了调整圆锥轴承的间隙，在密封壳 6 和平衡臂之间装有调整垫片 5。支重轮的密封装置主要由大、小密封环 7、8，以及橡胶套 9、橡胶支承环 3、密封罩 11 等组成，防止润滑油漏出和外部泥水侵入，橡胶圈 4 用来防止支重轮轴处漏油。

橡胶套是端面密封结构中起压紧作用的主要弹性元件，在装配过程中，通过压缩橡胶套保证大、小密封环之间的压紧。为了避免润滑油从大密封环外圆与密封壳之间向外渗漏，在大密封环与密封壳之间安装了橡胶支承环。为了使大、小密封环能经常保持正常接触而起防止漏油作用，将橡胶支承环和大密封环装在密封环壳上时应保证密封环的工作端面与密封壳的端面不平行度不大于 0.5 mm。密封罩与密封壳之间形成迷宫结构，有助于减少外部泥水的侵入。

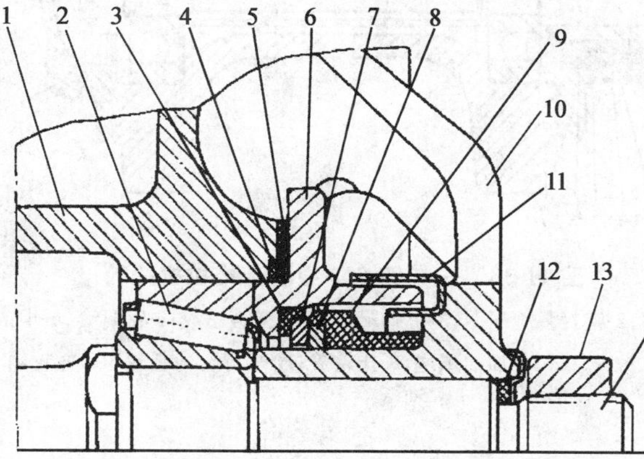

图 11-36　东方红-802 型拖拉机的支重轮

1-平衡臂；2-轴承；3-橡胶支承环；4-橡胶圈；5-调整垫片；6-密封壳；7-大密封环；8-小密封环；9-橡胶套；10-支重轮；11-密封罩；12-支重轮毂橡胶圈；13-螺母；14-支重轮轴(图中只画出半边)

图 11-37 为红旗-100 型拖拉机的支重轮。因采用组成式履带板，所以支重轮轮圈上具有可以包住履带导轨的凸缘。为了减少支重轮在导轨上滚动时的摩擦阻力，在拖拉机每侧的五个支重轮中，只有第二和第四个支重轮轮圈有内、外凸缘，其余三个支重轮只有单凸缘。

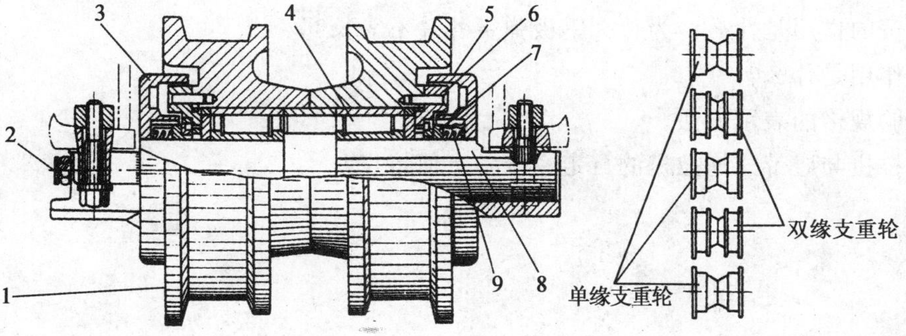

图 11-37　红旗-100 型拖拉机的支重轮

1-支重轮；2-放油螺塞；3、5-外盖；4-轴承；6-轴承支承板；7-油封；8-支重轮轴；9-密封胶圈

11.2.2.5　托轮

托轮用来托住导向轮和驱动轮之间的履带上半区段，防止履带下垂度过大，减轻履带运动时的跳动，并防止履带的侧向滑落。

图 11-38 为东方红-802 型履带拖拉机托轮的结构。托轮 11 的轮圈是不经加工的灰铸铁件，通过两个球轴承安装在固定于机体支架上的托轮轴 12 上，其内端装有端面油封，外端用盖封着，盖上有油塞用于注油和放油。

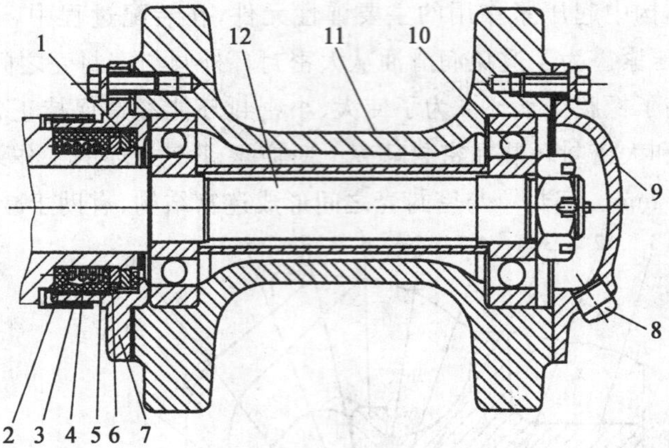

图 11-38 东方红-802 型履带拖拉机托轮

1-大密封环；2-密封弹簧压圈；3-密封罩；4-密封弹簧总成；5-密封套；6-小密封环；7-密封壳总成；8-加油螺塞；9-托轮盖；10-轴承；11-托轮；12-托轮轴

思考题

1.拖拉机行走系的作用是什么？

2.车架的作用是什么？对车架有什么要求？

3.转向驱动桥的结构和作用是什么？

4.前轮定位的作用是什么？

5.悬架的作用是什么？

6.钢板弹簧的作用是什么？为什么钢板弹簧各片不等长？

7.轮胎的作用是什么？

8.简述轮胎规格的表示方法。

9.轮式拖拉机与履带式拖拉机的行走系统各有何特点？

第 12 章 转向系

拖拉机转向系用于控制和改变拖拉机的行驶方向(即保证拖拉机直线行驶和实现转向),以保证拖拉机正确、安全地工作。

轮式拖拉机行驶方向的调整是通过控制转向轮来实现的,在转小弯或在松软土地上转弯时,由于前轮侧滑而使转向不灵,可在转动方向盘的同时,踏下相应一侧的制动器踏板,来帮助转向(有关制动器的内容将在第 13 章中介绍)。履带拖拉机行驶方向的调整是靠转向操纵杆控制转向机构来实现的。

12.1 轮式拖拉机的转向系

12.1.1 转向的基本原理与转向系的组成

12.1.1.1 转向的基本原理

大多数轮式拖拉机采用偏转转向轮的方法实现转向,其转向时的运动情况如图 12-1 所示。图 12-1 中,假设轮式拖拉机绕某一转向中心 O 转向,在由原来位置 A 转到位置 B 的过程中可以看到:

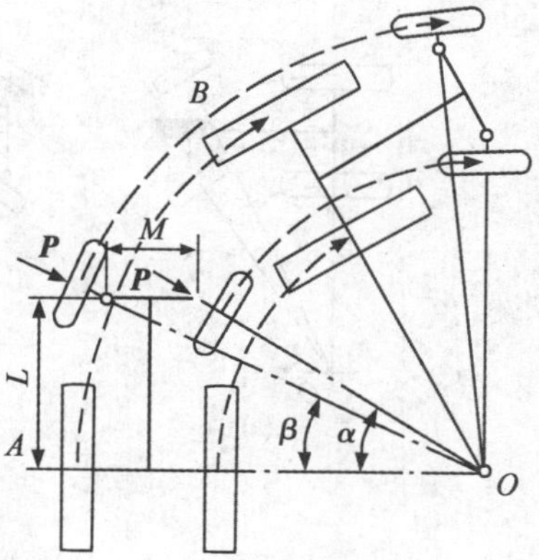

图 12-1 轮式拖拉机的转向原理

(1)前轮(转向轮)相对机体偏转了一个角度。此时,在驱动轮驱动力的推动下,前轮对地面有一个侧向力,因而地面对前轮也相应产生侧向反作用力 $\boldsymbol{P}$,由它形成转向力矩,使拖拉机转向。

(2)两侧前轮偏转的角度不同,内侧轮偏转角 α 比外侧轮的偏转角 β 大,并保持如下关系:

$$\cot\beta-\cot\alpha=\frac{M}{L}=\text{常数} \tag{12-1}$$

式中:M 为左、右转向节立轴轴线与地面相交点之间的距离;L 为轴距。

这样才能保证转向时,车轮的轴线都交于一个共同的转向中心 O,转向轮作纯滚动、无滑移,以减少轮胎的磨损和转向阻力。

(3)两侧驱动轮的转速不同,内侧驱动轮转速小,外侧驱动轮转速大,即在同一时间里内侧驱动轮滚过的路程比外侧驱动轮滚过的路程短,且无滑转。

从上面分析可知,对转向系的基本要求是:

(1)转向时两转向轮都必须偏转一定角度,且两角关系应符合式(12-1)的要求;

(2)转向时两驱动轮应具有不同的转速,且内侧驱动轮转速小,外侧驱动轮转速大。

12.1.1.2 转向系的类型和转向方式

轮式拖拉机转向系按转向能源的不同分机械转向和动力转向两大类。机械转向系以驾驶员的体力作为转向能源,其中所有的传力件都是机械的,它又可根据转向传动杆系布置的不同分为单拉杆式(图 12-2)和双拉杆式(图 12-3)。轮式拖拉机转向方式有前轮转向[图 12-4(a)]、后轮转向[图 12-4(b)]、四轮转向[图 12-4(c)]及折腰转向[图 12-4(d)]等四种。

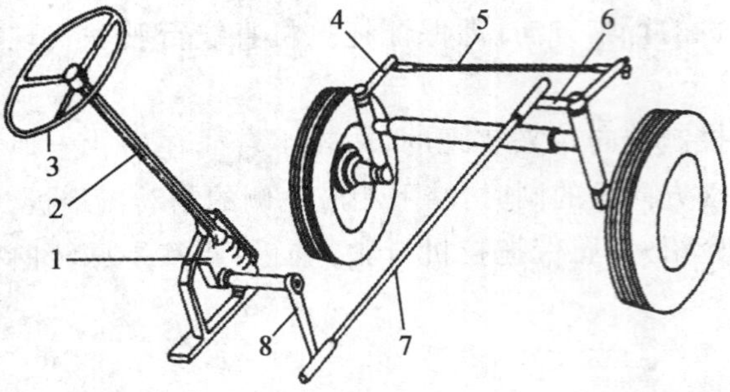

图 12-2 单拉杆式转向系

1-转向器;2-转向轴;3-转向盘;4-转向梯形臂;5-横拉杆;6-转向节臂;7-纵拉杆;8-转向摇臂

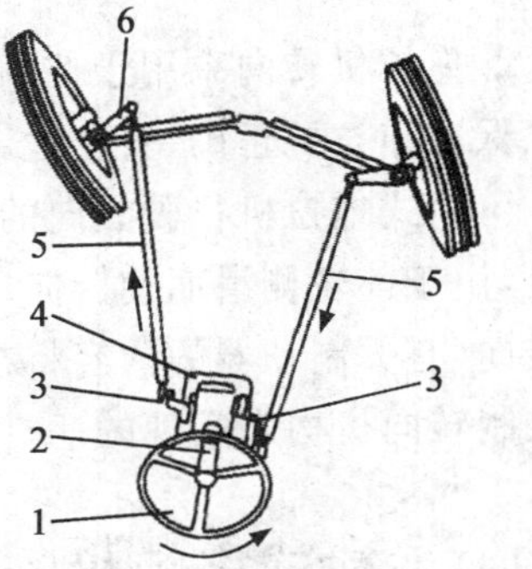

图 12-3 双拉杆式转向系

1-转向盘;2-转向轴;3-转向摇臂;4-转向器;5-纵拉杆;6-转向节臂

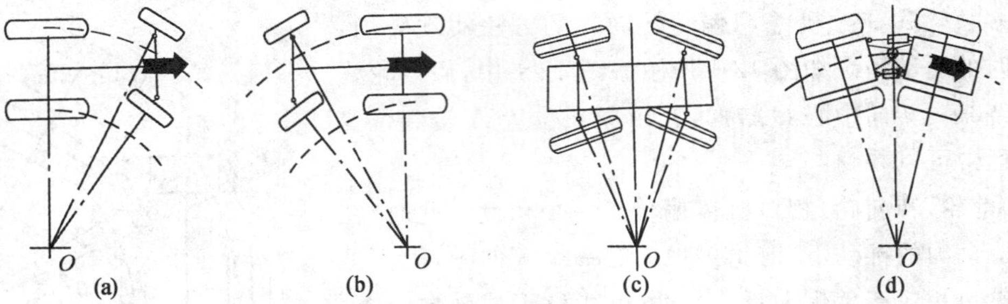

图 12-4 轮式拖拉机的转向方式

(a)前轮转向;(b)后轮转向;(c)四轮转向;(d)折腰转向

12.1.1.3 转向系的组成

为了满足转向的要求,转向系应由下列两部分组成:

(1)转向操纵机构。它用来使转向轮偏转,并使两转向轮的偏转角满足前述纯滚动关系式[式(12-1)]的要求。

(2)差速器。它用来使两个驱动轮在转向时有不同的旋转角速度,以适应转向要求。

转向操纵机构包括转向器总成和转向传动机构。转向器总成由转向盘(又称方向盘)、转向轴和转向器等组成;转向传动机构由转向摇臂、纵拉杆、转向节臂以及横拉杆等一系列杆件组成。

鉴于转向系零件的损坏会造成重大事故,因此要求转向系各零件具有高度的可靠性。

12.1.2　转向器

转向器用于传递转矩、减速增矩和改变转矩方向。转向器应有合适的传动比和较高的传动效率，以使操纵省力、转向盘的转动量合适。它还应具有合适的传动可逆性，这样，当转向轮受到地面冲击作用时，能将地面的作用力部分地反传至转向盘，使驾驶员具有路面感觉，并使转向轮有自动回正的可能性。

转向器类型很多，目前在拖拉机上常用的有球面蜗杆滚轮式转向器、循环球式转向器、齿轮齿条式转向器和曲柄指销式转向器等。

转向器的输出功率与输入功率之比称为转向器传动效率。功率由转向轴输入，经转向摇臂轴输出，这样所得的效率为正效率；反之为逆效率。

根据逆效率的大小，转向器有可逆式、极限可逆式和不可逆式之分：

(1)对逆效率较高的转向器而言，路面作用在转向轮上的力经转向系可大部分传递到转向盘，这种转向器称可逆式的。它能保证车辆转向后，转向轮和转向盘自动回正，但也能将不平路面的冲击力大部分传到转向盘，驾驶员容易“打手”。循环球式转向器、齿轮齿条式转向器属于这种形式。

(2)不可逆式转向器是指转向轮受到的冲击力不能传到转向盘的转向器。该冲击力由转向传动机构的零件承受，因而这些零件容易损坏。它既不能保证转向轮自动回正，驾驶员又缺乏“路感”。因此，这种转向器现在基本上不采用。

(3)极限可逆式转向器介于上述二者之间，当转向轮受到冲击力作用时，此力只有较小的一部分传至转向盘。采用这种转向器时，转向轮能自动回正，驾驶员能有一定“路感”。球面蜗杆滚轮式转向器、曲柄指销式转向器属于这种形式。

转向盘自由行程是指用以消除转向系统中各传动件运动副间的间隙所对应的转向盘的角行程。它对于缓和路面冲击及避免驾驶员过度紧张是有利的，但不宜过大，以免过分影响转向灵敏性。通常转向盘从相应于拖拉机直线行驶的中间位置向任一方向自由行程不超过 10°～15°，当零件严重磨损到使转向盘自由行程超过 25°～30°时，应进行调整。

12.1.2.1　球面蜗杆滚轮式转向器

图 12-5 所示为球面蜗杆滚轮式转向器。转向轴 5 的前端压装着球面蜗杆 3，球面蜗杆用两个无内环的圆锥滚子轴承 4 支承在转向器壳体 6 上，蜗杆两端锥面部分起轴承内环的作用，轴承盖 1 内的调整垫片 2 用以调整圆锥滚子轴承的间隙。转向摇臂轴 10 通过衬套支承在壳体上，摇臂轴中部的“U”形销座上通过大锥角轴承 8 装有三齿滚轮 9，滚轮与蜗杆啮合。转动转向盘使蜗杆转动，滚轮便沿蜗杆螺旋槽滚动，从而带动摇臂轴转动，使摇臂摆动。

为了实现啮合间隙的调整，在结构设计上使滚轮轴轴线相对于蜗杆轴轴线在摇臂轴轴线方向有一定的偏心距，调整偏心距即可改变啮合间隙。摇臂轴的端头环槽内装有开口的“U”形垫圈 13，垫圈与壳体侧壁间装有一组调整垫片 7，螺母 12 将“U”形垫圈压紧在调整垫片上，从而固定了摇臂轴的轴向位置。减小调整垫片的总厚度，便可减小偏心距，使啮合间隙减小。这种转向器有较高的传动效率，操纵轻便，传动可逆性合适，磨损较小，磨损后间隙可调整，所以，虽然球面蜗杆加工较复杂，仍应用较广。

12.1.2.2　循环球式转向器

循环球式转向器是目前国内外应用最广泛的一种结构形式，它是在螺杆螺母式转向器的基

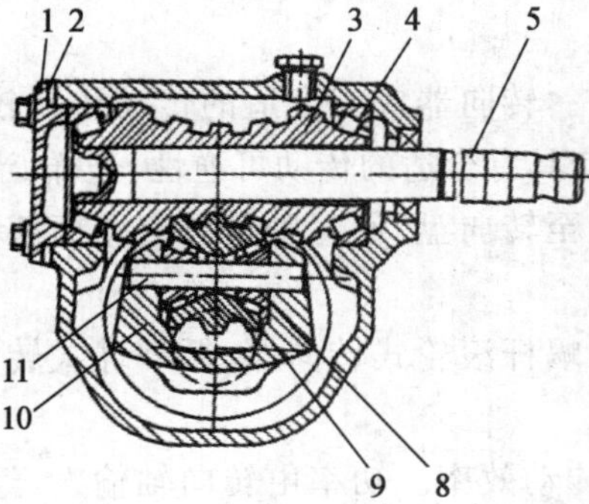

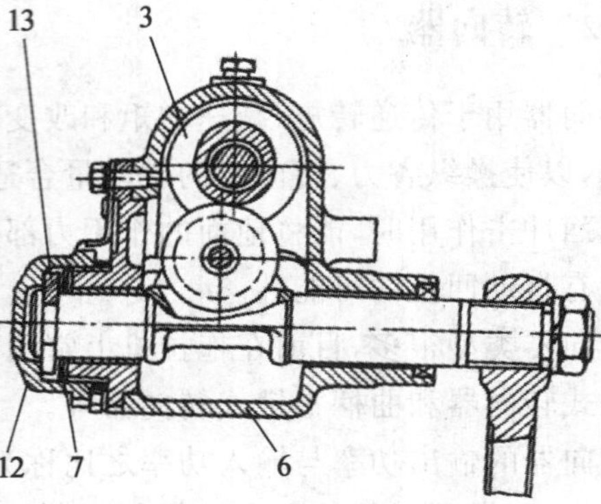

图 12-5 球面蜗杆滚轮式转向器

1-轴承盖；2-调整垫片；3-蜗杆；4-蜗杆轴承；5-转向轴；6-转向器壳体；7-调整垫片；8-大锥角轴承；9-滚轮；10-转向摇臂轴；11-滚轮轴；12-螺母；13-"U"形垫圈

础上发展而来的，其结构特点是在螺杆螺母传动副中加入了钢球，用滚动摩擦代替滑动摩擦。

循环球-齿条齿扇式转向器一般有两级传动副，第一级是螺杆螺母传动副，在传动副中加入钢球；第二级是齿条齿扇传动副或双扇形齿传动副。

1. 循环球-齿条齿扇式转向器

如图 12-6 所示，转向螺杆 23 的轴颈支承在两个推力球轴承 10 上，轴承的紧度可用调整垫片 21 调整。转向螺杆和转向螺母 3 的螺旋槽中装有许多钢球 22，钢球导管 9 连接转向螺母螺旋槽的始末两端，钢球不应完全填满，应留出一个钢球的间隙。转向螺母的下平面上加工有倾斜的齿条，且与齿扇轴（即摇臂轴）14 上的变齿厚齿扇相啮合。齿扇轴用滚针轴承 13 和 15 支承在转向器壳体 6 上。通过转向盘和转向轴转动转向螺杆时，通过钢球使转向螺母作轴向移动（不转动），并通过其倾斜的齿条驱动齿扇轴转动。只要使齿扇轴相对于齿条作轴向移动，便能调整二者的啮合间隙。调整螺钉 19 旋装在侧盖 17 上。齿扇轴内侧端部有切槽，调整

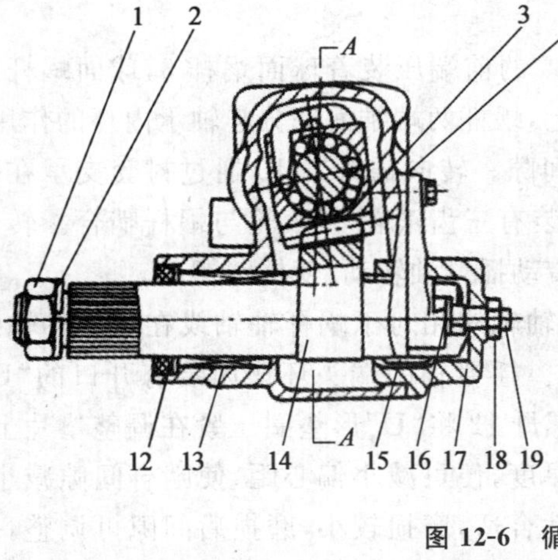

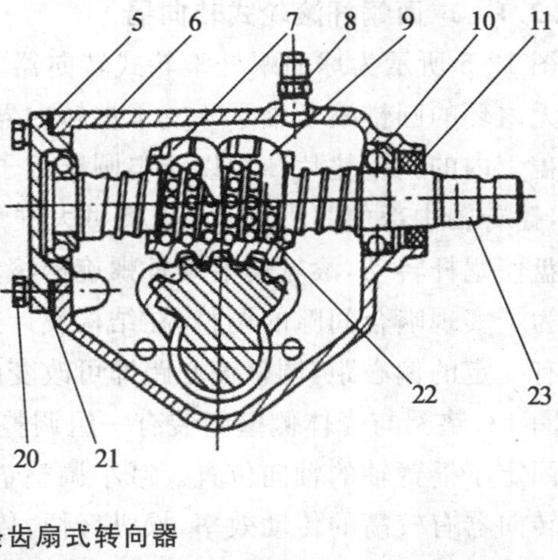

图 12-6 循环球-齿条齿扇式转向器

1-螺母；2-弹簧垫圈；3-转向螺母；4-转向器壳体垫片；5-转向器壳体底盖；6-转向器壳体；7-导管卡子；8-加油螺塞；9-钢球导管；10-球轴承；11、12-油封；13、15-滚针轴承；14-齿扇轴（摇臂轴）；16-调整垫片；17-侧盖；18-锁紧螺母；19-调整螺钉；20-螺栓；21-调整垫片，22-钢球；23-转向螺杆

螺钉的圆柱形端头便嵌入此切槽中。将调整螺钉旋入，则啮合间隙减小，反之则啮合间隙增大。

这种转向器使用可靠，调整方便，齿形的几何参数对传动副工作影响不敏感，但变齿厚齿扇加工较困难。

2.循环球-双扇形齿式转向器

如图 12-7 所示，这种转向器左摇臂轴 5 的叉状曲柄上有两个对置的球面指销 8 与转向螺母 2 两侧面的锥形槽相啮合。转向螺母的轴向运动通过球面指销带动摇臂轴 5 摆动，又通过齿扇传动使摇臂轴 6 转动。由于转向螺杆 1 在转动过程中还伴随着轻微的摆动，因此转向螺杆上端由一个调心轴承 7 所支承。

这种转向器结构简单，使用可靠，指销与锥形槽磨损后，可通过调整垫片 9 来调整配合间隙。由于这种结构有两个摇臂轴，因此适用于双拉杆式转向系的拖拉机。

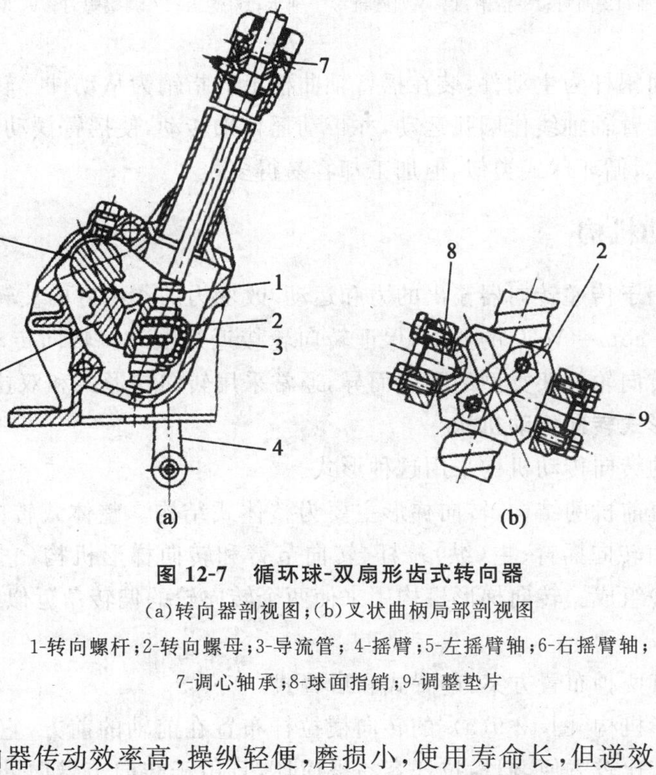

图 12-7 循环球-双扇形齿式转向器

(a)转向器剖视图；(b)叉状曲柄局部剖视图

1-转向螺杆；2-转向螺母；3-导流管；4-摇臂；5-左摇臂轴；6-右摇臂轴；7-调心轴承；8-球面指销；9-调整垫片

循环球式转向器传动效率高，操纵轻便，磨损小，使用寿命长，但逆效率也高，容易将路面冲击力传到转向盘。

12.1.2.3 曲柄指销式转向器

图 12-8 为曲柄双指销式转向器。转向蜗杆 3 支承在转向器壳体 4 两端的两个向心推力球轴承 2 和 9 上，转向器下盖 6 上装有调整螺塞 7，用以调整轴承的紧度，调整后用螺母 8 锁紧。蜗杆与两个锥形指销 13 相啮合，两个指销均用双列圆锥滚子轴承 14 支在摇臂轴 11 内端的曲柄上，其中靠指销头部的一列无内圈滚子直接与指销轴颈接触。这样，使剪切最大的这段轴颈直径较大，以保证指销有足够的强度。螺母 15 用以调整轴承 14 的紧度，使指销能自由转动且无明显的轴向间隙为宜。摇臂轴用粉末冶金衬套 19、20 支承在壳体中。指销与蜗杆的啮合间隙用侧盖 16 上的调整螺钉 17 调整，调整后用螺母 18 锁紧。

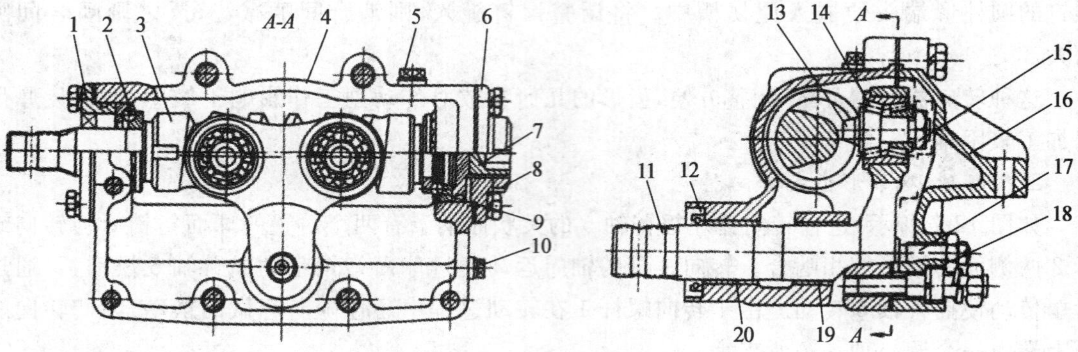

图 12-8 曲柄双指销式转向器

1-上盖;2、9-向心推力球轴承;3-转向蜗杆;4-转向器壳体;5-加油螺塞;6-下盖;7-调整螺塞;8、15、18-螺母;10-放油螺塞;11-摇臂轴;12-油封;13-指销;14-双列圆锥滚子轴承;16-侧盖;17-调整螺钉;19、20-衬套

该转向器以转向蜗杆为主动件,装在摇臂轴曲柄上的指销为从动件。转向蜗杆转动时,与之啮合的指销便绕摇臂轴轴线作圆弧运动,并带动摇臂轴转动,使摇臂摆动。这种转向器的性能与球面蜗杆滚轮式、循环球式类似,但加工却容易得多。

12.1.3 转向传动机构

转向传动机构用于传递转向器输出的力和运动,改变力的作用方向使转向轮偏转,且偏转角度关系符合 $\cot\beta-\cot\alpha=M/L$ 的要求,保证转向轮接近纯滚动。转向传动机构的组成和布置因转向器位置和转向轮悬架类型的不同而异,通常采用转向梯形式和双拉杆式。

12.1.3.1 转向梯形式转向传动机构

大部分拖拉机的转向传动机构采用这种形式。

为了适应拖拉机前桥的结构,转向梯形主要为整体式结构。整体式转向梯形式转向传动机构(参见图 12-2)由转向摇臂、主(纵)拉杆、转向节臂和转向梯形机构(它包括前轴或前梁、两个梯形臂、横拉杆)组成。转向梯形机构用来使两个转向轮的偏转角近似地达到纯滚动所要求的运动关系。

转向梯形机构有两种布置方案:前置式和后置式。

前置式转向梯形机构[图 12-9(a)]的转向横拉杆布置在前轴的前方,它的长度比前轴长。横拉杆的布置和调节比较方便,但横拉杆容易被撞坏,且由于转向节臂向外偏斜,影响转向轮的偏转,为此必须加大转向轮与转向节立轴之间的距离,使操纵较费力。

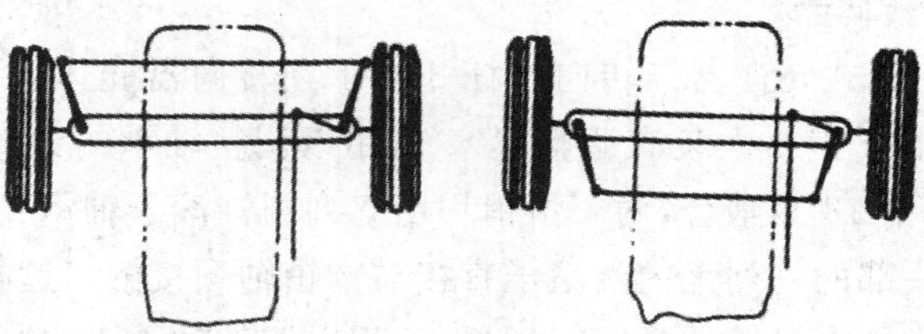

(a) (b)

图 12-9 转向梯形机构的布置方案

(a)前置式;(b)后置式

后置式转向梯形机构[图 12-9(b)]的转向横拉杆布置在前轴的后方,横拉杆的长度较前轴短,横拉杆必须通过发动机下部,没有前置式的缺点,但由于横拉杆布置较为困难,采用较少。

12.1.3.2 双拉杆式转向传动机构

有的拖拉机的两个前轮直接由两根纵拉杆带动,如图 12-3 所示。这种转向传动机构靠各传动杆件的合理长度和位置来保证无侧滑滚动,满足转向要求。

与具有转向梯形的转向传动机构相比,双拉杆式转向传动机构可以得到较大的转向轮偏转角,机构布置较容易,且可以缩小转向轮与转向节立轴之间的距离,使操纵省力,但机构较复杂。

12.1.3.3 转向传动机构的杆件

转向传动机构的传动杆件有转向摇臂、纵拉杆、横拉杆、转向节臂、梯形臂等(参见图 12-2、图 12-3)。

(1)转向摇臂:转向摇臂与转向器摇臂轴之间通过锥面的三角形花键连接,并利用螺母在端面压紧。为保证正确的安装位置,转向摇臂轴上有装配记号,在装配时应对齐。

(2)纵拉杆:转向纵拉杆由空心钢管制成,用以连接转向摇臂和转向节臂。它在转向过程中要作空间运动,所以它的两端为通过螺纹连接的球铰接头,其结构见图 12-10。为了消除球头和球座磨损后出现的间隙,保持操纵的灵敏性,球座装有补偿弹簧,可将球座压紧在球头上。补偿弹簧可沿纵拉杆的垂直方向安装[图 12-10(a)],也可沿轴线方向安装[图 12-10(b)]。当弹簧沿轴线方向安装时,它还可以起缓冲作用,这时纵拉杆两端球铰的补偿弹簧应安装在球座的同一侧,可以缓和来自两个方向的冲击。纵拉杆两端与球铰的连接螺孔分别采用左、右旋螺纹,这样能方便地调整纵拉杆长度。

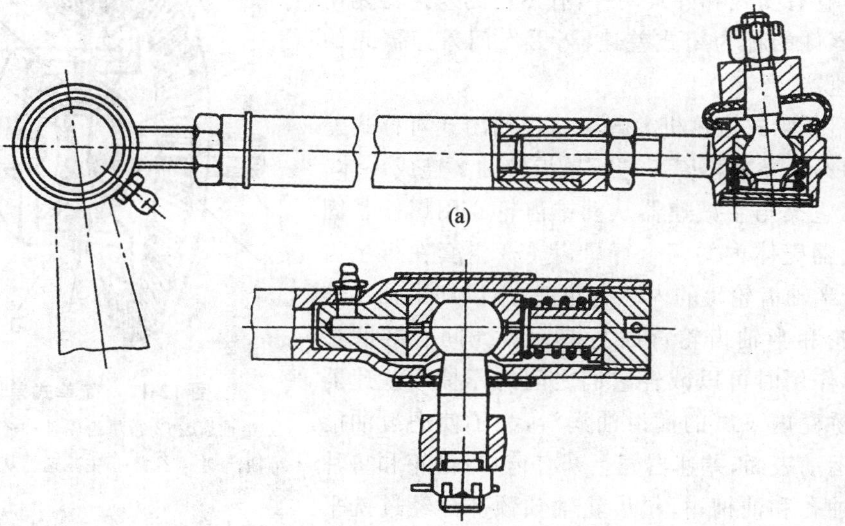

(a)

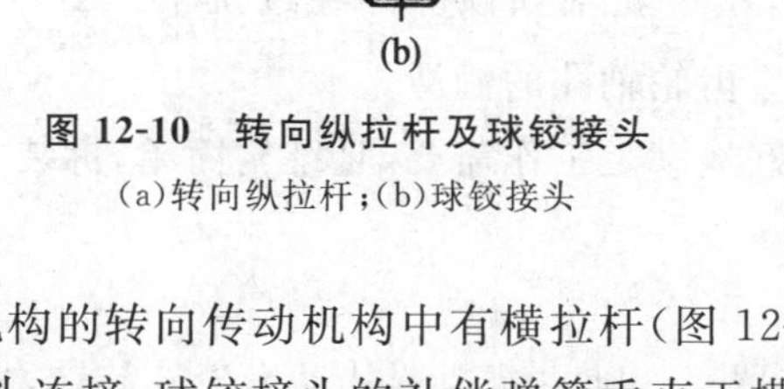

(b)

图 12-10 转向纵拉杆及球铰接头

(a)转向纵拉杆;(b)球铰接头

(3)横拉杆:有转向梯形机构的转向传动机构中有横拉杆(图 12-11),它用来连接左、右梯形臂,它们之间也采用球铰接头连接,球铰接头的补偿弹簧垂直于横拉杆轴线方向安装,这样可以保证横拉杆在工作中长度不变,以保证转向梯形机构在工作中遵循正确的运动规律,并避免由于补偿弹簧变形而引起前轮的晃动。因此，横拉杆中的补偿弹簧只能消除磨损间隙，而不起缓冲作用。拖拉机上的横拉杆一般由三段组成，以便在前轮轮距调节时随之改变长度。如图 12-11 所示，横拉杆接管 1 上的一组孔就是用来调节长度的。

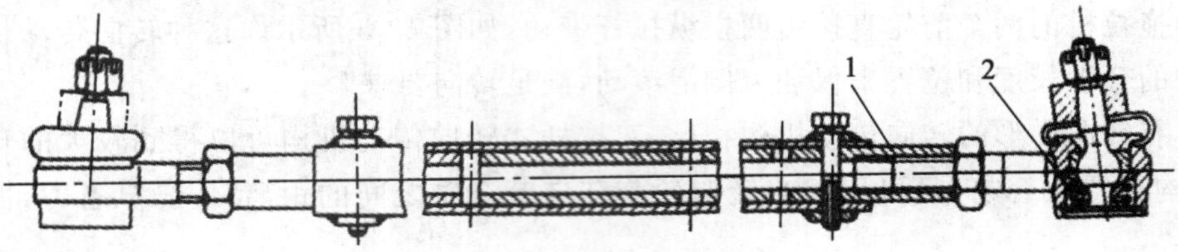

图 12-11　转向横拉杆

1-横拉杆接管；2-补偿弹簧

12.1.4　简单式差速器

在拖拉机的驱动桥中需设置差速器，保证左、右驱动轮能以不同的转速旋转。这不仅是转向时的需要，就是在直线行驶时，由于两个驱动轮实际半径不可能完全相等(因为轮胎、载重、磨损程度、制造误差不同)以及在起伏不平的地面上行驶等原因，也要求左、右两个驱动轮能以不同的转速旋转，以减少轮胎磨损和功率消耗，同时差速器还起传递和分配动力的作用。

12.1.4.1　简单式差速器的结构

简单式差速器是以两个半轴齿轮为中心轮、差速器壳体为行星架、具有两个自由度的行星锥齿轮机构，如图 12-12 所示。它有闭式和开式两种，有专门的差速器壳用于安装基本零件的称为闭式差速器，无专门差速器壳的称为开式差速器。

本节介绍在轮式拖拉机上普遍使用的闭式对称式差速器(图 12-12)。差速器壳 5 与行星齿轮轴 2 连成一体，形成行星架，它又与主减速器从动锥齿轮 6 用螺栓紧固成一体；差速器壳体内的两个行星齿轮 3 空套在行星齿轮轴上；两个半轴齿轮 1 的内孔有花键，用以和半轴 4 连接。行星齿轮和半轴齿轮背面与差速器壳间有减磨垫片，在起差速作用时可以减轻它们之间的摩擦。差速器零件用驱动桥壳内飞溅的润滑油润滑，为了使润滑油能进入各相对运动表面，差速器壳上开有窗口；齿轮和垫片上分别开有油孔和油槽；行星齿轮轴轴颈部分经过铣平后，可保留润滑油，保证行星齿轮轴孔的润滑。

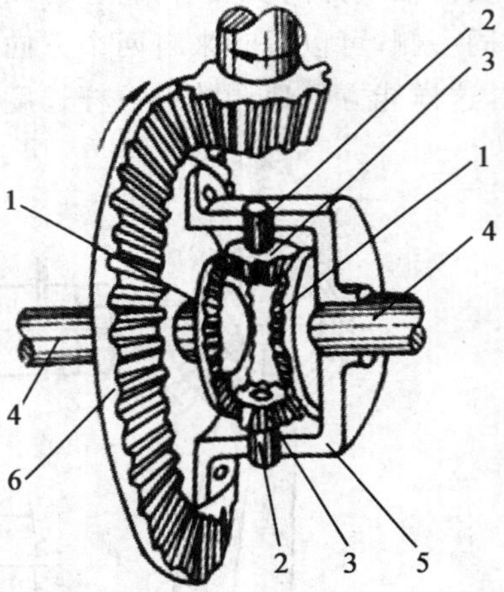

图 12-12　简单式差速器

1-半轴齿轮；2-行星齿轮轴；3-行星齿轮；4-半轴；5-差速器壳；6-主减速器从动锥齿轮

简单式差速器能够较好地满足工作需要，且结构简单，拆装方便，刚度大，能保证较好地啮合，故使用较为普遍。

12.1.4.2　运动学分析

如图 12-13 所示，差速器壳 3 随主减速器从动齿轮 6 旋转，故为主动件，设其角速度为 ω_0；半轴齿轮 1 和 2 为从动件，其角速度分别为 ω_1 和 ω_2。A、B 两点分别为行星齿轮 4 与半轴齿轮 1 和 2 的啮合点。行星齿轮的中心为 C,A、B、C 三点到差速器旋转轴线的距离均为 r。

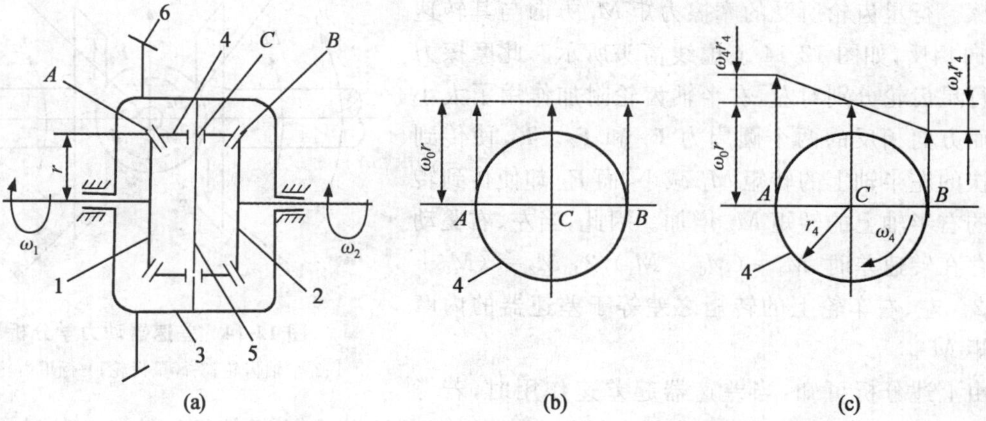

图 12-13　差速器运动学原理

(a)差速器结构简图;(b)无差速作用时;(c)有差速作用时

1、2-半轴齿轮;3-差速器壳;4-行星齿轮;5-行星齿轮轴;6-主减速器从动齿轮

当行星齿轮只是随同行星架绕差速器旋转轴线公转时,显然,处在同一半径 r 上的 A、B、C 三点的圆周速度都相等[图 12-13(b)],其值为 $\omega_0 r$。于是 $\omega_1=\omega_2=\omega_0$,即差速器不起差速作用,而半轴角速度等于差速器壳 3 的角速度。

当行星齿轮 4 除公转外,还绕本身的轴 5 以角速 ω_4 自转时[图 12-13(c)],啮合点 A 的圆周速度为 $\omega_1 r=\omega_0 r+\omega_4 r_4$,啮合点 B 的圆周速度为 $\omega_2 r=\omega_0 r-\omega_4 r_4$,其中 r_4 为行星齿轮半径,于是

$$\omega_1 r+\omega_2 r=\omega_0 r+\omega_4 r_4+\omega_0 r-\omega_4 r_4$$

即

$$\omega_1+\omega_2=2\omega_0 \tag{12-2}$$

式(12.2)为两半轴齿轮直径相等的对称式锥齿轮差速器的运动特性方程式。它表明左、右两侧半轴齿轮的转速之和等于差速器壳转速的两倍,而与行星齿轮转速无关。因此在轮式拖拉机转弯行驶或其他行驶情况下,都可以借行星齿轮以相应转速自转,使两侧驱动车轮以不同转速在地面上滚动而无滑动。

从运动特性方程式还得知:①当一侧半轴齿轮的角速度为零时,另一侧半轴齿轮角速度为差速器壳角速度的两倍;②当差速器壳角速度为零(例如用中央制动器制动传动轴)时,若一侧半轴齿轮受其他外来力矩而转动,则另一侧半轴齿轮以相同转速反向转动。

12.1.4.3　动力学分析

由主减速器传来的转矩 M_0,经差速器壳、行星齿轮轴和行星齿轮传给半轴齿轮。行星齿轮相当于一个等臂杠杆,而两个半轴齿轮半径也是相等的。因此,当行星齿轮没有自转时,总是将转矩 M_0 平均分配给左、右两半轴齿轮,即

$$M_1-M_2=\frac{1}{2}\ M_0 \tag{12-3}$$

当两半轴齿轮以不同转速朝相同方向转动时,设左半轴转速 n_1 大于右半轴转速 n_2,则行星齿轮将按图 12-14 上实线箭头 n_4 的方向绕行星齿轮轴 5 的轴线自转,此时行星齿轮孔与行

星齿轮轴轴颈间以及齿轮背部与差速器壳之间都产生摩擦。行星齿轮所受的摩擦力矩 M_r 方向与其转速 n_4 方向相反，如图 12-14 上虚线箭头所示。此摩擦力矩使行星齿轮分别对左、右半轴齿轮附加作用了大小相等而方向相反的两个圆周力 $\boldsymbol{F}_1$ 和 $\boldsymbol{F}_2$。$\boldsymbol{F}_1$ 使传到转得快的左半轴上的转矩 M_1 减小，而 $\boldsymbol{F}_2$ 却使传到转得慢的右半轴上的转矩 M_2 增加。因此，当左、右驱动车轮存在转速差时，$M_1=(M_0-M_r)/2$，$M_2=(M_0+M_r)/2$。左、右车轮上的转矩之差等于差速器的内摩擦力矩 M_r。

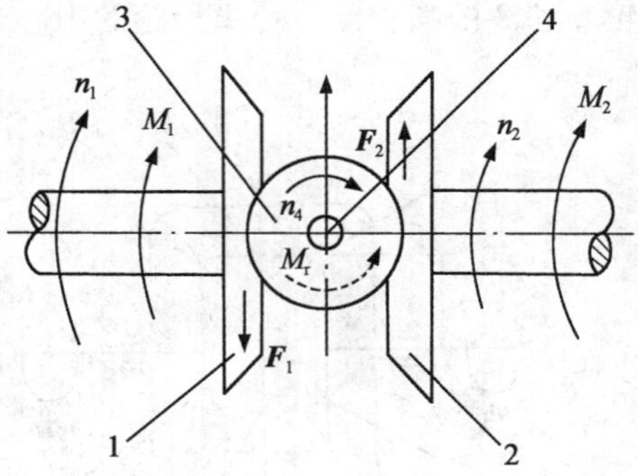

图 12-14 差速器动力学分析

1、2-半轴齿轮；3-行星齿轮；4-行星齿轮轴

由上述分析可知：当差速器起差速作用时，若考虑内摩擦的影响，则两侧半轴获得的转矩不相等，且慢速侧半轴所获得的转矩比快速侧半轴的大。

对于一般简单式差速器来说，内摩擦力矩较小，通常不超过 0.1 M_0，因此可以近似认为差速器起作用时转矩平均分配给左、右半轴，即差速器起差速作用时，若不考虑内摩擦的影响，两侧半轴所获得的转矩相等。

12.1.4.4 差速锁

简单式差速器平分转矩这个特点对拖拉机的牵引附着性能不利。当一侧驱动轮行驶在泥泞或冰雪地面上时，由于附着力不足，使驱动轮严重滑转或原地打滑，传至这侧的驱动转矩较小；而另一侧驱动轮即使行驶在附着条件良好的地面上，也只能得到与附着力不足边相同的驱动转矩。在这种情况下，拖拉机不能获得足够的驱动力，出现一侧驱动轮在原地滑转，另一侧驱动轮在原地停止转动的现象，使拖拉机不能前进。为了避免(或克服)上述现象，应使差速器失去差速作用，为此在差速器上装设差速锁，以提高拖拉机通过性能。差速锁直接或间接地使差速器任意两个主要零件相连，使两半轴实现整体转动，以便充分利用良好地面那一侧驱动轮的附着力，提高通过性能。

差速锁有两种布置形式：一种是连接差速器壳和一根半轴，另一种是直接或间接连接两根半轴。

(1)差速器壳与半轴相连[图 12-15(a)]，差速锁接合套与右半轴花键连接，接合套上有牙嵌齿，当接合套向左移动，其牙嵌齿与差速器壳上的牙嵌齿啮合，便使右半轴与差速器壳连成一体，实现整体转动。

(2)两个半轴齿轮相连[图 12-15(b)]，通过结合套将两个半轴齿轮连接成一体。

(3)附加制动轴齿轮相连[图 12-15(c)]，通过结合套将与最终传动从动齿轮相啮合的附加制动轴齿轮连接成一体。

差速锁只是在一侧驱动轮产生严重滑转时才宜使用，在拖拉机驶出打滑区后，应及时分离差速锁，使差速器恢复正常工作，否则将造成转弯困难。差速锁上设有弹簧回位机构，只要松开操纵手柄或踏板，差速锁就自动分离。

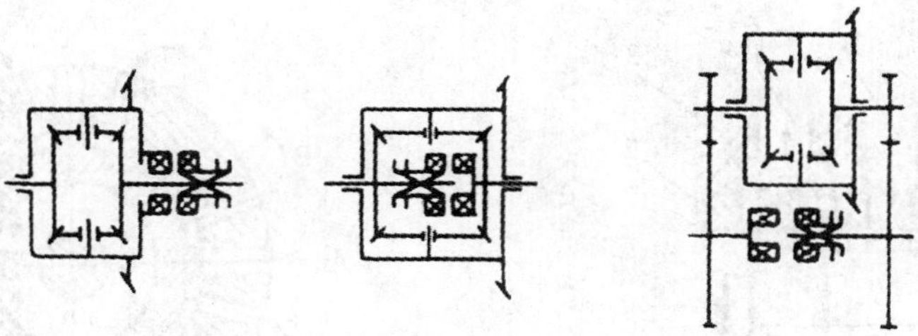

图 12-15　差速锁的各种布置形式简图

(a)差速器壳与半轴相连；(b)两个半轴齿轮相连；(c)附加制动轴齿轮相连

12.1.5　动力转向

为了减轻驾驶员的劳动强度，目前大、中型拖拉机上广泛采用液压动力转向。采用动力转向的拖拉机转向所需的动力，在正常情况下，只有小部分来自驾驶员提供的体能，而大部分来自发动机驱动的油泵所提供的液压能，并在驾驶员控制下，对转向传动装置或转向器中某一传动件施加不同方向的作用力。液压式动力转向又可分为液压助力转向和全液压转向两种。

12.1.5.1　液压助力转向

液压助力转向是采用机械式转向器和液压助力系统进行转向操作的方式，按助力器与转向器相对位置的不同可分为分置式、半整体式和整体式。

1. 液压助力转向系统的转向控制阀

按照阀体运动方式的不同，转向控制阀分为滑阀式和转阀式两种。

(1)滑阀式转向控制阀：阀体沿轴向移动来控制油液流量的转向控制阀，称为滑阀式转向控制阀，简称滑阀。图 12-16 所示为液压助力转向系统中的滑阀。当阀体 1 处于中间位置时，其两个凸棱边与阀套 2 的环槽形成四条缝隙。中间的两条缝隙分别与动力油缸两腔的油道 A、C 相通，而两边的两个缝隙与回油道相通。当阀体向右移动时，右凸棱将右外侧的缝隙堵住，左凸棱将中间的左缝隙堵住，则来自油泵的高压油经通道 B 和中间的右缝隙流入通道 C，继而进入动力油缸的一个腔；而动力油缸另一腔的低压油被活塞推出，经由通道 A 和左凸棱外侧的缝隙流回储油罐。实际上阀体移动并未将缝隙完全堵住时，一侧缝隙增大、另一侧缝隙减小就可以在动力油缸活塞两侧形成压力差，并实现助力作用。此压力差随阀体与阀套进一步的相对移动将变大。

(2)转阀式转向控制阀：阀体绕其轴线转动来控制油液流量的转向控制阀，称为转阀式转向控制阀，简称转阀，如图 12-17 所示。该转阀具有四个互相连通的进油道 A，通道 B、C 分别与动力油缸的左、右腔连通，中空的阀体 1 与储油罐相连。当阀体顺时针转过一个很小的角度时，通道 C 与进油道 A 相通，而与回油道 D 相隔断，来自油泵的压力油经通道 A 流入通道 C，继而进入动力油缸的一个腔内；同时，通道 B 与进油道 A 相隔断而与回油道 D 相通，动力油缸另一腔的低压油在活塞的推动下经通道 B、回油道 D 和中空的阀体流回储油罐。

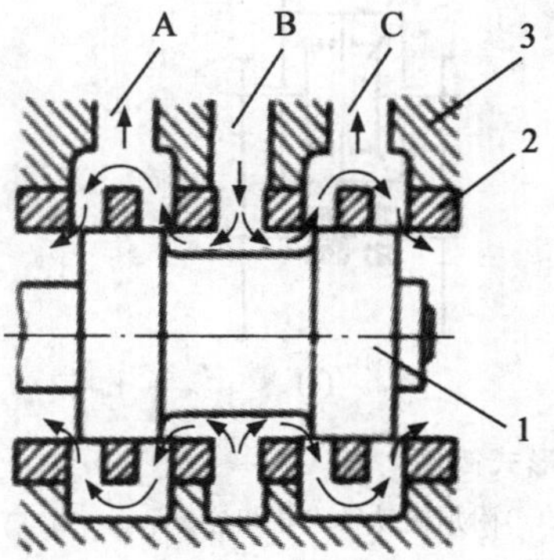

图 12-16 滑阀的结构和工作原理

1-阀体；2-阀套；3-壳体；

A-通动力缸左腔的通道；B-通油泵输出管路的通道；C-通动力缸右腔的通道

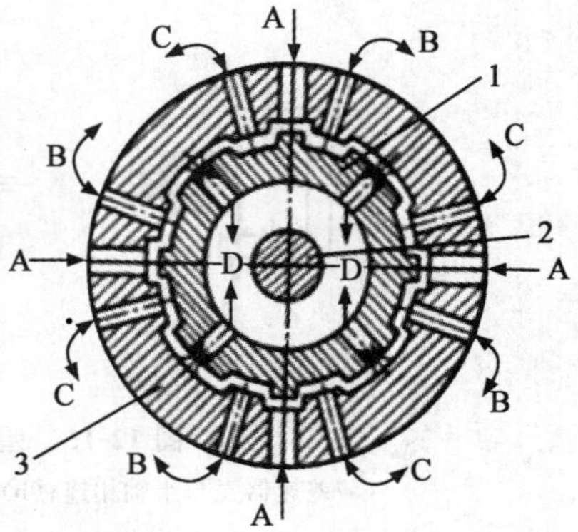

图 12-17 转阀的结构和工作原理

1-阀体；2-扭杆；3-壳体

A-通油泵输出管路的通道；B-通动力油缸左腔的通道；C-通动力油缸右腔的通道；D-通储油罐的回油通道

2. 分置式液压助力转向装置

分置式液压助力转向装置应用较为普遍，其特点是助力器与转向器分开，而控制阀可以和助力油缸设置在一起，也可单独设置。图 12-18 所示为控制阀与助力油缸设置在一起，称转向助力器。

该助力转向装置由转向器 5、转向助力器 7、油泵 3、纵拉杆 2、油箱 4 和油管等组成。

助力转向装置所用的高压油由发动机驱动的油泵供给。转向助力器由助力油缸 17 和控制阀 20 组成，助力油缸内装有活塞 16，活塞杆 18 的后端铰接在机体上，前端有两个铰接点，一个与转向节臂 1 相连，另一个与纵拉杆 2 相连。纵拉杆的后端与转向摇臂 6 铰接。驾驶员通过转向盘、转向器和纵拉杆控制控制阀，使来自油泵的高压油进入助力油缸活塞的左方或右方。在油压作用下，助力油缸移动，通过转向节臂和转向梯形机构使转向轮左、右偏转。

不管拖拉机往哪个方向转向，只要转向盘一停止转动，滑阀便停止不动，此时，活塞在压力油的作用下，使油缸体继续移动少许，使滑阀恢复到中立位置，油缸体停止运动，转向动作便停止。

3. 半整体式液压助力转向装置

半整体式液压助力转向装置的特点是，转向控制阀同机械转向器设置在一起，助力油缸单独设置。

图 12-19 所示为半整体式液压助力转向装置的转向控制阀。转向螺杆 14 延伸的圆柱形尾部穿过空心滑阀 9，滑阀两端都装有凸球面垫圈 7、凹球面垫圈 6 和推力球轴承 5，用螺母紧固后滑阀与转向螺杆的轴向相对位置被固定，且滑阀处于中立位置时，两凸球面垫圈的平面与转向控制阀体的端面各保持一定间隙（如 1 mm），因而转向螺杆连同滑阀有可能相对于阀体自中立位置向两端轴向移动相当于间隙的距离。

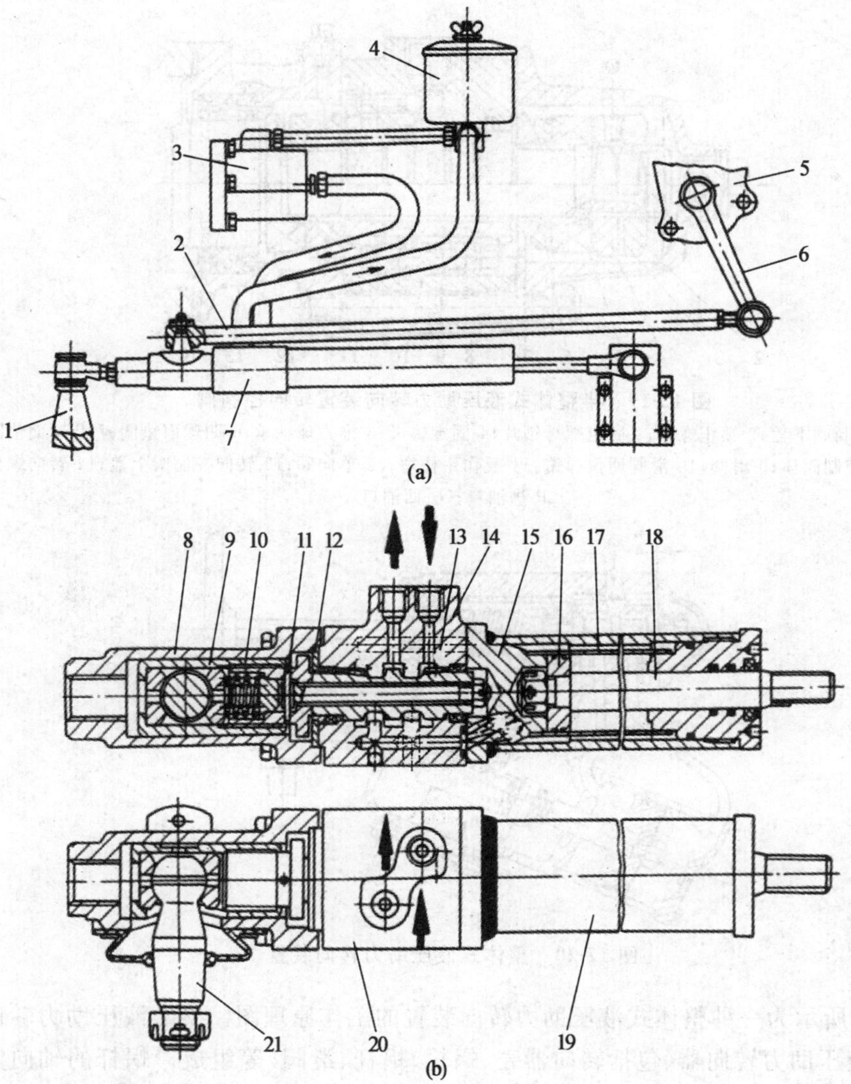

图 12-18　分置式液压助力转向装置

(a)助力转向系统简图；(b)转向助力器

1-转向节臂；2-纵拉杆；3-油泵；4-油箱；5-转向器；6-转向摇臂；7-转向助力器；8-主动球销壳座；9-主动球销壳；10-传动接头；11-销；12-垫圈；13-滑阀；14-滑阀体；15-油缸底座；16-活塞；17-助力油缸；18-活塞杆；19-油缸；20-控制阀；21-球头销

阀体与滑阀作动配合。滑阀外圆面切有两道宽度相等的环槽，同时形成三道环肩。相应地，阀体的内圆面上也切出三道等宽的环槽。在滑阀处于中立位置时，阀体的中间两道环肩正对滑阀的环槽。这时，由于阀体中间两环肩的宽度略小于滑阀环槽的宽度，阀体上的三道环槽与滑阀上的两道环槽都互相连通。

4. 整体式液压助力转向装置

整体式液压助力转向装置的特点是转向器、控制阀和动力缸均布置在一个壳体中(图 12-20)。

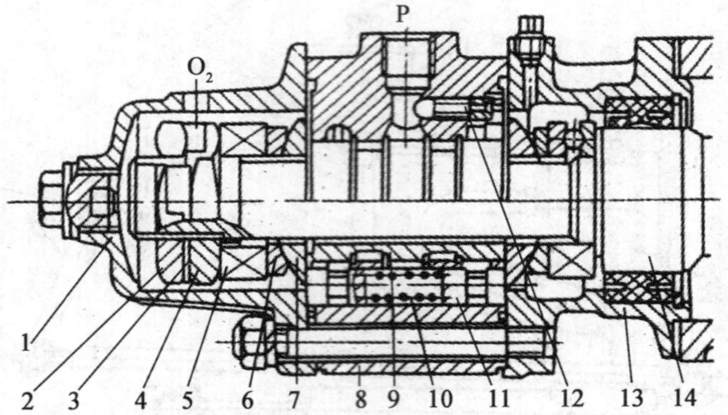

图 12-19 半整体式液压助力转向装置转向控制阀

1-转向控制阀下盖；2-锁止螺母；3-固定螺母锁片；4-固定螺母；5-推力球轴承；6-凹球面垫圈；7-凸球面垫圈；8-转向控制阀体；9-滑阀；10-滑阀回位弹簧；11-反作用柱塞；12-单向阀；13-转向控制阀上盖；14-转向螺杆

P-进油口；O_2-回油口

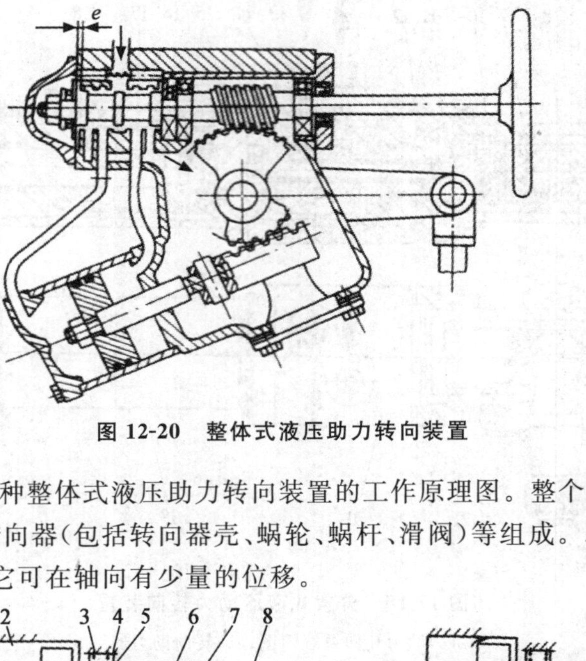

图 12-20 整体式液压助力转向装置

图 12-21 所示为一种整体式液压助力转向装置的工作原理图。整个液压助力转向装置由油泵、油箱、液压助力转向器(包括转向器壳、蜗轮、蜗杆、滑阀)等组成。蜗杆的轴向定位与一般机械式转向器不同，它可在轴向有少量的位移。

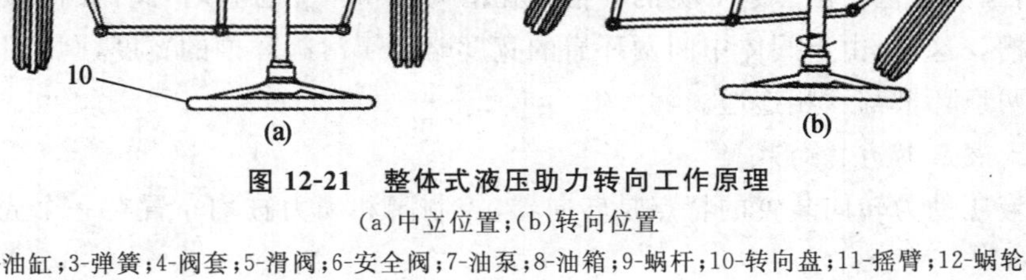

图 12-21 整体式液压助力转向工作原理

(a)中立位置；(b)转向位置

1-活塞；2-油缸；3-弹簧；4-阀套；5-滑阀；6-安全阀；7-油泵；8-油箱；9-蜗杆；10-转向盘；11-摇臂；12-蜗轮；13-齿条

12.1.5.2 全液压转向

全液压转向系中，由液压转向器代替了机械式转向器，并用软管与转向油缸连接(图12-22)。全液压转向器可分为滑阀式和转阀式两类。

1.滑阀式全液压转向器

滑阀式全液压转向器如图12-23所示。它由转向计量泵5、转向控制阀11、转向油缸14和16、反馈油缸18及齿轮轴2等组成，其工作原理与液压转向助力器基本相同。

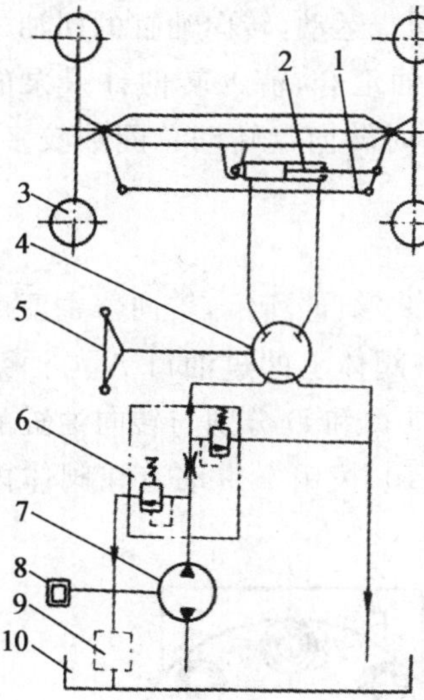

图12-22 全液压转向系工作原理

1-转向横拉杆总成；2-转向油缸；3-前轮；4-转阀式全液压转向器；5-方向盘；6-单路稳定分流阀；7-齿轮泵；8-传动机构；9-液压提升器；10-油箱

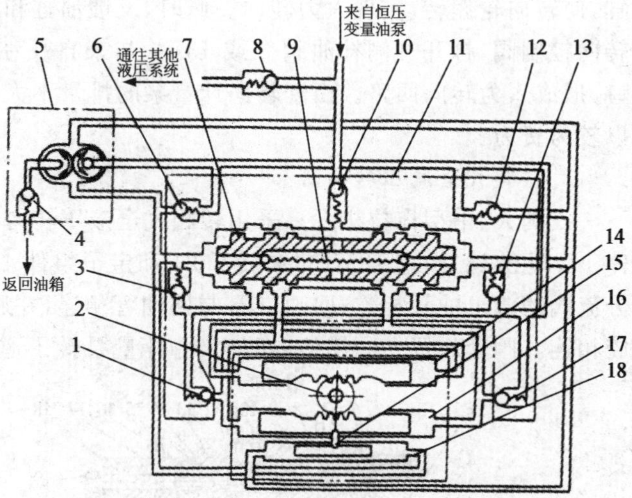

图12-23 滑阀式全液压转向器工作原理

1、17-负载安全阀；2-齿轮轴；3、13-补油阀；4-回油单向阀；5-转向计量泵；6、12-反馈安全阀；7-转向控制阀阀芯；8-优先阀；9-人力转向阀；10-进油单向阀；11-转向控制阀；14、16-转向油缸；15-反馈柱塞销；18-反馈油缸

(1)中间位置：转向盘不转动时，控制油路的油液呈封闭状态，转向控制阀阀芯7两端压力相等，处于平衡状态保持在阀体的中部。阀芯封闭了转向控制阀的进、回油和两个工作油口。恒压变量液压泵如果此时不向其他液压系统供油，液压泵的行程则很小，其流量仅用以补偿系统的泄漏损失，液压泵处于备用状态。此时，两个转向油缸的柱塞和转向轮位置不变，拖拉机或直线行驶，或转向轮以一定偏转角进行转向。

(2)动力转向：转动转向盘时，由转向盘带动的转向计量泵向控制油路供油，结果在转向控制阀阀芯的两端产生压差，迫使阀芯由中间位置移到转向位置。液压泵输出的压力油经转向控制阀进入转向油缸14和16，推动油缸柱塞并带动齿轮轴2转动，使转向摇臂动作，实现转向。此时，由于反馈柱塞销15的作用，使反馈油缸的柱塞和转向油缸柱塞同步运动，反馈油缸排出的油液经转向控制阀回到转向计量泵入口。这样，由于反馈油缸的作用，控制油路中作用在控制阀阀芯两端的压力发生变化，其结果是总有使阀芯向相反方向移动的趋势，如不继续转动转向盘，转向控制阀阀芯便回到中间位置，这就是液压外反馈作用。当转向盘停止转动时，控制油路的高压侧油压下降，低压侧油压由于反馈柱塞还继续作微小移动而升高，因此，使转向控制阀回到中间位置。

系统中反馈安全阀 6 和 12 的作用是限制控制油路的油压不超过规定值，以防反馈油缸、转向计量泵和控制油路损坏；负载安全阀 1 和 17 用于限制最大负载，防止转向控制阀、转向油缸和主油路由于过载而损坏。

(3)人力转向：当发动机熄火或液压泵发生故障时，驾驶员可将转向计量泵作为手动液压泵向转向系统主油路供油，来油推动转向控制阀阀芯移至极限位置(转向位置)，然后油压升高打开人力转向阀 9(此时进油单向阀 10 关闭)，油液经转向控制阀阀芯的内部油道流向转向油缸，使转向轮偏转，实现人力转向。此时，反馈油缸和转向油缸同步运动，转向油缸的回油进入转向控制阀，打开一侧补油阀 3 或 13，并与来自反馈油缸的回油汇合，流入转向计量泵的入口，形成人力转向回路。由于转向计量泵的排量不大，人力转向时转向盘转动总圈数较多，所以较为费力。

2. 转阀式全液压转向器

我国大、中型拖拉机大多采用转阀式全液压转向器。如图 12-24(a)所示，转向器主要由阀体 14、阀套 13、阀芯 12、计量泵转子 21 和定子组件 17 等组成。阀体上的进油口 A 与油泵经分流阀的输出油管相连；回油口 B 与回油管相连，并通油箱；油口 C 和 D 分别与转向油缸的两腔相连。阀套放置在阀体的内腔中，由计量泵转子通过连接轴 10、拨销 9 带动着在阀体内转

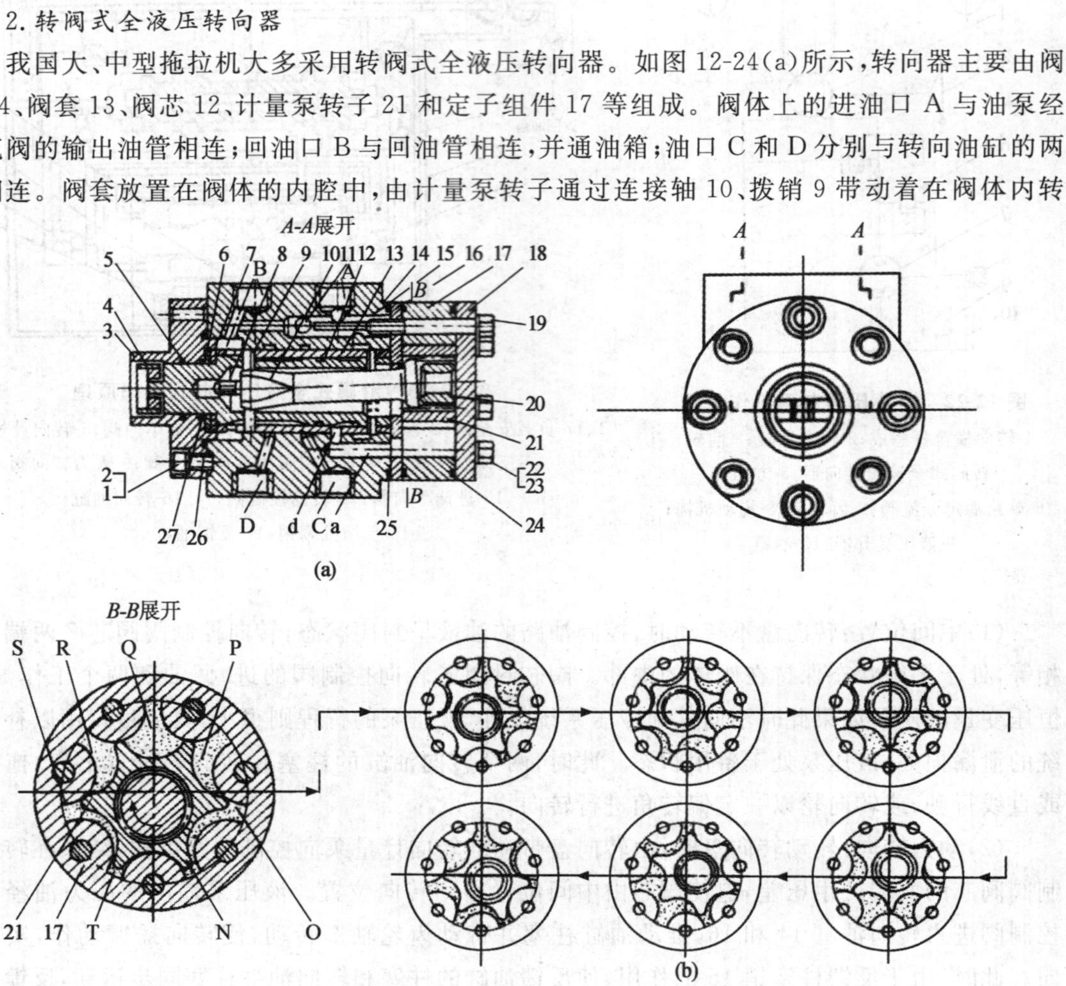

图 12-24 转阀式全液压转向器

(a)转向器结构图；(b)计量泵结构图

1、22-螺栓；2-垫圈；3-前盖；4-连接块组件；5、24、25、26-O 形密封圈；6-挡环；7-滑环；8-弹簧片；9-拨销；10-连接轴；11-钢球；12-阀芯；13-阀套；14-阀体；15-螺套；16-隔套；17-定子组件；18-后盖；19-限位螺栓组件；20-限位柱；21-计量泵转子；23-铜垫；27-X 形密封圈

动，阀芯放置在阀套的内腔中，可由转向盘带动旋转。

计量泵由转子和定子组件组成[图 12-24(b)]。定子组件固定不动，有 7 个齿；转子在定子内旋转，有 6 个齿。由于两者只差 1 个齿，转子以 *B-B* 剖面所示的位置为起点，绕着定子的轴线顺时针方向沿定子的各个齿转动 1 周，则转子同时绕自身轴线以反时针方向转过 1 个齿；如果转子绕定子的轴线公转 6 周，则转子绕自身轴线以逆时针方向转过 6 个齿(即转 1 周)。转子的公转转速是其自转转速的 6 倍，且两者方向相反。定子和转子之间形成了 7 个互相隔开的油腔 N、O、P、Q、R、S、T，它们的容积随着转子的转动而变化。这些油腔通过阀体上均布的 7 个油孔和阀套上的油孔 d 相连通。这样，阀套和阀芯可通过油孔 d 和 a 向计量泵配油，即让压力油进入计量泵 7 个油腔中的某几个油腔，而让另几个油腔向外排油。

阀套的表面可分为几段，即 I、H、J、K、L[图 12-25(a)]。I、J、K、L 分别对着阀体的 4 个油口[图 12-25(a)]，其中 I 段对着进油口 A，L 段对着回油口 B，J 和 K 段分别对着油口 C 和 D。H 段上有 12 个均布的圆孔 d(编号为Ⅰ～Ⅻ)，其中Ⅰ、Ⅲ、Ⅴ、Ⅶ、Ⅸ、Ⅺ称为单号 d 孔，另 6 个称为双号 d 孔，这 12 个孔与阀体上的细孔 a 相对应。由于油孔 a 的数目只有 7 个，当阀套在阀体内旋转时，12 个孔和 7 个 a 孔(图中未标出)轮流地相遇和错开，从而达到按要求向计量泵配油的目的。阀套上还有 3 段光滑部分，它们只起密封作用。而 I、J、K、L 各段分别有 b、c、d、e、f、g 孔，它们用来使阀套内腔和阀体上相应于 I、J、K、L 各段上的环槽相通。其中 b 孔为 12 个，沿圆周均布，其位置与油孔 d 不在同一直线上而沿圆周错开 15°。油孔 e 为双排小孔，共 6 对，沿圆周均布，其位置与单号 d 孔在一条直线上；油孔 f 也是双排小孔，共有 6 对，沿圆周均布，其位置与双号 d 孔在一条直线上；油孔 c 和 g 各有 4 个。在阀套的一端还有 2 个定位槽口 m。

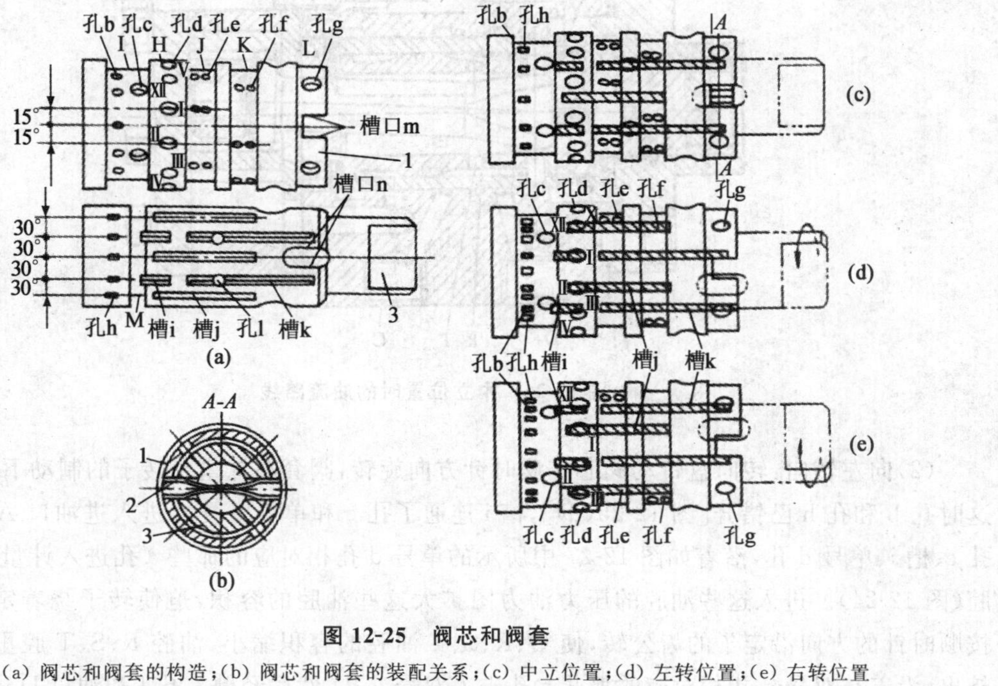

图 12-25 阀芯和阀套

(a) 阀芯和阀套的构造；(b) 阀芯和阀套的装配关系；(c) 中立位置；(d) 左转位置；(e) 右转位置

1-阀套；2-定位弹簧片；3-阀芯

阀芯的表面有 6 条长槽 k，在槽中有 1 个孔用来沟通长槽 k 和阀芯的内腔，还有 6 条短槽 j，长、短槽 k、j 相互间隔排列；槽 i 也有 6 条，它和环槽 M 相通；在阀芯的一端还有 12 个沿圆周均布的小孔 h，当阀芯放到阀套中时，h 孔和 b 孔互相对应。阀芯的另一端也有两个定位槽口 n。如图 12-25(b)所示，把两片定位弹簧片嵌入槽口 m 和槽口 n 中，在弹簧张力作用下，槽口 m 和槽口 n 互相对齐，这时阀套和阀芯处于“中立”位置[图 12-25(c)]，12 个 b 孔和 12 个 h 孔完全对齐，而槽 i、j、k 和孔 d、e、f 则错开 15°。

当向左转向时[图 12-25(d)]，阀芯相对于阀套沿箭头方向转过一个角度，孔 b 和孔 h 相互错开，而槽 i 则连通孔 c 和单号 d 孔，槽 j 连通 f 孔和双号 d 孔，槽 k 连通了孔 e 和孔 g。

当向右转向时[图 12-25(e)]，孔 b 和孔 h 也错开，槽 i 连通了双号 d 孔和孔 c，槽 j 连通单号 d 孔和孔 e，槽 k 连通孔 f 和孔 g。

转阀式全液压转向器工作过程如下：

(1)中立位置：如图 12-26 所示，转向盘不转动，定位弹簧片使阀芯和阀套处于图 12-25(c)所示位置。在此位置孔 b 和孔 h 已对齐，而孔 g 通过长槽 k、孔 I 又和阀芯的内腔相通，所以进入进油口 A 的油液经孔 b、孔 h 进入阀芯内腔，再经孔 I 进入长槽 k，经与槽 k 相通的阀套孔 g 流经回油孔 B，流回油箱。

同时，阀套上的其他油孔，因阀芯上的油槽与槽 i 错开 15°而互不相通，油口 C 和 D 均被阀芯堵住，转向油缸中的油被封闭，油缸活塞不能移动，拖拉机沿着原来方向行驶。

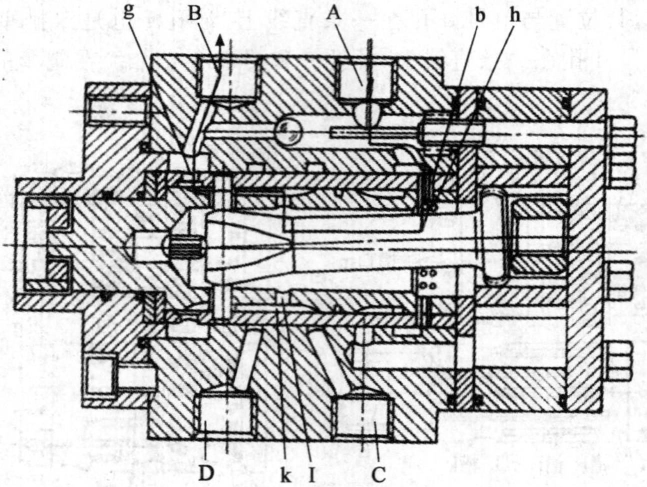

图 12-26 中立位置时的油流路线

(2)向左转向：转向盘带动阀芯作反时针方向旋转，阀套在计量泵转子的制动下暂不转动，这时孔 b 和孔 h 已错开[图 12-25(d)]，槽 i 连通了孔 c 和单号 d 孔。进入进油口 A 的油液经孔 c、槽 i、单号 d 孔，沿着如图 12-27 中所示的单号 d 孔相对应的那些 a 孔进入计量泵 N、O、P 腔(图 12-24)。进入这些油腔的压力油力图扩大这些油腔的容积，迫使转子绕着定子的轴线按顺时针的方向沿定子的齿公转，使 Q、R、S、T 油腔的容积缩小，油腔 R、S、T 腔里的油液被挤出，沿着与双号 d 孔相对应的那些 a 孔进入双号 d 孔，然后经槽 j、孔 f 和油口 D 进入转向油缸的一腔，迫使活塞移动，使拖拉机转向。同时，转向油缸另一腔的油液沿着油口 c、孔 e、槽 k、孔 g 和回油口 B 返回油箱。

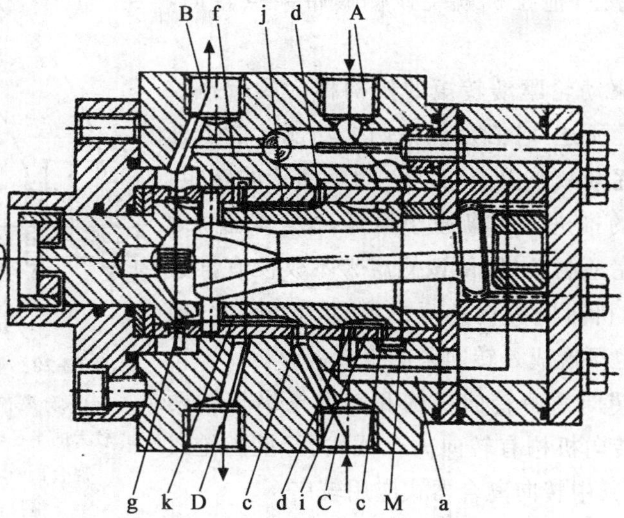

图 12-27　向左转向时的油流路线

当转向盘停止转动时，阀芯也停止转动，此时计量泵的转子在 N、O、P 油腔油液压力的作用下，仍继续作顺时针方向的公转和反时针方向的自转，通过连接轴和拨销带动阀套一起继续作逆时针方向转动，这样，阀套和阀芯的相对位置恢复到中立位置，拖拉机按预定的转向半径转弯。

如果还要继续向左转向，转向盘将继续作反时针方向旋转，则上述过程不断重复，直到转向轮转至极限位置为止。

(3)向右转向：转向盘顺时针方向旋转。其转向原理和操纵过程与向左转向完全相同。

(4)人力转向：当发动机突然熄火或转向液压系统出现故障时，为了使拖拉机不致失去操纵，应能用人力转向。人力转向时，计量泵起油泵作用。由转向盘带动计量泵的转子进行自转，转子则绕定子的轴线进行公转。由于公转转速是自转转速的 6 倍，因此方向盘每转 1 周，转子就公转 6 圈，排出 6×7＝42 腔油液，使之进入转向油缸，促使拖拉机转向，其油流路线与液力转向时相同，不过转向油缸流出的油经止回阀又返回计量泵。人力转向是一种安全措施，转向盘上施加力达 300～400 N。

12.2　履带拖拉机的转向系

12.2.1　履带拖拉机的转向原理

履带拖拉机的行走机构相对拖拉机的机体不能偏转，它是靠改变两侧驱动轮上的驱动转矩，使两侧履带获得不同的推进力，造成不同转向力矩，从而使两侧履带能以不同速度行驶来实现拖拉机转向(图 12-28)。即当减少一侧驱动轮上的驱动转向力矩，拖拉机以一定半径转向；如果完全切断该侧驱动轮上的驱动转矩，拖拉机以较小半径转向；若切断动力以后，再制动该侧驱动轮，则转弯半径更小；若切断动力以后，将该侧完全制动住，拖拉机就绕该侧履带某点转向，或称原地转向。

这种用以改变驱动轮驱动转矩的机构称为履带拖拉机的转向机构。综上所述，它必须包括两个功能才能以任意半径转向：第一，逐渐减小以至切断一侧驱动轮的转矩，使该侧履带所产生的推进力逐渐减小至零；第二，逐渐地对驱动轮制动以至完全制动住，使该侧履带不仅没有推进力，而且产生与拖拉机行驶方向相反的制动力。因此，履带拖拉机的制动系也可看成是转向系的组成部分。

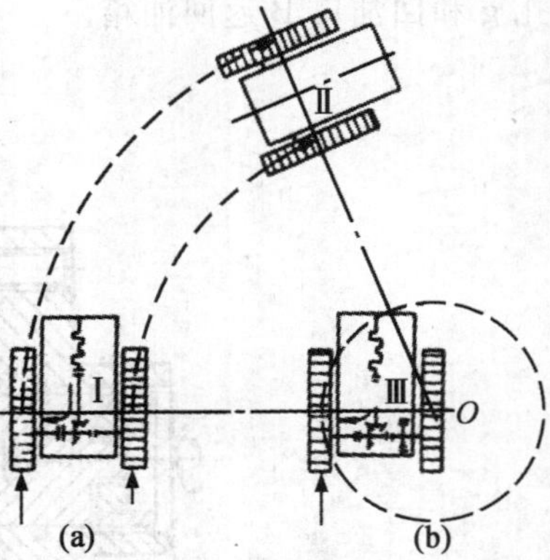

图 12-28 履带拖拉机的转向简图

(a)只分离右侧转向离合器，拖拉机沿较大的半径转向；(b)除分离右侧转向离合器外，还制动住右侧驱动轮，拖拉机绕右侧履带转向

履带拖拉机的转向系由转向机构和转向操纵机构两部分组成。常用的转向机构有转向离合器式、行星齿轮式和双差速器式三种，其中转向离合器式应用较广。

12.2.2 转向离合器及转向操纵机构

12.2.2.1 转向离合器

如图 12-29 所示，转向离合器置于中央传动之后最终传动之前。因传递转矩较大，采用多片摩擦式离合器，利用接合和分离的程度来改变驱动轮驱动转矩，实现转向。

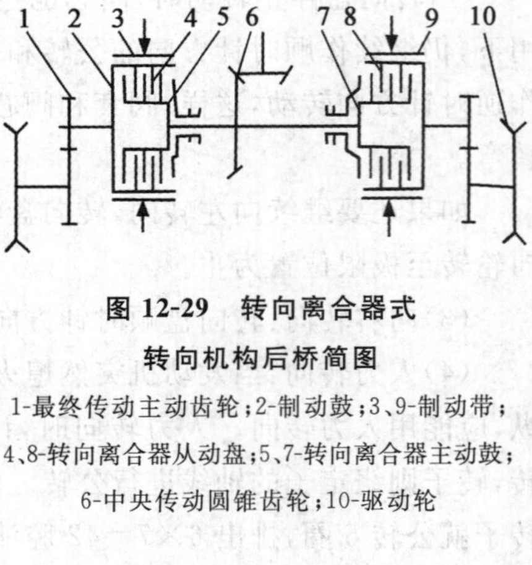

图 12-29 转向离合器式转向机构后桥简图

1-最终传动主动齿轮；2-制动鼓；3、9-制动带；4、8-转向离合器从动盘；5、7-转向离合器主动鼓；6-中央传动圆锥齿轮；10-驱动轮

东方红-802 型拖拉机采用的是转向离合器式转向机构(图 12-30)。它的主动部分包括固定在后桥横轴 9 端部花键上的主动鼓 3、主动盘 5 及压盘 8。主动盘共有 10 片，其内孔的花键套在主动鼓的外花键上，能作轴向移动。从动部分包括固定在最终传动主动齿轮轴 1 上的从动鼓轮毂 13、从动鼓 2 和从动鼓的内花键上套装的具有外花键的从动盘 4(共 10 片)。从动盘也能轴向移动。从动盘的两面铆有摩擦片，主、从动盘相互交错安装。压紧弹簧 6(共 6 组，每组大、小弹簧各一个)装配时带有预紧力，弹簧右端面压在主动鼓上，左端面压在弹簧座上，通过压盘拉杆 7 将主、从动盘压紧[图 12-30(b)]。分离轴承 11 安装在压盘的颈部并用螺母 12 固定。分离轴承通过分离轴承座 10 分离拨圈与操纵杆件分离叉连接。

转动分离叉时，分离轴承往右移动，带动压盘进一步压缩压紧弹簧，使主动盘和从动盘之间的压紧力降低或彻底分离，降低或切断通向驱动轮的驱动转矩。

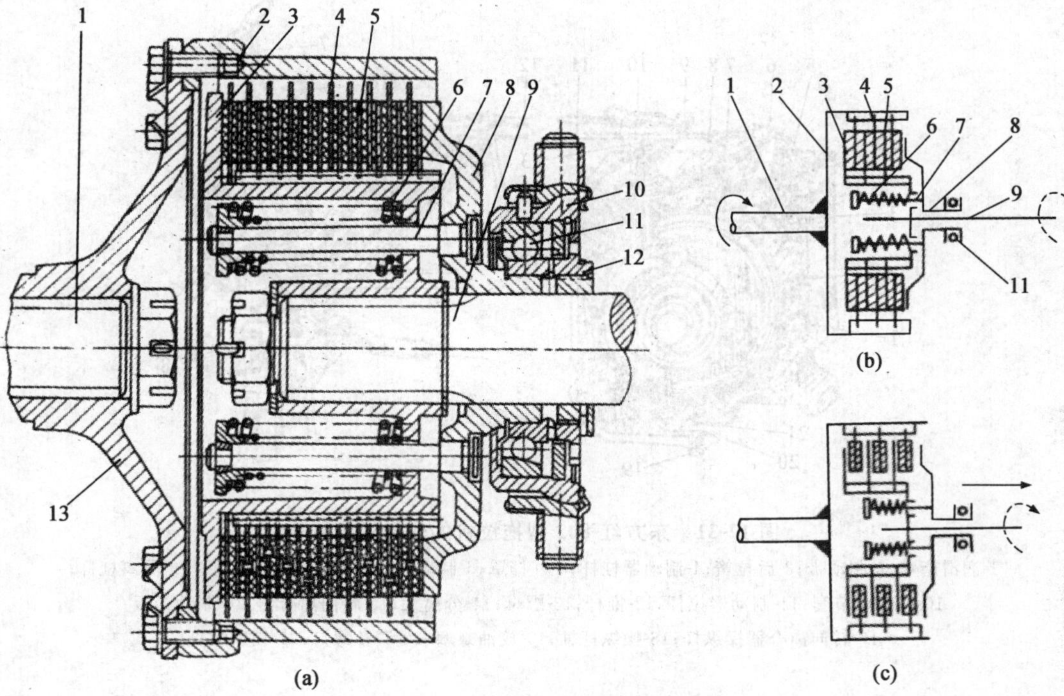

图 12-30 东方红-802 型拖拉机的转向离合器

(a)离合器结构图;(b)结合状态;(c)分离状态

1-最终传动主动齿轮轴;2-从动鼓;3-主动鼓;4-从动盘;5-主动盘,6-压盘弹簧;7-压盘拉杆;8-压盘;9-后桥横轴;10-分离轴承座;11-分离轴承;12-螺母;13-从动鼓轮毂

12.2.2.2 转向操纵机构

东方红-802 型拖拉机转向操纵机构是机械式的(图 12-31)。两个操纵杆分别操纵两个转向离合器。操纵杆的全行程为 400～500 mm,其中包括 60～80 mm 的自由行程。当摩擦片磨损后,弹簧预压力减小,自由行程减小,不能保证离合器可靠接合。为了恢复自由行程的数值,可拧动推杆调整套 10,以缩短推杆 12 的长度来实现。

12.2.3 行星齿轮式转向机构

传给中央传动机构的转矩,经两套行星齿轮机构传到驱动轮上,也能够改变拖拉机两侧驱动轮的驱动转矩,使拖拉机转向。

图 12-32 是一种中型履带拖拉机的行星齿轮式转向机构。在中央传动室内安装两套行星齿轮机构,其主动件是齿圈 3,两个齿圈合成一体,外面固定着中央传动大锥齿轮 4。太阳齿轮 5 是固定件,它的伸出端有一制动器 6,用以制动固定件,称为行星机构制动器。行星架 1 是从动件,它与半轴花键连接,半轴上也有一制动器 7,称为半轴制动器。

行星齿轮机构的特点是:只有当固定件完全制动时,从动件才可以传递全部转矩。当固定件完全放松而允许它空转时,从动件就完全不传递转矩。如果固定件只有部分制动,则从动件只能传递部分转矩。行星齿轮机构的这个特点与转向离合器的工作情况相类似。将行星机构制动器逐渐放松,相当于逐渐分离转向离合器;将半轴制动器逐渐制动,相当于逐渐制动转向

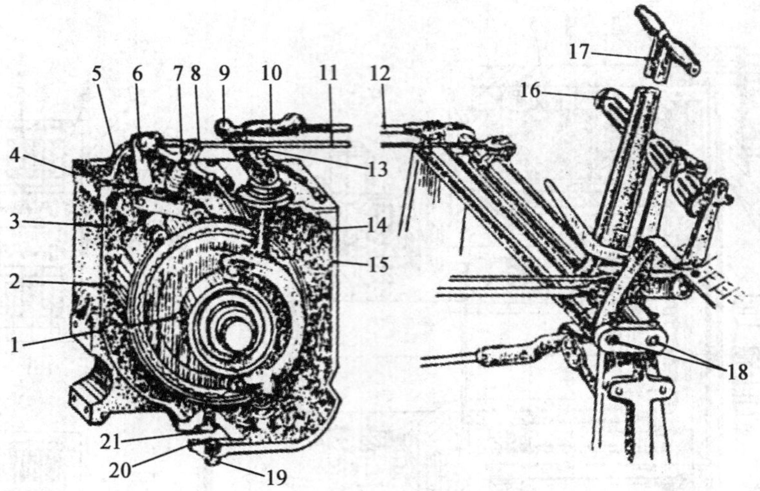

图 12-31　东方红-802 型拖拉机的转向操纵机构

1-润滑脂嘴；2-制动带；3-后拉簧；4-制动器杠杆；5-杠杆罩；6-制动器杠杆臂；7-拉杆；8-螺母；9-分离杠杆；10-推杆调节套；11-制动器拉杆；12-推杆；13-螺母；14-分离叉；15-转向离合器；16-制动踏板；17-转向离合器操纵杆；18-操纵杆轴；19-放油螺塞；20-调整螺钉；21-锁紧螺母

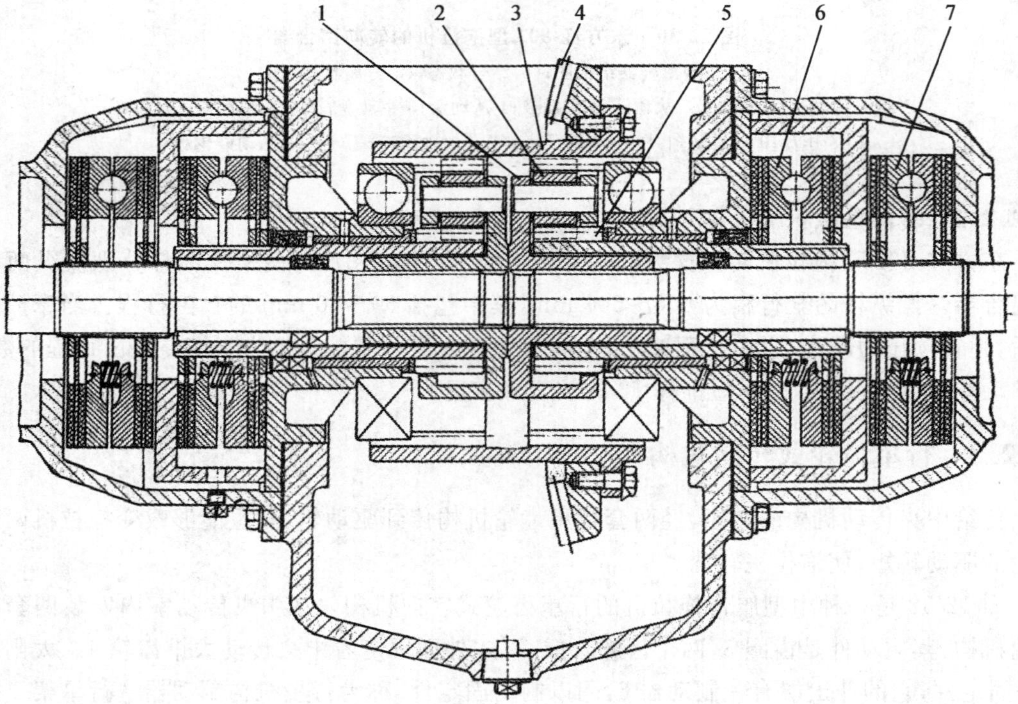

图 12-32　中型履带拖拉机的行星齿轮式转向机构

1-行星架；2-行星齿轮；3-齿圈；4-中央传动大锥齿轮；5-太阳齿轮；6-行星机构制动器；7-半轴制动器

离合器的从动鼓。

拖拉机直线行驶时，两侧半轴制动器都处于非制动状态，而行星机构制动器都制动着，主动的齿圈行星齿轮沿固定的太阳齿轮滚动，从而带动两边的行星架和半轴以相同的转速旋转。

转向时，应先将内侧的行星机构制动器逐渐放松，使该侧的固定件（太阳齿轮）渐渐转动，于是传到这侧驱动轮的转矩逐渐减小，转速也逐渐减慢，拖拉机便向这侧转向，转弯半径大小由行星机构制动器放松的程度所决定。如将行星机构制动器完全放松，然后又将半轴制动器加以制动，则拖拉机将以更小的半径转向。如半轴制动器完全制动住，拖拉机则将原地转向。

在履带拖拉机上，行星齿轮制动器通常有两种布置方案，即除了上述的一种外，还有一种太阳齿轮是主动件，行星架是从动件，齿圈是固定件。这两种方案都使机构具有大于 1 的传动比。

行星齿轮式转向机构与转向离合器相比，具有耐磨性好、工作寿命较长、结构比较紧凑、行星齿轮机构本身具有一定的传动比等优点。它的缺点是工艺要求较高，耗费合金钢材较多，故生产成本较高。

12.2.4 双差速器式转向机构

有的履带拖拉机（如 KS-30 拖拉机）采用双差速器式转向机构，图 12-33 是这种转向机构的结构简图。与单差速器相比，双差速器的特点是它的行星齿轮是双层的。内行星齿轮 6 跟两侧的半轴齿轮 7 啮合，与普通的单差速器相同；外行星齿轮 3 与两侧的齿轮 1 啮合，齿轮 1 是与制动器的制动鼓 2 连在一起的，称制动齿轮。内行星齿轮与外行星齿轮用平键连在一起。

拖拉机直线行驶时，两边的制动器都处于非制动状态，外行星齿轮带动制动齿轮空转，动力经内行星齿轮和半轴齿轮传给驱动轮，这时双差速器只起单差速器的作用。

转向时，需要对一侧制动齿轮施加制动。这时，外行星齿轮除了随差速器壳一起转动外，还沿制动齿轮滚动而产生自转，同时也连带着内行星齿轮一起自转，从而使该侧驱动轮转速降低，另一侧驱动轮转速升高。与此同时，外行星齿轮将一部分转矩传给制动齿轮而消耗在制动器上，这样就使这一侧驱动轮的驱动转矩也小于另一侧，从而使拖拉机在两边履带的驱动力不同的情况下实现转向。

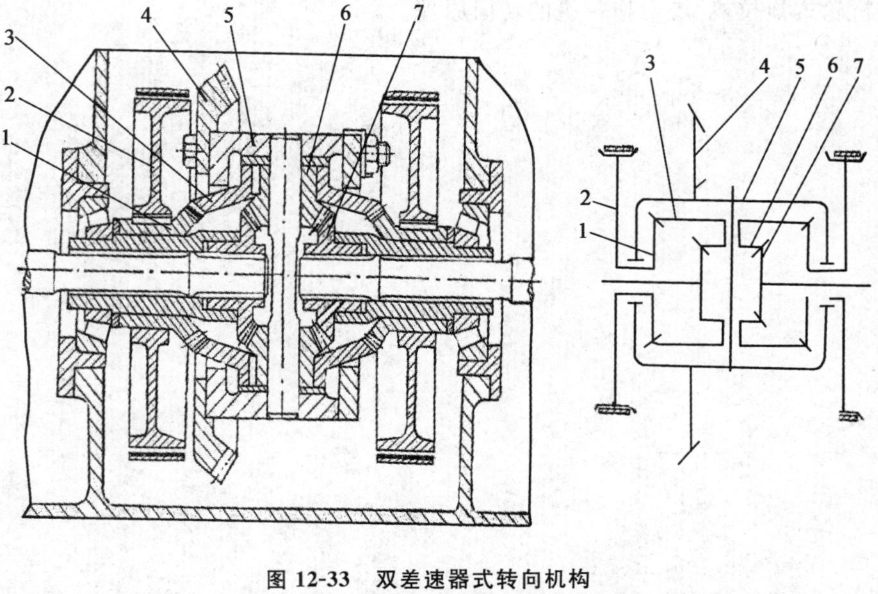

图 12-33 双差速器式转向机构

1-制动齿轮；2-制动鼓；3-外行星齿轮；4-中央传动锥齿轮；5-差速器壳；6-内行星齿轮；7-半轴齿轮

双差速器中，制动齿轮到半轴齿轮之间的齿数比称为双差速器的传动比(i_0)，即

$$i_0 = \frac{Z_{外行星}}{Z_{制动}} \cdot \frac{Z_{半轴}}{Z_{内行星}} \tag{12-4}$$

i_0 通常为 2.5～3。

具有一定传动比的双差速器可以减小制动器所需的制动转矩，从而减小制动器所消耗的动力，有助于减小转向时的发动机负荷，这是使用双差速器相对于单差速器的优点。

双差速器转向机构还具有每边只使用一个制动器、结构简单、操纵简便、使用寿命长、转向时可以不降低拖拉机平均速度等优点。

但与上述另外两种转向机构相比，双差速器转向机构在使用性能上还有以下两个缺点：

(1)拖拉机的“最小转弯半径”较大。这是因为当制动齿轮全制动时，半轴齿轮并没有停止转动，只是使它的转速减小到最小值，所以拖拉机不可能原地转向，且双差速器的传动比越大，最小转弯半径也越大。

(2)拖拉机的直线行驶保持性较差。这是因为双差速器具有和单差速器相同的运动特性，即如果某一侧半轴齿轮的转速比差速器壳的转速减小了某一数值的话，必然会引起另一侧半轴齿轮的转速增加相应的数值，因此拖拉机容易自动走偏。

思考题

1. 拖拉机的转向方式有哪几种？各自特点及适用场合是什么？
2. 试列举出目前常用的几种转向器，简述其各自的特点。
3. 用结构简图绘出轮式拖拉机转向系统的组成并加以说明。
4. 绘出差速器的机构简图，并对其运动进行分析。
5. 简述液压助力转向装置的分类和基本结构。
6. 分析轮式拖拉机、履带拖拉机的转向原理。

第 13 章 制动系

13.1 制动系概述

13.1.1 作用和组成

制动系的作用是:①使拖拉机在行驶中减速或迅速停车;②帮助急剧转向;③使拖拉机能在斜坡上保持停车状态。

根据上述作用,制动系有行车制动系和停车制动系之分。前者主要保证第一项功能,兼有第二项功能,后者则主要保证第三项功能。此外,为了使拖拉机在行车制动系发生故障时仍能实现紧急制动,有的大型拖拉机还设有独立于其他制动系的第二制动系,亦称紧急制动系,它也可在人力控制下兼作停车制动系。

任何制动系均由制动器和制动操纵系统两部分组成。轮式拖拉机上普遍采用蹄式和盘式制动器,履带拖拉机普遍采用带式制动器。而制动操纵系统则有机械式、液压式和气压式之分,中小型拖拉机普遍采用机械式,大中型拖拉机普遍采用液压式,拖拉机拖车普遍采用气压式。

简单的制动系只有一套制动装置,既作为行车制动系,又作为停车制动系。为此,制动操纵系统应能保证左、右两边的制动器既可以同时制动以满足减速和停车的需要,也可以单边制动以协助转向,以及在制动状态下使制动器锁定以保证停车制动。当采用机械式操纵系统时,行车制动系可兼作停车制动系,只需在操纵系统中增加一套锁定机构就可满足停车制动的要求。当采用液压式或气压式操纵系统时,由于液体或压缩空气总有泄漏,无法使制动器长期保持制动状态,因此需要专门设置一套机械操纵的停车制动系,或在行车制动器上加装一套独立的机械式操纵系统,以满足长期停车制动的需要。

制动器大都布置在最终传动主动轴上,和布置在驱动轮轴上相比,这样可以减小制动器所受力矩。如果布置在转速更高的中央传动主动轴上,可使制动器所受力矩进一步减小,但是这样布置的制动器不能用来帮助转向。

13.1.2 工作原理

拖拉机制动系统的工作原理可用图 13-1 所示的一种简单蹄式制动系统来说明。车轮轮毂上固定着一个以内圆表面为工作面的制动鼓 2,在固定不动的制动底板 3 上有两个支承销 7 支承着两个弧形的制动蹄 6,制动蹄外圆面上装有摩擦片 4,制动底板上还装有制动凸轮 1 和回位弹簧 5。制动系统不工作时,依靠回位弹簧 5 的作用,制动鼓的内圆面与制动蹄摩擦片的外圆面之间保持有一定间隙,使车轮和制动鼓可以自由旋转。

在制动时,切断发动机至车轮的动力,踩下制动踏板,通过制动机构将踏板力转换为转矩

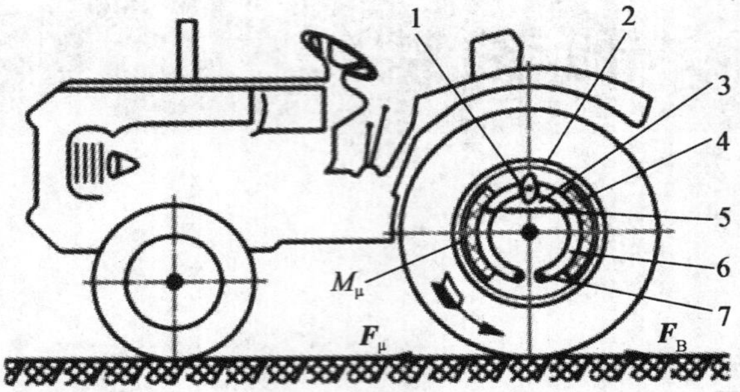

图 13-1 制动系工作原理简图

1-制动凸轮；2-制动鼓；3-制动底板；4-摩擦片；5-回位弹簧；6-制动蹄；7-支承销

带动制动凸轮旋转，推动两个制动蹄绕支承销转动，以其摩擦片压紧在制动鼓的内圆表面上。这样，不旋转的制动蹄就对旋转着的制动鼓作用一个摩擦力矩 M_μ，其方向与车轮旋转方向相反。制动鼓将该力矩传到车轮后，由于车轮与路面间有附着作用，车轮对路面作用一个向前的切向力 $\boldsymbol{F}_\mu$，同时路面也对车轮作用着一个向后的反作用力，即制动力 $\boldsymbol{F}_B$。制动力 $\boldsymbol{F}_B$ 传给车架，迫使整个拖拉机产生一定的减速度直到停车。制动力越大，则拖拉机减速度也越大。当放开制动踏板时，回位弹簧便将制动蹄拉回原位，摩擦力矩 M_μ 和制动力 $\boldsymbol{F}_B$ 消失，制动作用即行终止。

显然，阻碍拖拉机运动的制动力 $\boldsymbol{F}_B$ 不仅取决于制动力矩 M_μ，还取决于轮胎与地面间的附着条件。如果完全丧失附着，则这种制动系统事实上不可能产生制动拖拉机的效果。

13.2 制动器

在拖拉机上广泛采用摩擦式制动器，借助摩擦力对车轮产生制动作用，吸收拖拉机的动能，使之转化为热能散发出去。

13.2.1 蹄式制动器

在轮式拖拉机上采用的蹄式制动器有简单式和自行增力式两种。简单蹄式制动器常用的有固定凸轮式和浮动凸轮式。

13.2.1.1 简单蹄式制动器

机械操纵的固定凸轮简单蹄式制动器如图 13-2 所示。

制动器对称地布置在最终传动主动齿轮轴上。制动鼓 2 通过花键与最终传动主动齿轮连接，它作为旋转元件，当拖拉机行走时同驱动轮一起旋转。制动器壳 3 是制动器的固定元件，它用螺栓固定在传动箱体上，制动蹄总成 4、制动凸轮 1、制动器回位弹簧 5 等安装在制动器壳的底板上，制动蹄总成上的摩擦片与制动鼓间保持有一定的间隙。当踩下制动踏板时，通过操纵机构使力矩传到制动凸轮。如图 13-3 所示，当拖拉机前进中制动鼓逆时针旋转制动时，凸轮转动，推开两个蹄片的上端，使其与制动鼓的内表面接触，同时在接触面之间产生了摩擦力。左蹄上的摩擦力 $\boldsymbol{F}_1$ 使左蹄离开凸轮而愈益压紧制动鼓，使制动力矩有所增大；右蹄上的摩擦力 $\boldsymbol{F}_2$ 使右蹄压向凸轮而有离开制动鼓的趋势，使制动力矩有所减小。新制动器或刚调整好

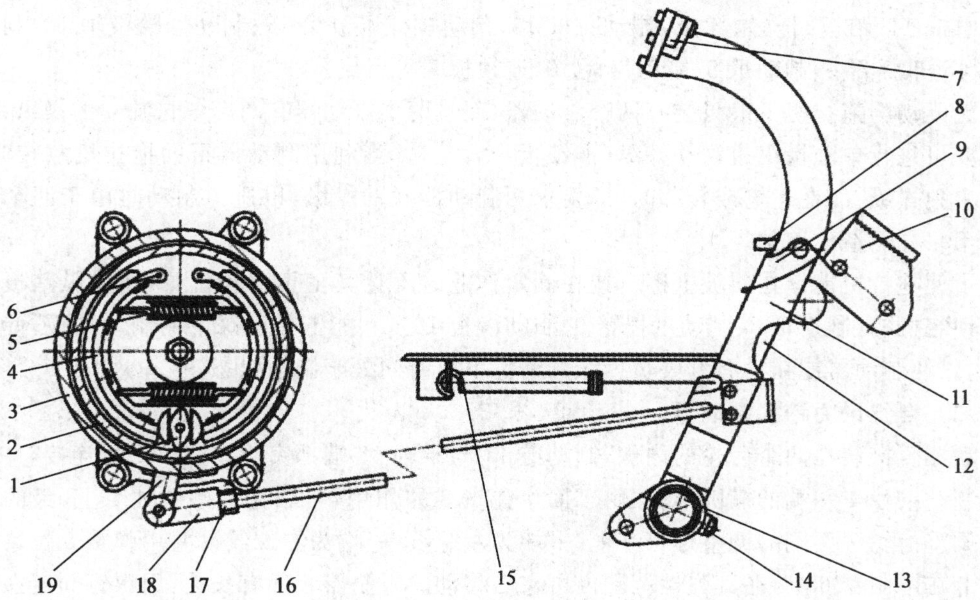

图 13-2　简单蹄式制动器及操纵机构

1-制动凸轮；2-制动鼓；3-制动器壳；4-制动蹄总成；5-制动器回位弹簧；6-制动蹄销轴；7-连锁板；8-制动爪；9-制动爪摇臂；10-制动齿板；11-右制动踏板总成；12-左制动踏板总成；13-制动器踏板轴；14-油杯；15-踏板回位弹簧；16-制动拉杆；17-锁紧螺母；18-制动拉杆调节叉；19-制动摇臂

的制动器，在这种情况下，由于凸轮对两蹄的推力相等，$P_1=P_2$，左右蹄在上述趋势作用下，制动鼓对左右蹄的法向合力 $Q_1>Q_2$。同理，当制动鼓顺时针旋转时，$P_1=P_2$，法向合力 $Q_1<Q_2$。拖拉机前进时，制动蹄片经短时间磨损后，左蹄片磨损量加大，使作用力 P_1 减小，相应 Q_1 也减小，直到 $Q_1=Q_2$，两边蹄片维持等量磨损，制动器处于正常工作状态，此时 $P_1<P_2$，此为固定凸轮简单蹄式制动器的特点。

由于这种制动器凸轮上两侧的推力不相等，致使凸轮磨损不均匀，凸轮轴磨损加大，制动操纵力增大。为此有的制动器上采用浮式凸轮，如图 13-4 所示。在制动时，凸轮可在其轴的径向孔中滑动，所以凸轮两侧的推力保持相等，$P_1=P_2$，其磨损较均匀，凸轮轴磨损减少，制动操纵力降低，但左右蹄片上的单位压力始终不相等，总是 $Q_1>Q_2$，导致一个蹄片磨损加快，致使制动器的调整周期缩短。

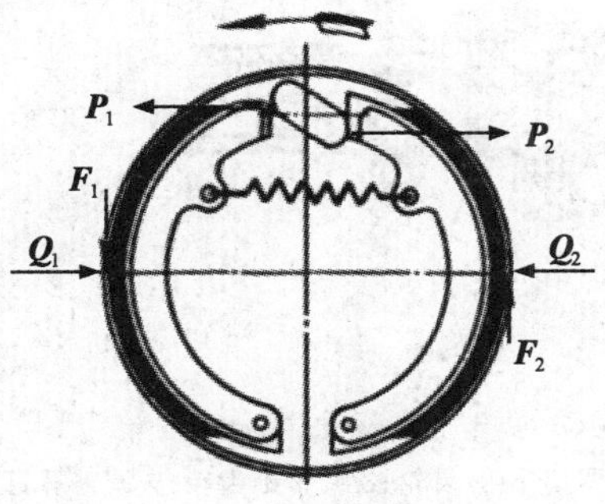

图 13-3　固定凸轮简单蹄式制动器

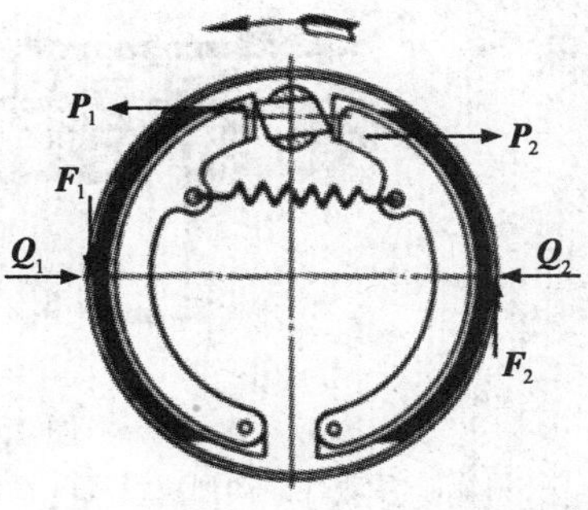

图 13-4　浮动凸轮简单蹄式制动器

拖拉机简单蹄式制动器的操纵机构为机械式(图 13-2),主要由左制动踏板总成 12、右制动踏板总成 11、踏板回位弹簧 15、制动拉杆 16、制动拉杆调节叉 18、制动器踏板轴 13、制动摇臂 19、制动爪摇臂 9、制动爪 8、制动齿板 10、连锁板 7 等组成。

两轮驱动的拖拉机一般只装有两个制动器,而且两个制动器有两套各自独立的操纵系统,根据需要可进行单独操纵或联动操纵(连锁板 7 合上)。当利用制动器帮助拖拉机急转弯时,就必须单独操纵;而在运输或转移时,即要求两制动器联动操纵,以避免制动时由于两个车轮制动力不一样而造成跑偏。

为了使拖拉机能够在斜坡上停车或在固定作业时不让其随意移动位置,在操纵踏板上都有停车锁定机构(制动爪 8、制动爪摇臂 9、制动齿板 10),它能卡住已踩下的制动踏板,使其不能复位,以使制动器能在没有驾驶员操纵的情况下长时间处于制动状态。

13.2.1.2　自行增力蹄式制动器

制动器直接装在两个后轮的内侧,制动鼓 11 与半轴 13 端部突缘、轮盘 12 相连接,并一起旋转。制动蹄片 4 一端的椭圆形孔,由于回位弹簧 3 的作用,紧靠在支持销轴 1 上,蹄的另一端卡在调整齿轮 7 两侧的调整螺钉 9 上(一端为左螺纹,一端为右螺纹),并用弹簧 5 拉紧。调整齿轮卡在限制器 6 上,在其弹性范围内可左右移动。限制器底部有长孔,用螺钉固定在底板 10 上,其位置可以调整。调整锥齿轮 8 与调整齿轮啮合,拧转其六方头即可调整制动蹄与制动鼓之间的间隙。制动杆端部的凸轮 2 顶住两制动蹄端部,能够左右浮动,当转动制动杆时,制动蹄就向外张开。

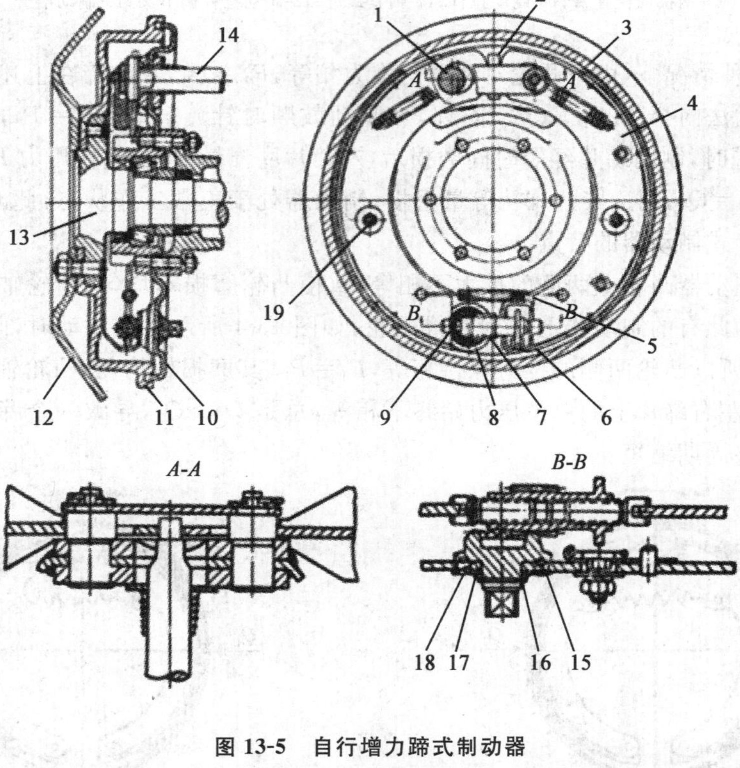

图 13-5　自行增力蹄式制动器

1-支持销轴;2-浮动凸轮;3-回位弹簧;4-制动蹄片;5-弹簧;6-限制器;7-调整齿轮;8-调整锥齿轮;9-调整螺钉;10-底板;11-制动鼓;12-轮盘;13-半轴;14-制动杆;15-钢球;16-卡圈;17-锥形垫圈;18-垫片;19-调整螺钉

当拖拉机前进、制动鼓反时针旋转制动时，制动蹄片压到旋转的制动鼓上，摩擦力通过左制动蹄下端及调整齿轮 7 推压右制动蹄，顺制动鼓的旋转方向转动一个位置，使右制动蹄上部椭圆形孔的一端抵紧在支持销轴上。这样左、右制动蹄联为一体，同时增强了左、右制动蹄对制动鼓的压力，使摩擦力对左、右制动蹄都有增大制动力矩的作用，因而产生自行增力作用，提高了制动效能，并使两制动蹄摩擦表面的磨损趋于一致。当拖拉机倒退、制动鼓顺时针旋转制动时，同理也产生自行增力作用。所以这种制动器称为增力式制动器。当放松踏板时，在回位弹簧 3 的作用下，制动蹄片恢复到分离位置。

采用这种制动器，如要产生同样的制动力矩，所需操纵力仅有固定凸轮简单蹄式制动器的 1/2～3/4，制动效果也好，但其构造较复杂，使其使用范围受到限制，一般只适用于需要较大制动力矩的拖拉机上。丰收-27 拖拉机之所以采用这种制动器，主要原因是由于制动器直接布置在后轮上，可以提供较大的制动力矩而又使操纵轻便。

摩擦片与制动鼓之间的间隙，通过限位器和调整齿轮来调整，转动调整锥齿轮的六方头，带动调整齿轮旋转，其两端的调整螺钉便同时伸出或缩进，由此改变了间隙。改变限位器底部长孔的固定位置，可保证制动蹄片与制动鼓四周的间隙均匀一致。此外，制动蹄片的轴向位置用两个调整螺钉 19 加以控制，保证摩擦片与制动鼓之间的摩擦表面有足够的接触宽度。

13.2.2 盘式制动器

13.2.2.1 干式盘式制动器

盘式制动器的旋转元件是以端面为工作表面的圆盘，称为制动盘。按其制动元件的结构，盘式制动器可分为钳盘式和全盘式两大类，前者的制动元件是带有摩擦衬面的制动块，制动时与制动盘接触面积小；后者制动元件的摩擦表面为圆盘形，制动时全盘摩擦表面接触。在此只介绍机械传动全盘式制动器。

这种制动器的旋转元件是端面铆有摩擦衬面的摩擦盘，制动元件是支承在机体上可沿轴向移动的制动压盘和机体上的固定盘。当制动压盘将摩擦盘压向固定盘时，它们端面间的摩擦力矩对旋转元件进行制动。

1. 构造

图 13-6 所示为上海纽荷兰拖拉机的制动器和操纵机构。两只制动器对称安装在后桥壳体两侧，制动器壳体用双头螺栓固定在后桥壳体上。摩擦片总成 6 与短半轴 1 用花键连接并能在短半轴上移动。两块制动压盘 4 相对安装，支承在制动器壳体的三个凸台 7 上，仅能在较小的角度范围内转动。制动压盘 4 的内平面铣有五个由浅入深的半球形斜槽，五个钢珠 13 分别放在半球形斜槽底部。在未制动时，三个制动压盘回位弹簧 3 将两块制动压盘拉拢，钢球处于半球形斜槽深处。此时，制动压盘与摩擦片之间、摩擦片与中间盘 5 及制动器半轴壳体 2 之间，均有一定的间隙，橡皮防尘罩 10 和短半轴上的油封可防止润滑油、尘土、泥水进入制动器。

2. 制动器的工作过程

如图 13-6 所示，当踏下制动踏板，操纵力经外拉杆 12、制动器摇臂 14、内拉杆 15 和斜拉杆 9，迫使两制动压盘相对地转动，此时，钢珠在斜槽中由深处向浅处滚动，其露出压盘平面的高度增加，使制动压盘 4 产生位移，两块制动压盘分别向左、右两侧撑开，直至将摩擦片总成 6 压紧在中间盘 5 和半轴壳体 2 上。这时摩擦面间产生的制动力矩将制动器主动轴制动。由于制动器主动轴（即差速器半轴）通过最终传动与驱动轮相连，故驱动轮也被制动，转速降低或停止转动。当松开制动踏板时，制动压盘在三个回位弹簧 3 的作用下转动一个角度，恢复原位，

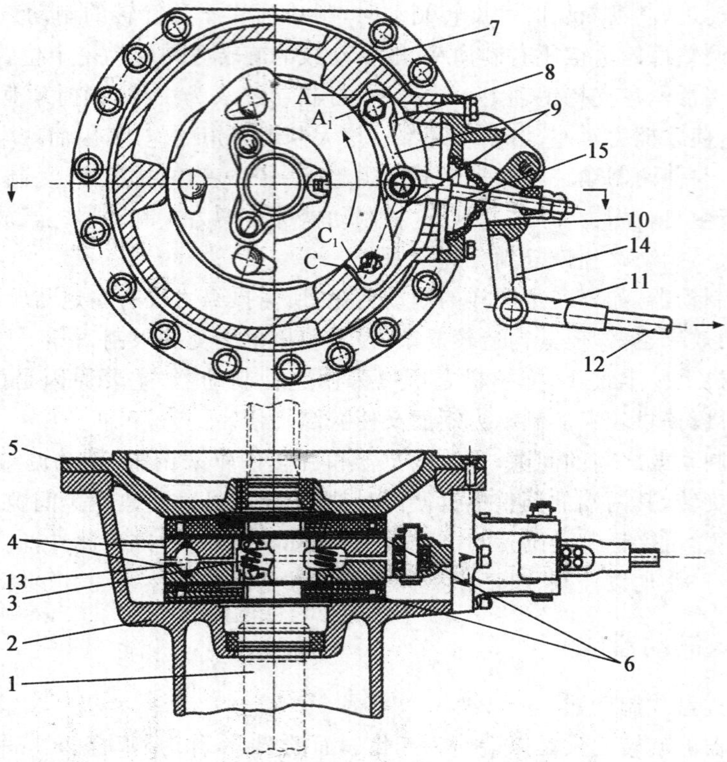

图 13-6 上海纽荷兰拖拉机的制动器

1-短半轴；2-半轴壳体；3-回位弹簧；4-制动压盘；5-中间盘；6-摩擦片总成；7-凸台；8-凸起；9-斜拉杆；10-防尘罩；11-调节叉；12-外拉杆；13-钢珠；14-制动器摇臂；15-内拉杆

A、C-凸肩；A_1、C_1-凸耳

于是钢球又进入斜槽深处，摩擦盘无压力，制动力矩消失，从而解除了对制动器主动轴的制动，同时将制动踏板拉回原位。

3. 制动器自动增力作用原理

盘式制动器在制动过程中具有自动增力作用，如图 13-7 所示。

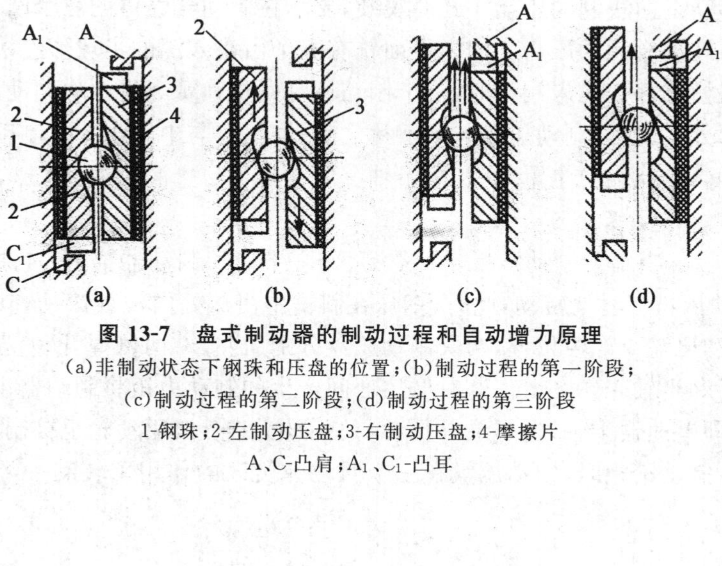

图 13-7 盘式制动器的制动过程和自动增力原理

(a)非制动状态下钢珠和压盘的位置；(b)制动过程的第一阶段；

(c)制动过程的第二阶段；(d)制动过程的第三阶段

1-钢珠；2-左制动压盘；3-右制动压盘；4-摩擦片

A、C-凸肩；A_1、C_1-凸耳

制动器的作用过程分为三个阶段。

第一阶段[图 13-7(b)]：当踩下踏板后，两块制动压盘 2、3 相对转动一个角度，相当于沿箭头方向相对移动一定距离，两块压盘被钢球左、右撑开，直到摩擦片 4 受压并开始产生制动力矩为止。

第二阶段[图 13-7(c)]：制动压盘在摩擦力矩的作用下，沿着半轴的旋转方向转动一个角度，相当于图上两块制动压盘沿箭头方向又移动了一段距离。直到右压盘上的凸耳 A_1 靠到凸肩 A 为止。这一阶段中，钢球和压盘的相对位置保持不变，故制动力矩也未改变。

第三阶段[图 13-7(d)]：当右制动压盘的凸耳 A_1 靠住凸肩 A 后，它就不能继续转动，而左制动压盘在摩擦片的带动下仍要继续转动，相当于图上制动压盘沿箭头方向继续转动，迫使钢球进一步将左制动压盘撑开，进一步压紧摩擦片，从而增大了制动力矩。这一阶段是制动摩擦力起的作用，并不需要施加更大的操纵力，就能增强制动效果，这种作用就称为制动器的自动增力作用。

具有干式双片盘式自动增力制动器的轮式拖拉机有上海纽荷兰拖拉机、天津约翰迪尔拖拉机、江苏牌轮式拖拉机，而一拖集团的一些大中型轮式拖拉机则采用油浴双片盘式自动增力制动器。

13.2.2.2　湿式全盘式制动器

为改善全盘式制动器的性能和提高其使用寿命，近年来国内外一些大中型拖拉机上采用湿式全盘式制动器。其摩擦片一般采用铜基粉末冶金材料，单位压力较高，一般可达 3 MPa。整个制动器浸在油液中，散热能力强，磨损小，制动平顺，但摩擦系数较低。在大功率拖拉机上通过增加摩擦片数目来加大制动力矩，通过减小各片间的间隙来保证合适的制动踏板行程。

图 13-8 所示为机械式传动的湿式盘式制动器。它的基本原理与前述的盘式制动器相同。其摩擦衬面一般采用铜基粉末冶金材料，许用单位压力比石棉类材料衬面提高很多(可达 2～8 MPa)。由于整个制动器浸在油中，摩擦系数较低(0.08～0.12)，所以采用多片摩擦盘结构，以保证足够的制动力矩。

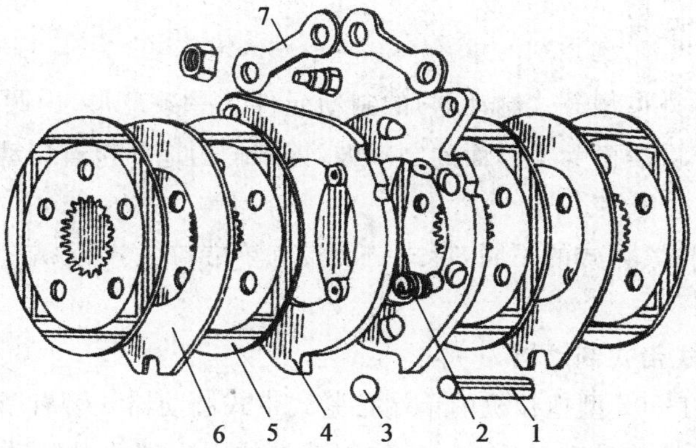

图 13-8　机械式传动湿式盘式制动器

1-销子；2-回位弹簧；3-钢球；4-压盘；5-摩擦盘；6-中间盘；7-斜拉杆

图 13-9 所示为某拖拉机上采用的液压传动湿式全盘式制动器。主要由缸体 1、活塞 4、摩擦片组合件 5 等组成。摩擦片组合件由钢片和铜基粉末冶金摩擦材料衬片组成，它与左、右半

轴用花键连接，既能随半轴转动又能在半轴上轴向移动。制动时，液压油进入缸体的内腔，推动活塞，将摩擦片组合件压紧在后桥壳侧面，使半轴 6 停止旋转，拖拉机被制动；松开制动时，缸体内的压力油流回，摩擦片组合件恢复正常间隙。

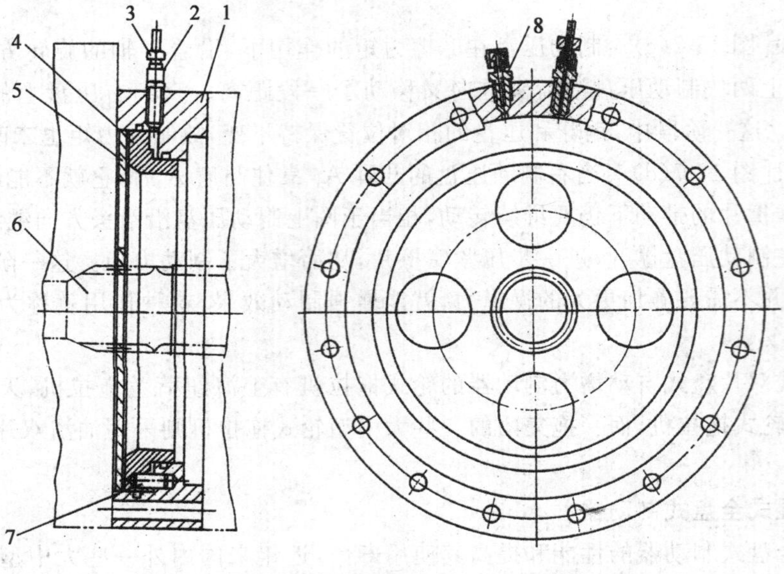

图 13-9 某拖拉机上采用的液压传动湿式全盘式制动器

1-缸体；2-管接头；3-管接头螺管；4-活塞；5-摩擦片组合件；6-半轴；7-定位销；8-放气螺钉

盘式制动器的特点是：摩擦表面为平面，不易发生较大变形，制动力矩较稳定；热稳定性好，受热后制动盘只在径向膨胀，不影响制动间隙；受水浸渍后，在离心力的作用下水很快被甩干，摩擦片上的剩水也由于压力高而较容易被挤出；制动力矩与行驶方向无关；制动间隙小，便于自动调节间隙；摩擦片容易检查、维护和更换。

13.2.3 带式制动器

带式制动器（也称外束型鼓式制动器）的制动元件是一条环形、内圆表面铆有摩擦衬面的钢带，旋转元件是以外圆表面为工作面的制动鼓，钢带均匀地环包着制动鼓的外表面。主要用在履带式拖拉机上。

根据制动时带端拉紧方式的不同，带式制动器有单端拉紧式、双端拉紧式和浮式三种（图 13-10）。

13.2.3.1 单端拉紧式带式制动器

图 13-11 为东方红-802 型拖拉机的单端拉紧式带式制动器。铆有摩擦衬面的制动带 4 环包着制动鼓（转向离合器从动鼓）7 的外表面，制动带的固定端通过制动拉杆 6 上的调整螺母托在后桥壳盖上，拉紧端通过制动拉板 2 与制动器杠杆臂 1 的下曲臂轴相连。当踩下制动踏板时，制动器杠杆臂的上曲臂向前（图中向右）摆，则下曲臂向后（图示向左）摆，使制动带逐渐贴紧在制动鼓上，从而实现制动。当放松制动踏板时，依靠前、后制动带拉簧 5 和 3 拉动制动带离开制动鼓。带与鼓之间的正常间隙为 1.5～2 mm，可用调整螺母进行调整。底盖上还装有托带螺钉 8 托住制动带，用来保证带与鼓的下部间隙。

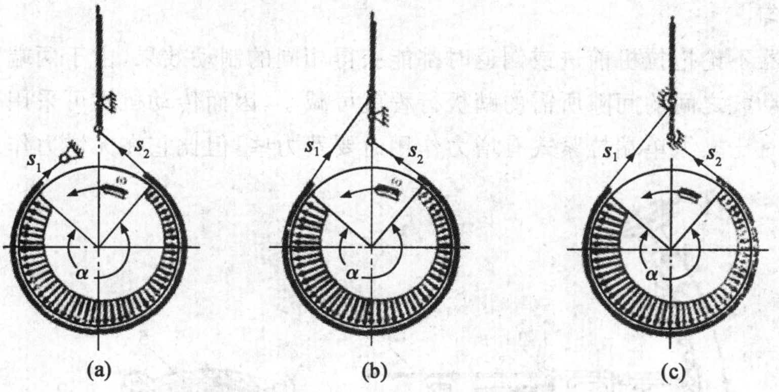

图 13-10　带式制动器受力原理图

(a)单端拉紧式;(b)双端拉紧式;(c)浮式

当制动鼓顺着制动带拉紧方向旋转时,作用在制动带上的摩擦力进一步将制动带拉紧,这是制动器的增力作用,使制动器的制动力矩增大 3～4 倍;当制动鼓逆着制动带的拉紧方向旋转时,摩擦力妨碍拉紧制动带,使制动力矩减小很多,要得到与前进时相同的制动效果,则操纵费力。

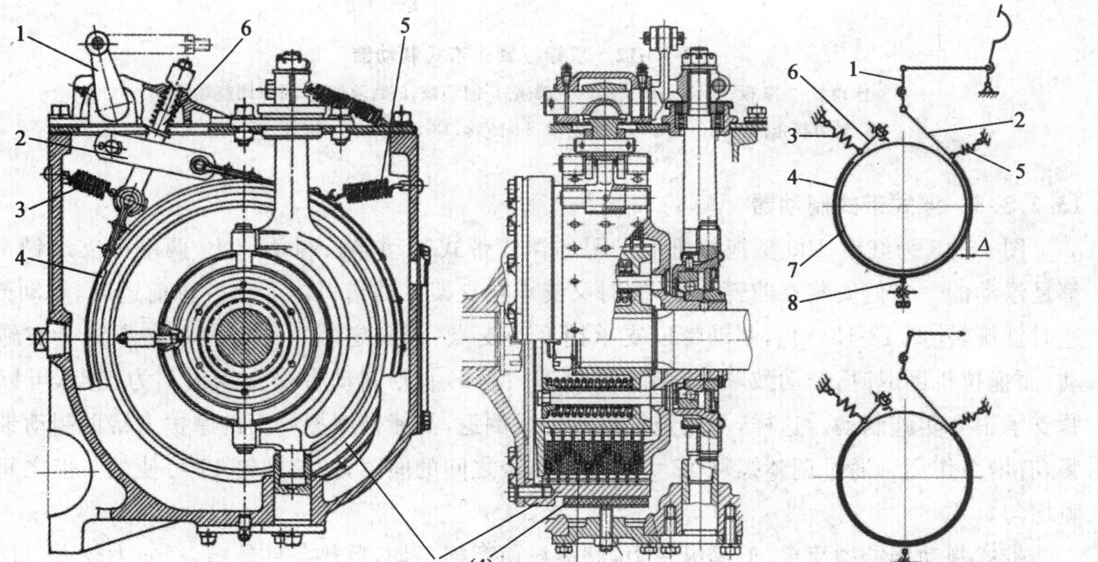

图 13-11　单端拉紧式带式制动器

1-制动器杠杆臂;2-制动拉板;3-后制动带拉簧;4-制动带;5-前制动带拉簧;6-制动拉杆;7-制动鼓;8-托带螺钉

13.2.3.2　双端拉紧式带式制动器

图 13-12 为双端拉紧式带式制动器,东方红-28 型拖拉机上采用此种制动器。它的特点是制动带 6 的两端都铰接在凸轮上。制动时,凸轮 11 转动而使制动带 6 的两端同时拉紧,从而实现制动;不制动时,踏板回位弹簧 4 使制动带 6 离开制动鼓 5,带与鼓之间的正常间隙为 1～2 mm。通过改变推杆 14 的长度进行踏板自由行程的调整,调整间隙调整螺钉 7 可使带与鼓

之间的间隙均匀。

这种制动器不论拖拉机前进或倒退时都能获得相同的制动效果，由于两端同时拉紧，为消除制动带和制动鼓之间的间隙所需的踏板行程就可减小，因而传动机构可采用较大的传动比，所以实际操纵时比操纵单端拉紧式有增力作用时要费力些，但比它在无增力作用时省力。

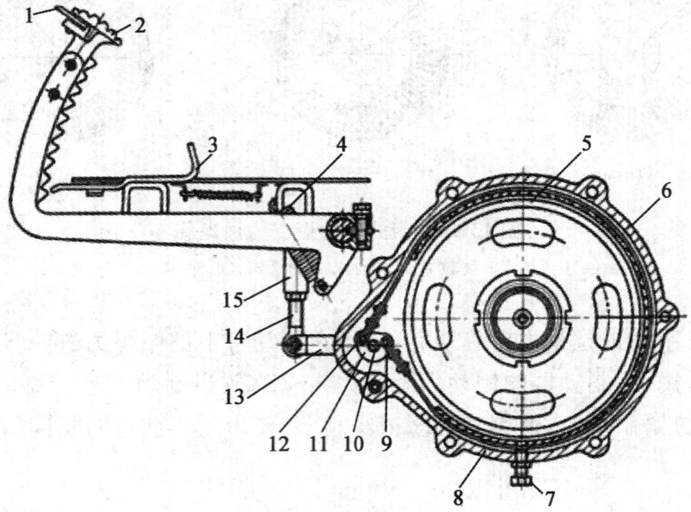

图 13-12 双端拉紧式带式制动器

1-连锁板；2-踏板；3-卡板；4-踏板回位弹簧；5-制动鼓；6-制动带；7-间隙调整螺钉；8-制动器壳体；9、12-销轴；10-凸轮轴；11-凸轮；13-连接臂；14-推杆；15-调节叉

13.2.3.3 浮式带式制动器

图 13-13 为红旗-100 型拖拉机上采用的浮式带式制动器。制动带 10 两端的支承销 7、8 都是浮动的。它们安装在曲臂 5 上，同时又支承在支架 6 的槽口内。拖拉机前进时，制动鼓 9 逆时针旋转[图 13-13(a)]，制动带以支承销 8 为支点（即固定端），可以拉紧支承销 7 实施制动；而拖拉机倒退时，制动鼓顺时针旋转[图 13-13(b)]，则制动带以支承销 7 为支点，可以拉紧支承销 8 实施制动。这样，不论拖拉机前进或倒退，都能借摩擦衬面的摩擦力帮助制动带拉紧，有增力作用。通过调整螺母 12 可调整鼓与带之间的间隙，调整螺钉 11 可使鼓与带之间间隙均匀。

带式制动器结构简单，但操纵费力，摩擦衬面磨损不均，散热条件较差，径向力较大。这种制动器在履带拖拉机上用得较多，它可利用转向离合器从动鼓作为制动鼓，便于结构布置。轮式拖拉机上很少采用。

13.3 动力制动

动力制动利用发动机驱动油泵或空气压缩机转化而成的液压能或气压能作为制动能源，驾驶员施加的踏板力仅用于操纵回路中控制元件。有全液压动力制动和气压制动两种。

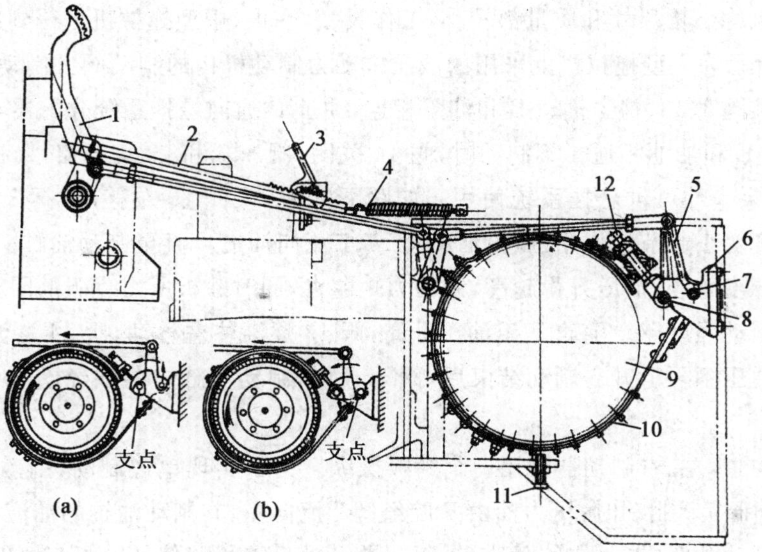

图 13-13 浮式带式制动器

(a)制动鼓逆时针旋转;(b)制动鼓顺时针旋转

1-踏板;2-齿杆;3-卡板;4-回位弹簧;5-曲臂;6-支架;7、8-支承销;9-制动鼓;10-制动带;11-调整螺钉;12-调整螺母

13.3.1 全液压动力制动

全液压动力制动机构组成和回路如图 13-14 所示。储液缸 2 中的制动液经油泵 9 加压后送入蓄能器 6、8 储存。制动时,由制动踏板 4 操纵制动阀 3,关闭排油阀,开启进油阀,蓄能器中的高压制动液进入制动油缸。由于制动阀的随动作用,制动油缸中的液压随制动踏板操纵力大小升到一定值后,进油阀关闭,拖拉机保持在某一制动状态。松开制动踏板时,排油阀开启,制动油缸中的制动液流回储液缸和油泵的进油口,制动解除。

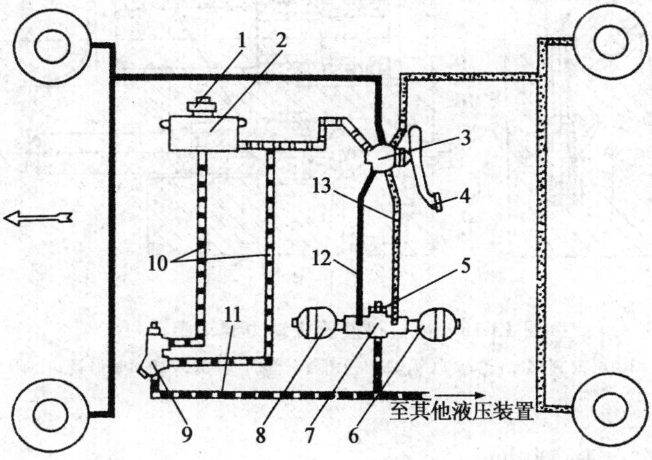

图 13-14 全液压动力制动机构示意图

1-液面高度警报灯开关;2-储液缸;3-制动阀;4-制动踏板;5-液压警报灯开关;6-后制动蓄能器;7-分隔阀;8-前制动蓄能器;9-油泵;10-低压管路;11-泵油管路;12-前制动管路;13-后制动管路

这种制动机构结构尺寸和质量都较小，工作灵敏，在大、中型拖拉机上得到广泛使用。

图 13-15 所示为大型拖拉机上采用的液压式动力制动机构的制动阀。制动阀中有两个单向阀 7 和三个锥阀 3、13、14。油道 B 和油泵相连，油道 D 通向悬挂系统分配器，油道 C 通向制动油缸，而油道 E 和油池相通。不制动时，阀 14 关闭，阀 3、7 和 13 均开启，B 和 D 相通，C 和 E 相通，此时油泵来油可供悬挂系统使用。如踩下踏板，顶杆 15 左移，使阀 3 关闭，阀 14 开启，阀 13 的开度变小起节流作用，压力油经阀 14、7 流向油道 C 直至制动油缸。阀的顶杆越往左移，阀 13 的开度越小，油压升得越高，制动力矩越大，同时踏板所需克服的阻力也越大，使驾驶员有一定的制动强度感。随着 F 腔油压升高，阀 13 逐渐往左移动，阀 14 逐渐关闭，于是使制动油缸中的油压不再上升。制动结束后，阀 3 开启，制动油缸中的油经阀 3 和油道 E 流回油池。

在这种结构中，左、右制动器共用一个踏板操纵。为了实现单边制动，制动阀中有一个凸轮 4 和两个单向阀 7。制动时，压力油由 F 腔经阀 7 流向左、右制动油缸的油道 C，实现同时制动。踏板 1 可带动轴 2 向左、右各摆动 6°，因此操纵时只需稍稍偏转踏板，就能使凸轮 4 顺时针或逆时针转动一个角度，阀 7 中相应的一个油道就不再被凸轮顶住而变为关闭，这时压力油只能流向一侧制动油缸，实现单边制动。为了防止运输作业时因操作不慎出现单边制动而引发事故，可用手柄 6 转动联锁轴 5 将凸轮锁住（如图示位置）。

通常还有储能器，它用来将油压保持在规定范围内并保证在油泵发生故障时仍可制动若干次。

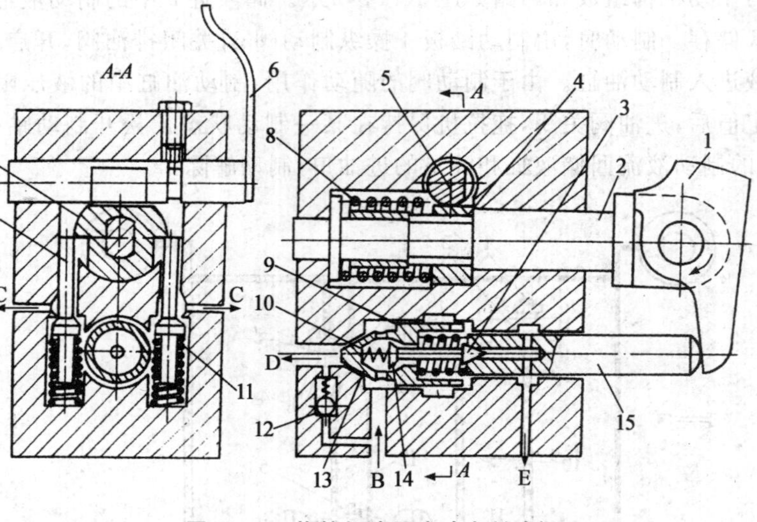

图 13-15 拖拉机液压式动力制动阀

1-制动踏板；2-轴；3、13、14-锥阀；4-凸轮；5-联锁轴；6-手柄；7-单向阀；8、9、10、11-弹簧；12-限压阀；15-顶杆

13.3.2 拖拉机拖车气压制动

气压制动机构用发动机驱动空气压缩机产生的空气压力作为制动能源，其组成如图 13-16 所示。空气压缩机 2 产生的压缩空气送入储气筒 3 储存。制动时，由踏板 9 操纵制动阀 6，

接通储气筒与各轮制动器制动室的管路,压缩空气进入各制动室,使制动器起制动作用。解除制动时,制动阀切断储气筒与制动室之间的压缩空气的通道,并使制动室与大气接通,制动室中的压缩空气排入大气,在回位弹簧作用下使制动器恢复原位。

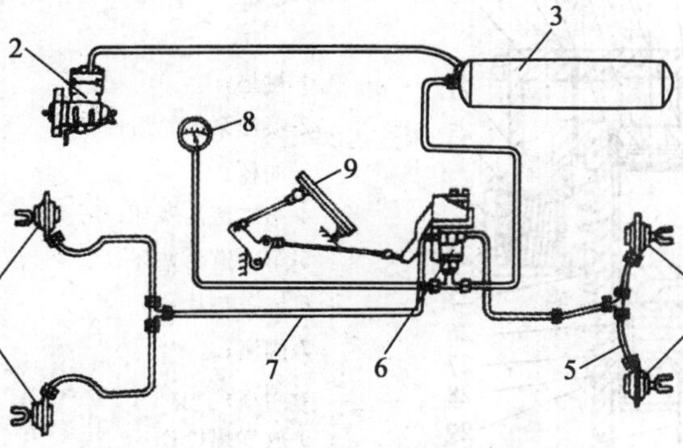

图 13-16 气压制动机构组成

1-前轮制动室;2-空气压缩机;3-储气筒;4-后轮制动室;5-软管;6-制动阀;7-气管;8-压力表;9-踏板

由拖拉机同一辆或多辆拖车组成的拖拉机拖车,如果没有可靠的制动系统,则行驶时造成安全事故的可能性和严重性远远超过单车。因此对拖车制动增加两项要求:

(1)拖车制动应与主车制动同步,或略超前于主车制动;

(2)当拖车自行脱挂时,拖车应能自行制动。

具有压缩空气气源的拖拉机牵引的拖车一般都采用气压式制动机构。

有些总长不是很长的拖拉机拖车将储气筒、制动阀等都装在主车上,而拖车仅在各车轮处装设制动气室和制动器。对于较长的拖拉机拖车,为了减小拖车制动的滞后时间,则应在拖车上加设储气筒和分配阀,形成独立的拖车气压制动回路。拖车分配阀的控制压力来自装在主车上的拖车制动阀,而拖车制动阀可以通过主车制动阀间接操纵。根据拖车分配阀的控制方法,有放气(降压)制动和充气(升压)制动两种。

在拖车制动阀由主车制动阀来操纵的情况下,拖车制动总是滞后于主车制动,这样的制动效果不理想。因此目前已有很多拖拉机用复合阀,把主车制动阀和拖车制动阀并列组合在一起,两个制动阀均由驾驶员直接操纵。这样可减少拖车制动的滞后时间,甚至可使拖车先于主车制动。

采用气压制动机构的优点是:操纵轻便;可利用制动气室尺寸的不同,使前、后轮制动器获得不同的制动力分配;制动平顺;连接拖车制动方便;传力系统可供多种用途。缺点是:制动滞后时间较长;不能保证长时间制动;构造复杂,成本较高。

拖车制动供气装置主要由以下部件构成:

(1)空气压缩机,如图 13-17 所示。空气压缩机的作用是产生高压气体,供拖拉机拖车制动之用。它设在柴油机正时齿轮室罩壳上,由柴油机通过喷油泵齿轮组件带动空气压缩机传动盘,当传动盘转动时,空气压缩机的曲轴也一起旋转,并通过连杆带动活塞上下往复运动,从而产生高压空气。

(2)制动阀,如图 13-18 所示。制动阀用来控制通向拖车制动器室的压缩空气的通断,并能控制进入制动室的压缩空气量，从而控制制动气室中的工作气压。制动阀还使制动气室的气压与制动踏板上的操作力、踏板行程有一定的比例。

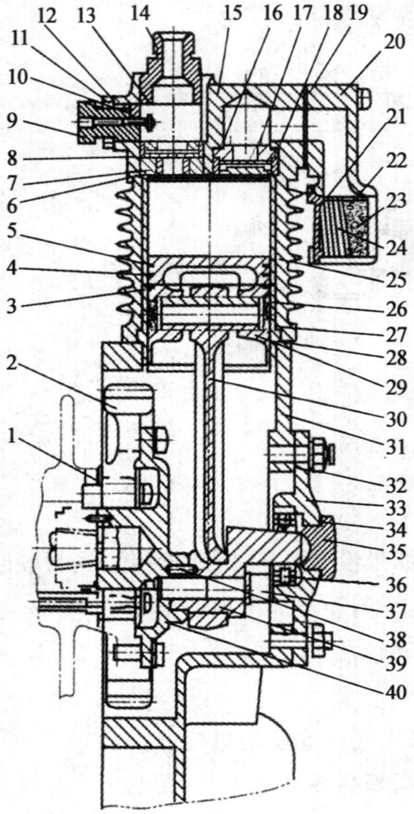

1-衬垫；
2-喷油泵齿轮组件；
3-油杯；
4-第二道活塞环；
5-第一道活塞环；
6-缸盖垫片；
7-阀座；
8-阀片；
9-放气螺栓；
10、12、13、16-垫圈；
11-锁紧螺母；
14-出气接头；
15-空压机缸盖；
17-气阀弹簧；
18-锁紧螺母；
19-垫片；
20-空压机空滤壳体；
21-空滤器盖；
22-空滤器支架弹簧；
23-滤网；
24-滤网支承板；
25-缸体组件；
26-活塞销；
27-活塞销挡圈；
28-缸体纸垫；
29-活塞；
30-连杆；
31-齿轮罩连泵座；
32-盖板衬垫；
33-轴承盖；
34-堵盖垫圈；
35-闷头螺盖；
36-圆柱滚子轴承；
37-圆柱头内六角螺钉；
38-圆柱销；
39-偏心体；
40-喷油泵气泵传动盘

图 13-17　空气压缩机

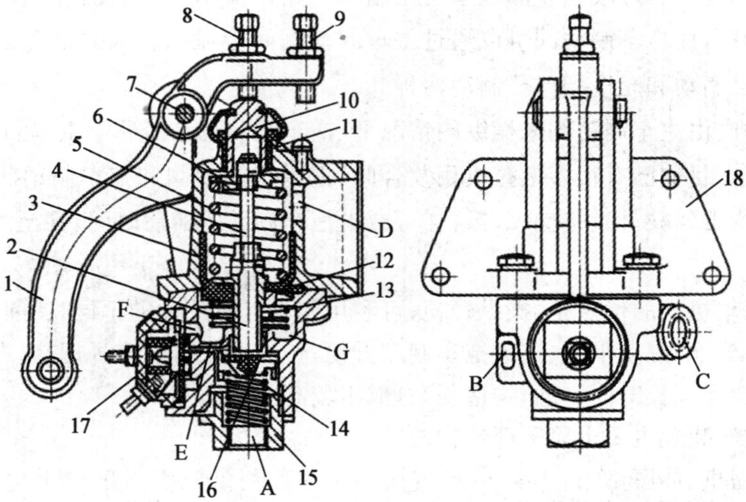

图 13-18　气压制动阀

1-拉臂；2-芯管；3-导向杆；4-芯杆；5-平衡弹簧；6-平衡弹簧上座；7-销轴；8-调整螺钉；9-最大工作气压调整螺钉；10-推杆；11-推杆衬套；12-膜片；13-回位弹簧；14-阀门弹簧；15-阀门盖；16-阀门；17-制动信号灯开关；18-凸缘

A-通储气筒口；B、C-通前、后制动器室口；D 通大气；E、F-通气道；G-平衡气室

(3)储气筒，如图 13-19 所示。储气筒用来储存空气压缩机排出的压缩空气，并使压缩空气压力保持在规定值。储气筒用左、右托板固定在拖拉机后桥壳体上。储气筒上安装有安全阀总成 1、通向气压表的管接头 3、通向制动阀及空气压缩机的管接头 8。储气筒底部装有放水阀总成 10，以便放净储气筒内积水。

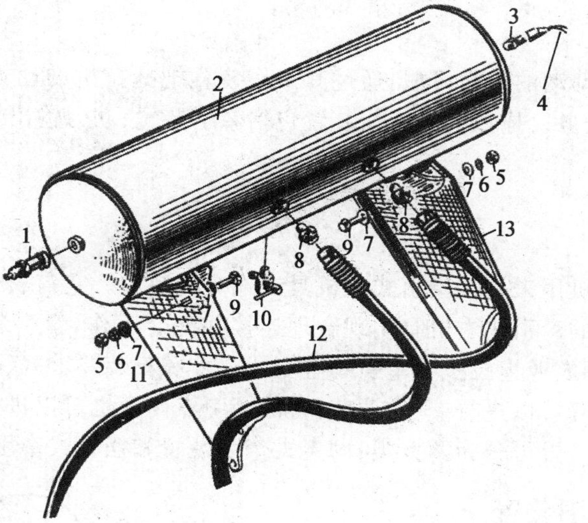

图 13-19　储气筒

1-安全阀总成；2-储气罐焊接总成；3-管接头；4-接气压表管；5-螺母；6、7-垫圈；8-管接头；9-螺栓；10-放水阀总成；11-储气筒右托板；12-橡胶管总成；13-储气筒左托板

思考题

1. 拖拉机制动系统的作用是什么？它由哪些装置组成？
2. 地面制动力、制动器制动力与附着力之间有何关系？
3. 拖拉机蹄式制动器有哪几种形式？各有何特点？
4. 拖拉机盘式制动器有哪几种形式？各有何特点？简述其应用场合。
5. 拖拉机带式制动器有哪几种形式？各有何特点？简述其应用场合。
6. 简述拖拉机全液压动力制动的特点。
7. 简述拖拉机拖车气压制动机构的组成及各部分的作用。

第 14 章　拖拉机工作装置

拖拉机是一种可移动的动力机械，通过其工作装置把拖拉机的动力传递到不同的作业机具，来完成各种作业任务。拖拉机的工作装置包括牵引装置、动力输出装置和液压悬挂装置。

14.1　牵引装置

牵引装置是拖拉机用来挂接牵引式农机具或拖车的装置。它与农机具的铰接点称为牵引点。为了与不同类型的牵引式农机具实现合理连接并配合工作，牵引装置的主要尺寸和安装位置应符合国家标准《农业拖拉机　牵引装置型式尺寸和安装要求》(GB/T 2780—2008)的规定。牵引点的水平位置可以进行左、右调节，有的牵引点高度也可以进行调节。

拖拉机上的牵引装置可分为两大类：固定式牵引装置和摆杆式牵引装置。

14.1.1　固定式牵引装置

如图 14-1 所示，牵引板 5 用插销 2 与固定在后桥壳体两侧的牵引托架 1 连接。农机具的辕杆，通过牵引叉 4 和插销 2 连接在牵引板上，该铰接点便是固定式牵引装置的摆动中心。固定牵引装置的摆动中心总是位于驱动轮轴线之后。由于牵引叉两端均采用铰接，所以连接农机具及倒车时，在一定范围内可以左、右摆动。利用牵引板上的五个孔和插销 2 及牵引托架的不同安装位置，可以根据需要获得不同的横向牵引位置和牵引高度。

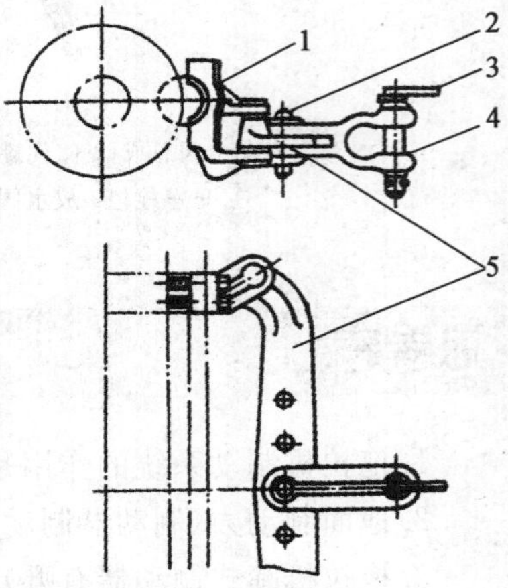

图 14-1　固定式牵引装置

1-牵引托架；2-插销；3-牵引销；4-牵引叉；5-牵引板

固定式牵引装置由于结构简单，因而被广泛采用。但用在大功率拖拉机上时，由于其摆动中心在驱动轮轴线之后，所以牵引农机具工作时，一旦走偏，纠正行驶方向比较困难，转向时农机具的转向阻力矩也较大，致使转向困难。东方红-802 型拖拉机上采用这种牵引装置。

在轮式拖拉机上常利用悬挂机构的左、右下拉杆装上牵引板，并用斜撑杆固定，形成固定式牵引装置。当拖拉机需要配装悬挂式农机具时，应将牵引板和斜撑杆拆掉，换上与悬挂机构配套的连接零件即可。这种固定式牵引装置虽然结构简单，但斜撑杆受力较大，容易弯曲。同时，由于牵引点在驱动轮轴线后面较远，工作中牵引点左、右摆动较大。因此，有的拖拉机另设有专用的固定式牵引装置，如图 14-2 所示。

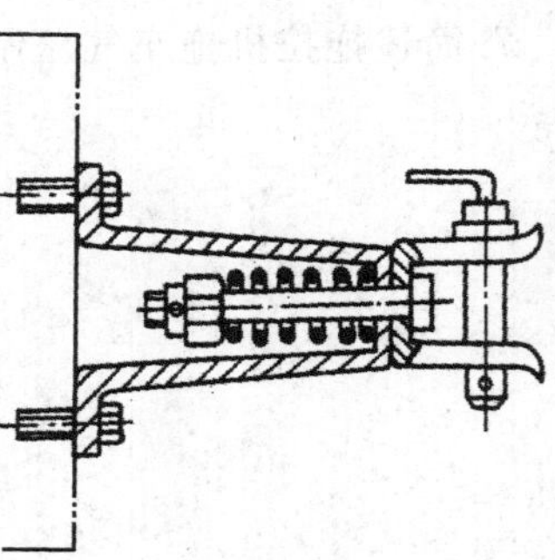

图 14-2　摆杆式牵引装置

14.1.2 摆杆式牵引装置

如图 14-3 所示，牵引杆 6 的前端用轴销 1 与拖拉机机体相铰接。该铰接点也就是牵引杆的摆动中心。摆杆式牵引装置的摆动中心都位于拖拉机驱动轮轴线之前。牵引杆的后端通过牵引销 5 与农机具辕杆连接。因为牵引杆 6 可以横向摆动，挂接农机具比较方便。工作中牵引杆也可以左、右摆动，但在拖拉机牵引农机具倒退时，必须将定位销 4 插入牵引杆 6 和牵引板 7 的孔中，使牵引杆不摆动。

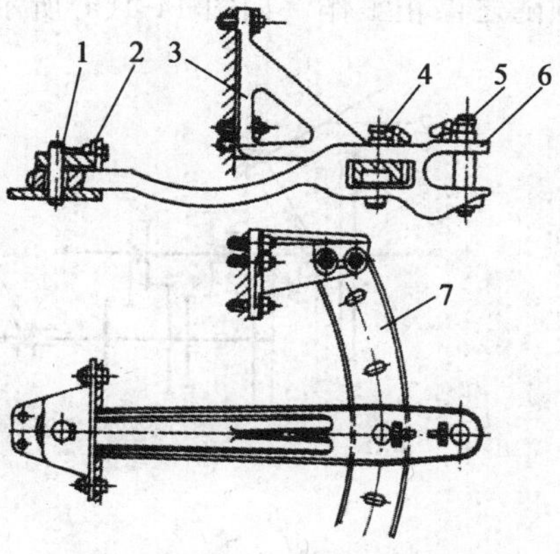

图 14-3 专用固定式牵引装置

1-轴销；2-前支架；3-后支架；4-定位销；5-牵引销；6-牵引杆；7-牵引板

摆杆式牵引装置的摆动中心在驱动轮轴线之前，当农机具工作阻力的方向与拖拉机的行驶方向不一致时，使拖拉机转向的力矩较小，即拖拉机的直线行驶性较好。当拖拉机转向时，因农机具而产生的转向阻力矩也较小，使拖拉机比较容易实现转向。但这种装置的结构比较复杂，一般都用在大功率的拖拉机上。如红旗-100 型拖拉机便采用这种牵引装置。

14.2 动力输出装置

动力输出装置是将拖拉机发动机功率的一部分以至全部以旋转机械能的方式传递到农机具上的一种工作装置，它包括动力输出轴和动力输出皮带轮。很多农机具自身没有动力，它们除靠拖拉机牵引外，同时还靠拖拉机的动力输出提供工作动力。另有一些机械如脱粒机、排灌机、搅拌机、发电机等，可由动力输出轴直接带动或通过动力输出皮带轮带动进行工作。

14.2.1 动力输出轴

动力输出轴可将拖拉机发动机的部分功率传递给农机具，如旋耕机、收割机、播种机、喷药机械、收获机械以及带驱动桥的挂车等。动力输出轴经常在拖拉机行进中使用。

为了便于设计和制造配套农机具，动力输出轴的转速、位置、旋转方向及轴端连接的花键尺寸应符合国家标准《农业拖拉机 后置动力输出轴 1、2 和 3 型》(GB/T 1592—2008)的规定。

根据动力输出轴转速的特点，可将其分为标准转速式和同步式两类。

14.2.1.1 标准转速式动力输出轴

标准转速式动力输出轴的转速与发动机的转速成固定比例关系，而与变速箱所挂排挡无关，或者说与拖拉机的行驶速度无关。规定标准转速为 540 r/min 或 1 000 r/min。

标准转速式动力输出轴按其传动方式可分为非独立式、半独立式和独立式三种。

1. 非独立式动力输出轴

动力输出传动路线与主传动路线共用一个单作用离合器，两者均随离合器的“接合”或“分离”而同时“起动”或“停止”，这种动力输出轴结构简单，但在拖拉机起步时，须同时克服拖拉机起步和农机具开始工作这两方面的工作阻力，发动机负荷较大，拖拉机停车换挡时，农机具也须随之停止工作。如图 14-4(a)所示。

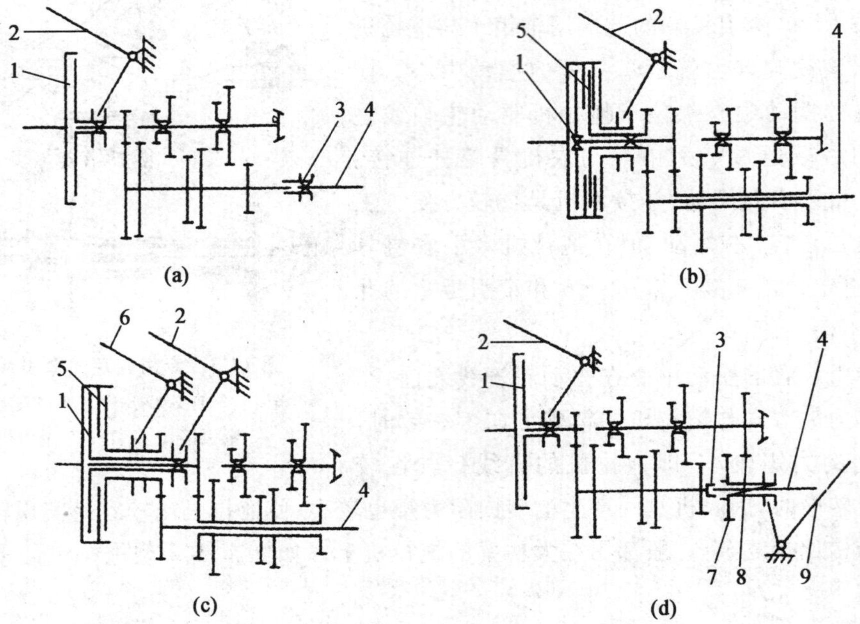

图 14-4　动力输出轴传动简图

(a) 标准转速非独立式；(b) 标准转速半独立式；(c) 标准转速独立式；(d) 标准转速非独立式和同步式

1-主离合器；2-主离合器操纵机构；3-啮合套；4-动力输出轴；5-副离合器；6-副离合器操纵机构；

7-同步滑动齿轮；8-同步固定齿轮；9-操纵杆

2. 半独立式动力输出轴

动力输出轴的动力是由双作用离合器的副离合器控制，但离合器踏板共用。在操纵离合器踏板时，副离合器比主离合器后分离，先接合。如图 14-4(b)所示。

这样，既可使分离主离合器时不停止动力输出，又可避免拖拉机组起步时发动机负荷过大的现象。但双作用离合器结构比较复杂，且动力输出轴仍不能单独操纵。

3. 独立式动力输出轴

主传动路线和动力输出轴，均与各自的离合器(或采用独立操纵双作用离合器)配合作用，各有一套独立的操纵机构。如图 14-4(c)所示。这种形式的动力输出与主离合器的分离、接合无关，又能广泛满足不同农机具的作业要求，但离合器结构较复杂。

图 14-5 所示为一种采用行星齿轮机构传动的独立式动力输出轴。它布置在拖拉机的后部。当太阳轮制动器 2 处于制动状态、行星架制动器 3 处于放松状态时，行星齿轮机构的齿圈为主动件，行星架为从动件，太阳轮为固定件，传递的动力经行星齿轮机构减速后，由动力输出轴 4 输出。当放松制动器 2 并将制动器 3 制动时，动力输出轴停止转动，中断动力输出，这时行星齿轮机构的太阳轮在空负荷下运转。

14.2.1.2　同步式动力输出轴

同步式动力输出轴的转速与驱动轮的转速成固定比例关系，用来带动要求工作速度与拖

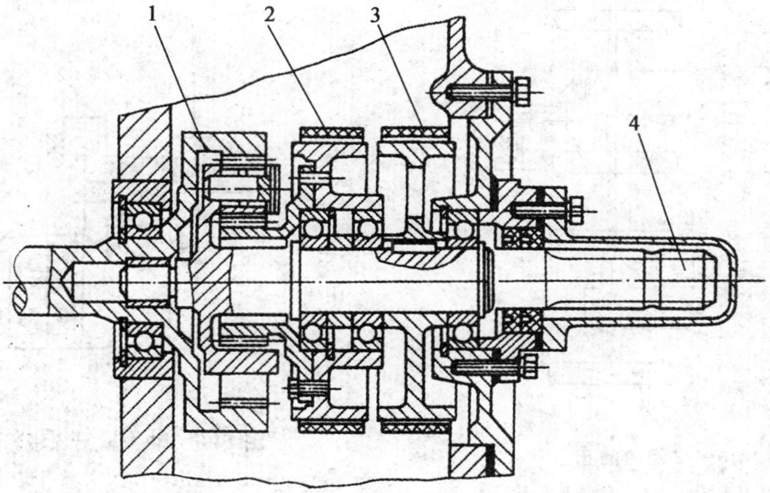

图 14-5 采用行星齿轮机构传动的独立式动力输出轴

1-行星机构;2-太阳轮制动器;3-行星架制动器;4-动力输出轴

拉机行驶速度成正比的机具,如播种机、施肥机和挂车的驱动桥等。其传动部分必须与变速箱第二轴以后的传动元件直接连接,如图 14-4(d)所示。当采用同步转速时,可通过操纵手柄 9 将同步滑动齿轮 7 向右滑动,与同步固定齿轮 8 啮合,便得到同步动力输出。其操纵方式则可由主离合器控制,也可另设单独操纵机构控制。

动力输出轴的广泛采用,大大地提高了拖拉机的综合利用性能,也在结构和使用方面增添了复杂性。在使用各类拖拉机动力输出轴时,应当注意:

(1)接合或分离动力输出轴传动齿轮时,首先切断传向动力输出轴的动力;

(2)拖拉机机组倒车时,必须先使动力输出轴停止转动;

(3)在选择配套农机具时,应注意功率的合理匹配。

14.2.2 动力输出皮带轮

动力输出皮带轮是利用拖拉机发动机的动力进行固定作业,如驱动脱粒机、饲料粉碎机、排灌机械、发电设备等。

动力输出皮带轮多数装在拖拉机的后面,也有的装在侧面,如图 14-6 所示。但动力输出皮带轮轮轴必须与拖拉机驱动轮轮轴平行,以便借助拖拉机前后移动来调整皮带的张紧度。所以多数动力输出皮带轮总成都采用圆锥齿轮传动装置,如图 14-7 所示。

为了便于设计和制造配套农机具,动力输出皮带轮的圆周速度、传递功率和轮缘宽度应符合国家标准《农业拖拉机动力输出皮带轮 圆周速度和宽度》(GB/T 2778—2007)的规定。

动力输出皮带轮是一个独立的部件,需要时才安装在拖拉机上,并由动力输出轴驱动。安装时,应使皮带轮的松边在上面,以增大皮带传动的包角,减少打滑。

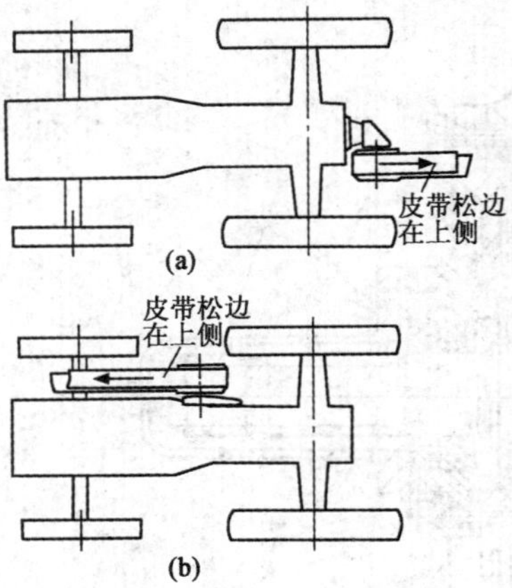

图 14-6 皮带轮的布置

(a)后置皮带轮；(b) 右侧置皮带轮

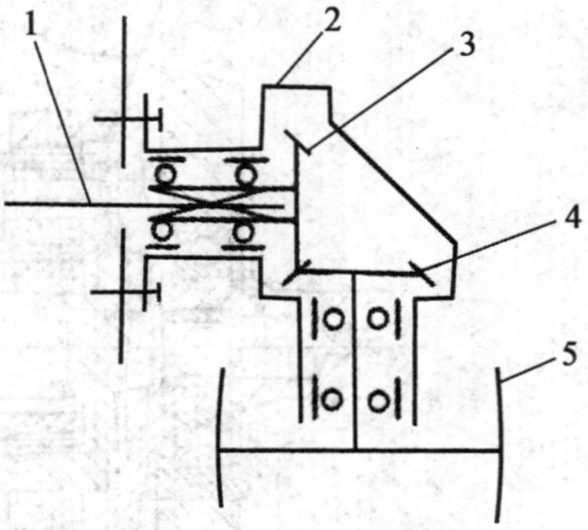

图 14-7 动力输出皮带轮示意图

1-动力输出轴；2-动力输出皮带轮壳体；3-主动锥齿轮；4-从动锥齿轮；5-皮带轮

14.3 液压悬挂装置

14.3.1 概述

液压悬挂装置是以液压为动力，悬挂、操纵和控制农机具工作的装置。液压悬挂装置的形式很多，其作用和性能各有区别，但其主要作用是：以液压为动力提升农机具，操纵农机具的升降；控制农机具耕作深度或保持农机具离地高度及液压输出。

由于液压悬挂机组比牵引机组操纵方便，机动性高，便于自动调节耕深，能提高牵引性能和劳动生产率，且结构简单，重量轻，因此，目前国产大、中、小型拖拉机普遍采用液压悬挂装置。

14.3.1.1 液压悬挂装置的组成和工作原理

液压悬挂装置由悬挂机构和液压系统（含操纵机构）两大部分组成。

1. 悬挂机构

悬挂机构由一系列杆件组成，用于连接各种农机具，传递拖拉机对农机具的升降力和牵引力，并保证农机具在运输和作业时处于正确的位置。如图 14-8 所示，悬挂机构的主要构件有提升臂 4、左提升杆 3、右提升杆 6、上拉杆 2 和下拉杆 7。

2. 液压系统

液压系统是升降农机具的动力和控制装置，它用来产生并传递液压能，驱动悬挂装置和农机具提升或下降，控制农机具的耕作深度或工作高度。如图 14-8 所示，液压系统一般由油泵 11、油缸 5、分配器 9、操纵机构 8 及辅助装置（油箱 10、油管和滤清器）等组成。

液压悬挂装置的基本工作原理是：油泵由发动机带动运转，将油箱中的油液不断吸入，使之增压形成压力油，经分配器和油管流进油缸，当油缸中压力油作用在活塞上的推力足以克服农机具通过悬挂杆件传递给活塞的阻力时，便带动提升臂和左、右提升杆上升，使悬挂在上、下拉杆上的农机具升高。分配器是液压系统中的控制元件，它由主控制阀和一些其他阀组成，用

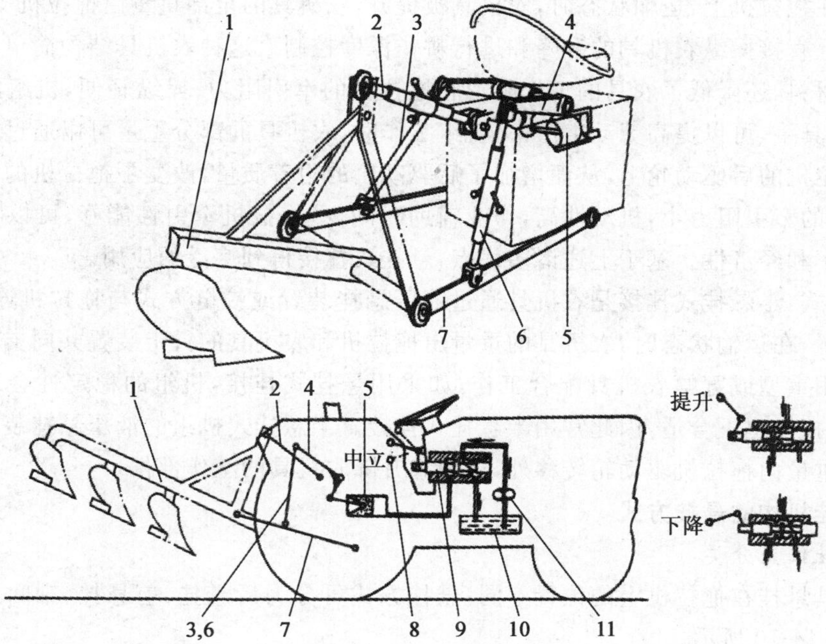

图 14-8　液压悬挂装置简图

1-农机具;2-上拉杆;3-左提升杆;4-提升臂;5-油缸;6-右提升杆;7-下拉杆;8-操纵机构;9-分配器;10-油箱;11-油泵

以控制液压系统中油流的方向、流量和压力。改变分配器中主控制阀的位置,农机具的工作状态就会发生变化。如果拨动操纵机构,使主控制阀处于中立位置,油泵来油经分配器的回油口流回油箱,而通油缸的油路被堵住,油缸内的油处于封闭状态,于是农机具停止提升并被悬置在预定的位置上。主控制阀处于下降位置时,油泵、油缸均与油箱相通,油缸内的油在农机具和悬挂装置重力的作用下,受活塞的推压,经分配器流回油箱,于是农机具下降。

14.3.1.2　拖拉机与农机具的挂接

拖拉机与农机具的挂接基本上有三种方式:牵引式、悬挂式和半悬挂式(图 14-9)。

(1)牵引式:牵引式挂接是将农机具铰接在拖拉机后端牵引杆的挂钩上。农机具本身具有行走装置,运输状态时,它的重量全部或部分由自身的行走装置支承。牵引式的田间作业机具还要有起落机构,工作时农机具的升降和耕作深度控制要有专门的农具手操纵。这就使农机具结构复杂、笨重,不仅金属消耗量大,而且增加了地轮的滚动阻力和拖拉机的牵引阻力,机组的机动性和通过性差,并需配备农具手,劳动强度大。目前牵引式连接方式只在运输作业和少数农机具上采用。

(2)悬挂式:悬挂式挂接是将农机具通过液压

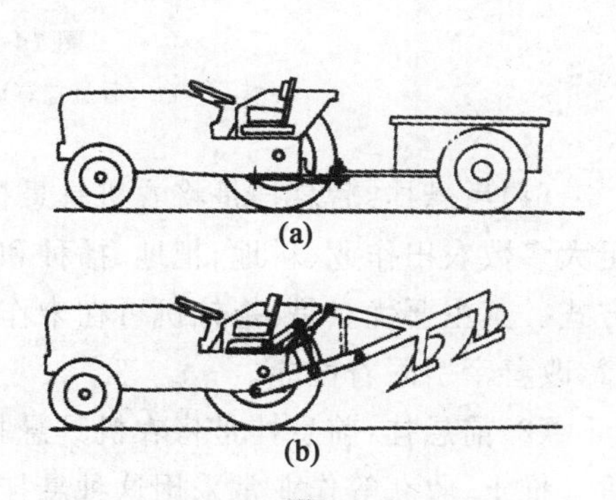

图 14-9　拖拉机与农机具的挂接

(a) 牵引式;(b) 悬挂式;(c) 半悬挂式

悬挂装置挂接在拖拉机上，运输状态时，农机具被提升，农机具的全部重量由拖拉机支承，驾驶员可在拖拉机上直接操纵农机具的升降和进行耕作深度控制。这种农机具结构简单，重量轻，不仅节省金属材料，还降低了农具的工作阻力和拖拉机的牵引阻力；操纵轻便，机组的机动性好；无须另配农具手，可以提高劳动生产率；机组工作时，农机具的部分重量可以通过液压悬挂装置转移到拖拉机的后驱动轮上，从而增加了后驱动轮的附着质量，改变了拖拉机的牵引附着性能；由于机组的牵引阻力小，机动性高，作业辅助时间少，拖拉机牵引性能好，可以有效地提高机组的生产率和经济性。基于上述诸多优点，悬挂式挂接得到广泛的应用。

(3)半悬挂式：半悬挂式挂接是农机具通过液压悬挂装置或铰链方式与拖拉机连接，农机具具有行走装置，在运输状态时，农机具的重量由拖拉机和农机具的行走装置共同支承。由于大型拖拉机采用重型或宽幅农机具配合工作，如采用悬挂式挂接，机组的稳定性会显著地变坏，采用牵引式挂接也不合适，因此常用半悬挂式挂接。半悬挂式机组的液压悬挂装置除了实现部分农机具重量向拖拉机驱动轮转移外，还用来升降农机具的工作部件。

14.3.1.3 悬挂机构的悬挂方式

1.根据悬挂位置分类

根据农机具悬挂在拖拉机上的位置不同，悬挂方式可分为后悬挂、前悬挂、轴间悬挂和侧悬挂四种，如图 14-10 所示。

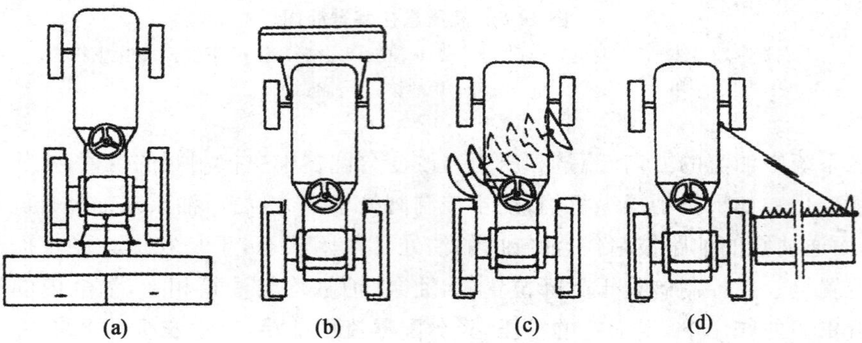

图 14-10 悬挂机构的悬挂方式

(a) 后悬挂；(b) 前悬挂；(c) 轴间悬挂；(d) 侧悬挂

(1)后悬挂：后悬挂是将农机具悬挂在拖拉机的后面，如图 14-10(a)所示。这种悬挂能满足大多数农田作业(耕地、耙地、播种和中耕等)的要求，是目前拖拉机上广泛采用的一种悬挂方式。其主要优点是：拖拉机可在未作业的地面上行驶，同时可增大拖拉机后驱动轮的附着重量，改善牵引附着性能。

(2)前悬挂：前悬挂是将农机具悬挂在拖拉机的前面，如图 14-10(b)所示，这时前负荷加重。推土、收获等作业常采用这种悬挂方式。

(3)轴间悬挂：轴间悬挂是农机具悬挂在拖拉机前、后轴之间，如图 14-10(c)所示。这种悬挂方式多见于自动底盘拖拉机上。

(4)侧悬挂：侧悬挂是将农机具悬挂在拖拉机的侧面，如图 14-10(d)所示。割草、收获等作业常采用这种悬挂方式，由于这类作业工作阻力不大，所以不致引起拖拉机自行转向。

2.根据悬挂机构连接点数分类

根据悬挂机构杆件与拖拉机机体连接点数，悬挂方式可分为三点悬挂和两点悬挂。下面以常用的后悬挂为例介绍。

(1)三点悬挂：悬挂机构杆件以三个铰接点与拖拉机体连接，如图 14-11 所示。上拉杆前端的铰接点 A 称为上铰链点，下拉杆前端的铰接点 B 和 C 称为下铰链点。采用三点悬挂时，农机具在作业过程中相对于拖拉机不可能有太大的偏摆，因此农机具随拖拉机直线行驶的稳定性较好，但作业中要矫正拖拉机机组的行驶方向比较困难。所以三点悬挂的悬挂机构在中、小功率拖拉机上应用较普遍。

(2)两点悬挂：悬挂机构仅以上、下拉杆前端 A 和 B 两铰接点与拖拉机机体连接，如图 14-12 所示。在作业过程中农机具相对于拖拉机可作较大的偏摆，这样在大功率拖拉机上悬挂重型或宽幅农机具作业时，就能较轻便地矫正行驶方向。因此，在大功率拖拉机上采用两点悬挂的悬挂机构，以便与重型或宽幅农机具匹配作业。

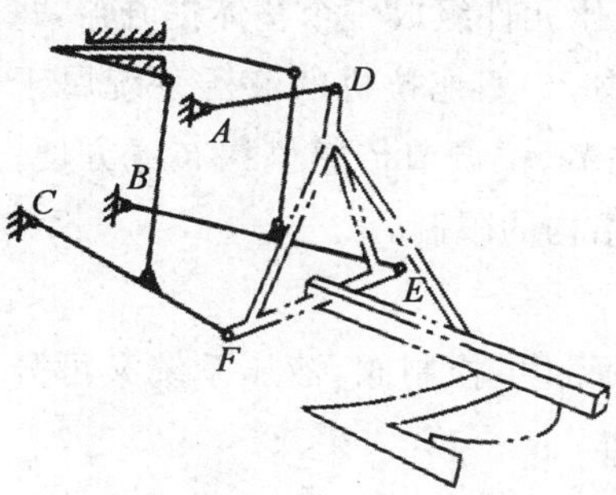

图 14-11　三点悬挂

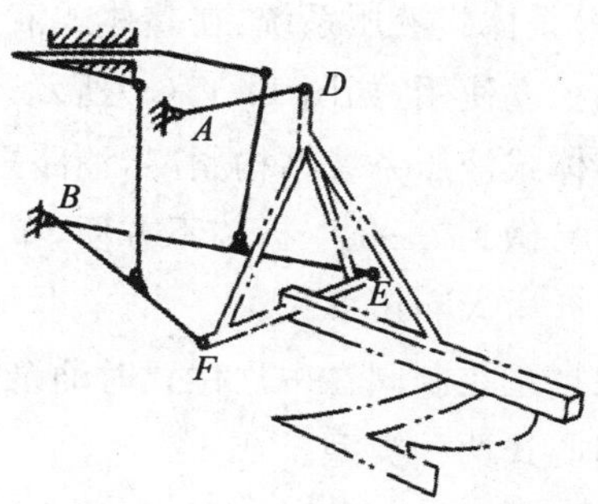

图 14-12　两点悬挂

悬挂机构总是以上拉杆后端铰接点 D 和下拉杆后端铰接点 E、F 与农机具连接。D 点称上悬挂点，E、F 点称下悬挂点。

14.3.1.4　液压系统的类型

1.分置式、半分置式和整体式

按照油泵、油缸和分配器等主要液压元件在拖拉机上的布置情况，液压系统可分为分置式、半分置式和整体式三种(图 14-13)。

(1)分置式液压系统：这种形式液压系统的油泵、油缸和分配器分别布置在拖拉机的不同部位，相互间用油管连接，如图 14-13(a)所示。东方红-802 型、JDT7502 型、JDT8202 型拖拉机液压系统属于这种类型。该类型液压系统液压元件的“三化”(标准化、系列化、通用化)程度较高，拆装比较方便，可根据不同情况和要求，将油缸布置在拖拉机的有关部位，组成后悬挂、前悬挂、侧悬挂等形式。但是，由于布置分散，管路较长，会使防尘、防漏、防损坏较困难，且力调节和位调节的传感机构不好布置。

(2)半分置式液压系统：半分置式液压系统的元件，除油泵单独安装在拖拉机的适当部位外，其余元件(油缸、分配器、操纵机构等)都布置在一个叫作提升器的总成内，如图 14-13(b)所示。江苏-50 型、东方红-1604 型、东方红-1804 型、JDT654 型、JDT7541 型、JDT8241 型等拖拉机的液压系统均属这种类型。半分置式液压系统的油缸、分配器、力调节和位调节传感机构等布置集中、紧凑，油路短，密封性好，油泵易实现“三化”和实现独立驱动；但拆装较麻烦，在总体布置上，除油泵外，常常受到拖拉机结构的限制。

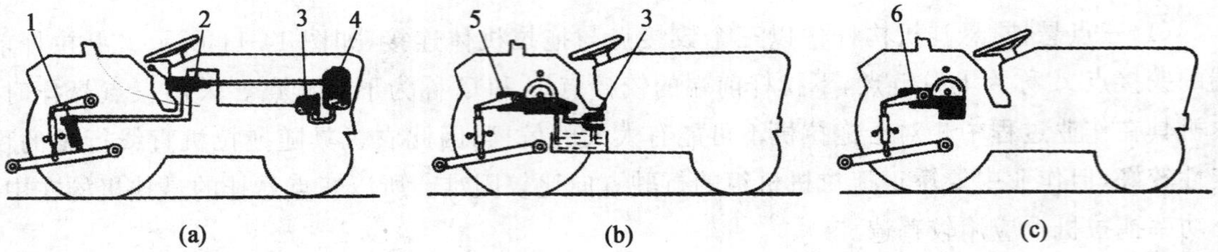

图 14-13　液压系统类型

(a)分置式；(b)半分置式；(c)整体式

1-油缸；2-分配器；3-油泵；4-油箱或油池；5-半分置式提升器；6-整体式提升器(包括油缸、分配器和油泵等)

(3)整体式液压系统：在整体式液压系统中，全部液压元件组成一个整体提升器，每个元件均不能独立使用，如图 14-13(c)所示。上海-50 型、丰收-35 型拖拉机的液压系统属于这种类型。整体式液压系统结构紧凑，油路短，密封性好，力调节、位调节传感机构布置方便；但液压元件不易做到“三化”，拆装不方便，布置受拖拉机总体结构的限制。

2. 开心式和闭心式

根据主控制阀在中立位置时油泵输出的油液是否通过主控制阀，液压系统又可分为开心式和闭心式两种类型。

(1)开心式液压系统：图 14-14 所示的简单液压悬挂系统是一种开心式液压系统。该系统要求分配器中的主控制阀在中立位置时打开，使油泵输出的油可以通过该阀返回油箱。该系统的油泵是定量泵，当不需要操作功能时，系统必须有一条回油通道，使油泵处于卸荷状态。

开心式液压系统处于中立位置时的状态如图 14-14 所示。由于油路中的油泵 1 是定量泵，油液的流量是定值，而系统的压力则随负荷的大小而变，所以又称为定量变压系统。安全阀 3 用来限定系统的最高压力，如果提升载荷所需的压力过高，则该阀打开，油液释放回油箱，实现减压，起到保护系统的作用。

这种液压系统的优点是结构简单，价格便宜，且在中立状态时油泵处于卸荷状态，功率损失小。但由于在中立状态时油泵卸荷，所以换位时要使很低的油压上升需要有个过程，因此反应不够灵敏。靠主控制阀来使油缸换向，在换向过程中就不可避免地会出现闭死油路瞬间，从而引起液压冲击。当出现油缸或阀漏油时，农机具要沉降，或大流量节流损失，使油温升高，影响系统工作的可靠性。此外，该系统不适宜用于同时操纵几个执行元件、以满足多功能使用要求的多油路系统。因此，开心式液压系统常用于功能要求比较单一的拖拉机上。东方红-802 型、东方红-1604 型、东方红-1804 型、江苏-50 型等拖拉机的液压系统都属于这种类型。

(2)闭心式液压系统：闭心式液压系统的主控制阀在中立位置时，油泵输出的油液不经过主控制阀，如图 14-15 所示。

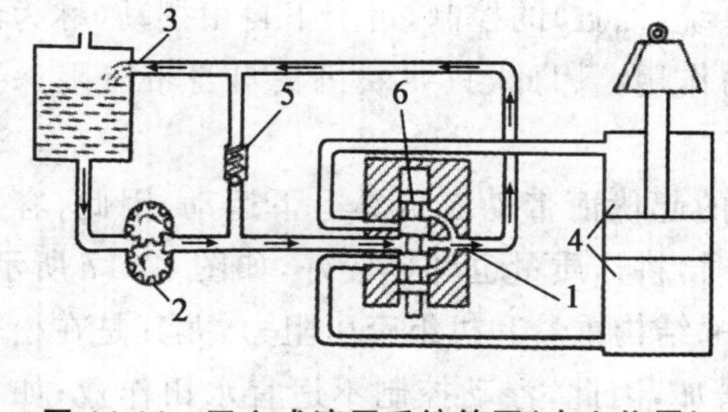

图 14-14　开心式液压系统简图(中立位置)
1-通过主控制阀的油流;2-油泵;3-油箱;
4-油缸;5-安全阀;6-主控制阀

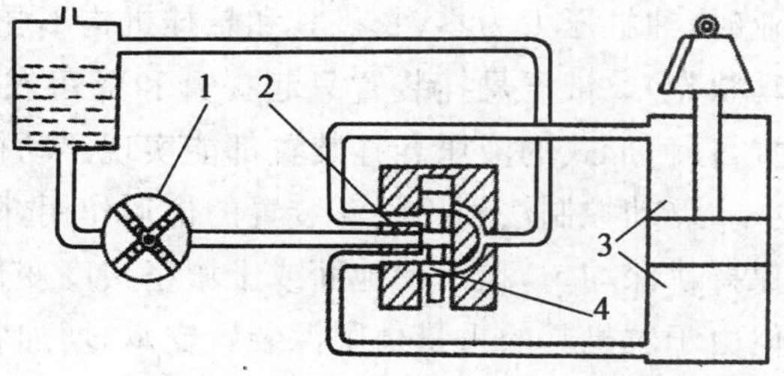

图 14-15　闭心式液压系统简图(中立位置)
1-油泵(停止泵油状态);2-阀截断油流;
3-油缸;4-主控制阀

这种油路中的动力元件(油泵)是一个限压变量径向柱塞泵,其流量可根据需要自动改变,而油路中的压力则维持在一定范围内,所以又称为变量恒压系统。由图 14-15 可见,在中立位置时,由于主控制阀关闭,截断从油泵输出的油流,油泵泵出的压力油被封闭,油压就迅速升高,当压力升至某一预定值(储备压力值)后,通过油泵的行程控制阀等元件的控制(图中未表示),使油泵自行断开,即油泵的柱塞被抬起并与驱动偏心轴脱开。此时,油泵基本上不泵油,而油泵出油口与主控制阀之间的封闭仍保持着预定的储备压力,处于备用状态。同时,为使活塞和农机具保持一定的位置,油缸活塞两边的油液也被主控制阀封闭。当负荷超过预定的储备压力时,该系统会使油泵自行脱开,所以理论上没有必要设置保护系统的安全阀。

这种液压系统的优点是:在中立位置时,油泵处于备用状态,压油路中保持着系统最高压力(储备压力),所以换位时反应灵敏;系统中油缸、阀等部件的泄漏能得到及时补偿,不致引起农机具的沉降,不会造成大的油流损失;系统没有必要设安全阀,因为当达到储备压力时,泵可自行断开,这样在卸荷压力频繁出现的系统中,可防止油温升高;在油泵流量范围内,可设置多油路系统,能满足多功能使用要求。但闭心式液压系统采用变量泵,结构比较复杂;油泵输出高压油,当系统中要求较低压力时需经过节流减压,因此,在流量大、压力低的情况下使用时,功率损失较大。

该系统常用于功能要求比较多的中、大功率拖拉机上,纽荷兰 M160、约翰迪尔 9030 系列、约翰迪尔 6J 系列 1654/1854/2054 等型号的拖拉机采用这种系统。

14.3.2　悬挂农具耕作深度的控制

悬挂机组在田间作业时,应尽量保证耕深均匀、发动机负荷稳定和拖拉机牵引附着性好。但在实际作业中,由于机组工作条件(土壤比阻、地形、旱地和水田等)的变化、作业项目的变更,必须根据实际情况采取相应的措施,否则耕作深度发生过大变化,不仅影响耕作质量,而且使发动机负荷波动过大,从而影响机组的生产率和经济性。同样,驱动轮的加载状况影响到拖拉机的牵引附着性能,也影响机组的生产率和经济性。因此,必须采用不同的耕深控制方法以满足作业要求。基本控制方法有浮动控制(即高度调节)、阻力控制(即力调节)、位置控制(即位置调节),以及力位综合控制(即力位综合调节)四种。

14.3.2.1　浮动控制

如图 14-16 所示,农机具依靠自身的限深装置(如限深轮、限深滑板)限制耕深,调节限深装置相对于工作部件底平面的高度可以改变耕深,调定后,作业过程中耕作深度保持不变。作业时，油缸压力为零，农机具和悬挂机构不受液压系统（油缸）的控制，可上下自由摆动（称为浮动状态）。液压悬挂装置只起提升和降落农机具的作用。因此，只要农机具自身带有限深装置，任何形式的液压悬挂装置都能实现浮动控制。

浮动控制法利用限深装置的仿形作用，随地形的起伏而带动农机具上下运动，因此，容易保持耕深均匀，在不平地面或土壤坚实度变化较大时，耕作质量也都比较好，如图 14-17 所示。但由于农机具的重量由限深装置支承，增加农机具的结构重量和机组牵引阻力，尤其是在松软土壤上作业时，限深装置下陷加深，滚动阻力明显增加，因此，浮动控制不适宜水田作业；如果作业地块土壤比阻差别显著，则发动机负荷稳定性差；作业时农机具的重量并不由拖拉机支承，所以其重量不能转移到拖拉机驱动轮上，故不利于改善拖拉机的牵引附着性能。

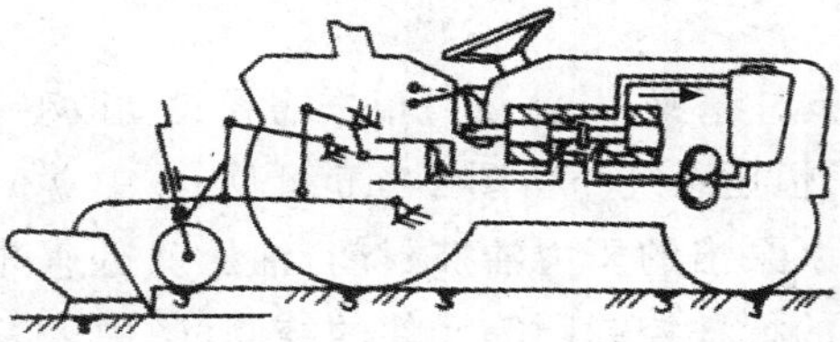

图 14-16 浮动控制法

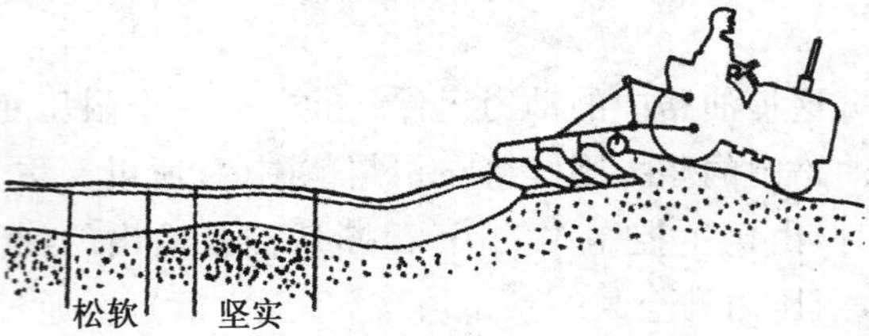

图 14-17 浮动控制时的耕深变化情况

14.3.2.2 位置控制

如图 14-18 所示，农机具没有限深装置，它依靠油缸的油压作用力，保持在某一悬挂位置，使农机具相对于拖拉机的高度位置保持不变，用以控制耕深或作业高度。农机具的悬挂高度可通过操纵手柄操纵液压系统来调节。它以提升臂转角变化量作为自动控制输入信号，调定后，液压系统能自动维持其相对高度位置不变。

采用位置控制时，能充分利用悬挂农机具的重量和耕作阻力来增加拖拉机驱动轮的负荷，改善牵引附着性能。但由于作业过程中土壤比阻变化引起牵引阻力的变化，使发动机负荷稳定性差；在起伏不平的地面作业时，耕深均匀性差，且还会引起牵引阻力的变化，使发动机的负荷不均匀，工作不稳定，如图 14-19 所示。位置控制法适用于平整地面上的轻负荷作业，如旋耕、中耕等，也适用于要求农机具离地面一定高度的作业，如收割、喷雾等。

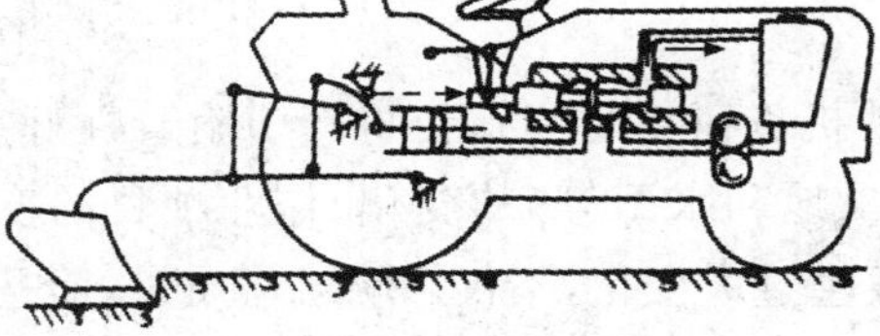

图 14-18 位置控制法

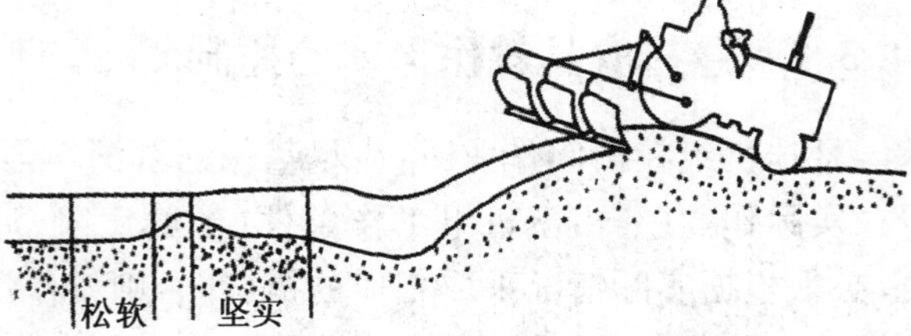

图 14-19 位置控制时的耕深变化情况

14.3.2.3 阻力控制

如图 14-20 所示，农机具没有限深装置。农机具工作时，依靠油缸的油压作用，使农机具的耕作阻力维持一定。它以阻力控制弹簧或负荷控制轴的变化量为自动控制输入信号，调定后，若作业过程中耕作阻力有了变化，液压系统将自动调节耕深，以保持耕作阻力不变。扳动操纵手柄可改变预设工作阻力的大小，其实质也就间接地调节了耕深。

采用阻力控制时，农具的工作部件必须在土壤中，这样能充分利用悬挂农机具的重量和耕作阻力来增加拖拉机驱动轮的负荷，改善牵引附着性能。在地面起伏不平的条件下作业时，有较好的适应性，能保持稳定的牵引力，发动机负荷较稳定；在比阻均匀的土壤中作业，能保持耕深均匀，但在土壤比阻变化较大时不能保持耕深一致，如图 14-21 所示，且不适于浅耕。

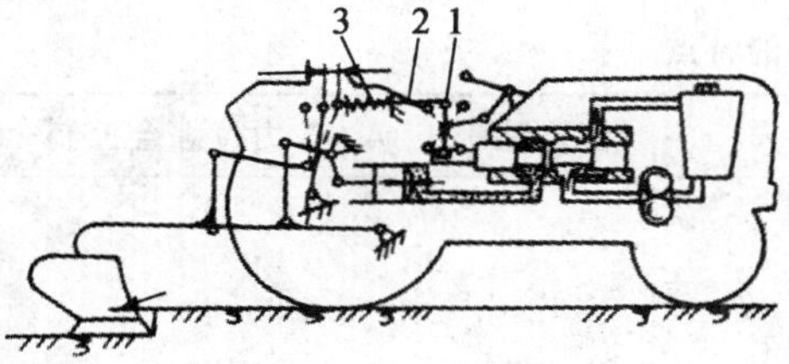

图 14-20 阻力控制法

1-力调节杠杆；2-力调节推杆；3-力调节弹簧

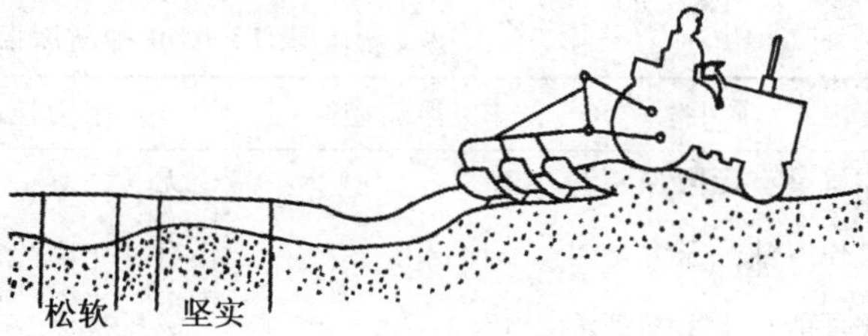

图 14-21 阻力控制时的耕深变化情况

14.3.2.4 力位综合控制

如前所述，采用阻力控制作业时，可使拖拉机牵引阻力维持不变，但遇到土壤比阻变化较大时，耕深均匀性不能得到保证；而采用位控制在平坦的地块上作业时，尽管土壤比阻变化较大，拖拉机牵引阻力变化很大，而耕深却比较均匀。为了同时避免耕深和牵引阻力变化过大，保证耕深均匀性和发动机负荷稳定性均在许可范围内变化，可采用力位综合控制。力位综合控制实际上就是阻力控制和位置控制的综合，如图 14-22 所示。

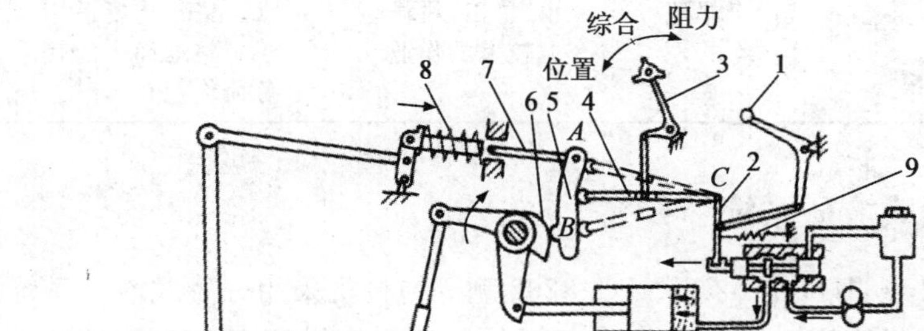

图 14-22 力位综合控制法

1-操纵手柄；2-控制连杆；3-负荷选择臂；4-负荷选择连杆；5-凸轮随动板；6-位置控制凸轮；7-阻力控制传感杆；8-阻力控制弹簧；9-操纵手柄回位弹簧

力位综合控制是将力控制弹簧或负荷控制轴的变形量和位置控制凸轮转角的变化量，同时作为自动控制的输入信号。如图 14-22 所示，负荷选择连杆 4 后端的滚轮处于凸轮随动板 5 的 A 点（阻力控制）与 B 点（位置控制）之间的位置。因凸轮随动板的上端铰链和阻力控制传感杆 7 铰接，而下端与位置控制凸轮 6 保持接触，所以阻力控制弹簧 8 的变形量和位置控制凸轮 6 转角的变化量均会通过凸轮随动板 5、负荷选择连杆 4 和控制连杆 2 推动主控制阀移动，以达到力位综合控制耕深的目的。显然,负荷选择臂的位置不同,使两种输入信号按照不同的比例,各自对操纵机构起作用。根据实际情况合理选择负荷选择臂的位置,可使耕深自动控制的适应性提高,作业质量得到保证,这是该种控制法的最大优点,目前得到广泛应用。采用力位控制法时,耕深变化情况介于阻力控制法和位置控制法之间。

4 种耕深控制法的特点列于表 14-1。

表 14-1　4 种耕深控制法的特点

项 目	浮动控制	阻力控制	位置控制	力位综合控制
农机具有无限深装置	有	无	无	无
耕作时油缸压力	无	有	有	有
农具能否上下摆动	能	液压控制	不能	液压控制
耕深自动控制原理	限深装置的仿形作用	耕作阻力变化自动反馈	农机具位置变化自动反馈	阻力和位置变化综合自动反馈
土质不同时的耕深均匀性	较好	差	较好	较阻力控制好
地表不平时的耕深均匀性	好	较好	差	较位置控制好
发动机负荷的稳定性	差	好	差	较好
对驱动轮的增重作用	差	好	较好	好
适用范围	一般用于旱地	水、旱田,耕作阻力较大的作业	水、旱田,主要适用于平整地面上的轻负荷作业	水、旱田的大多数作业

14.3.3　分置式液压系统

东方红-802 型、JDT-7502 型、JDT-8202 型等拖拉机采用分置式液压系统。图 14-23 为东方红-802 型拖拉机液压系统布置图,液压系统的油泵 1、分配器 2、液压油缸 5 和油箱 3 等分别安装在拖拉机的不同部位,各液压元件之间用油管 4 连接成一个液压循环回路。图 14-24 为其液压系统油路简图。

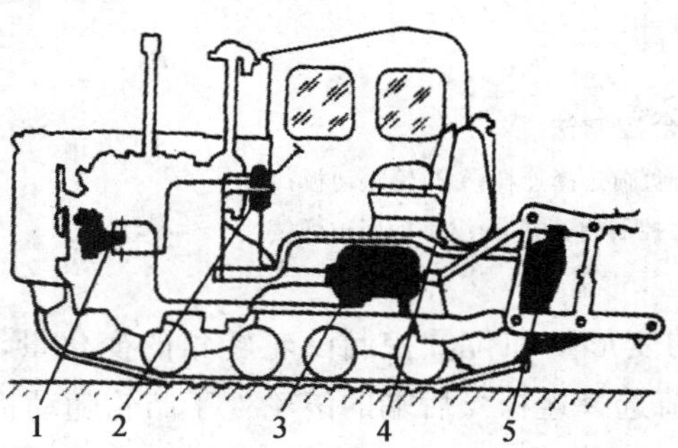

图 14-23　东方红-802 型拖拉机液压系统布置图

1-油泵;2-分配器;3-油箱;4-油管;5-液压油缸

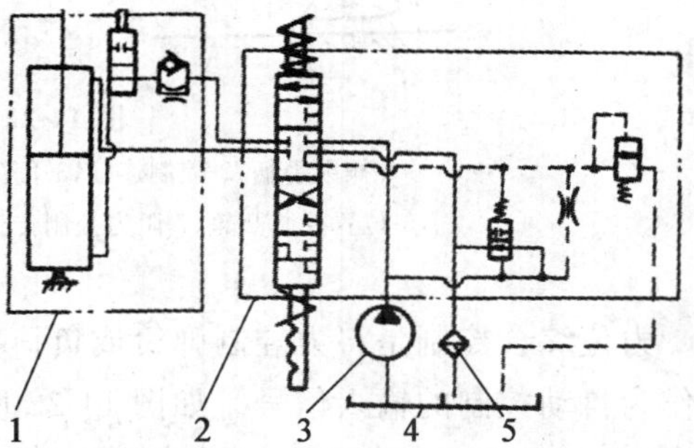

图 14-24　东方红-802 型拖拉机液压系统油路简图

1-液压油缸;2-分配器;3-油泵;4-油箱;5-滤清器

这种液压系统除用液压作为动力提升农机具外，还能采用浮动控制法控制农机具耕深，利用液压强制农机具入土及保持农机具与拖拉机维持在某一相对位置不变，这四种功能由分配器中主控制阀的四个工作位置（提升、浮动、下降、中立）来决定的。但这种液压系统不能实现农机具耕深的自动控制。

14.3.3.1　油泵

东方红-802 型拖拉机既可装用 CB-46 型齿轮油泵，也可装用 CBN-E450A 型齿轮油泵。油泵装在发动机左侧、风扇传动齿轮之后，并由风扇传动轴通过牙嵌离合器驱动。液压系统不工作时，可将牙嵌离合器分离，使油泵停转，以减少油泵空转磨损，延长其使用寿命。

CB-46 型齿轮油泵主要由主、从动齿轮 9 和 7，壳体 2，浮动轴套 3 和 4，油泵盖 1，卸荷片 14，密封圈 5、6 和 13 组成，见图 14-25。

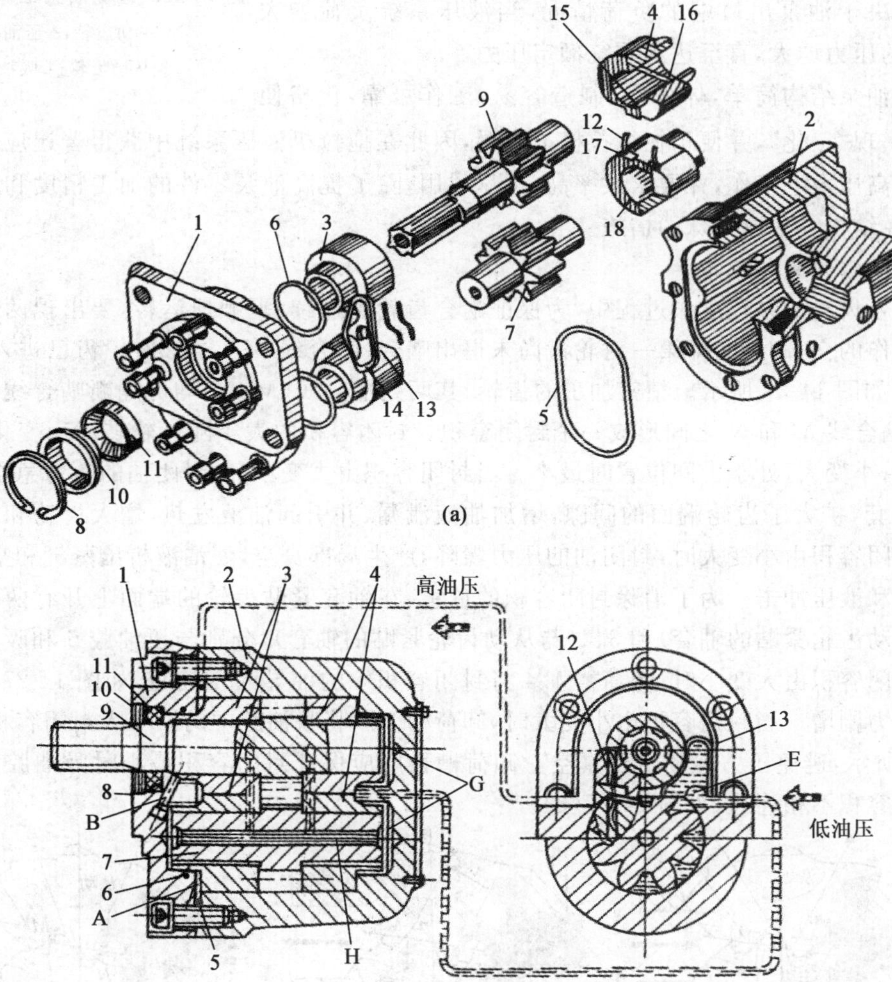

图 14-25　CB-46 型齿轮油泵

(a)爆炸图；(b)装配图

1-油泵盖；2-壳体；3、4-浮动轴套；5、6、13-密封圈；7-从动齿轮；8-卡环；9-主动齿轮；10-承环；11-自紧油封；12-导向钢丝；14-卸荷片；15-导油槽；16-螺旋油槽；17-卸荷槽；18-集油环槽

A、G-集油腔；B、E、H-通孔

齿轮油泵的工作原理如图 14-26 所示。两个齿轮啮合线把油泵分隔成互不相通的左、右两腔——压油腔 2 和吸油腔 4。当主动齿轮 1 在动力驱动下按顺时针方向旋转时，从动齿轮 3 在主动齿轮带动下反时针方向旋转。在此过程中，每对相互啮合的齿在吸油腔内逐渐退出啮合时，使齿间容积增大，形成局部真空，油箱中的油液在大气压力作用下进入吸油腔，并充满齿间，这就是吸油过程。在压油腔，轮齿逐步进入啮合，使齿间容积减小，油液被挤出，这就是压油过程。齿轮连续运转，油液不断地由吸油腔吸入，在齿槽空间内被带到压油腔，并不断被挤出，形成源源不断的油流，并被输送到系统中去。输出油液的压力取决于油泵出口端的负荷情况，当液压系统负荷增大时，油液的压力增大，直至达到系统额定压力。

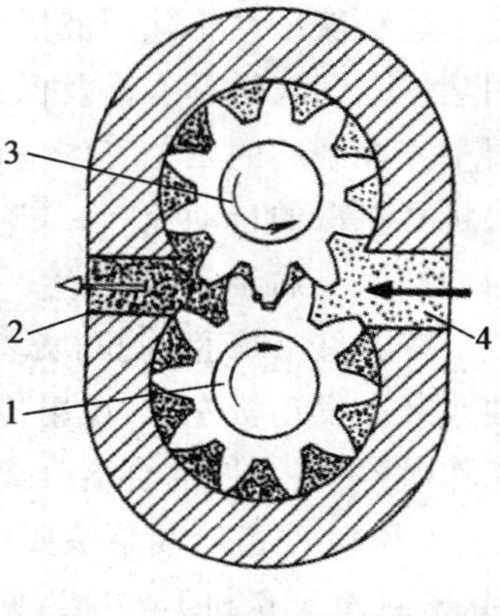

图 14-26 齿轮油泵工作原理简图

1-主动齿轮；2-压油腔；3-从动齿轮；4-吸油腔

齿轮油泵结构简单，体积小，制造容易，工作可靠，价格便宜，容易实现"三化"，并便于在拖拉机上布置，因此在拖拉机液压系统中获得普遍应用。由于油泵在较高压力下工作，并要求效率高、可靠耐用，除了提高油泵零件的加工精度和装配质量外，还应在结构上采取特殊的措施。

1. *封闭容积和卸荷槽*

外啮合齿轮油泵在工作过程中，为保证啮合齿轮副连续、平顺地运转，要出现两对轮齿同时啮合工作的交替时期，即第一对轮齿尚未退出啮合(啮合线 M)，第二对轮齿已进入啮合(啮合线 N)，如图 14-27 所示。精密加工的齿轮，其两处啮合线(M、N)均可隔断啮合线两边的油液，而使啮合线 M 和 N 之间形成一个封闭容积。封闭容积的大小随齿轮转动而变化，先由大变小，再由小变大，处于中间位置时最小。当封闭容积由大变小时，封闭油的压力急剧增高，从而顶开轴套，扩大了齿轮端面的间隙，增加油液泄漏，并引起油液发热，增大齿轮和轴套的磨损。当封闭容积由小变大时，封闭油的压力骤降，产生局部真空，使油液析出蒸气和空气，引起油液乳化和液压冲击。为了消除封闭容积的危害，在轴套紧贴齿轮的端面上开有两个卸荷槽 1、2(与主动齿轮紧贴的轴套)和 3、4(与从动齿轮紧贴的轴套)，分别与压油腔 6 和吸油腔 7 相通。当封闭容积由大变小时，卸荷槽 1、4 将封闭容积中的油导入压油腔，如图 14-27(a)所示，避免了压力剧增。当封闭容积由小变大时，卸荷槽 2、3 将吸油腔中的油导入封闭容积内，如图 14-27(c)所示，避免压力骤降出现真空。卸荷槽长度应保证封闭容积最小时吸油腔和压油腔均与封闭容积不相连通，见图 14-27(b)。

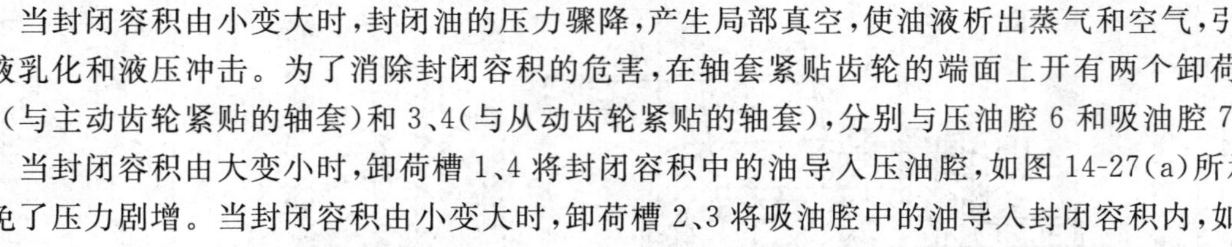

图 14-27 封闭容积和卸荷槽

(a) 封闭容积由大变小；(b) 封闭容积最小；(c) 封闭容积由小变大

1、2、3、4-卸荷槽；5-封闭容积；6-压油腔；7-吸油腔

2. 径向密封

径向密封是指两轴套接合面的密封和轴套表面及齿顶与壳体内表面之间的密封。

如图 14-28 所示，前、后轴套都采用剖分式结构。在轴套装入壳体后，每对轴套的接合面之间存在间隙 ΔS(为 0.04～0.18 mm)。为了防止高压油从该间隙漏向吸油腔，装配时应将轴套按从动齿轮旋转的方向，偏转一个角度，使接合平面间隙消失。为此，两个轴套的导向孔内装有一对扭曲的导向钢丝 3，安装时必须注意，务必使导向钢丝弹性恢复力能将主、从动齿轮轴套顺着从动齿轮旋转方向偏转，保证两个轴套接合相互贴紧。由主、从动齿轮轴套受力分析可知：油泵工作时，在油压和齿轮啮合力的综合作用下。从动齿轮轴对其轴套施加的压力较主动齿轮轴对其轴套施加的压力大些。正压力大的，产生的摩擦力矩也大，因此从动齿轮轴套便顺着从动齿轮旋转方向偏转。若安装方向与之一致，可以使两轴套接合面更牢靠地贴紧，避免泄漏；若安装方向与之相反，就会出现间隙，造成泄漏。

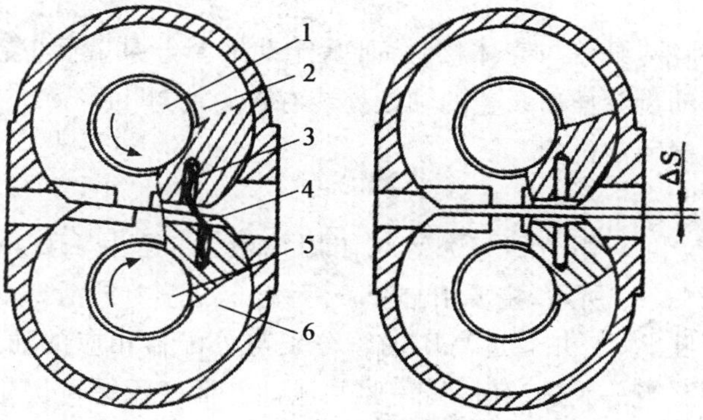

图 14-28　径向密封与轴套和导向钢丝的正确安装

1-主动齿轮轴；2-主动齿轮轴套；3-导向钢丝；4-卸荷槽；5-从动齿轮轴；6-从动齿轮轴套

3. 端面间隙的自动补偿

端面间隙是指齿轮两侧面与轴套端面之间的缝隙。实践表明，端面间隙是齿轮油泵内泄漏的主要部位，通常此处的泄漏量占全部泄漏量的 70%～80%。因此，必须保证该端面有良好的密封。

为了保证齿轮侧面和轴套端面的平整，配对的两个轴套之间和主、从动齿轮之间宽度的差值均应在 0.005 mm 以内，这由制造时经过分组选配来保证。

为了消除过大的端面间隙，把前、后轴套都做成轴向浮动的，并如图 14-25 所示，把高压油从压油腔通过壳体削平面和轴套表面组成的油道引到浮动轴套 3 的外端面与油泵盖 1 所组成的环腔 A 之中。在油压作用下，浮动轴套 3 的内端面始终贴紧在齿轮的端面上，齿轮的另一端面又压向后浮动轴套 4，于是自动消除了过大的端面间隙，并能自动补偿因磨损而产生的端面间隙。

油压沿轴向推动轴套的力，实际上是浮动轴套 3 外端面上所受油压作用力和齿轮轮齿间对浮动轴套内端面作用力的差值，但油泵各处齿间的油压是不相等的，压油腔处最大，沿外缘向吸油腔逐步降低，吸油腔处最低，因此作用在轴套内端面上的压力作用中心偏向压油腔；而作用在它的外端面上的油压各处是相等的，其压力作用中心与轴套中心重合。可见，作用在轴套两端面的压力中心不在一条直线上，使轴套发生倾斜，造成端面密封不良和偏磨。为此，需要减小浮动轴套3外端面靠近吸油腔一边的油压作用力，因此在吸油腔一侧设置一个带有密封圈13的卸荷片14。在高压油作用下，密封圈按卸荷片外形构成低压区，且卸荷片上有一孔E与吸油腔相通。这样，作用在浮动轴套外端面上压力的合力中心偏向压油腔一侧，并与它内端面上所受的压力作用中心趋于同一轴线上，有效地避免了轴套的歪斜。为使密封圈有效地隔离高压区与低压区，应使它有合适的压缩量(如0.2～0.6 mm)，否则会因密封得不到保证而引起漏油。

4.轴颈的润滑和泵体的密封

齿轮轴轴颈和轴套相对运转表面靠自行导入低压油润滑。如图14-25所示，各轴套内端面有短小的径向导油槽15，刮取端面间的油液集于轴套内孔的集油环槽18中，经轴套内孔的轴向油槽16起润滑和冷却作用，然后流入轴套外端面的前、后集油腔A、G。前、后集油腔靠从动齿轮中心的通孔H与泵盖内的通孔B相连，润滑油液经吸油腔一侧壳体和轴套表面形成的油道流回吸油腔。

为了阻止高压油外漏，泵盖与壳体接触面间，浮动轴套与泵盖间，装有密封圈5和6。为阻止低压油外漏，在主动齿轮伸出泵盖的轴颈处装有自紧油封11。

14.3.3.2 油缸、缓降阀和定位阀

1.油缸

东方红-802型拖拉机采用YG-110型双作用油缸，缸径为110 mm，活塞最大行程为250 mm。其结构如图14-29所示，主要由缸套6、上盖5、下盖11、活塞9和活塞杆8等组成。活塞把缸套分为上、下腔A、B，并通过高压油管分别与分配器相应的油道孔连接。高压油能进入两腔中的任意一腔，当一腔进油时，另一腔则泄油。活塞用螺母固定在活塞杆上，为了保证活塞和缸壁间的密封，活塞环槽内装有一个“O”形密封圈，并用两个皮革挡圈加以保护。为了加强密封的可靠性，油缸各零件接合处都装有“O”形密封圈。油缸的下端与拖拉机的车架铰接，活塞杆的上端与左提升臂铰接。活塞杆向下运动时，一组(20片)除尘片3消除活塞杆上的尘土，防止尘土进入油缸内。油缸上、下腔的油道都通过上盖，通向上腔的油液直接用高压软管引入，通向下腔的油液则由高压软管经缓降阀(图中未画出)、油道、定位阀2、油管7引入。

2.缓降阀

缓降阀安装在通往油缸下腔的油管接头处，用以减缓农机具的降落速度，以免农机具因快速落地与地面碰撞而损坏。如图14-30所示，缓降阀由阀片1、阀体2和挡销3组成。3个圆柱形挡销穿入阀体内壁，阀片安装在挡销和阀座之间。阀片中间有直径为4 mm的节流孔，阀片外缘有4个切口。

农机具降落时，油缸下腔排油，排出的油液将阀片推向阀体，阀片外缘的4个切口封闭，仅由阀片中间的节流孔排油，因节流作用使农机具降落缓慢。农机具提升时，进入油缸下腔的油液将阀片推向挡销，油液可从阀片中心孔和阀片周缘的切口同时通过，增大了流通面积，不影响农机具的提升速度。这种缓降阀可以减缓农机具降落速度，但不能任意调节。

3.定位阀

定位阀用来限制活塞的行程，控制农机具下降后的离地高度或农机具的入土深度。此外，在悬挂着农机具进行较长距离的运输时，按下定位阀，锁定农机具，起安全保护作用。定位阀必须和活塞杆上的定位挡块配合使用。

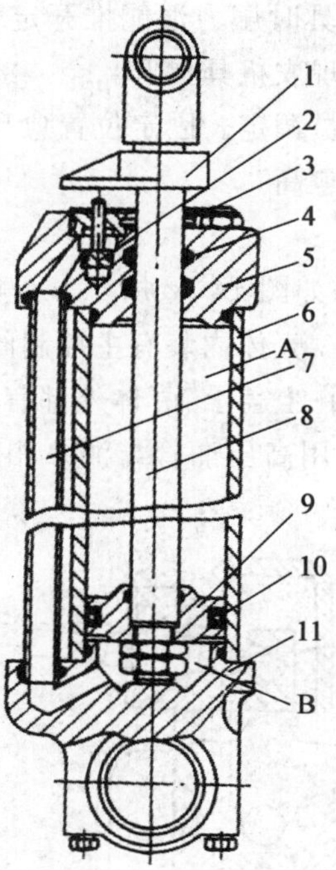

图 14-29　YG-110 型双作用油缸

1-定位挡块；2-定位阀；3-除尘片；4-油封；5-上盖；6-缸套；7-油管；8-活塞杆；9-活塞；10-皮革挡圈和密封圈；11-下盖

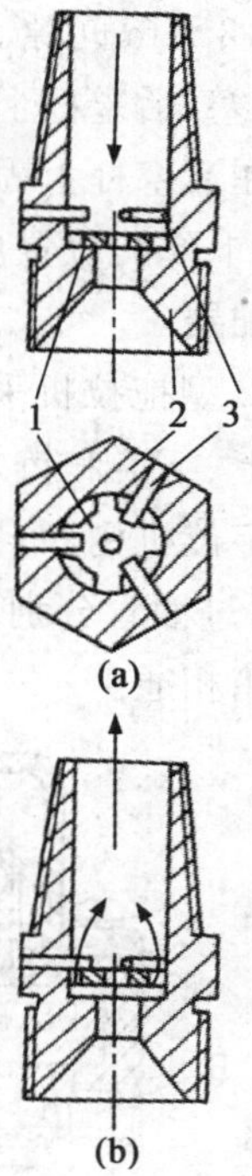

图 14-30　缓降阀

(a)下放农机具时；(b)提升农机具时

1-阀片；2-阀体；3-挡销

定位阀由阀体和阀座组成。如图 14-31 所示，在活塞杆 1 上固定有定位挡块 2，其固定位置可沿活塞杆调整。当下放农机具时，活塞杆下降，油缸下腔中的油液经开启的定位阀流向分配器回油箱[图 14-31(a)]。在活塞杆下降时定位挡块同时下移，并逐渐靠近定位阀 3，当定位挡块接触到定位阀的尾部时，便推动定位阀一同下移[图 14-31(b)]，使定位阀逐渐关闭油缸下腔的排油道。在定位阀关闭的过程中，排油通道的节流效应逐渐增强，在定位阀快关闭而又尚未关闭之时，定位阀上部压力大于下部压力，在此压力下，定位阀迅速下移，关闭排油通道并落位[图 14-31(c)]，油缸下腔停止排油，活塞杆停止下移。于是，定位阀的尾部与定位挡块之

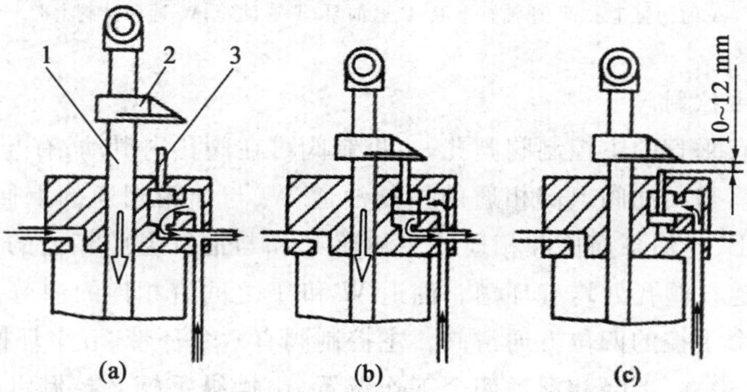

图 14-31　活塞行程调节

(a)定位挡块、定位阀未接触；(b)定位挡块推动定位阀；(c)定位阀脱离定位挡块

1-活塞杆；2-定位挡块；3-定位阀

间产生了 10～12 mm 间隙。保留此间隙是为了提升农机具时压力油能推开定位阀而进入油缸下腔，推动活塞、活塞杆上移（定位挡块也随之上移），实现农机具提升。

定位挡块在活塞杆上固定的位置，可根据需要由驾驶员调定。固定位置愈高，活塞行程愈长，农机具停止下降的位置愈低；反之，农机具悬挂的高度愈高。

14.3.3.3 分配器

东方红-802 型拖拉机采用 FP_1-75A 型分配器，其结构如图 14-32 所示。分配器的外壳由铝合金制成的上、下盖和铸铁制成的阀体用螺栓连接而成。壳体内装有主控制阀 1、回油阀 3、安全阀 4 以及定位机构和自动回位机构等，操纵手柄安装在上盖上，壳体外部有三个油管接头螺纹孔，A、B 通过油管分别与油缸的上、下腔相连，进油孔用高压油管与油泵相连。壳体下盖的通油孔与油箱相通。

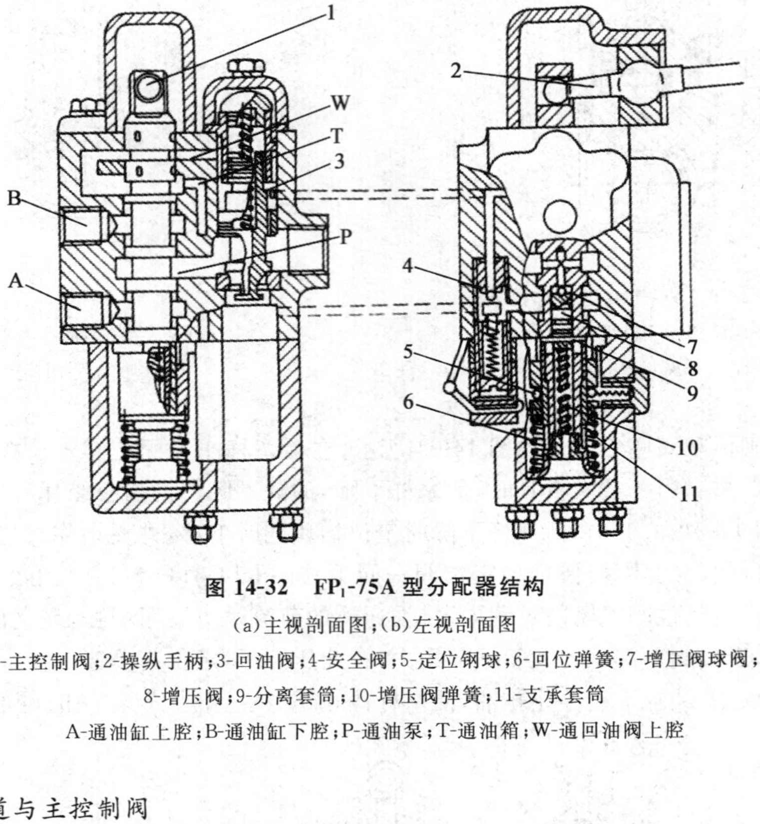

图 14-32 FP_1-75A 型分配器结构

(a)主视剖面图；(b)左视剖面图

1-主控制阀；2-操纵手柄；3-回油阀；4-安全阀；5-定位钢球；6-回位弹簧；7-增压阀球阀；8-增压阀；9-分离套筒；10-增压阀弹簧；11-支承套筒

A-通油缸上腔；B-通油缸下腔；P-通油泵；T-通油箱；W-通回油阀上腔

1. 阀体油道与主控制阀

分配器阀体内有垂直的主控制阀阀孔，主控制阀可在阀孔内滑动；有与阀孔垂直的五条油道，它们自上而下是：与回油阀上部相通的控制油道 W、与油箱相通的上回油道 T、与油缸下腔相通的上出油道 B、与油泵高压腔相通的主油道 P 和与油缸上腔相通的下出油道 A。除油道 W 外，其余各油道在阀孔处均有环槽。油道 W 和 T 之间有相连的油道。

主控制阀是一个手控的四位五通滑阀。主控制阀有六个环带、五个环槽，与阀体上五条油道相配合形成提升、中立、下降和浮动四个工作位置，由操纵手柄 2 控制。为了保证主控制阀的密封性，主控制阀环带与阀体上的阀孔都经过精密加工，装配时分组选配并经过研磨，配合间隙保证在 0.005～0.008 mm 范围内，并进行密封性试验。为使主控制阀封闭控制油道时不致受高压油的作用向一边挤压而发生卡滞和偏磨，主控制阀第一、第二道环带上钻有三个相隔

120°的平衡孔，装配时必须将其中一个孔对准回油阀侧的控制油道，如图 14-33 所示。主控制阀下段装有定位机构和自动回位机构。

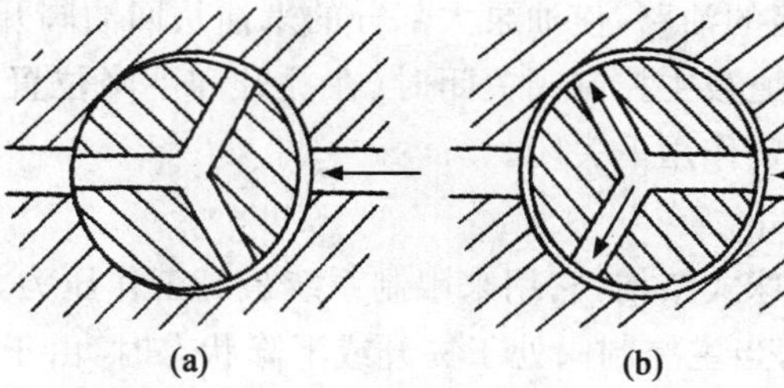

图 14-33　主控制阀的安装位置

(a) 安装不正确；(b) 安装正确

2. 回油阀

回油阀是一个带远程控制口的先导式溢流阀，用以配合主控制阀工作。回油阀由阀盖、回油阀弹簧座、回油阀弹簧、阀体、导向套和阀座组成。回油阀阀体是一端带有锥形密封面的活塞，在回油阀弹簧的作用下锥面压在阀座上，为了保证密封，阀座做成锐边，锥面下的圆柱截流台肩有助于加速回油阀的关闭，尾部和活塞圆柱表面有环槽，用以平衡间隙中的油压，减少阀门的卡滞。活塞台肩上钻有节流孔。尾部安装在导向套内，配合精密，经过分组选配以保证密封，并使阀体和阀座同心。导向套下端有两道缺口，使活塞上部和控制油道连通，导向套和弹簧座均有密封圈，以防油液外漏。

回油阀的工作原理见图 14-34。当主控制阀打开控制油道时(在中立和浮动位置)，油泵

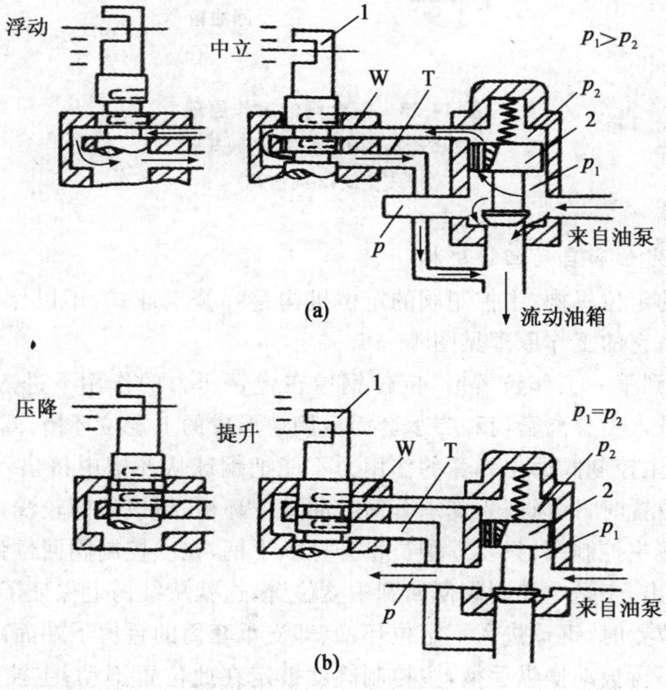

图 14-34　回油阀工作原理

(a)中立和浮动位置；(b)提升和下降位置

1-主控制阀；2-回油阀；p-主油道油压

部分油液通过节流孔经油道 W 和 T 流回油箱，油液在通过节流孔时，节流作用使活塞上、下两端产生压力差，且下腔油压 p_1 大于上腔油压 p_2。在此压力差的作用下，克服弹簧的作用，回油阀被上抬，打开通向油箱的油路，使油泵大部分的来油从回油阀开启处流回油箱。此时油泵处于卸荷状态。当控制油道被主控制阀关闭时（在提升和下降位置），油液不能从节流孔流过，压力差消失，回油阀在弹簧作用下关闭。

3. 安全阀

安全阀为一般的弹簧钢球式结构，它用来限制系统最高工作压力，它的限压作用和回油阀配合实现。如图 14-35 所示，当主控制阀处于提升或下降状态时，由于工作负荷过大或油缸活塞已达到极限位置，若操纵手柄仍保持在提升或下降位置，则系统压力急剧增高，当系统压力达到 13～13.5 MPa 时，安全阀钢球被顶开，部分高压油由此流回油箱。与此同时，由于有部分油液通过回油阀节流孔经安全阀流回油箱，因节流作用，使回油阀在压力差的作用下抬起，来自油泵的油大部分经回油阀流回油箱，使系统压力降低，当系统压力小于 13 MPa 时，安全阀关闭，回油阀也相继关闭。安全阀调整压力为 13 MPa，可通过螺杆进行调整。

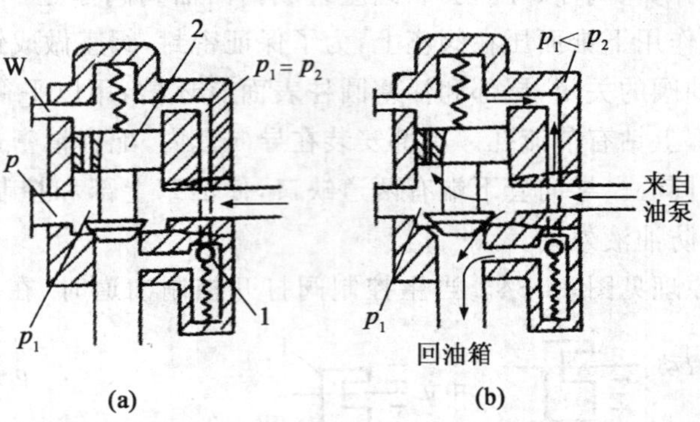

图 14-35 安全阀的工作原理

(a) 安全阀关闭；(b) 安全阀开启

1-安全阀；2-回油阀

4. 主控制阀的定位和自动回位机构

（1）主控制阀的定位机构：主控制阀的定位机构是弹簧钢球式，用以保证主控制阀准确地移到各个工作位置，它的工作原理见图 14-36。

将主控制阀移到某一工作位置时，定位钢球在弹簧压力的作用下进入相应的定位环槽。提升位置时，钢球进入由分离套筒和支承套筒上倒角形成的上定位环槽，驾驶员松开操纵手柄后，因该环槽较深，主控制阀回位弹簧的作用力不能把钢球从环槽中挤出，主控制阀便被保持在该位置上；下降位置时，钢球嵌入支承套筒上的定位环槽，但该环槽较浅，它给驾驶员一个到位的感觉，但定不住主控制阀，只要驾驶员松开操纵手柄，在主控制阀回位弹簧的作用下，钢球将被从定位槽中挤出，于是主控制阀便回到中立位置，这就从结构上保证了只能短暂时间内使用下降功能；浮动位置时，钢球进入下定位环槽（即支承套筒的台肩下端面），此环槽较深，钢球一卡入该槽，如果不再扳动操纵手柄，主控制阀就被定在此位置不动；主控制阀在中立位置是由预压的回位弹簧来定位，主控制阀从中立位置向上或向下移动时，回位弹簧都将进一步被压缩，因此，只要没有足够的外力使主控制阀稳定在其他位置时，它总是要返回中立位置并保持在此位置上。

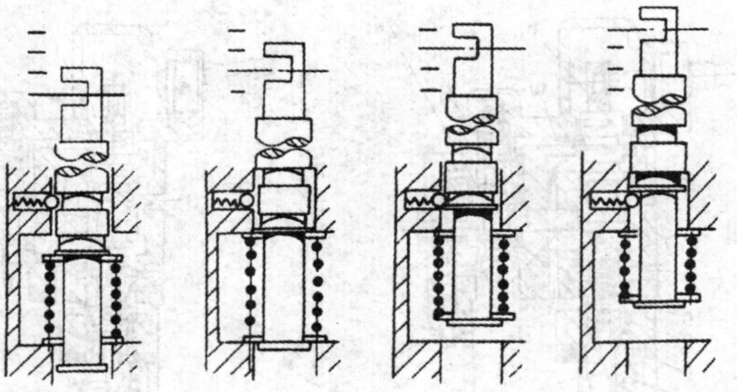

图 14-36　主控制阀定位机构的工作原理

(a)提升位置;(b)中立位置;(c)下降位置;(d)浮动位置

(2)主控制阀的自动回位机构:自动回位机构用于当农机具提升到最高位置时,自动地使主控制阀返回到中立位置。如图 14-37 所示,它由增压阀钢球 1、柱塞 2、增压阀支承 3、横销 4、分离套筒 5、增压阀弹簧 9、调整螺钉和回位弹簧等组成。当主控制阀处于提升位置时,油泵来油流进油缸下腔,提升农机具,且经主控制阀上第四、第五环带间的径向孔引到增压阀钢球的顶上。当农机具提升到最高位置后,系统内油压升高,当系统压力增高到增压阀的压力调定值(10～11 MPa)时,钢球被推开,压力油进入柱塞上腔,推动柱塞下移,将定位钢球从定位槽中挤出,主控制阀在其回位弹簧的作用下,回到中立位置。使用中不应强制将操纵手柄停留在提升位置上,否则会引起系统超载;也不得任意调整增压阀弹簧的压力。

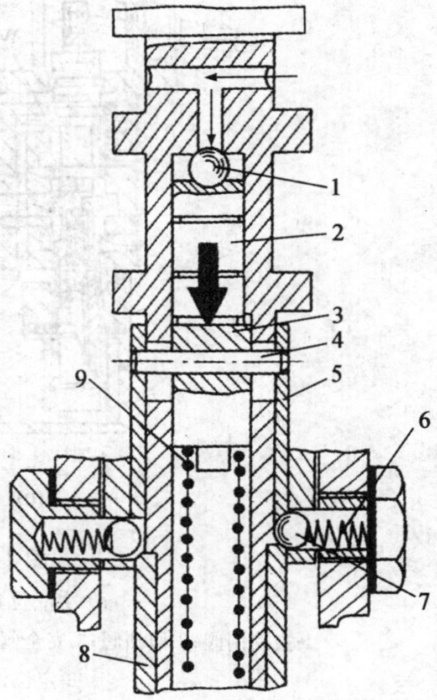

图 14-37　主控制阀自动回位机构

1-增压阀钢球;2-柱塞;3-增压阀支承;4-横销;5-分离套筒;6-定位弹簧;7-定位钢球;8-支承套筒;9-增压阀弹簧

14.3.3.4　液压系统的工作过程

扳动操纵手柄使主控制阀处于四种不同的位置,对应有中立、提升、下降和浮动的四种工作过程。

1. 中立位置

如图 14-38(a)所示,主控制阀 1 由主控制阀回位弹簧 7 维持在中立位置。A、B 两油道均被封闭,而控制油道 W 却被打开,油泵来油便由回油阀 2 上的节流孔,经控制油道 W 流回油箱。由于节流孔的节流作用在回油阀活塞两端产生压力差,压缩回油阀弹簧并使回油阀抬起,于是大量油流便经回油阀流回油箱。这时油泵卸荷。由于 A、B 油道被主控制阀堵死,油缸上、下油腔的油液被封闭,农机具便停止在某位置上。

2. 提升位置

如图 14-38(b)所示,将操纵手柄上提,即将主控制阀推向最低位置。主控制阀回位弹簧 7

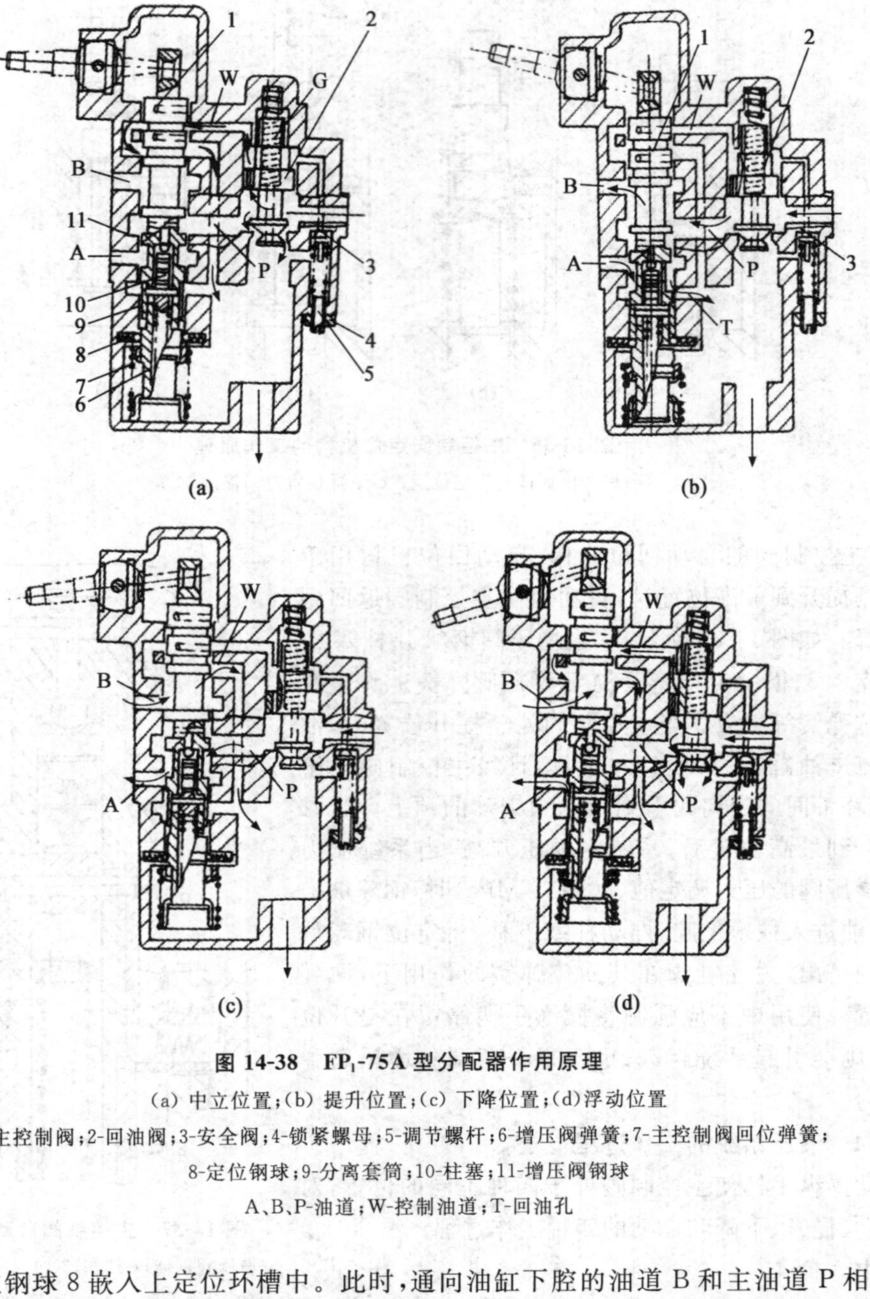

图 14-38　FP_1-75A 型分配器作用原理

(a) 中立位置;(b) 提升位置;(c) 下降位置;(d)浮动位置

1-主控制阀;2-回油阀;3-安全阀;4-锁紧螺母;5-调节螺杆;6-增压阀弹簧;7-主控制阀回位弹簧;

8-定位钢球;9-分离套筒;10-柱塞;11-增压阀钢球

A、B、P-油道;W-控制油道;T-回油孔

被压缩,定位钢球 8 嵌入上定位环槽中。此时,通向油缸下腔的油道 B 和主油道 P 相通,油缸上腔油道 A 与回油孔 T 相通,控制油道被主控制阀第一环带封闭,所以回油阀关闭。于是,油泵的来油从主油道 P 经油道 B 流入油缸下腔中,使活塞上移,农机具提升;同时,油缸上腔的油液被推出并经油道 A、回油孔 T 返回油箱。当农机具提升到最高位置时,自动回位机构起作用,使主控制阀回复到中立位置。

3. 下降位置

如图 14-38(c)所示,将操纵手柄由中立位置向下移动一挡,即主控制阀向上提升一挡。定位钢球嵌入支承套筒上的定位槽中,主控制阀回位弹簧被压缩,此时,通往油缸上腔的油道 A 和主油道 P 相通,通向油缸下腔的油道 B 与回油孔 T 相通,而控制油道 W 被主控制阀第二环带封闭，所以回油阀关闭。因此，油泵来油从主油道 P 经油道 A 流入油缸的上腔，使活塞下移，强制农机具下降；同时油缸下腔的油液被挤出，经油道 B 和回油孔 T 流回油箱。驾驶员可根据需要，自行控制强制的程度和时间，当驾驶员放开操纵手柄，回位弹簧便将主控制阀推回到中立位置。

4. 浮动位置

将操纵手柄由下降位置向下扳动一挡，即主控制阀提到最高位置。如图 14-38(d)所示，定位钢球卡入下定位环槽，主控制阀回位弹簧进一步压缩，此时，油道 A 和 B 均与回油孔 T 相通，因此，油缸上、下腔均无压力油作用，活塞可上下自由移动，使农机具呈浮动状态；控制油道 W 打开，回油阀开启，油泵来的大量油液从回油阀流回油箱，油泵卸荷。浮动位置时，无自动回位作用，驾驶员可根据需要，适时将操纵手柄移至中立位置。

液压系统不同工况时各液压元件工作状况列于表 14-2。

表 14-2 不同工况时各液压元件的工作状况

工作位置	手柄位置	主控制阀位置	油缸		控制油道	回油阀	安全阀	增压阀	油泵
			上腔	下腔					
提升	最高	最低	回油	进油	关闭	关闭	关闭(超压开)	起作用	负载下工作
中立	稍高	稍低	封闭	封闭	打开	打开	关闭	不起作用	卸荷
下降	稍低	稍高	进油	回油	关闭	关闭	关闭(超压开)	不起作用	负载下工作
浮动	最低	最高	回油	回油	打开	打开	关闭	不起作用	卸荷

14.3.4 半分置式液压系统

江苏-50 型、东方红-1604 型、东方红-1804 型、JDT-654 型、JDT-7541 型、JDT-8241 型等拖拉机的液压系统都属半分置式。现以江苏-50 型拖拉机液压系统为例，说明其构造和工作原理。该液压系统主要由油箱、滤清器、油泵、分配器、油缸和操纵机构等组成(图 14-39)。除油泵、滤清器作为单独的部件安装在后桥壳体的前壁上外，分配器与油缸连成一体，连同操纵机构等构成提升器总成，安装在后桥壳体上，兼作后桥壳体上盖。半分置式液压系统除了可提升、降落农机具外，还具有控制农机具位置(阻力控制、位置控制和浮动控制)、液压输出及调节农机具降落速度等功能。

14.3.4.1 油泵

江苏-50 型等拖拉机采用 3 系列农用齿轮油泵。3 系列农用齿轮油泵有 CBN-E306、CBN-E310、CBN-E312、CBN-G320 等规格。型号中的首位数字“3”表示 3 系列，代表油泵齿轮的模数为 3 mm；后两位数字表示理论排量，分别为 6、10、12、20 cm^3/r 等。额定工作压力为 16 MPa。其排量变化是靠变更齿轮宽度而得，所以，它们只有壳体宽度、螺栓长度和轴端的传动连接方式不同，其他结构都相同。这类油泵具有结构简单、体积小、重量轻、“三化”程度高、工作可靠和成本较低等一系列优点，在农机(拖拉机、联合收割机等)液压系统中获得广泛应用。江苏-50 型拖拉机上采用 CBN-E312 型齿轮油泵。

3 系列齿轮油泵的结构如图 14-40 所示。油泵外壳由壳体 7、前盖 8 和后盖 4 三部分组成，并用螺栓紧固成一体。壳内有主动齿轮 1 和从动齿轮 5，并靠齿轮轴颈支承在前、后轴套 6 上。在前、后盖与轴套间设有大、小 O 形密封圈 2、3，轴套腰间有橡胶堵塞 9。主动齿轮轴颈上装有自紧油封，前端花键部分用来与动力输出传动轴相连。油泵按主动齿轮旋转方向(从主动齿轮的轴端看)可分为右旋泵和左旋泵，目前用于拖拉机液压系统的多数为右旋泵。3 系列齿轮油泵的作用原理与上述分置式液压系统中所采用的齿轮油泵相同,但在结构上具有以下特点。

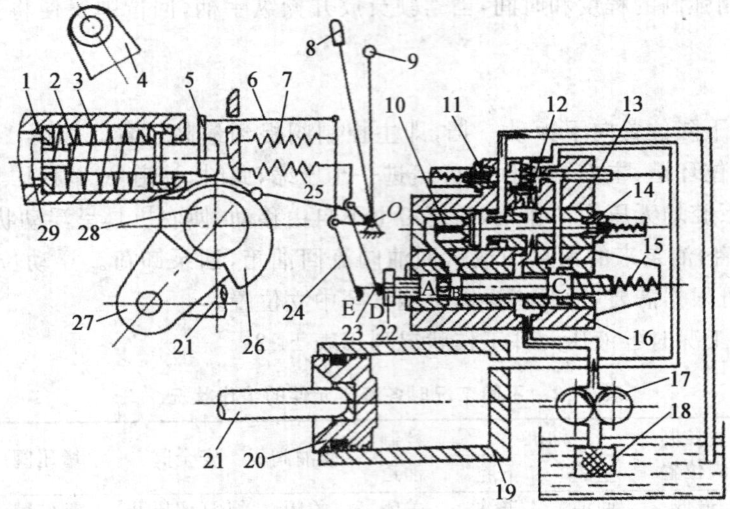

图 14-39 江苏-50 型拖拉机液压系统结构简图

1-提升器壳体;2-力调节弹簧杆;3-力调节弹簧;4-提升臂;5-推板;6-力调节推杆;7-力调节杠杆弹簧;8-力调节操纵手柄;9-位调节操纵手柄;10-回油阀;11-液压缸安全阀;12-单向阀;13-下降速度控制阀;14-系统安全阀;15-主控制阀回位弹簧;16-分配器总成;17-液压泵;18-滤清器;19-液压缸体;20-活塞;21-活塞顶杆;22-主控制阀;23-位调节杠杆;24-力调节杠杆;25-位调节杠杆拉力弹簧;26-位调节凸轮;27-内提升臂;28-提升轴;29-力调节传感接头

O-偏心轮轴心;A、B、C-主控制阀的密封环带;D-位调节杠杆控制端;E-力调节杠杆控制端

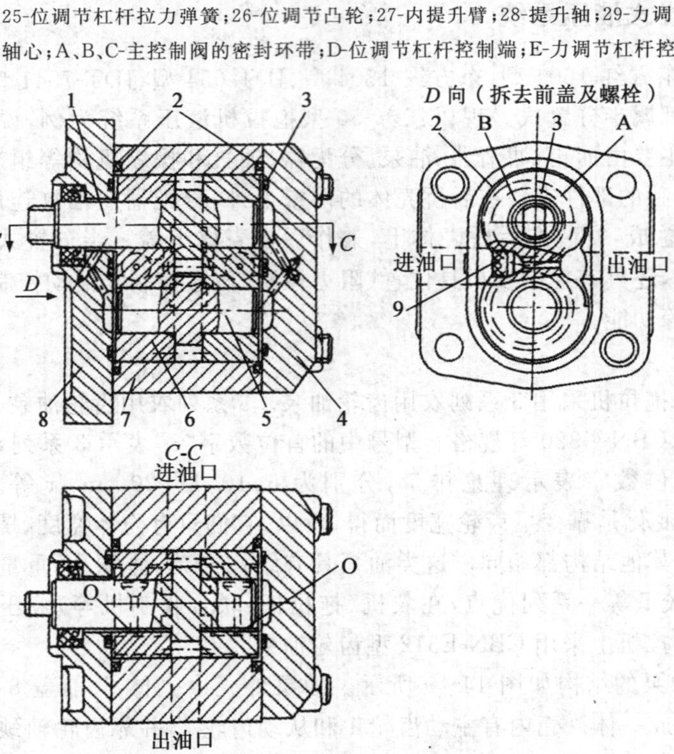

图 14-40 3 系列齿轮油泵的结构

1-主动齿轮;2-大 O 形密封圈;3-小 O 形密封圈;4-后盖;5-从动齿轮;6-轴套;7-壳体;8-前盖;9-橡胶堵塞

A-高压区;B-低压区;O-螺旋油槽

(1)油泵的外壳采用三段式结构。这种结构加工工艺性好，拆装比较方便。因为不在壳体上攻螺纹孔，所以改善了壳体受力情况，且连接可靠。

(2)采用整体式浮动轴套，双向端面液压补偿。前、后轴套均为整体式(图 14-41)，与上述分开式轴套相比减少了结合面，从而可减轻齿轮油泵的内泄漏，提高容积效率，并且容易保证主、从动齿轮的中心距，使装配后两啮合齿轮的平行度较好，从而改善齿轮啮合情况以及轴套的负荷和润滑情况，有利于提高油泵的效率和寿命。因油泵壳体的宽度比齿轮和两轴套的总宽度略大(0.06～0.15 mm，最佳值为 0.10～0.12 mm)，所以装配后轴套外端面和前、后盖之间都存在一个较小的间隙，轴套呈浮动状态。又因大、小密封圈把这两个空腔分隔为高压区 A 和低压区 B，小密封圈以外的部分为高压区并通过壳体上的沟槽与油腔相通。

因此，当油泵工作时，高压油就充满前、后盖和轴套外端面之间的空腔(图 14-42)。在高压油的油压作用下，两轴套向齿轮端面压紧，消除了过大的端面间隙。由于采取了这一措施，此种油泵的输油压力较高，并且齿轮油槽和轴套端面产生少量磨损后能自动补偿间隙，因此可以始终保持较高的压力。

(3)采用偏置的小密封圈卸压，使轴向作用力平衡。在两个轴套的外端面上分别设置两个向进油口方向偏置 2 mm 的小密封圈(图 14-40)，在圈内部分的空腔通过轴套内孔的螺旋油槽与吸油腔相通，形成低压区。这样，轴套内、外端面上所受压力的作用中心几乎在同一轴线上。只要设计时使一对向内作用的压紧力比向外作用的推开力大 2%左右，就能保证两轴套压紧在齿轮端面上，使配合端面维持最佳密封间隙，从而处于动液压润滑状态。

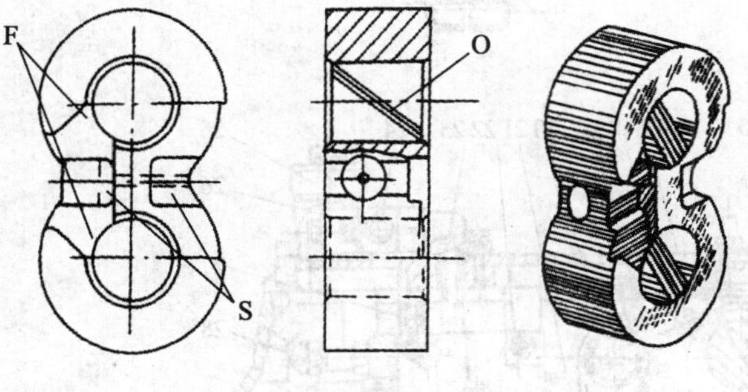

图 14-41 3 系列齿轮油泵的轴套

F-导油槽；O-螺旋油槽；S-卸荷槽

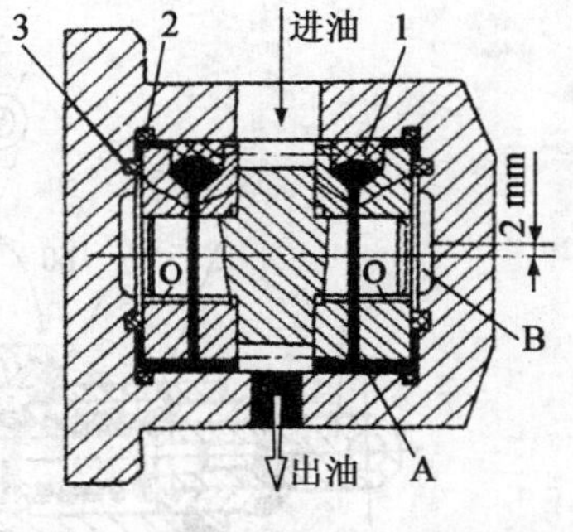

图 14-42 3 系列齿轮油泵液压补偿原理

1-橡胶堵塞；2-大 O 形密封圈；
3—小 O 形密封圈
A-高压区；B-低压区；O-螺旋油槽

(4)轴套腰部装有橡胶堵塞，当齿轮泵工作时，高压油经轴套腰部小油道进入堵塞背面空腔，将堵塞推出并压紧在壳体凸台上，防止高压油通过轴套与壳体之间在该处的间隙流回吸油腔。

(5)轴套内孔采用低压油润滑。其优点是润滑油量大，油的温度较低，对轴套和轴颈的润滑和冷却效果好，并且不损失油泵的容积效率。如图 14-41 所示，在轴套内端面吸油腔一侧开有两个宽扁的导向油槽 F，使轴套内孔与吸油腔相通，而在轴套内孔的非负荷区开有三条螺旋油槽 O，它们在同一轴套上且螺旋方向相同，均为左旋。齿轮油泵工作时，由于主动齿轮和从动齿轮的旋转方向相反，所以将油液从吸油腔分别带入前、后轴套的一个轴孔的螺旋油槽内，使该轴颈与轴孔得到润滑和冷却，同时油液顺着螺旋油槽流到轴套外端面，再经前、后盖上的小孔流入另一轴孔的螺旋油槽，使该轴孔与轴颈也得到润滑和冷却，最后流回吸油腔。油泵不断工作，低压油流就连续自动循环。

(6)浮动轴套的内端面开有两个矩形的卸荷槽，以消除齿轮在啮合过程中所产生的封闭容积的不良影响。

14.3.4.2 提升器

提升器由分配器、油泵、操纵机构等构成，它们装在一个统一的提升器壳体内，见图14-43。

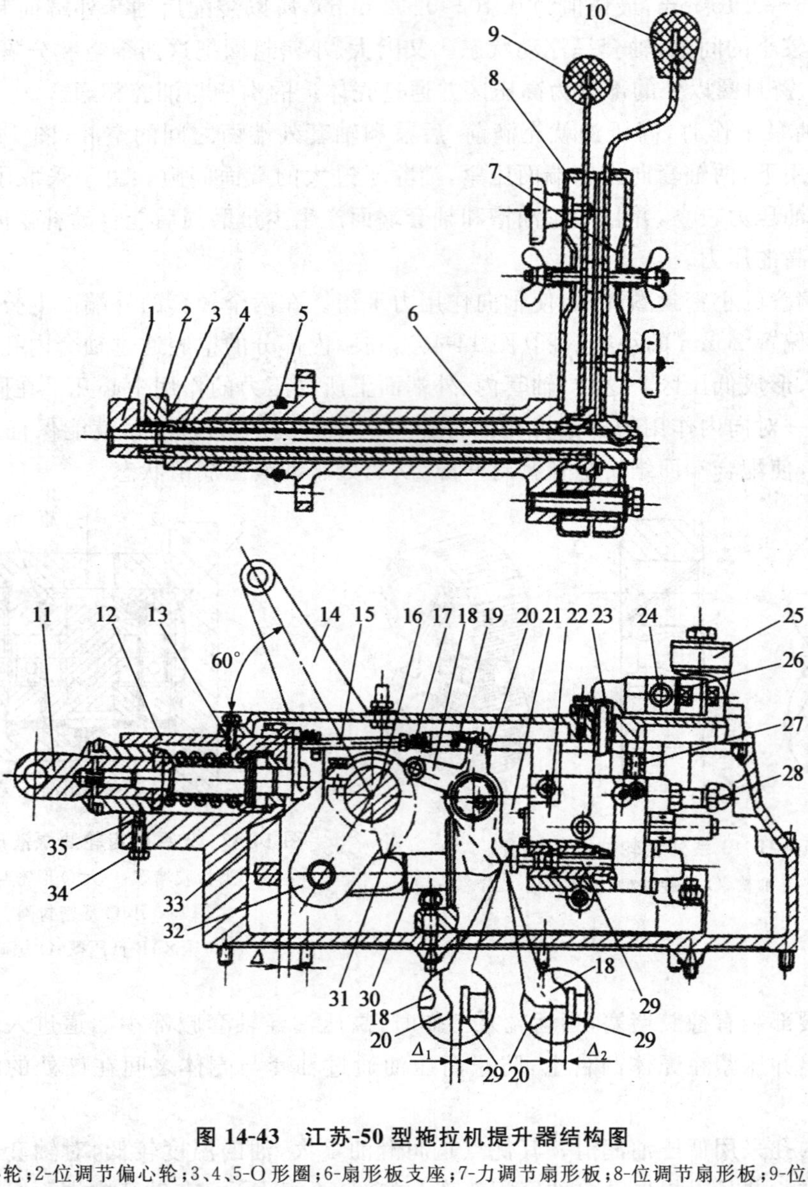

图 14-43 江苏-50 型拖拉机提升器结构图

1-力调节偏心轮；2-位调节偏心轮；3、4、5-O 形圈；6-扇形板支座；7-力调节扇形板；8-位调节扇形板；9-位调节操纵手柄；10-力调节操纵手柄；11-力调节传感接头；12-提升器壳体；13-提升器盖；14-提升臂；15-推杆；16-提升轴；17-力调节杠杆弹簧；18-位调节杠杆；19-位调节杠杆弹簧；20-力调节杠杆；21-液压缸；22-分配器；23-分配器进油插管；24-进油弯管；25-加油口；26-油压输出点；27-油压输出出油插管；28-调整螺钉；29-主控制阀；30-活塞顶杆；31-位调节凸轮；32-内提升臂；33-螺钉；34-紧固螺钉；35-锁定块

1.分配器

分配器是一个安装有主控制阀、回油阀、单向阀、两个安全阀和下降速度调节阀的组合阀。它用三个螺钉安装在油缸体的侧面。其结构如图14-44所示。

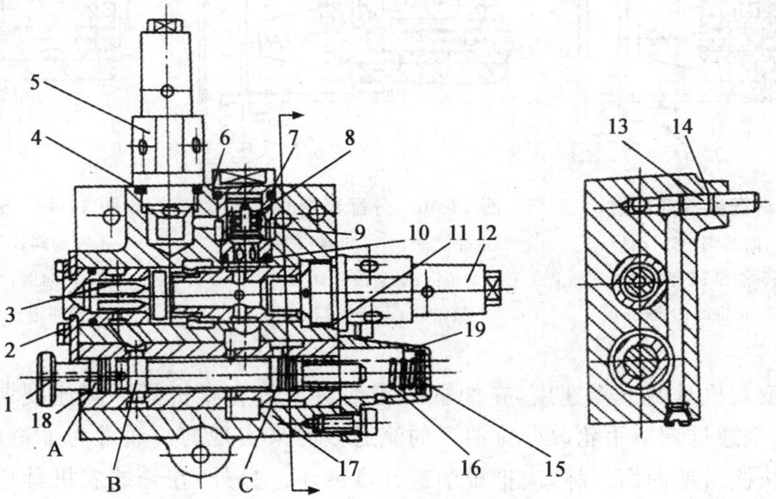

图14-44 分配器

1-主控制阀;2、4、7、10、11、14-O形圈;3-回油阀;5-油缸安全阀(图中旋转90°);6-单向阀螺塞;8-单向阀;9-单向阀弹簧;12-系统安全阀;13-下降速度调节阀;15-滚珠总成;16-主控制阀回位弹簧;17-壳体;18-主控制阀阀套;19-前盖

主控制阀阀套18与分配器壳体17配合,主控制阀装在阀套内,尾部装有主控制阀回位弹簧16,弹簧和前盖19之间装有用于防止主控制阀卡滞的滚珠总成15。主控制阀是一个二位五通滑阀式换向阀,靠阀杆上的三个密封带A、B、C来控制油的流向,用以实现提升、中立、下降。为了缓和主控制阀在换位过程中产生的液压冲击,采用液压随动式的回油阀3配合主控制阀工作。具体工作过程如下。

(1)提升位置:如图14-45所示,主控制阀1在主控制阀回位弹簧的作用下向外完全伸出。此时,密封环带C将排油道7封闭,密封环带B打开通往回油阀2左腔的油道9,使回油阀左腔与进油口8连通。油泵5来油进入回油阀的左、右腔,若此时回油阀位于左端,回油口3打开,由于回油阀左侧油液不流动而右侧的油流动,故右侧油压低于左侧。回油阀在两侧压力差的作用下右移,关闭回油口。于是,油泵来油顶开单向阀4,进入油缸6,使农机具提升。

(2)中立位置:如图14-46所示,主控制阀从最大的伸出位置向里推入一定距离(江苏-50型拖拉机为5.2 mm),主控制阀处于中立位置。此时,密封环带C将油缸的排油道7封闭,密封环带B将油道9与进油口8隔开,并使油道9通过主控制阀上的油孔与油池相通,回油阀左腔油压接近于零。而回油阀右腔与进油口沟通,油压较高,回油阀在两端压力差的作用下向左移动,打开回油口,于是油泵来油经进油口和回油口流回油池,即油泵处于卸荷状态。这时,单向阀在油缸中的油压和弹簧压力作用下处于关闭状态,油缸中的油液被封闭,农机具保持在预定的位置上。

(3)下降位置:如图14-47所示,主控制阀从中立位置继续向里推入,油道9仍与油池相通,油泵来油推开回油阀,经回油口流回油池。而此时,由于密封环带C将油缸的排油道打开,油缸中的油液也经回油口流向油池。农机具在自重的作用下下降。

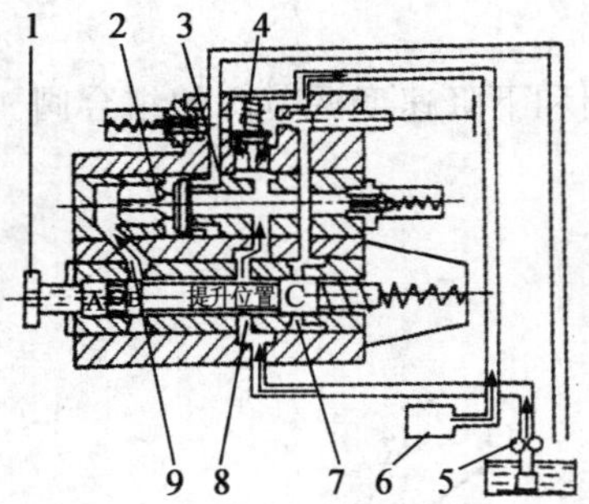

图 14-45 分配器提升位置

1-主控制阀；2-回油阀；3-回油口；4-单向阀；5-油泵；6-油缸；7-排油道；8. 进油口；9-油道

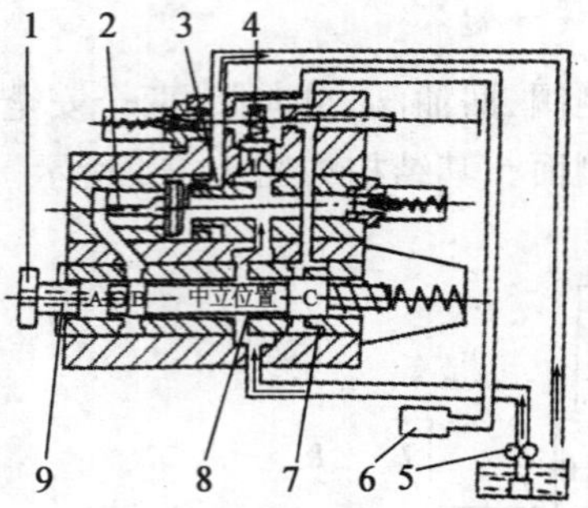

图 14-46 分配器中立位置

1-主控制阀；2-回油阀；3-回油口；4-单向阀；5-油泵；6-油缸；7-排油道；8. 进油口；9-油道

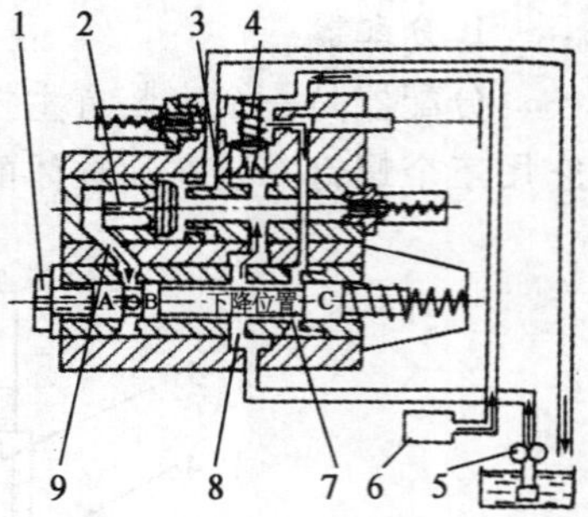

图 14-47 分配器下降位置

1-主控制阀；2-回油阀；3-回油口；4-单向阀；5-油泵；6-油缸；7-排油道；8. 进油口；9-油道

为了改变农机具的下降速度，在油缸的排油道上装有农机具下降速度调节阀 13（图 14-44）。其调节是通过调节手轮改变排油道的流通截面来实现的。通常为了避免悬挂农机具下降时速度过快撞击地面而损坏，应把排油道开度减小。另外，在悬挂农机具长途行驶时，下降速度调节阀应完全关闭排油道，以免渗漏或误操作而发生农机具掉落的现象。

安全阀有两只，即系统安全阀和油缸安全阀。前者安装在单向阀前保护油泵，开启压力为 17.5 MPa；后者安装在单向阀后保护油缸，开启压力为 20 MPa（参见图 14-44）。安全阀的结构如图 14-48 所示，它可通过调整螺钉 5 来调整开启压力。

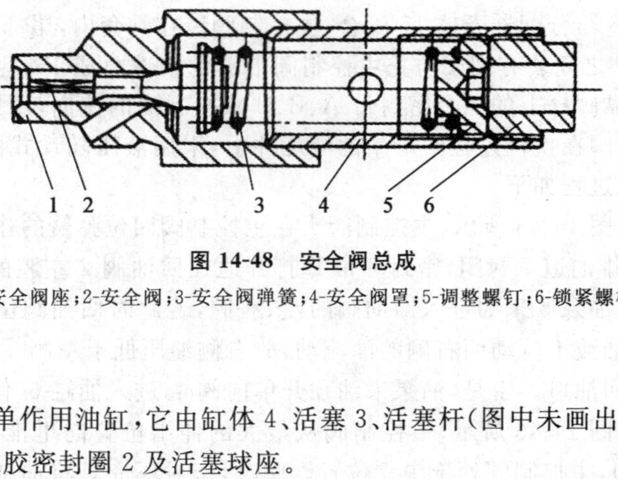

图 14-48 安全阀总成

1-安全阀座；2-安全阀；3-安全阀弹簧；4-安全阀罩；5-调整螺钉；6-锁紧螺栓

2. 油缸

图 14-49 所示为单作用油缸，它由缸体 4、活塞 3、活塞杆（图中未画出）等组成。活塞上有尼龙挡圈 1 和 O 形橡胶密封圈 2 及活塞球座。

缸体用四个双头螺栓固定在提升器壳体上，靠后的两个螺栓精度较高，兼作定位用。缸体前部还有一个调整螺钉（参见图 14-43）顶住提升器壳体，用以分担油缸固定螺栓的负荷。

3. 操纵机构

操纵机构安装在提升器壳体内，安装情况可从提升器结构图（图 14-43）中看出，它由位调节和力调节两套操纵机构组成。操纵机构手柄总成如图 14-43 所示，用螺栓固定在提升器壳体右侧，力调节扇形板 7 和位调节扇形板 8 用螺栓固定在扇形板支座 6 上。

位调节操纵机构由位调节操纵手柄 9、位调节偏心轮 2、位调节杠杆 18、位调节杠杆弹簧 19 等组成，并与位调节凸轮 31 配合起作用。位调节偏心轮焊在位调节空心轴上，通过半月键

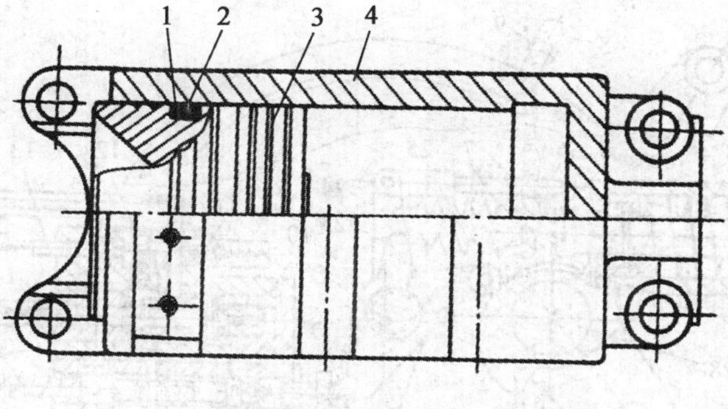

图 14-49　单作用油缸

1-尼龙挡圈；2-O 形圈；3-活塞；4-缸体

由位调节操纵手柄带动，位调节杠杆空套在位调节偏心轮上。位调节凸轮安装在提升轴上。

力调节操纵机构由力调节操纵手柄 10、力调节偏心轮 1、力调节杠杆 20、力调节杠杆弹簧 17、力调节推杆 15 等组成，并与力调节弹簧总成配合起作用。力调节偏心轮焊接在力调节中心轴上，通过半月键由力调节操纵手柄带动，力调节杠杆套在力调节偏心轮上。当驾驶员扳动位调节或力调节操纵手柄时，位调节偏心轮或力调节偏心轮的中心便绕力调节中心轴的轴线转动，从而带动位调节杠杆或力调节杠杆前后摆动，使主控制阀位于不同的工作位置。

如图 14-50 所示，力调节弹簧总成由力调节弹簧杆 6、力调节弹簧 5、力调节弹簧座 7、力调节弹簧压板 9、力调节传感接头 1、调整螺母 3、插销 2、推板 8、防尘罩 12、调整螺母锁定块 11 和紧固螺钉 10 等组成。装配时，要求力调节弹簧和弹簧座之间无间隙，也不使弹簧预紧；力调节弹簧总成装入提升器壳体后，弹簧座和壳体的支承端面也不应有间隙。

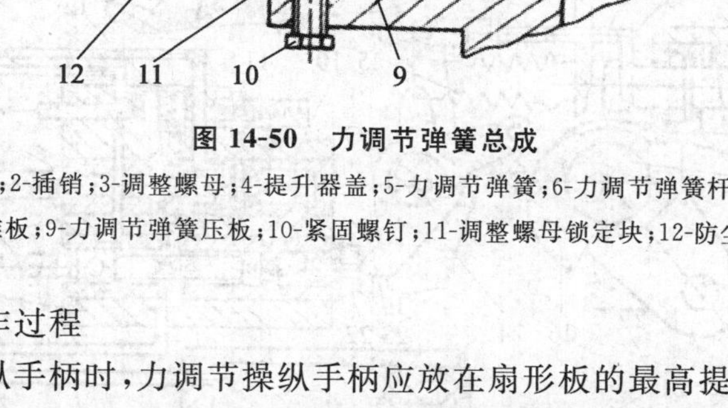

图 14-50　力调节弹簧总成

1-力调节传感接头；2-插销；3-调整螺母；4-提升器盖；5-力调节弹簧；6-力调节弹簧杆；7-力调节弹簧座；8-推板；9-力调节弹簧压板；10-紧固螺钉；11-调整螺母锁定块；12-防尘罩

1)位调节操纵工作过程

在使用位调节操纵手柄时，力调节操纵手柄应放在扇形板的最高提升位置。

(1)运输位置：如图 14-51 所示，力调节操纵手柄 8 和位调节操纵手柄 9 均放在扇形板的最高提升位置，提升臂 4 升到最高位置。此时，位调节杠杆在位调节杠杆弹簧的作用下，其回位端滚轮靠紧位调节凸轮工作面较低部分，而位调节杠杆的控制端将主控制阀从最大伸出位置推入，处于中立位置，农机具被悬挂在最高提升位置，即运输位置。

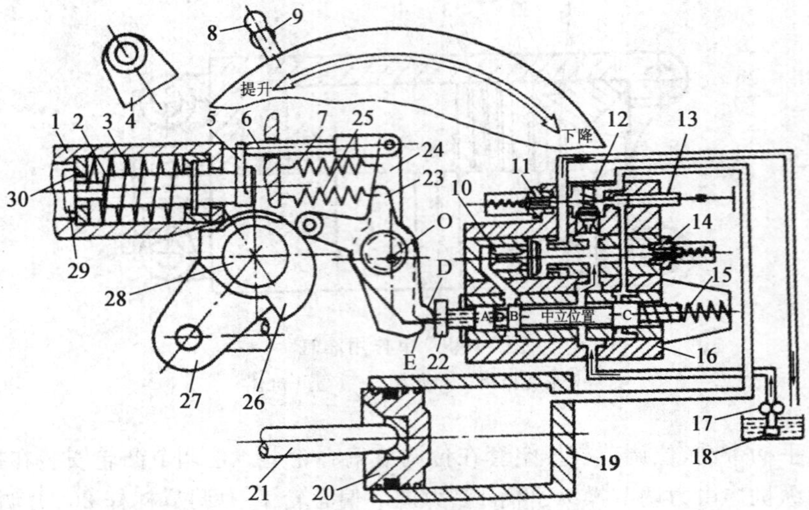

图 14-51 力、位调节运输位置

1-提升器壳体;2-力调节弹簧杆;3-力调节弹簧;4-提升臂;5-推板;6-力调节推杆;7-力调节杠杆弹簧;8-力调节操纵手柄;9-位调节操纵手柄;10-回油阀;11-液压缸安全阀;12-单向阀;13-下降速度控制阀;14-系统安全阀;15-主控制阀回位弹簧;16-分配器总成;17-液压泵;18-滤清器;19-缸体;20-活塞;21-活塞顶杆;22-主控制阀;23-位调节杠杆;24-力调节杠杆;25-位调节杠杆弹簧;26-位调节偏心轮;27-内提升臂;28-提升轴;29-力调节传感接头;30-力调节弹簧压板

O-偏心轮轴心;A、B、C-主控制阀的密封带;D-位调节杠杆控制端;E-力调节杠杆控制端

(2)下降位置和耕深控制:将位调节操纵手柄 9 向下降方向移动,如图 14-52 所示。由于位调节杠杆弹簧的作用使位调节杠杆回位端滚轮靠紧位调节凸轮,并以此为支点,当位调节偏心轮随位调节操纵手柄顺时针方向转动时,便带动位调节杠杆控制端向前运动,并将主阀推进到下降位置,农机具便靠自重下降。如果手柄下移较多,主控制阀被推入到极限位置不能继续移动,位调节杠杆便转为以主控制阀端面为支点,迫使其回位端滚轮离开凸轮工作面,出现间隙 S。

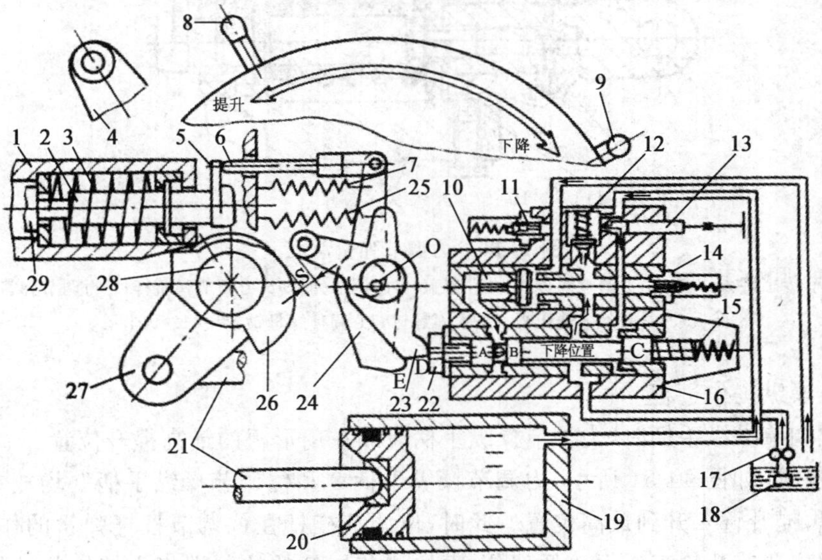

图 14-52 位调节下降开始位置

(图注同图 14-51)

随着农机具的下降，夹固在提升轴上的位置调节凸轮与提升轴一起反时针方向转动，凸轮工作面升程逐渐增大，使间隙 S 逐渐减小，当间隙 S 消除后，便推动位调节杠杆的回位端绕偏心轮顺时针转动，位调节杠杆控制端后移，主控制阀在主控制阀回位弹簧的作用下随之后移。当农机具达到预定的位置（或耕深）时，主控制阀回到中立位置，农机具便停止下降，并悬挂在某一相应的高度位置，如图 14-53 所示。

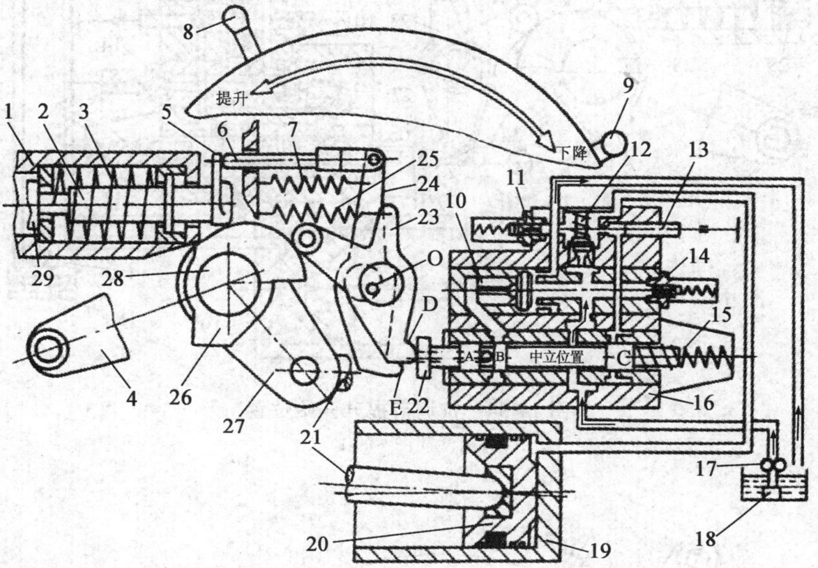

图 14-53　位调节下降-中立位置

（图注同图 14-51）

位调节操纵手柄向下降方向的移动量越大，则位调节杠杆回位端与位调节凸轮工作面间的间隙 S 也越大，因此，要使主控制阀回复到中立位置，位调节凸轮反时针转动角度也越大，即农机具下降得越低（耕深越深）。由此可见，不同的位调节操纵手柄的位置，可得到不同的悬挂高度（或耕作深度）。如果因油缸漏油而导致农机具沉降，由于有位调节凸轮的反馈作用，系统将自动实现位调节过程，维持农机具在调定的位置上。

(3)提升位置：将位调节操纵手柄向扇形板提升方向扳动，如图 14-54 所示。位调节杠杆便以回位端为支点，顺时针方向转动，控制端向后移，主控制阀便被主控制阀回位弹簧推出至提升位置，农机具提升。

随着农机具的提升，位调节凸轮顺时针方向转动，凸轮工作面升程逐渐减小。在位调节杠杆弹簧拉力的作用下，位调节杠杆控制端便推进主控制阀至中立位置，农机具停止上升，并保持在相应的悬挂高度上。

位调节操纵手柄越向提升方向移动，农机具需提升到越高的位置后主控制阀才能被推至中立位置。当位调节操纵手柄移至扇形板最高提升位置时，农机具便被提升到最高位置，如图 14-51 所示，此时，主控制阀处于中立位置。

(4)液压输出位置：当扳动位调节操纵手柄越过扇形板上的最高提升位置，到达“液压输出”位置（即液压输出时的提升位置）时，可以获得液压输出，如图 14-55 所示。这时，位调节偏心轮随操纵手柄逆时针方向转动，位调节杠杆回位端靠在位调节凸轮工作面，拉伸位调节杠杆

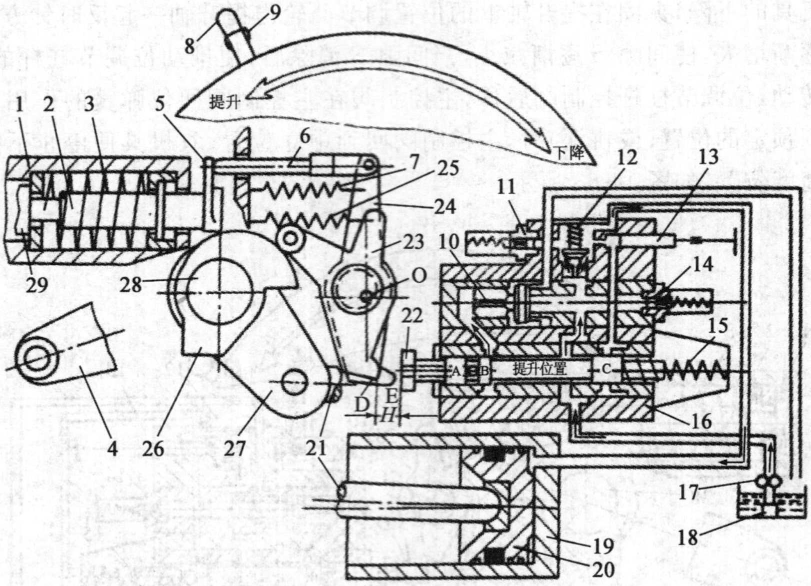

图 14-54 位调节提升开始位置

(图注同图 14-51)

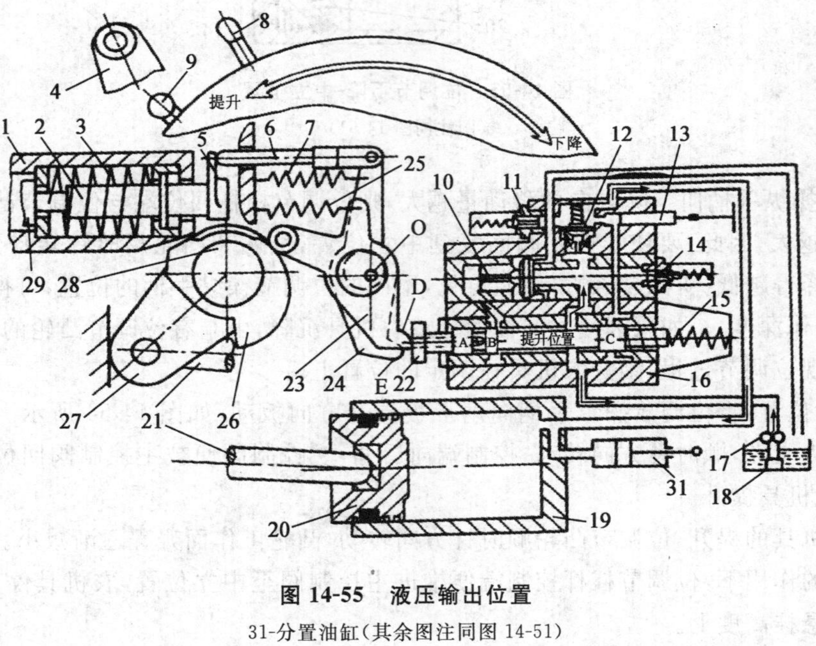

图 14-55 液压输出位置

31-分置油缸(其余图注同图 14-51)

弹簧,使位调节杠杆控制端后移。主控制阀便被其回位弹簧推出至提升位置。这样,油泵来油充满油缸直到内提升臂与提升器壳体内壁相碰,油液经油缸输出油孔分流到分置油缸 31。当供油量达到分置油缸要求时,应及时将位调节操纵手柄扳回到最高提升位置(为液压输出时的中立位置)。即让主控制阀回到中立位置,停止对分置油缸供油,于是分置油缸活塞保持在预定位置不动。此时油泵来油经回油口流回油池。当分置油缸需要排油时,应把位调节操纵手柄沿扇形板向下降方向(液压输出的下降位置)移动,使主控制阀处于下降位置,输出的油液返回油池。可见,液压输出的提升、中立、下降三个位置只能利用位调节操纵手柄操纵主控制阀来实现,而不能自动回到中立位置。如果将位调节操纵手柄长时间放在液压输出的提升位置,就会使液压系统油压升高,迫使安全阀长时间动作,从而造成不良后果,使用时应注意避免。

2)力调节操纵工作过程

在使用力调节操纵手柄时,位调节操纵手柄应放在扇形板最高提升位置。

(1)运输位置:如图 14-51 所示,力调节操纵手柄和位调节操纵手柄放在扇形板的最高提升位置,提升臂升到最高位置,依靠位调节杠杆将主控制阀控制在中立位置,农机具被悬挂在最高的提升位置。此时,力调节杠杆 24 的控制端离主控制阀端有一定距离(江苏-50 型拖拉机在不悬挂农机具时为 8.7 mm),悬挂农机具后该距离要缩小,但力调节弹簧杆 2 受力调节弹簧压板 30 的限制,力调节杠杆不会触及主控制阀。

(2)下降位置和耕深控制与调节:如图 14-56 所示,将力调节操纵手柄 8 向扇形板下降方向移动,这时,力调节偏心轮随力调节操纵手柄顺时针转动,由于力调节杠杆弹簧 7 的作用,使力调节杠杆上端通过力调节推杆 6 顶住安装在力调节弹簧杆 2 上的推板 5 的端面,以力调节杠杆上端铰链为支点,其控制端向前推进主控制阀到下降位置,农机具靠自重下降。若力调节操纵手柄向扇形板下降方向移动较多,主控制阀被推入到极限位置,不能继续移动,力调节杠杆转以其控制端为支点顺时针方向摆动,结果力调节推杆和推板端面之间出现间隙 L。力调节操纵手柄下移越多,出现的间隙就越大,控制的耕作阻力数值和相对应的耕深就越大。

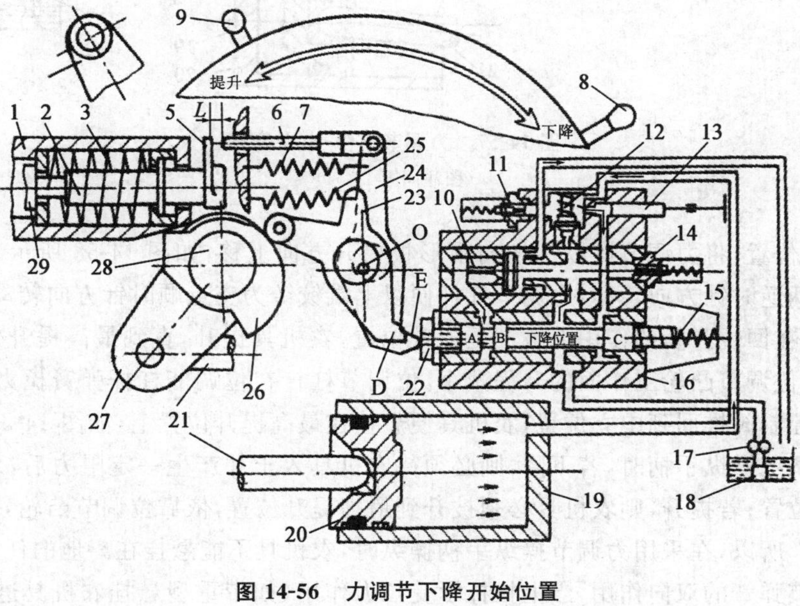

图 14-56 力调节下降开始位置

(图注同图 14-51)

随着农机具入土,耕深逐渐增加,农机具的耕作阻力增大,传感到力调节传感接头 29 上的压力使力调节弹簧 3 压缩变形,并将力调节弹簧杆连同推板向前推移,先消除间隙 L,进而推动力调节推杆,使力调节杠杆顺时针方向转动,其控制端后移,直到主控制阀在其回位弹簧的作用下回到中立位置为止。图 14-57 所示为力调节下降-中立位置。此时,农机具便停止下降,并保持在预定的耕作阻力相对应的耕作深度下稳定工作。

在工作过程中,若耕作阻力增大,通过力调节传感接头传至力调节弹簧杆的推力也增大,力调节弹簧被压缩得更多。力调节杠杆将继续推动力调节杠杆顺时针方向转动,力调节杠杆控制端后移,主控制阀被其回位弹簧推出到提升位置,农机具稍被提起,耕作阻力便下降,则作用在力调节弹簧的压力稍减,力调节杠杆弹簧便拉回力调节杠杆,顶进主控制阀回复到中立位置,以获得与预定耕作阻力相对应的耕作深度下稳定工作;若耕作阻力减小,其作用情况与上述相反。这就是根据不同耕作阻力情况,通过力调节机构自动调节耕作深度、维持耕作阻力一定的自动调节过程。

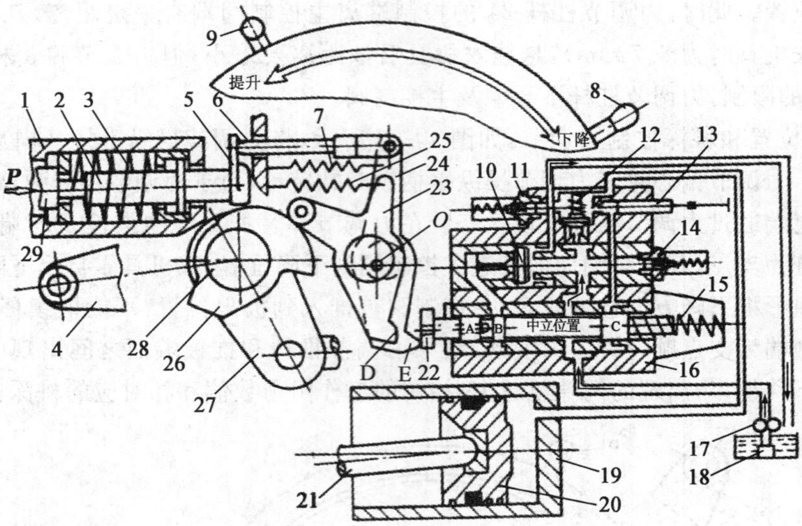

图 14-57 力调节下降-中立位置

(图注同图 14-51)

(3)提升位置:将力调节操纵手柄向扇形板提升方向上移,如图 14-58 所示。力调节偏心轮随操纵手柄逆时针方向转动,力调节杠杆便以上端铰链为支点顺时针方向转动,其控制端后移,主控制阀在回位弹簧的作用下被推至提升位置,农机具提升,直到最高提升位置。随着农机具的提升,位调节凸轮工作面的升程减小,位调节杠杆在位调节杠杆弹簧拉力的作用下,其控制端把主控制阀推回到中立位置,农机具便悬挂在最高提升位置上,如图 14-51 所示。

使用力调节操纵手柄时,若下降,则必须待农机具入土并产生一定阻力后,才能使主控制阀回到中立位置;若提升,则农机具必须被升到最高提升位置,依靠位调节凸轮,使主控制阀回到中立位置。所以,在采用力调节操纵手柄操纵时,农机具不能悬挂在离地的任意位置上。

由于调节弹簧的双向作用,当上拉杆承受拉力作用(如带重型悬挂农机具进行浅耕作业)时,该系统也能实现阻力控制自动调节。其作用原理与上拉杆受压力作用时相同,例如,当耕作阻力增大时,上拉杆的拉力减小,尽管力调节弹簧受反向压缩,但由于变形量减小,所以,使力调节弹簧杆的移动方向仍与上拉杆受压力时的情况一样。应该指出,带重型悬挂农机具浅耕时,上拉杆有时受拉力,有时因耕作阻力增大或驱动轮下沉又受压力,还常常出现受力为零的情况,这时可能出现一种不稳定的工作状态,导致农机具振动,作业质量差。这就是在中、大功率拖拉机中广泛采用下拉杆传感的原因之一。

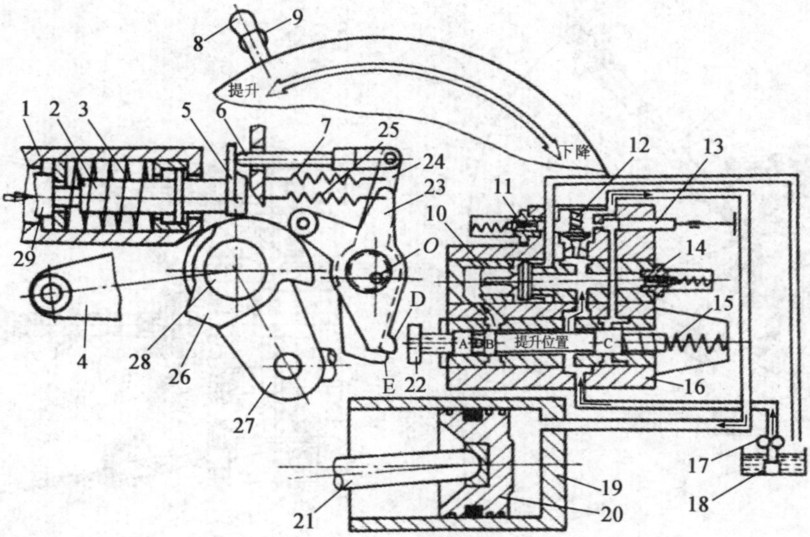

图 14-58　力调节提升开始位置

（图注同图 14-51）

采用分置式液压系统进行高度调节作业时，应把位调节操纵手柄限定在提升最高位置，将力调节操纵手柄向前推到最大耕深位置。这时，主控制阀处于下降的极限位置，油缸中活塞浮动，利用农机具的限深装置来控制耕深。

14.3.5　悬挂装置

对不同的拖拉机，悬挂装置的类型和结构形状虽然有所不同，但基本结构原理类似。现举例说明典型的后悬挂和快速挂接装置的结构原理。

14.3.5.1　后悬挂装置

图 14-59 为一般轮式拖拉机后悬挂装置，主要由上拉杆 2，下拉杆 3，左、右提升杆 4 和 1 及限位链 6 等组成。拖拉机机组在工作中，由于农机具的上、下和左、右摆动，使杆件相互之间产生复杂的相对运动，因此，上、下拉杆的两端均采用球铰链，一端与拖拉机机体铰接，另一端与农机具的悬挂轴铰接，而提升杆 1 和 4 的上端采用十字万向节接头与外提升臂 5 铰接。

上拉杆的结构如图 14-60(a)所示，它由三段组成，中段的两端分别用左、右螺纹孔管与前、后两段连接。因此，当拧转中段上的两手柄时，整根上拉杆的长度就可调节，以便用来调整农机具在纵向平面内的位置。例如，当拖拉机带悬挂犁工作时，调节上拉杆长度，便可调节悬挂犁的入土角和使前、后犁的耕深一致；当带悬挂农机具长距离转移时，可将上拉杆调短，以提高机组的通过性。

轮式拖拉机带悬挂犁耕地时，左侧车轮行走在未耕地上，右侧轮行走在犁沟内，拖拉机机体略向右倾斜，因而会影响耕深的一致性。为了在机体倾斜的情况下使犁架保持左、右水平，前、后犁铧的耕深保持一致，则左、右提升杆的长度必须不相等，并能根据犁沟深度的不同随时进行调整。如图 14-60(b)所示，右提升杆设置有调整手把，驾驶员可以直接摇转调整手把，通过一对锥齿轮传动来改变右提升杆的长度。左提升杆安装时保持合适的长度，工作时一般不需调整，只有当右提升杆的调整量不够时，才拆下左提升杆进行辅助调整。左、右下拉杆上设

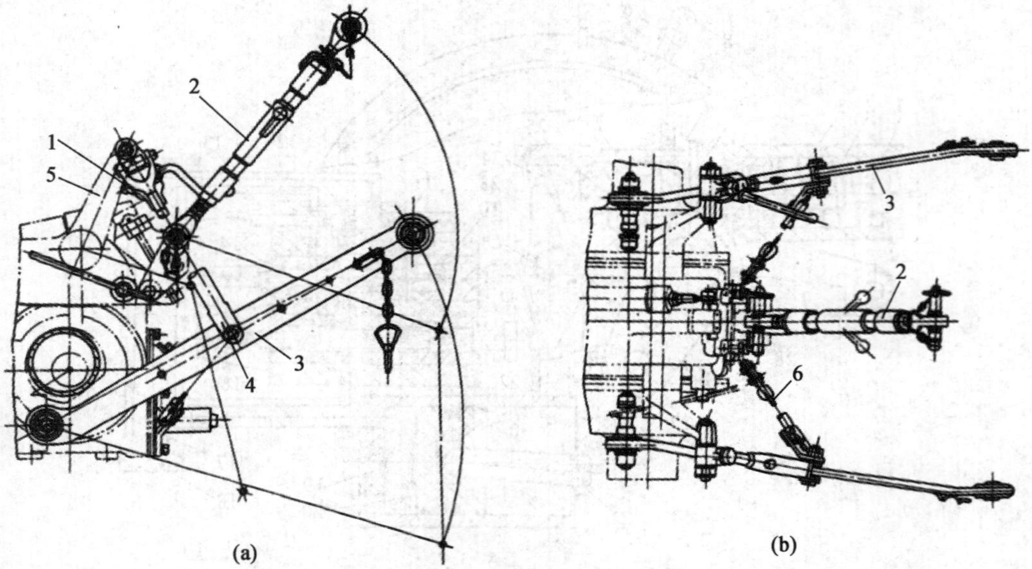

图 14-59 轮式拖拉机后悬挂装置

(a)悬挂装置主视图；(b)悬挂装置俯视图

1-右提升杆；2-上拉杆；3-下拉杆；4-左提升杆；5-外提升臂；6-限位链

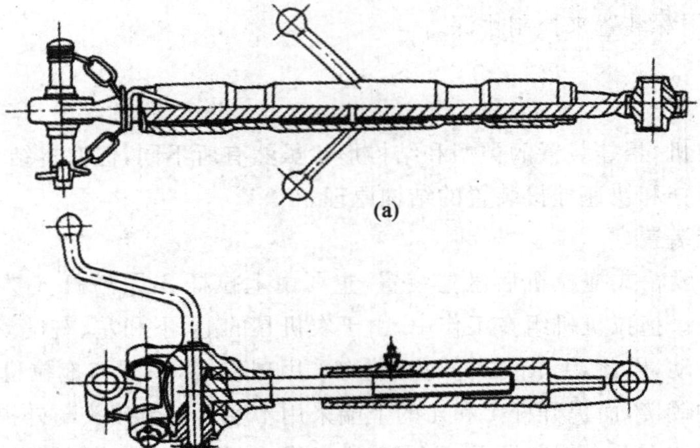

图 14-60 上拉杆与右提升杆总成

(a)上拉杆总成；(b)右提升杆总成

有限位链(有的采用限位杆)，用以限制农具(下拉杆)的横向摆动量。

根据农具的作业形式来选择限位链的移动量，配带犁、耙等机具作业时，限位链应有一定的移动量，使拖拉机有良好的操纵性能。而配带旋耕机、割草机等机具作业时，应将限位链调紧。在农机具被提升为运输位置时，限位链也应调紧；当农机具下降后，限位链再放松。

14.3.5.2 快速挂接装置

拖拉机的悬挂装置与农机具的连接，一般都采用上述传统的锁孔式结构。这种结构制造简便，使用可靠，但挂接过程比较困难、费时，常需要辅助人员帮助挂接，且不安全。为了使农机具的挂接或卸下迅速、简便、安全,在不少拖拉机上已采用快速挂接装置。

图 14-61 是一种农具快速挂接装置的示意图,它主要由分别安装在上、下拉杆末端的上拉杆快速挂接钩 2 和下拉杆快速挂接钩 1 以及拉绳 3 等组成。采用这种装置,使农机具挂接和卸下过程变得十分容易,甚至驾驶员可不离开驾驶室,也不需要辅助人员帮助,就能快速、轻便地完成农机具的挂接或卸下。当需要挂接农机具时,将拖拉机倒退到与农机具基本对正的位置,使下拉杆快速挂接钩处于农机具悬挂轴的下方,并让上拉杆快速挂接钩首先挂住农机具的上支承销,然后操纵液压系统将下拉杆提升,于是农机具悬挂轴在农机具重量的作用下,压开下拉杆快速挂接钩的活动卡铁,悬挂轴落入挂接钩以后,卡铁又自动弹出并锁住悬挂轴。摘卸农机具时,驾驶员只要拉动绳索,使卡铁缩进,落下下拉杆,悬挂轴即可脱出,然后脱开上拉杆。

为了便于同时顺利完成三个悬挂点的挂接钩与农机具的挂接,有些快速挂接装置还附加一个三角形式"Π"字形框架,把上、下拉杆有机地(弹性或刚性地)连接起来,并使三个挂接钩形成一个悬挂三角形,其尺寸与相配套的农机具挂接三角形相适应。农机具的挂接三角形一般是指悬挂农机具的上支承销和悬挂轴两端的下支承销所形成的三角形。具有"Π"字形刚性框架的快速挂接装置如图 14-62 所示。

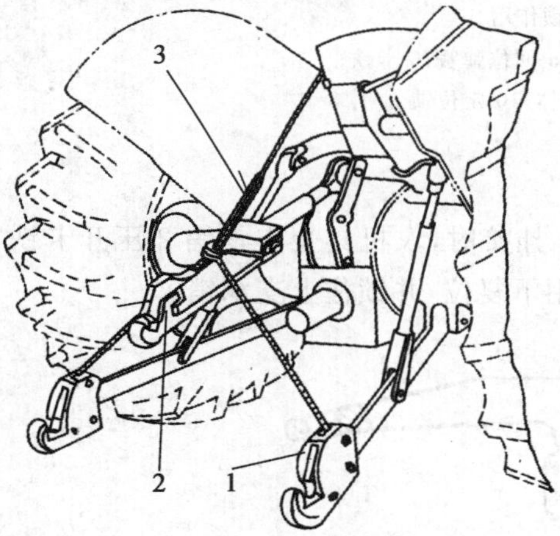

图 14-61 农具快速挂接装置示意图

1-下拉杆快速挂接钩;2-上拉杆快速挂接钩;3-拉绳

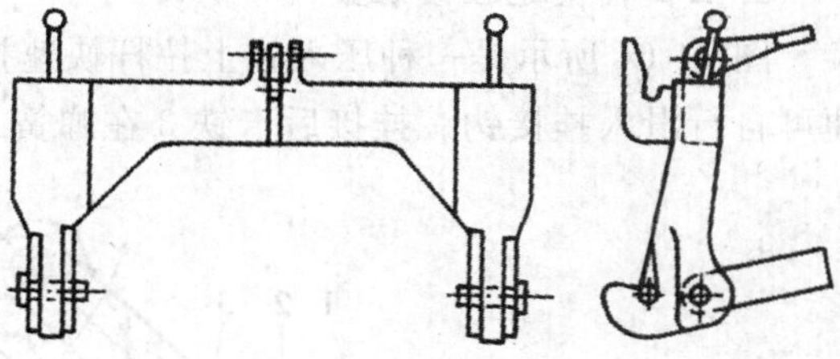

图 14-62 具有"Π"字形刚性框架的快速挂接装置

1. 下拉杆快速挂接装置

下拉杆快速挂接装置的结构方案很多,但其基本工作原理是类似的,都具有自动定位和自锁作用。

下拉杆快速挂接装置结构如图 14-63 所示,拉耳 2 用弹簧销 1 铰接在钩体 9 上,卡铁 6 用销轴 3 铰接在拉耳上。钩衬 8 用较好材料制成,磨损后可更换。

当挂接农机具时,下拉杆抬起,农机具悬挂轴 7 两端分别压在左、右挂接钩上,对卡铁 6 产生压力 $\boldsymbol{P}$,如图 14-63(a)所示。这时,卡铁以 b 点为支点,在力矩 Pa 的作用下,其铰接端与销轴 3 一起按箭头所示方向运动,同时卡铁头部缩进钩体 9 中,于是农机具悬挂轴滑入挂接钩中,并自动定位,继而卡铁在回位弹簧 5 的拉力作用下弹出钩体,锁住悬挂轴。

在工作过程中,当悬挂轴因某种原因而上跳时,对卡铁产生冲击力 $\boldsymbol{P}'$[图 14-63(b)]。这时卡铁以 b'为支点,在脱出力矩 $P'a'$的作用下,按图 14-63(b)中箭头所示方向运动,同时卡铁头部反而越向外伸，使悬挂轴更不易脱出，即实现了自锁作用。当需要摘卸农机具时，只要通过拉绳或拉杆拉动拉耳2，使它逆时针方向转动，带动卡铁缩回。这时，降下下拉杆，悬挂轴便可脱离挂接钩。

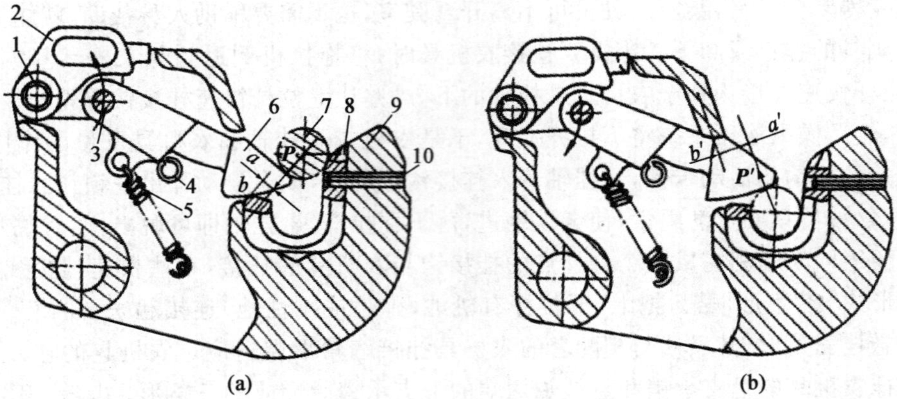

图 14-63　下拉杆快速挂接钩

(a) 挂接开始；(b) 自锁作用

1-弹簧销；2-拉耳；3-销轴；4-限位销；5-回位弹簧；6-卡铁；

7-农机具悬挂轴；8-钩衬；9-钩体；10-定位锁

2. 上拉杆快速挂接装置

图 14-64 所示是一种压入式上拉杆快速挂接钩。挂接时，农机具上支承销 2 压开卡铁 3，便可自行滑入挂接钩。挂接后卡铁 3 在弹簧 4 的作用下复位，并锁住上支承销。

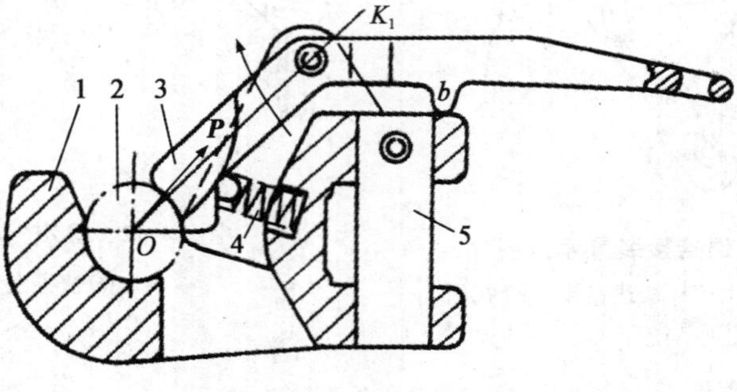

图 14-64　上拉杆快速挂接钩

1-钩体；2-农机具上支承销；3-卡铁；4-弹簧；5-摆动轴

由于脱出力 $\boldsymbol{P}$ 的作用线偏向 OK_1 线的左上方，脱出力矩企图使卡铁按图中箭头所示方向转动，但受支点 b 限制，因此不能脱开，实现了自锁作用。

应该指出，对图 14-62 所示具有“Π”字形刚性框架的快速挂接装置，只要悬挂轴定位锁紧后，农机具便不会脱出，因此其上挂接钩不带锁定机构。

思考题

1. 固定式牵引装置有何特点？牵引点的垂直和水平位置是如何调节的？

2. 何谓标准转速动力输出轴？何谓同步式动力输出轴？

3. 何谓非独立式动力输出轴、半独立式动力输出轴、独立式动力输出轴？它们各有何特点？

4. 两点悬挂和三点悬挂各有何特点？

5. 何谓分置式、半分置式和整体式液压系统？各有何特点？

6. 耕深调节方法有哪些？说明其调节原理及对耕作质量的影响和特点。

7. 试述分置式液压系统的工作原理。

8. 试述半分置式液压系统的工作原理。

第 15 章　拖拉机新技术

15.1　农机 CAN 总线技术

15.1.1　农机 CAN 概述

随着电子技术的飞速发展，农业车辆和机具的电控设备越来越多，传统电控单元间采用点对点的联结方式，线束多，布线复杂，造成网络可靠性低，数据资源难以共享，机具间协调控制不易实现。串行总线连接电控单元大大简化了车辆布线系统，而且成本较低，同时实现了电控单元间数据高度共享，提高了系统可靠性及故障诊断水平，应用串行总线已成为农业车辆和机具电控网络技术发展的必然趋势。

CAN(Controller Area Network)即控制器局域网，是德国博世公司为解决现代汽车中众多控制与测试仪器之间的数据交换，于 1983 年设计的一种能有效支持分布式控制实时控制的串行通信网络。由于 CAN 自身的优越性及其特殊的设计，CAN 规范于 1993 年成为 ISO 国际标准。

1988 年德国 LAV(德国农业机械和拖拉机协会)成立了一个委员会，选择 CAN 总线(CAN 1.0)为基础制定新的农机总线标准 LBS，即 DIN9684 标准。1991 年，ISO 开始着手农机总线的标准化工作，由 TC23/SC19(第 23 技术委员会第 19 子技术委员会，负责农业机械电子化工作)以 DIN9684 中 5 个部分的标准为基础制定新的国际标准。SC19 第一工作组(WG1)专门负责农机总线国际标准的制定。到 1992 年，TC23/SC19/WG1 决定采用 CAN2.0B 作为标准的基础，将该标准命名为 ISO 11783。

15.1.2　ISO 11783 标准的内容与结构

ISO 11783 标准共分为 14 个部分，如表 15-1 所示。

ISO 11783 可分为应用层、网络层、数据链路层、物理层。它使用 CAN2.0B 的物理层与数据链路层作为底层协议，在 CAN2.0B 的数据链路层之上建立通信和寻址机制。ISO 11783 使用“地址”的概念，并采取此种手段防止多个控制器使用相同的 CAN 标志符。ISO 11783 与 CAN 的关系见图 15-1。ISO 11783 对 CAN 的物理层和数据链路层进行了某些封装。

ISO 11783 应用层
ISO 11783 网络层
ISO 11783 数据链路层 CAN DLL
ISO 11783 物理层 CAN PHL

图 15-1 ISO 11783 层次结构

表 15-1　ISO 11783 标准内容

部分	英文名称	中文名称
Part 1	General standard for mobile data communication	移动数据通信一般标准
Part 2	Physical layer	物理层
Part 3	Data layer	数据链路层
Part 4	Network layer	网络层
Part 5	Network management	网络管理
Part 6	Virtual terminal	虚拟终端
Part 7	Implement messages application layer	农具消息应用层
Part 8	Power train messages	动力传动系统消息
Part 9	Tractor ECU	拖拉机 ECU
Part 10	Task controller and management information system data interchange	任务控制器与管理信息系统数据交换
Part 11	Mobile data element dictionary	移动数据元字典
Part 12	Diagnostics services	诊断服务
Part 13	File server	文件服务器
Part 14	Sequence control	顺序控制

15.1.3　CAN 总线技术在农业车辆上的应用

约翰迪尔、纽荷兰等公司的一部分拖拉机已经应用了 CAN 总线技术。在相关拖拉机上，其电子组合仪表、操纵控制台单元、底盘控制单元和牵引控制单元等通过 CAN 网络集成在一起，实现了对发动机、传动系、液压系等子系统监测与控制的一体化，并大大提高了使用维护的方便性和可靠性。例如：中央显示屏的信息来自各子系统并与各控制器件共享；由于 CAN 的传输线路较少，操纵控制台可以移动，并可将换挡操纵杆、前轮驱动开关、差速锁、动力输出轴、三点悬挂等大多数的操纵控制器件集中其上；动力换挡变速箱因 CAN 而实现了将驾驶室操纵系统和变速箱的传动器组件控制的分离，有效地提高了可靠性，可共享其他传感器采集的必要信息；前轮驱动、差速锁、动力输出轴的控制均实现了以遍布全车的各相关传感器采集的信息为基础，如前轮驱动的控制，就可以依据制动踏板、驻车制动器、传动器输出速度等传感器信号或控制台上的前轮驱动开关信号来决定控制状态。

图 15-2 为基于 ISO 11783 的拖拉机总线网络结构简图。该网络没有主控制器，而由两个通讯总线即拖拉机总线与农具总线组成，图中所示的农具还带有农具子网络总线。这些总线是通过拖拉机 ECU 及农具 ECU 与网桥的 ECU 相连的。任务控制器与管理计算机网关、虚拟终端(VT)连接到农具总线上。任务控制器是一个 ECU，正常情况下它位于拖拉机上，用于提供一些农具作业的任务指令，例如提供精细农业操作中的处方指令。管理计算机网关包含一个接口，与管理计算机相兼容且允许数据在任务控制器与管理计算机之间进行交换。在任务控制器与农具间及任务控制器接口与管理计算机内应用软件间是标准化通信，但管理计算机与任务控制器之间接口没有标准化。

该网络中信息可以在各部件间通信与共享。例如，对于任务控制器与 GPS ECU 之间的

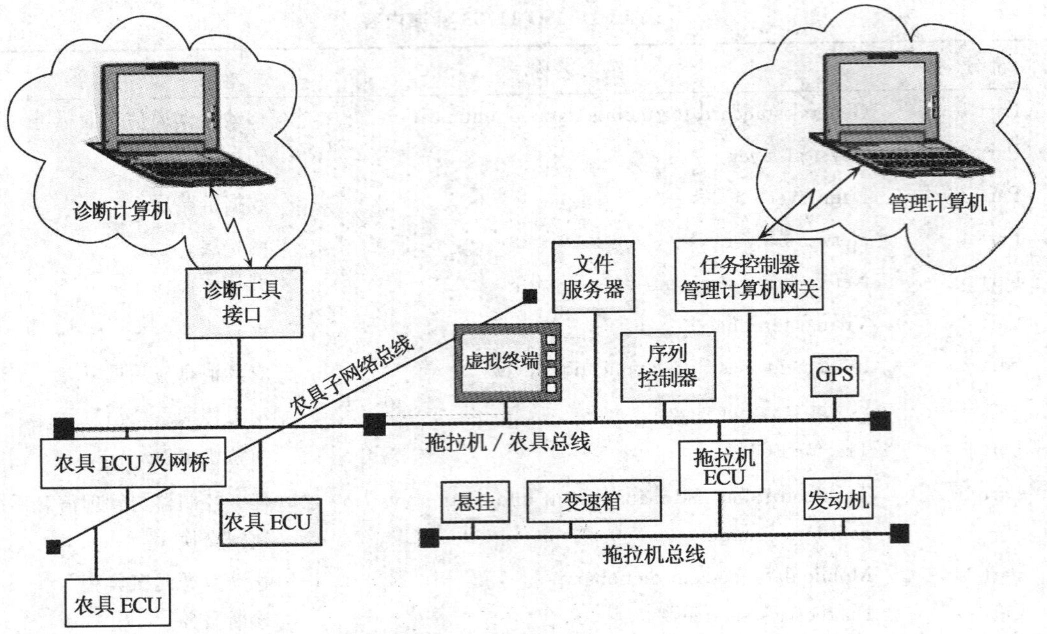

图 15-2　基于 ISO 11783 的拖拉机总线结构图

通信,一旦定义好导航信息,任务控制器就可以接收位置信息。同样,定义好发动机转矩信息后,发动机 ECU 就可以向变速箱提供当前转矩曲线。许多信息以不同的重复率被传送,个别信息以每秒 100 次的重复率在网络上传送,而这类信息占总线容量的约 5%。为避免总线容量过度使用,需要对信息进行规划管理。另外,拖拉机 ECU 对拖拉机与农具总线信息进行过滤,以免一条总线的过载而影响整个总线的通信。

图 15-3 为 Valtra 公司开发的基于 ISO 11783 CAN 总线技术的变量播种系统。该系统包含 5 个 ECU,用于变量施肥的控制与管理、数据采集以及与 ISO 11783 网络中设备间的通信。有 4 个 ECU 装在拖拉机上,分别为 GPS ECU、任务控制器(TC)、虚拟终端(VT)与拖拉机 ECU(TECU)。GPS ECU 对差分 GPS 的车辆位置信号进行处理。VT 为作业监视器。TC 用于管理作业处方图,存储作业数据并通过 ISO 11783 网络发送期望输入量来控制施肥。

图 15-3　基于 ISO 11783 CAN 总线技术的变量播种系统

TECU 用于处理雷达传感器的车辆速度信息。为了分析网络通信程序，在网络中加装一个 Vector 公司的 PCMCIA CAN-BUS 网络嗅探器，通过 ISO 11783 网络的数据信息交换来监控与分析其应用效果。第五个 ECU 位于施肥机上，为一个微型控制器，通过 ISO 11783 网络接收来自 TECU 的指令，根据处方图控制相关部件实现变量作业。

15.2 Wi-Fi 技术

15.2.1 Wi-Fi 技术的原理

Wi-Fi(wireless fidelity，无线保真)实际上为制定 IEEE 802.11 无线网络的组织，并非代表无线网络。目前无线局域网(WLAN)主流采用 IEEE 802.11 协议，故常直接称为 Wi-Fi 网络。但是后来人们逐渐习惯用 Wi-Fi 来称呼 IEEE 802.11b 协议。它的最大优点就是传输速度较高，可以达到 11 Mb/s，且可靠性高。另外，其有效距离长，在开放性区域，通信距离可达 305 m；在封闭性区域，通信距离为 76～122 m，同时也可与已有的各种 802.11 DSSS(直接序列扩频)设备兼容。

Wi-Fi 局域网本质的特点是不再使用通信电缆将计算机与网络连接起来，而是通过无线的方式连接，从而使网络的构建和终端的移动更加灵活。

Wi-Fi 定义了两种类型的设备。一种是无线站，通常通过一台 PC 机加上一块无线网卡构成。另一种称为无线接入点(access point，AP)，它的作用是提供无线和有线网络之间的桥接。一个无线接入点 AP 通常由一个无线输出口和一个有线的网络接口(802.3 接口)构成，桥接软件符合 802.ld 桥接协议。接入点就像是无线网络的一个无线基站，将多个无线的接入站聚合到有线的网络上。图 15-4 所示为一种家庭或 SOHO 网络的组网模式。

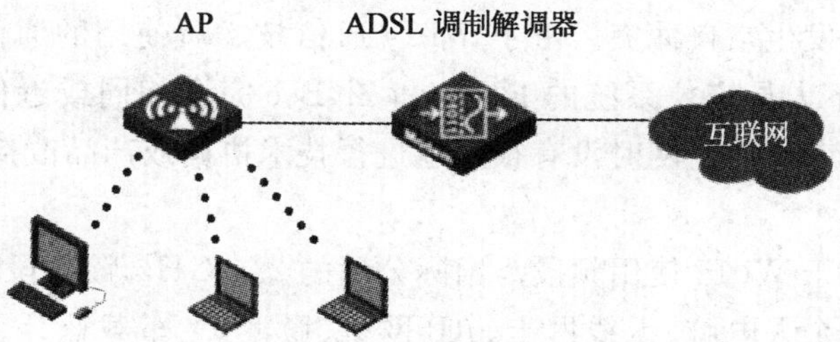

图 15-4 一种家庭或 SOHO 网络的组网模式

有线网络到户后，连接到一个 AP，然后在电脑中安装一块无线网卡即可。接入点 AP 在媒介存取控制层 MAC 中作为无线工作站与有线网络的桥梁，当然接入点 AP 也需要有普通站点(PC 电脑、笔记本电脑或智能手机等)的身份。普通的家庭有一个 AP 已经足够，甚至用户的邻里得到授权后，则无须增加端口也能以共享的方式上网。如果在网络建设完备的情况下，802.11b 的真实工作距离能达到 100 m 以上，而且还减少了高速移动时数据的纠错问题、误码问题，Wi-Fi 设备与设备、设备与基站之间的切换和安全认证也能得到很好的解决。

15.2.2 Wi-Fi 技术的特点与未来发展

15.2.2.1 Wi-Fi 技术的优势

(1)无线电波的覆盖范围广。基于蓝牙技术的电波覆盖范围非常小,半径大约只有 15 m,而 Wi-Fi 覆盖半径则可达 100 m 以上。据悉,由 Vivato 公司推出的一款新型交换机能够把 Wi-Fi 无线网络通信距离扩大到约 6.5 km。

(2)传输速度非常快。虽然由 Wi-Fi 技术传输的无线通信质量不是很好,数据安全性能比蓝牙技术差一些,传输质量也有待改进,但传输速度非常快,其传输速度可以达到 11 Mb/s,符合个人和社会信息化的需求。

(3)组建方法简单,成本低。一般架设无线网络的基本配备就是无线网卡及一个 AP,架设费用和复杂程度远远低于传统的有线网络。如果只是几台电脑的对等网,也可不要 AP,只需要每台电脑配备无线网卡。

(4)远离人身,健康安全。常用手机的发射功率在 200 mW 至 1 W 之间,GSM 手机发出的功率最多可达瓦(W)级(约 2 W),手持式对讲机的发射功率则高达到 4～5 W。由于 Wi-Fi 采用的是 IEEE 801.11 标准,这个标准规定发射功率不能超 100 mW,而实际发射功率也就几十毫瓦,且与人身体不直接接触。

(5)很好地补充了现有通信系统。随着技术的逐步完备与发展,Wi-Fi 的工作距离也在逐步扩展,它也成为现在通信系统很好的补充元素,因为它很好地解决了高速移动数据的纠错问题、延时问题、误码问题,以及设备与基站之间切换、设备与设备之间的切换问题。

15.2.2.2 Wi-Fi 技术的弊端

(1)通信距离有限。Wi-Fi 技术不属于国际电信联盟 ITU 规定的移动语音通信标准,不具备规模组网通信的理论基础与技术标准。Wi-Fi 技术的定位就是短距异步宽带数据无线接入。

(2)易与有关网络发生空口冲突。由于 Wi-Fi 通信技术所使用的通信体制、占用带宽、调制方式与目前煤矿井下人员定位系统的 RFID 和 ZigBee 完全相同或近似,因此,在井下多系统同时应用时,如果二者厂商组网时没有很好地进行技术协调或产品改造,极易导致二网系统空口冲突与功能瘫痪。

(3)易受干扰。由于 Wi-Fi 使用频段为国际公用的 2.4 GHz,该频段各类民用无线通信设备非常混乱复杂,包括个人电脑、无线网卡、AP 网桥、微波炉、车载蓝牙、微波通信等,这些对 Wi-Fi 设备与 AP 之间的通信会造成严重的电磁干扰。

(4)通信效果较差。Wi-Fi 技术的点对点无线数据传输的理想理论带宽是 22 Mb/s,随着传输条件的变化,其带宽将下降为 11 Mb/s、5.5 Mb/s、2 Mb/s、1 Mb/s。而作为移动通信,随着每一个 AP 下 Wi-Fi 接入数量的不同,其无线传输带宽变化非常剧烈,从而影响通信效果。

15.2.2.3 Wi-Fi 技术的发展与未来

家庭和小型办公网络用户对移动连接的需求是无线局域网市场增长的动力。到目前为止,美国、日本等发达国家是 Wi-Fi 用户最多的地区,而随着电子商务和移动办公的进一步普及,廉价的 Wi-Fi 必将成为那些随时需要进行网络连接用户的必然之选。

当然,Wi-Fi 技术的商用并不是一帆风顺的。一方面是由于 Wi-Fi 技术自身的限制,比如其漫游性、安全性和如何计费等都还没有得到妥善的解决。另一方面,由于 Wi-Fi 的赢利模式不明确，如果将 Wi-Fi 作为单一网络来经营，商业用户的不足会使网络建设的投资收益比较低，因此也会影响电信运营商的积极性。但从 Wi-Fi 技术定位看，对于电信运营商而言，Wi-Fi 技术主要是作为高速有线接入技术的补充，将来逐渐也会成为蜂窝移动通信的补充，特别是 Wi-Fi 技术可以在特定的区域和范围内发挥对 3G 的重要补充作用，Wi-Fi 技术与 3G 技术相结合将具有广阔的发展前景。

15.2.3　Wi-Fi 技术在车辆上的应用

15.2.3.1　在农业车辆上的应用

目前，Wi-Fi 技术已经在农业车辆上有所应用。英国 2013 年格拉斯顿伯里音乐节（Glastonbury Festival）上展出一款带 4G Wi-Fi 无线网的拖拉机，以方便参加活动的人通信联络，而始于 2009 年的德国国家联合研究项目 iGreen 中则将 Wi-Fi 技术应用于农场作业机械控制系统与农场管理中心之间有关数据的交换与处理。图 15-5 为 iGreen 项目通信网络拓扑结构图。

在图 15-5 中，其中一台拖拉机或农业机械为网络根节点，其作为网络中继器，实现在田间作业的不同厂家拖拉机或农业机械、移动设备（智能手机或笔记本电脑等）与农场信息中心的跨接。田间作业机械或移动设备与网络中继器之间通过 Wi-Fi 进行通信，从而完成协作。如果农场信息中心与田间作业机械没有建立直接通信，可以通过 Wi-Fi 技术将在农田与农庄之间往来运输的拖拉机用存储转发方式转变成“数据骡”。一旦该运输拖拉机进入田间 Wi-Fi 范围，就可以实现田间作业机械与农场信息中心间的信息交换。

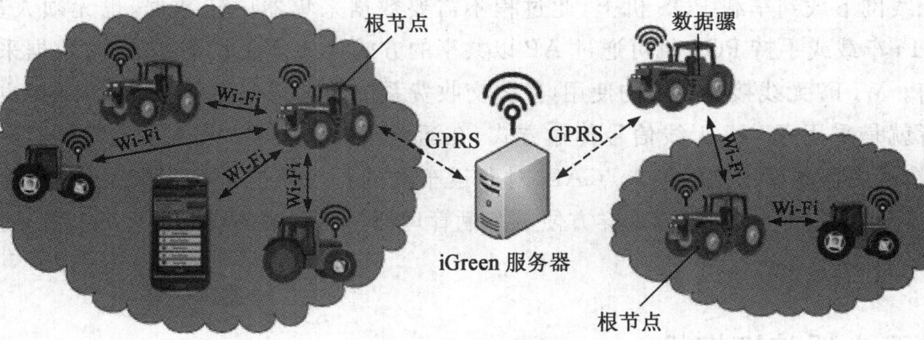

图 15-5　iGreen 通信网络拓扑结构

图 15-6 为 iGreen 项目在玉米收获时进行数据交换的系统结构图。两台联合收割机用于玉米收割，同时用几台拖拉机运送联合收割机收获的玉米。两个收割机之间通过 Wi-Fi 交换车辆所在位置及当前温度等信息，这样可以实现两台收割机之间的良好协作，高效地完成玉米收割作业。收割机与运送车辆之间交换车辆位置与物料位置等信息。农场主可以根据玉米湿度信息与 GPS 位置信息进行有选择的区域作业及对联合收割机进行合理调度，还可以根据收割机与运输车辆之间的物料位置与车辆位置信息合理地调度运输车辆，以及时地运送玉米。

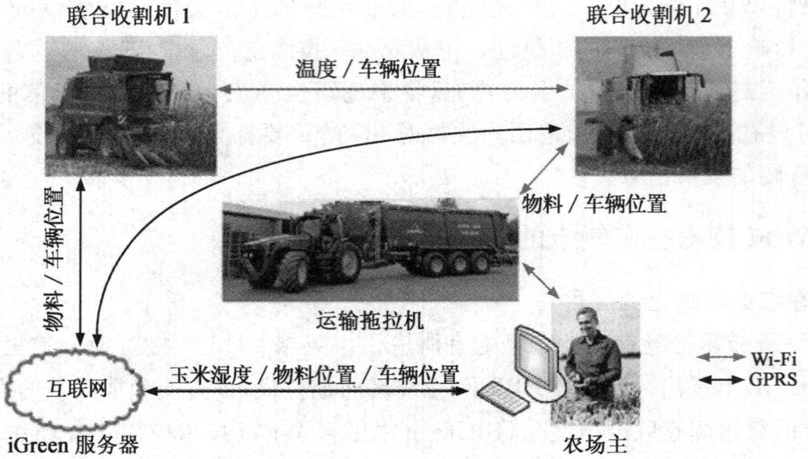

图 15-6 玉米收获时进行数据交换的系统结构图

15.2.3.2 在其他车辆上的应用

目前,在一些高档轿车、出租车与公交车辆上已经应用 Wi-Fi 技术,以方便乘客上网。另一方面,基于 Wi-Fi 技术的公交无线车载 POS(point of sales)机与无线车辆行驶记录仪得到开发与应用。前者采用 Wi-Fi 无线接入技术,当公交车进入总站后,车载 POS 机自动关联到架设在总站的 AP,该 AP 可通过以太网(Ethernet)连接到数据采集中心。关联完成后,车载 POS 机将本次 POS 机上存储的数据自动上传至数据采集中心,并将黑名单及其他需下载内容通过无线网下载到车载 POS 机上,此过程不需要数据采集器中转数据,也无须人员参与。多台 Wi-Fi 车载或手持 POS 机可通过 AP 以共享的方式接入公交收费系统,与数据采集中心进行通信。Wi-Fi 无线接入技术的使用,使公交收费系统数据采集更加智能化,维护也更加容易。后者就是采用 Wi-Fi 无线信号传输方式,在运营车辆上安装 WLAN 无线车辆行驶记录仪,另一端采用移动或固定的接入点 AP,对营运车辆的行驶状况进行记录,该数据传输在车辆行驶或停止状态都可以进行,这样方便了车辆管理部门对车辆的实时管理和监控,提高了管理效率。

15.3 无人驾驶拖拉机

15.3.1 无人驾驶拖拉机的意义

精细农业的发展促进了农业装备技术的不断变革,而无人驾驶拖拉机与农业机械的出现,给精细农业的发展带来了全新的内容。特别是随着农业劳动力日益缺乏和对农业机械作业效率要求越来越高,无人驾驶拖拉机与农业机械的出现标志着令人振奋的巨大技术进步。

1999 年,雷诺公司与法国 Cemagref 研究中心和 Pascal 大学电子自动化科研实验室合作,研制成功首台通过 GPS 操作的无人驾驶农用拖拉机;日本北海道大学与农机厂联合研制的无人驾驶拖拉机首次实现了从农机库房到农场的无人驾驶。约翰迪尔公司开发了无人驾驶的 5080M 拖拉机,该拖拉机装配有前置装载机,能根据指令前进、倒退并进行装载作业。2009 年

12 月，中国工程院院士罗锡文教授领导的学术团队以东方红-X804 拖拉机为研究对象，设计开发了电控液压转向系统和作业机具升降控制系统，实现了拖拉机自动转向操纵控制和作业机具自动升降控制，同时，他们还自主研发了自动导航控制系统，实现了拖拉机在田间作业条件下的无人驾驶操纵。如图 15-7 所示。

图 15-7　无人驾驶拖拉机田间作业

无人驾驶拖拉机将促进农业的精耕细作提高到一个新的水平：

(1)极大地提高农业生产效率。这一方面是由于自动控制技术的应用将大大提高无人驾驶拖拉机与农业机械的作业速度，另一方面无人驾驶拖拉机控制系统不会与人一样感到疲劳，能够实现一天 24 h 连续作业。

(2)极大地提高农业作业精度。采用全球定位系统技术的无人驾驶拖拉机可以将农业作业精度控制在 2～3 cm，而人工驾驶的最佳精确度只能达到 10 cm。在耕地、喷洒农药和收割时所行驶的路线不会重叠，节约燃料，减少农药与化肥的使用量，不仅降低农业生产成本，也减轻了对环境的污染。

(3)进一步提高农作物产量。拖拉机越重，就会把土壤压得越紧，农作物的根就越难以生长。因此人们往往会用更大功率的拖拉机来把地犁得更深，而大功率拖拉机的重量会形成更深的压实土壤层。较轻的无人驾驶拖拉机打破了这种恶性循环，可使农作物产量比以前提高10%。

另外，无人驾驶拖拉机由于没有驾驶员，就没有必要安装驾驶室与有关操纵机构，但是需要加装许多传感器，这会改变传统拖拉机的结构、布局与设计思路。

15.3.2　无人驾驶拖拉机的系统结构与工作

无人驾驶拖拉机又称为机器人式拖拉机(robotic tractor)。为了实现无人驾驶，该拖拉机需要具有自动驾驶功能，具有识别其本身和周围环境状况的能力，能判断识别结果从而正确地驾驶与操作。图 15-8 所示为一种远程控制的无人驾驶拖拉机系统结构框图，主要包含农场监控中心与无人驾驶拖拉机两部分。监控中心与拖拉机之间经无线局域网与相应的通信设备进行远程通信。

该无人驾驶拖拉机采用全球定位系统技术，在拖拉机上加装 GPS 接收机来确定拖拉机的地面位置。通过实时 GPS 信号并结合拖拉机车载控制器存储的田间数字化地图，可以实现拖拉机的自动导航，即由车载控制器对拖拉机的电液转向机构进行转向控制，转向轮的转角由转角传感器进行反馈。而拖拉机上的机器视觉传感器(摄像机)传回的画面显示在农场监控中心的监视器上，操作人员通过观看屏幕就可以在远处对拖拉机进行导航修正。惯性导航装置是对 GPS 导航的补充与修正，用以实现高精度的结合导航。

农场监控中心的监视器不断接收并显示车辆位置、车速、图像及其他信息，根据这些信息，操作人员可以对车辆进行远程监控。

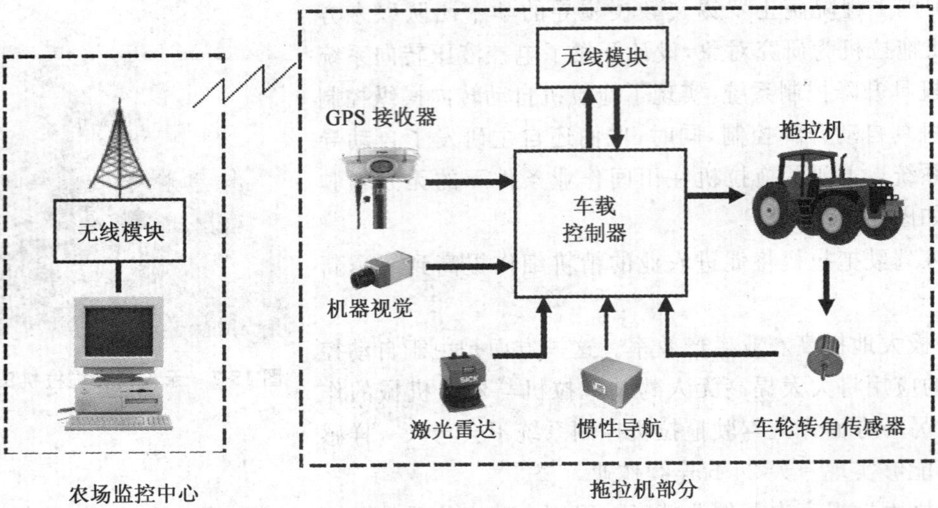

图 15-8 无人驾驶拖拉机的系统结构框图

15.3.3 无人驾驶拖拉机的关键技术

15.3.3.1 自主导航

自主导航是无人驾驶拖拉机应具备的重要功能。拖拉机应能根据环境知识和目标位置或位置序列,确定自身的行走方向,从而尽可能有效和可靠地到达目标位置。解决导航问题的方法有许多种,如基于地图导航、基于信标导航、基于卫星导航、基于视觉导航以及基于其他传感器导航等。目前无人驾驶拖拉机以 GPS 导航为主,结合机器视觉与惯性导航。尽管导航方法有多种,但这些方法具有高度的相似性,都是基于图 15-9 所示的基本导航体系结构。

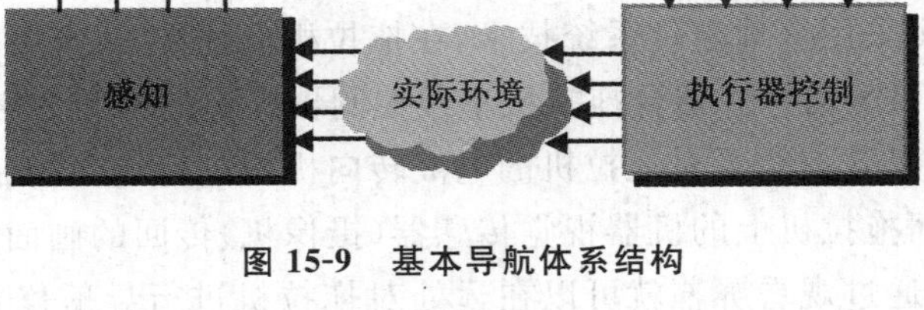

图 15-9 基本导航体系结构

15.3.3.2 控制技术

控制技术是无人驾驶拖拉机的核心,主要包括方向控制和速度控制等。无人驾驶其实就是用电子技术控制拖拉机进行仿人驾驶。由于拖拉机模型随着时间的改变,其系统参数会发生变化,模型参数极其复杂,模型方程非线性等,车辆控制研究集中在提高控制算法的自适应性和抗干扰性。目前,无人驾驶拖拉机的控制算法正由传统 PID 控制向自适应控制及智能控制方向发展。

15.3.3.3 信息融合技术

无人驾驶拖拉机的定位与导航应具有更高的智能，需要融合多种传感器信息或一些先验知识，实现对环境信息的充分理解，便于无人驾驶拖拉机做出正确的决策。信息融合能提高系统的可靠性与分辨率，增加测量空间维数，拓宽活动范围，从而提高系统在复杂条件下正常工作的适应性与鲁棒性。为提高系统性能，需要结合新的理论不断改进与完善信息融合算法，也需要加强信息融合效果评价的研究。

15.3.3.4 人机协作与多机协作

人机协作是解决无人驾驶拖拉机智能发展水平与复杂任务之间矛盾的一条有效途径。人的参与，可以充分发挥人的经验、能动性以及对意外事件的反应能力，增强拖拉机处理突发事件以及不精确事件的能力，增强系统的鲁棒性。

随着无人驾驶拖拉机技术的进一步发展，将需要多台无人驾驶拖拉机或农业机械在田间协同工作，从而显著提高拖拉机作业的智能和工作效率，但编队行进、防止碰撞、路径规划等方面，应是无人驾驶拖拉机进行多机协同作业的研究难点与重点。

15.3.3.5 安全性

无人驾驶拖拉机的安全性主要指对人、对环境的安全及机器本身的安全。无人驾驶拖拉机自身应具有安全判断与处理能力，而在这个能力失效时，操作人员可以在外部进行紧急处理。无人驾驶拖拉机的障碍物检测与避障能力一直是研究重点与难点之一，研究较多的是基于机器视觉与激光雷达的障碍物检测，还有在拖拉机上加装其他传感器如接近开关等，对拖拉机进行碰撞保护的研究。

思考题

1. 何为 CAN 总线？
2. 简述 CAN 总线在农业车辆上的应用。
3. 简述 Wi-Fi 技术原理。
4. 试述 Wi-Fi 技术的优缺点。
5. 试述无人驾驶拖拉机的意义。

参 考 文 献

1. 周一鸣. 汽车拖拉机学:发动机构造. 北京:中国农业大学出版社,2000.

2. 周一鸣. 汽车拖拉机学:底盘构造. 北京:中国农业大学出版社,2000.

3. 陈家瑞. 汽车构造(上、下册). 5 版. 北京:人民交通出版社,2011.

4. 高连兴,吴明. 拖拉机汽车学(上册):内燃机构造与原理. 北京: 中国农业出版社, 2009.

5. 林波,李兴虎. 内燃机构造. 北京:北京大学出版社,2008.

6. 郭建樑. 柴油发动机高压共轨电控系统原理与故障检修. 北京:机械工业出版社,2012.

7. 杨庆彪. 电控柴油发动机结构原理与维修. 北京:中国劳动社会保障出版社,2010.

8. 董敬,庄志,常思勤. 汽车拖拉机发动机. 3 版. 北京:机械工业出版社,2003.

9. 许炳照. 柴油机电控系统检修. 北京:国防工业出版社,2013.

10. 中国农业机械化科学研究院. 农业机械设计手册. 北京:中国农业科学技术出版社, 2007.

11. 机械工业部洛阳拖拉机研究所. 拖拉机设计手册. 北京:机械工业出版社,1994.

12. 《汽车工程手册》编辑委员会. 汽车工程手册:设计篇. 北京:人民交通出版社,2001.

13. 李文哲,鲁植雄. 汽车拖拉机学:发动机构造与理论. 北京:中国农业出版社,2006.

14. 李文哲,许绮川. 汽车拖拉机学:底盘构造与车辆理论. 北京:中国农业出版社,2006.

15. 鲁植雄,李文哲. 汽车拖拉机学:电气与电子设备. 北京:中国农业出版社,2006.

16. 华中农业大学. 拖拉机汽车学. 2 版. 北京:中国农业出版社,2001.

17. 李晓庆. 拖拉机构造. 北京:机械工业出版社,2001.

18. 第一拖拉机股份有限公司第三装配厂. 东方红 X804/X800/X854/X850 拖拉机使用保养说明书. 洛阳,2005.

19. 福田雷沃国际重工股份有限公司. 福田雷沃欧豹系列轮式拖拉机使用说明书. 潍坊,2007.